KS 신규격

수정판

강구조공학

한국강구조학회

도서출판
구미서관

머 리 말

이 책은 강구조물의 거동에 대한 기본적인 이해를 바탕으로 강구조설계 능력을 갖추도록 교육할 수 있는, 주로 토목분야 학부생 고학년의 강구조 수업을 위해 저술된 책입니다. 그러나 강구조 전공 대학원생 및 관련 분야 실무 종사자들도 하중저항계수설계법(Load & Resistance Factor Design : LRFD)에 대한 이해를 좀 더 높이고 새로 개정된 설계기준의 원활한 적용을 위한 참고서로도 유용하게 사용할 수 있습니다.

이 책은 구조용 강재의 성질 및 특성, 구소물의 한 요소로서의 거동, 완성된 구조계의 거동에 대한 설명을 기본적으로 포함하고 있으며, 구조물의 거동과 설계기준과의 연관성을 설명하고 이러한 기준들이 실제 강구조의 설계문제에 어떻게 적용되는가를 이해할 수 있도록 구성되었습니다.

2017년부터 건설 분야 강재에 대한 KS 규격이 새롭게 제정되었으며, 2018년부터는 새로운 규격에 따른 강재만이 생산되므로 변경된 내용에 따라 강구조설계기준도 새로 개정되었고 개정된 설계기준은 2017년 12월에 최종 고시되었습니다. 이 책 또한 새 설계기준을 바탕으로 작성되었고 토목분야에서 우리나라 강구조설계기준을 설명하고 적용한 첫 번째 책이므로 이 교재로 공부한 학생들은 졸업 후 강구조 관련 업무를 보다 원활이 수행할 수 있을 것으로 생각합니다.

철도교설계기준과 가설기준 내의 강구조 및 강합성구조 관련 기준은 아직 허용응력설계법(Allowable Stress Design : ASD)을 따르고 있으나, 도로교의 경우는 2015년부터 LRFD에 따라 설계하도록 법적으로 규정하고 있고 위에 언급한 두 기준도 곧 LRFD에 따라 새로운 기준이 제정될 예정이므로 이 책은 LRFD에 의한 해석 및 설계를 할 수 있도록 저술되었습니다.

이 책은 총 11개의 장으로 구성되어 있습니다. 1장에서 3장까지는 강재의 성질, 적용 하중, 설계를 위한 기본 개념 등의 일반적인 사항을, 4장부터 7장까지는 인장력, 압축력, 휨모멘트, 또한 이들을 동시에 받는 부재의 거동 및 설계방법에 대한 사항을 담고 있습니다. 8장과 9장은 부재의 연결 또는 접합에 대한 내용을, 10장은 강구조물에 필수적인 피로검토에 대한 내용을, 마지막 11장은 대표적인 토목구조물인 강교량 설계를 위한 이론 및 설계 예를 담고 있어서 종합설계 등의 설계 과목에도 많이 활용될 수 있을 것입니다.

이 책은 학생들의 이해를 도울 수 있는 예제를 가능하면 많이 넣으려 노력하였으며 예제를 통해 해당 이론 및 기준을 실무에 적용하는데도 많은 도움이 될 것으로 기대합니다. 이 교재는 기본적으로 2학기 정도의 수업이 필요한 내용을 담고 있으므로 한 학기만 강구조 수업을 하는 학교에서는 강의 내용의 적절한 선택이 필요할 것으로 생각합니다.

금번 2020년 수정판은 2018년 첫 출간본에 대한 오류 및 내용을 수정, 보완한 것입니다. 본 수정판에서는 이러한 오류를 최대한 보완하였습니다만, 사용하시는 과정에 발견된 오류나 개선 사항이 있다면 언제라도 한국강구조학회 Q&A 게시판에 올려주시면 해당 집필진이 이를 적극적으로 반영하여 책의 완성도를 높여가도록 하겠습니다.

끝으로 이 책이 나오는데 많은 수고를 해주신 박용명, 윤석구 교수님을 비롯한 모든 집필진께 감사드리며, 출간에 많은 도움을 주신 구미서관 관계자 분들께도 감사드립니다. 이 책이 앞으로 많이 활용되어 학생들이 강구조에 대한 이해를 쉽게 하고 흥미를 갖는데 기여하기를 기대합니다.

2020년 6월

집필위원장 **배 두 병**

차 례

제1장 서 론

제2장 강 재

제9장 볼트접합

제10장 피 로

제11장 강교량

Design of Steel Structures

제1장 서 론

1.1 강구조의 특성

1.1.1 강구조의 장점

강구조는 잘 제어된 공정 하에서 공장 생산된 강재를 이용하여 건설된다. 이로 인해 시공상 낭비되는 재료가 매우 적으며, 부산물로 생산되는 슬래그나 가스는 재활용될 수 있다. 또한 강재의 재활용의 증가는 원재료인 철광석과 석탄의 사용을 감소시키고 있으며 현재 약 80% 정도의 강재 보는 재활용 소재로 만들어지고 있다. 건설산업이 방향성으로 설정해야 하는 지속가능성 차원에서 매우 중요한 장점이고 제품화된 소재는 설계, 제작, 조립, 시공, 유지관리, 재활용의 전 과정에서 정보화, 기계화된 기술 적용이 용이하게 된다.

강구조의 예는 매우 다양한데 교량, 건축물, 철탑, 송배전탑, 관로, 댐의 수문, 원자력 고압용기 등이 있고, 강재를 사용한 해안 및 해양구조물, 풍력 타워, 선박, 항공기, 로켓, 우주선, 전차, 대포, 총기류, 자동차, 기계류 등도 있다. 또한 그 외에도 건설 기초공사에 쓰이는 시트파일, 소규모로 사용되는 강봉이나 방호책 등도 철강재료를 주로 이용하고 있다. 다른 소재의 고성능화와 더불어 강구조가 콘크리트, 복합소재 등과 함께 사용되는 합성, 복합 구조로도 활용이 증가하고 있다.

구조재로서의 강재의 장점은 다음과 같다.

(1) 내공간 확보 : 강재는 단위체적당 비강성 및 비강도가 매우 크다. 따라서 강재는 장경간 교량과 고층빌딩 등의 대규모 큰 구조물에 아주 적합한 구조재료이다.

(2) 품질 신뢰성 : 공장에서 생산되기 때문에 구조용 강재의 역학적 특성이 안정적이고 현장에서 발생할 수 있는 문제가 최소화된다. 고품질 소재의 적기 공급은 전체적인 프로젝트의 공정을 단축시킬 수 있다.

(3) 우수한 미관 : 강구조는 설계에서 미관에 대한 다양한 선택을 가능하게 하도록 얇고 다양한 형상 구현이 가능하다. 특히, 가공 기술의 발전으로 곡률이나 비정형성을 가진 구조물 구현이 가능하고 개방성을 확보하는데 장점을 가진다. 최근에는 잉크젯프린트강판 기술 등 색, 그림, 질감을 구현할 수 있는 강재도 개발되었다.

(4) 구조물의 가변성 : 공용중인 강구조는 구조물의 용도의 변화에 따라 상대적으로 쉽게 변경될 수 있다. 콘크리트 구조에 비해 연결이 용이하여 기존 구조물의 확장이 수월하다.

(5) 설계 용이성 : 구조용 강재는 작은 제작 오차와 일정한 강도 수준으로 인해서 정형화되고 잘 정립된 설계 절차를 가질 수 있다. 이는 설계과정을 상당히 단축할 수 있다.

(6) 급속 시공: 구조용 강재는 현장에서 초기 시공과 기초 작업이 이루어질 때 병행 공정으로 공장이나 제작장에서 제작될 수 있다. 현장에 운반 및 가설, 조립이 신속하게 이루어질 수 있어서 프로젝트 공기를 급속화시킬 수 있다. 이는 건설 프로젝트의 주요 핵심 공정에 속하기 때문에 공기 단축에 큰 장점을 가지게 해 준다.

(7) 에너지 흡수능력 : 새로운 구조적인 요구사항으로 제시되는 것이 robustness,

resilience와 같은 개념이다. 강구조는 에너지 흡수능력이나 연성이 탁월하고 신속한 복구가 가능한 장점을 갖고 있다.

(8) 친환경성 : 최근의 강재는 평균적으로 약 95%의 재활용 재료를 포함하고 있다. 시설물의 생애주기가 끝날 때 강구조는 100%가 재활용될 수 있다 (현재 구조용 강재의 재활용률은 98%이다). 예를 들면 교량 건설에 필요한 500톤의 강재는 300대의 폐차, 250대의 식기세척기, 오븐, 냉장고, 60톤의 산업폐기물, 그리고 50톤의 재활용 생활폐기물로부터 만들어진다. 환경에 미치는 영향 측면에서 강재는 지속가능한 가장 좋은 선택이 될 수 있고 국가의 미래 자원이 될 수 있다.

(9) 생산성 증대 : 구조용 강재는 건설 산업이 통합된 조달 체계와 컴퓨터에 의한 엔지니어링(CAE), BIM(building information modeling)과 같은 첨단 기술을 설계와 시공의 전 단계에서 활용하기에 적합하다. 이러한 기술들은 오류를 줄이고 안전성을 높이고 비용을 절감할 수 있게 된다.

1.1.2 강구조의 유의점

앞에서 기술한 바와 같이 강재는 우수한 구조재임에는 틀림없으나 적용 시 다음 사항들에 대해 유의하여야 한다.

(1) 부식·도장 : 자연 상태에 노출되어 있으면 일반적으로 강재는 부식이 발생하기 쉽다. 따라서 부식에 대하여 내구성을 확보하려면 정기적인 도장이나 아연도금 내식성강 또는 무도장 내후성강과 같은 고성능강을 사용함으로써 해결할 수 있고, 이러한 유지관리비용을 고려한 재도장 기술이나 고성능강의 사용으로 총생애주기비용(LCC, Life Cycle Cost)에 있어서 더 경제적일 수 있다.

(2) 내화성 : 화재 발생시 일정 수준의 온도에 도달하면 강재는 급격한 강성 및 강도 감소가 일어나는 특성을 가지고 있다. 강구조 건축물은 상당 수준의 소방등급의 설비를 갖추어야 하지만, 강교량과 같은 토목구조물의 경우는 일반적으로 내화성이 거의 문제가 되지 않는다.

(3) 좌굴 안정성 : 압축재로 사용한 강재는 좌굴 위험성이 존재한다. 강재는 강도가 높아 다른 구조재에 비하여 세장하고 날렵한 구조재로 사용되는 경우가 많으므로 좌굴이 문제가 될 수 있다. 따라서 좌굴이 발생하지 않도록 부재나 구조계의 세심한 설계·시공이 요구된다.

(4) 피로 : 강재는 반복하중에 의해 강도의 감소 또는 파괴 현상이 발생하는 피로 문제가 일어날 수 있다. 피로설계를 충실히 하여 피로로 인한 추정강도의 감소 등의 현상이 발생하지 않도록 해야 한다.

(5) 저온 취성 : 강재는 취성파괴의 위험성이 있다. 아주 낮은 온도 등에서 갑자기 연성을 잃고 파괴하는 취성문제가 강재에서는 일어날 수 있으므로 설계 시 충격흡수에너지가 큰 강재 등을 사용하여 취성파괴가 일어나지 않도록 유의해야 한다.

1.2 강구조기술의 발전

1.2.1 제철기술의 발전

고고학에 의하면 철의 기원은 인류가 불을 사용하여 철보다 상대적으로 낮은 가공온도를 갖고 있는 청동의 도구를 가공하면서부터 시작되었다고 한다. 신석기시대의 인류는 돌을 갈아서 무기나 도구를 만들어 사용하였으나 그 후 불을 사용하여 동, 청동을 가공하여 돌 대신 사용했다. 이후 청동보다 강하고 날카로운 날을 세울 수 있는 철의 사용이 시작되었다. 최초로 철을 알게 된 것은 청동기시대에 철광석을 동광석으로 착각하여 용해로에 장입, 용해하는 과정에서 발견하게 되었다는 설이 있다. 또 고대 원시림의 산불에 의해 철광석이 환원되어 반용융 상태로 굳어진 것을 산불이 지나간 후에 장인들이 채취하여 철기로 제작했다는 설도 있다. 고대희랍인들은 철을 '아와베'라고 불렀다. 이것은 '하늘의 산물'이라는 뜻으로 '운석'을 의미한다고 한다. 운석은 철과 니켈(Ni)의 합금으로 되어 있다. 운석을 분석해 본 결과 니켈성분이 4~20%이고 코발트(Co)성분이 0.3~1.6%로 구성되어 있다. 고대중국에서도 기원전 14세기의 유물에서 청동기의 칼날부분에 운석을 붙여서 사용한 제품이 나온 것으로 알려져 인류가 최초에 사용했던 철은 운석이었음을 뒷받침하고 있다. 이와 같은 여러 가지 설에 따라 철의 탄생을 추측할 수 있으나 철을 광물에서 제련하게 된 것은 철을 녹이기 위한 온도를 쉽게 얻을 수 있었던 시기인 훨씬 후대의 일이다.

철을 제련하는 방법은 처음에는 광산에서 캐낸 철광석 덩어리 위에 장작을 태워서 얻은 열(熱)로 녹이는 단순한 방법에서부터 시작되었다. 그 후 유럽의 독일지방에서 목탄(木炭)을 쓰게 되었으며 목탄(숯)을 연료로 1200℃까지의 고온을 얻어 탄소 함량이 비교적 높은 선철을 만들어낼 수 있었다. 또한 온도를 높이기 위하여 풍구를 이용하거나 또는 간단한 노(爐)를 사용하게 되었다. 그러던 중 16세기에 들어서면서 서양에서는 Biringuccio와 Agricola 같은 장인들에 의해서 철의 제련에 관한 기술이 체계화되기 시작했다. 이와 더불어 벨기에와 영국에서 커다란 규모의 용광로가 나타나기 시작했다. 그러나 목탄을 이용한 제철법은 연료인 나무 부족으로 인해 한계에 부딪치게 되었으며, 이와 같은 문제점을 해결하고 제철기술을 급속도로 발전시킨 것은 연료의 재료를 개발한 A. Darby였다. 그는 1708년 목탄 대신에 광물성 연료인 코크스(Cokes)를 용광로에 사용하여 철을 만들기 시작함으로써 제철의 역사에 새로운 장을 열었다. 즉 주철의 시대가 열린 것이었다. 영국의 Severn 강을 가로지르는 세계 최초의 철교를 만든 사람도 바로 Darby였다. 이후 1740년대에 접어들어 시계 제작공이었던 Benjamin Hunsman이 '도가니 제강법'이라는 새로운 제강법을 창안해 냈다. Hunsman이 제강해 낸 도가니강은 순도와 균질성이 과거의 강철에 비해 월등히 우수했기 때문에 곧 영국의 세필드 지역을 중심으로 여러 곳으로 퍼져나갔다. 그 후 1784년 Coalbrookdale 제철소 직원이었던 Henry Cort가 끓는 쇳물을 휘젓는 방법(puddle : 퍼들법)으로 더욱 품질이 좋은 철을 만들었는데 이것이 바로 연철이다.

19세기 중반부터 세계는 바야흐로 '철강의 시대'에 들어섰다. 철강의 시대를 연 선두 주자는 Henry Bessemer였다. 그는 1856년에 철강의 시대를 열게 되는 획기적인 전로 제강법을 최초로 고안하였다. Bessemer 제강법의 도움으로 사람들은 과거와는 비교도 할 수 없을 정도의 빠른 속도로 다량의 강철을 제조할 수 있게 되었다.

한편 1860년대를 거치면서 새로운 제강법인 Siemens-Martin 평로제강법이 등장하였다. 평로법에 의한 제강에서는 선철에서 탄소를 제거하는 시간이 Bessemer 제강법보다는 길었지만, Bessemer 제강보다도 더 우수한 강철을 생산할 수 있었다. 그런데 Bessemer 제강법과 Siemens-Martin 평로법은 모두 인과 규소 화합물이 0.1% 이상 포함된 철광석으로는 양질의 강철을 만들지 못한다는 문제점을 안고 있었다. 이런 문제점을 극복하기 위해서 1879년 런던의 즉결 재판소 서기인 Sidney G. Thomas는 웨일스 철공소의 화학자이며 그의 조카인 Percy C. Gilchrist와 함께 인과 규소가 다량 함유된 값싼 철광석으로부터 비교적 양질의 강철을 만드는 새로운 방법인 '염기성 제강법'을 창안해 내었다. 염기성 제강법이란 인과 규소의 화합물을 분리하기 위해서 염기성인 석회석을 용융된 철에 혼합하고, 전로 내벽도 산성인 규토질 내화벽돌 대신에 염기성 물질로 바꾼 것으로, 창안자들의 이름을 따서 Thomas Gilchrist법이라고도 부른다. 그런데 값이 싸고, 신속하게 대량으로 만들 수 있다는 점에선 Bessemer 제강법을 따를 것이 없었고, 여기에 염기성 방법이 도입되었다. 이렇게 되자 값싸고 양질의 철강을 대량 생산할 수 있게 되었으며, 제련 및 압연 과정과의 수직 결합을 통해서 독일과 미국에서는 대규모 종합제철공장이 나타나게 되었다.

야금학자들은 Bessemer 제강법 시대 이래로 액체 선철을 강철로 정화시키기 위해 공기가 아닌 순수 산소를 이용하기를 꿈꾸어 왔다. 하지만 당시에는 순수한 산소의 값이 너무 비쌌기 때문에 이 방법은 현실성이 없었다. 그러던 중 1930년대부터 세계 도처에서 산소를 이용하는 야금 방법이 지속적으로 연구된 결과 1949년 오스트리아에서 실험적 작업의 결과로 순산소를 사용하는 새로운 제강법이 나타나게 되었다. 이것을 '순산소 제강법' 또는 1952년과 1953년 최초로 용광로가 설치된 오스트리아 도시 이름인 Linz와 Donawitz의 이름을 따라서 'L-D전로 제강법'이라고도 부르게 되었다. '순산소 제강법'은 적어도 염기성 평로법에 못지 않게 우수한 품질의 강철을 생산할 수 있었다. 특히 이 새로운 제강법은 초대형 전로를 이용함으로써, 작업 속도가 빨랐으며 제조 단가도 염기성 평로법에 비해 훨씬 낮았다. 결국 1970년대에 이르러 이 새로운 제강법은 세계 철강업계가 사용하는 대표적인 제강법으로 자리잡게 되었다.

1.2.2 우리나라 제철기술의 발전

고구려의 경우 병사들의 무기는 창, 도끼, 칼 및 화살이고 병사와 말의 갑옷은 가야의 판갑이 아닌 철갑으로, 이러한 모습은 1995년 북한 강원도 철령지역에서 흙으로 만든 수십 개의 무장된 말 인형이 발굴됨으로써 고구려는 가야보다 최소한 백여년 앞서서 제철기술이 사용되었음이 확인되고 있다. 특히 고구려군이 주둔했던 구의동에서 발굴된 3,000여점의 화살촉은 가늘고 뾰족한 송곳형으로 되어있는데, 천오백년 동안 형태를 유지한 이 화살촉의 성분분석 결과, 불순물이 거의 들어가지 않은 순도 높은 강철로 나타났다. 게다가 탄소량이 평균 0.51%로 오늘날 사용하는 특수강과 맞먹는 강도였다. 결국 이 화살촉은 쇳물을 녹이고 탄소를 줄이는 과정을 거친 초강을 반복해서 두들겨 강도를 높이는 단조법으로 제작되었음이 밝혀졌다.

고구려의 경우 갑옷을 보유한 중국과의 전투에서 상대방의 갑옷을 관통할 수 있는 무기의 필요성 때문에 강도상의 문제점 해결이 필수적이었을 것이며, 집안지역 오회분 4호고분의 벽화에 등장하는 제철신의 모습은 당시 고구려가 철 제련기술을 얼마나 중요하게 여겼는지 상상할 수 있게 해준다.

한반도의 철기문화는 가야에 이르러 찬란한 금자탑을 이룬다. 가야국을 건국한 김수로 왕은 통치기반을 갖추면서 벼농사 등 농업과 수산업을 비롯해 제철업을 중흥시켜 백성들이 경제적으로 풍족한 생활을 하게 하였다. 철기의 사용은 자연스레 벼농사를 발달시키게 되었고, 우리나라에 일찍부터 벼농사가 발달했던 것도 철이 생산되었기 때문이기도 하다. 김수로 왕을 비롯한 가야의 역대 왕들은 양산, 동래, 마산, 진해 등지의 철광과 낙동강에서 나는 사철 등 철을 생산하여 쇠도끼, 쇠창, 쇠화살촉, 쇠침, 철검, 철 낚시바늘, 철주, 쇠갑옷을 만들어 쓰는 한편 철전을 만들어 화폐로도 사용했다. 이로써 가야국은 완전한 철기시대로 접어들어 농기구, 무기류 등 철기의 사용이 보편화되었다. 경북 고령군 지산동의 가야시내 고분에서 발굴된 철제 투구와 갑옷을 봐도 철을 다루는 가야 사람들의 수준이 대단했음을 알 수 있다.

한편, 삼국유사와 삼국사기를 보면 신라의 제4대 탈해왕이 "나는 본래 대장장이 출신이다."라고 말한 기록이 있다. 신라 사람들은 자신들이 살고 있는 마을을 금성(쇠벌)이라고 했고 이 쇠벌이 변형되어 사로, 서벌, 신라라고도 불려지게 되었다는 것이다. 이러한 명칭들은 모두 쇠에서 비롯된 것이라 할 수 있다. 또한 신라 왕조의 성씨가 김씨라는 점도 쇠와 관련이 있음을 짐작할 수 있다. 탈해왕은 원래 용성국(남원 부근)에서 태어나 사로(경주)에 이주한 대장장이였다. 신라 땅에 들어온 탈해는 토착 세력과 싸움을 벌여 사로국의 중심지역인 반월성을 차지하는 한편, 신라 2대 남해왕의 딸과 정략결혼을 해 마침내 왕의 자리에 오른다. 이는 선진화된 철제 무기를 소유한 대장장이 집단이 유력한 통치 계급으로 등장하는 것을 보여주는 대표적인 사례다.

한편 백제에서는 4세기경에 백련강(百鍊鋼)으로 칠지도를 만들어 일본의 왕실에 선물로 보냈다는 기록이 있다. 또 5세기경에는 한반도의 철기 제조기술자들이 일본열도(구와바라, 사비, 시노아 등)에 이주해 본격적으로 철기 제조기술을 전파했다는 기록이 있다.

우리나라는 1962년에 종합적인 경제개발계획을 내놓으면서 경제발전에 박차를 가하였다. 이때부터 불붙기 시작한 경제 성장과 산업 구조의 고도화는 우리나라의 철강 수요를 급증시켰다. 이에 힘입어, 외국산의 수입에만 의존하지 않고 철강을 자급하겠다는 목표 아래 마침내 1968년에 현대적인 설비의 종합제철소인 '포항종합제철'을 세우게 됨으로써 본격적인 국산 철강생산시대가 개막된다. 1973년 포항의 영일만에 포항제철소 1기 건설을 완공하였고, 뒤이어 1987년에 광양제철소 제1기를 준공하기에 이른다. 처음 포항제철이 건설되면서 우리나라는 연간 103만톤의 철강생산능력을 보유하게 되었고, 단계적인 확장을 통해 1998년에는 양 제철소에서 2,557만톤의 철강제품을 생산하여 조강생산면에서 세계 1위의 철강회사로 부상하면서 우리나라도 세계 5대 철강 생산국가로 도약할 수 있었다. 현재 포항제철은 1973년 연간 103만톤 규모의 조강능력을 갖춘 종합제철 설비를 갖춘 이래로 '순산소 제강법' 또는 'L-D전로 제강법'을 비롯한 최첨단 제강기술을 속속 도입했으며, 1993년 11월 소결 공장과 코크스 공장을 거치지 않고 철광석과 무연탄을 집어넣고 쇳물을 만드는 최첨단 용선 방법인 연산 60만톤 규모의 용융환원로(COREX)를 준공함으로써, 세계 철강기술사에 신기원을 이룩하였다. 그런가 하면 1996년 10월 15일 광양에 5고로를 착공하였고, 2001년에는 혁신적인 철강기술(FINEX)을 개발하여 연산 2천 8백만톤 생산 체제를 갖추게 되어 양과 질 모든 면에서 명실상부한 세계적인 철강기업으로 도약하게 된다.

2000년 이후에 포스코는 베트남, 중국, 인도, 터키, 인도네시아, 멕시코 등에 공장을 확대하고 있고 기후변화 대응능력 세계 최고 철강기업에 선정(영국 CDP 발표)되는 성과를 보이고 있다.

봉형강류의 제조는 6.25동란 직후인 1953년 대한중공업공사(현 현대제철)가 설립되어 1958년부터 철근을 생산하기 시작하였고, 형강은 1960년에 생산되기 시작하여 이후 1982년 인천제철(현 현대제철)의 이름으로 국내 처음 H형강이 생산 시판되어 본격적으로 강구조가 확산되는 토대를 마련하였고, 1997년에는 인천제철을 비롯한 전기로 제강 3사의 연산능력은 350만톤에 달하게 되었다. 한편, 국내 철강시장은 세계화, 글로벌화의 영향에 따라, 2000년도에 인천제철이 강원산업, 삼미특수강을 인수하여 INI스틸(현 현대제철)로 통합하였고, 2004년도에는 당진 한보철강까지 인수합병하여 정상화함으로써 봉형강류 뿐만 아니라 판재류 공급도 가능하게 되면서, 세계적인 경쟁력을 갖추게 된다. 세계 최초 밀폐형 원료처리시스템, 일관제철소를 완공하면서 자동차소재 전문 제철소이자 세계적인 철강사로 발전하고 있다.

1.2.3 강교량의 발전

철의 이용에 있어 선철이나 주철은 15세기에 이르러서야 건축물의 부품과 장식을 겸한 주철 기둥, 출입구의 인방보, 계단의 난간 등에 사용되었다. 그러다가 Henry Cort가 발명한 퍼들법에 의해 더 품질이 좋은 연철이 본격적으로 생산되면서 연철은 곧바로 주철을 밀어내고 건축과 교량 구조물에 쓰이기 시작하였고, 이후부터 강철이 등장하는 19세기말까지 연철의 시대가 계속되었다. 그러다가 1856년에 미국의 Williams Kelly와 영국의 Henry Bessemer에 의해 강철을 값싸고 대량으로 생산할 수 있는 방법이 개발되자, 강철이 연철을 밀어내고 가장 중요한 구조재료로 자리잡았고 강구조물의 시대가 시작되었다.

Coalbrookdale의 Severn강을 가로질러 1779년에 건설된 영국의 'Iron Bridge'가 공식적으로 처음 철을 사용한 구조물이다. 이 교량은 주철을 사용하여 만든 것으로 경간이 30.5m 그리고 높이가 13.7m인 아치교이다. 그 이후 아름답고 현대적인 최초의 철재(Iron) 아치교로 간주될 수 있는 경간장 45.7m, 높이 6m의 철트러스 아치교가 스코틀랜드 Spey강에 Thomas Telford에 의해 건설되었다. 또한 그의 주요 업적으로는 Wales의 Menai해협을 지나는 현수교를 건설한 것이다. 이 교량의 경간장은 당시로는 엄청난 183m이었으며 연결체인을 갖는 현수교 형식으로 가설되었다. 이 교량은 8년간(1818~1826년) 공사가 진행되어 완공되었으며 16개의 현수체인으로 구성되었다. 1850년까지 프랑스에서는 Seguin 형제의 거대한 계획에 힘입어 수백 개의 주철교량을 완성하였다. 이후 연철의 시대에 접어들면서 Robert Stephenson은 1850년에 Wales Menai 해협을 지나는 Britannia교를 건설하였다. 이 교량은 연철로 만들어진 두 개의 연속 중공관(hollow tube)으로 구성되어 있는데 관형식보(tube beam)속으로 기차가 통과하도록 가설되었다. 이 교량은 70m와 140m의 경간이 각각 두 개로 구성되어 있다. 그 이후 다양한 형태와 크기의 수많은 연철 교량이 여러 국가에서 연이어 건설되었다. 미국에서는 John Roebling이 1855년에 Niagara교를 설계, 시공하였다. 이 교량은 최초의 성공적인 철도현수교로서 중앙경간이 250m였다. 케이블은 도금처리가 안된 연철로 만들어졌다. James Eads는 1866년 St. Louis교를 최초로 상부구조 관모양의 아치형상의 강재를 사용하므로써 152m, 157m, 152m의 3경간으로 시공하였다. 한편 영국에서 Thomas Bouch의 Tay교는 1878년에 개통되었다. 이 교량은 그 이듬해인 1879년 12월 28일 강한 바람에 의해 붕괴되었다. 이러한 철도교의 붕괴로 교량설계 및 시공에 많은 변화를 가져왔으며 그중 가장 큰 변화는 교량 재료로 연철이 아닌 강철을 사용하게 되었다는 것이다.

세계 최초의 강철교량으로 기록되는 영국의 Forth교는 1883년에 착공되어 1890년에 완공되었다. 이 교량은 Benjamin Baker와 John Fowler에 의해 양쪽에 두 개의 주경간(518m)을 갖는 캔틸레버 트러스 형식으로 시공되었다. 경간장 뿐만 아니라 트러스의 최대높이는 107m로서 대단히 큰 구조물이었으며 트러스 부재는 최대직경이 3.66m인 관단면이었다.

19세기에는 철도망 구축에 따른 철도교량 공사가 많았다면 20세기에는 자동차 도로망으로 인하여 수많은 도로교량이 건설되었으며, 이 기간에 거의 모든 형식의 장대교가 출현하였다. 이는 복잡한 설계기법 뿐만 아니라 새로운 재료 및 정교한 시공기술이 뒷받침되었기 때문이다. 고강도 강재가 생산되었으며 강재 제작 시 품질관리로 인하여 허용응력이 상향되었다. 엔지니어링도 더욱 발전하였고 교량설계 기술자도 훨씬 교육을 잘 받게 되었으며 시방서 및 각종 기준들이 여러 전문가에 의하여 만들어졌다.

20세기에 들어선 1917년에 미국에서 세 개의 중요한 교량이 완성되었다. 이 교량들은 Sciotoville의 Ohio교, Ohio강을 지나는 Metropolis교와 뉴욕의 East River를 지나는 Hell Gate교였다. 첫 번째 교량은 미국에서 최초의 대규모 연속 트러스교였으며, 최대 경간장은 236m이었다. Metropolis교는 1974년까지는 최대 규모의 단순 트러스교로서 경간장이 220m이었다. 1974년 Pennsylvania Chester에 현수경간이 251m인 캔틸레버 트러스가 건설되었다. Hell Gate 아치교는 4개의 철도레일이 있는 철도교이다. 이 교량의 298m 주 경간은 당시 아치교로서는 최대이었다. Gustav Lindenthal의 지도로 설계된 이 교량은 그 당시까지 중량이 가장 많이 나가는 구조물이었으며, 이 교량은 뉴욕시의 East River에서 지금까지 뛰어난 위용을 자랑하고 있다.

세계적인 규모의 강아치교 두 개가 1930년대에 각각 건설되었다. 첫째는 1931년 준공된 New Jersey Bayonne 소재 Kill-van-Kull교로서 경간장이 504m이었다. 둘째는 경간장이 503m인 Sydney Harbor교로서 1932년에 완성되었으며, 도로-철도 겸용교이므로 첫째 교량보다 중량이 무거웠다.

이와 똑같은 시기에 California에 규모가 9.66㎞나 되는 샌프란시스코의 Oakland Bay교와 이중 현수교로서 최대 규모의 경간장 1,280m인 금문교(Golden Gate Bridge)가 건설되고 있었다. 첫째 교량은 1935년에 둘째 교량은 1937년에 완공되었다. Bay교의 거대한 중앙앵커 교각은 대단히 뛰어난 교량기술의 산물이다. 교각은 수면에서 73.2m의 높이를 지니고 있으며 드레징 웰(dredging well)을 갖는 케이슨으로 건설되었다. 금문교는 건설당시의 모든 기록을 보유하게 되었는데, 교량주탑은 227.4m 높이이고 각 주 현수 케이블은 직경 92cm인데다가 27,572개의 와이어로 구성되어 있다.

1930년대 전후에 유럽에서의 중요한 발전은 강바닥판 교량이다. 이 교량형식에서는 얇은 두께의 아스콘으로 피복된 강판이 교량의 바닥판을 구성한다. 강판은 종방향으로는 리브로, 횡방향으로는 일정간격의 가로보로서 보강이 된다. 이 형식의 대표적인 최초의 교량은 1950년대 건설된 독일의 Mannheim 소재 Kurpfalz교이다. 또 다른 대표적인 구조물은 경간이 75m-261m-75m인 Belgrade의 Save River교와 St. Louise의 미시시피강을 횡단하는 Poplar Street교이다. 샌프란시스코만 남단을 지나는 San Mateo-Hayward교는 중앙지간이 229m로서 이 형식으로 미국에서는 가장 긴 교량이다. 그리고 중앙경간이 300m인 President de Silver교는 Rio de Saneiro에 있다.

1960년대에는 현수교 형식의 교량에서 괄목할 만한 진전이 이루어졌다. 30년동안 금문교가 가지고 있었던 최대 경간 기록은 뉴욕항을 가로지르는 Verrazano-Narrows교에 의하여 깨졌다. 이 교량은 경간장이 1,299m로서 1965년에 개통되었다.

1957년 미시간주 Mackinac 해협은 중앙 경간이 1,158m인 거대한 현수교로 연결되었다. 그러나 총 연장은 2,560m로서 연장으로 보면 그 당시 세계최고이며 측경간도 통상적인 규모보다 크다. 1966년 영국에서 건설된 흥미있는 현수교인 Severn교는 설계상의 독특한 기법이 두 가지 있다. 즉 일반적인 보강트러스를 사용하지 않고 높이가 3.1m인 연속용접 강박스와 4차선 노폭의 바닥판으로 건설된 것이다. 이 박스는 비틀림 강성이 충분하였으며 풍동실험결과 일반적인 수직케이블 대신 경사케이블을 사용하여도 공기동력학적 안전성이 입증되었다. 중앙 경간 988m, 총 경간 1,597m의 이 교량은 경제적으로 우수한 설계이었다. 바닥판은 강바닥판으로 제작하였으며 상부에 아스콘 마모층이 있다.

1998년에 준공된 일본의 아카시대교(明石大峽橋)는 당시 최장 지간의 현수교이었다. 이 교량은 일본 혼슈의 고베와 아와지섬을 연결하며 총연장 3,911m (960m+1,991m+960m)에 중앙지간이 1,991m에 이른다. 리히터 규모 8.5의 지진과 초속 80m의 풍속에 견디도록 내진 및 내풍 설계가 되어있다. 유럽에서 최대 경간장을 갖는 교량은 덴마크의 두 주(主)섬을 연결하는 현수교인 Great Belt East 교로서 1997년 완공되었으며, 이 교량의 주탑의 높이는 254m이고 중앙지간은 1,624m이다. 현재 건설 중인 터키의 1915차나칼레대교(1915 Çanakkale)는 중앙 지간이 2,023m로 완공 시 세계 최대 지간 현수교가 된다.

한편 우리나라의 교량에서 최초의 강철교는 1900년에 완공된 한강철교 B선(총길이 628.9m)이다. 그 다음이 1911년에 만들어진 압록강철교이고 1944년에 만들어진 한강철교 C선은 3경간 연속 트러스 교량으로 매우 탁월한 강트러스 교량으로 이름나 있다.

1973년에는 육지와 남해섬을 연결하는 장대화 교량가설기술에 케이블을 국내 최초로 사용한 현수교 형식의 남해대교가 완성되어 우리의 교량가설기술이 세계수준에 도달하였다는 사실을 입증하였으며, 교량의 건설기술이 크게 발전했음을 보여주었다. 남해대교는 블록 정착식 현수교로 전장이 660m(128m+404m+128m)이다. 또한, 바다를 배경으로 하여 강상형 사장교 형식인 주지간장 345m(전장 484m)의 진도대교(1984년)와 주지간장 280m의 돌산대교(1984년)도 가설되었다. 이 외에도 서해고속국도상의 서해대교, 신공항을 연결하기 위한 고속국도상에 영종대교, 부산의 광안대교 등이 있다.

철도, 도로 병용 세계 최초의 2층 자정식 현수교인 영종대교는 2001년에 개통되었으며 전장이 550m(125m+300m+125m)에 달한다. 그 외에도 2003년 1월에 준공된 부산의 광안대교는 중앙지간 500m의 블록정착식 현수교이다. 또한 2000년 11월에 완성된 서해대교의 사장교 구간은 중앙지간 470m이며, 현재 국내에서 가장 긴 지간장(750m)을 갖는 사장교는 인천대교로 2009년에 완공 되었다. 2013년에는 주지간장이 무려 1,545m(총연장 길이 2,260m)인 이순신대교가 여수산업단지 진입도로 내에 완성되었다. 이 교량은 현수교 형식으로 세계에서 4번째의 지간장이며, 주탑의 높이가 270m에 달한다. 주지간장 1,545m는 이순신장군의 탄신 년도인 1545년을 의미한다.

1.2.4 강구조기술의 발전 동향

지금까지 강구조물은 콘크리트구조물에 비하여 고층, 장지간의 구조물과 같이 경량이면서 높은 내하력이 요구되는 구조물에서는 거의 지배적인 구조형식으로 사용될 정도로 절대적인 우위를 점해오고 있다. 그러나 최근에 신소재의 개발, 고강도 고성능 콘크리트 및 프리캐스트, 프리스트레스트 콘크리트 구조기술의 급격한 발전으로 인하여 종래에는 강구조물로만 가능하다고 생각되는 구조물의 영역이 위협받고 있는 것도 사실이다. 이에 따라 강구조분야도 강재성능의 고도화, 강구조기술의 현대화에 의한 계속적인 경제성 확보를 위하여 노력하고 있으며 시장 우위확보 및 점유를 위한 구조재료분야의 경쟁은 날이 갈수록 심화되고 있어 열가공제어강(TMCP강 : thermo mechanical control process), 무도장 내후성강, 내화강, 제진강판 등 신개발 강재의 발전이 크게 기대되고 있다.

▌철강재료

철강재료의 발달은 주철, 연철을 거쳐 20세기의 구조용 연강의 시대로 되면서 점차 각종 탄소강 및 합금강들이 개발됨으로써 그 강도는 40MPa에서 1,000MPa에 달하게 되었다. 또한 봉강은 인장강도가 380MPa에서 620MPa, 선재에서는 2000MPa 내외의 고강도를 사용하게 되었으며 일정한 조건에서는 페인트 유지관리를 필요로 하지 않는 무도장 내후성강의 개발, 신강재인 구조용 열가공제어강의 개발이 이미 이루어져 활용되고 있고 보다 더 고성능 강재의 개발이 활발히 진행되고 있는 실정이다.

무도장 내후성강 교량은 콘크리트 교량에 비해 강교량의 가장 큰 취약점으로 항상 대두되어 온 주기적인 재도장의 문제점을 해결할 수 있다는 점에서 각광받고 있다. 한편, 구조용 열가공제어강(TMCP강)은 저탄소량으로 고강도, 고인성이며 용접성 및 내진성이 우수하다는 점에서 최근 많이 쓰이고 있다.

한편 연결부의 경우 공장제작은 리벳접합에서 용접으로 바뀌고 현장가설은 핀이나 리벳접합에서 용접 혹은 고장력볼트접합으로 변천되었다. 이는 부재의 이음에서 응력의 전달은 연속적인 것이 보다 바람직하므로 핀, 리벳과 같은 불연속인 점에서 선의 접속(필릿용접) 혹은 연속적인 그루브용접으로 그리고 고장력볼트를 사용한 면접합으로 진보해온 것이다.

고장력 볼트접합은 현재 토목 및 건축의 강구조물 등에 가장 넓게 이용되고 있는 접합방법으로서 고장력볼트를 사용하여 큰 축력을 도입하여 발생하는 접합재 간의 압축력에 의한 마찰력으로 작용외력을 전달하는 것이 큰 특징이다. 따라서 고장력 볼트접합부에서는 보통 볼트 및 리벳을 사용한 접합부에 생기는 전단력의 국부적인 집중현상이 없으며, 응력전달이 원활하고 강성 및 내력이 크며 또한 반복하중에 대해서도 높은 피로강도를 발휘하는 장점이 있는 방법이다.

이와 같은 강철재료의 발달에 힘입어 현재 우리나라의 경우 강교가 전체 교량의 10%이내에 불과하지만 일본과 같이 강교가 40% 이상이 되는 선진국형으로 설계 및 제작, 가설기술의 첨단화가 이루어지면 일반 강교량은 물론 장대지간 강교량의 가설이 급증할 것으로 예상된다. 더구나, 용접성, 가공성, 내구성, 내마모성, 내박리성과 같은 고기능, 고성능 강재의 개발이 계속되고, 강구조의 설계, 제작, 시공기술이 선진화될수록 점점 더 초대형 건설프로젝트에서 구조신뢰도가 높으면서도 경제적이고 자동화와 효율적인 시공에 적합한 강구조물의 비중이 증대될 것이다.

▌해석·설계·시공 시 BIM 적용

강교량과 같은 강구조물을 설계하는 과정에서 해당 강구조물과 관련된 일련의 설계를 수행하고 시설물의 유지관리를 위한 정보를 구축하기 위해 여러 가지 소프트웨어가 사용된다. 1990년도 이전에는 펜을 사용하여 종이에 설계도면을 작성 하였고, 1990년부터 현재까지 약 20년 동안 대부분 2차원 CAD(Two Dimensional Computer Aided Design)가 가능한 컴퓨터시스템을 사용하여 설계도면을 작성하고 있다. 제품화된 강재를 활용한 설계인 경우에는 설계자동화가 활발하게 이루어졌다.

2차원 설계 CAD에서 발생하는 여러 가지 문제를 해결하기 위해 실제 현실 공간과 동일한 3차원 이상의 다차원 해석·설계를 컴퓨터로 구현할 수 있는 기술이 요구되고 있다. 3차원은 2차원공간의 평면좌표계에 좌표축을 추가시켜 3차원 이미지로 현실세계의 구조물을 표현할 수 있게 하는 것이고 4차원은 이러한 3차원 공간에 시간을 도입하여 시간의 흐름에 따라 이미지를 변화시키는 기술이다. 5차원은 시간이 도입된 4차원에 비용을 추가시키는 것이다. 3차원 이상의 해석·설계·시공이란 철문을 여는 열쇠로 정보기반의 BIM(Building Information Modeling)이 대두되고 있다. BIM은 기존보다 더욱 발전된 컴퓨터시스템을 이용하여 실제 현실세계와 일치하는 3차원, 4차원 모델링 기반으로 해석·설계·시공하는 과정 중에 발생하는 정보를 효과적으로 관리할 수 있게 도와준다. 이러한 BIM기반의 강구조물건설은 현실적이며 직관적이기 때문에 공사 참여자들이 프로젝트에 대해 이해하기가 쉽다. 3차원 형상 정보를 가지고 있기 때문에 해당 자재를 주문하는데 모델정보만 넘겨주면 된다. 3차원 기반으로 작성되고 2D 설계도면과 연동되기 때문에 2D 상에서 설계도면간의 불일치를 해결하고, 시뮬레이션을 이용해 시공과정을 미리 지켜봄으로서 공사 이해력이 증대된다. 설계변경 시 3D 기반의 모델만 수정하면 하위정보는 일괄적으로 수정되기 때문에 설계변경이 쉬워 유연하게 프로젝트를 진행할 수 있다. BIM은 이러한 업무의 비효율성을 제어하고 최적화함으로서 강구조물건설의 생산성을 향상 시키는데 도움을 준다. 이러한 측면으로 인해 BIM 분야의 표준화에서도 미국의 경우에 강구조분야에서 우선적으로 설계자와 제작자 사이의 의사소통은 CIS/2 (CIMSteel Integration Standards)를 통해 수행했고 최근에 SteelXML을 통한 정보교환을 추진하고 있다.

강교량 건설 프로젝트를 기획, 설계, 시공, 유지관리의 4가지 부분으로 구분하여 각각의 단계에서 발생하는 업무에서 얻어지는 BIM의 이점은 여러 가지가 있다. BIM은 기획단계에서 강교량 건설의 타당성검토, 발주자에게 설명하기 위한 프리젠테이션 작성, 조감도작성에 이용될 수 있다. 기본설계단계에서는 최적노선선정, 구조물 위치 및 형식 설정, 계략공사비 산정, 프로젝트 일정수립, 간략 설계도면작성, 계략적인 설계내역, 주요자재정보, 프로젝트 WBS정보, 해석 연동, 관련법 제도 정보, 발주자요구사항, 유사수행 프로젝트 정보에 이용할 수 있다. 실시설계에서는 발주처에 설계보고, 지질조사, 구조 및 수리 계산, 견적작성, 시방서 작성, 상세도면 작성 등에 이용될 수 있다. 시공단계에서는 자재주문 및 소요인력 산정에 이용될 수 있고 일일 보고서 작성에도 이용될 수 있다. 3D 프린터, CNC 가공 등에 활용되면서 digital manufacturing 기술에 능동적으로 활용된다. 유지관리 단계에서는 강교량의 보수이력과 모니터링 데이터를 저장하는데 사용하여 강교량의 손상이력, 노후화 등급평가 및 보수를 위한 비용산정에 활용될 수 있다. 강구조를 활용한 프로젝트의 모든 참여자들이 실시간 협업과 정보공유가 가능한 기반을 제공하기 때문에 강구조 분야 경쟁력의 핵심 기술로 자리매김하고 있다. 많은 국가에서 2000년 부터 BIM의 도입을 적극적으로 검토하고 이를 받아들여 사용함으로서 글로벌 시대의 기술 경쟁력을 키워나가고 있고 새로운 진입장벽의 역할도 하고 있다.

디지털 인프라 기술

구조물의 일반이론으로서 계산에 의한 처짐, 응력은 실물이나 모형에 의한 실측으로 그 정당성이 뒷받침 될 필요가 있다. 강구조물의 정·동적 구조특성치 및 건전성 파악을 위한 계측 모니터링기술(Health Monitoring Technology)은 스마트 센서와 계측기술의 발전으로 그간 장족의 발전을 해왔다. 그러나 아직 교량의 유지관리를 위한 계측 모니터링시스템은 미국, 일본 및 유럽 등 선진국가에서도 도입, 발전 단계에 있다. 국내에서는 주로 시공중의 계측과 구조물의 안전진단을 목적으로 하는 일시적 계측에 편중되어 있을 뿐만 아니라 많은 부분을 외국기술에 의존하고 있다. 또한 가장 중요한 부분이라고 판단되는 분석, 건전성평가, 의사결정 등의 분야에서는 구체적인 방법이 아직까지도 명쾌하게 정립되지 못하고 있는 실정이다.

최근 교량의 유지관리를 위해 수집된 데이터를 바탕으로 현재의 노후화 상태를 판단하고 최적의 보수, 보강공법을 선정하기 위한 의사결정의 전산화, 미래의 상태를 예측하여 적절한 대응을 하기 위한 방법에 대한 연구, 그리고 이를 전산화 유지관리 시스템에 적용하고자 하는 노력이 계속되고 있다. 특히, 하드웨어로서의 강구조물과 이를 그대로 가상의 물리적인 모델로 모사하는 디지털 인프라에 대한 수요가 급증하고 있다. 이를 위해 다양한 접근법이 시도되고 있는데 이러한 것들에는 구조계 특성 추정기법(SI : System Identification), 신경망(NN : Neural Network)이론, 인공지능(AI : Artificial Intelligence), 유전자 알고리즘(GA : Genetic Algorithm) 등이 있다.

건설분야의 시설물은 장주기 대상체이고 100년의 긴 역사를 통해서 다양한 여건 하에서 구조물이 어떻게 거동하고 열화나 손상이 이루어지는지를 관찰하고 기록하는 정보의 플랫폼이 요구된다. 영국, 싱가폴, 일본 등에서 추진하는 디지털 인프라 국가 정책은 이러한 관점에서 관심을 가지고 추진해야 한다. 국가적인 인프라 총량은 지속적으로 확대되고 노후 구조물의 급증은 이를 관리하는 예산 부담이나 안전에 대한 우려는 급속하게 확대될 것이다. 강구조물은 인프라의 역할과 국가 주요 자원의 의미를 동시에 가지기 때문에 이를 국가적으로 어떻게 파악하고 활용하는가는 매우 중요하다. 부식이나 피로가 가장 핵심적인 우려 사항임에도 불구하고 이를 현실적으로 점검하고 예측할 수 있는 충분한 정보는 실증을 통해 확보되지 못하고 있다. 노후 시설물의 급증이 이러한 정보의 필요를 시급하게 필요로 하고 있기 때문에 디지털 인프라의 구축이 강구조 분야에서 우선적으로 이루어질 필요가 있다.

1.3 철강의 성질

철은 원소기호 Fe, 원자번호 26이고 비중이 7.85인 금속원소 중의 하나이다. 원소기호의 Fe는 쇠를 뜻하는 라틴어 Ferrum에서 연유한다고 하며, 영어명 Iron은 라틴어 Aes(광석)를 어원으로 하는 것으로 알려져 있다. 철강재는 Fe를 주성분으로 하고 탄소(C), 규소(Si), 망간(Mn), 인(P), 유황(S) 등의 원소가 함유되어 있으며, 금속 조직학상으로 탄소함량에 따라 그 성질이 크게 변한다.

보통 주철의 탄소량은 2.0%~4.5% 정도이다. 이러한 주철은 전성이나 연성이 없으므로 받침이나 난간 등의 주입(鑄込)을 필요로 하는 단순 압력이나 비구조적 요소에 주로 사용된다. 이에 반해서 연철은 탄소의 함유량이 극히 적어 순철에 가까우며 유연하고 전연성(展延性)이 풍부하며 가공에 적합하다.

탄소강은 탄소의 함유량이 0.02~약 2% 범위를 갖는 철과 탄소의 합금을 일컬으며, 일반 구조용강은 0.04%~0.25%정도의 탄소를 함유한다. 일반적으로 강은 탄소의 함유량이 증가함에 따라 강도가 커지는 반면 취성이 증가하나, 최근 제조 공정에 따라 탄소 함유량을 증가시키고서도 충분한 강도와 연성을 확보하고 용접성도 좋게 유지시키는 제강 기술이 속속 개발되고 있다.

순수한 철은 질김과 가공성이 풍부한 금속으로, 연하며 압연(壓延)이 잘 되고 얇은 종이보다 더 얇은 판으로도 만들 수 있다. 용융점은 1,537℃이며, 비등점은 3,000℃보다 약간 낮다. 자연에는 철의 동위원소가 8종류 있으며, 그 중 원자량 56의 것이 가장 많이(91.64%) 존재한다.

높은 순도의 철은 금과 같이 공기 중에서 산화되지 않지만, 너무 연하여 강도가 없어 강구조재로는 부적합하다. 일반적으로 제철이라고 하는 거의 모든 철강제품은 사실상 강 또는 주철, 즉 철과 탄소의 합금으로 되어 있다.

철은 온도에 의하여 그림 1.1과 같은 면심입방(面心立方)과 체심입방(體心立方)의 결정형이 달라지는 소위 '카멜레온 금속' 중 하나이다. 고순도 철을 천천히 가열하여 어느 정도 온도에 도달하면 열은 가해져도 온도가 상승하지 않는 기묘한 현상(변태)이 나타난다. 그것은 결정의 변화에 에너지가 소모되기 때문이며 그림 1.2에 보인 바와 같이 처음에는 768℃(A2, 자기변태점), 두 번째는 910℃(A3, 동소변태점), 세 번째는 1,410℃(A4, 동소변태점)에서 일어나고, 마지막으로 1,537℃에서 용해된다. 768℃에서의 온도상승 정지는 알파(α)철(체심입방격자)이 자성을 잃고 베타(β)철이 되기 때문이며 910℃에서는 베타(β)철(체심입방격자)이 감마(γ)철(면

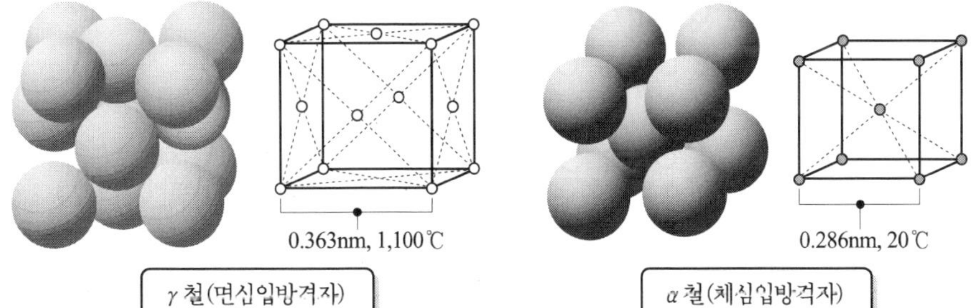

그림 1.1 철의 결정형

심입방격자)로 구조가 변화하기 때문에 일어난다. 1,410℃에서 이 감마(γ)철은 다시 구조변형을 하여 델타(δ)철(체심입방격자)이 된다. 다만 델타(δ)격자치수(격자상수라고도 함)는 알파(α)철의 경우보다 크다. 이들의 변화는 모두 에너지를 필요로 하므로 열이 연속적으로 가해져도 시편의 온도는 상승하지 않는 것이다.

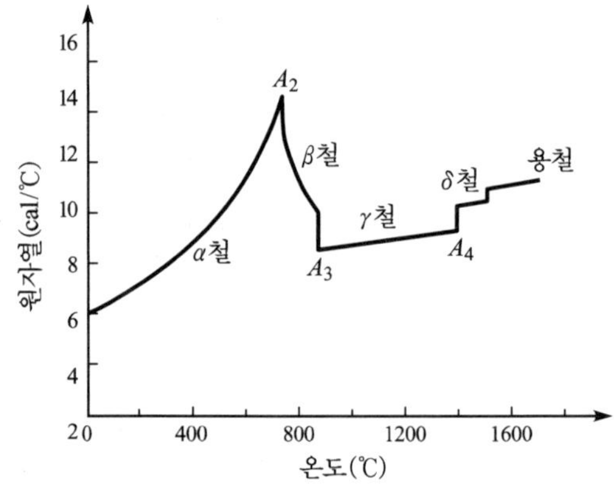

그림 1.2 **철의 결정형 변화**

철의 강도를 결정하는 탄소

고순도의 철은 연하기 때문에 기계나 건축물의 구조재로 사용하기에는 부적합하다. 여기에 강도를 주기 위해 탄소를 첨가한다. 즉, 목탄이나 코크스는 철을 단단한 강이나 주철로 변환시킨다.

주철과 대부분의 강은 철과 탄소의 합금이다. 철(Fe)에 0.05%~0.3% 탄소(C)가 함유된 것을 보통강이라고 부른다. 이중에서도 비교적 탄소량이 적은 강은 구조용강으로서 건설강재로 사용되거나 기계의 구조부분이나 주부재로 사용되며, 탄소량이 많은 것은 레일 등에 사용된다. 탄소량 0.7%~1.3%의 것은 공구강이라 하며, 금속가공용의 공구가 이것으로 만들어진다. 공구강은 담금질 열처리가 잘 되기 때문에 쉽게 단단해진다.

감마(γ)철 중에 용해 가능한 최대탄소량은 약 2%이며 이것보다 탄소를 많이 포함한 것은 강이라 하지 않고 주철이라 한다. 주철에도 여러 종류가 있으나 탄소의 대부분이 흑연의 형태로 포함된 것을 회(색)주철이라 하고 탄소가 철의 화합물(시멘타이트, Fe_3C)의 형태로 포함된 것을 '백주철'이라 한다. 회주철은 대단히 연하며 가공이 쉬우나 백주철은 단단하며 여린 성질을 갖고 있다.

주철의 용도는 매우 다양하다. 기계의 받침부분, 엔진몸체, 수도관 등 많은 것이 주철로 만들어진다. 비교적 저온에서 용해되며 주조가 용이하여 공원의 울타리나 조각에도 사용된다.

강재의 성분과 재질

강은 첨가원소에 의해서 성질이 변화한다. 가장 기본적인 원소 5가지 중에서 탄소(C)가 많으면 인장강도, 항복점, 경도 등은 커지나 신장율, 조임, 용접성 등이 저하된다. 규소(Si)의 경우 탈산제로서 사용되는데, 소량이면 가공성을 해치지 않으면서 강도를 약간 높여준다. 망간(Mn)의 경우도 탈산제로서 첨가되는데 강도, 인성 및 담금질특성은 좋아지나 냉간가공 특성이 저하된다. 인(P) 및 유황(S)은 편석이 생기기 쉽고 취성이 커지게 되고 충격치를 저하시키는 해로운 원소이다. 기타 원소로서 동(Cu)은 적은 양이지만 내식성을 증가시킨다. 알루미늄(Al)은 탈산제로서 사용되는데 품질을 좋게 해준다. 니켈 크롬이 들어 있으면 내열성, 내식성이 좋아진다.

이와 같이 첨가원소의 양을 가감하여 강의 역학적 성질이나 용접성 등의 특성을 높인 것을 비조질강(非調質鋼) 또는 성분조정강(成分調整鋼)이라 하고, 한국 공업규격 KS D 3515 SM계열 강재가 그 예가 된다.

강재의 성질은 원소의 조합이나 첨가량에 의해서 변하고 양이 지나치면 해롭고 값이 비싸지므로 성분 조정만으로 고장력강을 만드는 데는 한계가 있다. 보통 인장강도 550MPa급의 고장력강이 한도가 되며 이 이상의 고장력강은 제조의 공정과정에서 담금질 등의 열처리를 한 조질강(調質鋼)으로 만든다. 일반 SM계열 강재 중 SM460 강재가 여기에 속하며, 열가공제어강(TMCP)으로 제조되는 강재 등이 여기에 속한다.

한편 최근에는 첨가원소와 열처리를 동시에 적용함으로서 특정성능을 개선시킨 고성능강이나 복합성능을 개선시킨 고성능강도 계속 개발되고 있다.

1.4 철강의 제조

철강의 제조 공정은 그림 1.3과 같이 제선공정(iron-making process), 제강공정(steel-making process), 압연공정(rolling process)의 순서로 이루어진다.

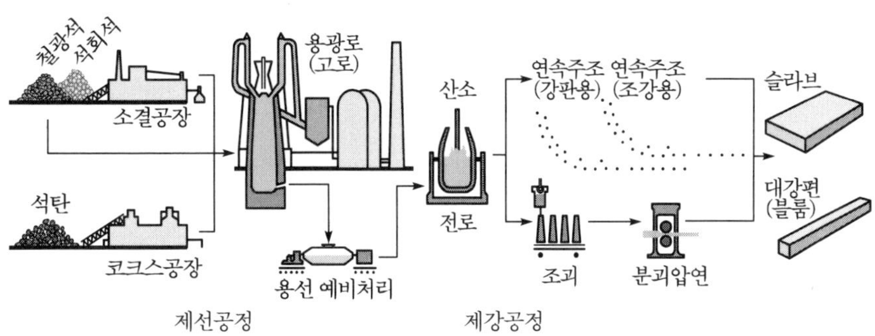

그림 1.3 제강공정도

1.4.1 제선공정

제선(製銑, iron-making)이란 고로에서 철광석을 넣고 코크스를 태워서 철광석 중의 산소를 분리하여 철(Fe)를 만드는 환원반응이며, 철강석, 코크스, 소결광, 열품, 산소를 원료로 하여 용선(Pig Iron) 또는 선철을 제조한다.

선철은 탄소(C) 함량이 높아 단단하지만 강하여 부서지기 쉬우며 가공이 어렵다. 선철은 강을 만들기 위한 원료와 주물재로 사용된다.

1.4.2 제강공정

제선공정을 거쳐 나온 선철은 탄소함유량이 많고 상당량의 인(P), 유황(S), 규소(Si)와 같은 불순물이 함유되어 있어 경도가 높고 취약한 성질이 있다. 이러한 선철을 잘 늘어나게 하면서 강인한 강으로 만들려면 다시 정련하여 탄소(C)의 양을 줄이고 유해한 불순물을 제거해야 한다. 제강(연주)공정은 제선에 나온 용선(Pig iron)을 전로(Ladle)에 담아 고압의 산소를 불어 넣고 용선 내의 불순물을 제거하고 합금원소를 조정하는 제강공정과 그림 1.4와 같이 생산반제품인 Slab, Bloom, Billet를 생산하는 연주공정으로 구성되어 있다.

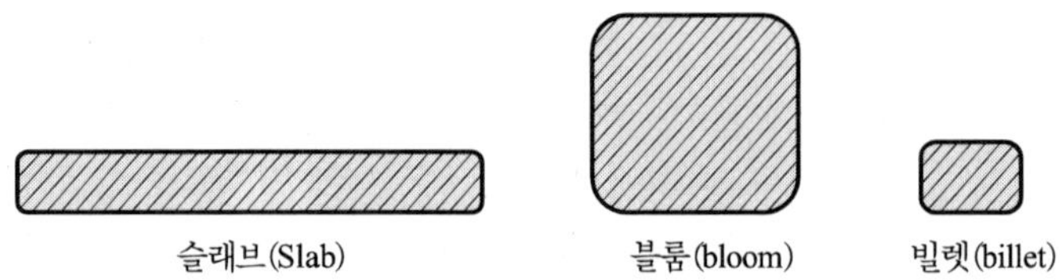

그림 1.4 연주공정으로 생산된 반제품

1.4.3 압연공정

제강/연주 공정에서 생산된 Slab, Bloom, Billet을 회전하는 대형 롤(Roll) 사이를 통과시키며 가압하여 두께와 폭을 감소시키고 길게 늘려 판재/선재 등의 강재제품을 만드는 과정을 압연공정이라 한다. 압연공정을 통해 나오는 강재는 열연, 후판, 냉연, 전기강판, 선재 등으로 구분된다. 소성가공의 목적은 원하는 형상으로 형태를 변화시키는 것뿐만이 아니라 가공경화에 의한 강도향상이나 주조조직을 파괴시켜서 조직을 균질화시키는 효과를 얻는 것도 중요한 목적 중 하나이다.

강의 소성가공에는 열간가공(hot working)과 냉간가공(cold working)의 2가지 방법이 있다. 열간가공은 Slab, Billet를 1,100~1,300℃로 가열하여 재결정온도 이상에서 압연하는 것으로 Slab를 압연 시 열연코일, 후판을 생산하며 Billet으로부터 선재를 생산한다. 냉간가공은 열연코일을 재결정온도 이하의 온도(상온)에서 압연하여 냉연코일 및 전기강판을 생산한다.

❙ 압연일반

1) 열간압연

압연에 의한 방법은 그림 1.5와 같이 소요의 온도로 재가열된 강괴 또는 강편과 같은 소재를 서로 반대로 회전하는 2개의 롤(roll) 사이에 끼우고 롤의 간격을 점차 좁히면서 연속적인 힘을 가하여 늘리거나 얇게 성형한다. 마치 밀가루 반죽을 방망이로 미는 것과 같은 원리이며 이 방법으로 만들어진 제품을 압연강재라 한다.

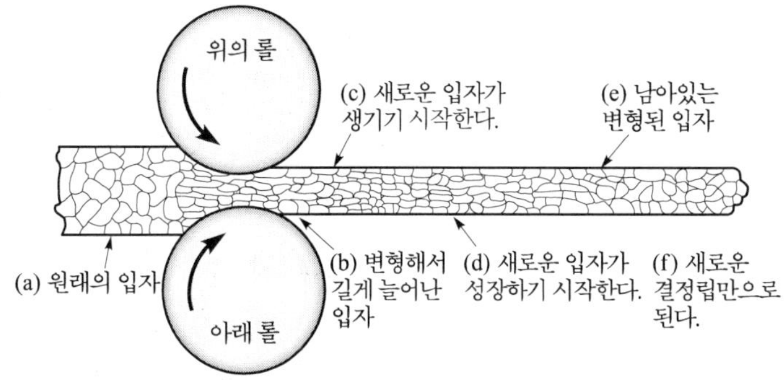

그림 1.5 압연의 원리

2) 냉간가공

열연코일의 표면 산화피막을 제거한 후 상온상태에서 압연하여 냉연코일을 생산하는 공정으로 일반적으로 두께 3mm 이하 수준의 코일로 생산된다. 강을 냉간가공하게 되면 강도와 경도가 대단히 증가되나, 연신율은 감소하게 되는 가공경화(work hardening) 또는 변형경화(strain hardening) 현상이 발생할 수 있어 가공도중에 풀림(소둔: Annealing)처리를 하여 연화시킨다. 냉연강판은 이후 ~~용융~~아연도금 또는 전기아연도금 공정을 통해 내식성을 향상시킨다.

후판의 압연공정

일반적인 후판(Plate)제조 공정은 다음과 같다.

가열(Reheating furnace)→ 조압연(Roughing mill)→ 사상압연(Finishing mill)→ 가속냉각(Accelerated cooling)→ 열간교정(Hot leveller)→ 냉각(Cooling bed)→ 절단 및 열처리 (cutting & heat treatment furnace)→ 표시 및 검사(Marking & inspection) →냉간교정 및 초음파검사(Cold leveller & UT)→ 운송

열연코일(Coil) 압연공정

열연제품은 일반적으로 연속 열간압연기(hot strip mill)에 의하여 제조된 코일상태로 감긴 강판을 말한다. 연속주조 또는 분괴압연에 의해서 제조된 슬래브를 재가열 한 후, 고압 냉각수로 스케일을 제거하면서 조압연기 및 다듬질압연기에서 고속으로 압연하고 코일상태로 감는다. 열연제품의 종류에는 열연코일, 열연강판(HR Plate), 무늬강판(Checkered coil) 등이 있다.

열처리

고강도강, 후물재 등은 강재 조직의 균질화, 미세화, 내부응력제거, 탄화물의 석출을 촉진시켜 내부품질 개선을 위해 열처리를 할 수 있다. 강재에 열처리하는 경우 그 기호는 다음과 같으며 강종의 기호 끝에 부기한다. (노멀라이징: N, 퀜칭-템퍼링: QT (표기 예 : SM355CN)

1) 불림(Normalizing)

강의 조직을 균일화하여 가공을 용이하게 하고 결정립을 미세화하여 기계적 성질을 향상시기 위한 공정으로 변태점 이상의 적합한 온도(A3, Acm선 30~60℃ 이상)로 가열한 후 대기 중에서 냉각한다.

2) 담금질(Quenching)

고온 가열한 재료를 물, 기름, 폴리머 용액 또는 염 등에서 급속히 냉각하여 강도를 증대시키기 위한 열처리 공정으로 결정조직의 미세화로 강도와 경도는 증가하나 가공성은 불량하며 오스테나이트 온도로 부터 강을 급랭하여 마르텐사이트로 변태시켜 강을 경화한다.

3) 뜨임(Tempering)

담금질한 강은 내부응력으로 가공성이 불량하므로 인성을 높히고 강도는 감소시켜 가공성을 부여하는 열처리 공정이다. 템퍼링 처리는 변태점(A1) 이하의 적당한 온도로 가열 후 서냉하여 인성을 증가시키고 경도를 낮게 한다. 또한 담금질 응력 제거 및 치수 안정성 확보, 기계적 성질을 조정하여 경도, 인장강도, 항복강도 감소 및 연성, 인성이 증가한다.

연습문제

1.1 강구조의 주요 장점과 적용 시 유의하여야 할 점에 대해 기술하시오.

Design of Steel Structures

제2장 강 재

2.1 강재의 역학적 성질

2.1.1 응력-변형률 관계

강재의 기계적인 성질은 구조물의 강도를 결정하는 매우 중요한 성질로서, 이를 알아보기 위한 가장 유용한 방법은 응력-변형률 곡선을 이용하는 것이다. 응력-변형률 곡선은 KS B 0802에서 정하는 시험편의 크기, 재하방법 및 재하속도 등이 표준화된 인장시험을 통해 얻어진다.

그림 2.1은 탄소강(연강, mild steel)의 인장시험을 통한 응력과 변형률의 관계를 나타낸 것이다. 곡선의 변화에 따라서 탄성 영역(elastic range), 소성 영역(plastic range), 변형률경화 영역(strain hardening range), 파괴 영역(necking and failure range)으로 나누며, 각 구간의 특징은 다음과 같다.

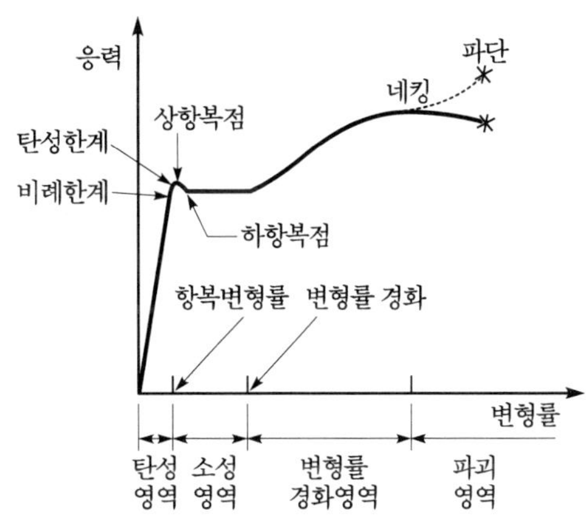

그림 2.1 탄소강(연강)의 응력-변형률 곡선

- 탄성 영역 : 응력(stress)과 변형률(strain)이 선형비례하는 영역
- 소성 영역 : 응력의 증가 없이 변형률만 증가하는 영역
- 변형률경화 영역 : 소성영역 이후 변형률이 증가하면서 응력이 비선형적으로 증가되는 영역
- 파괴 영역 : 변형률은 증가하지만 응력은 오히려 줄어드는 영역으로 파단 직전 네킹(necking)현상에 의하여 단면적이 현저하게 감소한다.

그림 2.2는 탄소강(연강), 구조용 합금강과 열처리강의 응력-변형률을 비교한 것이다. 여기서 나타난 바와 같이 연강의 경우는 항복점이 명확한데 비하여 구조용 합금강이나 열처리강의 경우는 항복점이 명확하지 않다. 응력-변형률 곡선으로부터 관찰되는 중요한 강재의 기계적 성질은 다음과 같다.

- 비례한도(proportional limit) : 응력과 변형률이 비례하여 선형관계를 유지하는 한계 응력을 나타낸다. 응력과 변형률 사이에 후크의 법칙이 성립되는 구간이며, 이 때의 변형률에 대한 응력의 비를 강재의 탄성계수 E 라 한다. 강재의 탄성계수는 210,000 MPa을 기준값으로 한다.

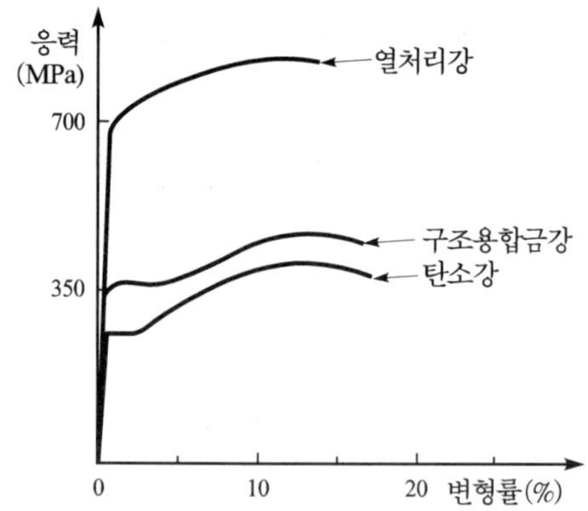

그림 2.2 **탄소강(연강), 합금강과 열처리강의 응력-변형률 곡선 비교**

- 탄성한도(elastic limit) : 하중을 비례한도 보다 조금 높은 응력까지 높인 후 하중을 제거하였을 때 원점으로 되돌아가는 지점을 탄성한도라 한다.
- 항복점 : 금속재료의 항복점은 응력의 증가없이 변형률이 크게 증가하기 시작하는 지점의 응력을 말한다. 상항복점과 하항복점이 있다.
- 항복강도(F_y) : 강재의 항복강도는 하항복점을 의미한다. 그런데 구조용 강재에 따라서는 응력-변형률 곡선에서 항복점이 뚜렷하지 않을 경우는, 그림 2.3에 보인 바와 같이 제하(unloading) 시에 0.2%의 영구 변형률을 가지는 점의 응력을 항복강도(F_y)로 정의하거나, 0.5%의 총변형률에 해당하는 응력을 항복강도로 정의하기도 한다.
- 인장강도(F_u) : 인장강도는 인장시험에서 시험편이 받을 수 있는 최대응력, 즉 변형률경화 영역의 최대응력을 가리킨다.
- 항복비(yield ratio) : 항복비는 인장강도에 대한 항복강도의 비로 정의된다.
- 전단탄성계수(G) : 비례한도 내에서의 전단변형률에 대한 전단응력의 비를 전단탄성계수라 한다. 탄성계수와 전단탄성계수 사이에는 다음과 같은 선형적인 비례관계를 가진다. 여기서 ν는 포아송비이며 강재의 $\nu=0.3$이다.

$$G=\frac{E}{2(1+\nu)}=81{,}000\text{MPa} \qquad (2.1)$$

- 연성(ductility) : 재료가 하중을 받아 항복 후 파괴에 이르기까지 소성변형을 할 수 있는 능력을 연성이라 한다.
- 연신률 : 인장시험편의 파단 후의 표점간 거리와 시험전의 표점간 거리의 차이를 시험 전의 표점간 거리에 대한 백분율로 나타낸 것이다.
- 인성(toughness) : 인성은 재료의 변형에너지를 흡수할 수 있는 능력을 의미한다. 그림 2.4에 나타낸 바와 같이 응력-변형률 곡선에서 면적으로 정의되며 인성은 재료의 강도와 연성에 의하여 결정된다. 노치인성은 노치(notch)가 있는 재료의 취성파괴에 대한 저항능력을 의미한다. 그리고 파괴인성은 낮은 온도나 고속재하의 조건에서 큰 소성변형이 반복적으로 작용하는 경우에는 강재는 충분한 에너지 흡수를 못하고 점성도 없이 파단되는데, 이러한 파괴에 관한 특성을 파괴인성이라 한다.

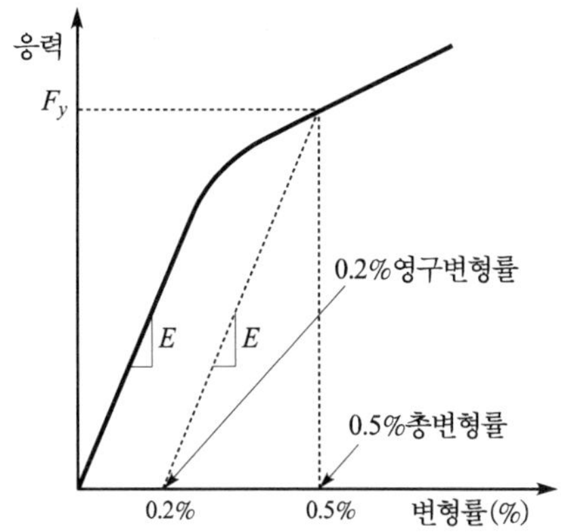

그림 2.3 **고강도강의 항복강도**

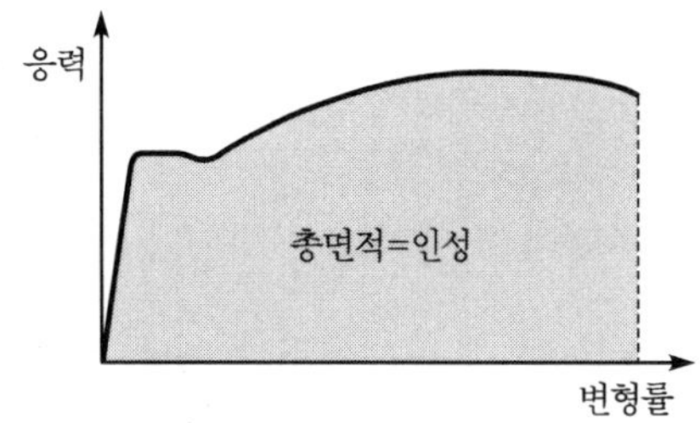

그림 2.4 **인성**

- 충격강도 : 강재에 충격력이 가해지면 정적인 시험에 비해 변형속도가 매우 빠르므로 강재가 충분히 변형할 여유가 없이 파괴한다. 연성파괴하는 재료도 결함이 있으면 충격력을 받아 취성파괴 할 수도 있다. 이 때의 강도를 충격강도라 하며, 보통 샤르피(Charpy)충격시험기를 이용하여 KS B 0810에 따라 시험한다.

2.1.2 충격 및 반복하중에 대한 강재의 특성

일반적인 단조(monotonic)재하 하중조건에 대한 강재의 거동은 2.1.1절에서 소개된 응력-변형률 곡선과 같다. 그러나 충격하중, 반복하중 등에 대해서는 다른 형태의 거동 및 파괴 양상을 나타낸다.

1) 취성파괴(brittle failure)

부재의 응력이 탄성한계 내에서 충격하중에 의하여 갑자기 파괴되는 것을 취성파괴라고 한다. 취성파괴는 주위 온도의 저하로 인해 부재의 인성이 감소되어 에너지 흡수능력이 저하되는 경우와 하중의 갑작스런 집중(충격하중)이 취성파괴의 외적 요인이라 할 수 있고, 부재의 가공이나 접합 시의 결함으로 인해 생긴 균열 등은 내적 요인이라 할 수 있다.

강재는 사용조건 하에서 취성파괴가 일어나지 않도록 충분한 인성을 지녀야 한다. 강재의 노치인성은 노치가 있는 상태에서 소성적으로 변형할 수 있는 능력으로 정의할 수 있으며, 노치인성은 사용온도, 하중속도, 강재의 두께 및 성분, 열처리 여부와 관련이 있다. 취성파괴의 가능성을 높이는 몇 가지 요인을 살펴보면 다음과 같다.

- 고강도 강재의 사용
- 강재두께의 증가
- 사용온도의 저하
- 응력집중의 가능성을 증가시키는 부재들의 복잡한 배열
- 용접사용의 증가

강재두께의 증가에 의한 취성파괴는 볼트로 연결된 구조물에서도 일어날 수 있

지만 미숙한 용접으로 인한 초기 결함이 취성파괴의 주원인 중 하나가 된다.

취성파괴는 여러 종류의 결함으로부터 시작된다. 복잡한 대형구조물에는 일반적으로 균열이 존재하는데, 제조과정 및 검사를 철저히 함으로써 초기에 결함의 크기를 줄일 수 있으나, 롤링, 절단, 드릴링 및 용접에 따른 미세한 균열은 어쩔 수 없이 존재한다. 만일 균열의 크기가 시간 및 응력에 따라 커진다면 최종적으로 구조물은 취성파괴로 붕괴될 것이므로 설계자, 검사자, 제작자 모두 결함의 크기가 허용치 이내가 되도록 주의를 기울여야 하며 균열의 크기가 증가하는 조건에 대해서도 신경을 써야만 한다.

취성파괴를 방지하기 위해 설계 및 제조과정에서 필요한 요소는 다음과 같다.

- 최종적으로 처리된 강재에는 결함이 제한되어야 하므로 세심한 제조과정 및 검사가 필요하다.
- 모든 강재는 파괴인성이 충분해야 하며 실 구조물에 사용되기 전에 반드시 시험을 거쳐야 한다.
- 결함부에서 응력확대계수가 클수록 균열의 전파가 빨라지기 때문에 구조용 강재는 충분한 파괴인성을 가져야 한다. 고강도 강재로 설계하면 취성파괴의 가능성이 커지므로 고강도 강재는 강도증가에 따라 적절한 노치인성을 가져야 한다.
- 피로는 결함의 크기를 증가시킨다. 따라서 하중반복횟수가 많은 경우에 대해서는 낮은 응력에 대해서도 적절한 규정을 두어야 한다.
- 균열강도는 온도가 떨어짐에 따라 저하된다. 따라서 사용온도가 낮은 구조물에 대해서는 더 많은 주의가 필요하다.
- 강재의 두께가 두꺼우면 응력이 3차원으로 생겨 파괴가 변형률에 지배되므로 재료의 노치인성은 감소한다. 이러한 현상은 강재의 재료특성이 변하더라도 마찬가지다.
- 강재의 균열의 노치인성은 하중속도가 빠를수록 감소하므로 충격응력을 받아야만 하는 부재는 취성파괴의 가능성이 더욱 크다.

2) 피로(fatigue failure)

정적강도보다 상당히 작은 외력의 반복 작용에 의해 균열이 발생하여 진전하는 현상을 피로파손(fatigue failure) 또는 간략히 피로라고 한다. 재료의 최종적인 피로파괴(fatigue fracture)는 피로파손의 최종단계로서 안정(sub-critical) 균열성장 과정이라고도 한다. 반면, 취성파괴 또는 연성파괴와 같이 에너지 불안정(취성파괴) 또는 소성 불안정(연성파괴)에 의해 균열이 급격하게 성장하는 불안정 균열성장 과정도 있다.

안정 균열성장 특성을 잘 나타내는 것이 강재 등과 같은 연성재료인데, 이와 같은 재료는 균열이 발생한 경우에도 충분한 인성을 갖는 것이 큰 특징이라고 할 수 있다. 일반적으로 활하중에 의해 강교량에 발생하는 응력 크기는 강재의 정적강도와 비교하여 상당히 작은 경우가 대부분이다. 따라서 미소피로균열의 발생이 부재나 구조물 전체의 붕괴로 즉시 이어지는 것은 아니므로 피로균열의 초기단계에서 적절한 대책을 강구함으로서 최종적인 불안정 파괴에 대해 충분한 안전성을 확보할 수 있다.

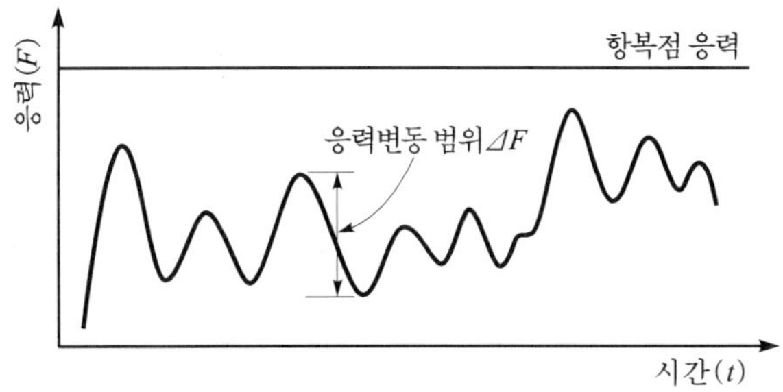

그림 2.5 응력의 변동범위

피로강도는 하중의 반복횟수, 상세범주, 응력변동 범위에 의해 결정되며 응력변동 범위는 일반적으로 그림 2.5와 같이 정의된다. 그러나 응력범위가 일정한 수준 이하인 경우에는 피로파괴가 발생하지 않으며 이를 피로한도(fatigue limit)라고 한다. 반복하중의 응력진폭이 일정한 경우와 변화하는 경우에 따라 피로강도와 피로한도는 변한다.

응력범위 이외에도 구조물이나 이음부의 형상, 용접결함, 잔류응력 등도 피로강도에 큰 영향을 미치는 인자가 된다. 그러므로 강교의 경우 각국의 시방서에서는 위에서 기술한 영향요인들을 고려하여 각국 고유의 피로설계지침을 제정하여 각종 연결상세에 대한 기본 허용응력범위를 설정하고 이러한 연결부에서의 피로특성을 충분히 고려하는 피로설계지침을 체계적으로 제시하고 있다. 이와 같은 피로설계지침에 의거하여 체계적으로 설계되고 결함 없이 정밀 시공된 강구조물은 피로에 내해서도 충분한 안선을 확보할 수 있는 것으로 보고되고 있다.

또한, 피로강도의 중요한 특성으로 고려하여야 할 사항으로는 강재의 피로강도는 모재의 인장강도가 증가함에 따라 증가한다는 것이다. 그러나 용접이음부의 피로강도는 사용강재의 정적강도와는 거의 무관하며 경우에 따라서는 고강도강의 피로강도가 저강도강의 피로강도보다도 낮게 되는 경우도 있다. 그러므로 강교량의 피로설계에서는 이와 같은 피로특성을 고려할 필요가 있다.

2.1.3 온도에 따른 강재의 성질 변화

앞에서 기술한 강재의 성질은 주로 상온에서의 강재의 성질에 관한 것이다. 그러나 화재나 용접 또는 기후의 변화 등으로 인한 주변의 급격한 온도 변화가 발생할 경우 강재의 성질은 상온에서의 성질과는 큰 차이를 나타낸다.

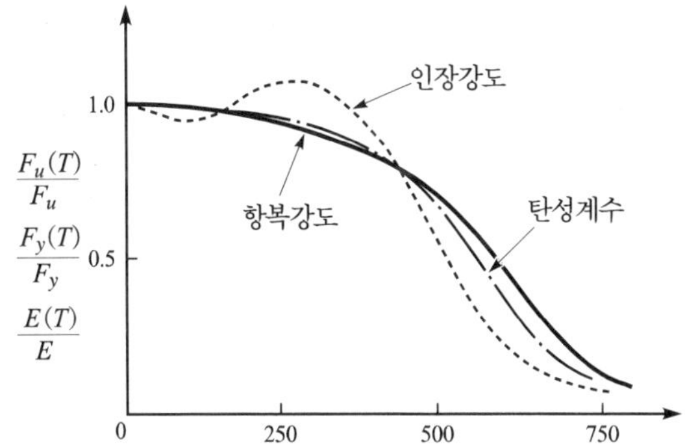

그림 2.6 강도, 강성과 온도와의 관계

1) 고온에서의 거동

실제 강구조물이 상온보다 높은 온도에 노출되는 상황은 화재가 발생한 경우이며 이러한 고온에서는 강도와 강성이 변화한다. 그림 2.6은 고온에서의 인장강도(F_u), 항복강도(F_y) 및 탄성계수(E)의 변화를 나타내고 있다. 약 130~200℃까지는 큰 변화가 일어나지 않으나 약 200℃를 초과하면 강재의 거동은 비선형적인 특성을 나타낸다. 온도가 증가함에 따라 강도와 강성이 저하되고 약 500℃ 이상에서는 심한 변화가 시작된다.

인장강도는 100~300℃ 사이에서 변형률 노화현상(strain aging)에 의해서 일시적으로 소폭 증가하는 특이한 현상을 보이나, 그 이상의 온도에서는 강도가 감소하며 약 600℃ 정도에서 인장강도와 항복강도는 상온에서 강도와 비교하여 절반 정도로 감소된다.

탄성계수의 변화는 강재 변형과 직접적인 관계가 있으므로 매우 중요하다. 600℃ 정도에서의 강성은 상온에서의 60% 정도로 감소된다. 또한 온도가 250~300℃의 온도에서는 강재의 크리프(creep) 현상도 증가된다.

2) 저온에서의 거동

일반적으로 강재는 온도가 낮아짐에 따라 인장강도, 항복점, 탄성계수는 증가하며, 연성, 단면수축 인성은 급격히 감소한다. 또한 천이온도 이하에서는 물리적인 성질이 바뀌며, 노치나 균열 등의 결함이 있는 부재에 충격하중이 작용하면 취성파괴가 일어난다. 또한 연성과 인성이 감소함에 따라 변형 능력이 줄어들어 결국 취성파괴와 같은 현상이 일어나기 쉽다.

2.1.4 강재의 역학적 성질 시험

구조용 강재의 주요 역학적 성질은 항복점, 인장강도, 연신율, 충격흡수에너지 등이며, 시험방법은 한국산업규격 금속재료 인장시험방법(KS B 0802)과 금속재료의 충격시험방법(KS B 0810)에 따른다. 시험의 주된 목적은 각각의 재료에 대하여 강도 및 강성 특성을 밝혀 구조물의 설계, 제작을 위한 기초 자료를 제공하는 것이다. 따라서 재료의 용도에 따른 적절한 시험을 실시하고 그 측정 정밀도를 높여서 정확한 데이터를 얻을 필요가 있다. 표 2.1에 요약한 강재의 역학적 성질 시험방법 중에서 강재의 몇 가지 표준 시험방법의 기초개념을 간략하게 소개하면 다음과 같다.

표 2.1 역학적 성질 시험방법

품질특성 항목		시험방법
재질	강도, 연성, 가공성	인장시험, 굴곡시험
	인성	샤르피충격시험
	내 층상박리	Z방향 인장시험
	내마모성	경도시험
용접성	용접강도	용접 열영향부 최고경도시험
	용접균열성	용접 crack 시험
	강도, 인성, 파괴인성	모재시험과 동일

그림 2.7 인장시험기

인장시험(KS B 0802)

인장시험은 인장시험기(그림 2.7)를 사용하여 그림 2.8과 같이 가공한 시험편들을 서서히 인장하여 항복응력, 인장강도, 연신율 등을 측정하는 것으로 구조용 강재의 역학적 성질을 파악하는데 가장 적합한 시험이다. 정하중 하에서 실시하며, 공업재료의 역학적 성질을 조사하는 재료시험 중 가장 기본적이고 중요한 시험으로서 그림 2.1과 같은 응력-변형률선도를 얻을 수 있다.

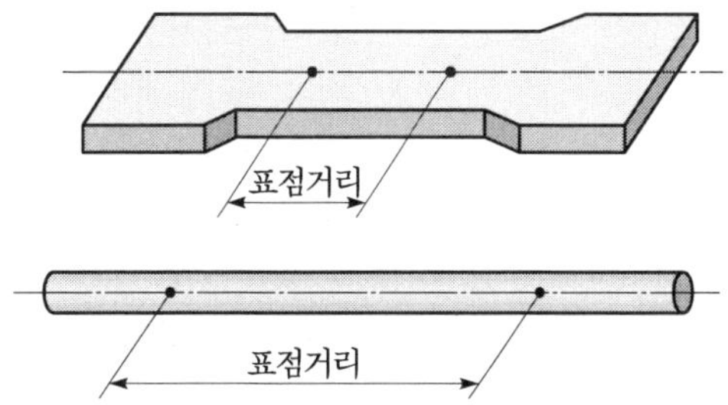

그림 2.8 강재의 인장 시험편

충격시험(KS B 0810)

인싱은 강새가 파괴에 서항하는 능력으로서 파괴에 이르기까지의 에너지흡수 능력을 의미한다. 충격력에 대한 저항은 저온이거나 충격으로 인하여 재료가 취성화되어 취약해지는 성질을 아는 데 특히 중요하다. 강판에 충격을 가하여 파단되는데 필요한 에너지를 측정하는 시험으로 샤르피충격시험(Charpy V-Notch)이 가장 많이 적용되는데 동일 온도에서 3개의 시편을 시험하여 그 평균값을 기준으로 판정한다. 단위는 Joule(J)을 사용한다.

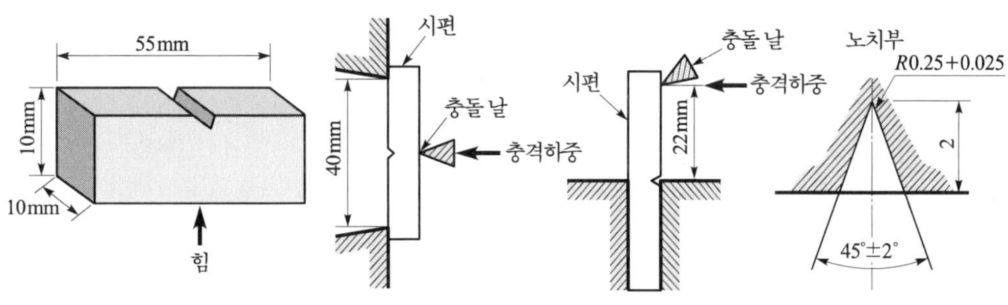

그림 2.9 샤르피충격시험

1) 샤르피충격시험(Charpy V-Notch)방법

샤르피충격시험기를 이용하여 그림 2.9와 같이 V-notch를 갖는시험편을 40 mm 떨어져 있는 두 개의 지지대로 지지하고 시험편의 V-Notch 부를 지지대 사이의 중앙에 놓아 뒷면을 해머로 1회 충격을 주어 시험편을 파단하여 흡수에너지, 충격지, 전이온도를 측정하는 시험을 말한다.

2) 샤르피흡수에너지

샤르피충격시험기를 사용하여 시험편을 파단하는데 소요되는 에너지(Joule)를 말하며 샤르피흡수에너지가 크다는 것은 외부의 충격에 저항할 수 있는 강재의 성질이 우수하다는 것을 의미한다.

3) 샤르피충격치

샤르피흡수에너지(Joule)를 시험편의 V-Notch부 단면적(cm^2)으로 나눈 값(J/cm^2)이다.

4) 천이온도(transition temperature)

시험편을 여러 가지 온도로 시험하였을 때 흡수에너지가 급격하게 저하 (또는 상승)하거나 파면의 겉모양이 연성에서 취성(또는 취성에서 연성)으로 변화하는 시점의 온도를 말하며 천이온도가 낮을수록 저온용 강재로 적합하다.

굽힘시험(KS B 0804)

강재의 굽힘시험은 휨강도를 조사하기 위한 것이 아니고 가공성을 알기 위한 것이다. 시험편은 재료의 종류에 따라 규정된 치수의 원형 또는 사각형 강재 단면을 그림 2.10과 같이 압력을 가하여 구부리고 만곡부 외부의 파열 여부를 관찰한다.

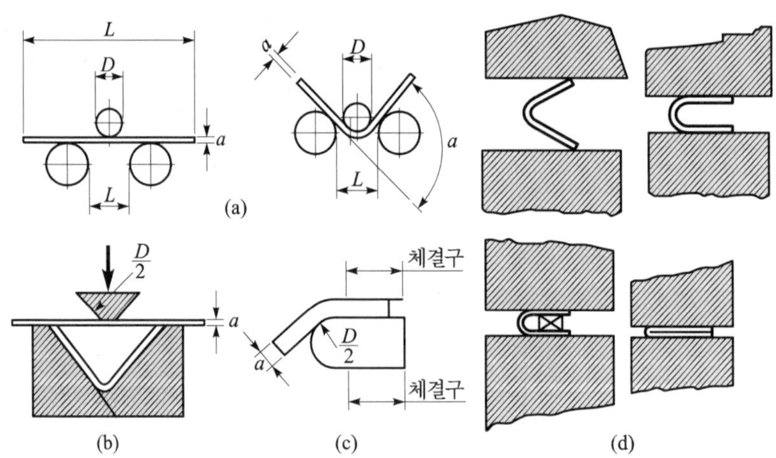

그림 2.10 강재의 굽힘시험

경도시험

재료의 경도를 조사하는 시험이며 형태나 치수에 대한 조건이 많지 않은 작은 시험편으로 시험할 수 있으므로 간편한 재료시험에 널리 실시된다. 그 종류로는 일정한 압입(押入)물체를 규정된 하중으로 시험편 표면에 눌러서 생기는 오목부의 크기로 경도를 표시하는 압입경도시험과, 일정한 치수의 해머를 일정한 높이에서 시험편 표면에 떨어뜨려 충돌 후의 반발 높이로 경도를 나타내는 반발경도시험이 있다.

이 시험법은 모두 기본적으로는 재료의 변형에 대한 저항을 측정하고 있으나 변형시키는 방법, 변형 정도나 결과의 표시방법에 따라 측정값이 다르다. 압입경도의 형식으로는 브리넬 경도(KS B 0805), 로크웰 경도(KS B 0806), 비커스 경도(KS B 0811)가 있으며, 반발경도의 형식으로는 쇼어 경도(KS B 0807)가 있다.

2.2 강재의 화학적 성분과 특성

2.2.1 화학적 조성에 따른 강의 분류

강재를 구성하는 화학적 구성 요소는 표 2.2와 같다. 강재는 대부분 철로 구성되며 철 이외의 성분은 극소량이다. 하지만 철 이외의 이러한 극소량의 성분이 강재의 재료적 성질을 좌우한다.

표 2.2 강재의 화학적 성분

종 류	함유량	특 성
철(Fe)	98% 이상	강재의 대부분을 차지하는 구성요소이다.
탄소(C)	0.04~2%	강재에서 철 다음으로 중요한 요소이며 탄소량이 증가하면 강도는 증가하나, 연성이나 용접성은 떨어진다. 따라서 강재에서 탄소량은 강재의 성질에 결정적인 영향을 미친다.
실리콘(Si)	0.4% 이하	강재에 주로 사용되는 탈산제 중 하나이다.
망간(Mn)	0.5~1.7%	탄소와 비슷한 성질을 가지며, 강재의 등급에 따라서 원하는 강재의 성질을 얻기 위해 탄소와 복합적으로 사용한다. 산소, 황과 함께 열간압연과정에서도 필요한 원소이다.
인(P), 황(S)	0.05% 이하	두 물질은 공통적으로 강재의 취성을 증가시켜 바람직하지 못한 성질을 가져온다. 따라서 강재의 성분비에서 일정량 이상이 사용되지 못하도록 규제하고 있다.
구리(Cu)	–	강재의 주요한 부식 방지제 중 하나이다.
크롬(Cr)	–	니켈, 구리와 함께 부식을 방지하기 위해서 쓰이는 화학성분이다. 따라서 스테인리스강에는 주요 구성성분이 된다.
니켈(Ni)	–	강재의 부식방지를 위해 사용되며 저온에서 취성파괴에 대한 인성(fracture toughness)을 증가시키는 역할을 한다.

탄소강 (carbon steel)

탄소강이란 보통 0.04~1.70 % 정도의 탄소를 포함하는 철과 탄소의 합금으로 탄소의 함유정도에 따라 저탄소강($C < 0.2$ %), 중탄소강($0.2 \le C < 0.5$ %), 고탄소강($C \ge 0.5$ %)으로 분류된다. 용융 상태에서 탄소는 전부 강 속에 용해되어 있으나 서서히 냉각시키면 온도 및 탄소의 농도에 따라 조직성분이 변화한다.

탄소강의 성질은 탄소량에 따라 변화하며 탄소량이 증가할 경우 비중, 선팽창계수는 감소하고 비열, 전기저항성 등은 증가한다. 또 인장강도, 항복점 및 경도는 탄소량과 함께 증가하고 신장, 충격치는 감소한다. 탄소량이 0.5 % 미만일 때에는 열처리가 역학적 성질에 미치는 영향이 적으나 탄소량이 0.5 % 이상인 고탄소강에서는 열처리의 영향이 뚜렷하며, 때로는 그 용도로 인하여 공구강이라고도 한다. 탄소강을 함유량 및 용도에 따라 분류하면 일반적으로 표 2.3과 같다.

표 2.3 탄소강의 분류

강종 No.	강이름	탄소함유량(%)	인장강도(MPa)	연신율(%)	용 도
No.1	극연강	<0.12	<370	25~20	강선
No.2	연 강	0.13~0.20	~430	22~18	교량, 선박, 보일러, 건축재
No.3	반연강	0.21~0.35	430~490	20~16	조선, 레일, 보일러
No.4	반경강	0.36~0.50	490~590	15~12	구조용 샤프트
No.5	경 강	0.51~0.80	590~690	12~9	샤프트류, 공구, 건축재
No.6	최경강	0.81~1.70	>690	8~6	공구, 스프링, 샤프트

구조용 합금강 (high-strength low alloy steels)

합금강은 탄소강의 단점을 보완하기 위해서 합금원소를 첨가시킨 강재로서 구조용과 공구용으로 구별된다. 구조용 합금강은 망간(Mn)과 탄소(C)대신 합금원소(Cr, Mo, V 등)를 사용하여 탄소강에 비하여 고강도를 얻으면서 인성의 감소를 억제시키는 데에 그 특징이 있다.

2.2.2 강재의 용접성

강재의 화학적 조성에 따라서 용접성이 결정된다. 특히 강재의 용접성은 탄소량에 의해서 큰 영향을 받는데, 강재의 용접성을 나타내는 지표로서는 탄소를 포함한 용접성에 영향을 미치는 원소의 함유량으로 계산되는 탄소당량(C_{eq}) 및 용접균열 감수성(P_{cm})이라 불리는 값으로 평가한다. 한국산업표준(KS)에서는 탄소당량이 0.44% 이하이면 용접에 적합하고 C_{eq} 대신에 P_{cm} 이 0.3% 이하이어도 용접에 적합하다고 제시되고 있다.

보통 KS제품의 강재는 강재검사증명서(mill sheet)가 첨부되어 있으며, 이 강재검사증명서에서 강재의 화학분석값으로부터 강재의 용접성을 추정할 수 있다.

- 탄소당량(C_{eq}: carbon equivalent,%)

$$C_{eq} = C + \frac{\mathrm{Mn}}{6} + \frac{\mathrm{Cr+Mo+V}}{5} + \frac{\mathrm{Ni+Cu}}{15} \ (\%) \tag{2.2}$$

- 용접균열 감수성(P_{cm} %)

$$P_{cm}(\%) = C + \frac{\mathrm{Si}}{30} + \frac{\mathrm{Mn}}{20} + \frac{\mathrm{Cu}}{20} + \frac{\mathrm{Ni}}{60} + \frac{\mathrm{Cr}}{20} + \frac{\mathrm{Mo}}{15} + \frac{\mathrm{V}}{10} + 5B \tag{2.3}$$

(여기서 C, Mn 등의 원소 기호가 나타내는 것은 강재에서 각 원소의 성분비이다.)

2.3 건설용 강재의 종류

주요 건설용 강재는 표 2.4에, 접합재료는 표 2.5에 나타낸 한국산업표준(KS)에 적합한 것을 사용하여야 한다. 건설 분야에서 가장 흔히 사용되는 강판, 형강 및 강관에 대해 정리하면 다음과 같다.

강판(steel plates, or sheets)

편평하게 열간압연 또는 냉간압연된 강재로서 평판 상으로 절단된 강재를 일컬으며 코일 상으로 감긴 강재로부터 자른 판도 포함한다. KS 상에서는 두께 6mm 이상을 후판, 3~6mm의 것을 중판, 3mm 미만의 것을 박판이라고 하며 두께에 따라 교량 등 토목구조물, 건축물, 선박, 차량 등에 사용된다. 다음 절에서 설명하겠지만 주요 강종으로 일반구조용 압연강재, 용접구조용 압연강재, 교량구조용 압연강재가 있으며, 대기 중의 부식에 대한 저항성을 높인 내후성 강재 등이 있다.

형강(sections)

열간압연된 구조용 강재인 형강에는 그림 2.11에 보인 바와 같이 H형강, I형강, ㄷ형강, 등변ㄱ형강 및 T형강 등이 있다.

H형강은 가장 널리 쓰이는 형강으로서 단면의 치수표시법은 H-H(단면의 높이)×B(플랜지의 폭)×t_1(웨브의 두께)×t_2(플랜지의 두께)로 표시하며 이 때 단위는 mm이다. H형강은 플랜지의 두께가 일정하게 유지되며 단면성능이 우수하며 접합 등의 시공성이 뛰어난 장점을 갖는다.

I형강은 형태가 H형강과 비슷하나 플랜지의 두께가 안쪽에서 외부로 점차 줄어드는 변단면형상을 갖는다.

ㄷ형강은 한 축에 대하여 대칭이며, 안쪽면이 경사진 플랜지를 가진다. 휨재로 쓰일 때 비틀림 현상에 주의해야 한다. 단면성능은 떨어지지만 접합 시공성이 우수하여 브레이싱 등에 많이 쓰인다.

ㄱ형강은 직교 방향의 두 요소로 이루어진다. 두 요소의 길이가 같고 다름에 따라 등변 ㄱ형강, 부등변 ㄱ형강이라 한다. 표시 방법은 L-A(장축의 길이)×B(단축의 길이)×t이다.

T형강은 하나의 플랜지와 하나의 웨브로 구성된 형강이다. T형강은 H형강의 중앙을 절단하여 만드는 것이 보통이나 I형강을 절단하여 사용하기도 한다.

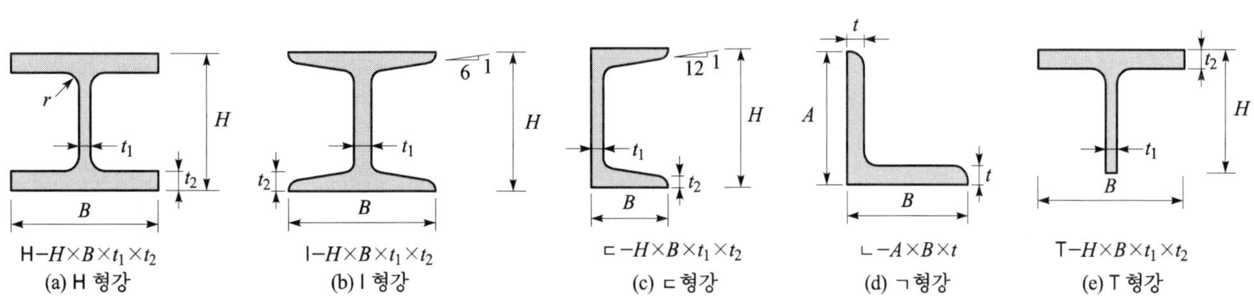

그림 2.11 **압연형강**

❙ 강관

강관은 구조물 및 말뚝기초에서도 흔히 사용된다. 제조형식에 따라서 압연에 의해서 만들어진 이음매 없는(seamless) 강관과 용접에 의해서 만들어진 이음매가 있는 강관으로 나눈다. 구조용 각형강관은 주로 원형강관을 성형하여 만들어진다. 따라서 사각형 강관의 모서리는 둥근 형태를 나타내는 경우가 일반적이다.

표 2.4 **주요 구조용 강재**

강재의 종류	규 격	강 재 구 분	강 재 기 호
1. 구조용 강재	KS D 3503	일반구조용 압연강재	SS 235, SS 275, SS 315, SS 410, SS 450, SS 550
	KS D 3515	용접구조용 압연강재	SM 275A, B, C, D, -TMC SM 355A, B, C, D, -TMC SM 420A, B, C, D, -TMC SM 460B, C, -TMC
	KS D 3529	용접구조용 내후성 열간압연강재	SMA 275A, B, C -TMC SMA 355A, B, C -TMC SMA 460 -TMC
	KS D 3003	항만 및 해양 구조용 내식성 강재	HSM 500
	KS D 3868	교량구조용 압연강재	HSB 380, L, W HSB 460, L, W HSB 690, L, W
2. 강 관	KS D 3566	일반구조용 탄소강관	SGT 275, SGT 355, SGT 410, SGT 450, SGT 550
	KS D 3568	일반구조용 각형강관	SRT 275, SRT 355, SRT 410, SRT 450, SRT 550
	KS D 3777	철탑용 고장력강관	SHT 410, SHT 460
	KS F 4602	기초용 강관말뚝	STP 275, STP 355, STP 380, STP 450, STP 550
	KS F 4605	강관시트 파일	SKY 400, SKY 490
	KS D 3300	항만 및 해양구조용 내식성강관	STKM 500
3. 경량 및 기타강재	KS D 3530	일반 구조용 경량형강	SSC 275
	KS D 3558	일반구조용 용접경량 H 형강	SWH 275, L ,SWH 355, L SWH 420, L, SWH 460, L
	KS D 3602	강제갑판 (데크플레이트)	SDP 1, 2, 3
	KS D 3858	냉간성형 강널말뚝	SPY 345, W, SPY 450, SPY 345M, SPY 380M
	KS F 4603	H형강 말뚝	SHP 275, W, SHP 355W, SHP 450W
	KS F 4604	열간압연강 널말뚝	SY 300, W, SY 400, W

표 2.5 접합재료의 규격

강재의 종류	규 격	강 재 구 분	강 재 기 호
1. 볼트, 기초볼트	KS B 1010	마찰접합용 고장력 6각볼트, 6각너트, 평와셔의 세트	1종(F8T/F10/F35) 2종(F10T/F10/F35) 3종(F13T/F13/F35)
	KS B 1016	기초볼트	모양: L형, J형, LA형, JA형 강도등급구분: 4.6, 6.8, 8.8
2. 용접재료	KS D 3508	피복 아크 용접봉 심선재	
	KS D 3550	피복 아크 용접봉 심선	
	KS D 7004	연강용 피복 아크 용접봉	
	KS D 7005	연강용 가스 용접봉	
	KS D 7006	고장력강용 피복 아크 용접봉	
	KS D 7023	저온용 강용 피복아크 용접봉	
	KS D 7025	연강 및 고장력강용 마그용 용접 솔리드 와이어	
	KS D 7101	내후성강용 피복아크 용접	
	KS D 7104	연강, 고장력강 및 저온용 강용 아크용접 플럭스 코어선	
	KS D 7105	일렉트로 가스 아크용접용 플럭스 코어선	
	KS D 7106	내후성강용 탄산가스 아크용접 솔리드 와이어	
	KS D 7109	내후성강용 탄산가스 아크용접 플럭스 충전 와이어	

2.4 강재의 선정

2.4.1 개요

구조용 강재에 대하여 한국산업표준(KS)이 2016년 12월 개정되어 주요 강재에 대한 기계적 성질 및 표기 등이 변경되었다. KS의 주요 개정 내용은 강종의 기호를 종래에는 인장강도를 기준으로 하였으나(예 SM 490), 국제표준과 부합되도록 항복강도의 기준(예 SM 355)으로 변경되었고, 강관의 경우 기호가 영문으로 변경되었다. 한편, 일부 강재에 대해 종래보다 항복강도를 상향하였으며 저온충격인성의 기준이 되는 샤르피(Charpy) 흡수에너지, 용접보증을 위한 탄소당량(C_{eq}), 용접균열 감수성(P_{cm})의 적용을 확대하였으며 이를 위해 강종별 화학성분 및 기계적 성질을 강화하였다. 참고로 주요 강종에 대한 화학성분을 표 2.6에 제시하였다.

구조용 강재의 선정 기준은 건설설계기준 및 공사시방서 『강교설계기준-한계상태설계법(KDS 24 14 31), 철도설계기준 강교 및 강합성교(KDS 47 10 50)는 각각 강구조설계 일반사항-하중저항계수설계법(KDS 14 31 05)과 강구조설계 일반사항-허용응력설계법(KDS 14 30 05)』에 따르며, 일반구조용 압연강재(KS D 3503), 용접구조용 압연강재(KS D 3515), 용접구조용 교량구조용 압연강재(KS D 3868) 등의 규격에 적합한 것을 선정하여 사용한다.

구조용 강판은 강재의 용도, 항복강도, 충격인성 등의 기계적 성질 외에도 내후성, 라멜라테어 저항성 외에도 생산방법(열처리 등)에 따라 구분되며 강재의 기호에 그 특성을 그림 2.12와 같이 표기하고 있다.

강종의 선정은 구조물의 사용조건(기상조건, 응력상태), 중요도(주요부재, 2차부재)에 따라 적절한 인성이 확보되고 제작(용접이음 등)에 적합한 것을 선정해야 한다. 주요부재에 용접연결이 필요한 경우 일반구조용 압연강재(SS재)의 사용은 피해야 하며, 저온환경에서는 충격인성(온도-샤르피흡수에너지)에 따라 사용 가능한 두께의 제한이 있으므로 이에 맞는 두께 또는 저온충격인성이 우수한 강재를 사용해야 한다.

또한, 교량용 강판의 경우 인장 또는 교번응력을 받는 부재에 대해서는 강구조 피로 및 파단설계기준 하중저항설계법(KDS 14 31 20)에 따라 주변 사용온도를 고려하여 샤르피흡수에너지로 나타내는 저온인성규격을 만족하는 최대 허용판두께 규정을 따르며 판두께가 8mm 미만의 강재에 대해서는 교량설계 일반사항(KDS 24 10 11)의 강바닥판 구조 세목에 따른다.

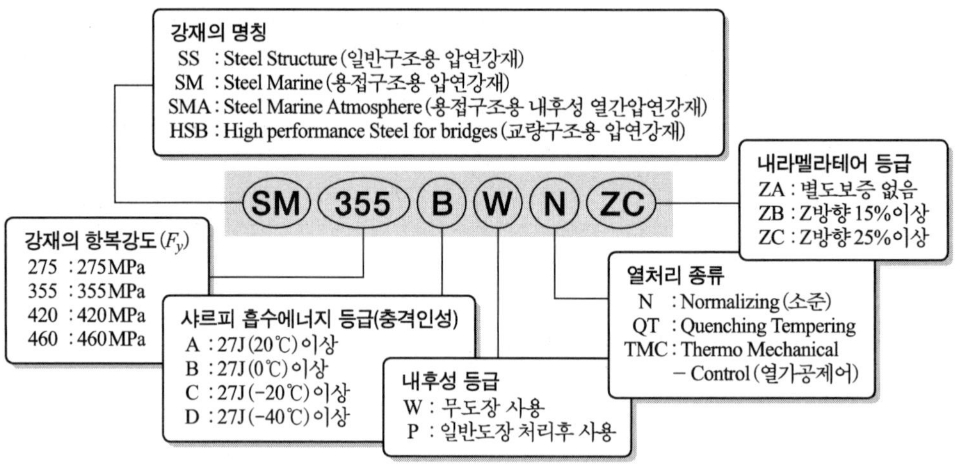

그림 2.12 강재의 기호

표 2.6 대표적 강종의 화학적 성분 (단위 : %)

강 종	C		Si	Mn	P	S	Cu	Cr	Ni
	50mm 이하	50mm 초과							
SS275	0.25 이하		0.45 이하	1.40 이하	0.05 이하	0.05 이하	–	–	–
SM275A SM275B SM275C SM275D	0.23 이하 0.20 이하 0.18 이하 0.18 이하	0.25 이하 0.22 이하 0.20 이하 0.22 이하	– 0.35 이하 0.35 이하 0.35 이하	Ladle분석 0.5~1.40 1.40 이하 1.40 이하	0.035 이하 0.030 이하 0.025 이하 0.020 이하	0.035 이하 0.030 이하 0.025 이하 0.020 이하	–	–	–
SM355A SM355B SM355C SM355D	0.20 이하 0.18 이하 0.18 이하 0.18 이하	0.22 이하 0.20 이하 0.20 이하 0.20 이하	0.55 이하	1.60 이하	0.035 이하 0.030 이하 0.025 이하 0.020 이하	0.035 이하 0.030 이하 0.025 이하 0.020 이하	–	–	–
HSB380,L HSB460,L	0.18 이하 0.10 이하		0.55 이하	2.0 이하	0.02 이하	0.006 이하	–	–	–
HSB380W HSB460W	0.18 이하 0.10 이하		0.65 이하	2.0 이하	0.02 이하	0.006 이하	0.10~ 0.50	0.45~ 0.75	0.05~ 0.80

2.4.2 일반구조용 압연강재(KS D 3503, SS재)

일반구조용 압연강재(SS재)는 강도 등의 역학적 성질에 중점을 두고 제조한 반면 용접성은 특별히 고려하지 않은 강재이다. KS 기준에 항복강도에 따라 6종(항복강도 235, 275, 315, 410, 450, 550MPa)이 규정되어 있다. SS재는 SM재에 비하여 조직이 거칠며 표 2.6에 보인 바와 같이 탄소함량이 높고 화학성분 중 P, S의 제한값이 높다.

SS재 중 흔히 사용되는 SS 강재들의 역학적 성질은 표 2.7과 같다. SS재는 충격인성 규정이 없고(충격인성을 보증하지 않음), 굽힘시험에서도 휨반지름이 크게 규정되어 있어 일반적으로 판두께가 두꺼워짐에 따라 용접부의 취성화 경향이 있어 비용접 부재에만 사용한다. 따라서 가설재 및 파형강판구조와 같이 볼트연결만 하는 구조에 사용한다. 단, SS275 강종의 경우, 토목구조물에 적용할 때는 판두께 22mm 이하의 가설 자재로 사용되는 경우와 2차 부재로 용접성에 문제가 없음이 확인된 경우에 한하여 용접을 허용하고 있다.

표 2.7 일반 구조용 압연강재의 역학적 성질[KS D 3503]

강종	항복점 또는 항복강도(N/mm^2)				인장강도 (N/mm^2)	연신율		샤르피 흡수에너지	
	강재의 두께(mm)					강재의 두께 (mm)	값 (%)	시험온도 (°C)	Joule
	16이하	16초과 40이하	40초과 100이하	100초과					
SS235	235 이상	225 이상	205 이상	195 이상	330~ 450	$t \le 5$ $5 < t \le 16$ $16 < t \le 40$ $t > 40$	≥26 ≥21 ≥26 ≥28	–	–
SS275	275 이상	265 이상	245 이상	235 이상	410~ 550	$t \le 5$ $5 < t \le 16$ $16 < t \le 40$ $t > 40$	≥21 ≥18 ≥21 ≥23	–	–
SS315	315 이상	305 이상	295 이상	275 이상	490~ 630	$t \le 5$ $5 < t \le 16$ $16 < t \le 40$ $t > 40$	≥19 ≥16 ≥19 ≥21	–	–

2.4.3 용접구조용 압연강재(KS D 3515, SM재)

용접구조용 압연강재(SM재)는 교량, 건축물, 선박, 차량, 석유 저장고, 용기, 그 밖의 구조물에 사용하는 열간압연강재로서 SS 강재에 비해 용접성이 우수하여 용접용 부재로 사용되는 강재이다. 용접성 확보를 위해 C, Si, Mn 등의 원소함량과 용접성 조건인 탄소당량(C_{eq}), 용접균열 감수성(P_{cm})을 규정하고 있다.

강재의 종류는 항복강도 4종 (275, 355, 420, 460MPa) 외에도 저온충격인성의 판단 기준이 되는 시험온도별 샤르피흡수에너지에 따라 A(20 ℃), B(0 ℃), C(−20 ℃), D(−40 ℃) 4종으로 구분된다. SM460강의 적용두께는 100mm 이하이며 SM460B, C는 주문자와 제조자의 협정에 따라 150mm까지 제조 가능하다.

표 2.8 용접구조용 압연강재의 역학적 성질[KS D 3515]

강종	항복점 또는 항복강도(N/mm²) 강재의 두께(mm)					인장강도 (N/mm²)	연신율		샤르피 흡수에너지	
	16이하	16초과 40이하	40초과 75이하	75초과 100이하	100초과 200이하		강재의 두께 (mm)	값 (%)	시험온도 (°C)	Joule
SM275A SM275B SM275C SM275D	275 이상	265 이상	255 이상	245 이상	235 이상	410~ 550	$t \le 5$ $5 < t \le 16$ $16 < t \le 40$ $t > 40$	≥23 ≥18 ≥22 ≥24	20 0 −20 −40	27 이상 27 이상 27 이상 27 이상
SM355A SM355B SM355C SM355D	355 이상	345 이상	335 이상	325 이상	305 이상	490~ 630	$t \le 5$ $5 < t \le 16$ $16 < t \le 40$ $t > 40$	≥22 ≥17 ≥19 ≥23	20 0 −20 −40	27 이상 27 이상 27 이상 27 이상
SM420A SM420B SM420C SM420D	420 이상	410 이상	400 이상	390 이상	380 이상	520~ 700	$t \le 5$ $5 < t \le 16$ $16 < t \le 40$ $t > 40$	≥19 ≥15 ≥19 ≥21	20 0 −20 −40	27 이상 27 이상 27 이상 27 이상
SM460B SM460C	460 이상	450 이상	430 이상	420 이상	−	570~ 720	$t \le 16$ $16 < t \le 40$ $t > 40$	≥19 ≥17 ≥20	0 −20	47 이상 27 이상

2.4.4 열가공제어강

열가공제어강(Thermo Mechanical Controlled Process, 이하 TMCP강)은 SM 강재의 고인성화, 고강도화, 용접성 향상을 위해 열간압연공정에서 결정조직의 미세화 (controlled rolling)와 압연직후 급속냉각 (accelerated cooling)을 적용하여 생산되어 열처리한 효과를 보유하며 강재 기호 끝에 -TMC를 붙인다(표 2.4 참조, 예: SM 460B-TMC). 열가공제어(TMC)로 생산된 강재는 제어냉각을 통해 강도가 확보되며 판두께 방향으로 균일한 품질이 확보되어 두께의 증가에 따른 항복강도의 저감없이 기준값(16mm 이하의 항복강도)을 적용한다. 또한, 일반강 대비 인성, 용접성, 내라멜라테어 저항성이 향상되어 강판의 냉간가공성, 제작성이 향상된다. 용접성을 평가하기 위해 용접성 조건인 탄소당량(C_{eq}), 용접균열 감수성(P_{cm})을 규정하고 있으며 각각의 값이 작을수록 용접성이 유리하여 예열온도를 낮추고 대입열용접이 가능하다.

교량구조용 압연강재(KS D 3868, HSB재)는 열가공제어로 생산하나 -TMC를 별도로 붙이지 않는다.

2.4.5 교량구조용 압연강재(KS D 3868)

교량구조용 압연강재(HSB재)는 교량용 강재의 강종을 사용자 위주로 단순화하고, 사용 강재의 온도범위를 -20 ℃ (HSB 690L의 경우 −40℃)까지 확대하여 저온충격인성에 대한 안전성을 확보하며, 하중범위가 높은 용도에서도 안전하도록 고인성을 확보하고 용접성을 향상하여 개발한 교량 맞춤형 고성능 강재이다. 이 강재는 2005년 국토해양부 “차세대 시설물용 신재료 활용기술개발”사업을 통해 개발되었다(주관연구기관 : RIST, 2005~2010). 이 강재를 규정한 KS D 3868에 2007년에 처음 항복강도 380MPa 및 460MPa의 강재가 규정되었고, 2009년에는 항복강도 690MPa의 강재가 추가되었다.

강재의 기호는 HSB(High-performance Steel for Bridges)로 교량구조용강 중, 저온인성이 우수한 HSB 000L재와 내후성능이 우수한 HSB 000W재로 구분된다. 강재는 열가공제어압연(TMCP)하여 제조하도록 되어 있어 두께에 따라 일정 항복강도를 갖는다. 적용두께는 HSB 380, HSB 460은 100mm 이하, HSB690은 80mm 이하의 강판으로 사용한다.

HSB 380, HSB 380W, HSB 460, HSB 460W는 충격시험 −5℃에서 47 J을 보증하여 기존의 SM강재에 비해 우수한 저온인성을 보증한다. HSB 380L, HSB 460L (이상 −20℃에서 47 J 보증) 및 HSB 690L (−40℃에서 47 J 보증)은 저온인성이 특히 더욱 우수한 강재로 저온 환경에서의 허용 판두께를 기존 대비 증가할 수 있다.(비고: SM재는 27 J 보증). 또한 용접성이 우수하여 낮은 C_{eq}와 P_{cm}을 가지며 동급 SM재 보다 낮은 제한치를 가지고 있어 대입열, 저예열 용접이 가능하다.

표 2.9 교량구조용 압연강재의 역학적 성질[KS D 3868]

강종	항복점 또는 항복강도(N/mm²)	인장강도 (N/mm²)	연신율		샤르피 흡수에너지	
			강재의 두께 (mm)	값 (%)	시험온도 (°C)	Joule
HSB380 HSB380L HSB380W	380 이상	500 이상	t≤16 16<t≤40 t>40	≥15 ≥19 ≥21	−5 −20 −5	47 이상 47 이상 47 이상
HSB460 HSB460L HSB460W	460 이상	600 이상	t≤16 16<t≤20 t>40	≥19 ≥26 ≥20	−5 −20 −5	47 이상 47 이상 47 이상
HSB690 HSB690L HSB690W	690 이상	800 이상	t≤16 16<t≤20 t>20	≥15 ≥22 ≥16	−20 −40 −20	47 이상 47 이상 47 이상

2.4.6 교량구조용 내후성 압연강재(KS D 3868)

내후성 강재(weathering steeel)는 일반강에 구리(Cu), 크롬(Cr) 및 니켈(Ni) 등의 내식성이 우수한 합금이 소량 함유된 저합금강재(표 2.6 참조)로서 대기 중에서 부식에 견디는 성질, 즉 내후성이 우수한 강재이다. 교량구조용 내후성 압연강재(HSB 380W, HSB 460W 및 HSB 690W)는 교량구조용 압연강재(HSB재)의 우수한 역학적 성질을 보유하면서 내후성 기능이 추가된 강재이다.

내후성 강재는 대기에 노출되면 시간의 경과에 따라 강재 표면에 치밀한 녹층(보호성 녹층)이 형성되며, 이 녹층이 부식의 원인이 되는 대기 중의 산소와의 접촉을 차단하는 막 역할을 한다. 이로 인해 시간이 경과하여도 녹 진행이 억제되어 부식 속도가 일반강에 비해 현저히 낮아지므로 도장을 하지 않고 무도장 상태로 사용할 수 있다. 단, 이러한 보호성 녹층이 형성되기 위해서는 강재 표면에 염분이 부착되는 것을 피하고(해안 인접 지역) 지속적으로 수분에 접촉될 수 있는 상황은 피하여야 한다. 따라서 교량에 내후성강을 적용할 때는 이와 같은 환경조건을 고려해야 하고, 설계 시 지속적으로 체수를 유발할 수 있는 구조 상세를 피해야 한다.

2.4.7 변두께강판(tapered plate, longitudinally profiled plate)

변두께강판이란 그림 2.13과 같이 두께가 연속적으로 변화하는 후판이다. 그 용도는 교량의 거더, 상자형 기둥, 각종 크레인 거더, 선박 격벽용 등에 주로 사용되어진다. 부재에 작용되는 응력에 따라 판두께를 변화시켜 제작, 생산됨으로써 구조물의 중량을 경감시키고 구조물 제작시 일반재에 비해 용접작업 공수를 절감할 수 있으며 용접 이음매의 감소로 외관이 미려하고 구조물의 안전성을 향상시킬 수 있다.

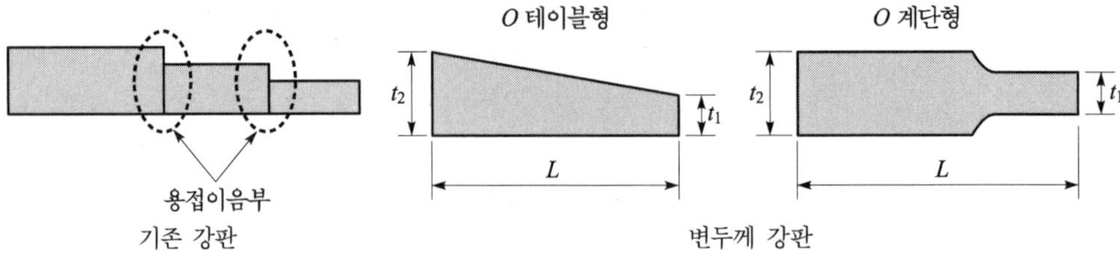

그림 2.13 **변두께강판**

2.4.8 내층상박리(耐 lamellar tear)강

최근 용접구조물이 대형화, 고층화 및 장대화되고 있다. 이러한 대형구조물에 사용되는 후판의 경우 그 두께가 매우 두꺼워짐에 따라 용접작업시 강판두께 방향(Z방향)으로 큰 구속응력이 작용하여 층상의 용접균열이 발생될 우려가 있는데 이러한 강판 두께방향의 용접균열을 층상박리라고 한다.

이러한 층상박리 발생을 방지하기 위해 판 두께방향의 연성을 향상시키고, 특수 정련처리를 통한 불순물 제거 및 형상을 제어하여 청정성과 이방성을 개선한 강을 내층상박리강이라 한다.

1) 품질특성

일반강 대비 유황(S)성분을 낮게 관리하고 비금속불순물 구상화처리 공정(PI : power injection)이 추가로 요구되며, 특히 엄격한 용도의 경우 후판 열처리(불림 등)를 실시해야 한다. 이와 같이 품질관리된 내층상박리강은 일반재 대비 두께방향의 연성(단면수축율, 연신율, 충격인성)이 우수하여 층상박리를 방지할 수 있다.

2) 층상박리 발생요인

그림 2.14에서 볼수 있는 H형보, 상자형 기둥은 T자형 모양으로 용접할 때 고온의 용접금속이 냉각되면서 발생된 수축응력이 강판의 두께방향으로 작용하여 두께 중심부의 불순물층을 따라 균열이 발생할 수 있다. 비금속개재물과 유황(S)성분이 많고 강판의 두께가 두꺼울 때, 또는 1회 용접량이 클수록 발생률이 증가한다.

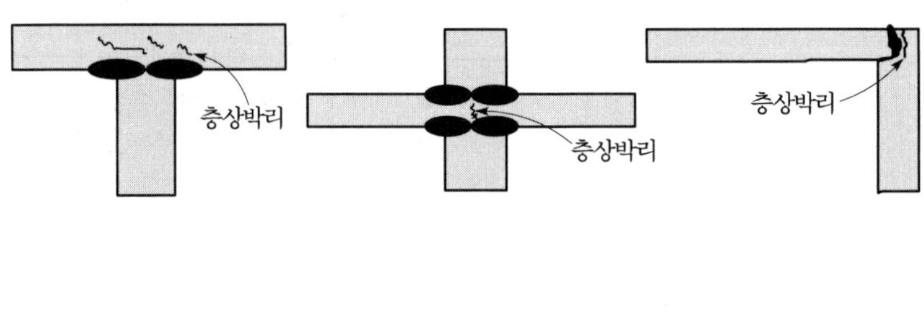

그림 2.14 **층상박리가 발생하기 쉬운 이음형태**

2.5 미래 강재 이용기술

2.5.1 고망간강

강재의 합금원소인 탄소(C)와 망간(Mn)의 투입량을 조절하여 다양한 성능의 새로운 강재 제품 개발이 가능하다. 이러한 강을 고Mn강이라 하며 망간 합금을 다량(5~30%) 첨가하여 다양한 기능을 갖는 차세대 강재의 개발이 가능하다.

탄소와 망간의 함량에 따라 기가급강(인장강도 1,000MPa 이상)으로 자동차 차체에 적용되고 있으며, 내마모성이 우수한 내마모강은 캐나다 오일샌드 광산에 슬러리관 및 중장비 등에 활용되고 있다. 비자성강은 변압기 용도로, 저온충격인성이 우수한 극저온인성강은 극저온가스저장탱크 용도로 적용되고 있다. 그 외에도 높은 연신율을 갖는 고에너지흡수강은 내지진교각 부재, 댐핑강, 소음/진동 저감 등의 용도로 활용되며 아파트 층간소음 감쇠를 위한 바닥제품으로도 개발이 되어 있는 상황이다.

2.5.2 3D 프린팅을 포함한 디지털 제작 기술

3차원 프린팅 기술이 건설분야에 적용되는 것은 주로 건축영역에서 이루어져 왔고 프린터를 이용한 콘크리트 건물 시공은 여러 차례 시도된 적이 있다. 교량에는 네덜란드에서 스테인레스강 보도교(길이 약 12m)에 적용 사례가 있다(그림 2.15).

6축 로봇에 의해 강재를 녹여 제작하는 프린팅 기술을 시도하는 MX3D Bridge 프로젝트는 기존의 작은 박스 내의 3차원 프린팅 영역을 확장하는 시도이다. 오토데스크, Heijmans, Arcelor Mittal, Air Liquide sponsors, ABB robotics, STV, Delcam, Within, Lenovo, Public partners TU Delft, AMS가 지원하고 암스텔담 시정부가 참여한다.

3차원 프린팅 기술을 실제 규모의 교량 건설에 활용하는 시도는 미래 시대의 디자인 자유를 가져오는 혁신적인 결과를 초래할 것이다. 재료적인 성질이나 구조물 자체에 대한 설계 요구사항을 만족하도록 하는 새로운 혁신적 시도를 촉진하게 될 것이다. 로봇은 강선형태로 공급되는 금속을 녹여서 층을 이루면서 부재를 만들게 된다. 일반적인 3차원 프린터가 3개의 방향성을 갖고 작업하는 것과 달리 MX3D 로봇은 모든 방향에서 작업이 가능하다. 이 프로젝트는 현재 3차원 프린팅 기술이 갖는 가장 큰 3가지 제약 조건을 극복하는 계기가 될 수 있다는 것이다. 실제 크기의 제조에서 3차원 프린팅 기술이 갖는 제약은 크기, 속도, 비용이다.

레이저 스캐닝이나 UAV를 통한 영상 스캐닝 기술은 강구조 제조 과정에서 제작오차와 품질을 자동으로 점검하는 기술로 발전할 수 있다. AMG(Automatic Machine Guidance) 기술은 3차원 디지털 모델 기술과 함께 강구조 제조, 가설 및 조립 분야에서 혁신적인 변화를 가져올 것으로 예상된다. 창의적인 강구조 디자인을 뒷받침하는 제조 기술의 발전은 강구조 경쟁력을 높이는 동력이 될 것이다.

그림 2.15 3차원 프린팅을 통한 강교 가설 개념도 (출처: MX3D)

기호

C_{eq} : 탄소당량(%)
E : 강재의 탄성계수 (=210,000MPa)
F_u : 강재의 인장강도(tensile strength)
F_y : 강재의 항복강도(yield strength)
G : 강재의 전단탄성계수
P_{cm} : 용접균열 감수성(%)
ν : 강재의 포아송비(=0.3)

연습문제

2.1 폭 25mm, 두께 3.0mm이고 표점간 거리가 50mm인 강재 시편의 인장시험으로부터 하중-변위 관계가 다음과 같이 얻어졌다(전체 데이터 중 일부 발췌한 것임). 응력-변형률 선도를 작성하고 탄성계수(E), 항복강도(F_y), 인장강도(F_u)를 구하시오.

하중(N)	변위(mm)	하중(N)	변위(mm)
0.0	0.0	(계속)	
3581.5	0.01137	26964.8	0.6088
7438.6	0.02361	28445.6	0.9124
10916.8	0.03466	29375.4	1.2239
14567.2	0.04625	30064.2	1.5275
18252.0	0.05794	30477.4	1.8311
21179.2	0.06724	30684.1	2.1222
24485.3	0.07773	30856.2	2.4243
27688.0	0.1017	30959.6	2.7373
27481.3	0.1111	30925.1	3.0425
26207.1	0.1236	30856.2	3.3445
25656.1	0.1330	30787.4	3.6372
25484.0	0.1659	30580.7	3.9502
25208.5	0.2035	30201.9	4.2554
25380.6	0.2473	29685.4	4.5575
25587.3	0.3052	28790.0	4.8595
25587.3	0.3803	27274.7	5.1663
25449.5	0.4570	25966.1	5.3009
26241.6	0.5306	24106.44	5.4292

2.2 주요 건설용 강재인 SS 강재, SM 강재, HSB 강재의 특성에 대해 간략히 기술하고, 강재 SM 355B와 HSB 380W의 의미를 각각 설명하시오.

Design of Steel Structures

제3장 설계방법, 하중

3.1 설계방법의 개설

구조설계자라면 누구나 기초설계이론을 이수한 후에 주요 설계기준, 시방서, 지침, 요령 등을 숙지하고 다년간의 설계경험이 있어야만 전문가로서 강구조설계를 할 수 있다. 특히 최근에 와서는 선진국의 모든 강구조설계이론이 종래의 탄성설계(elastic design)나 소성설계(plastic design), 강도설계법인 하중계수설계법(load factor design) 등으로부터 한계상태설계(LSD : Limit State Design) 혹은 일명 하중저항계수설계(LRFD : Load and Resistance Factor Design)라는 과학적이며 합리적인 현대 강구조설계법으로 전환되고 있다.

우리나라에서는 1996년에 개정된 도로교시방서(건설교통부, 1996)의 부록편에 한계상태설계법을 규정하고 있었다. 그리고 새로 개정된 강구조설계기준에서 한계상태설계법을 도로교설계기준(2012년)에 규정화하였고 도입 되었으므로 머지않아 한계상태설계법이 실무에서 사용될 전망이다. 따라서 실무설계기술자들의 한계상태설계법에 대한 관심과 교육이 절실하게 요구되고 있다. 뿐만 아니라 토목, 건축 구조분야에서 구조설계전문가가 되려면 장대교량설계, 고층건물설계, 내진설계, 내풍설계, 내피로설계의 이론 및 실무도 알아야 하고, 전산화구조설계시대에 CAE/ CAD에 대한 기본개념의 이해도 매우 중요하다. 그러나 무엇보다도 우수한 구조설계자가 되려면 다년간의 경험과 지속적으로 변화, 발전하는 역학, 구조해석, 설계이론 및 설계시방서, 규준, 지침 등에 대한 전문지식이 필수적이다.

이번 장에서는 이후 한계상태설계법에 기반한 주요 강구조 부재와 구조물의 설계개념, 설계이론, 설계방법을 다루기에 앞서, 설계법의 배경이 되는 기초개념과 설계법의 장단점을 파악하고, 강구조물의 거동과 설계 특성 및 일반 설계절차의 이해를 돕기 위하여 관련된 내용들을 기술하였다.

3.2 강구조물의 설계법

3.2.1 설계법의 발전배경

60년대 이전까지의 건설분야의 구조설계는 설계규준이나 시방에 규정한 설계이론 자체가 탄성구조해석에 따른 허용응력설계 위주로 되어있었고 해석 및 설계 모두 경험과 수계산에 의존하였다. 60년대로 넘어오면서 제 3세대 컴퓨터의 발전에 따라, 비록 구조해석 위주이긴 하지만 전산화설계가 태동하기 시작하였다. 구조설계 이론도 허용응력설계 외에 강도설계, 소성설계, 한계상태설계 등으로 점차 발전하게 되었으며, 70년대가 되면서 선진국에서 콘크리트구조의 경우는 콘크리트의 재료적 특성으로 인하여 점차 강도설계법 위주로 전환되었다. 반면에 강구조물의 설계에서는 강구조의 특성상 허용응력설계가 주 설계법으로 사용되어왔다. 그러나 70년대 후반에 신뢰성에 기초한 시방서 안전계수의 보정기법이 개발되어 허용응력설계법에서 적용하고 있는 경험 위주의 안전율, 하중효과, 거동예측 등의 모순을 극복하게 되었다. 이에 따라 구조물의 각종 한계상태에 기초한 실거동 중심의 한계상태설계 혹은 한계상태설계를 근거로 하지만 설계인자들의 확률함수를 엄밀하게 사용하기 어려운 경우 불확실성의 고려를 계수로 단순화한 하중저항계수설계라고 일컫는 설계법이 개발됨으로써 허용응력설계이나 강도설계를 대치하게 되었다. 실제로 80년대 초에 유럽을 중심으로한 주요 선진국에서는 한계상태설계를 설계기준으로 채택하여 설계실무에 적용하고 있으며, 보수적인 나라인 미국조차도 80년대 중반이 지나면서 강구조물의 한계상태설계법을 채택하였고, 90년대로 들어오면서 교량설계 방법을 한계상태설계로 전환하게 되었다. 최근에는 이러한 현대적인 설계법에 의한 설계소프트웨어도 속속 개발되어 설계실무에서 활용하고 있다.

3.2.2 허용응력설계법

일반적으로 두꺼운 단면으로 구성된 콘크리트 구조에 비하여 강구조물은 얇은 압연단면이나 조합단면으로 구성된다. 강구조물은 구조형식, 형상배치, 보강, 연결상태 등에 따른 다양한 탄소성 좌굴, 피로 파괴와 같은 복잡한 거동을 나타내므로 이에 대한 충분한 이해가 필요하다.

일반적으로 강재는 이상적인 탄소성재료이며 사용하중하에서는 탄성거동을 보이고 극한하중하에서 탄소성좌굴 거동이나 소성 거동을 나타내는 구조이므로 설계하중에 의한 탄성응력 해석과 안전율에 기초한 허용응력설계법이 현재까지도 일부 선진국과 우리나라에서 강구조물의 기본 설계법으로 사용되어 왔다. 그러나 앞서 기술한 바와 같이 점차 허용응력설계가 한계상태설계로 전환되고 있다.

탄성이론에 의한 허용응력설계의 기본개념은 설계(사용)하중에 의한 실제 응력이 허용응력을 초과하지 않도록 설계하는 것이다. 허용응력설계는 원칙적으로 하중에 의한 구조물의 최대응력 f가 주어진 어떤 허용응력 f_a 이하가 되도록 구조부재를 결정하는 설계법이다. 즉, 모든 설계하중의 최대 재하조건하에서 다음의 관계식이 만족되도록 설계한다.

$$\Sigma f_i \leqq f_a \tag{3.1}$$

여기서 Σf_i 는 구조물에서 모든 외력의 작용에 의해 임의의 i 단면에서 계산된 합응력으로, 예를 들면 $\Sigma f_i = f_{iD} + f_{iL} + \cdots$ 로 조합시켜 표시할 수 있고 첨자 D는 고정하중 그리고 L은 활하중을 나타낸다.

허용응력 f_a는 보통 강재의 항복응력 F_y나 좌굴강도 F_{cr}을 적당한 안전율(n')로 나누어서 다음과 같이 결정한다.

$$f_a = \frac{F_y}{n'} \text{ 또는 } \frac{F_{cr}}{n'} \tag{3.2}$$

강구조물은 주어진 하중에 의해 파괴되지 않아야 하며 잔류변형이 생겨서는 안된다.

구조역학 이론을 기본으로 계산한 구조설계 결과는 설계 시 사용되는 다양한 가정, 하중강도나 재료적 특성의 분산, 제작 및 가설 시 발생할 수 있는 오차 또는 공용기간 중의 열화와 부식 등을 고려할 때 실제와 다를 수 있으므로 재료의 파괴 강도에 가까운 응력을 허용하는 것은 위험할 수 있다.

허용응력설계를 채택하는 설계법에서는, 주어진 하중조건에 대하여 강구조의 안전성을 확보하기 위해서 재료의 강도 $f_{\max}$ 를 안전율로 나눈 값으로 정의되는 허용응력 f_a 를 규정하고 있다. 일반적으로 구조물의 정적 강도만을 단순히 고려할 때에는 재료의 항복응력 F_y 를 취하며 피로가 문제가 될 때에는 내구한도 f_d 를 취해야 하고 좌굴이 일어나는 압축부재에서는 좌굴강도 F_{cr} 을 $f_{\max}$ 로 취한다.

3.2.3 한계상태설계법

한계상태설계법은 미국의 AISC(American Institute of Steel Construction) 및 AASHTO에서 채택한 교량의 하중저항계수설계법(LRFD)과 비슷한 새로운 설계법이다. 한계상태설계법은 지난 80년대초 이래로 유럽이나 캐나다 등에서 발전된 LSD, 소위 한계상태설계법과 기본적으로 동일한 개념의 설계법으로서 일종의 구조신뢰성방법에 근거를 둔 확률론적 한계상태설계법이다. 한계상태설계법이나 하중저항계수설계법 모두 탄성설계법과는 달리 구조부재나 상세요소의 극한내력(강도), 사용한계 또는 피로강도와 같은 각종 한계상태에 바탕을 둔 설계법이다.

한계상태설계는 기존의 허용응력설계보다 합리적이고 과학적인 설계방법이다. 이 설계법에는 각종 극한한계상태와 사용한계상태의 개념과 하중계수와 저항계수 및 신뢰성에 대한 확률통계론적 결정을 명확히 고려하고 있다. 이러한 한계상태 거동 중심의 설계 형식은 허용응력설계법에서 저항(항복응력)을 안전율로 나누기만 했던 것과는 전혀 다른 것이며, 소성설계법에서 하중에 일반 하중계수를 곱하는 것과도 다른 것이다.

한계상태설계법은 하중계수와 저항계수의 유도 과정에서 확률론적 수학 모델을 사용하여 불확실성과 정확도에 따라서 적절한 안전계수를 결정하는 체계적이며 합리적인 설계방법이다. 또한 이것은 실험결과를 설계규준으로 전환시키는 합리적인 방법을 제시하고 있으며, 보다 일관된 신뢰성을 갖고 있는 합리적인 설계방법이다.

한 마디로 요약하자면 한계상태설계법이란 구조부재나 요소에 발생 가능한 모든 한계상태 파손모드가 발생하지 않도록 하는 한계상태 거동 중심의 설계법이다. 한계상태란 구조물이나 구조부재가 설계시 예상한 각종 손상, 파손, 파괴모드에 대한 저항이나 사용성과 내구성에 관련된 구조적 기능을 더 이상 수행할 수 없는 한계상황에 도달했음을 의미한다. 따라서 한계상태설계란 이러한 한계상태를 벗어날 가능성을 구조신뢰성이론과 확률통계적 분석을 통하여 저항계수 및 하중계수를 사용하는 한계상태 설계형식을 결정하여 구조물을 설계하는 설계법을 의미한다.

일반적인 한계상태설계법의 기본형식은 식(3.3)[도로교설계기준(한계상태설계법) 2012]과 같다.

$$R_r \geqq \sum \eta_i \gamma_i Q_i \tag{3.3}$$

여기서, R_r은 계수저항($R_r = \phi R_n$), ϕ는 저항계수, R_n은 공칭저항이고, η_i는 하중수정계수(연성, 여용성, 구조물의 중요도에 관련된 계수)이고 γ_i는 하중계수, Q_i

는 하중효과이다. 우변은 결정된 설계하중에 의한 소요 단면력, 즉 한계상태의 작용 외력을 나타내며, 좌변은 선정된 부재의 한계상태 저항(내하능력, load carrying capacity)을 나타낸다.

3.2.4 소성설계법

일반적으로 많은 실험과 연구를 통하여 강구조 부재는 소성변형경화와 연성변형 응력으로 극한응력에 도달할 때까지 붕괴하지 않고 항복점응력을 유발하는 하중을 훨씬 초과하는 상당한 극한하중에도 견딜 수 있음이 밝혀졌다. 이론적으로 볼 때 소성설계에서는 변형률이 변형경화를 무시하는 완전 탄성-완전 소성 변형을 가정한다. 따라서 소성 설계법은 위와 같은 가정에 따른 단면의 소성힌지(plastic hinge)의 형성과 축차적인 소성힌지의 형성에 의한 붕괴기구에 도달할 때까지의 극한 내하력에 기초하여 설계하는 설계법이다. 현재 이와 같은 소성설계법은 특수한 경우를 제외하고는 강구조물의 설계에는 거의 사용되고 있지 않다.

3.3 강구조 설계법의 장단점

허용응력설계와 한계상태설계를 적합성과 신뢰성, 합리성, 일관성, 과학성, 경제성 측면에서 상호 비교함으로써 주요 장단점들을 다음과 같이 요약하였다.

3.3.1 허용응력설계법의 장단점

장점

(1) 허용응력설계는 오랫동안 사용해온 설계법으로 설계절차가 직관적이고 간편하다.
(2) 최대응력이 단순히 해당 재료의 허용응력을 넘지 않도록 하여 부재가 탄성범위 내에서 거동하도록 하는 것에 모든 구조기술자들이 친숙해 있다.
(3) 허용응력설계법으로 대부분의 강구조물을 경험적으로 설계하여 왔으며 구조수명동안 구조물의 안정성과 기능성을 만족시켜왔다.
(4) 허용응력설계법은 설계경험과 자료가 충분하여 설계자에게 편리함을 제공한다.

단점

(1) 대상구조물이 실제 어느 정도까지 저항 할 수 있는지에 대해서는 구체적으로 알 수 없다.
(2) 단일 안전율의 사용으로 설계조건이 상이한 경우 설계된 구조물의 신뢰도가 크게 변한다.
(3) 공칭안전율이 주로 경험에 의존하여 선정된 것이 많아 안전도 측면에서 임의성을 갖는다.

3.3.2 한계상태설계법의 장단점

▎장점

(1) 구조신뢰성 이론에 기초를 두기 때문에 비교적 균일하고 일관성 있는 신뢰성 확보가 가능하다.
(2) 다중설계안전계수 중의 일부를 조정할 수 있으므로 설계 시 안전율 조정가능이 가능하다.
(3) 구조물에 발생 가능한 모든 극한한계상태 및 사용한계상태를 고려하여 설계하기 때문에 다양한 거동 예측이 가능하다.
(4) 여러 상이한 종류의 하중에 대해 상이한 하중계수를 사용하기 때문에 다양한 하중 조건 및 하중조합 적용이 가능하다.
(5) 고정하중이 지배적인 구조물에서 경제적인 설계가 가능하다.
(6) 대부분의 선진국에서 한계상태설계법을 사용하고 있으므로 설계형식의 국제화 및 국제협력과 기술적인 교류가 용이하다.

▎단점

(1) 허용응력설계법에 숙달된 기술자들에게 새로운 개념의 설계법으로의 변화는 부담이 된다.
(2) 기존의 허용응력설계 소프트웨어(Software) 사용이 제한될 수 있으며 새로운 소프트웨어 개발이 필요하다.
(3) 확률론적 한계상태설계의 엄밀한 이론은 실무 적용 시 어려움을 유발시킬 수 있으며 안전모수 보정방법의 합리적 기준 제시가 어려울 수 있다. (하중저항계수설계는 엄밀한 확률변수 사용 대신 분산의 사용 등으로 한계상태설계 절차를 간편화한 설계법이라 할 수 있다.)
(4) 한계상태설계법에 의해 설계된 자료가 부족하다.

3.3.3 강구조물의 공용수명간 경제성

종래에는 강구조물에 대한 건설계획을 세울 때 일반적으로 건설 이후 유지관리까지 고려한 중장기적인 추가비용보다는 설계 및 건설 등의 초기비용에 국한해서 고려하는 경우가 많았으나, 최근에는 초기비용 이외에도 유지관리와 구조물의 손상에 따른 보수보강 및 궁극적인 해체, 재건설 등 추가적인 비용에 대한 이해가 날로 커지고 있다. 다시 말하자면, 강구조물의 건설시 초기건설비용 이외에도 교량구조의 경우 유지관리, 교량의 손상에 따른 보수보강 및 궁극적인 교량의 해체, 재건설, 그리고 보수나 교체를 위한 차량통제로 인해 발생할 수 있는 도로이용자 비용 등 일련의 공용간 총기대비용(total expected life cycle cost)이 설계단계에서부터 체계적이고 합리적으로 고려되어야 한다는 인식이 증가하고 있는 추세이다.

대표적인 강구조물인 강교량의 경우 오랜 기간 동안 그 우수성이 입증되었음에도 국내에서는 교량 건설시 콘크리트교량에 비하여 초기 건설비용이 비싸고 유지관리비용이 많이 든다는 편견 등으로 인하여 건설이 기피되는 경향이 있었다. 그러나 최근의 전산화 최적설계, 해석기술의 고도화 뿐만 아니라, 강재에 대한 내부식, 내피로 특성을 향상시킨 고성능 강재의 활용, 자동화 제작 및 용접기술의 발전으로 인한 제작, 조립의 용이성, 가설공법 및 장비의 고도화 등을 통하여 피로 및 열화손상의 영향을 거의 받지 않게 되어 내용연수 이내에서는 유지보수가 거의 필요치 않게 되자 강교량의 건설이 증가하고 있다. 최근에 선진국에서는 이와 같이 구조수명에 입각한 신설교량의 최소기대수명비용을 고려한 설계개념이 도입되고 있다.

그림 3.1에 구조물의 성능과 비용 사이의 최적설계점이 선정되는 개념을 보여주고 있다. 즉 증가 곡선은 설계수준에 따른 초기비용의 증가를 보여주고 있고 반면에 감소곡선은 설계수준에 따른 유지관리비용을 의미한다. 이들을 합하면 아래로 볼록한 곡선을 얻을 수 있는데 바로 이 곡선의 아래점이 최적 설계수준이 된다.

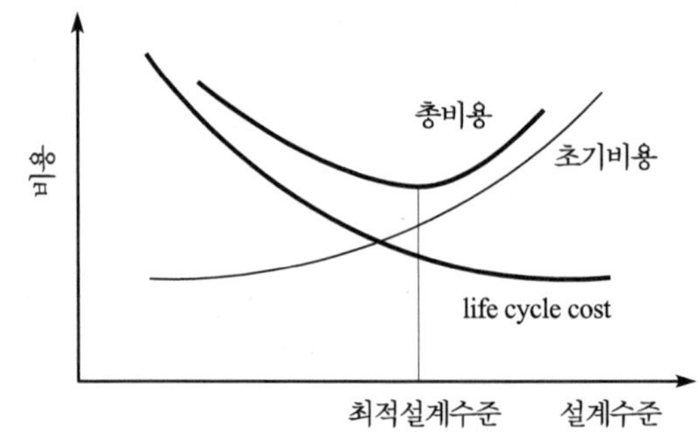

그림 3.1 Life Cycle Cost를 고려한 최적설계수준

3.4 강구조물의 거동 및 설계의 특성

토목 강구조물의 거동 및 설계의 특성에 대한 이해를 돕기 위하여 크게 콘크리트 구조물과 대별되는 강구조물의 중요한 거동 특성과 설계의 특성 중에 서 일반 개요만을 아래에 요약하였다.

3.4.1 강구조물의 구조적 거동 특성

강구조물은 콘크리트 구조물과는 달리 기본적으로 강판으로 구조체를 형성하여 외력에 저항하는 구조물로서 구조계획, 구조형식, 부재배치, 상세보강방법 등에 따라 구조응답 거동이 상이하므로 다음과 같은 구조적 특성을 이해하고 설계에 임하는 것이 바람직하다.

- 강구조물은 구조형식별로 단면구성, 기하적 형상, 2차부재의 구성이 달라지고 구조응답과 지배적인 구조거동이 달라지며, 특히 박판보강 부재나 요소의 세장성에 따른 각종 좌굴 파괴모드가 구조내력을 지배하며 부재 내 보강재의 배치, 단면구성 및 세장성 등에 따라 거동해석이 난해하기 때문에 좌굴거동, 설계 경험식에 대한 올바른 이해가 중요하다.

- 강구조물 중에 특히 강교량의 손상이나 파손은 거의 예외 없이 보강재나 연결부의 불량 접합부나 연결부에서 시작하고 그 원인은 제작, 가설 단계의 용접결함이나 불량한 접합, 과도한 초기변형, 불량한 부재 정렬 등에 기인한다.
- 강구조 부재의 보강재와 2차부재, 특히 연결상세부위에서의 응력집중, 잔류응력, 용접결함은 활하중에 의한 반복하중으로 인해 2차응력 및 변형을 유발시킨다. 그 결과 높은 피로응력이 발생하게 되어 피로파손으로 인한 피로균열의 점진적인 성장과 이로 인한 피로파괴는 강구조물의 붕괴를 촉발할 수 있는 한 요인이 된다.
- 내식성이 없는 강종을 사용하거나 부적절하게 도장이 된 강구조물이 부식에 취약한 환경에 방치되는 경우 부식은 단면내력을 감소시키고, 이에 따른 세장재의 국부좌굴은 응력집중과 2차응력을 유발시키고 강도를 저하시켜 결과적으로 붕괴를 유발하는 원인이 된다.
- 극심한 기후환경에 노출된 강구조물에 모재나 용접재료의 결함과 저온에서의 충격하중, 층상박리, 응력부식 등은 취성파괴의 원인이 된다.
- 강교량에서 구조배치가 부적절하고, 강성이 부족하면 과도한 처짐과 진동이 발생한다. 그 결과 통행차량이나 보행자에게 불안감을 조성하는 등 사용성을 해칠 뿐만 아니라 피로균열 발생의 원인이 되어 내구성을 저하시키는 요인이 될 소지가 있다.

3.4.2 강구조물의 설계지침

위에서 기술한 바와 같이 강구조물 중에서 특히 강교량은 그 구조적 특성으로 인하여 거동이 매우 복잡하고, 교량형식과 설계자의 구조계획에 따라 거동과 성능이 달라지며, 계획, 설계, 가설 단계의 결함이 구조 극한안전성, 사용성(과진동, 과도한 변형), 내구성(부식, 피로파괴) 등에 매우 민감하게 영향을 미치는 구조물이다. 이와 같은 구조적 특성으로 인한 강구조물 설계의 일반 지침 중에 중요한 몇 가지를 아래에 요약하였다.

- 설계자는 강구조물의 계획, 설계 시 항시 대상 구조형식, 구조계의 복잡한 구조거동, 응력해석, 설계이론에 대한 확실한 이해를 바탕으로 한 보다 면밀하고 세심한 설계가 필요하다.
- 계획, 기본설계, 실시설계의 전단계에 걸쳐 제작, 가설시의 문제점과 가설공법에 따른 제작, 운반, 시공시의 하중을 면밀하게 고려해야 한다.
- 강구조물은 설계, 제작, 시공 전단계에 걸쳐 하나의 볼트결함, 하나의 보강재 용접결함조차도 그대로 방치하는 경우 구조 손상의 원인이 될 수 있으며, 특히 상세설계의 오류는 구조물의 파손과 붕괴의 원인을 제공할 소지가 있다.
- 강구조물 중에서 강교량의 구조해석은 기본설계 단계에서의 근사해석에서부터 실시설계 단계에서의 엄밀해석에 이르기까지 구조해석의 목적에 따라 근사적인 실용식/경험식과 전산화 유한요소 엄밀해석에 이르기까지 그 수준과 방법이 다양하다. 따라서 구조거동의 명확한 이해를 바탕으로 설계목적에 맞는 정확한

모델링 기법과 구조개념 및 해석방법에 대한 올바른 적용이 매우 중요하다.

- 오늘날은 고도의 전산화 해석 및 설계가 가능한 CAE/CAD 시대이므로, 설계단계에서는 근사식, 실용식, 규준식을 이용하더라도 가급적 설계방법을 전산화 함으로서 사용자 인터페이스를 중심으로 하는 자동화 설계를 지향해야 한다. 특히 실시, 상세설계 단계에서는 반드시 엄밀한 거동 및 응력해석, 그리고 정밀한 설계검토를 할 수 있는 분석 소프트웨어 시스템을 활용해야 한다.
- 강구조물 중 특히 강교량은 경제적인 제작, 조립, 가설, 유지관리를 고려하여 안전성, 경제성, 사용성, 미관 등의 면에서 교량의 형식, 형상배치를 결정하고 주부재단면, 2차부재, 연결부의 상세설계가 적절하게 수행되어야 한다.
- 최근에 와서 선진국에서는 초기 건설공사비와 유지보수, 보강, 개선, 철거비용과 때로는 파손, 파괴시의 모든 직접, 간접 기대 손실비용까지도 고려하는 구조수명의 총기대비용을 최소화하도록 설계하는 추세이므로 국내 강구조물 설계에 있어서도 생애주기성능 및 비용을 고려할 필요가 있다.

3.5 강구조물의 설계과정

통상적으로 강구조물의 설계는 하나의 부재만을 설계하지 않고 구조부재를 복합적으로 사용하여 종합적인 설계를 수행한다. 따라서 이러한 종합적인 강구조물의 설계는 여러 과정을 거쳐서 이루어지는데, 대체로 구조계획을 위한 초기과정인 기본계획 단계와 구조형식, 형태를 선정하고 이의 근사 구조해석과정을 포함하는 기본설계(예비설계) 단계, 그리고 엄밀구조해석에 의한 응력, 변형, 거동의 검토와 상세설계를 수행하는 최종적인 실시설계 단계로 그림 3.2의 흐름도와 같이 나타낼 수 있다.

기본계획 단계

구조물의 설계에서 가장 중요한 단계는 기본계획 단계이다. 이 단계에서는 그림 3.2의 설계흐름도에서 보는 바와 같이, 구조물의 형식, 형태, 배치계획, 시공제약조건, 시공환경, 공법 또는 적용 설계기준, 설계하중 등에 대한 검토와 이에 따른 기본구조계획과 검토 대안을 선정한다.

기본설계 단계

그림 3.2의 설계흐름도에 주어진 바와 같이 구조물의 기본계획이 수립되면 이를 바탕으로 대안비교, 검토를 통하여 구조물의 형식, 형상, 배치 등에 대한 계획설계안을 선정한다. 이 단계에서는 실용적이며 근사적인 구조해석의 결과에 따라 구조물의 형상, 배치와 주단면의 개략설계가 이루어진다.

실시설계 단계

실시설계 단계에서는 구조물의 정확한 정·동적 거동을 해석해야 하고 이를 바탕으로 시방서에 규정된 설계강도(계수저항, 허용응력), 조합응력기준, 구조안정, 과도한 변형처짐 또는 균열, 피로 등의 제반 설계제약조건을 만족하는지를 검토하고, 그 결과에 따라 구조물의 예비설계단면의 재검토와 수정, 그리고 2차부재 설계, 연결부 및 접합부의 상세설계, 부수적인 구조상세의 설계가 이루어야 한다.

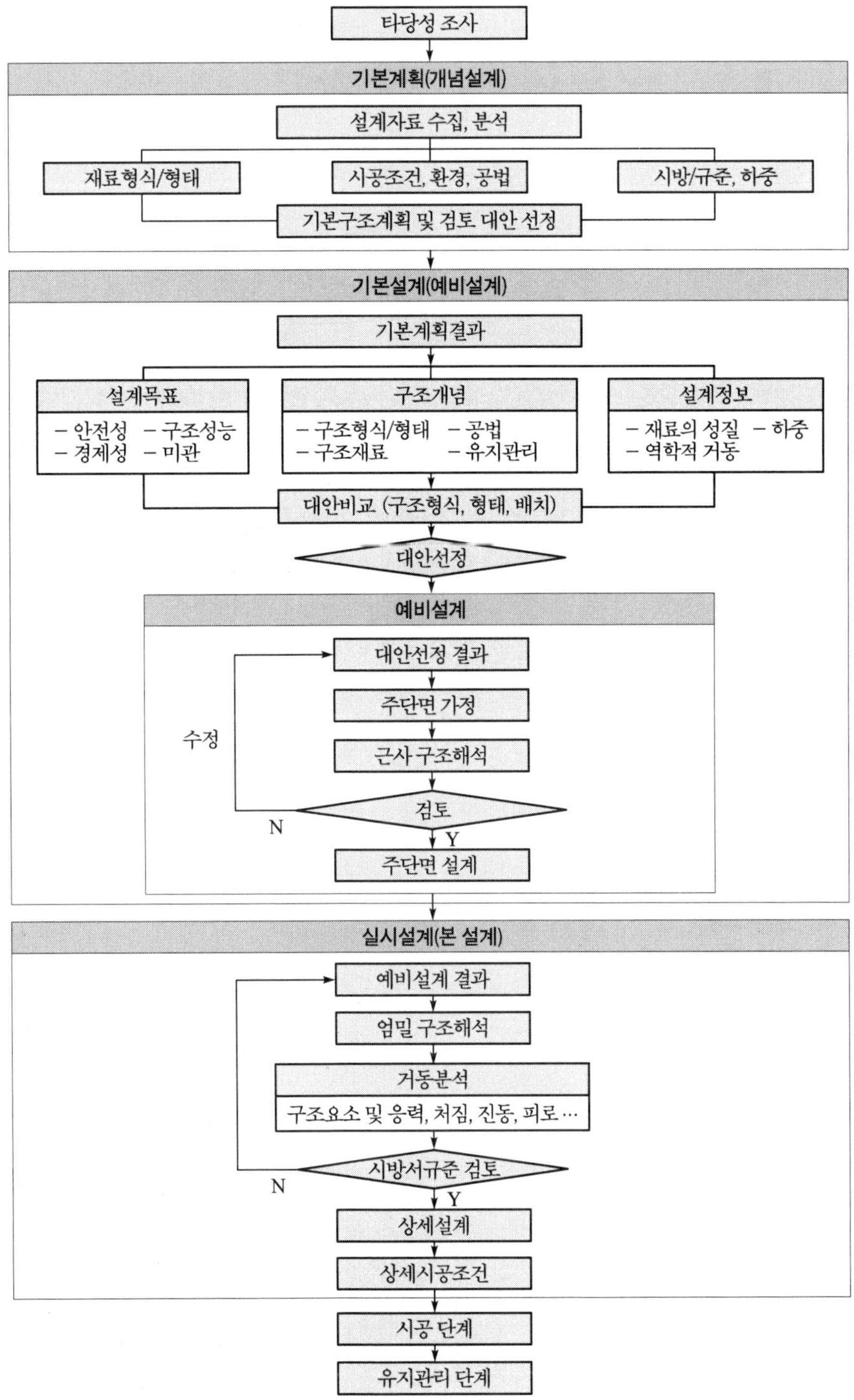

그림 3.2 **구조설계과정**

3.6 하중 및 하중 조합

3.6.1 하중

하중(load, action)이란 구조물에 응력이나 변형을 유발하는 원인을 총칭하여 말하는 것으로 중력이나 원심력과 같은 힘(force)뿐만 아니라 온도 변화, 지점 침하 등 직접적인 힘은 아니지만 구조물의 안전성이나 사용성에 영향을 미치는 모든 것을 포함한다. 구조물 설계 시에는 구조물의 수명기간동안 받을 것으로 예상되는 하중의 크기, 작용 빈도, 여러 하중의 조합 등을 정확히 산정하는 것이 중요하다.

합리적인 하중과 하중조합의 산정을 위하여 하중의 여러 가지 특성을 분석하여야 한다. 하중의 특성이란 하중의 크기, 위치, 방향, 지속시간 등을 의미하는데 어떤 경우에는 하중과 하중, 하중과 구조물의 상호작용(예를 들어 바람에 의한 진동, 토압, 또는 부가적 변형 등)이 포함되기도 한다. 하중은 그 특성에 따라 다음과 같은 기준에 따라 분류할 수 있다. (i) 시간에 따른 변동성 (ii) 작용원리(직접적, 간접적) (iii) 공간상의 변동성(고정적, 이동적) (iv) 구조거동의 특성(정적, 동적).

하중은 작용시간의 변동성에 따라 지속하중(영구하중, Permanent Action), 변동하중(Variable Action) 및 우발하중(Accidental Action)으로 구분할 수 있다. 지속하중은 시간에 따른 하중의 크기의 변화가 거의 없는 하중으로 고정하중, 건조수축이나 부등침하의 영향 등이다. KDS 24 12 21 교량 설계하중(한계상태설계법)에서 정의하고 있는 "지속하는 하중"이 여기에 해당된다. 변동하중은 시간에 따라 하중의 변동성이 상대적으로 큰 하중으로 활하중, 풍하중, (적)설하중 등이 해당된다. 우발하중은 작용시간은 짧으나 그 크기는 매우 크며 구조물 수명기간 동안 발생할 확률이 매우 작은, 또는 재현기간이 설계수명에 비하여 매우 긴 하중을 의미한다. 화재, 폭발, 차량이나 선박 충돌의 영향이 여기에 해당되며 일반적으로 지진하중도 이 범주에 포함할 수 있다. 이 분류기준에 따라 하중은 일반적으로 표 3.1과 같이 분류될 수 있다.

표 3.1 하중의 분류

지속하중	변동하중	우발하중
고정하중 프리스트레스 힘 수압 및 토압 지점침하 또는 이동 건조수축, 크리프 등	활하중 (적)설하중 온도하중 풍하중	폭발 화재 차량 또는 선박 충돌 지진하중

그러나 표 3.1의 분류가 절대적인 것은 아니며 구조물의 위치나 실제 조건에 따라 하중의 분류가 다르게 될 수도 있다. 예를 들어 (적)설하중은 우발하중으로 간주될 수 있으며 수압은 경우에 따라 변동하중으로 분류되기도 한다. 또한 특별한 설계상황에 따라 지진하중이 우발하중이 아니라 변동하중으로 구분되기도 한다. 이와 같은 분류는 하중조합 및 하중계수를 결정하기 위해 매우 중요하다. 예를 들어 KDS 24 12 11 교량 설계하중조합(한계상태설계법)에서는 우발하중을 극단상황한

계상태 하중조합에서 고려한다. 그림 3.3은 지속하중, 변동하중 및 우발하중에 대한 시간적 변화를 개념적으로 나타낸 그림이다. 구조물은 수명 기간의 모든 시간 동안 안전성, 사용성 등을 확보해야 한다. 안전성의 경우에는 각각의 하중이 최대가 되는 순간에 그 하중을 동시에 작용하는 다른 하중들과 조합하여야 하며 이 과정이 하중 조합이 되는 것이다. 이때 최대가 되는 하중과 조합되는 다른 하중들의 크기는 발생 빈도에 따라 결정되며 각각의 하중 조합에서의 하중계수로 나타낸다.

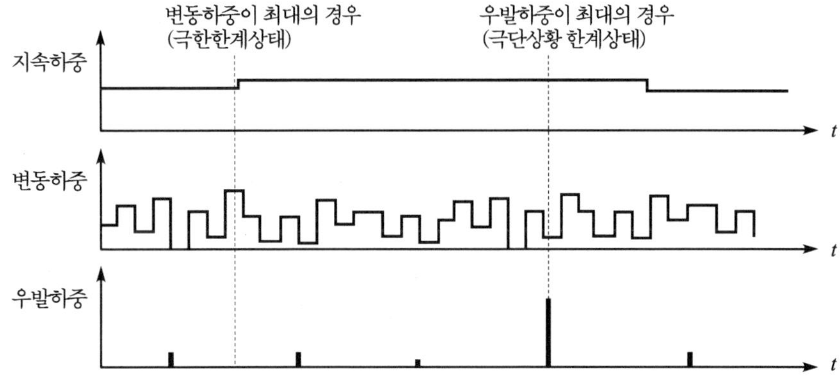

그림 3.3 시간에 따른 하중의 변동과 하중조합

작용 원리에 따라 하중은 직접적 하중과 간접적 하중으로 구분된다. 용어의 의미대로 직접적 하중은 직접적으로 구조물에 작용하는 하중이며, 간접적 하중은 구조특성이나 구조거동에 따라 작용하는 하중인데 대표적으로 콘크리트의 건조수축 또는 부등침하와 같이 지점 조건이나 구조 거동에 따라 그 영향이 달라지는 하중이다.

공간상의 변동성에 따라 하중은 고정적인 하중과 이동적인 하중으로 구분된다. 대표적으로 부재의 자중이나 고정된 기계장치의 자중은 그 위치가 항상 고정되어 있어 고정적인 하중으로 구분된다. 반면에 건축물의 활하중이나 교량에 작용하는 차량하중은 시간에 따라 그 위치가 변하므로 이동적인 하중으로 구분된다. 따라서 설계 시에는 가장 불리한 위치를 결정하고 그 위치에 하중을 재하해야 한다. 이를 위해서는 영향선이 필요하며 영향선의 개념과 그 활용에 대해서는 여러 구조해석 또는 구조역학에 대한 문헌을 참고 바란다.

구조거동의 특성에 따라 하중은 정적 하중과 동적 하중으로 구분된다. 정적 하중은 하중의 작용에 따라 구조물이나 구조부재에 거의 가속도를 유발하지 않는 하중이며 어느 정도의 가속도를 유발하는 하중은 동적 하중이다. 동적 하중은 종종 등가의 정적 하중으로 치환되거나 유사정적인 하중으로 간주되어 정적 하중을 적당히 증가시켜 고려하기도 한다. 지진하중은 동적 하중이지만 종종 등가의 정적 하중으로 변환되어 고려된다.

개별 하중에 대한 상세한 규정 및 재하방법, 하중 조합 및 계수 등은 구조물별로 다르므로 관련 설계기준이나 시방서를 따라야 한다. 예를 들어 교량구조물을 설계할 때는 KDS 24 12 21 교량 설계하중(한계상태설계법)에 규정되어 있는 하중들을 사용하여야 한다. 건축물을 설계할 때는 KDS 41 10 15 건축구조 기준 설계하중에 규정되어 있는 하중들을 사용하여야 한다. 단지 구조물의 상황과 부재에 따라 기준에 포함된 모든 하중을 다 사용할 필요는 없고 상황에 따라 적용되는 하중만 고려하면 된다. 또한 이러한 기준들에서 규정하고 있는 하중은 설계시 고려하는 최소의 요구조건이므로, 필요한 경우 발주자의 판단에 따라 이 기준 이상의 하중을 사용할 수 있으며 특별한 조사, 연구에 의하여 그 근거가 타당하다고 공인된 경우 설계기준 이외의 하중을 고려할 수도 있음을 알아야 한다.

강구조물에 작용하는 여러 하중들에 대하여 간단히 설명하면 다음과 같다.

고정하중(dead load)

고정하중은 구조물에서 부재 및 모든 영구적으로 설치되어진 부속 설비 등의 자중으로 인한 수직방향 하중이며 설계하중 중에서 가장 기본적이며 정적인 하중이다. 고정하중의 크기는 물체의 실제 중량에 따라 산정하는 것이 원칙이지만 일반적으로 재료의 밀도(단위질량) 또는 단위중량을 사용하여 계산한다. 표 3.2는 KDS 24 12 21 교량 설계하중(한계상태설계법)에서 정의하고 있는 재료의 단위질량을 나타낸 것이다. 고정하중이나 지진하중의 계산에서 중력 가속도값이 요구되는 경우 국제도량형총회에서 정한 지구 해수면상의 평균 중력가속도값 $g = 9.80665$ m/s^2 을 사용한다.

설계단계에서 구조물을 해석할 때 구조물의 치수를 모르는 경우에는 통상 부재치수를 가정하고 예비설계를 하여 주요부재 단면치수를 결정한 다음, 이에 따라 고정하중을 계산하고 엄밀 해석을 수행한다.

표 3.2 재료의 단위질량

재료		단위질량(kg/㎥)
강재, 주강, 단강		7,850
주철, 주물강재		7,250
알루미늄 합금		2,800
철근콘크리트		2,500
프리스트레스트 콘크리트		2,500
콘크리트		2,350
시멘트 모르타르		2,150
역청재(방수용)		1,100
아스팔트 포장재		2,300
목재	단단한 것	960
	무른 것	800
용수	담수	1,000
	해수	1,025

활하중(live load)

활하중은 작용위치와 크기가 시간에 따라 변할 수 있는 하중으로, 움직이는 차량이나 구조물에 놓인 일시적인 물체의 중량 등으로 인한 하중이다. 활하중은 기본적으로 변동하중이며 이동적인 하중이므로 영향선 또는 영향면을 이용하여 고려하고 있는 단면에 가장 불리한 위치에 재하한다. 교량의 활하중은 도로나 궤도위의 차량에 의한 하중과 보행자, 자전거 등에 의한 하중을 포함한다. 교량의 차량에 의한 영향은 활하중 이외에 피로하중, 충격하중, 원심하중, 시동하중, 제동하중, 차량횡하중, 탈선하중 등에 관계된다. 특히 피로하중은 차량하중의 크기, 빈도, 구조상세에 따라 정해지는 하중으로 피로설계용 차량하중이 별도로 규정된다. 강구조물의 피로하중에 대해서는 이 절의 뒷부분에 간략하게 설명되어 있다.

KDS 24 12 21 교량 설계하중(한계상태설계법)의 차량활하중은 KL-510으로 명명되어 있으며 표준트럭하중과 표준차로하중으로 구분되어 있다. 그림 3.4는 표준트럭하중과 표준차로하중을 보여주고 있다. 표준트럭하중은 탠덤축을 포함하여 4축으로 구성된 하중이며 차로당 1대의 표준트럭하중을 재하한다. 표준차로하중은 등분포하중으로 그 크기는 지간길이에 따른 함수로 규정되어 있다. 교량상을 주행하는 차량의 통행 특성에 따라 지간이 길어지면 차량의 연행확률이 감소하고 이에 따라 등분포하중의 크기가 감소하는 것이 합리적이다. 이에 따라 그동안 국내에서 사용하였던 DB24/DL24 하중 모형과 달리 KL-510 하중모형에서는 지간이 길어질수록 표준차로하중의 크기를 감소시키는 방안을 채택하였다.

교량 설계시에는 표준트럭하중에 의한 값과 표준차로하중에 표준트럭하중의 75%를 더한 값 중 큰 값을 사용한다. 일반적으로 바닥판 설계시에는 표준트럭하중을, 거더의 종방향 설계시에는 표준차로하중에 표준트럭하중의 75%를 더한 값을 사용한다. 다차로 동시재하의 경우 저감계수(m' : KDS 24 12 21)를 고려한다.

보도하중은 슬래브나 바닥틀 설계시 5×10^{-3}MPa의 등분포하중이 재하하는 것으로 하고 거더 설계시에는 표 3.3의 등분포하중을 재하한다.

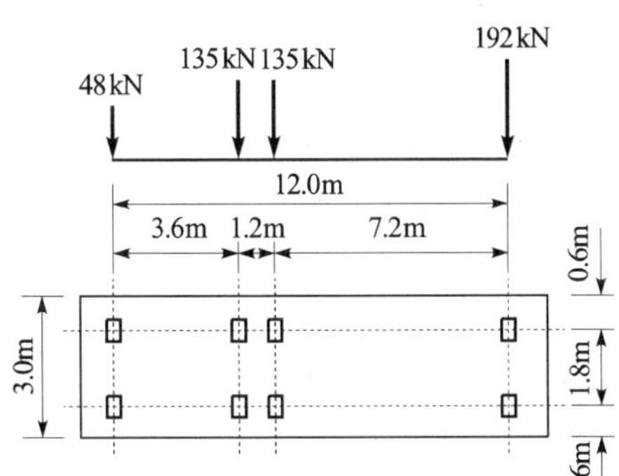

표준트럭하중

$L \le 60$ m	$\omega = 12.7$(kN/m)
$L > 60$ m	$\omega = 12.7\times\left(\frac{60}{L}\right)^{0.10}$(kN/m)

표준차로하중

그림 3.4 KL-510 활하중 모형

표 3.3 보도 등에 재하하는 등분포 하중

지간장(m)	$L \le 80$	$80 < L \le 130$	$L > 130$
하중(MPa)	3.5×10^{-3}	$(4.3-0.01L)\times10^{-3}$	3.0×10^{-3}

철도교의 경우에는 차량 활하중으로 그림 3.5와 같은 표준열차하중을 사용한다.

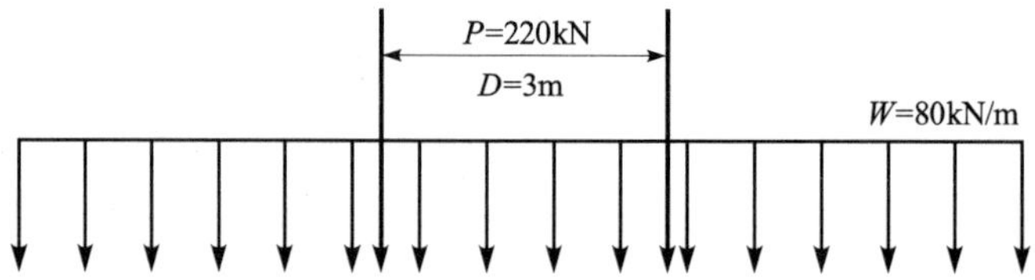

그림 3.5 **철도교의 활하중 모형** (KRL-2012)

강바닥판의 설계에서는 종종 표준트럭하중의 윤하중에 의한 접지압을 사용하는 경우가 있다. 차륜의 접지면은 표준트럭하중의 각 차륜에 대해 면적이 $\frac{12{,}500}{9}P$ (mm^2)인 하나의 직사각형으로 간주하며 이 직사각형의 폭과 길이의 비는 2.5 : 1로 한다. 여기서, P는 차륜의 중량(kN)이다. 이에 따라 접지압은 0.72MPa이 된다. 그림 3.6은 KL-510 표준트럭하중의 후륜과 중간 차륜(탠덤 차륜)의 접지면을 나타내고 있다.

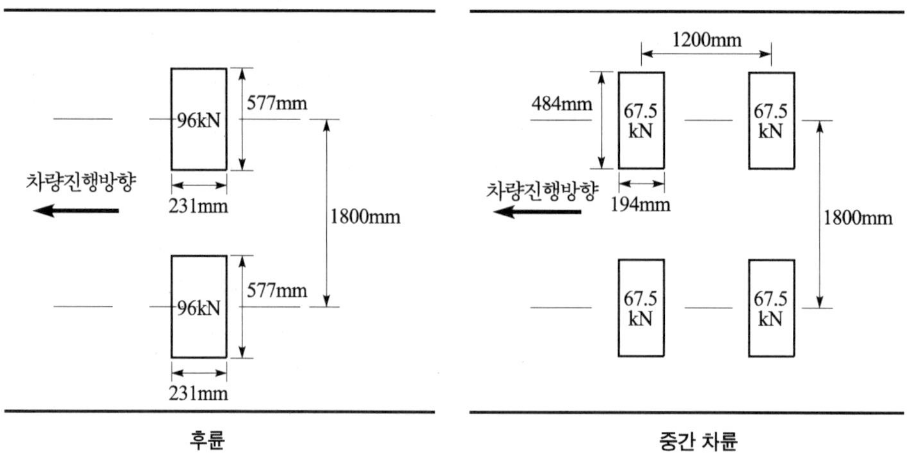

그림 3.6 **표준트럭하중 차륜의 접지면**

충격하중 (impact load, dynamic load allowance)

실제 교량상을 주행하는 차량은 시간에 따라 하중의 재하 위치와 크기가 변화하기 때문에 동역학적인 효과가 나타난다. 이 동역학적인 효과를 등가 정적 하중으로 변환한 것을 충격하중이라 한다. 충격하중은 활하중에 동하중계수(dynamic load factor) 또는 충격계수(impact factor)를 곱하여 구한다. 이 계수는 차량과 교량의 동적인 특성, 노면 조도 등에 따라 달라지는데 설계기준에서는 지간 또는 고유진동수의 함수로 구하거나 일정 비율을 사용한다. KDS 24 12 21 교량 설계하중(한계상태설계법)의 교량 상부구조에 대한 충격계수는 표 3.4와 같으며 이 계수는 활하중 모형 중 표준트럭하중에만 적용한다. 또한 하부구조, 현수교의 주케이블에는 충격하중을 적용하지 않는다.

표 3.4 **교량에 적용하는 충격계수**

성 분		IM
바닥판 신축이음장치를 제외한 모든 다른 부재	피로한계상태를 제외한 모든 한계상태	25%
	피로한계상태	15%

풍하중(wind load)

풍하중은 구조물에 바람에 의한 영향을 고려하는 하중으로 세장한 구조물에서 특히 중요한 하중이다. 바람의 특성은 구조물 위치에 따라 다르며, 구조물의 단면형상에 따라 달라지기 때문에 실제로 작용하는 풍하중은 구조물마다 다르게 된다. 바람의 영향을 고려할 때 구조물은 (i)단순히 바람에 의한 풍압을 고려하는 구조물과 (ii) 바람에 의한 진동, 즉 동적 영향을 고려하는 구조물로 구분된다. 일반적으로 구조물에 작용하는 바람의 정적 효과는 단위면적당 작용하는 압력으로 나타내는데 그 풍하중 또는 풍압 p(MPa)는 설계기준 풍속 V_d(m/s), 공기밀도 $\rho\,(=1.225\,\mathrm{kg/m^3})$, 항력계수 C_d 및 거스트 응답계수 G를 사용하여 다음 식과 같이 구한다 [KDS 24 12 21].

$$p = 5\times10^{-7}\rho\cdot {V_d}^2\cdot C_d\cdot G \tag{3.4}$$

여기서, 항력계수 C_d는 기존 문헌, 실험, 해석 등의 합리적인 방법으로 산정하며, 거스트 응답계수 G는 풍속의 순간적인 변동의 영향을 보정하기 위한 계수이다.

KDS 24 12 21 교량 설계하중(한계상태설계법)에서는 설계의 편의를 위하여 교량의 중요도 및 크기에 따라 교량을 다음과 같이 구분한다; (i) 간편한 표준 풍하중 산정식에 따르는 일반적인 중소지간의 교량, (ii) 지역별 기본풍속을 기준으로 좀더 엄밀하게 풍하중을 구하여 설계하는 태풍이나 돌풍에 취약한 지역(해안 인접지역 등)에 위치한 중대 지간의 교량, (iii) 교량 가설위치의 엄밀한 풍속자료에 의한 설계풍속의 산정과 풍동실험에 의한 공기역학적 동적 설계도 고려해야 하는 주경간 길이가 200m 이상인 장대 특수교량.

일반적인 중소지간 교량

일반적인 중소지간 교량에 작용하는 풍하중은 교축에 직각으로 작용하는 수평하중으로 하고, 고려하고 있는 부재에 가장 불리한 응력을 발생시키도록 재하한다. 식(3.4)에 기초한 표준적인 풍하중의 크기는 교량 형식별로 제시되어 있으며 자세한 내용은 KDS 24 12 21의 관련 규정을 참조한다. 차음벽이 설치되어 있는 경우에는 바람의 특성 및 차음벽의 구조에 따라 풍하중을 증감시킬 수 있다.

태풍이나 돌풍에 취약한 지역에 위치한 중대지간의 교량

태풍에 취약한 지역에 위치한 중장대 지간의 교량은 설계기준풍속에 기초하여 식(3.4)로 구한 풍하중에 의하여 설계한다. 이때 설계기준풍속은 대상지역의 풍속기록과 구조물 주변의 지형 및 환경, 그리고 교량상부구조의 지상높이 등을 고려하여 합리적으로 결정한 10분간 평균풍속을 의미한다. 대상지역의 풍속자료가 가용치 못한 경우에는 고도보정을 위하여 식(3.5)를 사용한다.

$$\begin{aligned} V_d &= 1.925\left[\frac{z}{z_G}\right]^a V_{10}\,,\ z \ge z_b \\ &= 1.925\left[\frac{z_b}{z_G}\right]^a V_{10}\,,\ z < z_b \end{aligned} \tag{3.5}$$

여기서 z : 구조물의 높이로서 교량의 주거더인 경우에는 기준으로부터 지간 중앙의 설계노면까지의 높이(m)

V_{10} : 기본풍속(m/s)

z_b : 지표면에서 지형물의 대표높이(m)

z_G : 조도에 관계없이 풍속이 일정한 곳까지의 높이(m)

a : 지표조도계수

기본풍속(V_{10})이란 재현기간 100년에 해당하는 개활지에서의 최대풍속의 비초과 확률 80%에 해당하는 지상 10m의 10분간 평균풍속을 말하는데, 대상지역 인근 기상관측소의 장기풍속기록(태풍 또는 계절풍)과 지역적 위치를 동시에 고려하여 극치분포로부터 추정하거나 태풍자료의 시뮬레이션 등의 합리적 방법으로 추정한다. 대상지역의 풍속자료가 없는 경우에는 표 3.5에 주어진 지역별 기본풍속에 따라 정한다.

표 3.5 지역별 기본풍속

구분	지역	지명	기본풍속(m/s)
I	내륙	서울, 대구, 대전, 춘천, 청주, 수원, 추풍령, 전주, 이리, 진주, 광주	30
II	서해안	서산, 인천	35
III	서남해안 남해안 동남해안	군산 여수, 충무, 부산 포항, 울산	40
IV	동해안 제주지역 특수지역	속초, 강릉 제주, 서귀포 목포	45
V		울릉도	50

주경간 길이가 200m 이상인 장대 특수교량

주경간 길이가 200m 이상인 사장교 및 현수교 등의 장대 특수교량 설계에서는 위에서 기술한 정적설계 결과에 대하여 동적해석과 풍동실험을 통하여 풍하중의 동적효과에 대한 교량의 제반 공기역학적 안정성을 검토한다. 또한 가설단계에서의 내풍 안정성에 대해서도 충분히 검토하여야 한다.

지진하중(earthquake load)

일반적으로 지진하중은 기초를 통하여 전달되는 지반 진동의 영향을 나타내는 것으로 지반 진동 가속도(ground acceleration)의 크기, 구조물의 형식, 중량 및 강도, 기초 지반의 성질 등에 따라 결정된다. 따라서 구조 동역학의 이론에 의하여 결정될 수 있으나 작은 규모의 구조물에서는 등가정적 해석방법을 많이 사용한다. 이 교재에서는 지진하중에 대한 기본적인 개념들만 간략하게 정리하였으며 자세한 내용은 KDS 24 17 11 교량내진설계기준(한계상태설계법) 또는 KDS 14 31 60 강구조 내진 설계기준(하중저항계수설계법)을 참조한다.

가속도계수

가속도계수는 구조물에 입력되는 최대 지반 가속도를 의미하는 것으로 (지진구역계수)×(위험도계수)로 계산된다. KDS 24 17 11에서는 지진재해도 해석결과에 근거하여 우리나라의 지진구역을 표 3.6과 같이 설정하였으며 각 지진구역에서의 지진구역계수는 표 3.7과 같다. 평균재현주기별 최대유효지반가속도의 비를 의미하는 위험도계수는 표 3.8과 같다. 이 표에서 기준은 평균재현주기 500년 지진이다.

표 3.6 지진구역 구분

지진구역	행정구역[5]	
Ⅰ	시	서울특별시, 인천광역시, 대전광역시, 부산광역시, 대구광역시, 울산광역시, 광주광역시
	도	경기도, 강원도 남부[1], 충청북도, 충청남도, 경상북도, 경상남도, 전라북도, 전라남도 북동부[2]
Ⅱ	도	강원도 북부[3], 전라남도 남서부[4], 제주도

주: (1) 강원도 남부(군, 시) : 영월, 정선, 삼척시, 강릉시, 동해시, 원주시, 태백시
(2) 전라남도 북동부 (군, 시) : 장성, 담양, 곡성, 구례, 장흥, 보성, 화순, 광양시, 나주시, 여수시, 순천시
(3) 강원도 북부(군, 시) : 홍천, 철원, 화천, 횡성, 평창, 양구, 인제, 고성, 양양, 춘천시, 속초시
(4) 전라남도 남서부(군, 시) : 무안, 신안, 완도, 영광, 진도, 해남, 영암, 강진, 고흥, 함평, 목포시
(5) 행정구역의 경계를 통과하는 교량의 경우에는 구역계수가 큰 값을 적용한다.

표 3.7 지진구역계수 (재현주기 500년에 해당)

지진구역	Ⅰ	Ⅱ
구역계수	0.11	0.07

표 3.8 위험도 계수

재현주기 (년)	500	1000
위험도계수, I	1	1.4

내진등급과 설계지진수준

내진등급은 지진에 대한 위험 정도를 나타내는 지표로서, 우리나라에서는 지진의 발생확률이 낮고 가속도계수도 상대적으로 작은 것을 감안하여 표 3.9와 같이 교량의 중요도에 따라서 내진I등급과 내진Ⅱ등급으로 분류하고 있다. 따라서 지진구역 I에 위치한 내진 1등급교의 경우에 가속도계수는 0.11×1.4=0.154g가 된다.

표 3.9 도로교의 내진등급과 설계지진

내진등급	교량	설계지진의 평균재현주기
내진I등급교	–고속도로, 자동차전용도로, 특별시도, 광역시도 또는 일반국도상의 교량 –지방도, 시도 및 군도 중 지역의 방재계획상 필요한 도로에 건설된 교량, 해당도로의 일일계획교통량을 기준으로 판단했을 때 중요한 교량 –내진I등급교가 건설되는 도로위를 넘어가는 고가 교량	1,000년
내진II등급교	내진I등급교에 속하지 않는 교량	500년

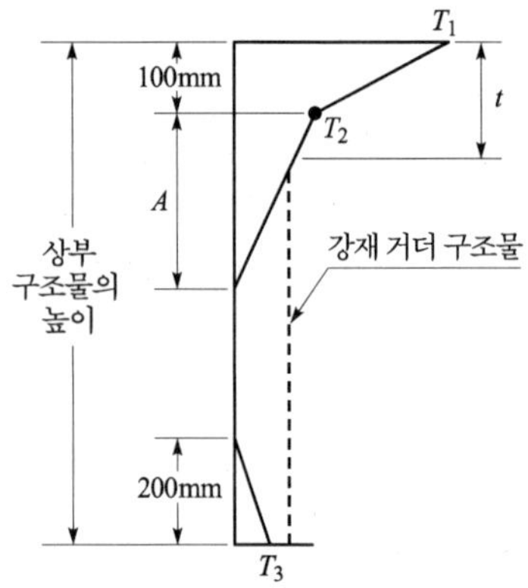

그림 3.7 **상부구조의 수직온도 분포**

온도변화(temperature load)

구조물에서 온도의 분포는 태양일사량, 대기 온도, 바람, 재료의 열전달 특성 등에 따라 달라진다. 일반적으로 온도변화의 영향은 단면 전체 평균온도의 변화와 단명의 수직 또는 수평의 온도분포에 따른 영향으로 나누어 고려한다. KDS 24 12 21에서 강교량의 평균 온도의 승강은 가설시 온도를 기준으로 하여 계산하며, 온도변화의 범위는 −10℃에서 +50℃를 표준으로 하되 특히 추운 지방에서는 −30℃에서 +50℃까지로 한다. 상부구조의 수직온도 분포는 그림 3.7과 같이 가정하며 강교량 또는 합성거더교에서 강재의 선팽창계수는 1.2×10^{-5}으로 한다. 가동받침의 이동량 산정시에도 온도변화의 범위 및 선팽창계수는 위의 값을 표준으로 하며, 수중 또는 토중에 있는 구조물에 대해서는 온도변화의 영향을 고려하지 않는다.

피로하중(fatigue load)

강구조물의 피로 설계에 대해서는 본 교재의 10장에서 자세히 다루고 있다. 여기서는 피로의 영향을 검토하는 경우의 하중에 대해서만 설명한다. 피로를 검토하는 경우의 활하중은 KL-510 표준트럭하중의 80 %를 적용한다. 이때 적용하는 충격계수는 15%이다(표 3.4). 이 하중은 국내의 여러 연구결과를 바탕으로 정해진 값이며, 강바닥판의 피로 검토시에도 표준트럭하중의 탠덤축 또는 후륜축 중량의 80%를 적용하여 검토한다. 피로와 파단한계상태는 누적된 응력범위의 반복횟수로 정의되기 때문에 피로 하중과 함께 하중은 발생빈도도 필요하다.

피로하중의 빈도는 단일차로 일평균트럭교통량($ADTT_{SL}$)을 사용한다. 단일차로의 일평균 트럭교통량에 대한 확실한 정보가 없을 때는 식(3.6)의 차로 당 통행비율을 적용하여 산정할 수 있다. 즉,

$$ADTT_{SL} = p \times ADTT \tag{3.6}$$

여기서, ADTT : 한 방향 일일트럭교통량의 설계수명기간동안 평균값
$ADTT_{SL}$: 한 방향 한 차로의 일일트럭교통량의 설계수명기간동안 평균값
p : 표 3.10의 값

표 3.10 **한 차로에서의 트럭교통량 비율, p**

트럭이 통행 가능한 차로 수	p
1차로	1.00
2차로	0.85
3차로 이상	0.80

교량의 미래의 차량통행 형태가 불확실하기 때문에 동일한 피로하중 빈도를 모든 차선에 적용한다. 여러 연구결과 승용차와 트럭 등 모든 차량을 포함하는 일평균통행량(ADT)은 정상적인 상태에서 물리적으로 차로당 약 20,000대가 한계치라고 알려져 있다. ADTT를 추정하는데 이 한계치를 고려한다. ADTT는 ADT에 트럭의 교통량 비율을 곱하여 결정될 수 있다. 교통량에 대한 지역적 자료가 없는 경우에는 일반적인 교량에 대하여 표 3.11의 값을 사용할 수 있다.

표 3.11 트럭통행 비율

도로 등급	전체교통량중 트럭교통량 비율
지방 고속도로	0.20
도시 고속도로	0.15
지방 일반도로	0.15
도시 일반도로	0.10

우리나라의 경우 전체교통량(ADT)중 트럭교통량(ADTT)의 비율은 고속도로나 일반도로에 상관없이 평균 30% 정도이나 피로에 영향이 거의 없는 가벼운 트럭의 비율이 상대적으로 많으므로 표 3.11의 값을 사용하여도 무방하다. 다만, 무거운 중량의 트럭의 비율이 높을 것으로 예상되는 경우에는 ADTT의 적정한 값을 산정하여 사용한다.

3.6.2 하중의 조합

하중의 조합은 일반적으로 구조물의 수명기간동안 발생할 수 있는 모든 하중 작용 상태(그림 3.3 참조)를 표현한 것이다. 여러 가지 하중상태에서 각 하중의 크기는 하중의 특성에 따라 결정되며, 이에 따른 하중계수는 한계상태(limit state)의 개념을 사용한 신뢰도 분석에 의하여 결정된다. 기본적으로 부재와 연결부 설계 시에 하중계수를 고려한 총 설계하중 또는 소요강도는 식(3.7)과 같다.

$$Q = \Sigma\, \eta_i \gamma_i\, q_i \tag{3.7}$$

여기서, q_i : 하중 또는 하중효과

γ_i : 하중계수

η_i : 하중수정계수

하중수정계수, η_i는 구조물의 연성, 여용성 및 중요도를 고려하기 위한 계수로 연성과 여용성은 물리적인 강도와 직접 관련이 되어 있으며, 중요도는 구조물의 파괴시의 파급효과와 관련된 것이다. 구체적인 하중수정계수의 결정은 구조물별 설계기준에 따른다.

KDS 24 12 11 교량 설계하중조합(한계상태설계법)에서는 한계상태를 극한한계상태, 사용한계상태, 피로한계상태, 극단상황한계상태로 구분하고 표 3.12와 같은 하중조합을 고려하고 있다. 어떤 하중조합에서는 두 개의 하중계수를 사용하고 있는데 최소의 하중계수는 어떤 하중 효과가 다른 하중 효과를 감소시키는 경우에 사용하는 것이다. 고정하중에 대한 계수는 표 3.13과 같다. 이 표에서 지속하중의 효과가 전체 하중의 효과를 증가시키는 경우에는 최대의 하중계수를, 감소시키는 경우에는 최소의 하중계수를 사용한다.

표 3.12 KDS 24 12 11(교량 설계하중조합(한계상태설계법))의 하중조합과 하중계수

하중조합 한계상태	DC DD DW EH EV ES EL PS CR SH	LL IM BR PL LS CF	WA BP WP	WS	WL	FR	TU	TG	GD SD	이 하중들은 한번에 한가지만 고려			
										EQ	IC	CT	CV
극한 Ⅰ	γ_p	1.80	1.00	–	–	1.00	0.50/1.20	γ_{TG}	γ_{SD}	–	–	–	–
극한 Ⅱ	γ_p	1.40	1.00	–	–	1.00	0.50/1.20	γ_{TG}	γ_{SD}	–	–	–	–
극한 Ⅲ	γ_p	–	1.00	1.40	–	1.00	0.50/1.20	γ_{TG}	γ_{SD}	–	–	–	–
극한 Ⅳ – EH, EV, ES, DW DC만 고려	γ_p	–	1.00	–	–	1.00	0.50/1.20	–	–	–	–	–	–
극한 Ⅴ	γ_p	1.40	1.00	0.40	1.0	1.00	0.50/1.20	γ_{TG}	γ_{SD}	–	–	–	–
극단상황 Ⅰ	γ_p	γ_{EQ}	1.00	–	–	1.00	–	–	–	1.00	–	–	–
극단상황 Ⅱ	γ_p	0.50	1.00	–	–	1.00	–	–	–	–	1.00	1.00	1.00
사용 Ⅰ	1.00	1.00	1.00	0.30	1.0	1.00	1.00/1.20	γ_{TG}	γ_{SD}	–	–	–	–
사용 Ⅱ	1.00	1.30	1.00	–	–	1.00	1.00/1.20	–	–	–	–	–	–
사용 Ⅲ	1.00	0.80	1.00	–	–	1.00	1.00/1.20	γ_{TG}	γ_{SD}	–	–	–	–
사용 Ⅳ	1.00	–	1.00	0.70	–	1.00	1.00/1.20	–	1.0	–	–	–	–
사용 Ⅴ	1.00	–	–	–	–	–	0.5	–	–	–	–	–	–
피로 – LL, IM & CF만 고려	–	0.75	–	–	–	–	–	–	–	–	–	–	–

여기서, DC : 구조부재와 비구조적 부착물의 중량에 의한 고정하중,
DD : 말뚝의 부마찰력,
DW : 포장과 설비의 고정하중,
EH : 수평토압,
EV : 수직토압,
ES : 포장과 설비의 고정하중,
EL : 말뚝의 부마찰력,
PS : 프리스트레스하중,
CR : 콘크리트의 크리프,
SH : 콘크리트의 건조수축,
LL : 차량활하중,
IM : 충격하중,
BR : 차량제동하중,
PL : 보도하중,
LS : 상재활하중,
CF : 원심하중,
WA : 정수압과 유수압,

BP : 부력 또는 양압력,
WP : 파압,
WS : 구조물에 작용하는 풍하중,
WL : 활하중에 작용하는 풍하중,
FR : 마찰하중,
TU : 평균온도하중,
TG : 온도구배하중,
GD : 지반변동의 영향,
SD : 지점이동의 영향,
EQ : 지진하중,
IC : 빙하중,
CT : 차량충돌하중,
CV : 선박충돌하중이다.

표 3.13 γ_p에 관한 하중계수

<table>
<tr><th rowspan="2">하중의 종류</th><th colspan="2">하중계수</th></tr>
<tr><th>최대</th><th>최소</th></tr>
<tr><td>DC : 구조부재와 비구조적 부착물</td><td>1.25
1.50(극한 IV에서만)</td><td>0.90</td></tr>
<tr><td>DD : 말뚝부마찰력</td><td>1.80</td><td>0.45</td></tr>
<tr><td>DW : 포장과 시설물</td><td>1.50</td><td>0.65</td></tr>
<tr><td>EH : 수평토압
• 주동
• 정지</td><td>
1.50
1.35</td><td>
0.90
0.90</td></tr>
<tr><td>EV : 연직토압
• 전체 안정성
• 옹벽 및 교대
• 강성 암거 (예, 콘크리트 박스)
• 뼈대형 강성구조물 (예, 라멘형)
• 연성 암거 (예, 파형강관)
• 박스형 연성 강재 암거</td><td>
1.00
1.35
1.30
1.35
1.95
1.50</td><td>
–
1.00
0.90
0.90
0.90
0.90</td></tr>
<tr><td>ES : 상재토하중</td><td>1.50</td><td>0.75</td></tr>
<tr><td>EL : 시공중 발생하는 구속 응력</td><td>1.00</td><td>1.00</td></tr>
<tr><td>PS : 프리스트레스힘
세그멘탈콘크리트교량의 상부, 하부구조
비세그멘탈콘크리트교량 상부구조
비세그멘탈콘크리트교량 하부구조
– I_g를 사용하는 경우
– $I_{effective}$를 사용하는 경우
강재 하부구조</td><td colspan="2">
1.0
1.0

0.5
1.0
1.0</td></tr>
<tr><td>CR, SH : 크리프, 건조수축
세그멘탈콘크리트교량의 상부, 하부구조
비세그멘탈콘크리트교량 상부구조
비세그멘탈콘크리트교량 하부구조
– I_g를 사용하는 경우
– $I_{effective}$를 사용하는 경우
강재 하부구조</td><td colspan="2">
DC에 대한 γ_p 사용
1.0

0.5
1.0
1.0</td></tr>
</table>

표 3.12에서 극한한계상태Ⅰ은 일반적인 차량통행을 고려한 기본하중조합으로 풍하중은 고려하지 않는다. 극한한계상태Ⅱ는 발주자가 규정하는 특수차량이나 통행허가차량을 고려한 하중조합으로 역시 풍하중은 고려하지 않는다. 극한한계상태Ⅲ은 거더 높이에서 풍속 25m/s를 초과하는 설계 풍하중을 고려하는 하중조합으로 강한 풍속에서 차량통행은 불가능하므로 이 하중조합에서는 차량관련 하중은 고려하지 않는다. 극한한계상태Ⅳ는 활하중에 비하여 고정하중이 매우 큰 경우에 적용하는 하중조합이다. 극한한계상태Ⅴ는 차량 통행이 가능한 최대 풍속과 일상적인 차량통행에 의한 하중효과를 고려한 하중조합이다.

극단상황한계상태Ⅰ은 지진하중을 고려하는 하중조합이며 극단상황한계상태Ⅱ는 빙하중, 선박 또는 차량의 충돌하중 및 감소된 활하중을 포함한 수리학적 사건에 관계된 하중조합이다. 이 하중조합에서 고려되는 극단상황 설계하중들의 재현기간은 설계수명보다 매우 길다. 따라서 이런 극한하중들의 동시발생확률이 매우 낮기 때문에 개별적으로 검토된다. 이런 극한상태에서는 구조물이 비선형적인 거동을 할 것으로 예상될 수 있다.

사용한계상태Ⅰ은 교량의 정상 운용 상태에서 발생 가능한 모든 하중의 표준값과 25 m/s의 풍하중을 조합한 하중상태이며, 교량의 설계 수명 동안 발생 확률이 매우 적은 하중조합이다. 이 하중조합은 철근콘크리트의 사용성 검증에 사용할 수 있다. 사용한계상태Ⅱ는 차량하중에 의한 강구조물의 항복과 마찰이음부의 미끄러짐에 대한 하중조합이다. 사용한계상태Ⅲ은 교량의 정상 운용 상태에서 설계 수명 동안 종종 발생 가능한 하중조합으로 부착된 프리스트레스 강재가 배치된 상부 구조의 균열폭과 인장응력 크기를 검증하는데 사용한다. 사용한계상태Ⅳ는 설계 수명 동안 종종 발생 가능한 하중조합으로 교량 특성상 하부구조는 연직하중보다 수평하중에 노출될 때 더 위험하기 때문에 연직 활하중 대신에 수평 풍하중을 고려한 하중조합이다. 따라서 이 조합은 부착된 프리스트레스 강재가 배치된 하부 구조의 사용성 검증에 사용해야 한다. 사용한계상태V는 설계 수명 동안 작용하는 고정하중과 수명의 약 50%기간 동안 지속하여 작용하는 하중을 고려한 하중조합이다.

피로 및 파괴한계상태는 KDS 24 12 21(교량 설계하중(한계상태설계법))에 규정되어 있는 피로설계트럭하중(3.6.1의 피로하중 참조)을 이용하여 반복적인 차량하중과 동적응답에 의한 피로파괴를 검토하기 위한 하중조합이다.

연습문제

3.1 한계상태설계법의 개념 및 하중조합 종류에 대해 각각 간략히 기술하시오.

Design of Steel Structures

제4장 인장부재

4.1 개요

인장부재(tension members)는 구조물에 작용하는 인장력을 지지하여 다른 부재에 안전하게 전달하는 역할을 하는 부재를 말한다. 토목구조물에서 인장부재의 예로서는 트러스의 하현재, 교량의 브레이싱 등이 있고, 케이블은 큰 인장력을 이용하여 장지간의 구조를 지지할 수 있는 이점이 있으므로 현수교나 사장교 등에 널리 사용되고 있다.

축방향 인장력 T를 받는 단면의 인장응력 F_t는 다음과 같이 구할 수 있다.

$$F_t = \frac{T}{A} \tag{4.1}$$

여기서 A는 인장력으로부터 수직 방향인 인장부재의 단면적을 의미한다. 엄밀하게는 축방향력이 도입되는 부재 연결부 부근에서의 응력분포는 복잡하여 구멍이나 단면변화가 있는 경우에는 그림 4.1과 같이 응력집중현상이 발생하게 되지만, 실제 설계에서는 균등하게 분포하는 것으로 가정하여 식(4.1)을 적용하고 있다. 구멍으로 인하여 단면적이 감소하는 경우 구멍이 있는 단면에서의 응력이 변하게 된다. 이와 같은 단면 감소를 고려한 단면을 순단면(net section) 그리고 단면적을 순단면적(net area)이라고 한다. 또한 단면감소를 고려하지 않은 단면을 총단면(gross section) 그리고 단면적을 총단면적(gross area)이라고 한다. 단면 변화로 인한 단면적 계산은 4.4절에서 자세히 다룬다.

인장부재는 압축부재와는 달리 하중을 받을 때 좌굴이 발생하지 않으므로 재료사용의 효율이 높고, 단면형태에 따라 하중지지능력이 변화하지 않으므로 단면의 선택이 비교적 자유롭다. 그러나 접합에 필요한 볼트의 구멍은 하중을 지지하는 단면적을 줄이고, 그 주변에는 응력집중 현상이 발생하게 되므로, 인장부재의 설계에 있어서는 이러한 단면손실과 하중의 편심 등에 의한 영향을 고려하여야 한다.

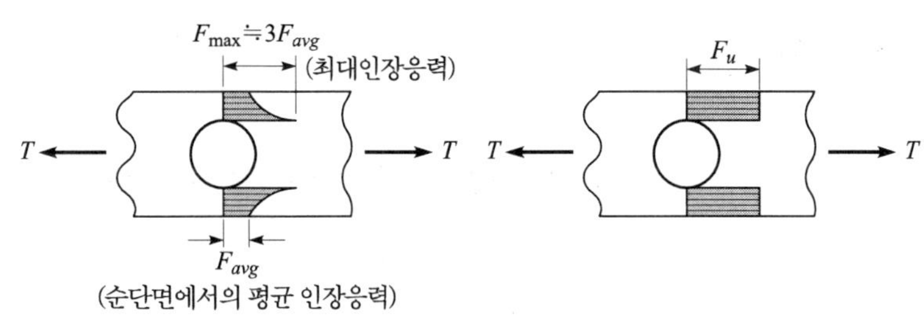

그림 4.1 구멍이 있는 단면에서의 인장응력 (a) 탄성상태 (b) 공칭강도상태

4.2 인장부재 단면구성

4.2.1 단일 부재

부재작용력이 비교적 작은 경우에는 봉강(rod, bar)이나 형강을 사용하게 된다. 봉강의 단면형태로서는 원형, 사각형, 평강 등이 있으며 주로 구조물의 브레이싱 등에 많이 사용되고, 길이에 비해 단면적이 작으므로 압축은 물론 휨에 대해서도 거의 저항할 수 없다는 단점이 있다. 이러한 봉강을 타 부재와 연결하는 방법으로서는 단부를 용접하거나 단부에 나사홈을 내어 볼트로 연결하는 방법이 있으며, 부재길이를 정확히 조절할 필요가 있는 경우에는 그림 4.2와 같이 아이바(eye bar)를 사용한 U자형 연결재나 턴버클(turnbuckle)을 이용한 연결방법 등이 있다.

형강은 부재 작용력이 약간 크거나, 어느 정도의 강성이 요구되는 인장부재에 주로 사용된다. ㄱ형강(angle)은 가장 간단한 단일형강의 인장부재로서 봉강에 비하여 강성이 크지만, 다른 형강에 비하여 단면적이 작으므로 길이가 긴 경우에는 적합치 않으며 하중편심으로 인하여 유효단면적(effective area)이 줄어드는 단점이 있다. ㄷ형강(channel)은 다른 부재와의 접합이 쉽고, ㄱ형강에 비해 하중편심의 영향이 적으므로 간단한 트러스나 브레이싱 등에 널리 쓰이고 있다. 이밖에 T형강의 경우도 ㄷ형강과 함께 인장부재로 많이 사용되고 있으며, H형강의 경우에는 부재접합에 어려움이 있어 작용하중이 큰 경우 이외에는 거의 사용하지 않고 있다.

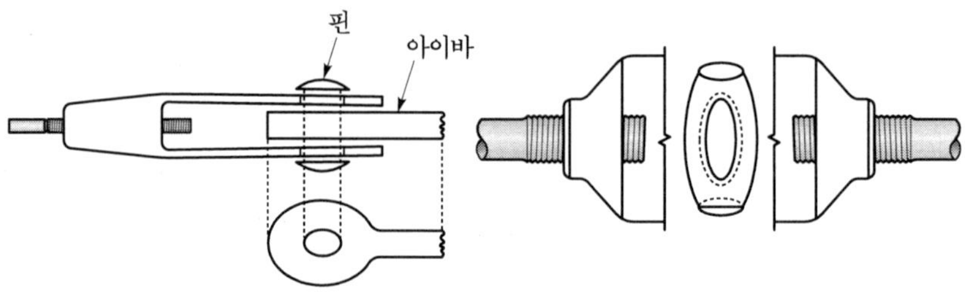

그림 4.2 봉강의 연결

4.2.2 조립 부재 (built-up member)

조립 부재는 그림 4.3에서 보는 바와 같이 복수(複數)의 강판 또는 형강을 조립하여 일체화 한 부재를 말한다. 단일형강으로는 부재작용력을 지지하는데 유효단면적이 부족한 경우나 충분한 강성을 확보하기가 곤란한 경우 또는 다른 부재와의 연결 시 단면치수의 제약으로부터 특정의 단면폭이 요구되는 경우 등에 사용된다. 조립부재는 단면치수 및 단면형상의 선택이 비교적 자유롭고 동일한 단면적으로 강성이 풍부한 이점이 있다. 그러나 제작시간이 소요되며 다른 부재와의 접합과 외관 등의 문제를 고려하여야 한다.

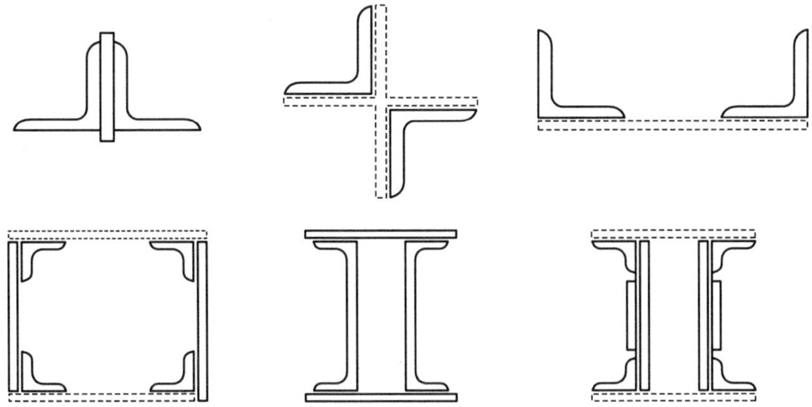

그림 4.3 조립부재

4.2.3 케이블과 와이어

케이블이란 인장력만을 저항할 수 있는 유연한 구조부재를 말한다. 이와 같은 케이블에서는 좌굴발생의 염려가 없고, 부재 길이에 거의 제한이 없으며 또한 강도가 높은 와이어로 구성되므로 이를 주부재로 하는 현수구조는 장지간에 대단히 유리하게 된다. 케이블은 현수교, 사장교 등에 널리 사용되며 이밖에 프리스트레스재, 가설공사용 자재로 쓰인다.

케이블을 구성하는 와이어는 비교적 탄소함유량이 높은 강선으로서 재료의 종류에 따라 차이는 있으나 인장강도는 1,500~1,800MPa 이상이 되며 파단시 신장률은 4~6%정도로 작다. 케이블의 종류는 그림 4.4(a)에 나타낸 바와 같이 중심가닥의 둘레를 꼬아가면서 일정한 직경으로 만드는 로프(rope)와 그림 4.4(b)와 같이 와이어를 평행하게 꼬아서 만드는 평행 스트랜드(parallel strand)로 크게 나눌 수 있다.

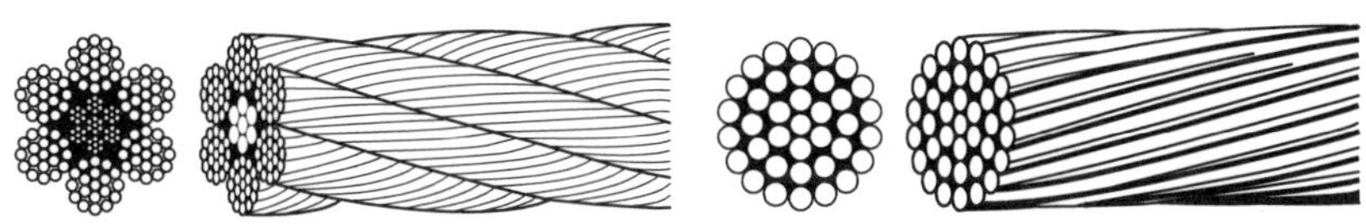

(a) 로프 (b) 평행 스트랜드

그림 4.4 케이블의 종류

4.3 부재의 세장비

강구조 부재 설계기준(하중저항계수설계법, KDS 14 31 10)은 교량을 제외한 강구조의 경우에 인장 부재의 세장비를 제한하지 않고 있다. 그러나 가급적 세장비 L/r을 300이 넘지 않도록 추천한다. 교량 강구조의 경우 인장부재가 충분한 단면을 가지고 있어도 운반 또는 시공 중에 손상을 입기가 쉽고 처짐과 진동 떨림 문제가 발생할 수 있으므로 세장비를 제한하고 있는데, 이는 다음과 같다.

- 교번응력을 받는 주부재 : $L/r \leqq 140$
- 교번응력을 받지 않는 주부재 : $L/r \leqq 200$
- 2차 부재 : $L/r \leqq 240$

여기서 L은 비지지길이이며, r은 단면2차반경(회전반경)이다.

4.4 단면적의 산정

4.4.1 총단면적

인장부재의 총단면적 A_g는 부재축 직각방향으로 측정된 각 요소단면의 합이다.

4.4.2 순단면적

인장부재의 순단면적 A_n은 각 요소의 가장 작은 폭 w_n과 두께 t의 곱을 합하여 구한다. 순폭은 응력방향과 직각방향, 대각선방향 또는 지그재그로 배치된 모든 볼트구멍을 고려한 예상파단선들을 비교 조사하여 가장 작은 값을 취한다(그림4.5). 각각의 예상파단선에 대한 순폭은 총폭에서 파단선상에 있는 모든 구멍에 대하여 공제한 다음, 지그재그로 배열된 구멍들에 대해서는 인접한 두 개의 볼트 사이마다 $s^2/4g$ 값으로 보정하여 구한다. 여기에서 s와 g는 그림 4.5와 같이 인접한 두 볼트 구멍의 응력방향의 간격(mm)과 응력직각방향의 간격(mm)이다. 볼트구멍의 직경은 KDS 14 31 25 표 4.1(9장 표 9.10 참조)의 공칭구멍직경의 값으로 한다. 그림 4.5에서 순단면적은 최소 순단면적을 갖는 파단선으로부터 구한다.

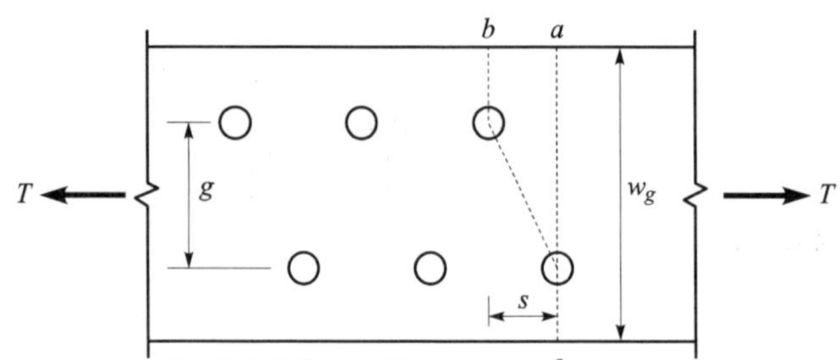

그림 4.5 인장부재 예상 파단선

예상파단선 ① :

$$A_n = (w_g - nd)t = A_g - ndt \tag{4.2}$$

여기서 w_g : 부재의 총폭 (mm)

n : 인장력에 의한 파단 선상에 있는 구멍의 수

d : 볼트 구멍의 직경

예상파단선 ② :

$$A_n = \left(w_g - nd + \sum \frac{s^2}{4g}\right)t = A_g - ndt + \sum \frac{s^2}{4g}t \quad (4.3)$$

그림 4.6과 같은 L형의 경우에 g는 아래 식과 같이 구한다.

$$g = g_1 + g_2 - t \quad (4.4)$$

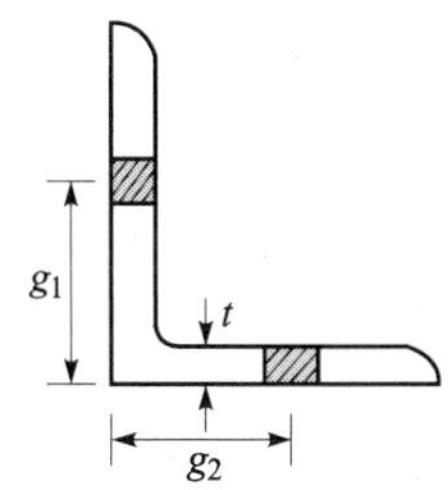

그림 4.6 **L형 인장부재**

4.4.3 유효순단면적

접합부에서 어느 정도 떨어진 위치에서는 인장재 내의 응력은 단면에 걸쳐 균등하게 분포된다. 그러나 접합부 부근에서는 접합의 형태에 따라 응력의 분포가 달라질 수 있다. 그림 4.7과 같이 인장재의 한 변만이 접합에 사용된 경우에는 접합에 사용된 면은 전체가 인장력을 받게 되나 접합에 사용되지 않은 면에는 인장력이 불균등하게 생기게 되는데 이러한 현상을 전단지연(shear lag)이라 한다.

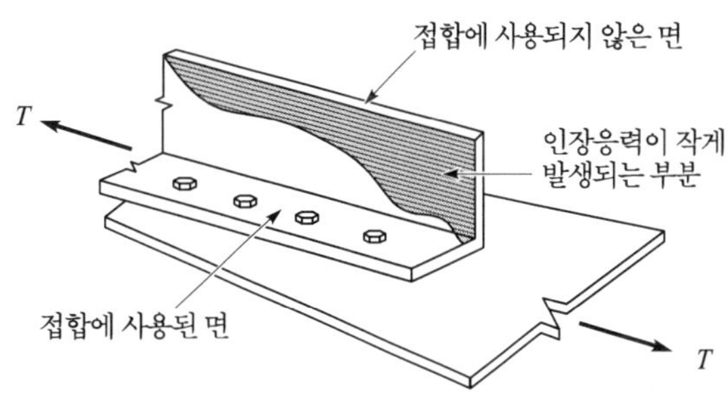

그림 4.7 **전단지연 (shear lag)**

이러한 현상을 반영하기 위해 편의상 유효순단면적을 사용한다. 유효순단면적 A_e는 순단면적 A_n과 감소계수 U의 곱으로 나타내며 다음과 같다.

$$A_e = UA_n \quad (4.5)$$

여기서, U : 전단지연계수

$$U = 1 - \bar{x}/l,\ \bar{x} = (\bar{x}_1,\ \bar{x}_2)_{max} \quad (4.6)$$

그림 4.8에서 보는 바와 같이 $\bar{x}$는 인장부재의 중심축과 인장력의 작용 축 사이의 거리이며, l은 접합부의 길이이다. 전단지연현상은 그림 4.8에서 볼 수 있듯이 인장부재의 도심과 인장력의 축이 일치하지 않아 $\bar{x}$가 커질수록 심해지며 접합부의 길이 l이 길어질수록 감소한다. 감소계수 U는 정밀해석이나 실험을 하지 않을 경우에 표 4.1에 따라 결정한다.

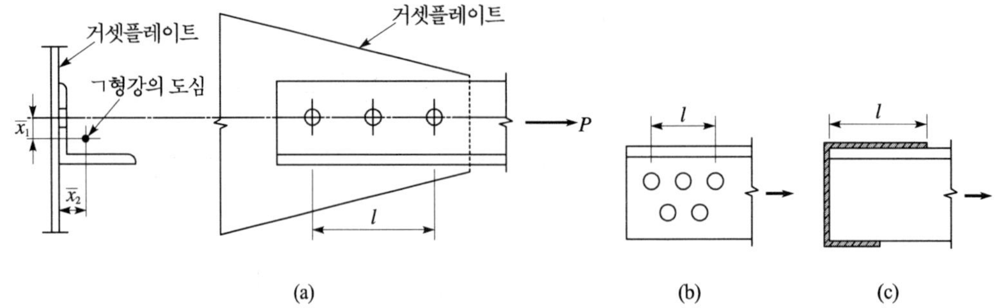

그림 4.8 전단지연계수와 유효단면적

표 4.1 인장부재 접합부의 전단지연에 의한 감소계수 (KDS 14 31 10)

사례	요소 설명		전단지연에 의한 감소 계수, U	예
1	인장력이 용접이나 연결재를 통해 각각의 단면요소에 직접적으로 전달되는 모든 인장재(사례 4, 5, 6과 같은 경우는 제외한다.)		$U=1.0$	–
2	인장력이 길이방향 용접이나 연결재를 통해 단면요소의 일부에 전달되는, 판재와 강관을 제외한 모든 인장재(H형강은 사례7을 적용할 수도 있고, ㄱ형강은 사례8을 적용할 수 있다.)		$U=1-\bar{x}/l$	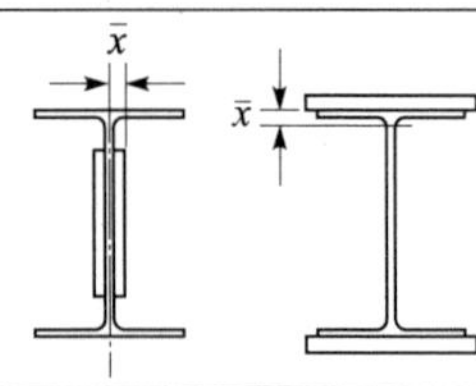
3	인장력이 가로방향 용접을 통해 단면요소의 일부에 전달되는 모든 인장재		$U=1.0$ 그리고 A_n =직접 접합된 요소의 면적	–
4	인장력이 길이방향 용접만을 통해서 전달되는 판재		$l \ge 2w ... U=1.00$ $2w > l \ge 1.5w ... U=0.87$ $1.5w > l \ge w ... U=0.75$	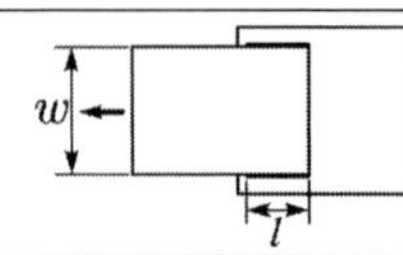
5	중심축에 단일 거셋플레이트를 용접한 원형강관		$l \ge 1.3D ... U=1.0$ $D \le l < 1.3D ... U=1-\bar{x}/l$ 여기서, $\bar{x}=D/\pi$	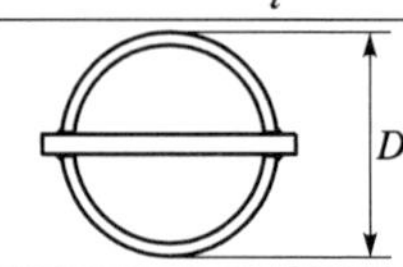
6	각형강관 부재	중심축에 단일 거셋플레이트가 있는 경우	$l \ge H ... U=1-\bar{x}/l$ 여기서, $\bar{x}=\dfrac{B^2+2BH}{4(B+H)}$	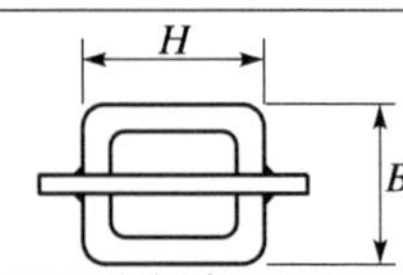
		양측면에 거셋플레이트가 있는 경우	$l \ge H ... U=1-\bar{x}/l$ 여기서, $\bar{x}=\dfrac{B^2}{4(B+H)}$	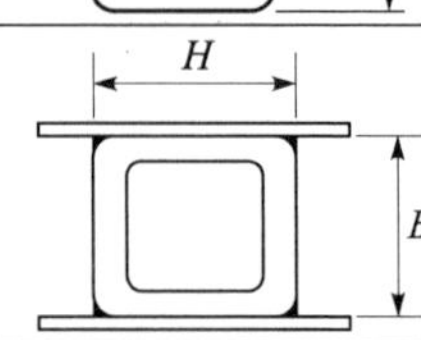
7	H형강 또는 T형강 (사례2와 비교하여 큰 값의 U 를 사용할 수 있다.)	하중방향으로 매 열당 3개 이상의 연결재로 접합한 플랜지의 경우	$b_f \ge 2/3d ... U=0.90$ $b_f < 2/3d ... U=0.85$	d: 형강의 높이
		하중방향으로 매 열당 4개 이상의 연결재로 접합한 웨브연결의 경우	$U=0.70$	–
8	단일 ㄱ형강 혹은 쌍 ㄱ형강(사례2와 비교하여 큰 값의 U 를 사용할 수 있다.)	하중방향으로 매 열당 4개 이상의 연결재가 있는 경우	$U=0.80$	–
		하중방향으로 매 열당 2개 또는 3개의 연결재가 있는 경우	$U=0.60$	–

주) l=접합길이(mm); w=플레이트 너비(mm) ; $\bar{x}$=연결편심(mm);
B=각형강관의 양끝 너비, 접합면에 대해 90°로도 측정(mm); H=각형강관의 양끝 높이(mm), 접합면으로부터 측정.

4.5 인장부재의 설계

인장부재는 과도한 변형 또는 극한강도 파괴라는 두 한계상태에 대해 구조적인 기능을 상실한다. 재료의 항복으로 인한 과도한 변형을 방지하기 위해서는 총단면에 발생하는 응력이 재료의 항복강도 F_y보다 작아야 한다. 극한강도 파괴를 방지하기 위해서는 순단면에 발생하는 응력이 재료의 극한강도 F_u보다 작아야 한다. 각각의 경우 단면에 발생하는 응력 P/A는 재료의 강도 F보다 작아야 하므로 다음과 같이 나타낼 수 있다.

$$\frac{P}{A} < F \tag{4.7}$$

따라서 하중 P는 반드시 FA보다 작아야 한다. 그러므로 재료의 항복과 파괴에 대한 공칭인장강도 P_n은 다음과 같이 정의된다.

$$P_n = F_y A_g \tag{4.8}$$

$$P_n = F_u A_e \tag{4.9}$$

여기서 F_y : 항복강도 (MPa)
F_u : 인장강도 (MPa)

강구조 설계 일반사항(하중저항계수설계법, KDS 14 31 05)의 설계원칙에 따라 인장부재의 한계상태에 대하여 조합된 하중 효과는 다음의 식을 만족해야 한다.

$$P_u \le \phi_t P_n \tag{4.10}$$

여기서 P_u : 인장부재에 작용하는 여러 설계하중에 의해 발생한 인장하중 효과에 계수를 곱하여 얻어진 계수인장력효과($= \sum_i \eta_i \gamma_i P_i$)
ϕ_t : 인장강도에 대한 저항계수로서 시설물별 설계기준을 따른다. 강구조 연결 설계기준(하중저항계수설계법, KDS 14 31 25)을 따르는 경우 항복한계상태에 대하여 0.90 그리고 파단한계상태에 대하여 0.75를 적용할 수 있다. 강교 설계 시에는 강교 설계기준(하중저항계수설계법, KDS 24 14 31)에 따라 항복한계상태에 대하여 0.95 그리고 파단한계상태에 대하여 0.80을 적용한다.

강구조 부재 설계기준(하중저항계수설계법, KDS 14 31 10), 강구조 연결 설계기준(하중저항계수설계법, KDS 14 31 25) 및 강교 설계기준(하중저항계수설계법, KDS 24 14 31)의 규준에 따르면 설계인장강도 $\phi_t P_n$는 총단면의 항복한계상태와 유효순단면의 파단한계상태에 대한 설계인장강도 중 작은 값으로 결정하도록 규정하고 있다.

총단면의 항복한계상태 :

$$\phi_t P_n = \phi_t F_y A_g \quad (4.11)$$

유효순단면의 파단한계상태 :

$$\phi_t P_n = \phi_t F_u A_n U \quad (4.12)$$

총단면 항복의 경우는 연결부를 제외한 부재 전체가 동일한 응력상태에서 항복에 이르러 전체 부재의 변형이 한계상태를 초과하게 되는 경우에 대한 설계검토조건이며, 순단면 파단의 경우는 연결부위가 파단되는 경우에 대한 설계검토조건이다. 물론 순단면에서의 항복이 총단면에서의 항복보다 먼저 발생하게 되나 순단면에서의 항복은 항복이 발생하는 연결부의 길이가 짧아 연결부를 제외한 전체 부재 길이에 걸쳐 발생하는 항복보다 덜 심각하기 때문에 파단에 대한 한계상태만을 검토하고 있다. 그러나 파단은 항복에 비해 극단적인 상황이므로 순단면의 파단한계상태에 대한 저항계수가 총단면 항복한계상태에 대한 저항계수보다 작은 값을 적용하고 있다.

예제 4.1

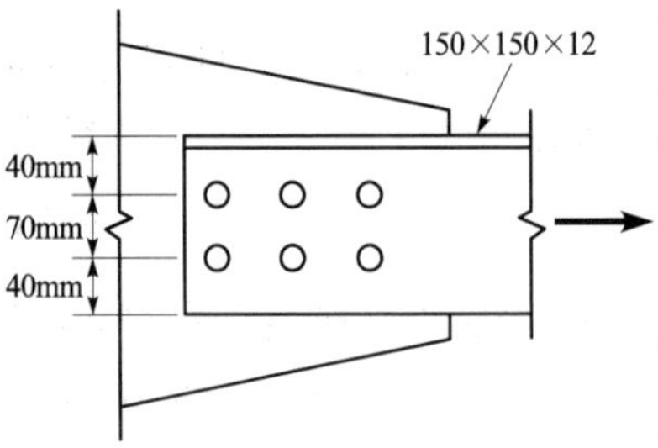

그림 4.9

그림 4.9와 같이 SM 355 강재인 ㄱ형강 150×150×12(A_g=3477mm^2)이 M20 고장력볼트로 연결된 경우, 강교 설계기준(KDS 24 14 31)에 따라 ㄱ형강의 설계인장강도를 결정하라. 작용 인장력 축 방향 볼트 간격은 80mm이며, ㄱ형강의 중심의 위치는 바닥으로부터 41.4mm(부록 A.4 참조) 이다.

풀이

1) 총단면이 항복하는 경우:

$$\phi_t F_y A_g = 0.95 \times 355 \times 3{,}477 \times 10^{-3} = 1{,}172.6 \text{ kN}$$

2) 순단면이 파단되는 경우:

$$A_n = A_g - A_{holes} = 3{,}477 - 2 \times 22 \times 12 = 2{,}949 \text{ mm}^2$$

$$\overline{x_1} = 75 - 41.4 = 33.6$$

$$\overline{x_2} = 41.4$$

$$U = 1 - \overline{x}/l = 1 - 41.4/160 = 0.74$$

$$\phi_t F_u A_n U = 0.80 \times 490 \times 2{,}949 \times 10^{-3} \times 0.74 = 855.4 \text{ kN}$$

총단면 항복한계상태에 대한 설계인장강도가 순단면 파단한계상태에 대한 설계인장강도 보다 크므로 순단면 파단한계상태가 설계를 지배한다. 따라서 이 부재의 설계인장강도는 855.4 kN이 된다.

볼트접합 강도에 대한 것은 별도로 9장에 따라 검토하여야 한다.

예제 4.2

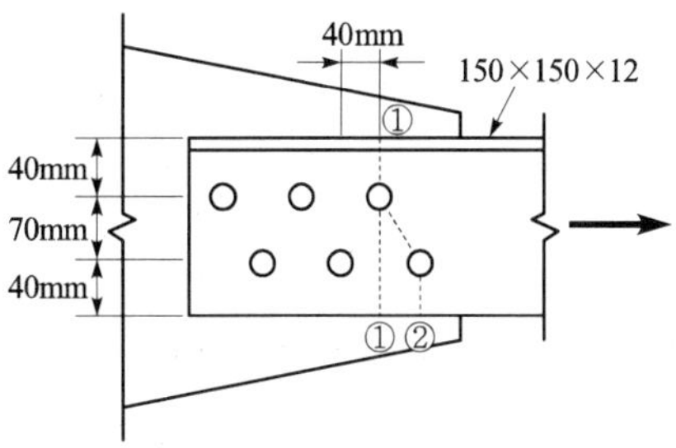

그림 4.10

그림 4.10과 같이 SM 355 강재인 ㄱ형강 150×150×12 (A_g=3477mm^2)가 M20 고장력 볼트로 연결된 경우, 강구조 연결 설계기준(KDS 14 31 25)에 따라 ㄱ형강의 설계인장강도를 결정하라.

풀이

1) 총단면이 항복하는 경우:

$$\phi_t F_y A_g = 0.90 \times 355 \times 3{,}477 \times 10^{-3} = 1{,}110.9 \text{ kN}$$

2) 순단면이 파단되는 경우:

$$\phi_t P_n = \phi_t F_u A_n U$$

순단면적 A_n은 두 가지의 예상 파단선 ①-①과 ①-②에 의해 결정된다.

단면 ①-①의 경우

$$A_n = A_g - A_{holes} = 3{,}477 - 1 \times 22 \times 12 = 3{,}213 \text{ mm}^2$$

$$\overline{x_1} = 41.4 - 40 = 1.4$$

$$\overline{x_2} = 41.4$$

$$U = 1 - \overline{x}/l = 1 - 41.4/200 = 0.79$$

$$\phi_t F_u A_n U = 0.75 \times 490 \times 3{,}213 \times 10^{-3} \times 0.79 = 932.8 \text{ kN}$$

단면 ①-②의 경우

$$A_n = A_g - A_{holes} = 3{,}477 - 2 \times 22 \times 12 + \frac{(40)^2}{4 \times 70} \times 12 = 3{,}018 \text{ mm}^2$$

$$\overline{x_1} = 75 - 41.4 = 33.6$$

$$\overline{x_2} = 41.4$$

$$U = 1 - \overline{x}/l = 1 - 41.4/200 = 0.79$$

$$\phi_t F_u A_n U = 0.75 \times 490 \times 3{,}018 \times 10^{-3} \times 0.79 = 876.2 \text{ kN}$$

따라서 작은 순단면적을 가진 단면 ①-②가 파단한계상태를 결정한다.
총단면 항복한계상태보다 낮은 설계인장강도를 갖는 순단면 파단한계상태가 설계를 지배하게 되어 이 부재의 설계인장강도는 876.2 kN이 된다.

4.6 블록 전단 파괴

인장부재의 설계인장강도는 블록 전단 파괴(block shear rupture)라는 파괴양상에 의해서도 결정되어질 수 있다. 아래의 그림 4.11은 블록 전단 파괴의 몇 가지 경우를 나타내었다. 이것은 인장부재의 한 면에서 인장과 전단이 작용하여 아래의 그림과 같이 수직으로 파열되는 현상을 블록 전단 파괴라고 한다. 즉, 외력에 의해 부재에 인장력이 작용할 때 볼트연결 또는 용접연결에 의해 단면손실로 인한 취약부에 응력이 집중하는 현상이 발생한다. 이러한 인장력이 계속하여 작용하면 취약부의 응력집중이 계속 증가하여 파괴될 것이다.

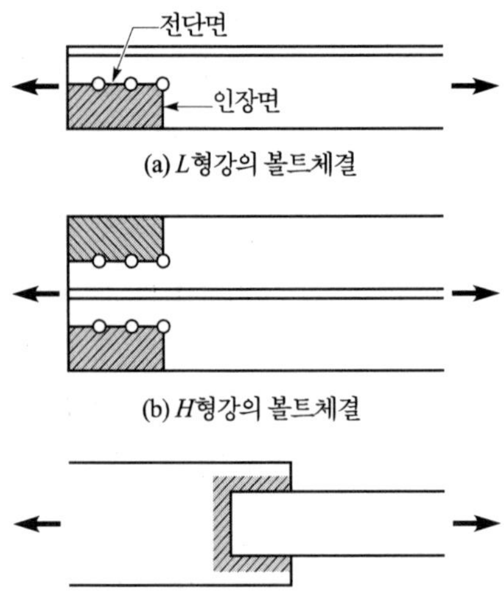

(a) L형강의 볼트체결

(b) H형강의 볼트체결

(c) 용접판

그림 4.11 **블록 전단 파괴**

강구조 연결 설계기준(하중저항계수설계법, KDS 14 31 25 : 2017) 4.1.4.3절에서는 블록 전단 강도를 규정하고 있으며, 연결부의 부재나 연결판의 모든 가능한 파괴면에 대해서 검토하도록 하고 있다. 파괴면은 작용하중에 평행 또는 수직인 면을 포함해야 하며, 작용하중에 평행한 면은 전단응력만 작용하도록 하고 작용하중에 수직인 면은 인장응력만 지지하도록 하고 있다. 따라서 블록 전단 강도는 전단면의 전단 강도와 인장면의 인장강도의 합으로 정의된다. 전단 파괴 응력은 인장항복응력의 60%에 해당하므로 공칭전단강도는 $0.6\,F_u\,A_{nv}$이다. 여기서 A_{nv}는 전단에 저항하는 단면의 순단면적이다. 전단면과 인장면을 동시에 고려한 블록전단파단 한계상태에 대한 설계강도 ϕR_n는 다음과 같다.

$$\phi R_n = \phi[0.6\,F_u A_{nv} + U_{bs}\,F_u\,A_{nt}] \le \phi[0.6\,F_y A_{gv} + U_{bs}\,F_u\,A_{nt}] \tag{4.13}$$

여기서 A_{nv} : 전단력에 저항하는 단면의 순단면적 (mm^2)

A_{nt} : 인장력에 저항하는 단면의 순단면적 (mm^2)

A_{gv} : 전단력에 저항하는 단면의 총단면적 (mm^2)

U_{bs} : 인장응력이 균일할 경우 1.0, 불균일할 경우 0.5를 적용

ϕ : 블록전단에 대한 저항계수로서 시설물별 설계기준에 따른다. 강구조 연결 설계기준(하중저항계수설계법, KDS 14 31 25)을 따르는 경우 0.75를 적용할 수 있다. 강교 설계 시에는 강교 설계기준(하중저항계수설계법, KDS 24 14 31)에 따라 0.80을 적용한다.

블록 전단 파괴에 대한 공칭전단강도의 최대값을 $0.6\,F_y\,A_{gv}$로 제한하였다. 연결부 부근에서 단면이 변하는 부재를 사용하는 경우 전단 파괴시에 블록이 회전하면서 인장응력이 불균일하므로 인장강도에 대한 감소계수 0.5를 적용한다.

예제 4.3

그림 4.12와 같이 SM 355 강재인 ㄱ형강 150×150×12(A_g=3477mm^2)가 M20 고장력볼트로 연결된 경우, 강구조 연결 설계기준(KDS 14 31 25)에 따라 ㄱ형강의 블록 전단 파괴모드를 포함하여 인장강도를 검토한 후 설계저항강도를 결정하라.

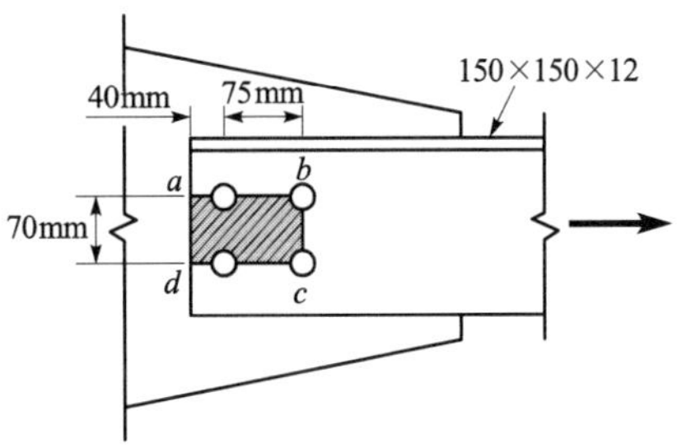

그림 4.12

풀이

1) 총단면이 항복하는 경우

$\phi_t F_y A_g = 0.90 \times 355 \times 3{,}477 \times 10^{-3} = 1{,}110.9 \text{ kN}$

2) 순단면이 파단되는 경우

$A_n = A_g - A_{holes} = 3{,}477 - 2 \times 22 \times 12 = 2{,}949 \text{ mm}^2$

$\overline{x_1} = 75 - 41.4 = 33.6$

$\overline{x_2} = 41.4$

$U = 1 - \overline{x}/l = 1 - 41.4/75 = 0.45$

표4.1의 사례 8보다 작으므로 U=0.60을 사용한다.

$\phi_t F_u A_n U = 0.75 \times 490 \times 2{,}949 \times 10^{-3} \times 0.60 = 650.3 \text{ kN}$

3) 블록 전단 파괴의 경우

$A_{nv} = \{115 - 1.5 \times 22\} \times 12 \times 2 = 1{,}968 \text{ mm}^2$

$A_{nt} = \{70 - 1 \times 22\} \times 12 = 576 \text{ mm}^2$

$A_{gv} = 115 \times 12 \times 2 = 2{,}760 \text{ mm}^2$

$0.75 \times [0.6\,F_u\,A_{nv} + U_{bs}\,F_u\,A_{nt}]$

$= 0.75 \times [0.6 \times 490 \times 1968 + 1.0 \times 490 \times 576] \times 10^{-3} = 645.6 \text{ kN}$

$0.75 \times [0.6\,F_y\,A_{gv} + U_{bs}\,F_u\,A_{nt}]$

$= 0.75 \times [0.6 \times 355 \times 2760 + 1.0 \times 490 \times 576] \times 10^{-3} = 652.6 \text{ kN}$

따라서 블록 전단 파괴에 대한 설계강도의 최대값은 645.6 kN이다. 이 값은 총단면의 항복이나 순단면의 파단인장강도보다 작으므로 블록 전단 파괴가 지배적임을 알 수 있다. 인장부재의 설계강도는 645.6 kN이다.

❙ 기호

A_e : 인장부재의 유효순단면적
A_g : 인장부재의 총단면적
A_n : 인장부재의 순단면적
F_t : 인장응력
F_u : 강재의 인장강도
F_y : 강재의 항복강도
L : 인장력에 대한 비지지길이
P_n : 공칭 인장강도
U : 감소계수(유효순단면적 산정을 위한)
d : 볼트구멍 직경
g : 볼트열의 게이지
r : 단면회전반경
s : 볼트열의 피치
w_g : 인장부재의 총폭
w_n : 인장부재의 순폭
ϕ_t : 인장에 대한 저항계수

연습문제

4.1 다음 그림과 같이 SM 355 강재인 ㄱ형강 120×120×8 2개가 M16 고장력볼트로 연결된 인장부재에 고정하중 100kN과 활하중 200kN이 작용한 경우(ㄱ형강 1개당), 강교 설계기준에 따라 이 부재가 충분한 설계인장강도를 가지고 있는지 검토하라. 유효순단면적은 순단면적의 85%라고 가정한다.

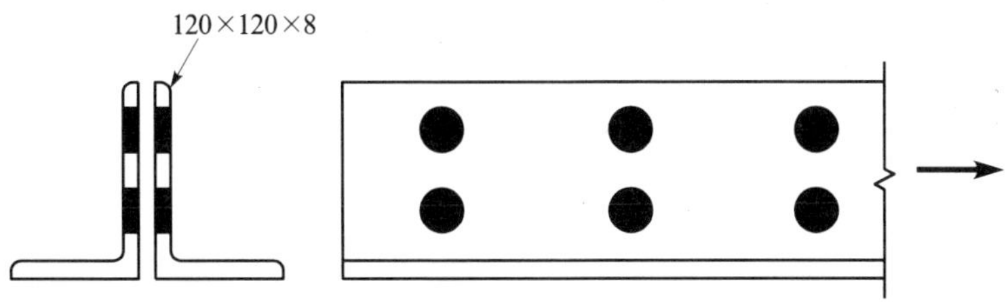

문제 4.1

4.2 다음 그림과 같이 SM 355 강재인 H형강 400×300×10×16이 M24 고장력볼트로 플랜지와 연결된 경우, 강구조 연결 설계기준에 따라 이 부재가 가지는 설계인장강도를 결정하라.

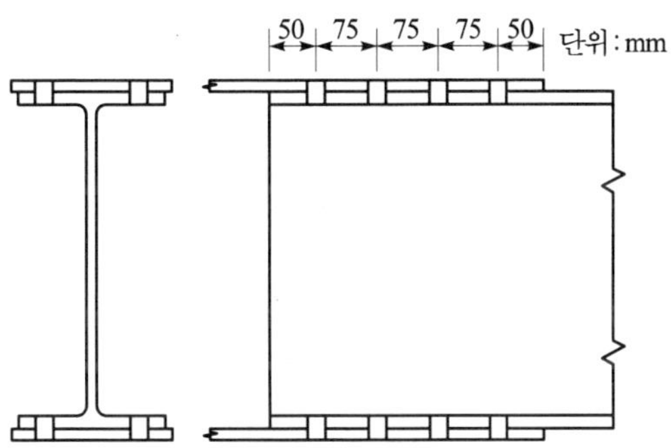

문제 4.2

4.3 다음 그림과 같이 SM 355 강재인 평판 PL-10×200에 M24 고장력볼트가 5개 연결된 경우, 강교 설계기준에 따라 이 부재의 설계인장강도를 결정하라.

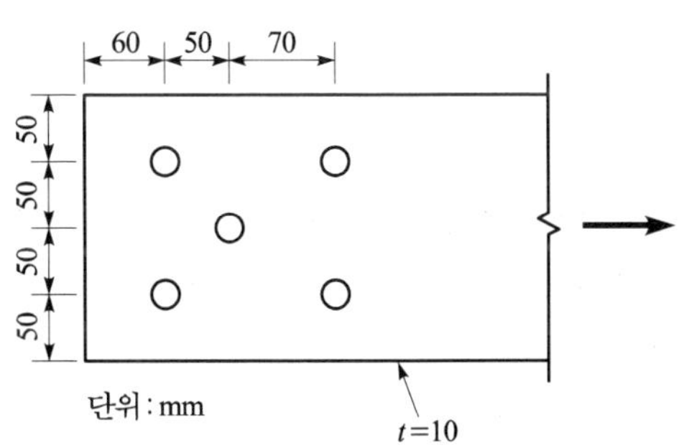

문제 4.3

4.4 다음 그림과 같이 SM 355 강재인 ㄱ형강 120×120×8이 M16 고장력볼트로 연결된 경우, 강구조 연결 설계기준에 따라 이 부재의 설계인장강도를 결정하라.

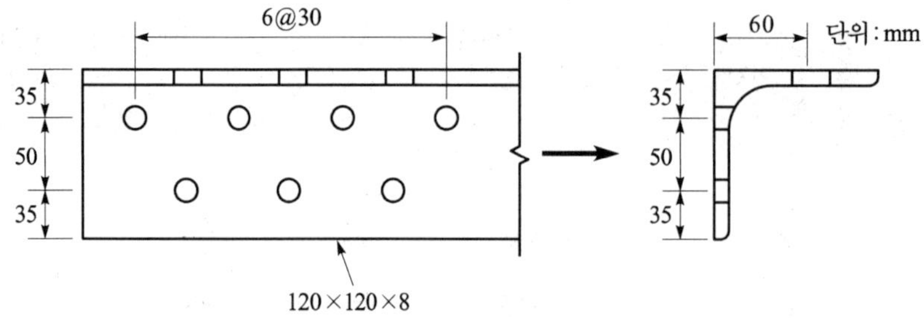

문제 4.4

4.5 다음 그림과 같이 SM 355 강재인 ㄱ형강 100×100×10이 M16 고장력볼트로 두께 12mm 거셋 플레이트에 연결된 경우, 강교 설계기준에 따라 인장부재의 블록 전단 파괴강도를 결정하라.

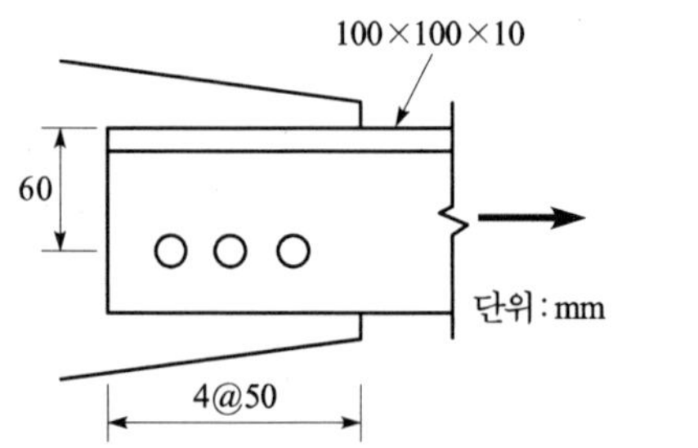

문제 4.5

4.6 다음 그림과 같이 SM 355 강재인 평판 PL-10×160이 M16 고장력볼트로 두께 12mm 거셋 플레이트에 연결된 경우, 강구조 연결 설계기준에 따라 인장부재의 블록 전단 파괴강도를 결정하라.

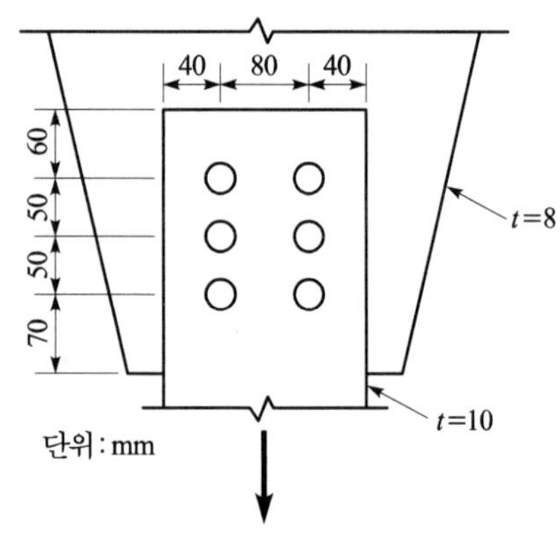

문제 4.6

4.7 다음 그림과 같이 SM 355 강재인 ㄱ형강 1개에 M24 고장력볼트가 두 줄로 연결된 인장부재에 고정하중 125kN과 활하중 355kN이 작용한다. 인장부재의 길이는 3m이며, 볼트는 각각의 줄에서 4개가 설치된다. 이때 강구조 연결 설계기준에 따라 적합한 인장부재의 규격을 결정하라.

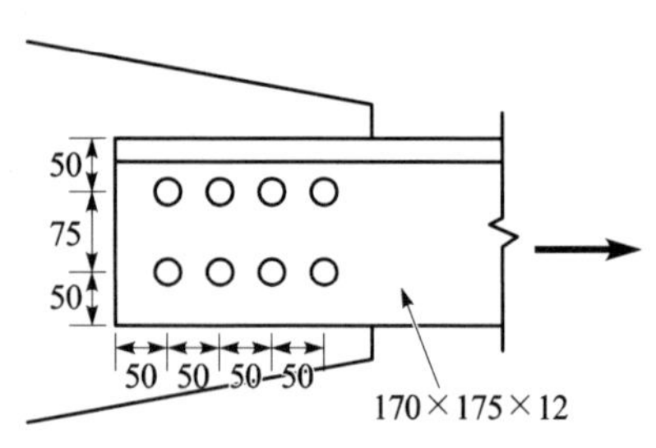

문제 4.7

Design of Steel Structures

제5장 압축부재

5.1 개요

압축부재의 가장 대표적인 예로서는 기둥을 들 수 있다. 이 밖에 압축력을 받는 트러스의 현재(弦材)나 사재(斜材), 그리고 교량의 브레이싱, 플레이트거더의 압축 플랜지 등도 압축부재의 범주에 속한다. 압축부재의 경우, 작용하중의 크기가 어느 한계값에 도달하면 하중이 증가하지 않아도 변형이 증가하고 하중을 제거해도 부재형상이 원래의 형태로 돌아가지 않는 좌굴(buckling)현상이 발생하게 된다. 압축부재의 내하력은 이러한 좌굴현상에 의하여 현저히 감소하게 되므로 압축부재의 설계에서는 좌굴을 특히 유의하여야 한다.

허용응력설계에서는 부재의 압축응력을 허용압축응력과 비교하여 부재의 안정을 검토하지만 하중저항계수설계법에서는 부재의 한계상태하중을 부재의 계수압축강도저항과 비교함으로써 부재의 안정을 검토한다. 부재력을 구하는 방법은 허용응력설계 및 한계상태설계 모두 선형해석에서 구한 축력을 사용하지만, 기둥의 압축강도에는 근본적인 차이가 있다. 그 이유는 허용응력설계에서 사용하고 있는 허용압축응력은 CRC(Column Research Council) 곡선으로부터 안전율을 고려하여 결정한 것인데 반하여 하중저항계수설계법에서의 압축강도는 SSRC(Structural Stability Research Council) 곡선을 기본으로 하여 결정한 것이기 때문이다. CRC 곡선은 기하학적 불완전(geometric imperfection)은 고려하지 않고 잔류응력만을 고려하여 압축강도 곡선을 구한 것으로서 기하학적 불완전은 안전율을 통하여 함축적으로 고려된다. SSRC 곡선은 컴퓨터의 발전에 따라 기둥의 해석시에 기하학적 불완전과 잔류응력을 모두 고려하여 강도곡선을 도출한 것으로서 CRC 곡선보다 더 합리적이라고 할 수 있다.

하중저항계수설계법에서 압축부재의 설계압축강도는 부재의 세장비와 구성판의 폭-두께비에 따라 영향을 받게 된다. 건설기준코드 강구조 부재 설계기준(하중저항계수설계법) KDS 14 31 10 4.2절에서는 하중저항설계법 설계규준에 따라 압축부재의 설계압축강도를 정하고 있다. 여기서는 압축부재의 탄성 및 비탄성좌굴에 대한 기초이론 및 이를 바탕으로 한 하중저항계수설계법 압축강도식에 대하여 기술하기로 한다.

5.2 압축부재의 좌굴

5.2.1 탄성좌굴

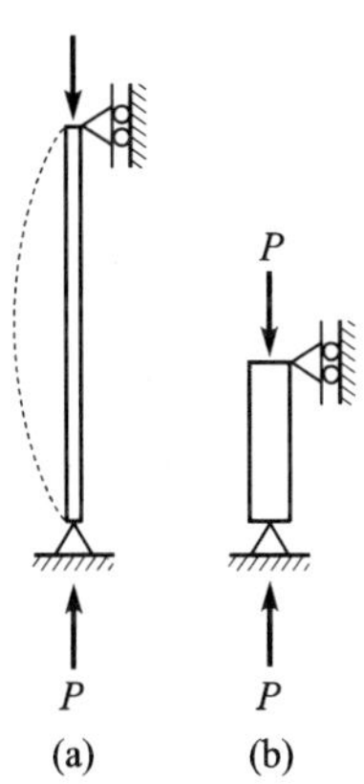

그림 5.1 긴 기둥과 짧은 기둥

그림 5.1(a) 에서 길이가 긴 세장한 압축부재를 고려해 보자. 만약 축력 P가 점점 증가하여 부재가 불안정 상태가 되면 점선과 같이 변형을 일으키는데 이때 부재는 좌굴이 일어났다고 하며 그때의 하중을 임계좌굴하중이라고 한다. 만약 부재가 그림 5.1(b)와 같이 짧고 굵은 부재일 경우에는 압축응력이 항복에 도달하여 파괴가 일어난다.

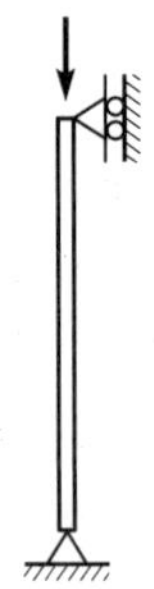

그림 5.2 양단 핀 기둥

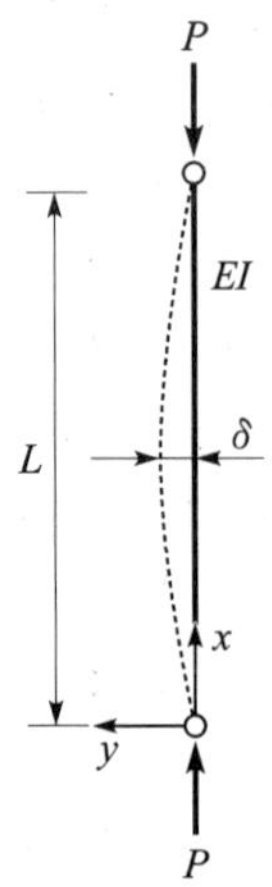

그림 5.3 중심압축력을 받는 부재의 탄성좌굴

부재가 매우 세장한 경우에는 부재가 탄성상태에 있을 때 좌굴이 발생하며 이때의 탄성임계좌굴하중은 다음과 같다.

$$P_{cr} = \frac{\pi^2 EI}{L^2} \tag{5.1}$$

여기서 E는 재료의 탄성계수이며, I는 좌굴축에 대한 단면2차모멘트, L은 지지점간 부재의 길이이다. 식(5.1)은 단면 중심에 압축력이 작용하고 단부조건이 그림 5.2와 같이 힌지나 핀지지인 경우에만 적용할 수 있으며, 기둥이 안정상태에서 불안정상태로 바뀌게 되는 최소의 하중을 의미한다. 1759년 Euler가 처음으로 발표하였으며 오일러(Euler)하중 혹은 오일러좌굴하중이라고도 한다.

식(5.1)은 중심압축력을 받는 부재(중심압축부재)의 좌굴미분방정식으로부터 유도하였다. 그림 5.3과 같이 중심압축부재의 좌굴이 발생한 상태에서 외부모멘트(Py)와 내부모멘트($-EIy''$)가 동일하다는 조건하에 다음과 같은 관계식이 성립한다.

$$Py = -EIy'' \;\rightarrow\; \frac{d^2y}{dx^2} + \frac{Py}{EI} = 0 \tag{5.2}$$

식(5.2)에서 $k^2 = \dfrac{P}{EI}$로 두면 다음과 같이 된다.

$$\frac{d^2y}{dx^2} + k^2 y = 0 \tag{5.3}$$

식(5.3)의 2계 상미분방정식의 일반해는 식(5.4)와 같이 된다.

$$y = A\sin kx + B\cos kx \tag{5.4}$$

단, A, B는 적분상수이다. 두 개의 양단 경계조건으로부터,

$x = 0$일 때 $y = 0$로부터 $B = 0$

$x = L$일 때 $y = 0$로부터 $\sin kL = 0$

$$\sin kL = 0\text{이므로 } kL = n\pi \quad (n\text{은 정수}) \tag{5.5}$$

따라서, $k^2 = \dfrac{P}{EI}$, $k = \dfrac{n\pi}{L}$로 부터 $\left(\dfrac{n\pi}{L}\right)^2 = \dfrac{P_{cr}}{EI}$이므로, 좌굴하중 P_{cr}을 구할 수 있다.

$$P_{cr} = \frac{n^2\pi^2 EI}{L^2} \tag{5.6}$$

여기서 n은 좌굴모드를 나타낸다. $n = 1$ 일 경우는 1차 모드를 $n = 2$ 일 경우는 2차모드가 된다. $n = 0$ 인 경우는 하중이 재하되지 않은 경우에 해당한다. 그림 5.4에 다양한 좌굴모드를 나타내었다. 여기서, 기둥의 좌굴모드형상은 $y = A\sin\dfrac{n\pi}{L}x$이다.

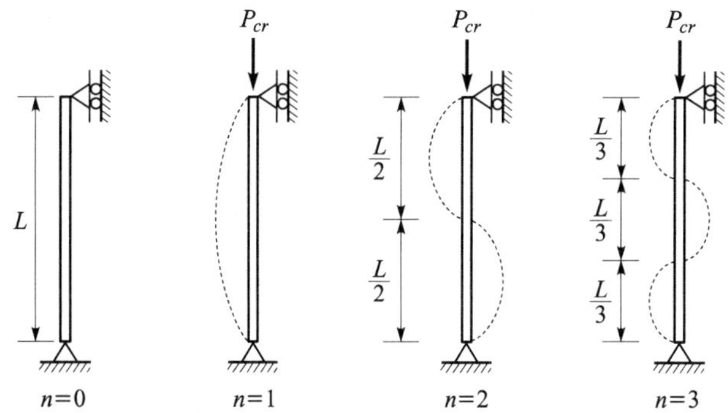

그림 5.4 양단 핀인 기둥의 좌굴모드

좌굴모드에 따른 탄성임계하중 중에 $n=1$ 일 때 최소임계하중 즉 탄성임계좌굴하중이 된다. 식(5.1)을 다시 쓰면

$$P_{cr} = \frac{\pi^2 EI}{L^2} = \frac{\pi^2 EAr^2}{L^2} = \frac{\pi^2 EA}{(L/r)^2} \tag{5.7}$$

여기서 A는 단면적, $r\left(=\sqrt{\frac{I}{A}}\right)$은 좌굴 축에 대한 단면최소회전반경, L/r은 세장비이다.

만일 탄성좌굴하중을 단면적으로 나누면 탄성좌굴응력은 다음 식과 같이 된다.

$$F_{cr} = \frac{P_{cr}}{A} = \frac{\pi^2 E}{(L/r)^2} \tag{5.8}$$

부재의 응력이 식(5.8)에 도달할 때 좌굴이 발생하며, 이때 좌굴은 세장비가 큰 축 즉 회전반경이 작은 축에 대하여 일어나게 된다.

5.2.2 비탄성좌굴

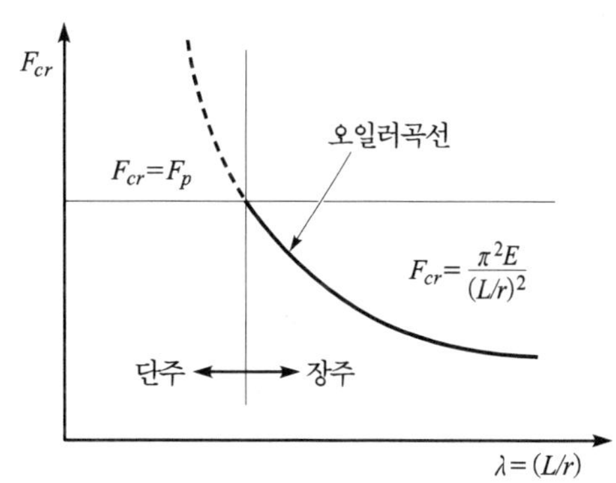

그림 5.5 탄성 및 비탄성좌굴과 세장비의 관계

탄성좌굴응력식(식(5.8))은 세장비가 작은 부재의 좌굴응력을 결정하는데는 사용할 수 없다. 그 이유는 세장비가 작은 부재의 경우에 탄성좌굴응력식은 항복응력보다 큰 값을 주기 때문이다. 만약 좌굴이 발생할 때 단면의 응력이 재료의 응력-변형률 관계에서 비례한도 F_p를 초과하면 응력-변형률 관계는 선형이 아니며 탄

성계수 E는 더 이상 사용할 수 없다. 이것은 기둥에서 좌굴이 일어나기 전에 단면의 일부분이 먼저 항복이 발생하므로, 이러한 형태의 좌굴을 비탄성좌굴이라고 한다. 그림 5.5는 좌굴응력(F_{cr})과 세장비(λ)의 관계를 표시한 것이다. 탄성좌굴응력식은 좌굴응력이 비례한계응력 이하가 되는($F_{cr} \le F_p$) 범위에서만 적용가능하다. $F_{cr} = F_p$ 인 점을 경계로 탄성좌굴이 일어나는 장주와 비탄성좌굴이 일어나는 단주로 나누어진다.

단면의 일부분이 먼저 항복이 발생하는 현상이 발생하는 이유로는 강구조물의 용접부나 열간압연 강재가 균일하게 냉각하지 않을 때 발생하는 잔류응력이 있다. 열간압연 H형강의 경우, 플랜지 양단이 먼저 냉각 수축하고, 플랜지와 웨브의 연결부분은 서서히 냉각되므로, 그림 5.6 및 그림 5.7과 같은 잔류응력의 분포형상이 생길 수 있다. 이러한 잔류응력을 가진 부재에 압축하중이 가해지게 되면 잔류응력에 압축응력이 더해지게 되고, 가력되는 하중이 증가되면 전(全)응력은 큰 압축잔류응력이 존재하는 플랜지의 양단에서부터 항복응력에 도달하고, 플랜지의 중앙쪽으로 그 항복응력의 분포 폭이 넓어지게 된다. 그만큼 유효단면적이 작아지게 되고 기둥 단면에서 탄성상태에 있는 일부분만이 추가하중에 대하여 저항할 수 있다. 이처럼 축소된 유효단면적 때문에 단면2차모멘트가 부재의 강·약축에 서로 다르게 되므로 강·약축에 대한 좌굴응력 역시 서로 달라지게 된다. 그림 5.8에서 강·약축에 대한 좌굴응력은 잔류응력의 영향을 받아 감소됨을 보여주고 있다.

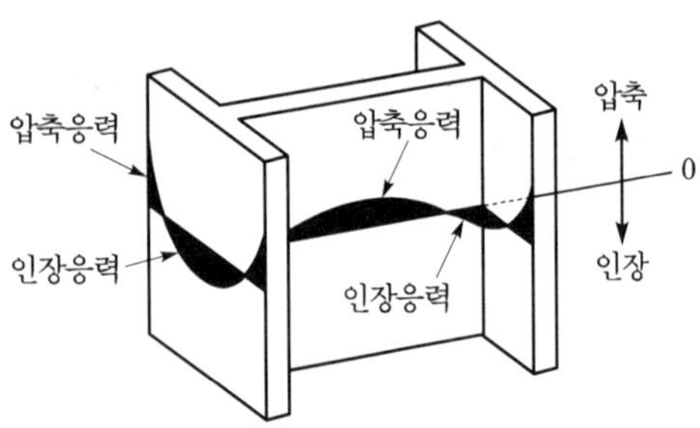

그림 5.6 **전형적인 H형강의 잔류응력 분포**

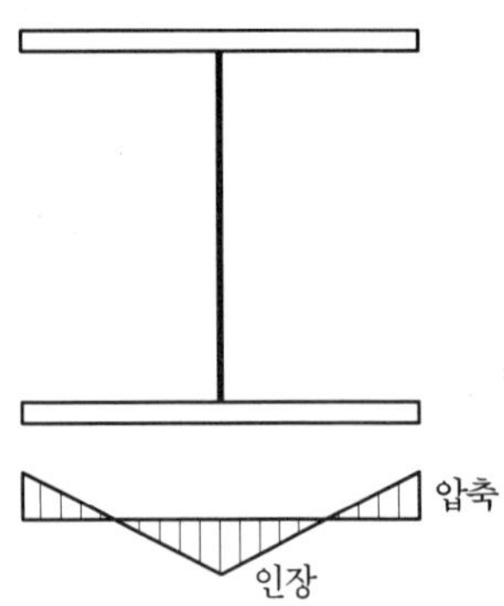

그림 5.7 **H형강 단면 플랜지의 잔류응력 분포**

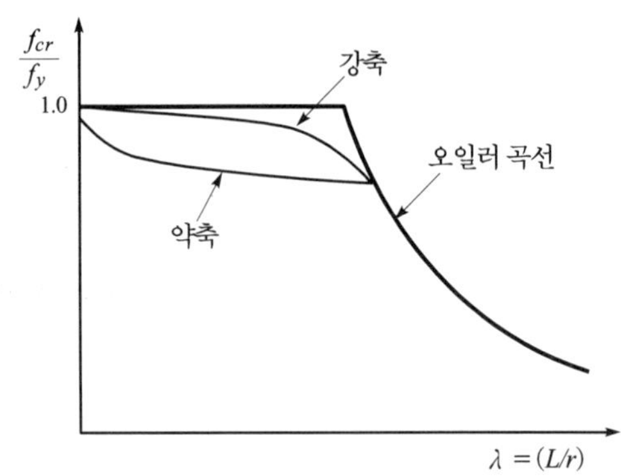

그림 5.8 **좌굴응력에 대한 잔류응력의 영향**

오일러 좌굴이론은 좌굴응력 F_{cr}이 재료의 비례한계응력 F_p 이하인 경우에 한하여 유효하다는 것을 언급하였다. $F_{cr} \ge F_p$가 되는 영역에서의 좌굴, 즉 비탄성좌굴(inelastic buckling)영역에서의 좌굴하중 또는 좌굴응력을 계산하는 이론으로서 Engesser의 감소계수이론, Shanley의 기둥이론 등 여러 가지가 제안되었으며, 근사적이지만 안전측 결과를 주는 대표적인 방법으로서는 접선계수이론(tangent modulus theory)을 들 수 있다. 접선계수이론은 1889년 Engesser에 의하여 제안된 것으로 비탄성응력영역에서는 비례한도 이상의 탄성계수를 응력-변형률 곡선의 접선경사(slope)로 취하여 오일러 좌굴하중 및 응력을 구할 수 있다는 이론으로서, 식(5.1)에서 탄성계수 E 대신 그림 5.9와 같이 접선계수 $E_t = df/d\epsilon$를 도입하여 오일러공식의 적용범위를 비탄성영역까지 확장시킨 것이다. 따라서, 오일러좌굴하중 식(5.1)의 E를 E_t로 바꾸어 다음 식(5.9)와 같이 수정할 수 있다.

$$P_{cr} = \frac{\pi^2 E_t I}{L^2} \tag{5.9}$$

식(5.9)를 단면적 A로 나누어 좌굴응력은 식(5.10)과 같이 구해진다.

$$F_{cr} = \frac{\pi^2 E_t}{(L/r)^2} \tag{5.10}$$

탄성좌굴응력 식(5.8)과 비탄성좌굴응력 식(5.10)을 그리면 그림 5.10과 같다.

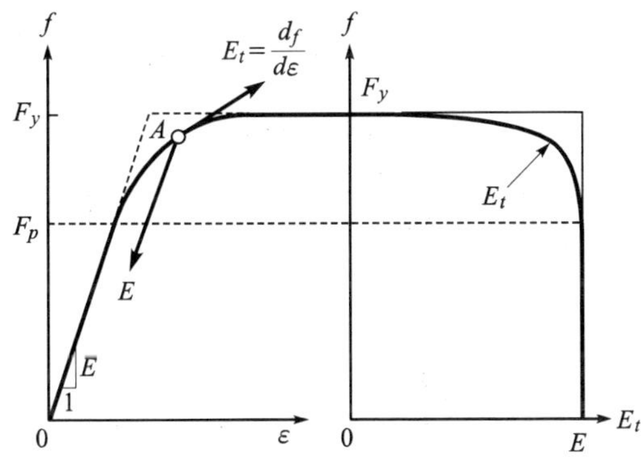

그림 5.9 비탄성좌굴에서 접선계수곡선

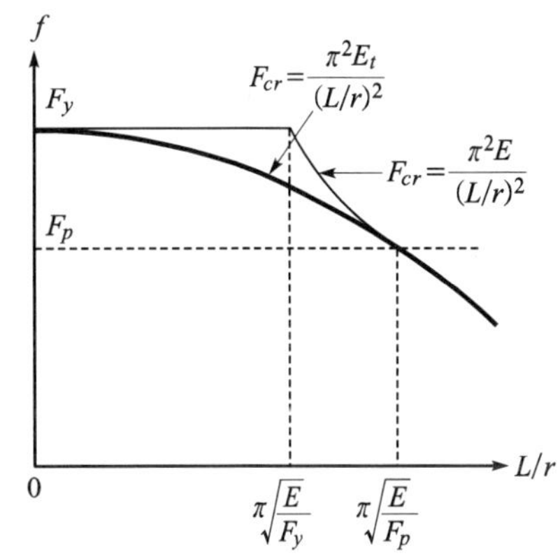

그림 5.10 탄성좌굴곡선 및 접선계수곡선을 적용한 비탄성좌굴곡선

5.2.3 초기 변형 또는 편심하중의 영향

지금까지 중심축하중을 받는 직선 기둥의 좌굴에 대하여 다루었다. 그러나 실제에 있어서는 이와 같은 이상적인 기둥은 존재하지 않으며 제작 및 시공오차 등에 의한 초기 변형이나 편심하중 등이 발생하게 된다. 이와 같은 초기결함(initial imperfection)은 기둥의 거동 및 좌굴강도에 영향을 미친다.

그림 5.11과 같이 초기 변형 $y_o(= e \sin\frac{\pi}{L}x)$ 이 존재하는 단순지지된 기둥의 부재 중앙점($x = L/2$)에서의 처짐량(초기처짐 포함)을 구해 보면 다음과 같이 된다.

$$y_{(L/2)} = \frac{(\pi/L)^2 e}{(\pi/L)^2 - \alpha^2} = \frac{e}{1 - \frac{P}{P_{cr}}} \tag{5.11}$$

여기서 $\alpha^2 = P/EI$, $P_{cr} = \pi^2 EI/L^2$.

그림 5.12는 식(5.11)의 초기 변형 e에 따른 하중-변위 관계곡선을 나타낸 것이다. 초기 변형이 있는 기둥은 하중 P가 P_{cr}에 접근함에 따라 중앙부에서의 처짐량

이 급속히 증가하게 되므로 P_{cr}보다 낮은 하중에서 붕괴가 발생할 수 있다.

한편 그림 5.13과 같이 부재 중심축으로부터 편심거리의 e 위치에 압축하중을 받는 양단 단순지지 기둥의 부재 중앙부($x = L/2$)에서의 처짐량은 아래와 같이 주어진다.

$$y_{(L/2)} = e\left[\sec\frac{\alpha L}{2} - 1\right] = e\left[\sec\left(\frac{\pi}{2}\sqrt{\frac{P}{P_{cr}}}\right) - 1\right] \tag{5.12}$$

그림 5.14는 식(5.12)의 편심거리의 e 위치에 따른 하중-변위 관계곡선을 나타낸 것이다. 편심 하중 P가 P_{cr}에 가까워질수록 중앙부에서의 처짐량은 급격히 증가하여 P_{cr}보다 작은 하중에서 파괴가 발생할 수 있다.

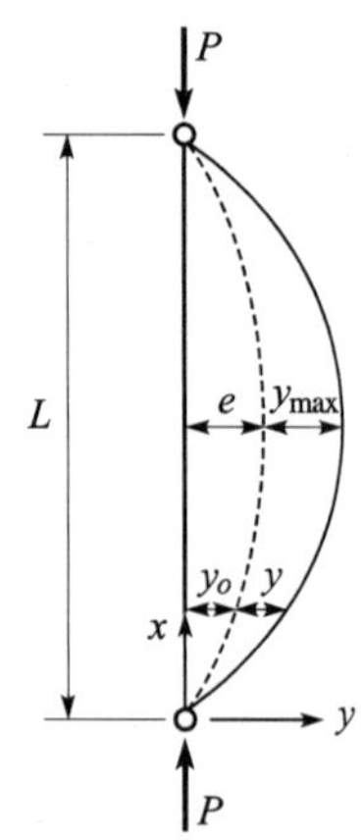

그림 5.11 초기 변형이 있는 기둥

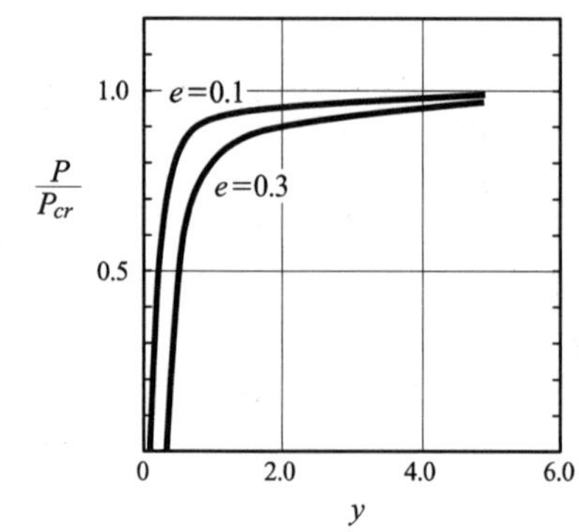

그림 5.12 초기 변형이 있는 기둥의 하중-변위 관계곡선

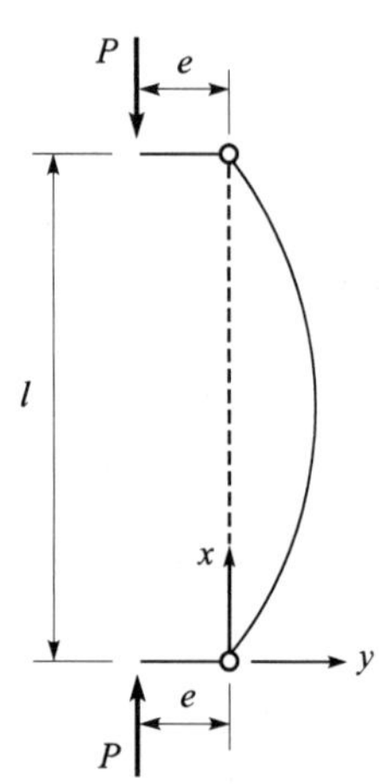

그림 5.13 편심재하 기둥

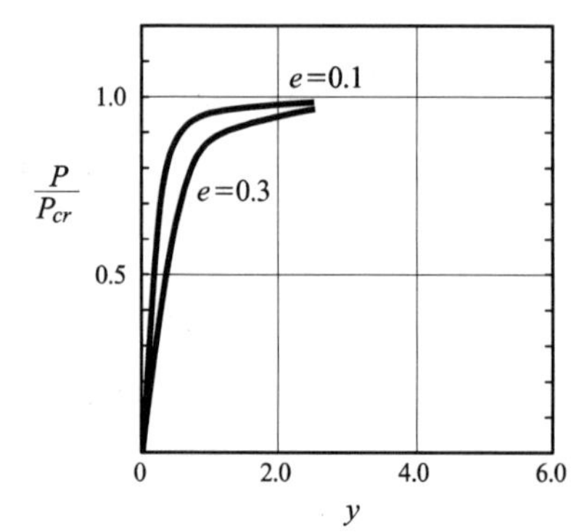

그림 5.14 편심재하 기둥의 하중-변위 관계 곡선

5.3 압축부재의 설계

압축부재의 설계는 공칭하중에 하중계수를 곱한 후 이를 조합한 설계하중(혹은 소요압축강도) P_u보다 압축부재의 공칭압축강도 P_n에 저항계수 ϕ_c를 곱한 설계압축강도 $P_r(=\phi_c P_n)$가 크도록 하는 것이며 식(5.13)과 같다.

$$P_u \le \phi_c P_n \ , \ \phi_c = 0.9 \tag{5.13}$$

공칭압축강도 P_n은 좌굴응력 F_{cr}과 부재의 전단면적 A_g를 곱하여 산정한다. 좌굴응력은 세장비(혹은 유효좌굴길이)에 대한 함수이며, 압축부재의 단면 형상에 따라 적용하는 한계상태를 고려하여 산정한다. 한계상태로는 휨좌굴, 비틀림좌굴, 휨비틀림좌굴, 국부좌굴이 있다. 압축부재의 지배 좌굴응력은 단면에 적용하는 각 한계상태에서의 좌굴응력들 중에서 작은 값으로 한다. 표 5.1은 압축부재 단면의 형상과 세장판 유무에 따라 적용하는 한계상태를 나타낸다.

표 5.1 압축부재에 적용하는 한계상태

단면		한계상태 비세장판단면 ($Q=1$)	한계상태 세장판단면 ($Q=Q_sQ_a<1$)
	2축대칭단면	휨좌굴(FB) 비틀림좌굴(TB)	국부좌굴(LB) 휨좌굴(FB) 비틀림좌굴(TB)
	1축대칭 단면	휨좌굴(FB) 휨비틀림좌굴(FTB)	국부좌굴(LB) 휨좌굴(FB) 휨비틀림좌굴(FTB)
	각형강관(HSS) 및 박스형부재의 단면	휨좌굴(FB)	국부좌굴(LB) 휨좌굴(FB)
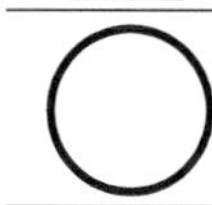	원형강관(HSS)	휨좌굴(FB)	국부좌굴(LB) 휨좌굴(FB)
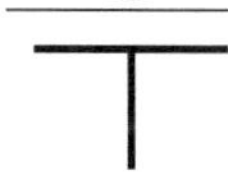	T형강	휨좌굴(FB) 휨비틀림좌굴(FTB)	국부좌굴(LB) 휨좌굴(FB) 휨비틀림좌굴(FTB)
	쌍ㄱ형강	휨좌굴(FB) 휨비틀림좌굴(FTB)	국부좌굴(LB) 휨좌굴(FB) 휨비틀림좌굴(FTB)
	단일 ㄱ형강	휨좌굴(FB)	국부좌굴(LB) 휨좌굴(FB)
	각형 또는 원형강봉	휨좌굴(FB)	해당없음
ㄱ형강을 제외한 비대칭단면		휨비틀림좌굴(FTB)	국부좌굴(LB) 휨비틀림좌굴(FTB)

주) FB (Flexural Buckling), TB (Torsional Buckling), FTB (Flexural Torsional Buckling), LB (Local Buckling)

주) Q는 세장한 압축판요소의 국부좌굴에 의한 압축부재의 강도 감소를 고려하는 순감소계수로서, 5.3.3의 3)을 참조

5.3.1 판요소의 국부좌굴 및 압축부재 단면의 분류

압축부재는 판요소로 구성되며 판요소는 경계조건에 따라 자유돌출판(unstiffened element)과 양연지지판(stiffened element)으로 구분된다. 자유돌출판은 한 면만 구속된 판요소를 일컬으며, H형강의 플랜지, T형강의 플랜지 및 스템, ㄷ형강의 플랜지, ㄱ형강의 다리가 대표적인 자유돌출판이다. 양연지지판은 양 면이 구속된 판요소를 일컬으며, H형강의 웨브, ㄷ형강의 웨브, 각형강관의 벽, 플랜지 덮개판이 이에 해당한다.

또한 판요소는 폭두께비에 따라 비세장판과 세장판으로 구분된다. 세장판을 갖는 압축부재는 그림 5.15(a)와 같이 전체가 좌굴하기 전에 그림 5.15(b)와 같이 먼저 판요소에서 좌굴현상 즉 국부좌굴(local buckling)이 발생할 수 있다. 또한 세장판의 압축좌굴응력 F_{cr}이 항복응력 F_y보다 작으므로 식(5.14)의 관계식이 성립한다. 식(5.14)를 판폭두께비 b/t에 대하여 정리하면 식(5.15)와 같이 나타낼 수 있다.

$$F_{cr} = k\frac{\pi^2 E}{12(1-\nu^2)}\left(\frac{t}{b}\right)^2 \le F_y \tag{5.14}$$

$$\frac{b}{t} \ge \sqrt{k\frac{\pi^2}{12(1-\nu^2)}\frac{E}{F_y}} \tag{5.15}$$

여기서 ν는 강재의 포아송 비(=0.3), t는 판의 두께, b는 판의 폭이며, k는 평판의 좌굴계수이다.

식(5.15)의 우측 항을 비세장판/세장판을 구분하는 폭두께비 한계값이라 정의할 수 있고, 폭두께비가 한계값보다 큰 압축판요소를 세장판, 작은 압축판요소를 비세장판으로 구분할 수 있다. 여기서 좌굴계수 k는 판요소의 형태와 경계조건 그리고 작용하중 형태에 따라 달라지는 값이다. 이에 대하여 KDS 14 31 10에서는 압축판요소에 대하여 폭두께비 그리고 폭두께비 한계값 λ_r을 표 5.2와 같이 제시하고 있다.

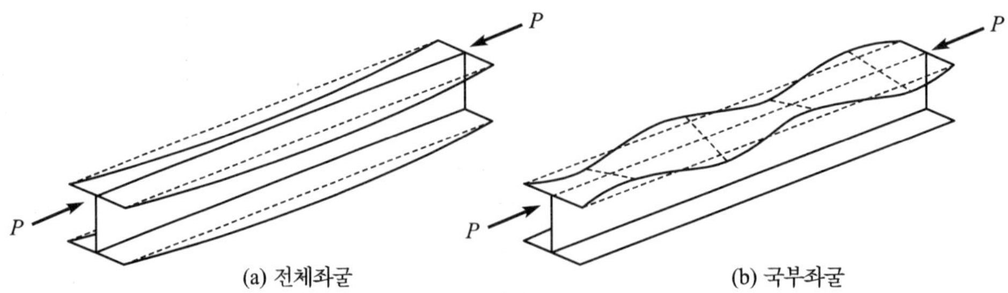

그림 5.15 전체좌굴과 국부좌굴

표 5.2 압축력을 받는 판요소의 폭두께비 및 폭두께비 한계값(비세장/세장)

단면	구분	판요소에 대한 설명	폭두께비	폭두께비 한계값 λ_r (비세장/세장)	예
자유돌출판	1	-압연 H형강의 플랜지 -압연 H형강으로부터 돌출된 플레이트 -서로 접한 쌍ㄱ형강의 돌출된 다리 -ㄷ형강의 플랜지 -T형강의 플랜지	b/t	$0.56\sqrt{\dfrac{E}{F_y}}$	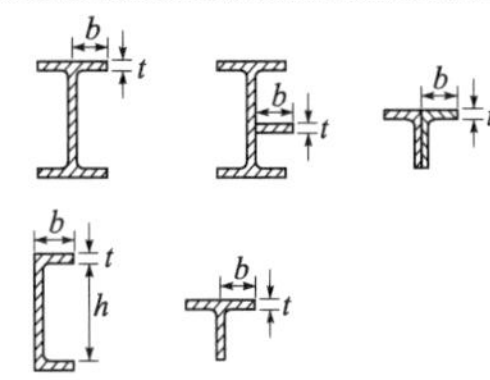
	2	-용접 H형강의 플랜지 -용접 H형강으로부터 돌출된 플레이트 또는 ㄱ형강 다리	b/t	$0.64\sqrt{\dfrac{k_c E}{F_y}}$ 1)	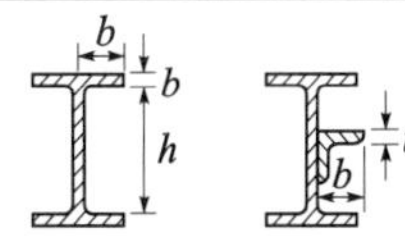
	3	-ㄱ형강의 다리 -끼움판을 낀 쌍ㄱ형강의 다리 -그 외 모든 한쪽만 지지된 판 요소	b/t	$0.45\sqrt{\dfrac{E}{F_y}}$	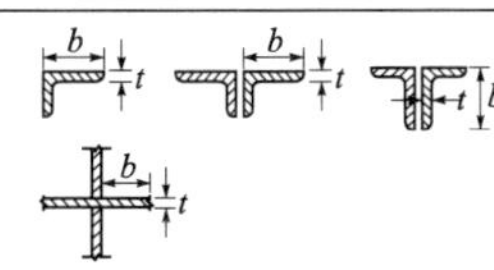
	4	-T형강의 스템	d/t	$0.75\sqrt{\dfrac{E}{F_y}}$	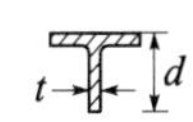
양연지지판	5	-2축 대칭 H형강의 웨브와 ㄷ형강	h/t_w	$1.49\sqrt{\dfrac{E}{F_y}}$	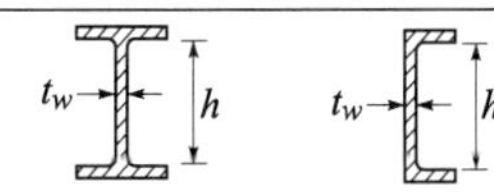
	6	-균일한 두께를 갖는 각형강판과 박스의 벽	b/t	$1.40\sqrt{\dfrac{E}{F_y}}$	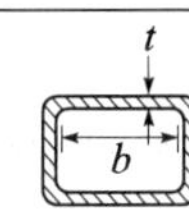
	7	-플랜지 커버플레이트 -연결재 또는 용접선 사이의 다이아프램 플레이트	b/t	$1.40\sqrt{\dfrac{E}{F_y}}$	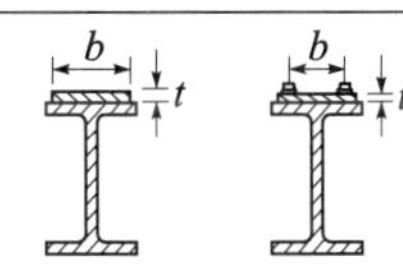
	8	-그 외 모든 양쪽이 지지된 판 요소	b/t	$1.49\sqrt{\dfrac{E}{F_y}}$	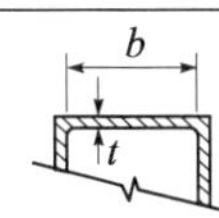
	9	-원형강판	D/t	$0.11\dfrac{E}{F_y}$	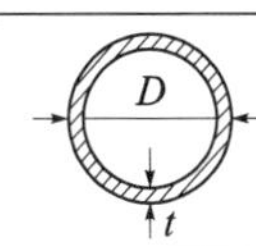

주) $k_c = \dfrac{4}{\sqrt{h/t_w}}$, 여기서 $0.35 \le k_c \le 0.76$

판요소로 구성된 압축부재의 단면은 세장판단면과 비세장판단면으로 분류할 수 있다. 적어도 하나의 세장판(폭두께비가 한계값 λ_r을 초과하는 판요소)를 갖는 압축부재의 단면을 세장판단면으로 정의하며, 비세장판(폭두께비가 한계값 λ_r 이하인 판요소)만으로 구성된 압축부재의 단면을 비세장판단면으로 정의한다.

5.3.2 유효좌굴길이 및 세장비

1) 유효좌굴길이

앞서 5.2절에서 언급된 탄성좌굴응력식이나 비탄성좌굴응력식은 기둥의 양단이 핀지지라는 가정에 기초하고 있기 때문에 단부조건이 상이하면 사용할 수 없다. 각기 다른 단부조건을 고려하기 위하여 유효좌굴길이계수 K를 도입하여야 하며 이때 좌굴하중은 다음 식과 같이 쓸 수 있다.

$$P_{cr} = \frac{\pi^2 EI}{(KL)^2} \tag{5.16}$$

여기서 KL은 유효좌굴길이라고 하며 기둥의 변곡점 사이의 거리이다. 예를 들어 양단이 핀인 기둥의 유효좌굴길이계수 K는 1.0이고, 양단이 고정인 기둥의 유효좌굴길이계수는 0.5이다. 여러 가지 단부조건에 대한 유효좌굴길이계수는 표 5.3과 같다. 다양한 단부조건에 대한 K값은 미분방정식으로부터 임계하중을 유도함으로써 구할 수 있다. 이상화한 기둥 양단의 단부조건은 실제와 상이하기 때문에 KDS 14 31 10은 이론값과 설계값을 제시하고 있다. 즉 고정단의 경우에 완전 고정단은 실제로 존재하기 어렵기 때문에 이론값보다 좀 더 큰 K값을 추천하고 있다. 고정단은 없고 힌지단이 있는 경우에는 현실적으로 마찰이 없는 핀은 존재하기 어려우므로 K값을 감소시켜야 하나, 보수적으로 이론값과 동일한 K값을 추천하고 있다.

표 5.3 **유효좌굴길이계수**

기둥의 좌굴형태를 점선으로 표시	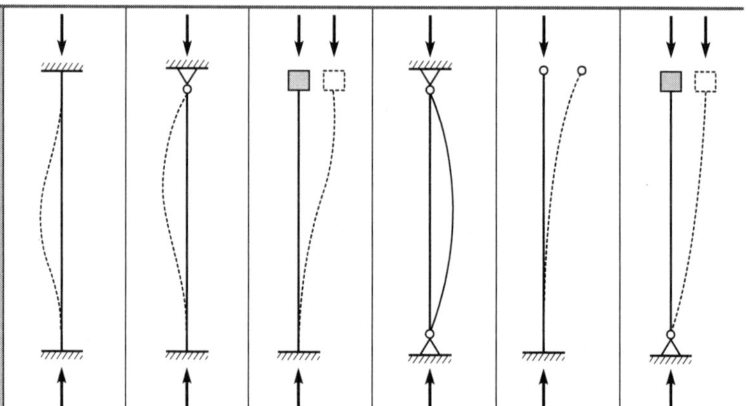					
이론값	0.5	0.7	1.0	1.0	2.0	2.0
설계값	0.65	0.80	1.2	1.0	2.1	2.0
지지조건	회전고정 수평변위고정 회전자유 수평변위고정 회전고정 수평변위자유 회전자유 수평변위자유					

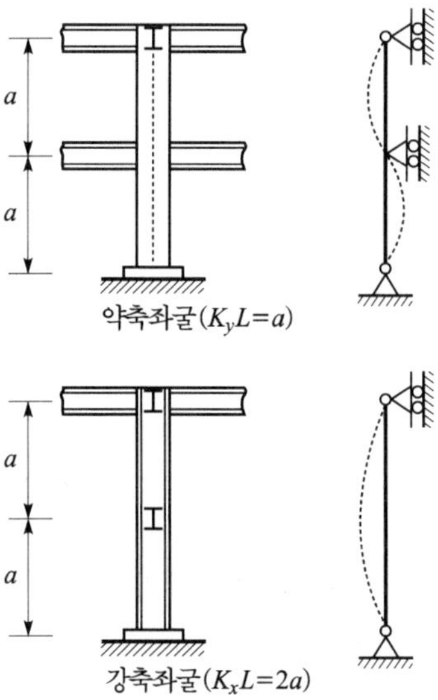

그림 5.16 약축과 강축의 유효좌굴길이

그림 5.16에서 보는 바와 같이 만약 기둥이 강축과 약축에 대하여 서로 다르게 횡지지가 되어 있다면 기둥의 유효좌굴길이는 두 주축방향으로 서로 상이하다. 그림 5.16에서 기둥의 약축 방향으로 중간 높이에 횡지지되어 있으며 보 부재는 기둥에 힌지로 연결되어 있어서 횡변위는 억제하고 회전은 억제하지 못한다고 하자. 이 경우 강축에 대한 유효좌굴길이 K_xL는 약축에 대한 유효좌굴길이 K_yL의 두배가 된다.

2) 세장비

압축부재의 세장비는 유효좌굴길이를 단면2차반경으로 나눈 것으로서 KL/r로 나타낸다. 기둥의 강도는 세장비가 클수록 작아지므로 두 주축에 대한 세장비를 각각 구하여야 한다. 즉 K_xL/r_x와 K_yL/r_y를 비교하여 큰 세장비를 갖는 주축에 대하여 기둥은 좌굴한다.

KDS 14 31 10에서는 건축물강구조와 일반강구조의 압축부재 세장비 KL/r이 가급적 200을 넘지 않도록 권장하고 있으며, 교량강구조의 경우 주부재의 세장비는 120보다 작거나 같아야 하며, 가새의 세장비는 140보다 작도록 제한하고 있다.

3) 단일ㄱ형강 압축부재의 유효세장비

단일ㄱ형강 부재의 공칭압축강도 P_n 산정시, 가) 또는 나)에 따라 유효세장비 KL/r을 사용한다.

가) 등변ㄱ형강 또는 긴 다리로 접합된 부등변ㄱ형강이 단일 부재이거나 또는 평면 트러스의 웨브재로서 인접한 웨브재와 거셋플레이트 또는 현재의 동일면에 접합된 경우

① $0 \le \dfrac{L}{r_x} \le 80$일 때

$$\frac{KL}{r} = 72 + 0.75\frac{L}{r_x} \qquad (5.17)$$

② $\dfrac{L}{r_x} > 80$ 일 때

$$\frac{KL}{r} = 32 + 1.25\frac{L}{r_x} \le 200 \qquad (5.18)$$

부등변ㄱ형강에서 다리길이의 비가 1.7 이하이고 ㄱ형강의 짧은 다리가 접합되면, 식(5.17)과 식(5.18)에 $4\left[(b_l/b_s)^2 - 1\right]$를 더하여 KL/r을 산정한다. 이때, 이 KL/r값은 $0.95L/r_z$ 보다 작은 값을 취할 수 없다.

여기서, L : 부재길이(mm)
b_l : ㄱ형강의 긴쪽다리의 길이(mm)
b_s : ㄱ형강의 짧은쪽다리의 길이(mm)
r_x : 접합된 다리와 평행한 축에 대한 단면2차반경(mm)
r_z : 약축에 대한 단면2차반경(mm)

나) 등변ㄱ형강 또는 긴 다리로 접합된 부등변ㄱ형강이 박스형 또는 입체트러스의 웨브재로서 인접한 웨브재와 거셋플레이트 또는 현재의 동일면에 접합된 경우

① $0 \le \dfrac{L}{r_x} \le 75$일 때

$$\frac{KL}{r} = 60 + 0.8\frac{L}{r_x} \tag{5.19}$$

② $\dfrac{L}{r_x} > 75$ 일 때

$$\frac{KL}{r} = 45 + \frac{L}{r_x} \le 200 \tag{5.20}$$

부등변ㄱ형강에서 다리길이의 비가 1.7 이하이고 ㄱ형강의 짧은다리가 접합되면 식(5.19)와 식(5.20)에 $6\left[(b_l/b_s)^2 - 1\right]$를 더하여 KL/r을 산정한다. 다만, 이 KL/r값은 $0.82L/r_z$ 보다 작은 값은 취할 수 없다.

단일ㄱ형강 압축부재가 하나의 다리를 통하여 양단에서 압축력을 받고, 용접이나 최소한 2개의 볼트로 접합되고, 부재 중간에 횡하중을 받지 않는다면, 유효세장비를 사용하여 압축부재를 평가할 때 편심에 대한 효과는 무시할 수 있다.

단일ㄱ형강이 긴 다리와 짧은 다리의 비가 1.7이상 또는 부재 중간에 횡하중을 받고, 가), 나)에 설명된 조건과 다른 단부조건일 경우 "제7장 축력과 휨을 동시에 받는 부재"에 따른다.

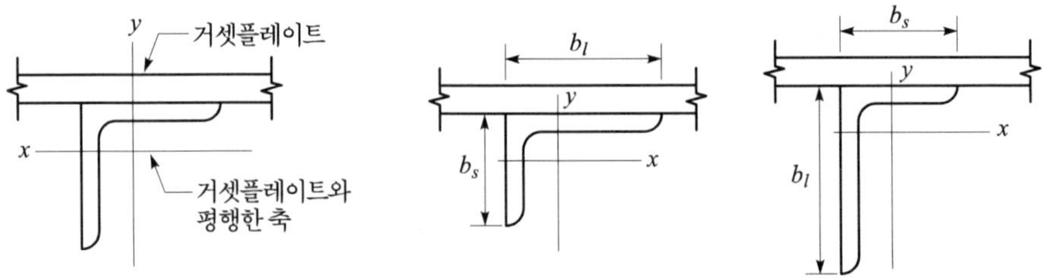

(a) 등변 ㄱ형강 (b) 긴 다리로 접합된 부등변 ㄱ형강 (c) 짧은 다리로 접합된 부등변 ㄱ형강

그림 5.17 거셋플레이트에 접합된 ㄱ형강

4) 조립 압축부재의 세장비

볼트나 용접으로 접합되거나 또는 유공커버플레이트나 타이플레이트를 갖는 가새와 접합된 개단면을 1개 이상 갖고 있는 2개의 부재로 구성한 조립부재에 적용한다. 만일 좌굴모드가 각 개별부재간의 접합재에 전단력을 발생시키는 상대변형을 포함하고 있다면 KL/r 대신에 아래와 같이 계산된 $(KL/r)_m$을 사용한다.

가) 1차조임의 볼트로 접합된 경우

$$\left(\frac{KL}{r}\right)_m = \sqrt{\left(\frac{KL}{r}\right)_0^2 + \left(\frac{a}{r_i}\right)^2} \tag{5.21}$$

나) 용접이나 볼트로 접합된 경우

① $\frac{a}{r_i} \le 40$일 때

$$\left(\frac{KL}{r}\right)_m = \left(\frac{KL}{r}\right)_o \quad (5.22)$$

② $\frac{a}{r_i} > 40$ 일 때

$$\left(\frac{KL}{r}\right)_m = \sqrt{\left(\frac{KL}{r}\right)_0^2 + \left(\frac{K_i a}{r_i}\right)^2} \quad (5.23)$$

여기서, $\left(\frac{KL}{r}\right)_m$: 조립부재의 수정된 기둥세장비

$\left(\frac{KL}{r}\right)_0$: 고려하는 좌굴방향으로 단일부재로 거동하는 조립부재의 세장비

K_i =0.5 (서로 맞닿은 ㄱ형강일 경우)

=0.75 (서로 맞닿은 ㄷ형강일 경우)

=0.86 (다른 모든 경우)

a : 연결재 사이의 길이(mm)

r_i : 개별부재의 최소단면2차반경(mm)

2개 이상의 형강들로 구성된 조립압축부재는 연결재 사이의 개별부재 유효세장비 Ka/r_i가 조립압축부재 단면 지배 세장비의 3/4배를 초과하지 않도록 하는 간격 a로 접합하여야 한다.

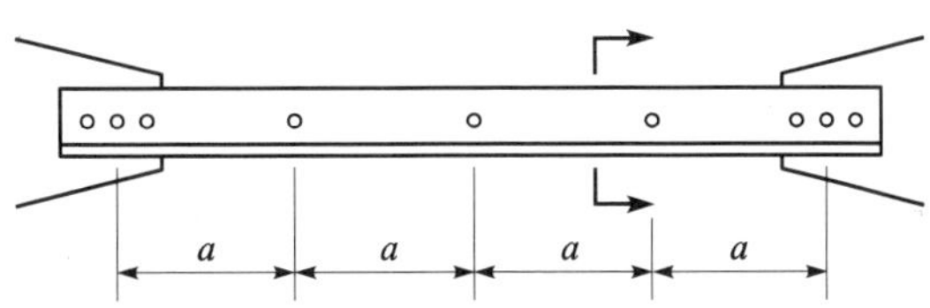

(a) 볼트로 조립된 쌍ㄱ형강 압축부재

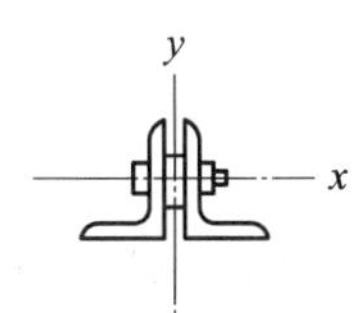

(b) 쌍ㄱ형강 단면

그림 5.18 쌍ㄱ형강 조립압축부재

5.3.3 압축부재의 공칭압축강도

1) 비세장판단면 압축부재의 휨좌굴에 대한 공칭압축강도

비세장판단면 압축부재의 휨좌굴 한계상태에 기초한 공칭압축강도 P_n은 다음 식과 같다.

$$P_n = F_{cr} A_g \quad (5.24)$$

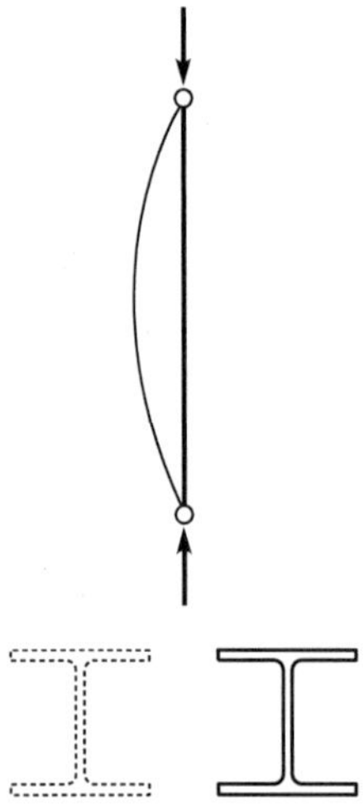

그림 5.19 **휨좌굴 형상**

여기서, 휨좌굴응력 F_{cr}은 다음과 같이 산정한다.

가) $\dfrac{KL}{r} \le 4.71\sqrt{\dfrac{E}{F_y}}$ 또는 $F_y/F_e \le 2.25$인 경우

$$F_{cr} = \left[0.658^{\frac{F_y}{F_e}}\right] F_y \quad (5.25)$$

나) $\dfrac{KL}{r} > 4.71\sqrt{\dfrac{E}{F_y}}$ 또는 $F_y/F_e > 2.25$인 경우

$$F_{cr} = 0.877 F_e \quad (5.26)$$

여기서, F_e : 탄성휨좌굴응력 (MPa) $\left(= \dfrac{\pi^2 E}{(KL/r)^2}\right)$

A_g : 부재의 총단면적 (mm^2)

F_y : 강재의 항복강도 (MPa)

E : 강재의 탄성계수 (MPa)

K : 유효좌굴길이계수

L : 부재의 길이 (mm)

r : 좌굴축에 대한 단면2차반경 (mm)

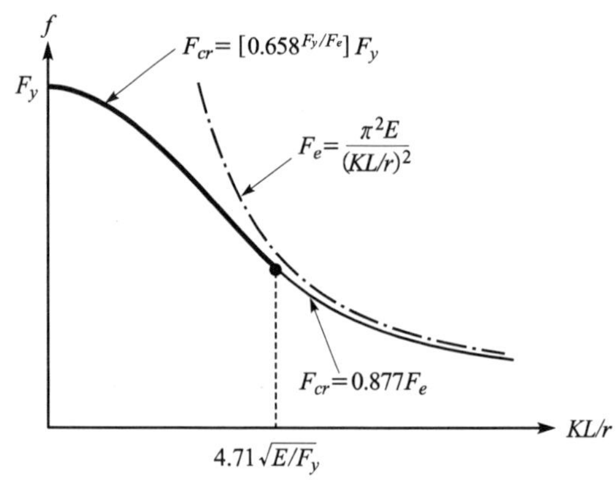

그림 5.20 **탄성휨좌굴응력 및 비탄성휨좌굴응력 곡선**

2) 비세장판단면 압축부재의 비틀림좌굴 및 휨비틀림좌굴에 대한 공칭압축강도

이 항목은 비세장판단면 압축부재에서 1축대칭 또는 비대칭부재, 균일압축을 받는 +형 또는 조립기둥과 같은 2축대칭 부재에 적용한다. 그리고 비틀림에 대한 비지지길이가 횡좌굴에 대한 비지지길이를 초과할 경우 모든 비세장판단면 2축대칭 부재에 적용한다. 또한 단일ㄱ형강은 $b/t > 20$인 경우에 적용한다.

공칭압축강도 P_n은 비틀림좌굴과 휨비틀림좌굴에 대한 한계상태에 기초하여 다음 식으로 산정한다.

$$P_n = F_{cr} A_g \quad (5.27)$$

가) 쌍ㄱ형강 또는 T형강 압축부재의 휨비틀림좌굴응력

$$F_{cr} = \left(\frac{F_{cry}+F_{crz}}{2H}\right)\left[1-\sqrt{1-\frac{4F_{cry}F_{crz}H}{(F_{cry}+F_{crz})^2}}\right] \tag{5.28}$$

여기서, F_{cry}는 y축대칭에 대한 휨좌굴응력이며 식(5.25) 또는 식(5.26)으로부터 계산하여 구한 값이다. 이때 T형강 압축부재에 대해서는 $\frac{KL}{r}=\frac{KL}{r_y}$, 쌍ㄱ형강 압축부재에 대해서는 5.3.2절의 4)로부터 $\frac{KL}{r}=\left(\frac{KL}{r}\right)_m$을 사용한다. F_{crz}는 비틀림좌굴응력식이며 다음과 같다.

$$F_{crz} = \frac{GJ}{A_g \bar{r}_0^2} \tag{5.29}$$

주) 미국 강구조학회(American Institute of Steel Construction, AISC)에서 발간한 Steel Construction Manual 15th Edition에서는 쌍ㄱ형강 또는 T형강 압축부재의 휨비틀림좌굴응력도 이 책의 5.3.3 2) 나)의 경우와 동일하게 산정하도록 개정되었다.

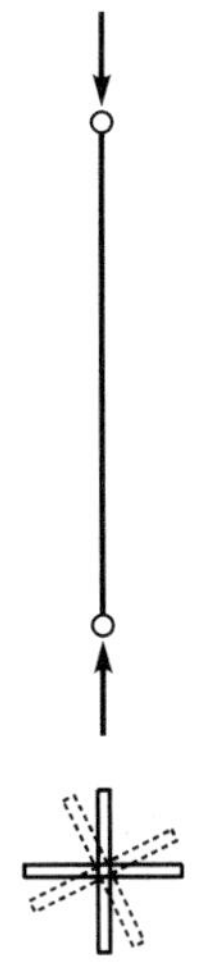

그림 5.21 **비틀림좌굴 형상**

나) 다른 모든 경우

F_{cr}값은 다음에서 산정되는 탄성비틀림좌굴응력 또는 탄성휨비틀림좌굴응력 F_e를 사용하여, 식(5.25) 또는 식(5.26)에 따라 F_{cr}값을 산정한다.

① 2축대칭 부재의 경우 탄성비틀림좌굴응력

$$F_e = \left[\frac{\pi^2 EC_w}{(K_z L)^2}+GJ\right]\frac{1}{I_x+I_y} \tag{5.30}$$

② 1축대칭 부재의 경우 탄성휨비틀림좌굴응력(아래첨자 y는 약축이 아니라 대칭축을 의미함)

$$F_e = \left(\frac{F_{ey}+F_{ez}}{2H}\right)\left[1-\sqrt{1-\frac{4F_{ey}F_{ez}H}{(F_{ey}+F_{ez})^2}}\right] \tag{5.31}$$

③ 비대칭부재의 경우 다음 방정식의 해 중 가장 작은 해를 탄성휨비틀림좌굴응력 F_e로 사용한다.

$$(F_e-F_{ex})(F_e-F_{ey})(F_e-F_{ez})-F_e^2(F_e-F_{ey})\left(\frac{x_0}{\bar{r}_0}\right)^2-F_e^2(F_e-F_{ex})\left(\frac{y_o}{\bar{r}_0}\right)^2=0 \tag{5.32}$$

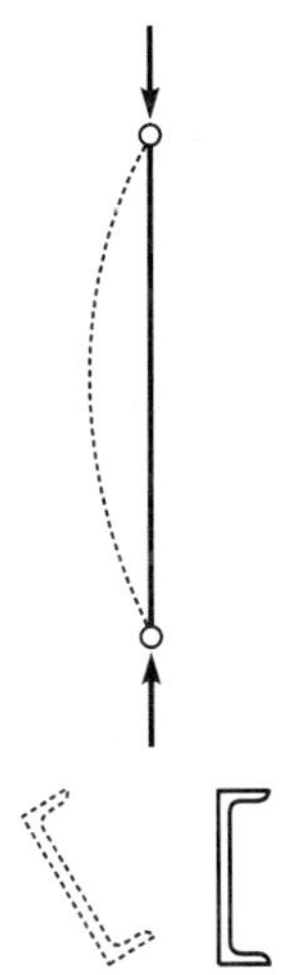

그림 5.22 **휨비틀림좌굴 형상**

여기서, A_g : 부재의 총단면적 (mm^2)

C_w : 뒴 상수 (mm^6)

$$F_{ex} = \frac{\pi^2 E}{\left(\frac{K_x L}{r_x}\right)^2}$$

$$F_{ey} = \frac{\pi^2 E}{\left(\frac{K_y L}{r_y}\right)^2}$$

$$F_{ez} = \left[\frac{\pi^2 EC_w}{(K_z L)^2} + GJ\right]\frac{1}{A_g \overline{r_0}^2}$$

G : 강재의 전단탄성계수

$$H = 1 - \frac{x_0^2 + y_0^2}{\overline{r_0}^2}$$

I_x, I_y : 주축에 대한 단면2차모멘트 (mm^4)

J : 비틀림상수 (mm^4)

K_x : x축에 대하여 휨좌굴에 대한 유효좌굴길이계수

K_y : y축에 대하여 휨좌굴에 대한 유효좌굴길이계수

K_z : z축에 대하여 비틀림좌굴에 대한 유효좌굴길이계수

$\overline{r_0}$: 전단중심에 대한 극2차반경 (mm)

$$\overline{r_0}^2 = x_0^2 + y_0^2 + \frac{I_x + I_y}{A_g}$$

r_x : x축에 대한 단면2차반경 (mm)

r_y : y축에 대한 단면2차반경 (mm)

x_0, y_0 : 단면중심에 대한 전단중심의 좌표 (mm)

2축대칭 H형단면의 경우, $C_w = I_y h_0^2/4$ 값을 사용할 수 있다. 여기서 h_0는 플랜지 중심간의 거리를 나타낸다.

대칭단면 압축부재의 비틀림좌굴과 비대칭단면 압축부재의 휨비틀림좌굴은 일반적으로 열간압연형강 압축부재설계에서 검토하지 않는 좌굴 모드이다. 그러한 좌굴 모드들은 일반적으로 지배 좌굴모드가 아니거나, 그 좌굴하중이 약축에 대한 휨좌굴하중과 큰 차이를 보이지 않기 때문이다. 다만, 비틀림좌굴이나 휨비틀림좌굴 모드는 상대적으로 얇은 판으로 제작된 대칭단면의 압축부재 그리고 비틀림 비지지길이가 약축에 대한 휨좌굴 비지지길이보다 상당히 큰 대칭단면 및 비대칭단면의 압축부재에 대하여 지배 좌굴모드일 수 있다.

3) 세장판단면 압축부재의 국부좌굴에 대한 공칭압축강도

세장판단면 압축부재의 국부좌굴을 고려한 공칭압축강도 P_n은 다음 식과 같다.

$$P_n = F_{cr} A_g \tag{5.33}$$

여기서, 좌굴응력 F_{cr}은 다음과 같이 산정한다.

가) $\dfrac{KL}{r} \le 4.71\sqrt{\dfrac{E}{QF_y}}$ 또는 $QF_y/F_e \le 2.25$인 경우

$$F_{cr} = Q\left[0.658^{\frac{QF_y}{F_e}}\right]F_y \tag{5.34}$$

나) $\dfrac{KL}{r} > 4.71\sqrt{\dfrac{E}{QF_y}}$ 또는 $QF_y/F_e > 2.25$ 인 경우

$$F_{cr} = 0.877F_e \tag{5.35}$$

식(5.34)와 식(5.35)에서 탄성좌굴응력 F_e은 단면 형상에 적용하는 한계상태에 기초하여 산정한다.

식(5.34)와 식(5.35)에서 Q는 세장한 압축판요소의 국부좌굴에 의한 압축부재의 강도 감소를 고려하는 순감소계수로서, 비세장판단면의 경우에 1.0으로, 세장판단면의 경우에 Q_sQ_a로 산정한다. 세장판단면에 세장한 자유돌출판만 존재하는 경우 $Q=Q_s$ (즉, $Q_a=1.0$), 또는 세장한 양연지지판만 존재하는 경우 $Q=Q_a$ (즉, $Q_s=1.0$), 세장한 양연지지판과 자유돌출판이 모두 존재하는 경우 $Q=Q_sQ_a$로 산정한다. 또한 세장판단면에 여러 개의 세장한 자유돌출판이 존재하는 경우, 더 세장한 판으로 구해진 Q_s를 사용하는 것이 보수적이다.

세장한 자유돌출판의 저감계수 Q_s는 다음과 같이 산정한다.

가) 압연기둥 또는 다른 압축부재로부터 돌출된 플랜지, ㄱ형강 및 플레이트

① $b/t \leq 0.56\sqrt{E/F_y}$ 일 경우

$$Q_s = 1.0 \tag{5.36}$$

② $0.56\sqrt{E/F_y} < b/t < 1.03\sqrt{E/F_y}$ 일 경우

$$Q_s = 1.415 - 0.74\left(\frac{b}{t}\right)\sqrt{\frac{F_y}{E}} \tag{5.37}$$

③ $b/t \geq 1.03\sqrt{E/F_y}$ 일 경우

$$Q_s = \frac{0.69E}{F_y\left(\dfrac{b}{t}\right)^2} \tag{5.38}$$

나) 조립된 H형강 기둥 또는 다른 압축부재로부터 돌출된 플랜지, ㄱ형강 및 플레이트

① $b/t \leq 0.64\sqrt{Ek_c/F_y}$ 일 경우

$$Q_s = 1.0 \tag{5.39}$$

② $0.64\sqrt{Ek_c/F_y} < b/t \leq 1.17\sqrt{Ek_c/F_y}$ 일 경우

$$Q_s = 1.415 - 0.65\left(\frac{b}{t}\right)\sqrt{\frac{F_y}{Ek_c}} \tag{5.40}$$

③ $b/t > 1.17\sqrt{Ek_c/F_y}$ 일 경우

$$Q_s = \frac{0.90Ek_c}{F_y\left(\dfrac{b}{t}\right)^2} \tag{5.41}$$

여기서, b : 표 5.2에서 정의된 자유돌출판의 폭 (mm)

$k_c = \dfrac{4}{\sqrt{h/t_w}}$, $0.35 < k_c \leq 0.76$

t : 부재의 두께 (mm)

다) 단일ㄱ형강

① $b/t \le 0.45\sqrt{E/F_y}$ 일 경우

$$Q_s = 1.0 \tag{5.42}$$

② $0.45\sqrt{E/F_y} < b/t \le 0.91\sqrt{E/F_y}$ 일 경우

$$Q_s = 1.34 - 0.76\left(\frac{b}{t}\right)\sqrt{\frac{F_y}{E}} \tag{5.43}$$

③ $b/t > 0.91\sqrt{E/F_y}$ 일 경우

$$Q_s = \frac{0.53E}{F_y\left(\frac{b}{t}\right)^2} \tag{5.44}$$

여기서, b : ㄱ형강의 가장 긴 다리의 폭 (mm)

라) T형강의 스템

① $d/t \le 0.75\sqrt{E/F_y}$ 일 경우

$$Q_s = 1.0 \tag{5.45}$$

② $0.75\sqrt{E/F_y} < d/t \le 1.03\sqrt{E/F_y}$ 일 경우

$$Q_s = 1.908 - 1.22\left(\frac{d}{t}\right)\sqrt{\frac{F_y}{E}} \tag{5.46}$$

③ $d/t > 1.03\sqrt{E/F_y}$ 일 경우

$$Q_s = \frac{0.69E}{F_y\left(\frac{d}{t}\right)^2} \tag{5.47}$$

여기서, d : T형강의 공칭높이 (mm)

한편, 세장한 양연지지판의 저감계수 Q_a는 다음과 같이 산정한다.

$$Q_a = \frac{A_e}{A_g} = \frac{A_g - \sum(b-b_e)t}{A_g} \tag{5.48}$$

여기서, A_g : 부재의 총단면적 (mm^2)

A_e : 감소된 유효폭 b_e를 고려하여 산정한 유효단면적의 합 (mm^2)

감소된 유효폭 b_e는 다음과 같이 산정한다.

가) 균일한 두께를 갖는 정방형이나 장방형 단면의 플랜지를 제외하고, 균일압축을 받는 세장판 단면 $\left(\frac{b}{t} \ge 1.49\sqrt{\frac{E}{f}}\right)$

$$b_e = 1.92t\sqrt{\frac{E}{f}}\left[1 - \frac{0.34}{(b/t)}\sqrt{\frac{E}{f}}\right] \le b \tag{5.49}$$

여기서, f는 $Q=1.0$일 때의 F_{cr}의 값이다.

나) 균일한 두께를 갖는 정방형이나 장방형의 세장판 단면의 플랜지 $\left(\frac{b}{t} \geq 1.40\sqrt{\frac{E}{f}}\right)$

$$b_e = 1.92t\sqrt{\frac{E}{f}}\left[1-\frac{0.38}{(b/t)}\sqrt{\frac{E}{f}}\right] \leq b \tag{5.50}$$

여기서, $f=P_n/A_e$ 반복계산을 요하는 $f=P_n/A_e$ 구하는 대신, f는 F_y와 같다고 할 수 있다. 이 경우에는 기둥유효강도를 약간 보수적으로 추정한다.

다) 축력을 받는 원형단면 $0.11\frac{E}{F_y} < \frac{D}{t} < 0.45\frac{E}{F_y}$일 경우

$$Q=Q_a=\frac{0.038E}{F_y(D/t)}+\frac{2}{3} \tag{5.51}$$

여기서, D : 원형강관의 외경(mm)

t : 부재의 두께(mm)

주) 미국 강구조학회(American Institute of Steel Construction, AISC)에서 발간한 Steel Construction Manual 15th Edition에서는 Q에 대한 조항이 삭제되고 세장한 자유돌출판 및 양연지지판의 감소된 유효폭을 고려한 유효단면적 A_e를 산정하는 조항이 신설되었으며, 공칭압축강도 P_n은 좌굴응력 F_{cr}에 유효단면적 A_e를 곱하여 산정하도록 한다.

예제 5.1

그림 5.23과 같이 단순지지인 압축재 압연H형강 H-200×200×8×12에 고정하중 $P_D=500$ kN, 활하중 $P_L=400$ kN이 작용할 때 안전성을 검토하시오. 압축재의 길이는 3.0 m이고, 강종은 SM355이다($F_y=355$ MPa, $E=210{,}000$ MPa). 고정하중에 대한 하중계수는 1.2, 활하중에 대한 하중계수는 1.6으로 한다.

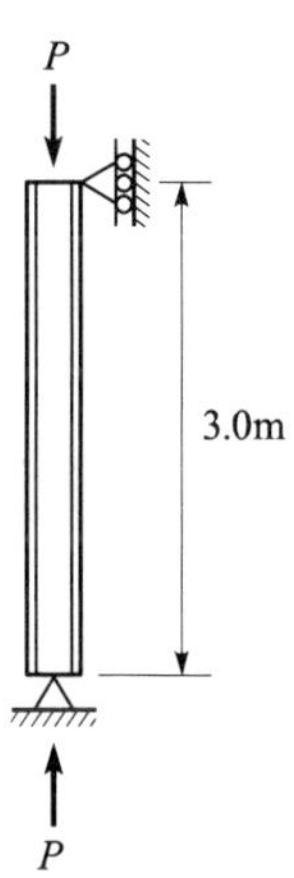

그림 5.23

풀이

(1) 단면성질

$A_g=63.53\times10^2\ \text{mm}^2$, $I_x=4{,}720\times10^4\ \text{mm}^4$, $r_x=86.2$ mm, $r_y=50.2$ mm, $r=13$ mm

(2) 폭두께비 검토

플랜지: $b/t_f=(200/2)/12=8.3$

$\lambda_r=0.56\sqrt{E/F_y}=0.56\sqrt{210{,}000/355}=13.62$

$\therefore\ b/t_f<\lambda_r$ (비세장판)

웨브 : $h/t_w=[200-2\times(12+13)]/8=18.8$

$\lambda_r=1.49\sqrt{E/F_y}=1.49\sqrt{210{,}000/355}=36.24$

$\therefore\ h/t_w<\lambda_r$ (비세장판)

∴ 압축부재는 비세장판단면

(3) 검토 한계상태 결정

힘좌굴 한계상태

(4) F_{cr}의 산정

유효좌굴길이계수 $K=1.0$

$$\left(\frac{KL}{r}\right)_y=\frac{1.0\times 3{,}000}{50.2}=59.76\ <\ 4.71\sqrt{\frac{E}{F_y}}\quad\left(=4.71\sqrt{\frac{210{,}000}{355}}=114.56\right)$$

또는 $F_y/F_e=0.61<2.25$ (여기서, $F_e=\dfrac{\pi^2E}{(KL/r)_y^2}=580.36\text{ MPa}$)

그러므로 비탄성휨좌굴응력 식(5.25)를 적용하여,

$$F_{cr}=\left(0.658^{\frac{F_y}{F_e}}\right)F_y=275\text{ MPa}$$

(5) 설계압축강도 산정

$\phi_c=0.9$

$P_n=A_gF_{cr}=(63.53\times 10^2)\ 275=1{,}747{,}075\text{ N}=1{,}747.08\text{ kN}$

$\phi_cP_n=0.9(1{,}747.08)=1{,}572.37\text{ kN}$

(6) 안전성 검토

소요압축강도 P_u

$P_u=1.2P_D+1.6P_L=1.2(500)+1.6\times(400)=1{,}240\text{ kN}$

$P_u(=1{,}240\text{ kN})<\phi_cP_n(=1{,}572.37\text{ kN})$ O.K

∴ 설계압축강도가 소요압축강도보다 크므로 안전함.

예제 5.2

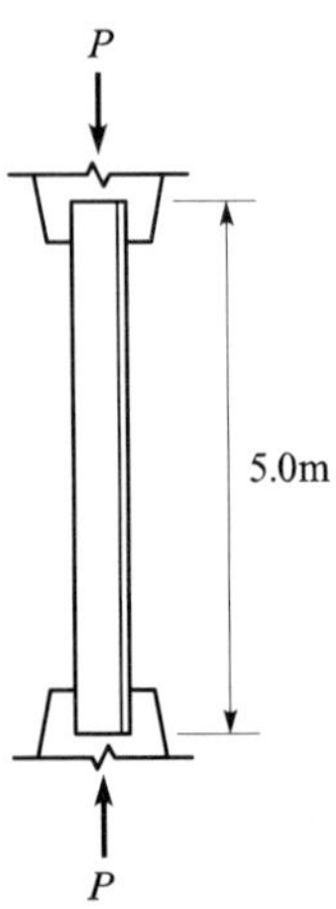

그림 5.24

그림 5.24와 같이 거셋플레이트에 용접된 단일부재 압연ㄱ형강 ㄱ-250×250×35에 고정하중 $P_D=500\text{ kN}$, 활하중 $P_L=400\text{ kN}$이 작용할 때 안전성을 검토하시오. 압축재의 길이는 5.0 m이고, 강종은 SM355이다($F_y=355\text{ MPa}$, $E=210{,}000\text{ MPa}$). 고정하중에 대한 하중계수는 1.2, 활하중에 대한 하중계수는 1.6으로 한다.

풀이

(1) 단면성질

$A_g=1.63\times 10^4\text{ mm}^2,\quad r_x=74.9\text{ mm}$

(2) 폭두께비 검토

$b/t=250/35=7.14$

$\lambda_r=0.45\sqrt{E/F_y}=0.45\sqrt{210{,}000/355}=10.94$

∴ $b/t<\lambda_r$ (비세장판)

∴ 압축부재는 비세장판단면

(3) 검토 한계상태 결정

휨좌굴 한계상태

(4) 유효세장비 산정

등변ㄱ형강 또는 긴 다리로 접합된 부등변ㄱ형강이 단일 부재이거나 또는 평면 트러스의 웨브재로 인접한 웨브재와 거셋플레이트 또는 현재의 동일면에 접합된 경우에 해당하므로 식(5.17)을 적용한다.

$\dfrac{L}{r_x} = \dfrac{5,000}{74.9} = 66.76$이고 $0 \le \dfrac{L}{r_x} \le 80$이므로,

유효세장비 $\dfrac{KL}{r} = 72 + 0.75\dfrac{L}{r_x} = 72 + 0.75 \times (66.76) = 122.07$

(5) F_{cr}의 산정

$\dfrac{KL}{r} = 122.07 \; > \; 4.71\sqrt{\dfrac{E}{F_y}} \left(= 4.71\sqrt{\dfrac{210,000}{355}} = 114.56 \right)$

또는 $F_y/F_e = 2.55 > 2.25$ $\left(\text{여기서, } F_e = \dfrac{\pi^2 E}{(KL/r)^2} = 139.09\ \text{MPa}\right)$

그러므로 탄성휨좌굴응력 식(5.25)를 적용하여, $F_{cr} = 0.877F_e = 121.98\,\text{MPa}$

(6) 설계압축강도 산정

$\phi_c = 0.9$

$P_n = A_g F_{cr} = (1.63 \times 10^4) \times 121.98 = 1,988,305\ \text{N} = 1,988.31\ \text{MPa}$

$\phi_c P_n = 0.9(1,988.31) = 1,789.48\ \text{kN}$

(7) 안전성 검토

소요압축강도 P_u

$P_u = 1.2P_D + 1.6P_L = 1.2(500) + 1.6(400) = 1,240\,\text{kN}$

$P_u(= 1,240\ \text{kN}) < \phi_c P_n(= 1,789.48\ \text{kN})$ O.K

∴ 설계압축강도가 소요압축강도보다 크므로 안전함.

예제 5.3

그림 5.25와 같은 단일부재인 압연ㄷ형강 ㄷ-250×90에 고정하중 $P_D = 80\ \text{kN}$, 활하중 $P_L = 50\ \text{kN}$이 작용할 때 안전성을 검토하시오. 압축재의 길이는 5.0 m이고, 강종은 SM355이다($F_y = 355\ \text{MPa}$, $E = 210,000\ \text{MPa}$). 유효좌굴길이계수 $K_x = 1.0$, $K_y = 1.0$, $K_z = 1.0$이다. 고정하중에 대한 하중계수는 1.2, 활하중에 대한 하중계수는 1.6으로 한다.

풀이

(1) 단면치수 및 성질

$A_g = 4.4 \times 10^3\ \text{mm}^2$

$H = 250\ \text{mm}$, $b_f = 90\ \text{mm}$, $t_f = 13\ \text{mm}$

$h = H - 2t_f = 250 - 13 = 237\ \text{mm}$, $t_w = 9\ \text{mm}$

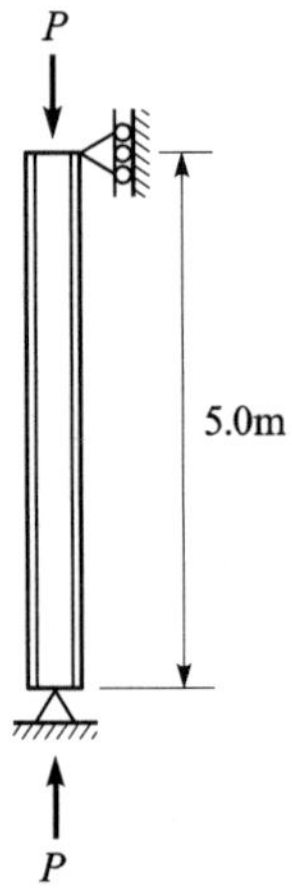

그림 5.25

$r_x = 97.4\,\text{mm}$, $r_y = 25.8\,\text{mm}$

$I_x = 4.18 \times 10^7\,\text{mm}^4$, $I_y = 2.94 \times 10^6\,\text{mm}^4$

$\text{S.C.} = 3(b - t_w/2)t_f / ((H - t_f)t_w + 6(b - t_w/2)t_f) = 32.39\,\text{mm}$ (웨브 중심선에서 전단 중심까지의 거리)

$C_y = 24\,\text{mm}$

$x_0 = -C_y - \text{S.C.} + t_w/2 = -51.89\,\text{mm}$, $y_0 = 0$

$$\bar{r}_0^{\,2} = x_0^2 + y_0^2 + \frac{I_x + I_y}{A_g} = (-51.89)^2 + 0 + \frac{4.18 \times 10^7 + 2.94 \times 10^6}{4.4 \times 10^3} = 12{,}860.75\,\text{mm}^2$$

$$C_w = \frac{t_f b^3 h^2}{12}\left(\frac{3bt_f + 2ht_w}{6bt_f + ht_w}\right)$$

$$= \frac{13(85.5)^3(237)^2}{12}\left(\frac{3 \times 85.5 \times 13 + 2 \times 237 \times 9}{6 \times 85.5 \times 13 + 237 \times 9}\right) = 3.28 \times 10^{10}\,\text{mm}^6$$

$$J = \frac{1}{3}\left(2bt_f^3 + ht_w^3\right) = \frac{1}{3}\left(2 \times 85.5 \times 13^3 + 237 \times 9^3\right) = 1.83 \times 10^5\,\text{mm}^4$$

(C_w, J의 계산 과정에서 h = 플랜지 도심간 거리, $b = b_f - t_w/2$ 를 사용함)

(2) 폭두께비 검토

플랜지: $b_f/t_f = 90/13 = 6.92$

$\lambda_r = 0.56\sqrt{E/F_y} = 0.56\sqrt{210{,}000/355} = 13.62$

$\therefore\ b_f/t_f < \lambda_r$ (비세장판)

웨브 : $h/t_w = \dfrac{250 - 2(13 + 14)}{9} = 21.8$

$\lambda_r = 1.49\sqrt{E/F_y} = 1.49\sqrt{210{,}000/355} = 36.24$

$\therefore\ h/t_w < \lambda_r$ (비세장판)

$\therefore$ 압축부재는 비세장판단면

(3) 검토 한계상태

① 휨좌굴 한계상태

② 휨비틀림좌굴 한계상태

(4) F_{cr}의 산정

① 휨좌굴 한계상태

세장비 $\left(\dfrac{KL}{r}\right)_x = \dfrac{1.0(5000)}{97.4} = 51.33$, $\left(\dfrac{KL}{r}\right)_y = \dfrac{1.0(5000)}{25.8} = 193.80$

$\therefore$ 약축(비대칭축)에 대한 휨좌굴 지배

$$\left(\frac{KL}{r}\right)_y = \frac{1.0(5000)}{25.8} = 193.80 > 4.71\sqrt{\frac{E}{F_y}}\left(= 4.71\sqrt{\frac{210{,}000}{355}} = 114.56\right)$$

또는 $F_y/F_e = 6.43 > 2.25$ $\left(\text{여기서, } F_e = \dfrac{\pi^2 E}{(KL/r)_y^2} = 55.18\,\text{MPa}\right)$

그러므로 탄성휨좌굴응력 식(5.26)을 적용하여,

$F_{cr} = 0.877F_e = 48.39\,\text{MPa}$

② 휨비틀림좌굴 한계상태

대칭축에 대한 탄성휨좌굴력응력은

$$F_{ey}=\frac{\pi^2 E}{(KL/r)_x^2}=\frac{\pi^2\times 210{,}000}{51.33^2}=786.50\ \text{MPa}$$

여기서, 아래첨자 y는 대칭축을 의미하므로 F_{ey}는 대칭축인 x축에 대한 탄성휨좌굴응력을 의미한다.

한편, 탄성비틀림좌굴응력은

$$F_{ez}=\left[\frac{\pi^2 EC_w}{(K_zL)^2}+GJ\right]\frac{1}{A_g\bar{r}_0^{\,2}}$$

$$=\left[\frac{\pi^2(210{,}000)(3.28\times10^{10})}{(1\times5000)^2}+81{,}000(1.83\times10^5)\right]\frac{1}{4.4\times10^3(12{,}860.75)}$$

$$=310.0\ \text{MPa}$$

그리고, 탄성휨비틀림좌굴응력은 식(5.31)을 적용하여

$$H=1-\frac{x_0^2+y_0^2}{\bar{r}_0^{\,2}}=1-\frac{51.89^2+0}{12{,}860.75}=0.79$$

$$F_e=\left(\frac{F_{ey}+F_{ez}}{2H}\right)\left[1-\sqrt{1-\frac{4F_{ey}F_{ez}H}{(F_{ey}+F_{ez})^2}}\right]$$

$$=\frac{786.50+310.0}{2\times0.79}\times\left[1-\sqrt{1-\frac{4\times786.50\times310.0\times0.79}{(786.50+310.0)^2}}\right]$$

$$=278.06\,\text{MPa}$$

따라서 $F_y/F_e=1.277<2.25$ (여기서, $F_e=278.06\ \text{MPa}$)

그러므로 비탄성 휨비틀림좌굴응력은 식 (5.25)를 적용하여,

$$F_{cr}=\left(0.658^{\frac{F_y}{F_e}}\right)F_y=208.0\,\text{MPa}$$

③ 지배좌굴응력

휨좌굴과 휨비틀림좌굴 한계상태에 기초한 좌굴응력 중에 작은 것으로 한다.

$\therefore\ F_{cr}=\min[48.39,\ 208.0]=48.39\ \text{MPa}$

(5) 설계압축강도 산정

$\phi_c=0.9$

$P_n=A_gF_{cr}=(4.4\times10^3)\times48.39=212{,}916\ \text{N}=212.92\ \text{kN}$

$\phi_cP_n=0.9(212.92)=191.63\ \text{kN}$

(6) 안전성 검토

소요압축강도 P_u

$P_u=1.2P_D+1.6P_L=1.2(80)+1.6(50)=176\text{kN}$

$P_u(=176\text{kN})<\phi_cP_n(=191.63\text{kN})$ O.K

∴ 설계압축강도가 소요압축강도보다 크므로 안전함.

예제 5.4

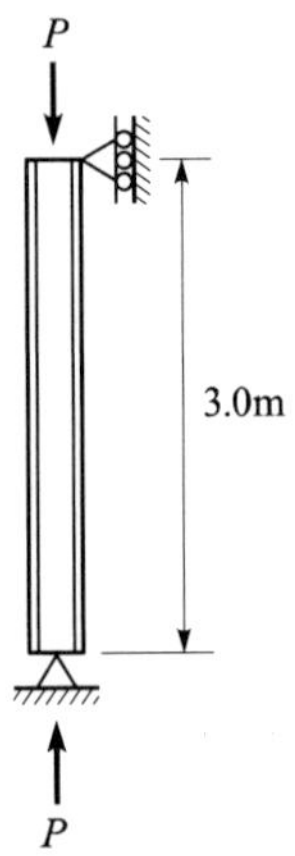

그림 5.26

그림 5.26과 같은 압축부재 압연CT형강 CT-150×300×10×15에 고정하중 $P_D = 100$ kN, 활하중 $P_L = 50$ kN이 작용할 때 안전성을 검토하시오. 압축재의 길이는 3.0m 이고, 강종은 SM355이다($F_y = 355$ MPa, $E = 210{,}000$ MPa). 유효좌굴길이계수 $K_x = 1.0$, $K_y = 1.0$, $K_z = 1.0$이다. 고정하중에 대한 하중계수는 1.2, 활하중에 대한 하중계수는 1.6으로 한다.

풀이

(1) 단면치수 및 성질

$A_g = 5.99 \times 10^3 \text{ mm}^2$

$b_f = 300 \text{ mm}, \ t_f = 15 \text{ mm},$

$d = 150 \text{ mm}, \ t_w = 10 \text{ mm}$

$r_x = 36.5 \text{ mm}, \ r_y = 75.1 \text{ mm}$

$I_x = 7.98 \times 10^6 \text{ mm}^4, \ I_y = 3.38 \times 10^7 \text{ mm}^4$

$C_x = 24.7 \text{mm}$

$x_0 = 0, \ y_0 = C_x - t_f/2 = 17.2 \text{mm}$

$$\bar{r}_0^{\,2} = x_0^2 + y_0^2 + \frac{I_x + I_y}{A_g} = 0 + 17.2^2 + \frac{7.98 \times 10^6 + 3.38 \times 10^7}{5.99 \times 10^3} = 7{,}270.8 \text{ mm}^2$$

$$J = \frac{1}{3}\left(b_f t_f^3 + h\, t_w^3\right) = \frac{1}{3}\left[300 \times 15^3 + (150 - 15/2) \times 10^3\right] = 3.85 \times 10^5 \text{ mm}^4$$

(J 계산 과정에서 $h =$ 강축과 평행한 플랜지의 도심축과 CT형강의 스템 끝단까지의 수직거리를 사용함)

(2) 폭두께비 검토

플랜지: $(b_f/2)/t_f = (300/2)/15 = 10$

$\lambda_r = 0.56\sqrt{E/F_y} = 0.56\sqrt{210{,}000/355} = 13.62$

$\therefore \ b_f/t_f < \lambda_r$ (비세장판)

웨브 : $d/t_w = 150/10 = 15$

$\lambda_r = 0.75\sqrt{E/F_y} = 0.75\sqrt{210{,}000/355} = 18.24$

$\therefore \ d/t_w < \lambda_r$ (비세장판)

따라서, 압축부재는 비세장판단면

(3) 검토 한계상태

① 휨좌굴 한계상태

② 휨비틀림좌굴 한계상태

(4) F_{cr}의 산정

① 휨좌굴 한계상태

세장비 $\left(\frac{KL}{r}\right)_x = \frac{1.0(3000)}{36.5} = 82.19, \ \left(\frac{KL}{r}\right)_y = \frac{1.0(3000)}{75.1} = 39.94$

∴ 약축(비대칭축)에 대한 휨좌굴 지배

$$\left(\frac{KL}{r}\right)_x = \frac{1.0(3000)}{36.5} = 82.19 \ \langle \ 4.71\sqrt{\frac{E}{F_y}} \ \left(= 4.71\sqrt{\frac{210{,}000}{355}} = 114.56\right)$$

또는 $F_y/F_{ex} = 1.16 < 2.25$ $\left(\text{여기서, } F_{ex} = \frac{\pi^2 E}{(KL/r)_x^2} = 306.82 \text{ MPa}\right)$

그러므로 비탄성휨좌굴응력 식(5.25)를 적용하여,

$$F_{cr} = \left(0.658^{\frac{F_y}{F_{ex}}}\right) F_y = 218.46 \text{MPa}$$

② 휨비틀림좌굴 한계상태

강축(대칭축)에 대한 탄성휨좌굴력응력은

$$\left(\frac{KL}{r}\right)_y = \frac{1.0(3000)}{75.1} = 39.94 \ < \ 4.71\sqrt{\frac{E}{F_y}} \ \left(= 4.71\sqrt{\frac{210{,}000}{355}} = 114.56\right)$$

또는 $F_y/F_{ey} = 0.27 < 2.25$ $\left(\text{여기서, } F_{ey} = \frac{\pi^2 E}{(KL/r)_y^2} = 1{,}299.28 \text{MPa}\right)$

여기서, 아래첨자 y는 대칭축을 의미하므로 F_{ey}는 대칭축인 y축에 대한 탄성휨좌굴응력을 의미한다.

그러므로 비탄성휨좌굴응력 식(5.25)를 적용하여,

$$F_{cry} = \left(0.658^{\frac{F_y}{F_e}}\right) F_y = 317.07 \text{ MPa}$$

비틀림좌굴응력은 식(5.29)를 적용하여

$$F_{crz} = \frac{GJ}{A_g \bar{r}_0^{\,2}} = \frac{81{,}000\left(3.85\times10^5\right)}{5.99\times10^3\,(7{,}270.8)} = 716.04 \text{ MPa}$$

휨비틀림좌굴응력은 식(5.28)을 적용하여

$$F_{cr} = \left(\frac{F_{cry}+F_{crz}}{2H}\right)\left[1-\sqrt{1-\frac{4F_{cry}F_{crz}H}{(F_{cry}+F_{crz})^2}}\right]$$

$$H = 1-\frac{x_0^2+y_0^2}{\bar{r}_0^{\,2}} = 1-\frac{0+17.2^2}{7{,}270.8} = 0.9593$$

$$F_{cr} = \frac{317.07+716.04}{2\times0.9593}\times\left[1-\sqrt{1-\frac{4\times317.07\times716.04\times0.9593}{(317.07+716.04)^2}}\right]$$

$$= 307.64 \text{ MPa}$$

③ 지배좌굴응력

휨좌굴과 휨비틀림좌굴 한계상태에 기초한 좌굴응력 중에 작은 것으로 한다.

∴ $F_{cr} = \min[218.46,\ 307.64] = 218.46 \text{ MPa}$

(5) 설계압축강도 산정

$\phi_c = 0.9$

$P_n = A_g F_{cr} = \left(5.99\times10^3\right) 218.46 = 1{,}308{,}575.40 \text{ N} = 1{,}308.58 \text{ kN}$

$\phi_c P_n = 0.9(1{,}308.58) = 1{,}177.72 \text{ kN}$

(6) 안전성 검토

소요압축강도 P_u

$P_u = 1.2P_D + 1.6P_L = 1.2(100) + 1.6(50) = 200\ \text{kN}$

$P_u(= 200\ \text{kN}) < \phi_c P_n(= 1{,}177.72\ \text{kN})$ O.K

∴ 설계압축강도가 소요압축강도보다 크므로 안전함.

예제 5.5

그림 5.27과 같은 2개의 압연ㄷ형강 ㄷ-150×75 (SM355)의 형강에 두께 10 mm 의 낄판을 끼우고 용접하여 조립한 양단 힌지 조립압축기둥이 소요압축강도 $P_u = 600\ \text{kN}$을 지지하고 있다. 좌굴모드가 각 개별부재간의 접합재에서 전단력을 발생시키는 상대변형을 포함하고 있다고 할 때 조립기둥의 안전성을 검토하시오. 부재길이는 3.6 m 이고, 낄판 간격은 1.2 m 이다. 각 축에 대한 유효좌굴길이계수는 $K = 1.0$이다.

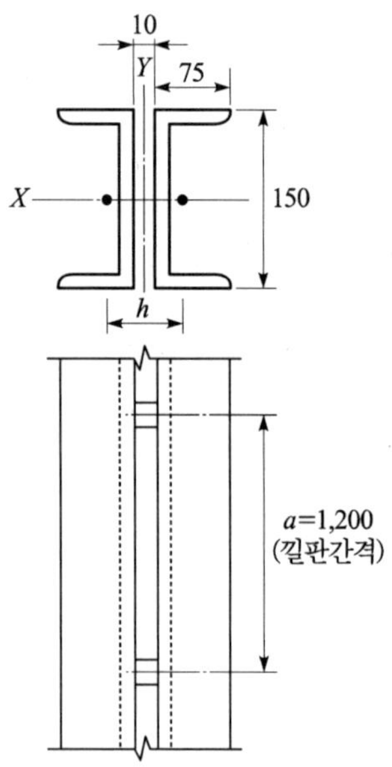

그림 5.27

풀이

(1) 단면성질

① 개별부재

$A_1 = 2{,}371\ \text{mm}^2$,

$I_x = 8.61 \times 10^6\ \text{mm}^4$, $r_x = 60.3\ \text{mm}$,

$I_y = 1.17 \times 10^6\ \text{mm}^4$, $r_y = 22.2\ \text{mm}$,

$C_y = 22.8\ \text{mm}$

② 조립부재

$t_{sp} = 10\ \text{mm}$ (낄판의 두께)

$A_2 = A_1 \times 2 = 2{,}371 \times 2 = 4{,}742\ \text{mm}^2$,

$I_X = I_x \times 2 = 8.61 \times 10^6 \times 2 = 1.72 \times 10^7\ \text{mm}^4$, $r_X = r_x = 60.3\ \text{mm}$,

$$I_Y = [I_y + A_1(C_y + t_{sp}/2)^2] \times 2 = [1.17 \times 10^6 + 2{,}371 \times (22.8 + 10/2)^2] \times 2$$
$$= 6.00 \times 10^6\ \text{mm}^4$$

$$r_Y = \sqrt{\frac{I_Y}{A_2}} = \sqrt{\frac{6.00 \times 10^6}{4{,}742}} = 35.57\ \text{mm}$$

(2) 조립부재의 세장비

① X축에 대한 세장비

X축에 대하여 조립압축재의 도심축과 개별부재의 도심축이 일치하므로, 조립압축재의 세장비는

$$\left(\frac{KL}{r}\right)_X = \frac{KL}{r_X} = \frac{1.0 \times 3{,}600}{60.3} = 59.70$$

② Y축에 대한 세장비

Y축에 대하여 조립압축재의 도심축과 개별부재의 도심축이 다르므로, 조립압축재의 세장비는

$$\left(\frac{KL}{r}\right)_Y = \frac{KL}{r_Y} = \frac{1.0\times 3{,}600}{35.57} = 101.21$$

③ Y축에 대한 유효세장비

조립부재가 용접으로 접합되고, $a/r_i = 1{,}200/22.2 = 54.05 > 40$ 이므로 유효세장비는 식(5.23)에 의해 다음과 같이 산정한다.

$$\left(\frac{KL}{r}\right)_m = \sqrt{\left(\frac{KL}{r}\right)_0^2 + \left(\frac{K_i a}{r_i}\right)^2}$$

여기서, 단일부재로 거동하는 조립부재기둥의 세장비는

$\left(\frac{KL}{r}\right)_0 = \frac{KL}{r_Y} = 101.21$, K_i는 맞닿은 ㄷ형강의 경우이므로 0.75, a는 낄판 간격인 1,200mm, r_i는 개별부재의 최소단면2차반경 22.2mm이다. 따라서 유효세장비는

$$\left(\frac{KL}{r}\right)_m = \sqrt{\left(\frac{KL}{r}\right)_0^2 + \left(\frac{K_i a}{r_i}\right)^2} = \sqrt{(101.21)^2 + \left(\frac{0.75\times 1200}{22.2}\right)^2} = 109.03$$

④ 조립부재의 세장비 검토

2개 이상의 형강들로 구성된 압축부재에서 연결재 사이의 개별부재의 유효세장비 Ka/r_i는 조립부재의 지배세장비의 3/4배를 초과하지 않도록 하여야 한다.

개별부재 유효세장비: $\frac{Ka}{r_i} = \frac{1\times 1200}{22.2} = 54.05$

조립부재의 지배세장비의 3/4: $\frac{3}{4}\left(\frac{KL}{r}\right)_m = 81.77$

$\therefore\ \frac{Ka}{r_i} < \frac{3}{4}\left(\frac{KL}{r}\right)_m$　　　　O.K

(3) 검토 한계상태

휨좌굴 한계상태

(4) F_{cr}의 산정

$$\left(\frac{KL}{r}\right)_X = 61.43 \ < \ \left(\frac{KL}{r}\right)_m = 109.03$$

∴ Y축에 대해 휨좌굴 한계상태 검토 (식(5.25), 식(5.26)에 따라)

$$\left(\frac{KL}{r}\right)_m = 109.03 \ < \ 4.71\sqrt{\frac{E}{F_y}} \left(= 4.71\sqrt{\frac{210{,}000}{355}} = 114.56\right)$$

또는 $F_y/F_e = 2.04 < 2.25$ $\left(\text{여기서, } F_e = \frac{\pi^2 E}{(KL/r)_m^2} = 174.35\ \text{MPa}\right)$

그러므로 비탄성휨좌굴응력 식(5.25)를 적용하여,

$$F_{cry} = (0.658^{\frac{F_y}{F_e}})\ F_y = 151.40\ \text{MPa}$$

(6) 설계압축강도 산정

$\phi_c = 0.9$

$$P_n = A_g F_{cr} = 4,742(151.40) = 717,916\ \text{N} = 717.92\ \text{kN}$$

$$\phi_c P_n = 0.9(717.92) = 646.12\ \text{kN}$$

(7) 안전성 검토

소요압축강도 P_u

$$P_u = 600\ \text{kN}$$

$$P_u(=600\ \text{kN}) < \phi_c P_n(=646.12\ \text{kN}) \qquad \text{O.K}$$

∴ 설계압축강도가 소요압축강도보다 크므로 안전함.

예제 5.6

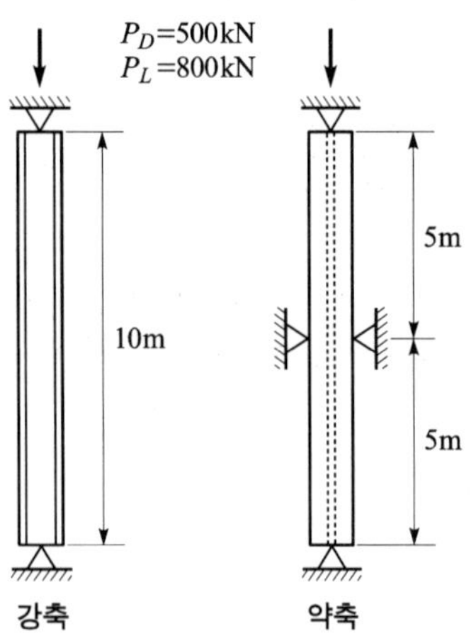

그림 5.28

그림 5.28과 같이 세장판을 갖는 용접단면 H-400×400×9×12 압축부재가 소요압축강도 고정하중 $P_D = 500\,\text{kN}$과 활하중 $P_L = 800\,\text{kN}$을 지지하고 있다. 압축부재의 안전성을 검토하시오. 압축부재는 양단에서 휨과 비틀림에 대하여 단순지지되어 있으며 중간 위치에 약축에 대해 지지대가 설치되어 있다. 사용강재는 SM355이다.

풀이

(1) 단면성질

$$A = 2b_f t_f + h t_w = 2(400)(12) + (400 - 2\times 12)(9) = 12,984\,\text{mm}^2$$

$$I_x = \sum(I + Ad^2) = 2\times\left[\frac{b_f t_f^3}{12} + b_f t_f\left(\frac{H}{2} - \frac{t_f}{2}\right)^2\right] + \frac{t_w(H-2t_f)^3}{12}$$

$$= 2\times\left[\frac{400(12)^3}{12} + 400(12)\left(\frac{400}{2} - \frac{12}{2}\right)^2\right] + \frac{9(400-2\times 12)^3}{12}$$

$$= 4.01\times 10^8\,\text{mm}^4$$

$$I_y = \sum I = 2\times\frac{t_f b_f^3}{12} + \frac{(H-2t_f)\,t_w^{\ 3}}{12}$$

$$= 2\times\frac{12(400)^3}{12} + \frac{(400-2\times 12)\,9^3}{12}$$

$$= 1.28\times 10^8\,\text{mm}^4$$

$$r_x = \sqrt{\frac{I_x}{A}} = \sqrt{\frac{4.01\times 10^8}{12,984}} = 175.74\,\text{mm}$$

$$r_y = \sqrt{\frac{I_y}{A}} = \sqrt{\frac{1.28\times 10^8}{12,984}} = 99.29\,\text{mm}$$

(2) 폭두께비 검토

플랜지: $b/t_f = (400/2)/12 = 16.6$

용접(조립) H형강에 대한 폭두께비 한계값 $\lambda_r = 0.64\sqrt{k_c E/F_y}$

(여기서 $k_c = 4/\sqrt{h/t_w} = 4/\sqrt{(400-2\times 12)/9} = 0.62$)

$$\lambda_r = 0.64\sqrt{0.62(210,000)/355} = 12.25$$

$b/t_f > \lambda_r$ ∴ 플랜지는 세장한 자유돌출판이므로, Q_s를 적용

웨브 : $h/t_w = (400 - 2\times 12)/9 = 41.78$

$\lambda_r = 1.49\sqrt{E/F_y} = 1.49\sqrt{210{,}000/355} = 36.24$

$h/t_w > \lambda_r$ ∴ 웨브는 세장한 양연지지판이므로, Q_a를 적용

∴ 압축부재는 세장판단면이므로 $Q(=Q_sQ_a)$를 적용하여
국부좌굴 한계상태를 검토하여야 함

(3) 검토 한계상태 결정

① 휨좌굴 한계상태

② 비틀림좌굴 한계상태

③ 국부좌굴 한계상태

(4) F_{cr}의 산정

① 휨좌굴 한계상태

세장비 $\left(\frac{KL}{r}\right)_x = \frac{1.0(10{,}000)}{175.74} = 56.90 > \left(\frac{KL}{r}\right)_y \left(= \frac{1.0(5{,}000)}{99.29} = 50.36\right)$

∴ 강축에 대한 휨좌굴 지배

$\left(\frac{KL}{r}\right)_x = \frac{1.0(10{,}000)}{175.74} = 56.90 < 4.71\sqrt{\frac{E}{F_y}} \left(= 4.71\sqrt{\frac{210{,}000}{355}} = 114.56\right)$

또는 $F_y/F_{ex} = 0.55 < 2.25$ $\left(\text{여기서, } F_{ex} = \frac{\pi^2 E}{(KL/r)_x^2} = 640.17\text{ MPa}\right)$

그러므로 비탄성휨좌굴응력 식(5.25)를 적용하여,

$$F_{crx} = \left(0.658^{\frac{F_y}{F_{ex}}}\right) F_y = 218.46\text{ MPa}$$

② 비틀림좌굴 한계상태

플랜지 도심간 거리 $h_0 = H - 2\times\frac{t_f}{2} = 400 - 2\times\frac{12}{2} = 388\text{ mm}$

뒤틀림상수 $C_w = \frac{I_y h_0^2}{4} = \frac{1.28\times10^8(388)^2}{4} = 4.82\times10^{12}\text{ mm}^6$

비틀림상수 $J = \sum\frac{bt^3}{3} = 2\times\frac{b_f t_f^3}{3} + \frac{h_0 t_w^3}{3}$

$$= 2\times\frac{400(12)^3}{3} + \frac{(388)\,9^3}{3} = 555{,}084\text{ mm}^4$$

탄성비틀림좌굴응력은

$$F_{ez} = \left[\frac{\pi^2 E C_w}{(K_z L)^2} + GJ\right]\frac{1}{I_x + I_y}$$

$$= \left[\frac{\pi^2(210{,}000)(4.82\times10^{12})}{(1\times10{,}000)^2} + 81{,}000(555{,}084)\right]\frac{1}{4.01\times10^8 + 1.28\times10^8}$$

$$= 273.84\text{ MPa}$$

비틀림좌굴응력 계산은

$F_y/F_{ez} = 1.296 < 2.25$이므로 식(5.25)를 적용하여,

$$F_{crz} = \left(0.658^{\frac{F_y}{F_{ez}}}\right) F_y = \left(0.658^{\frac{355}{273.84}}\right) 355 = 206.37\text{ MPa}$$

③ 국부좌굴 한계상태

1) Q_s 산정

세장한 자유돌출판인 플랜지의 폭두께비: $b/t_f = (400/2)/12 = 16.6$

$0.64\sqrt{Ek_c/F_y}\ (=12.25) < b/t \le 1.17\sqrt{Ek_c/F_y}\ (=22.39)$ 이므로

식(5.40) 적용함.

$$Q_s = 1.415 - 0.65\left(\frac{b}{t}\right)\sqrt{\frac{F_y}{Ek_c}} = 1.415 - 0.65(16.6)\sqrt{\frac{355}{210{,}000(0.62)}} = 0.85$$

2) Q_a 산정

세장한 양연지지판인 웨브의 Q_a는 식(5.48)

$$Q_a = \frac{A_e}{A_g} = \frac{A_g - \sum(b-b_e)t}{A_g}$$

를 적용하여 구한다. 여기서 판폭 b는 웨브의 높이인 $h = 376$ mm, t는 웨브의 두께인 $t_w = 9$ mm를 의미하고, 유효폭 b_e는 식(5.49)

$$b_e = 1.92t\sqrt{\frac{E}{f}}\left[1 - \frac{0.34}{(b/t)}\sqrt{\frac{E}{f}}\right] \le b$$

를 적용하여 구한다. 이때 f는 $Q = 1.0$일 때의 F_{cr}의 값이다. 즉, f 값은 휨좌굴과 비틀림좌굴 한계상태에 기초한 좌굴응력 중에서 작은 값인 비틀림좌굴응력 205.48 MPa을 적용한다.

$$b_e = 1.92t\sqrt{\frac{E}{f}}\left[1 - \frac{0.34}{(b/t)}\sqrt{\frac{E}{f}}\right]$$

$$= 1.92(9)\sqrt{\frac{210{,}000}{205.48}}\left[1 - \frac{0.34}{(376/9)}\sqrt{\frac{210{,}000}{205.48}}\right]$$

$$= 408.70\text{mm} \ > \ b\ (=h=376\text{mm})$$

$\therefore$ b_e 계산값이 상한값(전폭)보다 크므로 $b_e = 376$ mm 이고

$$Q_a = \frac{A_e}{A_g} = \frac{A_g - \sum(b-b_e)t}{A_g} = 1.0$$

3) Q 산정

$$Q = Q_s Q_a = 0.85 \times 1 = 0.85$$

4) 국부좌굴응력

국부좌굴응력은 식 (5.34) 또는 식 (5.35)를 적용한다. 이 식들에서 F_e는 앞서 구한 F_{ex}와 F_{ez}중 작은 값인 F_{ez}을 사용한다. 따라서,

$QF_y/F_{ez} = 0.85 \times 355/273.84 = 1.102 \ \le\ 2.25$이므로 비탄성좌굴응력 식(5.34)에 따라 국부좌굴응력 F_{cr}은

$$F_{cr} = Q\left[0.658^{\frac{QF_y}{F_e}}\right]F_y = 0.85\left[0.658^{\frac{(0.85)355}{273.84}}\right]355 = 190.26\,\text{MPa}$$

④ 지배좌굴응력

지배좌굴응력은 휨좌굴응력, 비틀림좌굴응력, 국부좌굴응력 중에서 작은값으로 한다. 따라서,

$$F_{cr} = \min[218.46,\ 206.34,\ 190.26] = 190.26\ \text{MPa}$$

(5) 설계압축강도 산정

$\phi_c = 0.9$

$P_n = A_g F_{cr} = 12{,}984(190.26) = 2{,}470{,}330.8\ \mathrm{N}$

$= 2{,}470.33\ \mathrm{kN}$

$\phi_c P_n = 0.9(2{,}470.33) = 2{,}223.3\ \mathrm{kN}$

(7) 안전성 검토

소요압축강도 P_u

$P_u = 1.2P_D + 1.6P_L = 1.2(500) + 1.6(800) = 1{,}880\ \mathrm{kN}$

$P_u(=1{,}880\ \mathrm{kN}) < \phi_c P_n(=2{,}223.3\ \mathrm{kN})$ O.K

∴ 설계압축강도가 소요압축강도보다 크므로 안전함.

5.4 합성기둥

5.4.1 합성기둥의 개요

합성기둥은 그림 5.29와 같이 매입형과 충전형으로 분류된다. 매입형 합성기둥은 강구조 부재가 철근콘크리트에 매입된 구조부재이며, 충전형 합성기둥은 각형 또는 원형강관에 콘크리트가 충전된 구조부재이다.

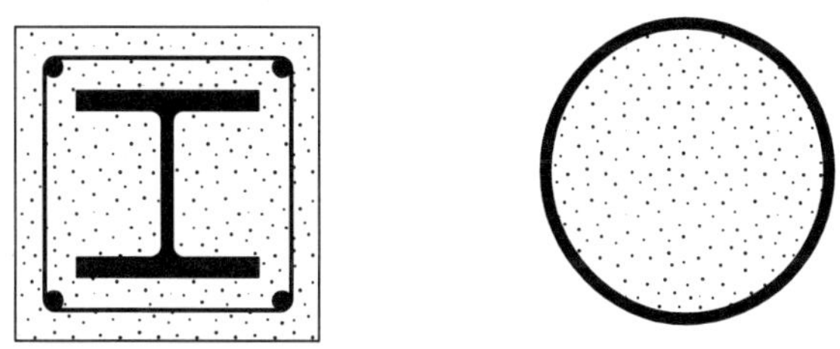

(a) 매입형 (b) 충전형

그림 5.29 합성기둥의 종류

5.4.2 매입형 합성기둥

1) 구조제한

매입형 합성기둥은 기둥 단면 내에 한 개의 압연형강 또는 용접형강이 매입되어 구성되는 기둥이다. 매입형 합성기둥에 있어서 강재의 국부좌굴은 없는 것으로 가정한다. 매입형 합성기둥의 구조제한은 다음과 같다.

(1) 강재 코어의 단면적은 총단면적의 1% 이상으로 한다.

(2) 강재 코어를 매입한 콘크리트는 연속된 길이방향 철근과 띠철근 또는 나선철근으로 보강되어야 한다. 횡방향철근의 중심간 간격은 직경 D10의 철근을 사용할 경우에는 300mm 이하, 직경 D13 이상의 철근을 사용할 경우에는 400mm 이하로 한다. 이형철근망이나 용접철근을 사용하는 경우에는 앞의 철근에 준하는 등가단면적을 가져야 한다. 횡방향철근의 최대간격은 강재 코어의 설계기준공칭항복강도가 450 MPa 이하일 경우에는 부재단면에서 최소크기의 0.5배를 초과할 수 없으며 강재 코어의 공칭항복강도가 450 MPa를 초과하는 경우는 부재단면에서 최소크기의 0.25배를 초과할 수 없다.

(3) 연속된 길이방향 철근의 최소철근비 ρ_{sr}는 0.004로 하며 다음 식으로 구한다.

$$\rho_{sr} = \frac{A_{sr}}{A_g} \tag{5.52}$$

여기서, A_{sr} : 연속 길이방향 철근의 단면적 (mm^2)

A_g : 합성부재의 총단면적 (mm^2)

(4) 교량의 매입형 합성기둥 부재인 경우, 합성단면은 최소한 하나의 대칭축을 가져야 하고 콘크리트로 둘러싸인 강재 단면은 길이방향 및 횡방향으로 보강해야 한다. 보강방법에 대해서는 콘크리트 단면의 설계규정을 따르고, 횡방향 띠철근 간격은 다음을 초과할 수 없다.

① 길이방향 철근지름의 16배

② 띠철근 지름의 48배

③ 합성단면 최소변길이의 1/2

2) 상세요구사항

(1) 강재 코어와 길이방향 철근의 최소 순간격은 철근직경의 1.5배 이상 또는 40mm 중 큰 값으로 한다.

(2) 플랜지에 대한 콘크리트 순피복두께는 플랜지폭의 1/6 이상으로 한다.

(3) 합성단면이 2개 이상의 형강재를 조립한 단면인 경우 형강재들은 콘크리트가 경화하기 전에 가해진 하중에 의해 각각의 형강재가 독립적으로 좌굴하는 것을 막기 위해 띠판 등과 같은 부재들로 서로 연결해야 한다.

3) 매입형 합성기둥의 설계압축강도

축하중을 받는 2축 대칭 매입형 합성기둥의 설계압축강도는 $\phi_c P_n$이며, 강도저항계수 $\phi_c = 0.75$이고 공칭압축강도 P_n은 다음과 같이 식(5.53) 또는 식(5.54)를 사용하여 구한다.

(1) $\dfrac{P_{no}}{P_e} \le 2.25$인 경우

$$P_n = P_{no}\left[0.658^{\left(\frac{P_{no}}{P_e}\right)}\right] \tag{5.53}$$

(2) $\frac{P_{no}}{P_e} > 2.25$인 경우

$$P_n = 0.877 P_e \tag{5.54}$$

여기서, $P_{no} = F_y A_s + F_{yr} A_{sr} + 0.85 f_{ck} A_c$ (5.55)

: 길이 효과를 고려하지 않은 공칭압축강도 (N)

$$P_e = \pi^2 (EI_{eff}) / (KL)^2 \tag{5.56}$$

여기서, A_s : 강재단면적 (mm^2)

A_c : 콘크리트단면적 (mm^2) (단, 강재 코어의 설계기준 공칭항복강도가 450 MPa를 초과할 경우는 $A_c = A_{ce}$로 산정해야 한다.)

A_{ce} : 피복두께와 띠철근 직경을 제외한 심부 콘크리트의 유효단면적 (mm^2)

A_{sr} : 연속된 길이방향철근의 단면적 (mm^2)

E_c : 콘크리트의 탄성계수 (MPa)

E_s : 강재의 탄성계수 (MPa)

E_{sr} : 철근의 탄성계수 (MPa)

f_{ck} : 콘크리트의 설계기준 압축강도 (MPa)

F_y : 강재의 설계기준 항복강도 (MPa)

F_{yr} : 철근의 설계기준 항복강도 (MPa)

I_c : 콘크리트 단면의 단면2차모멘트 (mm^4)

I_s : 강재 단면의 단면2차모멘트 (mm^4)

I_{sr} : 철근 단면의 단면2차모멘트 (mm^4)

K : 부재의 유효좌굴길이계수

L : 부재의 횡지지길이 (mm)

EI_{eff} : 합성단면의 유효강성 ($\mathrm{N \cdot mm}^2$) (단, 강재 코어의 설계기준 공칭항복강도가 450 MPa를 초과하여도 합성단면의 유효강성 산정에는 콘크리트 전체단면적 A_c을 사용한다.)

$$EI_{eff} = E_s I_s + 0.5 E_{sr} I_{sr} + C_1 E_c I_c \tag{5.57}$$

$$C_1 = 0.1 + 2\left(\frac{A_s}{A_c + A_s}\right) \le 0.3 \tag{5.58}$$

: 매입형 합성압축부재의 유효강성을 구하기 위한 계수

합성부재의 설계압축강도는 순강재 부재의 설계압축강도 이상으로 한다.

예제 5.7

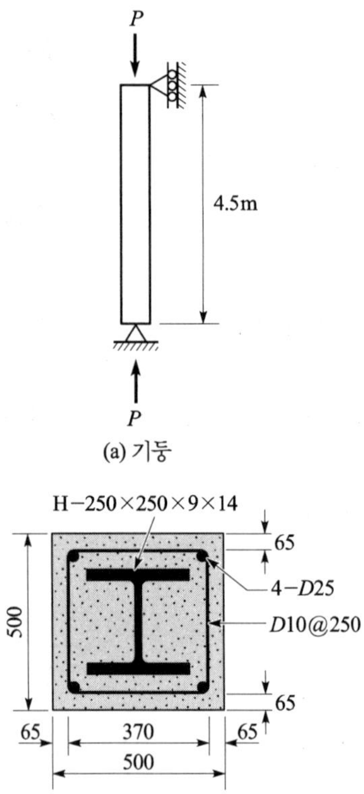

(a) 기둥

(b) 단면

그림 5.30

그림 5.30과 같이 총 길이가 4.5 m이고 양단이 핀지지인 매입형 합성기둥에 고정하중 $P_D = 1{,}000$ kN과 활하중 $P_L = 1{,}500$ kN의 순수 압축력이 작용할 때 안정성을 검토하라. 단 부재 단면의 크기는 500×500mm, 콘크리트의 설계기준압축강도는 $f_{ck} = 35$ MPa, 강재단면은 압연H형강 H-250×250×9×14 (SM355), 내부 길이방향철근은 4−D25(SD400), 띠철근은 $D10@250$이다. 콘크리트 피복두께는 65 mm이다. 고정하중에 대한 하중계수는 1.2, 활하중에 대한 하중계수는 1.6으로 한다.

풀이

(1) 단면성질

① 전체 단면

너비 $B = 500$ mm, 폭 $H = 500$ mm, 피복두께 $t_c = 65$ mm

단면적 $A_g = 250{,}000\ \text{mm}^2$

$$I_{g,x} = \frac{BH^3}{12} = \frac{500(500)^3}{12} = 5.21\times10^9\ \text{mm}^4,$$

$$I_{g,y} = I_{g,x} = 5.21\times10^9\ \text{mm}^4$$

② H−250×250×9×14

$A_s = 9{,}218\ \text{mm}^2,$

$I_{s,x} = 1.08\times10^8\ \text{mm}^4,\ \ I_{s,y} = 3.65\times10^7\ \text{mm}^4,$

$F_y = 355\ \text{N/mm}^2,\ \ E_s = 210{,}000\ \text{N/mm}^2$

③ 길이방향철근

$A_{sr} = 4\times\pi r^2 = 4\times\pi(25/2)^2 = 1{,}963.5\ \text{mm}^2,$

$$I_{sr,x} = (I + Ad^2)\times4 = \left[\frac{\pi r^4}{4} + \pi r^2\left(\frac{H}{2} - t_c\right)^2\right]\times4$$

$$= \left[\frac{\pi(25)^4}{64} + \frac{\pi(25)^2}{4}\left(\frac{500}{2} - 65\right)^2\right]\times4$$

$$= 6.72\times10^7\ \text{mm}^4$$

$I_{sr,y} = I_{sr,x} = 6.72\times10^7\ \text{mm}^4$

$F_{yr} = 400$ MPa, $E_{sr} = 200{,}000$ MPa

④ 콘크리트

$A_c = A_g - A_s - A_{sr} = 250{,}000 - 9{,}218 - 1{,}963.5 = 238{,}819\ \text{mm}^2,$

$I_{c,x} = I_{g,x} - I_{s,x} - I_{sr,x} = 521\times10^7 - 10.8\times10^7 - 6.72\times10^7 = 503.48\times10^7\ \text{mm}$

$I_{c,y} = I_{g,y} - I_{s,y} - I_{sr,y} = 521\times10^7 - 3.65\times10^7 - 6.72\times10^7 = 510.63\times10^7\ \text{mm}$

$f_{ck} = 35$ MPa, $E_c = 29{,}800$ MPa

(2) 구조제한 검토

① 강재 코어의 단면적

강재 코어의 단면적은 총단면적의 1% 이상

$$\frac{A_s}{A_g}\times 100 = \frac{9,218}{250,000}\times 100 = 3.69 > 1\% \qquad \text{O.K}$$

② 띠철근(횡방향철근) 중심간 간격

횡방향철근 중심간 간격은 직경 D10의 철근을 사용할 경우에는 300mm 이하

띠철근 중심간 간격= 250 ≤ 300 mm　　O.K

띠철근 중심간 간격 (250 mm)은 다음을 초과할 수 없다.

길이방향 철근지름의 16배= 25 × 16 = 400 mm　　O.K

띠철근 지름의 48배= 10 × 48 = 480 mm　　O.K

합성단면 최소변길이의 1/2= 500 × (1/2) = 250 mm　　O.K

③ 길이방향철근의 철근비

연속된 길이방향 철근의 최소철근비 0.004이므로,

$$\text{철근비 } \rho_{sr} = \frac{A_{sr}}{A_g} = \frac{1,963.5}{250,000} = 0.0079 > 0.004 \qquad \text{O.K}$$

(3) 검토 한계상태

휨좌굴 한계상태

(4) P_n의 산정

길이효과를 고려하지 않은 공칭압축강도는

$$P_{no} = F_y A_s + F_{yr} A_{sr} + 0.85 f_{ck} A_c$$
$$= 355(9,218) + 400(1,963.5) + 0.85(35)(238,819) = 11,162,655\ \text{N} = 11,162.7\ \text{kN}$$

합성단면의 유효강성은

$$C_1 = 0.1 + 2\left(\frac{A_s}{A_c + A_s}\right) = 0.1 + 2\left(\frac{9,218}{238,819 + 9,218}\right) = 0.17 \le 0.3$$

$$EI_{eff,x} = E_s I_{s,x} + 0.5 E_{sr} I_{sr,x} + C_1 E_c I_{c,x}$$
$$= 210,000(10.8\times 10^7) + 0.5(200,000)(6.72\times 10^7) + 0.17(29,800)(503.48\times 10^7)$$
$$= 5.49\times 10^{13}\ \text{Nmm}^2$$

$$EI_{eff,y} = E_s I_{s,y} + 0.5 E_{sr} I_{sr,y} + C_1 E_c I_{c,y}$$
$$= 210,000(3.65\times 10^7) + 0.5(200,000)(6.72\times 10^7) + 0.17(29,800)(510.51\times 10^7)$$
$$= 4.03\times 10^{13}\ \text{Nmm}^2$$

합성단면의 탄성휨좌굴강도는

$$P_{e,x} = \frac{\pi^2 EI_{eff,x}}{(KL)^2} = \frac{\pi^2(5.49\times 10^{13})}{(1\times 4500)^2} = 26,757,600\ \text{N} = 26,757.6\ \text{kN}$$

$$P_{e,y} = \frac{\pi^2 EI_{eff,y}}{(KL)^2} = \frac{\pi^2(4.03\times 10^{13})}{(1\times 4500)^2} = 19,641,700\ \text{N} = 19,641.7\ \text{kN}$$

$P_{e,x} > P_{e,y}$ 이므로, y축 휨좌굴 한계상태 검토 (식(5.53) 또는 식(5.54)를 적용)

$\dfrac{P_{no}}{P_e} = \dfrac{11,163.3}{19,641.7} = 0.57 \le 2.25$이므로, 공칭압축강도는 식(5.53)을 적용하여,

$$P_n = P_{no}\left[0.658^{\left(\frac{P_{no}}{P_e}\right)}\right] = (11,162.7)\times\left[0.658^{(0.57)}\right] = 8,793.4\ \text{kN}$$

(5) 설계압축강도 산정

$\phi_c = 0.75$

$\phi_c P_n = 0.75(8,793.4) = 6,595.1\ \text{kN}$

(6) 안전성 검토

소요압축강도 P_u

$P_u = 1.2P_D + 1.6P_L = 1.2(1,000) + 1.6(1,500) = 3,600\ \text{kN}$

$P_u(=3,600\ \text{kN}) < \phi_c P_n(=6,595.4\ \text{kN})$ O.K

∴ 설계압축강도가 소요압축강도보다 크므로 안전함.

5.4.3 충전형 합성기둥

1) 구조제한

충전형 합성기둥은 그림 5.31(b)와 같이 강관 내에 콘크리트를 충전한 구조부재이다. 그림 5.31(a)와 (b)는 각형강관에 콘크리트를 충전하지 않은 경우와 충전한 경우의 강관의 국부좌굴형태를 나타낸 것이다. 충전형 합성기둥의 구조제한은 다음과 같다.

(1) 강관의 단면적은 총단면적의 1% 이상으로 한다.

(2) 압축력을 받는 충전형 합성부재의 단면은 조밀, 비조밀, 세장요소로 분류한다. 표 5.4는 압축력을 받는 충전형 각형강관과 원형강관의 폭두께비 λ의 정의와 조밀과 비조밀, 비조밀과 세장을 구분하는 폭두께비 λ_p와 λ_r, 그리고 최대허용 λ_{max}를 나타내고 있다. 충전형 합성단면의 압축 강재요소 중 최대 폭두께비가 λ_p를 초과하지 않는다면 조밀로 분류한다. 하나 또는 그 이상의 압축 강재요소의 최대 폭두께비가 λ_p를 초과하고 λ_r를 초과하지 않는 단면은 비조밀로 분류한다. 압축 강재요소 중에서 최대 폭두께비가 λ_r를 초과하는 요소가 있으면 세장으로 분류한다. 각형강관에서 b는 폭, t는 두께이며, 원형강관에서 D는 직경, t는 두께이다.

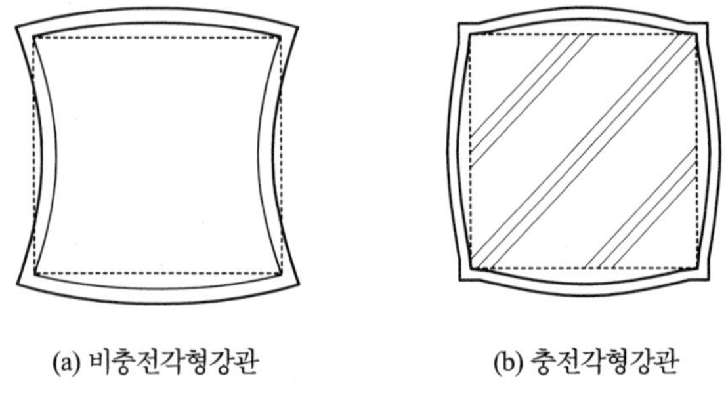

(a) 비충전각형강관 (b) 충전각형강관

그림 5.31 각형강관의 국부좌굴

표 5.4 압축력을 받는 충전형 합성부재의 폭두께비 제한

구 분	폭두께비 λ	조밀/비조밀 λ_p	비조밀/세장 λ_r	최대허용 $\lambda_{\max}$
각형강관	b/t	$2.26\sqrt{\dfrac{E}{F_y}}$	$3.00\sqrt{\dfrac{E}{F_y}}$	$5.00\sqrt{\dfrac{E}{F_y}}$
원형강관	D/t	$\dfrac{0.15E}{F_y}$	$\dfrac{0.19E}{F_y}$	$\dfrac{0.31E}{F_y}$

주) 각형강관은 사각형 강관 및 두께가 일정한 용접 사각형 강관을 의미한다.

2) 충전형 합성기둥의 설계압축강도

축하중을 받는 2축대칭 충전형 합성부재의 설계압축강도는 $\phi_c P_n$이며, 강도저항계수 $\phi_c = 0.75$이고, 공칭압축강도 P_n은 폭두께비에 따라 다음과 같이 P_{no}를 구하고 식(5.53) 또는 식(5.54)를 사용하여 구한다.

(1) 조밀단면 ($\lambda \le \lambda_p$)

$$P_{no} = P_p \tag{5.59}$$

여기서, $$P_p = F_y A_s + C_2 f_{ck}\left(A_c + A_{sr}\frac{E_{sr}}{E_c}\right) \tag{5.60}$$

$C_2 = 0.85$ (각형단면)

$= 0.85\left(1 + 1.56\dfrac{F_y t}{D_c f_{ck}}\right)$ (원형단면)

D_c : $D-2t$

t : 강관의 두께

(2) 비조밀단면 ($\lambda_p < \lambda \le \lambda_r$)

$$P_{no} = P_p - (P_p - P_y)\frac{(\lambda - \lambda_p)^2}{(\lambda_r - \lambda_p)^2} \tag{5.61}$$

여기서, λ, λ_p와 λ_r은 표 5.4의 폭두께비

$$P_y = F_y A_s + 0.7 f_{ck}\left(A_c + A_{sr}\frac{E_{sr}}{E_c}\right) \tag{5.62}$$

(3) 세장단면 ($\lambda > \lambda_r$)

$$P_{no} = F_{cr} A_s + 0.7 f_{ck}\left(A_c + A_{sr}\frac{E_{sr}}{E_c}\right) \tag{5.63}$$

여기서, $$F_{cr} = \frac{9E_s}{(b/t)^2} \quad \text{(각형단면)} \tag{5.64}$$

$$= \frac{0.72F_y}{[(D/t)(F_y/E_s)]^{0.2}} \quad \text{(원형단면)} \tag{5.65}$$

합성단면의 유효강성은 다음 식으로 구한다.

$$EI_{eff} = E_s I_s + E_{sr} I_{sr} + C_3 E_c I_c \tag{5.66}$$

여기서, C_3는 충전형 합성압축부재의 유효강성을 구하기 위한 계수

$$C_3 = 0.6 + 2\left[\frac{A_s}{A_c + A_s}\right] \le 0.9 \tag{5.67}$$

합성부재의 설계압축강도는 순강재 부재의 설계압축강도 이상으로 한다.

예제 5.8

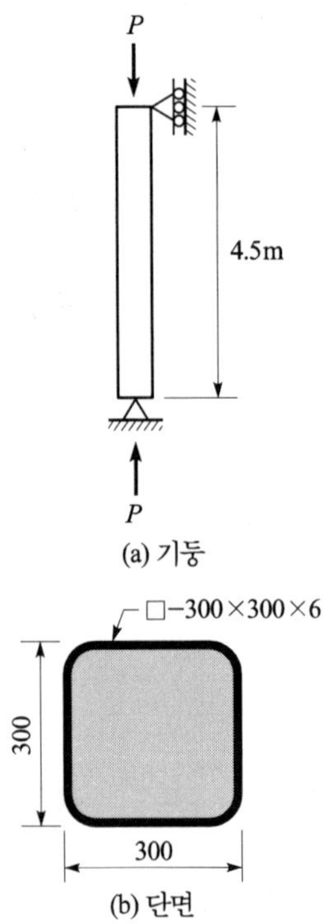

그림 5.32

그림 5.32와 같이 총 길이가 4.5 m이고 양단이 핀지지인 각형 충전형 합성기둥에 고정하중 $P_D = 800$ kN과 활하중 $P_L = 1,200$ kN의 순수 합축력이 작용할 때 안정성을 검토하라. 콘크리트의 설계기준압축강도는 $f_{ck} = 35$ MPa, 강재단면은 □-300×300×6 (SM355)이다. 고정하중에 대한 하중계수는 1.2, 활하중에 대한 하중계수는 1.6으로 한다.

풀이

(1) 단면성질

① □-300×300×6

강관의 총 폭 $B = 300$ mm, 총 높이 $H = 300$ mm, 두께 $t = 6$ mm

$A_s = 6,990\ \text{mm}^2$,

$I_s = 9.96 \times 10^7\ \text{mm}^4$,

$F_y = 355$ MPa, $E_s = 210,000$ MPa

모서리부분 강관 바깥면의 반경 $r = 2t = 2(6) = 12$ mm

② 콘크리트

모서리부분의 콘크리트를 무시한 단면적은

$A_c = (B-2t)(H-2t) - 4t^2 = (288)(288) - 4(6)^2 = 82,800\ \text{mm}^2$,

모서리부분의 콘크리트를 무시한 단면2차모멘트 I_c는 모서리를 포함한 콘크리트 단면2차모멘트 I_t에서 모서리부분의 콘크리트 단면2차모멘트 I_{cc}를 빼어 계산한다($I_c = I_t - I_{cc}$).

$$I_t = \frac{(B-2t)(H-2t)^3}{12} = \frac{(288)(288)^3}{12} = 573.3 \times 10^6\ \text{mm}$$

$$I_{cc} = I + Ad^2 = \left[\frac{(t)(t)^3}{12} + (t^2)\left(\frac{H}{2} - 1.5t\right)^2\right] \times 4$$

$$= \left[\frac{(6)^4}{12} + (6^2)\left(\frac{300}{2} - 1.5 \times 6\right)^2\right] \times 4 = 2.9 \times 10^6\ \text{mm}$$

$I_c = I_t - I_{cc} = 573.3 \times 10^6 - 2.9 \times 10^6 = 570.4 \times 10^6$ mm

$f_{ck} = 35$ MPa, $E_c = 29,800$ MPa

(2) 구조제한 검토

① 강관의 단면적

강관의 단면적은 총단면적의 1% 이상

$$\frac{A_s}{A_g}\times 100=\frac{6{,}990}{(6{,}990+82{,}800)}\times 100=7.78 > 1\,\% \qquad \text{O.K}$$

② 폭두께비

각형 강관의 폭두께비 $b/t=(B-3t)/t=(282)/6=47$

조밀/비조밀 폭두께비 한계값 $\lambda_p=2.26\sqrt{\dfrac{E_s}{F_y}}=2.26\sqrt{\dfrac{210{,}000}{355}}=54.96$

$\therefore\ \lambda \le \lambda_p$ (조밀단면)

(3) 검토 한계상태

휨좌굴 한계상태

(4) P_n의 산정

길이효과를 고려하지 않은 공칭압축강도 P_{no}는

$$P_{no}=P_p=F_yA_s+C_2f_{ck}\left(A_c+A_{sr}\frac{E_{sr}}{E_c}\right)$$

$$=355(6{,}990)+0.85(35)(82{,}800+0)=4{,}944{,}750\text{ N}=4{,}944.8\text{ kN}$$

합성단면의 유효강성은

$$C_3=0.6+2\left(\frac{A_s}{A_c+A_s}\right)=0.6+2\left(\frac{6{,}990}{82{,}800+6{,}990}\right)=0.76 \le 0.9$$

$$EI_{eff}=E_sI_s+E_{sr}I_{sr}+C_3E_cI_c$$

$$=210{,}000\,(99.6\times 10^6)+0+0.76(29{,}800)\,(570.4\times 10^6)$$

$$=3.38\times 10^{13}\text{ Nmm}^2$$

합성단면의 탄성휨좌굴강도는

$$P_e=\frac{\pi^2 EI_{eff}}{(KL)^2}=\frac{\pi^2(3.38\times 10^{13})}{(1\times 4500)^2}=16{,}473{,}710\text{ N}=16{,}473.71\text{ kN}$$

$\dfrac{P_{no}}{P_e}=\dfrac{4{,}944.8}{16{,}473.71}=0.3\le 2.25$이므로, 공칭압축강도는 식(5.53)을 적용하여,

$$P_n=P_{no}\left[0.658^{\left(\frac{P_{no}}{P_e}\right)}\right]=(4{,}944.8)\times\left[0.658^{\left(\frac{4{,}944.8}{16{,}473.71}\right)}\right]=4{,}361.01\text{ kN}$$

(5) 설계압축강도 산정

$\phi_c=0.75$

$\phi_cP_n=0.75\,(4{,}361.01)=3{,}270.76\text{ kN}$

(6) 안전성 검토

소요압축강도 P_u

$P_u=1.2P_D+1.6P_L=1.2(800)+1.6(1{,}200)=2{,}880\text{ kN}$

$P_u\,(=2{,}880\text{ kN}) < \phi_cP_n\,(=3{,}270.76\text{ kN})$ O.K

∴ 설계압축강도가 소요압축강도보다 크므로 안전함.

예제 5.9

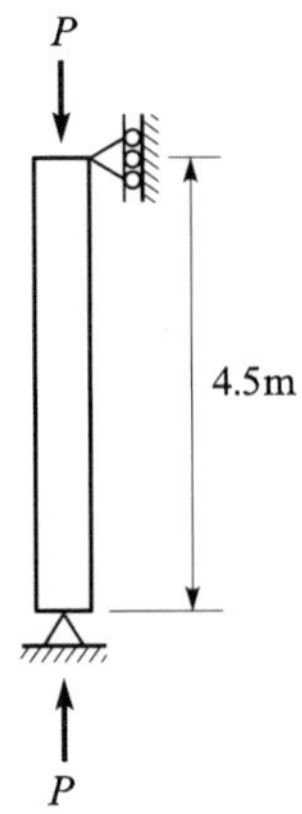

(a) 기둥

(b) 단면

그림 5.33

그림 5.33과 같이 총 길이가 4.5 m이고 양단이 핀지지인 원형 충전형 합성기둥에 고정하중 $P_D = 800$ kN과 활하중 $P_L = 1{,}200$ kN의 순수 압축력이 작용할 때 안정성을 검토하라. 콘크리트의 설계기준압축강도는 $f_{ck} = 35$ MPa, 강재단면은 ○-355.6×6.3 (SM355)이다. 고정하중에 대한 하중계수는 1.2, 활하중에 대한 하중계수는 1.6으로 한다.

풀이

(1) 단면성질

① ○−355.6×6.3

강관의 외경 $D = 355.6$ mm, 두께 $t = 6.3$ mm

$A_s = 6{,}910\ \text{mm}^2$,

$I_s = 1.05 \times 10^8\ \text{mm}^4$,

$F_y = 355$ MPa, $E_s = 210{,}000$ MPa

② 콘크리트

$$A_c = \frac{\pi(D-2t)^2}{4} = \frac{\pi(355.6 - 2\times 6.3)^2}{4} = 92{,}400\ \text{mm}^2$$

$$I_c = \frac{\pi(D-2t)^4}{64} = \frac{\pi(355.6 - 2\times 6.3)^4}{64} = 6.79\times 10^8\ \text{mm}^4$$

(2) 구조제한 검토

① 강관의 단면적

강관의 단면적은 총단면적의 1% 이상

$$\frac{A_s}{A_g}\times 100 = \frac{6{,}910}{(6{,}910+92{,}400)}\times 100 = 7.0 > 1\,\% \qquad \text{O.K}$$

② 폭두께비

강관의 폭두께비 $D/t = 355.6/6.3 = 56.4$

조밀/비조밀 폭두께비 한계값 $\lambda_p = 0.15\dfrac{E_s}{F_y} = 0.15\dfrac{210{,}000}{355} = 88.73$

$\therefore\ \lambda \le \lambda_p$ (조밀단면)

(3) 검토 한계상태

휨좌굴 한계상태

(4) P_n의 산정

길이효과를 고려하지 않은 공칭압축강도 P_{no}는

$$P_{no} = P_p = F_y A_s + C_2 f_{ck}\left(A_c + A_{sr}\frac{E_{sr}}{E_c}\right)$$

$$= F_y A_s + 0.85\left(1 + 1.56\frac{F_y t}{(D-2t) f_{ck}}\right) f_{ck}\left(A_c + A_{sr}\frac{E_{sr}}{E_c}\right)$$

$$= 355(6{,}910) + 0.85\left(1 + 1.56\frac{355\times 6.3}{(355.6 - 2\times 6.3)35}\right)35\,(92{,}400 + 0)$$

$= 6{,}000{,}850 \text{ N} = 6{,}000.8 \text{ kN}$

합성단면의 유효강성은

$$C_3 = 0.6 + 2\left(\frac{A_s}{A_c + A_s}\right) = 0.6 + 2\left(\frac{6{,}910}{92{,}400 + 6{,}910}\right) = 0.74 \le 0.9$$

$$EI_{eff} = E_s I_s + E_{sr} I_{sr} + C_3 E_c I_c$$
$$= 210{,}000(1.05 \times 10^8) + 0 + 0.74(29{,}800)(6.79 \times 10^8)$$
$$= 3.7 \times 10^{13} \text{ Nmm}^2$$

합성단면의 탄성휨좌굴강도는

$$P_e = \frac{\pi^2 EI_{eff}}{(KL)^2} = \frac{\pi^2(3.7 \times 10^{13})}{(1 \times 4500)^2} = 18{,}033{,}351 \text{ N} = 18{,}033.4 \text{ kN}$$

$\dfrac{P_{no}}{P_e} = \dfrac{6000.8}{18033.4} = 0.33 \le 2.25$이므로, 공칭압축강도는 식(5.53)을 적용하여,

$$P_n = P_{no}\left[0.658^{\left(\frac{P_{no}}{P_e}\right)}\right] = (6{,}000.8) \times \left[0.658^{(0.33)}\right] = 5{,}226.65 \text{ kN}$$

(5) 설계압축강도 산정

$\phi_c = 0.75$

$\phi_c P_n = 0.75 \times 5{,}226.65 = 3{,}920.0 \text{ kN}$

(6) 안전성 검토

소요압축강도 P_u

$P_u = 1.2P_D + 1.6P_L = 1.2(800) + 1.6(1{,}200) = 2{,}880 \text{ kN}$

$P_u(= 2{,}880 \text{ kN}) < \phi_c P_n(= 3{,}920.0 \text{ kN})$ O.K

∴ 설계압축강도가 소요압축강도보다 크므로 안전함.

▌기호

A_c : 콘크리트 단면적 (mm^2)
A_e : 감소된 유효폭 b_e를 고려하여 산정한 유효단면적의 합 (mm^2)
A_g : 부재의 총단면적 (mm^2)
A_s : 강재 단면적 (mm^2)
A_{sr} : 연속 길이방향 철근의 단면적 (mm^2)
C_w : 뒤틀림 상수 (mm^6)
E : 탄성계수 (MPa)
EI_{ef} : 합성단면의 유효강성 ($N \cdot mm^2$)
F_{cr} : 좌굴응력 (MPa)
F_{cry} : y축대칭에 대한 좌굴응력 (MPa)
F_{crz} : 비틀림좌굴응력 (MPa)
F_e : 탄성좌굴응력 (MPa)
F_{ex} : x축에 대한 탄성휨좌굴응력 (MPa)
F_{ey} : y축에 대한 탄성휨좌굴응력 (MPa)
F_{ez} : 탄성비틀림좌굴응력 (MPa)
F_y : 강재의 설계기준 항복강도 (MPa)
F_{yr} : 철근의 설계기준 항복강도 (MPa)
G : 강재의 전단탄성계수 (MPa)
I : 단면2차모멘트 (mm^4)
J : 비틀림상수 (mm^4)
K : 유효좌굴길이계수
P_n : 공칭압축강도 (N)
P_{no} : 합성부재의 길이 효과를 고려하지 않은 공칭압축강도 (N)
P_r : 설계압축강도 (N)
P_u : 소요압축강도 (N)
Q : 세장한 압축판요소의 국부좌굴에 의한 압축부재의 강도 감소를 고려하는 순감소계수
Q_a : 세장한 양연지지판의 저감계수
Q_s : 세장한 자유돌출판의 저감계수
a : 연결재 사이의 길이 (mm)
b_e : 양연지지판의 감소된 유효폭 (mm)
b_l : ㄱ형강의 긴쪽다리의 길이 (mm)
b_s : ㄱ형강의 짧은쪽다리의 길이 (mm)
f_{ck} : 콘크리트의 설계기준 압축강도 (MPa)
r : 단면2차반경 (mm)

$\overline{r_o}$: 전단중심에 대한 극2차반경 (mm)
λ : 판폭두께비
ϕ_c : 압축에 대한 저항계수

연습문제

5.1 다음 압축부재들의 국부좌굴 여부를 검토하고 극한한계상태 설계압축강도를 구하라. 사용강재는 SM355이다.

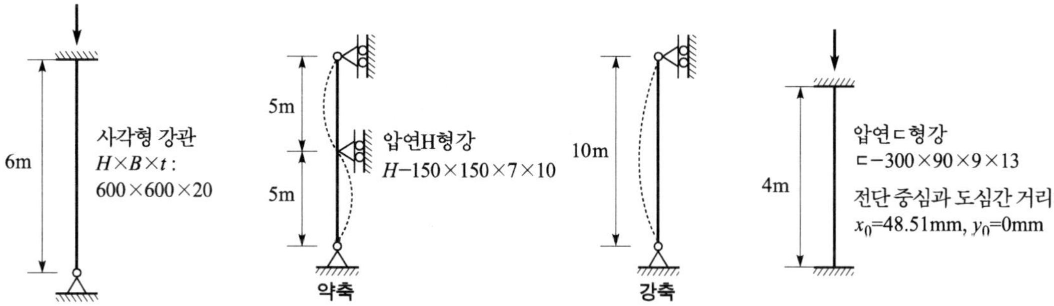

문제 5.1(a) 문제 5.1(b) 문제 5.1(c)

5.2 다음 그림과 같이 등변ㄱ형강 ㄱ−100×100×13 압축재가 입체트러스의 웨브재로 사용될 때 유효세장비를 산정하고 설계압축강도를 구하라. 거셋플레이트와의 접합은 한쪽 다리가 사용되며 사용강재는 SM355이다.

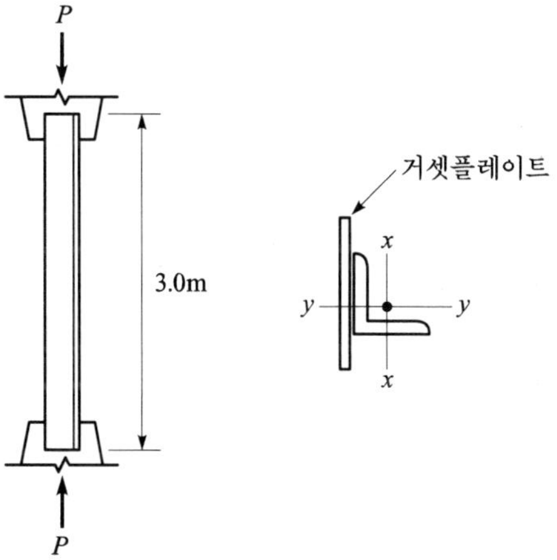

문제 5.2

5.3 다음 그림과 같이 두께 10 mm의 낄판을 사용하여 두 개의 등변ㄱ형강 ㄱ-130×130×12를 연결한 조립압축재의 설계압축강도를 구하라. 조립압축재의 길이는 5 m이며 양단에서 핀지지되어 있다. 낄판의 간격은 1 m이며, 낄판과 ㄱ형강 사이의 접합에는 완전 조임 볼트접합을 사용한다. 사용강재는 SM355이다.

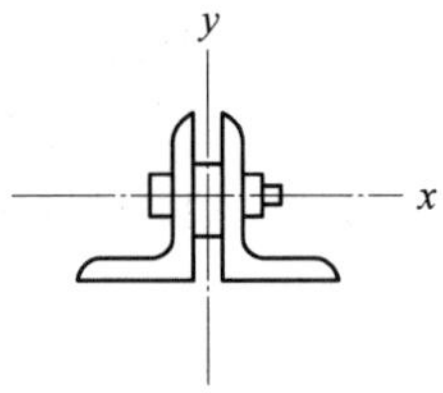

문제 5.3

5.4 다음 그림과 같은 세장판단면을 갖는 압축부재들의 설계강도를 구하라. 사용강재는 SM355이다.

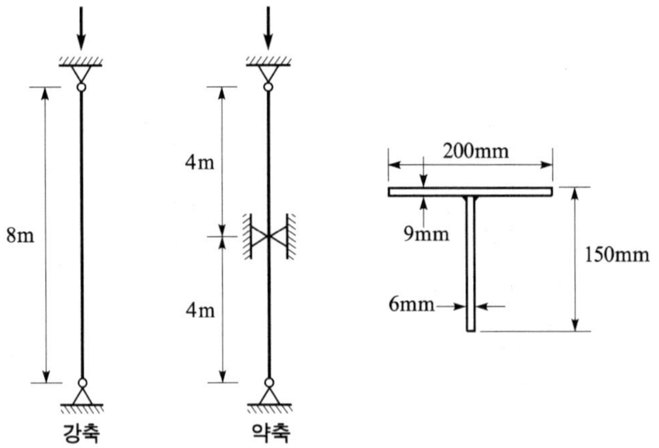

문제 5.4(a)

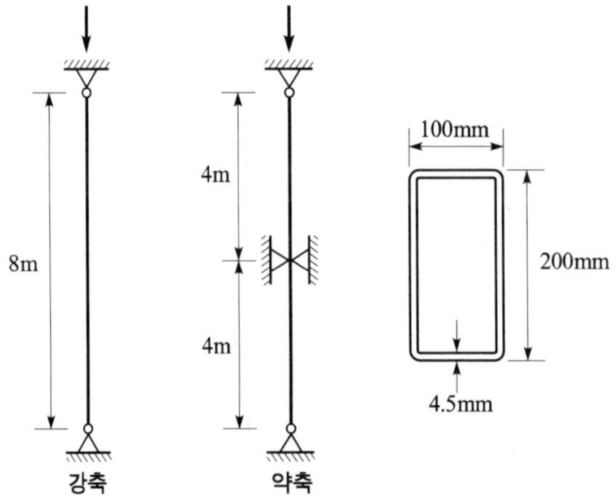

문제 5.4(b)

5.5 다음 그림과 같이 강축과 약축에 대하여 다르게 지지된 압축부재에 고정하중 120 kN과 활하중 300 kN이 작용하고 있다. SM355강재를 사용하여 압연H형강 단면을 선택하라. 고정하중에 대한 하중계수는 1.2, 활하중에 대한 하중계수는 1.6으로 한다.

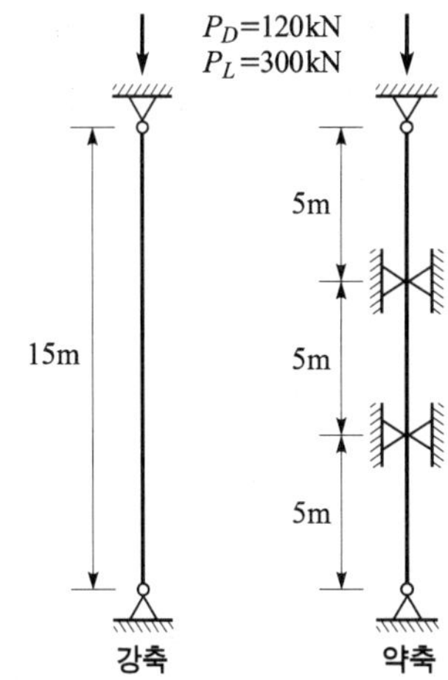

문제 5.5

5.6 다음 그림과 같이 강축과 약축에 대하여 다르게 지지된 매입형 합성기둥에 고정하중 $P_D = 1{,}500$ kN과 활하중 $P_L = 2{,}000$ kN의 순수 압축력이 작용할 때 안정성을 검토하라. 단 부재 단면의 크기는 600×600 mm^2, 콘크리트의 설계기준압축강도는 $f_{ck} = 35$ MPa, 강재단면은 압연H형강 H−300×300×10×15 (SM355), 내부 길이방향철근은 4−D25 (SD400), 띠철근은 $D10@250$이다. 콘크리트 피복두께는 65 mm이다. 고정하중에 대한 하중계수는 1.2, 활하중에 대한 하중계수는 1.6으로 한다.

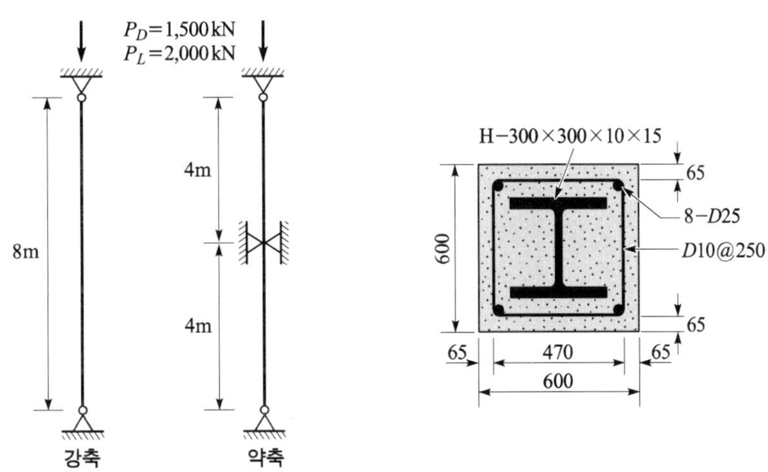

문제 5.6

5.7 다음 그림과 같은 각형강관 충전형합성기둥과 원형강관 충전형합성기둥의 안정성을 검토하라. 콘크리트의 설계기준압축강도는 $f_{ck}=35\,\text{MPa}$, 각형강관은 □−300×300×4.5 (SM355), 원형강관은 ϕ −812.8×9.0 (SM355)을 사용한다. 고정하중에 대한 하중계수는 1.2, 활하중에 대한 하중계수는 1.6으로 한다.

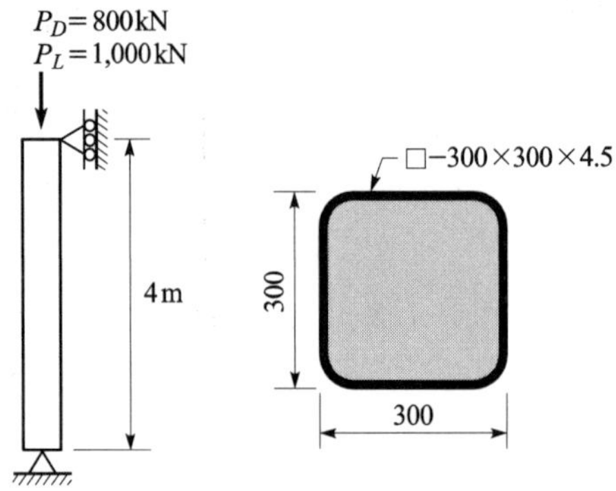

문제 5.7(a)

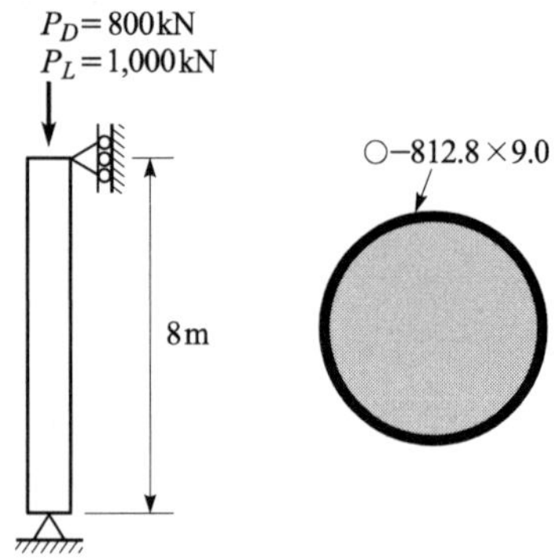

문제 5.7(b)

Design of Steel Structures

제6장 휨부재

6.1 개설

구조물에서 부재들의 종방향 축에 직각으로 작용하는 가로방향 하중들을 지탱하는 구조부재를 휨부재라고 한다. 일반적으로 상부의 압축플랜지와 하부의 인장플랜지, 이 둘을 연결하는 웨브요소로 구성되는 I-형 보 또는 거더가 대표적이지만 박스 형태의 폐단면을 가지는 경우도 있다. 휨부재는 대부분 작용하중으로 인하여 생기는 휨모멘트와 전단력에 저항하며, 대표적인 휨부재인 교량의 거더에 있어서 축방향력은 거의 미미하므로 설계 시 종종 고려하지 않고 있다.

일반적인 휨부재의 경우, 사용하중 하에서의 단면 내 휨응력의 분포를 그림 6.1에 나타내었다. 작용하중이 증가함에 따라 단면 내 휨응력 분포가 변화하게 되는데, 중립축으로부터 가장 멀리 위치하는 부위가 항복응력(F_y)에 도달하기 전까지는 그림 6.1(a)에 보인 것처럼 변형률과 응력은 선형적으로 비례하는 응력분포를 보이게 된다. 중립축에서 최외측이 항복점에 도달하였을 때 단면모멘트를 항복모멘트(yield moment)로 정의한다 (그림 6.1(b)). 그러나 작용하중이 이 단계 이상으로 증가하게 되면 항복점을 초과한 부분에서는 소성거동을 하여 변형률은 계속 증가하지만, 응력은 항복응력을 유지하게 되어 그림 6.1(c)와 같은 응력분포를 가진다. 작용하중이 지속적으로 증가하게 되면 소성거동을 하던 부위는 변형률 경화단계로 바뀌어 응력이 항복응력보다 커지게 된다. 그러나 일반적인 구조해석모형에서는 이상화된 응력-변형률 관계를 적용하여 휨부재 단면이 그림 6.1(d)와 같은 사각형 응력분포를 갖는 것으로 가정하고, 이 상태에서의 단면모멘트를 소성모멘트(plastic moment)로 정의하며 휨부재의 일반적인 저항한계상태가 된다. 그림 6.1(c)와 (d)에서 단면의 빗금친 부분이 항복에 도달했다는 것을 의미한다. 이러한 한계상태를 고려한 것이 한계상태설계법에 의한 휨부재 설계이다.

본 장에서는 먼저 부재가 횡방향으로 지지되어 있는 안정적인 단면을 대상으로 휨부재의 한계상태설계 개념을 소개한다. 그러나 실제로 보 부재는 기하학적으로 완전히 직선이거나 재료적으로 균질하지 않은 경우가 많으며, 설계 및 해석시에 가정된 하중의 크기와 위치도 실제 상황과는 달리 적용될 수 있다. 강재와 같이 고강도 재료로 제작되는 부재는 두께에 대한 폭의 비, 즉 세장비가 콘크리트 부재에 비해 크게 적용되어 압축상태에 있을 경우 좌굴에 대한 검토가 필수적이다. 횡방향으로 지지되지 않은 휨부재의 경우 압축플랜지가 강축휨에 의해 횡방향으로 급작스런 좌굴이 발생할 수 있는데 이를 횡비틀림좌굴(lateral torsional buckling)이라 한다.

본 장에서는 이러한 휨부재의 좌굴을 이해하는데 필요한 기본 배경을 우선 살펴보고 강재 휨부재에 대한 한계상태설계법으로 휨강도를 산정하는 과정을 보인다. 휨과 함께 전단거동과 전단강도 설계의 과정을 보이고, 콘크리트와 강재가 하나의 단면을 구성하여 휨에 효율적으로 저항하는 합성 휨부재의 거동과 강도산정에 대해 기술하였다. 또한 처짐을 고려하여 사용성 문제에 대해서도 기술하였고, 마지막으로 강교량 설계의 기본과정을 살펴보고 실무적 설계가 어떻게 이루어지는지를 알아볼 수 있는 기회를 제공하였다.

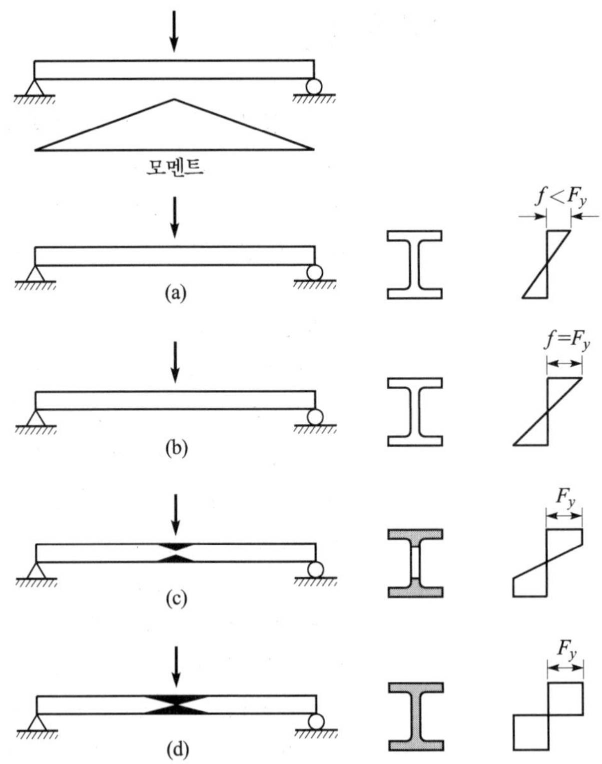

그림 6.1 휨모멘트의 증가에 따른 단면내 응력분포의 변화

6.2 휨부재의 거동

6.2.1 탄성 거동

휨모멘트를 받고 있는 보의 탄성상태 거동을 그림 6.2에 나타내었다. 여기서, 탄성상태에서의 응력과 변형률 및 응력과 곡률의 관계는 다음과 같이 나타낼 수 있다.

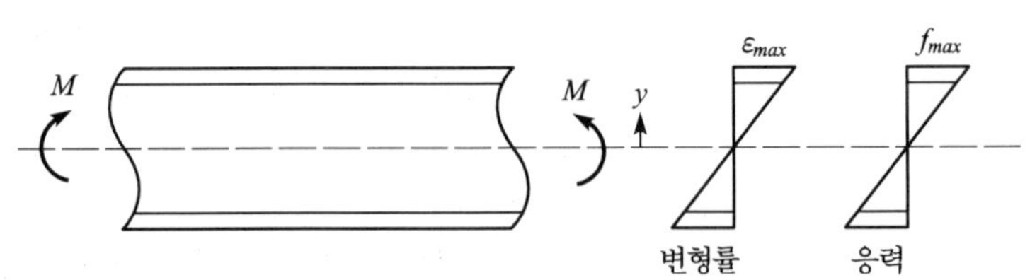

그림 6.2 보의 탄성상태 거동

$$f = E\epsilon = Ey\kappa \tag{6.1}$$

여기서, f는 휨응력, E는 탄성계수, ϵ는 변형률, κ는 곡률, y는 중립축으로부터의 거리이다. 재료역학 이론에 의하면, 휨으로 인한 처짐이 미소할 경우 곡률과 휨모멘트의 관계식은 다음과 같다.

$$\kappa = \frac{M}{EI} \tag{6.2}$$

식(6.2)를 식(6.1)에 대입하면 응력과 모멘트에 대한 상관식을 다음과 같이 얻을 수 있다.

$$f = \frac{My}{I} \tag{6.3}$$

식(6.2)에서 단면 내 휨응력은 중립축으로부처 거리 y에 비례하므로 최대휨응력은 다음과 같이 표현될 수 있다.

$$f_{\max} = \frac{Mc}{I} = \frac{M}{S} \tag{6.4}$$

여기서, c는 중립축에서 압축측 또는 인장측 최연단(extreme fiber)까지의 거리이며, S는 탄성단면계수(elastic section modulus)로 정의된다.

잔류응력이 없는 상태하에서 탄성거동의 한계는 최대휨응력이 재료의 항복응력과 같을 때($f_{\max} = F_y$) 발생한다. 단면에 최초의 항복이 발생했을 때의 모멘트는 항복모멘트 M_y로 규정된다.

$$M_y = SF_y \tag{6.5}$$

최대변형률과 곡률은 다음과 같다.

$$\epsilon_{\max} = \epsilon_y = \frac{F_y}{E} \tag{6.6}$$

$$\kappa = \kappa_y = \frac{M_y}{EI} \tag{6.7}$$

6.2.2 비탄성 거동

그림 6.3은 보에 항복모멘트를 초과하는 휨모멘트가 작용할 때 보의 비탄성상태 응력분포를 보여주고 있다. 단면내에서 변형률 양에 따라 탄성인 부분과 항복한 부분이 같이 존재하고 있다. 즉, 항복모멘트에 도달한 이후에 하중을 더 증가시키면 변형률은 비례적으로 증가하지만 단면의 항복 영역은 단면의 중립축 방향으로 증가한다. 이 단면의 변형상태를 식으로 나타내면 다음과 같다.

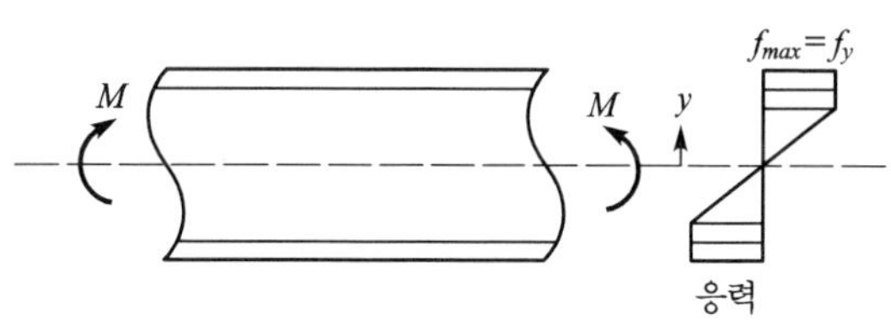

그림 6.3 보의 비탄성상태 거동

$\epsilon \geq \epsilon_y$ 인 경우, $f = F_y$ **6.8**

보에 하중이 더 가해지면, 전체단면이 항복상태에 도달하여 완전소성상태가 된다. 이때의 모멘트를 소성모멘트 M_p 로 정의한다. 하중을 더 이상 증가시켜도 모멘트 강도는 증가하지 않고 변형량만 증가한다. 그러므로 소성모멘트는 보가 견딜 수 있는 최대모멘트를 의미한다.

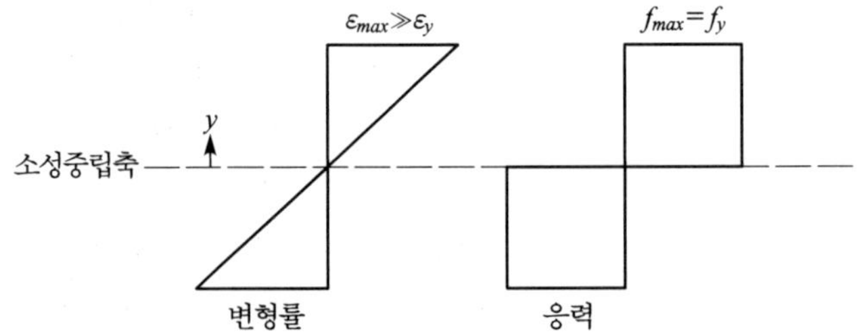

그림 6.4 보의 소성거동

소성모멘트를 계산하기 위해서는 우선 소성중립축(PNA, plastic neutral axis) 위치의 결정이 필요하다(그림 6.4). 소성중립축은 단면의 평형조건을 이용하여 산정되기 때문에 단면의 도심의 위치와 다를 수 있다. 휨을 받는 단면 내 축방향 힘의 평형조건은 다음과 같다.

$$P = \int_A f\,dA = \int_{A_{comp}} f_{comp}\,dA + \int_{A_{ten}} f_{ten}\,dA = 0 \qquad \textbf{6.9}$$

여기서, P는 단면 내 합력(resultant), f_{comp}와 f_{ten}는 각각 압축 및 인장응력, A_{comp}와 A_{ten}는 압축 및 인장응력이 작용하는 면적을 나타낸다. 완전소성상태에 달한 단면에서는 압축 및 인장응력은 모두 항복응력 값을 가진다.

$$f_{comp} = -F_y,\ f_{ten} = +F_y \qquad \textbf{6.10}$$

만약 F_y 가 전체단면에서 같다면 위 식(6.9)는 다음과 같이 단순화 될 수 있다.

$$P = -F_y \int_{A_{comp}} dA + F_y \int_{A_{ten}} dA = 0 \qquad \textbf{6.11}$$

그러므로

$$A_{comp} = A_{ten}$$

이 결과는 소성중립축이 단면을 균등하게 나누는 축에 있다는 것을 의미한다. 또한 소성모멘트 M_p 는 소성중립축(PNA)을 이용하여 다음과 같이 구한다.

$$M_p = \int_A F_y\,y\,dA = F_y \int_A y\,dA \qquad \textbf{6.12}$$

소성단면계수(plastic section modulus) Z를 $\int_A y\,dA$ 로 정의하면,

$$M_p = ZF_y \qquad \textbf{6.13}$$

으로 단순화되어 표현된다. 소성단면계수는 소성중립축(PNA)에 대한 단면1차모멘트와 같다.

단면은 소성모멘트를 유지하면서 소성회전이 계속되고 이 단면의 추가적인 모멘트의 저항능력이 없게 되면 소성힌지(plastic hinge)가 형성되었다고 말한다. 형상계수(shape factor)는 소성모멘트와 항복모멘트의 비를 나타낸다. 형상계수는 직사각형 단면의 경우 1.5이고, H형 단면의 경우 1.10~1.18 정도이며 대략 1.12가 평균값이다.

예제 6.1

다음 그림과 같은 직사각형 단면의 탄성단면계수, 소성단면계수 및 형상계수를 구하시오.

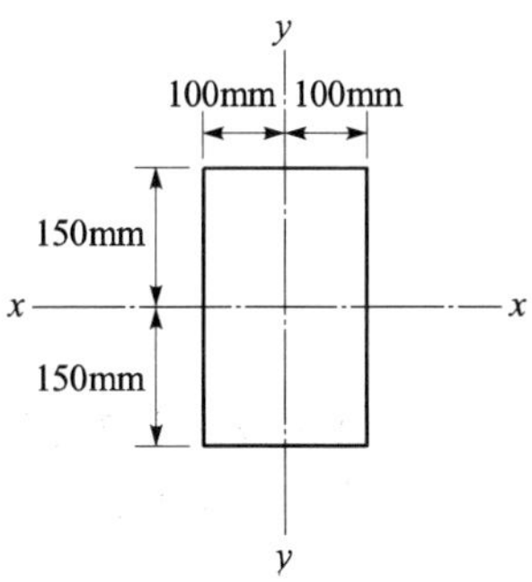

그림 6.5 직사각형 단면

풀이

직사각형 단면의 단면계수는 재료역학의 지식을 이용하여 다음과 같이 계산할 수 있다.

$$S=\frac{I}{c}=\frac{bh^3}{12(h/2)}=\frac{bh^2}{6}$$

$$S=\frac{0.2(0.3)^2}{6}=3.0\times 10^{-3}\mathrm{m}^3$$

소성단면계수는 단면을 균등하게 이분하는 중립축을 기준으로 하는 단면일차모멘트이므로 다음과 같이 계산할 수 있다.

$$Z=(2)(0.15\times 0.20)(0.075)=4.5\times 10^{-3}\mathrm{m}^3$$

형상계수는 다음과 같이 계산할 수 있다.

$$\frac{Z}{S}=\frac{4.5}{3.0}=1.50$$

예제 6.2

단면이 H 500×200×10×16 인 휨재의 강축(x 축)에 대한 항복모멘트와 소성모멘트를 산정하고, 형상계수를 구하시오. 강재는 SM275(F_y=275 MPa)이다.

풀이

H형강의 강축(x 축)에 대한 탄성단면계수와 소성단면계수는 다음과 같다.

$S_x=1,910\times 10^3\mathrm{mm}^3$, $Z_x=2,180\times 10^3\mathrm{mm}^3$

1) 강축에 대한 항복모멘트와 소성모멘트

$$M_y=F_yS_x=275\times 1{,}910\times 10^3\times 10^{-6}=525.25\mathrm{kN{\cdot}m}$$

$$M_p=F_yZ_x=275\times 2{,}180\times 10^3\times 10^{-6}=599.50\mathrm{kN{\cdot}m}$$

2) 형상계수(M_p/M_y)

$$\frac{M_p}{M_y}=\frac{F_yZ_x}{F_yS_x}=\frac{Z_x}{S_x}=\frac{599.50}{525.25}=1.14$$

예제 6.3

T단면의 형강이 24mm×240mm 플랜지와 24mm×300mm 스템으로 구성되어 있고 항복응력은 275MPa 이다. 수평 소성중립축(PNA)에 대한 소성모멘트 M_p를 구하시오.

풀이

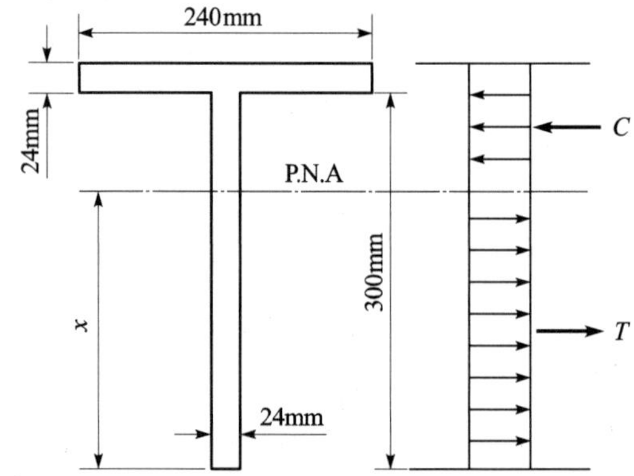

그림 6.6 T형 단면

하단으로부터 소성중립축까지의 거리를 x로 두고 단면내 전단면 항복시 압축력과 인장력의 크기가 같다는 평형방정식에 의해 소성중립축의 위치를 결정한다.

$$\Sigma F_H = 0\,;\ T - C = 0 \quad \therefore T = C$$

$$C = (24)(240)F_y + (300 - x)(24)F_y = (12960 - 24x)F_y$$

$$T = 24xF_y$$

$$24xF_y = (12940 - 24x)F_y$$

$$48x = 12960$$

$$\therefore x = 270\text{mm}$$

그림 6.6을 참조하여 소성중립축 기준으로 하는 소성모멘트는 다음과 같다.

$$\Sigma M = M_p = (24)(240)(30 + 24/2)F_y + (24)(30)(30/2)F_y + (24)(270)(270/2)F_y$$

$$= 1{,}127{,}520F_y$$

$$= (1{,}127{,}520\text{mm}^3)(275\text{N/mm}^2) = 310.07\text{kN·m}$$

6.2.3 전단응력과 전단중심

보에 외력이 작용하면 단면 내에는 휨모멘트와 전단력이 발생된다. 그림 6.7과 같은 직사각형 보의 전단응력분포는 포물선분포가 된다. 임의의 위치에서의 전단응력 f_v와 최대전단응력 $f_{v,\max}$는 아래와 같이 구할 수 있으며, 최대전단응력은 중립축에서 생긴다.

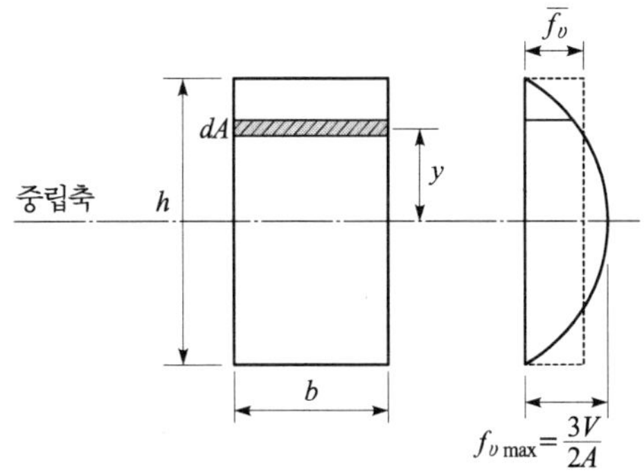

그림 6.7 직사각형 단면의 전단응력 분포

$$f_v = \frac{V}{bI_x}\int_0^{\frac{h}{2}} ydA = \frac{VQ_x}{I_x b} \quad (6.14)$$

$$f_{v,\max} = \frac{3}{2}\frac{V}{bh} = \frac{3}{2}\frac{V}{A} \quad (6.15)$$

여기서, Q_x는 단면1차모멘트이다. $\bar{f}_v(=V/A)$를 평균전단응력으로 정의하면, $f_{v,\max}/\bar{f}_v = 1.5$이므로 최대전단응력은 평균전단응력의 1.5배임을 알 수 있다. 이 비율은 단면의 형상에 따라 변화하며, 원형단면의 경우 1.33, H형 단면의 경우 보통 1.1~1.2 범위이다.

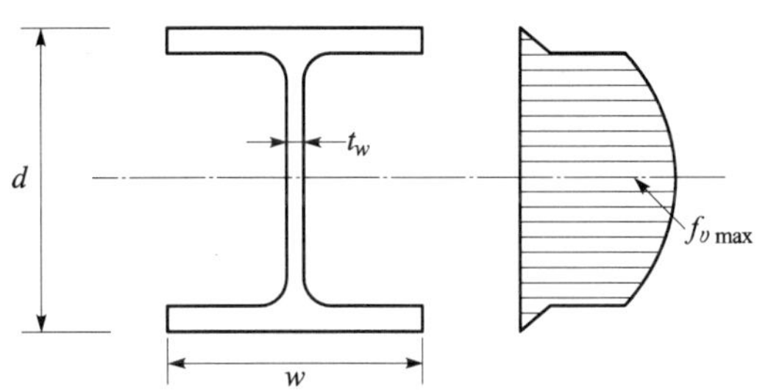

그림 6.8 H형 단면의 전단응력 분포

H형강보에 전단력이 작용하는 경우, 단면의 전단응력분포는 그림 6.8과 같다. 웨브에서의 전단응력은 식(6.14)를 사용하여 구할 수 있으며 중립축에서 최대가 된다. 이 값은 전단력을 웨브의 단면적으로 나눈 평균전단응력과 큰 차이가 없다.

그림 6.9에서 ㄷ형 단면의 보에서 하중을 단면의 도심선상에 가하면 비틀림이 발생하고, 이 비틀림의 크기는 하중이 웨브 쪽으로 옮겨감에 따라 감소한다. ㄷ형강의 경우는 전단중심이 바깥쪽에 있으므로 플랜지 위에 하중을 가해서는 비틀림을 막을 수 없다. 그러나, 외력이 웨브 외측의 특정위치(S_c점)에 작용하면 단면에 비틀림이 생기지 않는데, 이와 같이 부재의 비틀림이 생기지 않고 휨변형만 발생하는 위치를 전단중심(shear center)이라고 한다. 이 전단중심의 위치는 단면의 형상 및 크기에 따라 정해지는 기하학적인 조건에만 관계되고, 부재의 비틀림응력을 산정할 때 기준점으로 활용된다.

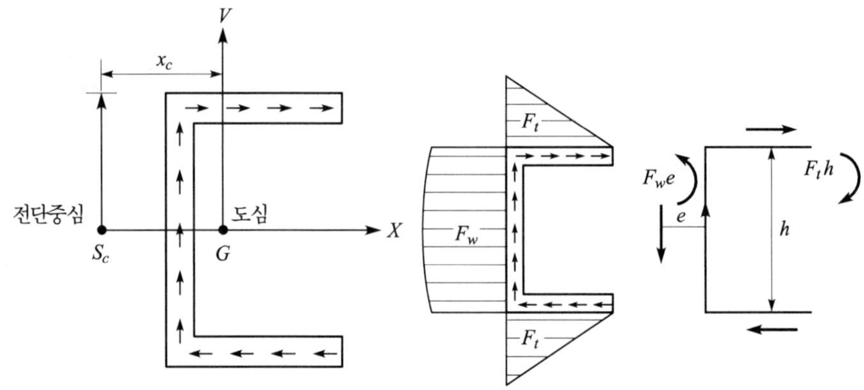

그림 6.9 ㄷ형강의 전단중심

그림 6.10과 같이 단면 내에 2개의 대칭축이 있거나 점대칭점이 있는 단면의 부재에서는 전단중심(S_c)과 도심은 일치한다. 또한 단면내에 1개의 대칭축이 있다면 전단중심은 그 대칭축 상에 있다. 몇 개의 판요소가 1점에 모인 단면에서는 각 판요소에 작용하는 면내전단응력의 합력의 작용선이 그 점을 지나므로 비틀림모멘트를 발생시키지 못한다. 따라서 그 교차점이 전단중심이 된다.

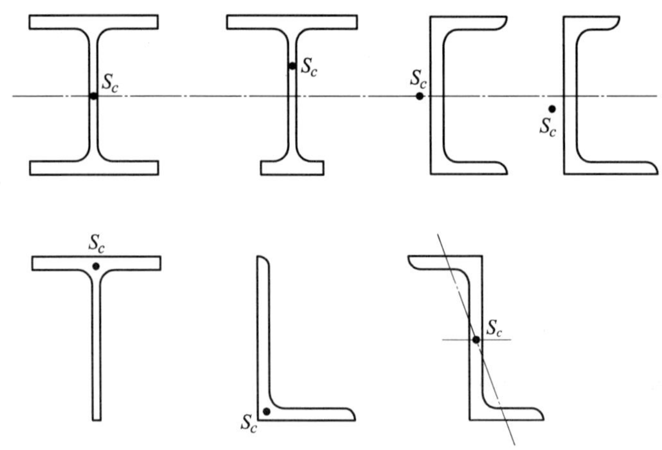

그림 6.10 전단중심의 위치

6.2.4 순수비틀림(pure torsion)과 뒴비틀림(warping torsion)

보에 휨변형이 발생하면, 압축부는 부재의 세장한 정도에 따라 압축부재와 같이 좌굴이 발생하나, 압축부재와 달리 인장부에 의한 구속으로 인하여 비틀림변형을 수반하게 된다. 이러한 형태의 좌굴을 횡비틀림좌굴이라한다. 강구조물에 있어서 비틀림응력 자체는 주요한 발생응력이 아니나, 휨부재의 횡방향 안정성(lateral stability)과 밀접한 관련이 있으므로 비틀림거동을 이해할 필요가 있다. 휨부재에 외력이 부재의 전단중심에서 벗어나 작용하면 편심으로 인한 비틀림모멘트가 발생한다. 이러한 부재의 비틀림에는 순수비틀림(pure torsion)과 뒴비틀림(warping torsion)으로 분류할 수 있다.

순수비틀림은 그림 6.11과 같이 단면의 변형이나 길이방향의 수직응력을 일으키지 않고 단면 전체가 일정하게 각변위를 일으키는 비틀림이다. 이를 St. Venant 비틀림이라고도 하며 T_S로 나타낸다. 순수비틀림모멘트와 회전각변위의 변화율 $(d\phi/dz)$은 식(6.16)과 같은 상관관계에 있다.

$$T_S = GJ\frac{d\phi}{dz} \tag{6.16}$$

여기서 G : 전단탄성계수 (N/mm²)
J : 비틀림상수(torsional constant) (mm⁴)
GJ : 비틀림강성(torsional rigidity) (N·mm²)

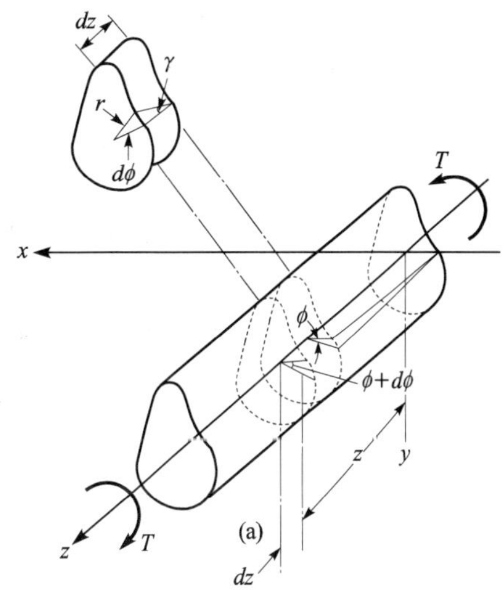

그림 6.11 순수비틀림 변형

원형단면을 가진 봉 또는 파이프의 경우 비틀림을 받더라도 축방향의 수직응력은 발생되지 않고 전단응력만이 발생되는 순수비틀림으로만 거동하며 비틀림상수는 극관성모멘트 I_p가 된다. 그러나 박판 단면(thin-walled cross section)으로 구성된 강구조 일반단면 형상을 가지는 부재의 경우 비틀림하중을 받으면 단부의 경계조건에 따라 축방향 수직응력 성분이 발생될 수 있는데 이러한 비틀림을 뒴비틀림(warping torsion)로 정의한다. 예를 들어 그림 6.12(a)에 보인 지간 중앙에 편심하중을 받는 I-형 단면을 가지는 단순보를 살펴보자. 이 보의 단부 경계조건은 휨과 비틀림에 대해서는 단순보이지만 단부단면내 임의의 위치에서 축방향자유도는 구속되지 않아 면외방향 변형이 가능하다. 대칭성으로 인해 지간 중앙의 단면은 면외방향으로 변형이 없는 평면으로 남는다. 지간중앙을 포함하여 단부방향으로 보의 절반만 취해 보면 그림 6.12(b)처럼 비틀림을 받는 외팔보(cantilever)로 간주될 수 있다. 그림 6.12(c)는 단부와 중앙부 사이에 발생한 상대변위를 보여주는데 상하플랜지가 각각 서로 다른 방향으로 휨을 받아 수평변위 u_f가 발생하고 있음을 알 수 있다. 이러한 거동으로 상하플랜지에는 휨모멘트 및 전단력이 발생하게 되는데 각각에 의한 응력분포를 그림 6.12(d)과 그림 6.12(e)에 각각 나타내었다. 이러한 뒴비틀림과 독립적으로 순수비틀림으로 저항하는 전단응력의 분포는 그림 6.12(f)에 보였다. 상하의 플랜지에 작용하는 서로 다른 방향의 전단력 성분에 작용 거리를 고려하면 다음과 같은 뒴비틀림 성분 T_w를 얻게 된다.

$$T_w = -EC_w \frac{d^3\phi}{dz^3} \tag{6.17}$$

여기서, E : 탄성계수 (N/mm^2)
C_w : 뒴상수(warping constant)
z : 종(길이)방향 축

식(6.16)에 보인 순수비틀림 성분이 비틀림 회전자유도의 1차도함수와 연계되었지만 식(6.17)의 뒴비틀림은 회전자유도의 3차도함수와 연계되었음을 알 수 있다. 뒴상수는 주어진 단면에 따라 계산되거나 주어진 자료를 참조할 수 있다. 참고로 I-형강의 뒴상수는 다음과 같다.

$$C_w = \frac{h_o^2}{4} I_y \tag{6.18}$$

여기서, h_o : 플랜지 중심간 거리

따라서, 식(6.16)과 식(6.17)에 보인 바와 같이 외부의 비틀림에 대해 부재는 다음과 같이 순수비틀림과 뒴비틀림에 의한 성분의 합으로 저항하게 된다.

$$T = T_s + T_w = GJ\frac{d\phi}{dz} - EC_w \frac{d^3\phi}{dz^3} \tag{6.19}$$

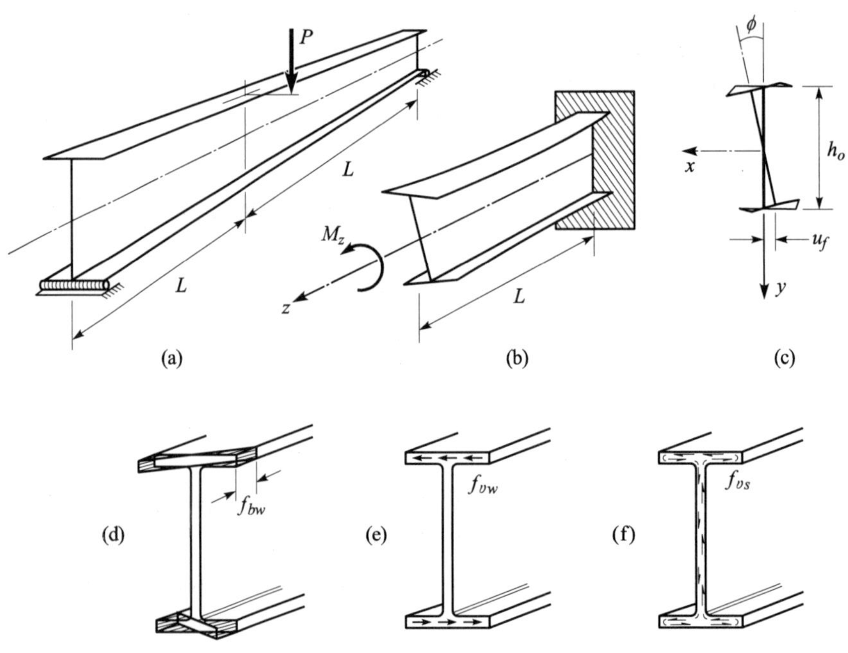

그림 6.12 I-단면 단순보의 뒴비틀림 (warping torsion)과 응력분포

6.3 단면의 분류와 국부좌굴 (단일 부재)

6.3.1 단면의 분류

단면형상은 압축요소의 폭두께비에 따라 조밀(compact), 비조밀(noncompact), 세장(slender) 단면으로 분류된다. 조밀단면은 횡비틀림좌굴(lateral-torsional buckling)이나 플랜지 또는 웨브의 국부좌굴에 앞서 소성모멘트를 확보할 수 있는 단면이다. 비조밀단면은 압축요소의 국부좌굴에 앞서 단면의 소성모멘트보다는 작지만 항복모멘트 M_y 이상인 모멘트 강도를 갖는 단면을 의미한다. 세장단면은 압축요소들이 너무 얇아서(slender) 항복모멘트 M_y 에 도달하기 전에 압축요소들이 국부적인 좌굴을 일으키는 단면을 말한다. 강구조 부재설계기준(KDS 14 31 10) 4.3 휨부재에서는 휨부재의 단면의 분류 및 그에 따른 단면의 폭두께비 제한을 다음과 같이 제시하고 있다.

· 조밀단면 : $\lambda \le \lambda_p$
· 비조밀단면 : $\lambda_p < \lambda \le \lambda_r$
· 세장단면 : $\lambda > \lambda_r$

여기서, λ = 판의 폭두께비, λ_p = 조밀단면 판의 폭두께비 제한값, λ_r = 비조밀단면 판의 폭두께비 제한값이다. KDS 14 31 10 강구조 부재설계기준에서는 휨부재의 단면의 형태별로 폭두께비 제한값을 표 6.1과 같이 제시하고 있다.

표 6.1 휨재 단면(단일 부재)의 폭두께비 제한 (KDS 14 31 10 강구조 부재설계기준)

		판요소에 대한 설명	폭 두께비	폭두께비 제한 값		예
				λ_p (조밀/비조밀)	λ_r (비조밀/세장)	
자유돌출판	①	압연 H형강, ㄷ형강 및 T형강의 플랜지	b/t	$0.38\sqrt{\frac{E}{F_y}}$	$1.0\sqrt{\frac{E}{F_y}}$	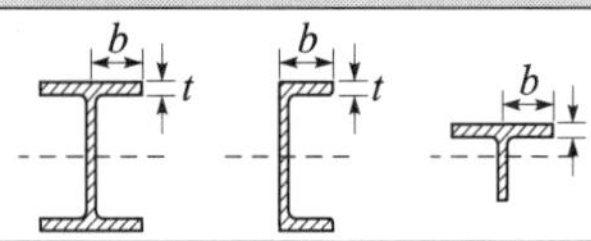
	②	2축 또는 1축 대칭인 용접 H형강의 플랜지	b/t	$0.38\sqrt{\frac{E}{F_y}}$	$0.95\sqrt{\frac{k_c E}{F_L}}$ 1), 2)	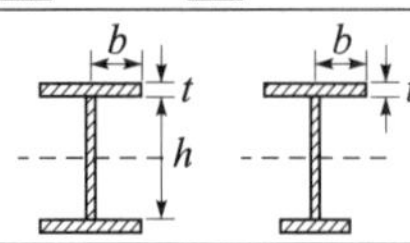
	③	단일 ㄱ형강의 다리	b/t	$0.54\sqrt{\frac{E}{F_y}}$	$0.91\sqrt{\frac{E}{F_y}}$	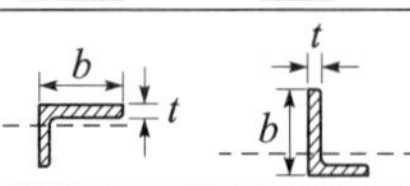
	④	약축 휨을 받는 압연 H형강, ㄷ형강의 플랜지	b/t	$0.38\sqrt{\frac{E}{F_y}}$	$1.0\sqrt{\frac{E}{F_y}}$	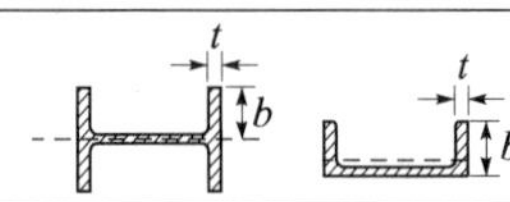
	⑤	T형강의 스템	d/t	$0.84\sqrt{\frac{E}{F_y}}$	$1.52\sqrt{\frac{E}{F_y}}$	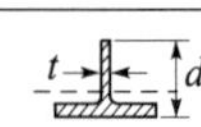
양연지지판	①	-2축 대칭 H형강의 웨브 -ㄷ형강의 웨브	h/t_w	$3.76\sqrt{\frac{E}{F_y}}$	$5.70\sqrt{\frac{E}{F_y}}$	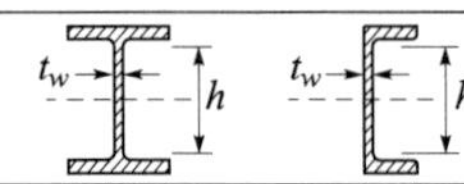
	②	1축 대칭 H형강의 웨브	h_c/t_w	$\frac{\frac{h_c}{h_p}\sqrt{\frac{E}{F_y}}}{\left(0.54\frac{M_p}{M_y}-0.09\right)^2} \le \lambda_r$	$5.70\sqrt{\frac{E}{F_y}}$	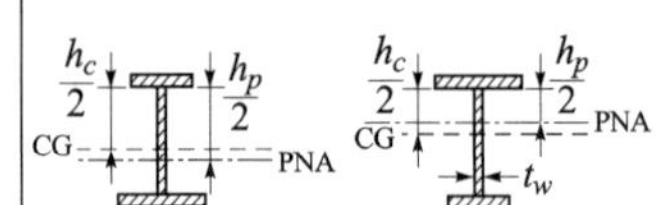
	③	균일한 두께를 갖는 각형강관과 박스의 플랜지	b/t	$1.12\sqrt{\frac{E}{F_y}}$	$1.40\sqrt{\frac{E}{F_y}}$	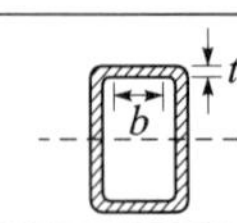
	④	-플랜지 커버플레이트 -연결재 또는 용접선 사이의 다이아프램 플레이트	b/t	$1.12\sqrt{\frac{E}{F_y}}$	$1.40\sqrt{\frac{E}{F_y}}$	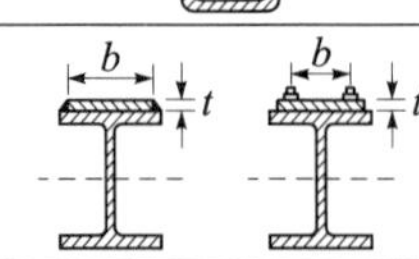
	⑤	각형강관과 박스의 웨브	h/t	$2.42\sqrt{\frac{E}{F_y}}$	$5.70\sqrt{\frac{E}{F_y}}$	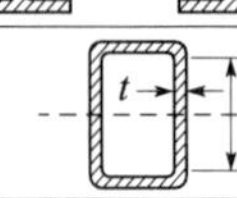
	⑥	원형강관	D/t	$0.07\frac{E}{F_y}$	$0.31\frac{E}{F_y}$	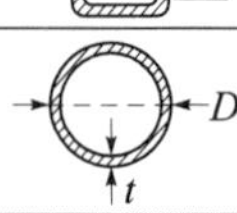

주1) $k_c = \frac{4}{\sqrt{h/t_w}}$, 여기서 $0.35 \le k_c \le 0.76$

주2) $F_L = 0.7F_y$: 약축 휨을 받는 경우, 웨브가 세장판 단면인 용접 H형강이 강축 휨을 받는 경우, 그리고 조밀단면 웨브 또는 비조밀단면 웨브이고 $S_{xt}/S_{xc} \ge 0.7$ 인 용접 H형강이 강축 휨을 받는 경우

$F_L = F_y S_{xt}/S_{xc} \ge 0.5F_y$: 조밀단면 웨브 또는 비조밀단면 웨브이고 $S_{xt}/S_{xc} < 0.7$ 인 용접 H형강이 강축 휨을 받는 경우

6.3.2 국부좌굴

보가 완전소성상태에 도달하는 모멘트에 저항할 수 있는지는 횡단면의 형상보전 여부에 달려 있다. 횡단면의 형상 보전은 단면의 한 압축요소가 좌굴하게 되면 불가능해진다. 이러한 형태의 좌굴은 압축플랜지가 좌굴하는 플랜지 국부좌굴, 또는 웨브의 압축부위가 좌굴하는 웨브 국부좌굴이 될 수 있다. 어떤 형태의 국부좌굴이 발생하는가는 단면을 구성하는 압축요소의 판폭두께비에 달려 있다. 표 6.1에 보인 폭두께비 제한값은 국부좌굴 발생여부를 판단할 수 있는 중요한 값이다.

그림 6.13 **휨부재 국부좌굴**

예제 6.4

압연 H형강 H-482×300×11×15 (SM275)의 보에 대해 국부좌굴에 의한 단면을 구분하시오.

풀이

SM275(판두께 16mm이하) 항복강도 $F_y = 275\,\text{MPa}$, 탄성계수 $E = 210{,}000\,\text{MPa}$, H형강의 필렛부 반경 $r = 26\,\text{mm}$

(1) 플랜지의 판폭두께비 검토

$$\lambda = \frac{b}{t_f} = \frac{300/2}{15} = 10.0$$

$$\lambda_p = 0.38\sqrt{\frac{E}{F_{yf}}} = 0.38\sqrt{\frac{210{,}000}{275}} = 10.5$$

$\lambda < \lambda_p$ $\quad\therefore$ 플랜지 조밀단면

(2) 웨브의 판폭두께비 검토

$$\lambda = \frac{h}{t_w} = \frac{482 - 2(15) - 2(26)}{11} = 36.4$$

$$\lambda_p = 3.76\sqrt{\frac{E}{F_{yw}}} = 3.76\sqrt{\frac{210{,}000}{275}} = 103.9$$

$\lambda < \lambda_p$ $\quad\therefore$ 웨브 조밀단면

예제 6.5

용접 H형강 H-600×300×8×12 (SM355)의 보에 대해 국부좌굴에 의한 단면을 구분하시오.

풀이

SM355의 항복강도(판두께 16mm이하) 항복강도 $F_y = 355\,\text{MPa}$

(1) 웨브의 판폭두께비 검토

$$\lambda = \frac{h}{t_w} = \frac{600-2(12)}{8} = 72.0$$

$$\lambda_p = 3.76\sqrt{\frac{E}{F_{yw}}} = 3.76\sqrt{\frac{210{,}000}{355}} = 91.4 \quad \lambda < \lambda_p$$

∴ 웨브 조밀단면

(2) 플랜지의 판폭두께비 검토

$$\lambda = \frac{b}{t_f} = \frac{300/2}{12} = 12.5$$

$$\lambda_p = 0.38\sqrt{\frac{E}{F_{yf}}} = 0.38\sqrt{\frac{210{,}000}{355}} = 9.2$$

용접형강의 플랜지내의 압축잔류응력을 고려한 항복강도 F_L은 표 6.1의 주2)를 고려하여

$$F_L = 0.7F_y = 0.7 \times 355 = 248.5\,\text{MPa}$$

$$k_c = \frac{4}{\sqrt{\frac{h}{t_w}}} = \frac{4}{\sqrt{\frac{(600-2\times 12)}{8}}} = 0.471$$

$$\lambda_r = 0.95\sqrt{\frac{E}{F_L/k_c}} = 0.95\sqrt{\frac{210{,}000}{248.5/0.471}} = 18.95$$

$\lambda_p < \lambda < \lambda_r$ ∴ 플랜지 비조밀단면

6.4 횡방향지지된 보의 설계 (단일 부재)

강재보 또는 거더와 콘크리트 바닥판을 가지는 합성단면교량이 정모멘트를 받는 경우 강재의 압축플랜지는 콘크리트 바닥판과 부착되기 때문에 횡방향 연속지지조건으로 볼 수 있다. 인장플랜지의 경우 횡브레이싱이 설치되어 있어도 사실상 불연속지지이지만 그 간격이 충분히 작다면 횡방향 변위를 구속하는 효과가 있다. 인장영역의 횡방향 구속효과는 횡비틀림좌굴과는 상관이 없어 휨부재 강도에 크게 영향을 주지 못한다.

6.4.1 휨모멘트에 대한 설계

대부분의 압연형강 보는 횡방향으로 충분히 지지되어 있다면 극한한계상태설계 규준에 의해 다음의 조건으로 설계할 수 있다.

$$M_r = \phi_f M_n \geq M_u \text{ 또는 } F_r = \phi_f F_n \quad (6.20)$$

여기서 M_r : 단면의 계수저항휨강도
ϕ_f : 휨에 대한 저항계수
M_n : 단면의 공칭휨강도 (N · mm)
M_u : 설계하중에 의한 휨모멘트 (N · mm)
F_r : 플랜지의 계수저항휨응력 (MPa)
F_n : 플랜지의 공칭휨응력 (MPa)

KDS 24 31 10에서 휨에 대한 극한한계상태의 저항계수는 $\phi_f = 0.9$ 로 규정하고 있다. 단면의 종류에 따라 구체적으로 적용되는 단면의 공칭휨강도의 산정 방법에 대해 알아본다.

1) 조밀단면(compact section)

강축에 대한 휨을 받는 2축대칭 H형강 또는 ㄷ형강 부재의 웨브와 플랜지가 모두 조밀단면인 경우에 공칭휨강도 M_n은 다음과 같이 산정될 수 있다.

$$M_n = M_p \quad (6.21)$$

여기서 M_p : 소성모멘트 $= ZF_y$
Z : 소성단면계수
F_y : 항복응력

설계에서는 판의 세장비에 따라 압축플랜지의 국부좌굴 혹은 웨브의 국부좌굴이 단면의 휨강도 M_p에 이르기 이전에 일어날 수 있다는 사실을 고려해야 한다. 조밀단면 한계세장비 λ_p가 만족될 때, 소성휨강도 M_p에 이르는 것이 보증되며, 이는 F_y보다 작은 응력에서의 국부좌굴이 방지된다는 것을 의미한다. 보에서의 국부좌굴을 막기 위한 조밀단면의 한계세장비는 표 6.2에 주어져 있다. 표 6.2에서 웨브 세장비(폭/두께비) 규정식이 $\frac{2D_{cp}}{t_w} \leq 3.76\sqrt{\frac{E}{F_{yc}}}$ 를 만족하면 조밀단면인 것으로 본다. 이때 D_{cp}는 소성모멘트 적용시 압축력을 받는 웨브의 높이(mm), t_w는 웨브의 두께(mm), E는 강재의 탄성계수(MPa), F_{yc}는 압축플랜지의 항복강도(MPa)를 나타낸다. 압축플랜지의 경우 세장비(폭/두께비) 규준식 $\frac{b_f}{2t_f} \leq 0.38\sqrt{\frac{E}{F_{yc}}}$ 를 만족하면 조밀한 것으로 본다. 여기서, b_f는 압축플랜지의 폭(mm)을, t_f(mm)는 플랜지의 두께를 나타낸다.

표 6.2 조밀단면 보의 한계세장비(λ_p) 규정

구분	조밀단면 보의 세장비 규정
웨브의 세장비	$\frac{2D_{cp}}{t_w} \leq 3.76\sqrt{\frac{E}{F_{yc}}}$
압축플랜지의 세장비	$\frac{b_f}{2t_f} \leq 0.38\sqrt{\frac{E}{F_{yc}}}$

2) 비조밀단면(noncompact section) 및 세장단면(slender section)

일반적으로 횡방향으로 지지된 보는 횡비틀림좌굴이 발생될 수 없으므로 플랜지 국부좌굴 또는 웨브국부좌굴에 의해서 파괴된다. 플랜지 또는 웨브의 폭두께비가 표 6.1의 조밀단면의 한계 판폭두께비보다 크고 비조밀단면의 한계 폭두께비보다 작은 경우 판요소는 비탄성 국부좌굴을 일으키게 된다. 비조밀단면 한계 폭두께비를 초과하는 경우 탄성영역에서 판요소의 국부좌굴이 발생된다. 그림 6.14는 웨브가 조밀단면일 때 압축플랜지의 세장비(폭/두께비) λ와 공칭휨강도와의 관계를 보여준다. λ가 λ_{pf}와 λ_{rf} 사이의 값을 취할 때, 공칭휨강도는 선형보간으로 산정된다.

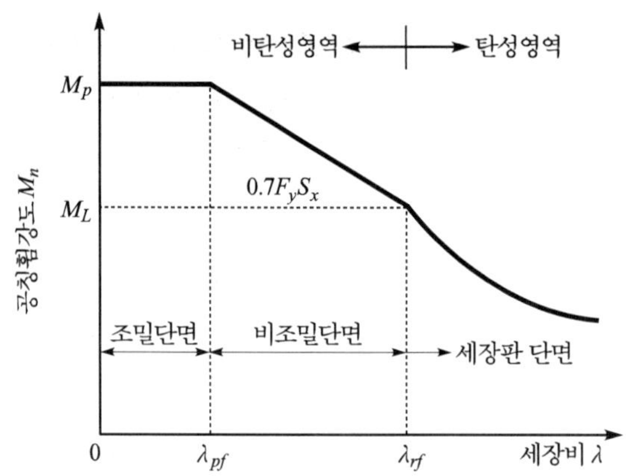

그림 6.14 압축플랜지 세장비와 국부좌굴에 대한 공칭휨강도 관계(웨브가 조밀단면인 경우)

강구조 부재설계기준(KDS 14 31 10)에 따르면, 웨브가 조밀단면을 가질 때 플랜지 비조밀 또는 세장판 단면을 적용한 부재의 경우 공칭휨강도는 다음 식에 의하여 계산한다.

① 비조밀단면 플랜지를 갖는 단면

$$M_n = \left[M_p - (M_p - 0.7F_yS_x)\left(\frac{\lambda - \lambda_{pf}}{\lambda_{rf} - \lambda_{pf}}\right)\right] \quad (6.22)$$

② 세장단면 플랜지를 갖는 단면

$$M_n = \frac{0.9Ek_cS_x}{\lambda^2} \quad (6.23)$$

여기서, $\lambda = \frac{b_f}{2t_f}$ (6.24)

$\lambda_{pf} = \lambda_p$: 표 6.1에 제시된 조밀단면 플랜지의 한계 폭두께비

$\lambda_{rf} = \lambda_r$: 표 6.1에 제시된 비조밀단면 플랜지의 한계 폭두께비

$k_c = \dfrac{4}{\sqrt{h/t_w}}$, $0.35 \le k_c \le 0.76$

h : 표 6.1에 명시된 값

예제 6.6

$3\,\text{kN/m}$의 등분포 비구조적 부착물의 중량에 대한 고정하중(DC, 보의 자중 제외)과 $7\,\text{kN/m}$의 활하중(LL)을 견딜 수 있는 가장 가벼운 H형강을 결정하라. 단순지지보(그림 6.15)의 경간은 $5\,\text{m}$이고, 보의 압축플랜지는 횡방향으로 충분히 구속되어 있다. 단, 하중수정계수 η는 1.0으로 가정하라. 또한, 극한한계상태 저항계수 $\phi_f = 0.9$, 탄성계수 $E = 2.10 \times 10^5\,\text{MPa}$, $F_y = 235\,\text{MPa}$, 하중계수는 $\gamma_{DC} = 1.25$ 와 $\gamma_{LL} = 1.80$ 이고 하중조합은 극한한계상태 I 로 다음의 식을 사용한다.

$P_u = \eta \sum \gamma_i Q_i = 1.00 \times (1.25 \times DC + 1.80 \times LL) = 1.25DC + 1.80LL$

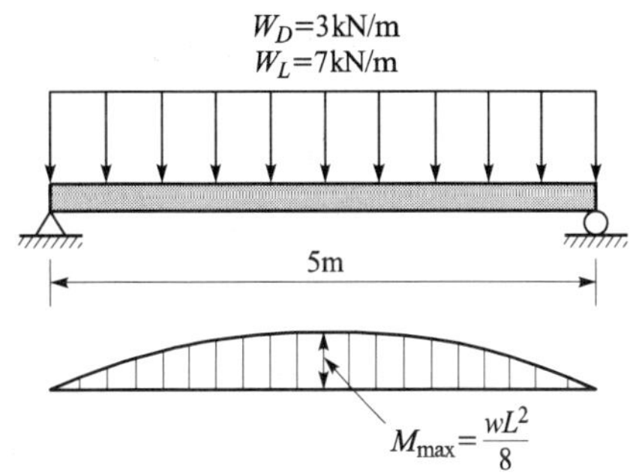

그림 6.15 **분포하중을 받는 단순보**

풀이

1) 극한한계상태 I 에 대한 계수하중효과와 모멘트 M_u를 계산한다.

$$w_u = 1.25DC + 1.80LL = 1.25\,W_D + 1.80\,W_L$$
$$= 1.25(3) + 1.80(7) = 16.35\,\text{kN/m}$$
$$M_u = w_u L^2/8 = 16.35(5)^2/8 = 51.1\,\text{kN}\cdot\text{m} \quad \text{(보의 자중 제외)}$$

2) 압연단면의 대부분이 플랜지와 웨브에 대해 $\lambda < \lambda_p$를 만족하기 때문에 일단 조밀단면으로 가정한다.

극한한계상태 I 의 설계강도식은 다음과 같다.

$$M_r = \phi_f M_n = \phi_f M_p = \phi_f Z_x F_y$$

설계조건은 다음과 같다.

소요 $M_r = \phi_f M_n = M_u$

소요 $Z_x = \dfrac{M_u}{\phi_f F_y} = \dfrac{51.1 \times 10^6}{0.9(235)} = 241{,}578\,\text{mm}^3$

H−248×124×5×8 단면을 선택 : $Z_x = 319{,}000\,\text{mm}^3$

조밀단면 규정 λ_p를 검토(표 6.1)

압축플랜지 : $\lambda = \dfrac{b_f}{2t_f} = \dfrac{124}{2(8)} = 7.8 < \lambda_p = 0.38\sqrt{\dfrac{E}{F_{yc}}} = 11.4 \quad \therefore\ O.K$

웨브 : $\lambda = \dfrac{2D_{cp}}{t_w} = \dfrac{2\times 116}{5} = 46.4 < \lambda_p = 3.76\sqrt{\dfrac{E}{F_{yc}}} = 112.4 \quad \therefore\ O.K$

강도 검토 : 보의 자중(0.26kN/m)을 포함하도록 극한하중모멘트를 수정한다.

$w_u = 1.25DC + 1.80LL + 1.25DC_{self}$

$= 1.25(W_D + 0.26) + 1.80W_L = 1.25(3.26) + 1.80(7) = 16.68\,\text{kN/m}$

$M_u = 16.68(5.0)^{2/8} = 52.1\,\text{kN}\cdot\text{m}$

$M_n = M_p = Z_x F_y = 319{,}000(235) = 74{,}965{,}000\,\text{N}\cdot\text{mm} = 74.97\,\text{kN}\cdot\text{m}$

$M_r = \phi_f M_n = \phi_f(74.97) = 0.9(74.97) = 67.47\,\text{kN}\cdot\text{m} > \text{M}_\text{u} \quad \therefore\ O.K$

∴ H−248×124×5×8 형강을 사용

예제 6.7

용접 H형강 H-600×300×8×12(SM275)의 보에 대해 국부좌굴을 고려하여 공칭휨강도 M_n을 구하시오.

풀이

SM275의 항복강도(판두께 16mm이하) $F_y = 275\,\text{MPa}$, $S_x = 2{,}499(10^3)\text{mm}^3$, $Z_x = 2{,}780(10^3)\text{mm}^3$

(1) 웨브의 판폭두께비 검토

$$\lambda = \frac{h}{t_w} = \frac{600-2(12)}{8} = 72.0 < \lambda_p = 3.76\sqrt{\frac{E}{F_{yw}}} = 3.76\sqrt{\frac{210{,}000}{275}} = 103.9$$

∴ 웨브 조밀단면

(2) 플랜지의 판폭두께비 검토

$$\lambda = \frac{b}{t_f} = \frac{300/2}{12} = 12.5,\quad \lambda_p = 0.38\sqrt{\frac{E}{F_{yf}}} = 0.38\sqrt{\frac{210{,}000}{275}} = 10.5$$

$$\lambda_r = 0.95\sqrt{\frac{E}{F_L/k_c}} = 0.95\sqrt{\frac{210{,}000}{192.5/0.471}} = 21.5 \qquad \lambda_p < \lambda < \lambda_r$$

여기서, $k_c = \dfrac{4}{\sqrt{h/t_w}} = 0.471$

∴ 플랜지 비조밀단면

$M_p = F_y Z_x = (275)(2{,}780\times 10^3)(10^{-6}) = 764.5\,\text{kN}\cdot\text{m}$

$M_L = 0.7F_y S_x = (0.7\times 275)(2{,}499\times 10^3)(10^{-6}) = 481.1\,\text{kN}\cdot\text{m}$

$$\therefore M_n = \left[764.5 - (764.5-481.1)\left(\frac{12.5-10.5}{21.5-10.5}\right)\right] = 713.0\,\text{kN}\cdot\text{m}$$

6.4.2 전단강도에 대한 설계

휨부재에서 웨브가 주로 전단력에 저항하며, 웨브의 전단강도(shear strength)는 플랜지국부좌굴 및 6.5절에서 설명할 횡비틀림좌굴 여부와 무관하다. 웨브의 세장비가 작은 경우에는 전단항복에 의한 한계상태가 되고, 큰 경우에는 비탄성 또는 탄성 전단좌굴이 발생한다. 전단강도의 산정 시 웨브의 4면 모두가 플랜지나 보강재에 의해 지지되는 경우 인장역작용(tension field action)이 고려되기도 한다. 여기서는 인장역작용을 고려하지 않는 경우에 대해 다루기로 하며, 인장역작용을 고려하는 경우에 대해서는 KDS 14 31 10을 참조하기 바란다.

극한한계상태에서 웨브의 폭두께비(h/t_w)에 따라 3개의 한계상태영역, 즉 웨브 전단항복, 웨브 비탄성좌굴 및 웨브 탄성좌굴로 구분하여 설계전단강도 V_r을 다음과 같이 규정한다.

$$V_r = \phi_v V_n = \phi_v (0.6F_y) A_w C_v \tag{6.25}$$

여기서 V_n : 공칭전단강도 (N)

F_y : 플랜지 항복강도 (MPa)

A_w : 웨브 단면적 (mm^2)

C_v : 전단항복강도에 대한 전단좌굴응력의 비

식 (6.25)에서 $0.6F_y$는 강재의 전단항복강도에 해당되며, F_y 값은 플랜지의 항복강도를 적용한다. 그 이유는 통상 플랜지가 웨브보다 두꺼우므로 경우에 따라서는 웨브의 전단강도를 안전측으로 평가하기 때문이다. 예를 들어 SS275 강재에서 플랜지 두께가 20mm이면 플랜지 항복강도는 265 MPa이고 웨브 두께가 15mm이면 웨브 항복강도는 275 MPa이다.

설계전단강도 산정 시 ϕ_v와 C_v 계수는 주요 단면에 대해 다음과 같이 규정하고 있다.

1) $h/t_w \le 2.24\sqrt{E/F_y}$ 인 압연 H형강의 웨브

$$\phi_v = 1.0,\quad C_v = 1.0 \tag{6.26}$$

2) 원형강관을 제외한 모든 2축대칭 단면, 1축대칭 단면 및 ㄷ형강

① $h/t_w \le 1.10\sqrt{k_v E/F_y}$ 일 때

$$\phi_v = 0.9,\quad C_v = 1.0 \tag{6.27}$$

② $1.10\sqrt{k_v E/F_y} < h/t_w \le 1.37\sqrt{k_v E/F_y}$ 일 때

$$\phi_v = 0.9,\quad C_v = \frac{1.10\sqrt{k_v E/F_y}}{h/t_w} \tag{6.28}$$

③ $h/t_w > 1.37\sqrt{k_v E/F_y}$ 일 때

$$\phi_v = 0.9,\quad C_v = \frac{1.51Ek_v}{(h/t_w)^2 F_y} \tag{6.29}$$

한편, H-형강 및 ㄷ-형강 웨브의 경우 전단좌굴계수 k_v는 다음과 같다.

$$k_v = 5 + \frac{5}{(a/h)^2} \quad (6.30)$$

여기서, a : 수직보강재의 간격(mm)

예제 6.8

활하중(LL) 50 kN/m, 비구조적 부착물의 중량에 대한 고정하중(DC, 자중은 제외) 25 kN/m를 지탱하는 SS315 (F_y = 315 MPa) 의 가장 가벼운 H형강 단면을 고르시오. 이 단순보(그림 6.16)의 지간은 1.8 m이며, 횡방향의 브레이싱은 횡방향 변위를 구속하기에 충분하다. 한계상태설계법으로 설계하여라. 단, KDS 14 31 10을 따르고, 하중수정계수 η는 1.0으로 가정하라. 하중계수는 $\gamma_{DC} = 1.25$와 $\gamma_{LL} = 1.80$이고 극한한계상태의 휨저항계수 $\phi_f = 0.9$, 탄성계수 $E = 2.1 \times 10^5$ MPa 이다. 하중조합은 극한한계상태 I로 다음 식을 사용한다.

$P_u = \eta \Sigma \gamma_i Q_i = 1.00 \times (1.25 \times DC + 1.80 \times LL) = 1.25DC + 1.80LL$

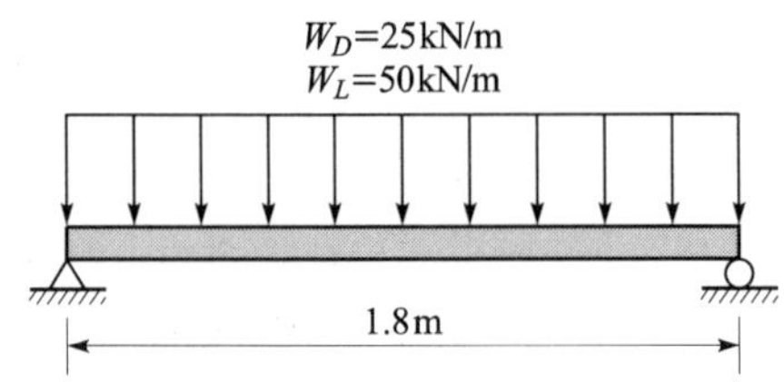

그림 6.16 **분포하중을 받는 단순보**

풀이

1) M_u, V_u를 계산.

$w_u = \eta \Sigma \gamma_i Q_i = 1.25DC + 1.80LL = 1.25\,W_D + 1.80\,W_L$

$= 1.25(25) + 1.80(50) = 121.25\,\text{kN/m}$

$M_u = wL^2/8 = 121.25(1.8)^2/8 = 49.1\,\text{kN} \cdot \text{m}$

$V_u = wL/2 = 121.25(1.8)/2 = 109.1\,\text{kN}$

보에 작용하는 하중이 크므로 보의 자중은 무시하였다.

2) 휨에 대한 단면을 설계 (조밀단면으로 가정)

$M_r = \phi_f M_n = \phi_f M_p = \phi_f Z_x F_y$

설계조건은 $\phi_f M_n = M_u$ 이므로

소요 $Z_x = \dfrac{M_u}{\phi_f \cdot F_y} = \dfrac{49.1 \times 10^6}{0.9(315)} = 173{,}192\,\text{mm}^3$

강재제원표에서, $Z_x \geq 173{,}192\,\text{mm}^3$을 만족하는 최경량 단면인 H-198×99×4.5×7 형강을 선택

3) 전단에 대해 검토

전단좌굴응력비 C_v를 결정하기 위해 식 (6.26)으로 검토한다.

$$\frac{h}{t_w} = \frac{198 - 7 \times 2}{4.5} = 40.9 < 2.24\sqrt{\frac{E}{F_y}} = 57.8 \qquad \therefore \ \phi_v = 1.0, \ \ C_v = 1.0$$

$$V_r = \phi_v(0.6F_y)A_w C_v = 1.0 \times (0.6 \times 315)(184 \times 4.5) \times 1.0$$

$$= 156{,}492\,\text{N} = 156.5\,\text{kN} \ < \ V_u = 109.1\,\text{kN} \qquad \therefore \ \text{O.K.}$$

6.5 횡비틀림좌굴이 고려된 보의 설계 (단일 부재)

6.5.1 횡비틀림좌굴 거동

인장재 및 압축재와 달리 휨부재가 휨 변형을 받게 되면 부재 단면은 압축부와 인장부로 구분될 수 있다. 그림 6.17에 보인 바와 같이 양쪽 단부만 횡지지되어 있고 그 외 횡방향 변위가 구속되지 않은 보를 살펴보자. 압축부는 기둥부재와 같은 양상으로 부재가 세장한 정도에 따라 좌굴이 발생하게 된다. 그러나 기둥부재와는 달리 휨부재 단면의 일부로서 압축부는 인장부에 의해서 구속을 받게 되어 횡방향 변형(휨좌굴)은 비틀림변형을 수반하게 된다. 즉 강축방향으로 하중을 받고 있는 휨부재의 압축측 플랜지에 대해서 횡방향 구속이 부적절한 경우, 초기에는 면내 휨거동을 보이다가 최종적으로 약축 방향으로 횡좌굴이 발생하게 되는데 이러한 좌굴을 횡비틀림좌굴(lateral-torsional buckling)이라 한다. 횡비틀림좌굴은 비틀림에 대하여 충분한 횡지지 부재를 부착하여 발생을 방지하여야 한다. 만일 횡방향 지지조건의 확보가 어려운 경우에는 작용하중의 감소를 고려하여 설계하여야 한다.

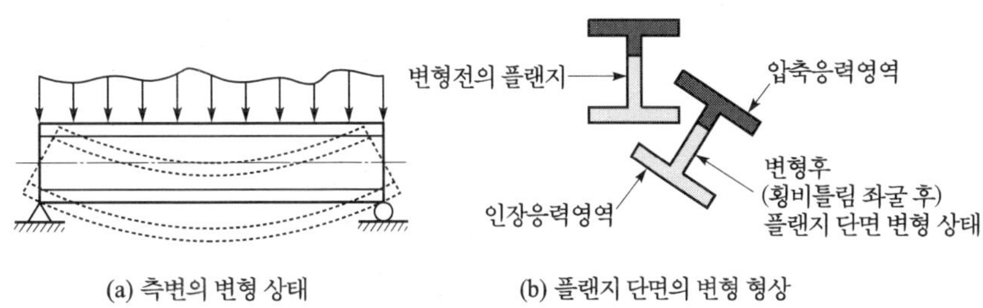

그림 6.17 횡방향 비지지된 보 (양끝단에서만 횡지지된 경우)

한계상태설계법의 휨모멘트에 대한 강도요구사항은 다음 식과 같다.

$$M_r = \phi_f \, M_n \geq M_u \tag{6.31}$$

여기서 M_r : 단면의 계수저항휨강도

ϕ_f : 휨에 대한 저항계수

M_n : 단면의 공칭휨강도

M_u : 설계하중에 의한 계수휨모멘트

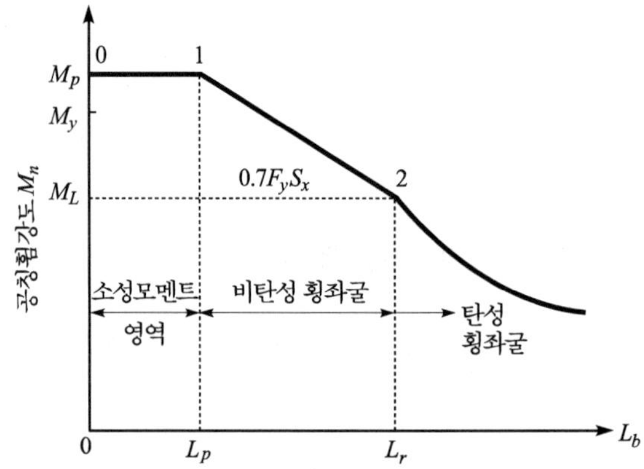

그림 6.18 횡비틀림좌굴의 영향을 받는 보의 공칭휨강도

그림 6.18은 압축부에서 횡방향 자유도가 구속된 지점 사이의 거리로 정의되는 보의 비지지길이(L_b)와 횡비틀림좌굴강도의 관계를 나타낸 것이다. 소성비지지길이(L_p) 및 탄성한계 비지지길이(L_r)로 구분되는 비지지길이의 범위에 따라 공칭휨강도(M_n)는 다음과 같이 구분된다.

$M_n = M_p$(소성모멘트) : $L_b \le L_p$
$M_n = M_{icr}$(비탄성 횡비틀림 모멘트) : $L_p < L_b \le L_r$
$M_n = M_{cr}$(탄성 횡비틀림 모멘트) : $L_b > L_r$

횡비틀림좌굴강도 산정을 위해 그림 6.18에 보인 공칭휨강도를 압축플랜지 비지지길이의 구간에 따라 다음과 같이 거동특성을 분석할 수 있다.

- 구간 1 : 횡비틀림좌굴이 발생하지 않는 비지지길이 영역(0–1구간)
  소성회전능력이 크며 소성모멘트 M_p에 도달하는 경우로 공칭휨강도 M_n은 $M_n = M_p$ 이다. 이 경우, 단면은 국부좌굴 방지를 위해 조밀단면이 적용된다. 즉, 플랜지($b_f/2t_f$)와 웨브(h/t_w)의 세장비(폭/두께비) λ값은 λ_p를 초과하지 않고, 횡가새(lateral bracing)는 압축플랜지 비지지길이 L_b가 L_p를 만족하도록 설치되어 휨부재에서 횡비틀림좌굴이 발생하지 않는다.

- 구간 2 : 비탄성 횡비틀림좌굴이 발생하는 비지지길이 영역(1–2구간)
  압축플랜지 비지지길이가 소성모멘트 한계길이인 L_p를 초과하는 단면의 휨강도는 횡비틀림좌굴을 고려한 압축플랜지 휨강도 규정을 적용하여 구한다. 즉, 비탄성거동 영역($M_p > M_n \geq M_L$)에서 횡비틀림좌굴이 일어날 수 있는 경우이다. 이 경우 공칭휨강도 M_n은 그림 6.18의 1(L_p에서의 M_p)과 2(L_r에서의 M_L)의 선형적인 관계에서 근사적으로 구할 수 있다. 즉, 공칭휨강도 M_n은 횡비지지길이의 선형함수이다. M_L은 플랜지의 최단부가 항복응력 F_y(잔류응력 포함)에 도달했을 때 공칭휨강도를 나타내며, $M_L = (F_y - f_{rs})S_x$이다. 여기서, f_{rs}는 플랜지의 잔류응력이며 $f_{rs} = 0.3F_y$으로 고려된다. S_x는 탄성단면계수이다.

- 구간 3 : 탄성 횡비틀림좌굴이 발생하는 비지지길이 영역 (2-이후 구간)
  공칭휨강도 M_n이 탄성좌굴강도 M_{cr}(즉, $M_n < M_L$)과 같은 일반적인 극한상태이다, 이 유형은 그림 6.18에서 탄성 횡비틀림좌굴이 발생하는 영역에 해당한다.

6.5.2 횡비틀림좌굴강도

보는 소성모멘트 M_p에 도달하여 완전소성상태가 되어 파괴되던지 또는 다음에 의하여 파괴될 수 있다.

① 탄성 또는 비탄성 횡비틀림좌굴(LTB, Lateral-Torsional Buckling)
② 탄성 또는 비탄성 플랜지국부좌굴(FLB, Flange Local Buckling)
③ 탄성 또는 비탄성 웨브국부좌굴(WLB, Web Local Buckling)

좌굴이 발생할 때의 최대 휨응력이 응력-변형률 곡선상의 직선비례한도보다 작은 경우의 파괴거동은 탄성이 되고, 그렇지 않은 경우는 비탄성이 된다. 일반적으로 휨부재의 단면을 고려하여 조밀단면, 비조밀단면, 세장단면으로 먼저 분류하고, 횡지지 조건의 정도에 따라서 휨저항을 결정한다.

1) 조밀단면

보가 조밀단면이고, 연속적으로 횡지지되어 있거나 또는 비지지길이가 충분히 짧을 경우 횡비틀림좌굴에 대한 공칭휨강도 M_n은 단면의 소성모멘트 M_p가 된다. 충분하지 않은 횡지지의 경우 휨저항은 탄성 또는 비탄성 횡비틀림좌굴 강도에 따라서 결정된다. 이론적인 탄성 횡비틀림좌굴강도식은 탄성안정론(Theory of Elastic Stability, Timoshenko and Gere, 1961)에서 다음과 같이 탄성좌굴응력 F_{cr}으로 유도되었다.

$$F_{cr} = \frac{\pi}{L_b S_x}\sqrt{EI_y GJ + (\frac{\pi E}{L_b})^2 I_y C_w} \quad (6.32)$$

여기서, L_b =비지지길이
I_y =단면의 약축에 대한 단면2차모멘트
G =전단탄성계수
J =수순비틀림상수
C_w =뒴비틀림상수

횡방향 비지지길이 내에서 휨모멘트가 균일한 크기를 가진다면 위의 식이 적용된다. 비지지길이내 불균일 모멘트가 발생하는 경우 모멘트구배수정계수 C_b를 사용하여 횡비틀림좌굴강도를 산정한다. 강구조 부재설계기준(KDS 14 31 10)은 공칭휨강도를 다음과 같이 규정한다.

$$M_n = F_{cr} S_x \le M_p \quad (6.33)$$

$$F_{cr} = \frac{C_b \pi^2 E}{\left(\frac{L_b}{r_{ts}}\right)^2} \sqrt{1+0.078\left(\frac{Jc}{S_x h_o}\right)\left(\frac{L_b}{r_{ts}}\right)^2} \quad (6.34)$$

여기서, $r_{ts}^2 = \frac{\sqrt{I_y C_w}}{S_x}$

$c=1$: 2축대칭 H형강의 경우

$c=\frac{h_o}{2}\sqrt{\frac{I_y}{C_w}}$: ㄷ형강의 경우

h_o : 상하부 플랜지 간 중심거리(mm)

횡비틀림좌굴 발생 시의 모멘트가 최초 항복 시의 모멘트보다 크다면 강도는 비탄성 거동에 의하여 결정된다. 최초 항복 시의 모멘트는 다음 식과 같다.

$$M_L = 0.7 F_y S_x \quad (6.35)$$

여기서 항복응력에 적용한 계수 0.7은 잔류응력을 고려하여 30% 감소시켰다는 것을 의미한다. 탄성과 비탄성 거동의 경계는 비지지길이 L_r이 되는데, 모멘트구배 수정계수 C_b=1.0을 적용하고, F_{cr}을 $0.7F_y$로 적용할 때의 비지지길이이다.

보의 비탄성 거동은 탄성 거동보다 매우 복잡하기 때문에 그림 6.18에서 소성비지지길이 한계 L_p 및 탄성비지지길이 한계 L_r 사이 구간에서 보간된 식이 제안되어 사용된다. 강구조 부재설계기준(KDS 14 31 10)에 따르면 횡비틀림좌굴강도는 다음과 같이 비지지길이의 영역별로 산정된다.

① $L_b \le L_p$의 경우에는 횡비틀림좌굴강도를 고려하지 않아도 된다.

② $L_p < L_b \le L_r$의 경우

$$M_n = C_b\left[M_p - (M_p - 0.7F_y S_x)\left(\frac{L_b - L_p}{L_r - L_p}\right)\right] \le M_p \quad (6.36)$$

③ $L_b > L_r$의 경우

$$M_n = F_{cr} S_x \le M_p \quad (6.37)$$

비지지길이의 이 세 영역은 그림 6.18과 함께 기술된 횡비틀림좌굴 거동의 세 가지 유형과 일치한다. 탄성 횡비틀림좌굴강도를 표현한 식(6.37)은 식(6.33)과 동일하며 탄성좌굴응력 F_{cr}은 식(6.34)를 적용한다. 비탄성 횡비틀림좌굴강도를 표현한 식(6.36)에서 $0.7F_y S_x$는 잔류응력을 고려한 항복휨강도이고, L_p와 L_r은 다음과 같다.

$$L_p = 1.76 r_y \sqrt{\frac{E}{F_y}} \quad (6.38)$$

$$L_r = 1.95 r_{ts} \frac{E}{0.7F_y} \sqrt{\frac{Jc}{S_x h_o}} \sqrt{1+\sqrt{1+6.76\left(\frac{0.7F_y}{E}\frac{S_x h_o}{Jc}\right)^2}} \quad (6.39)$$

휨모멘트의 분포에 따라 정해지는 보정계수 C_b 값은 비례관계로 영향을 미치지만 휨강도는 상한값 M_p를 초과할 수 없다. 강구조 부재설계기준(KDS 14 31 10) 4.3.2.1.1.1 일반사항에 보정계수 C_b를 다음과 같이 기술하고 있다.

$$C_b = \frac{12.5M_{\max}}{2.5M_{\max} + 3M_A + 4M_B + 3M_C} \quad (6.40)$$

여기서, $M_{\max}$: 비지지구간에서 최대모멘트 절대값(N·mm)

M_A : 비지지구간에서 1/4지점의 모멘트 절대값(N·mm)

M_B : 비지지구간에서 중앙부의 모멘트 절대값(N·mm)

M_C : 비지지구간에서 3/4지점의 모멘트 절대값(N·mm)

단, ① 자유단이 횡지지되지 않은 캔틸레버와 내민보의 경우 $C_b = 1.0$

② 횡지지점 사이에 횡하중이 없는 2축 대칭부재에서 C_b는 다음 값을 초과할 수 없다.

· 횡지지된 양단부의 모멘트 크기가 같고 부호가 같은 경우에는 1.0

· 횡지지된 양단부의 모멘트 크기가 같고 부호가 반대인 경우에는 2.27

· 한쪽 단부모멘트가 0인 경우에는 1.67

복곡률(double curvature)이 발생하는 1축 대칭부재의 경우에는 상하플랜지 모두에 대하여 횡비틀림좌굴강도를 검토한다. C_b의 값은 모든 경우에 있어서 안전측으로 1.0을 사용할 수 있다.

2) 비조밀단면 및 세장단면

일반적으로 보는 횡비틀림좌굴, 플랜지국부좌굴, 웨브국부좌굴에 의해서 파괴된다. 플랜지와 웨브가 모두 조밀단면으로 구성된 경우 국부좌굴이 방지되어 비지지길이에 의해 규정되는 횡비틀림 좌굴강도가 그 단면의 휨강도가 된다. 그러나 비조밀단면 또는 세장단면으로 단면이 구성된 경우 횡비틀림좌굴강도가 구현되기 전에 플랜지 또는 웨브에서 국부좌굴이 발생되어 단면에 대한 휨강도를 지배하게 된다. 그러므로 횡비틀림좌굴강도와 국부좌굴강도 중에서 작은 값이 그 단면의 휨강도가 된다.

웨브가 조밀단면이고 플랜지가 비조밀단면 또는 세장단면일 경우, 횡비틀림좌굴강도는 앞서 제시된 식 (6.36)과 식 (6.37)로, 압축플랜지 국부좌굴강도는 6.4.1절에서 보인 식 (6.22)와 (6.23)으로 검토한다. 이 두 휨강도 중 작은 값이 그 단면의 휨강도가 된다.

웨브가 비조밀단면이고 강축 휨을 받는 2축 대칭 H형강과 조밀웨브 또는 비조밀웨브를 갖는 강축 휨을 받는 1축 대칭 H형강 단면의 횡비틀림좌굴강도는 KDS 14 31 10 강구조부재 설계기준(하중저항계수설계법)의 4.3.2.1.1.4에 제시되어 있다.

예제 6.9

압연 H형강 H-488×300×11×18 단면의 보에 대해 공칭휨강도를 산정하시오. 철근콘크리트 슬래브에 의하여 압축플랜지는 연속적으로 횡지지 되어 있고, 항복강도는 315 MPa이다.

풀이

H형강의 필렛부 반경 $r = 26\text{mm}$

(1) 플랜지의 판폭두께비 검토

$$\lambda = \frac{b}{t_f} = \frac{300/2}{18} = 8.3 \ \langle \ \lambda_p = 0.38\sqrt{\frac{E}{F_{yf}}} = 0.38\sqrt{\frac{210,000}{315}} = 9.8$$

∴ 플랜지 조밀단면

(2) 웨브의 판폭두께비 검토

$$\lambda = \frac{h}{t_w} = \frac{488 - 2(18) - 2(26)}{11} = 36.4 \langle \ \lambda_p = 3.76\sqrt{\frac{E}{F_{yw}}} = 3.76\sqrt{\frac{210,000}{315}} = 97.1$$

∴ 웨브 조밀단면

(3) 연속적인 횡지지 ∴ 횡비틀림좌굴이 발생하지 않음.

(4) 소성모멘트 산정

단면의 소성단면계수 $Z_x = 3{,}230\text{cm}^3 = 3.23(10^6)\text{mm}^3$

$$M_p = F_y Z_x = (315\text{MPa})(3.23 \times 10^6 \text{mm}^3)$$

$$= 1{,}017.45(10^6)\text{N} \cdot \text{mm} = 1{,}017.45 \text{ kN} \cdot \text{m}$$

그러므로, 공칭휨강도 $M_n = M_p = 1{,}017.45 \text{ kN} \cdot \text{m}$ 이다.

예제 6.10

압연 H형강 H-488×300×11×18, $F_y = 315$ MPa인 보에 대해 공칭휨강도를 산정하시오. 보의 비지지 길이(L_b)가 다음과 같이 주어지며, $C_b = 1.0$을 적용한다.

(a) $L_b = 3\text{m}$ (b) $L_b = 6\text{m}$ (c) $L_b = 12\text{m}$

풀이

(1) H−488×300×11×18, $F_y = 315 \text{ MPa}$ 보는 조밀단면이다.

$S_x = 2.91 \times 10^6 \text{ mm}^3$, $Z_x = 3.23 \times 10^6 \text{mm}^3$, $I_y = 8.11 \times 10^7 \text{ mm}^4$, $r_y = 70.4\text{mm}$

(2) 소성모멘트

휨강도는 소성모멘트, 횡비틀림좌굴강도를 고려하여 산정한다.

$M_p = 1{,}017.45 \text{ kN} \cdot \text{m}$

(3) 횡비틀림좌굴강도

$$L_p = 1.76 r_y \sqrt{\frac{E}{F_y}} = 1.76(70.4\text{mm})\sqrt{\frac{210,000}{315}} = 3{,}199\text{mm}$$

$$L_r = 1.95\,r_{ts}\frac{E}{0.7F_y}\sqrt{\frac{Jc}{S_x h_o}}\sqrt{1+\sqrt{1+6.76\left(\frac{0.7F_y}{E}\frac{S_x h_o}{Jc}\right)^2}}$$

여기서,

$$r_{ts}^2 = \frac{\sqrt{I_y C_w}}{S_x} = \frac{\sqrt{(8.11\times10^7\text{mm}^4)(4.4787\times10^{12}\text{mm}^6)}}{2.91\times10^6\text{mm}^3} = 6{,}549.3\,\text{mm}^2,$$

$r_{ts} = 80.9\,\text{mm}$

$c=1$: 2축대칭 H형강의 경우

h_o : 상하부 플랜지 간 중심거리 (mm) $= 488 - 18 = 470\,\text{mm}$

$$C_w = \frac{h_o^2}{4}I_y = \frac{470^2}{4}I_y = 4.4787\times10^{12}\ \text{mm}^6$$

$$J = \Sigma\frac{1}{3}b_i t_i^3 = 1.3669\times10^6\text{mm}^4$$

$\therefore\ L_r = 9{,}394\ \text{mm}$

(a) 비지지길이 $L_b = 3\text{m}$

$L_b \le L_p$ 이므로 $M_n = M_p = 1{,}017.45\,\text{kN·m}$

(b) 비지지길이 $L_b = 6\text{m}$

$L_p < L_b \le L_r$ 이므로

$$M_n = C_b\left[M_p - (M_p - 0.7F_y S_x)\left(\frac{L_b - L_p}{L_r - L_p}\right)\right] \le M_p$$

$$\therefore\ M_n = (1.0)\left[1{,}017.45 - (1{,}017.45 - 0.7\times315\times2.91)\left(\frac{6.0-3.199}{9.394-3.199}\right)\right]$$

$$= 847.5\,\text{kN·m}$$

(c) 비지지길이 $L_b = 12\text{m}$

$L_b > L_r$ 이므로 $M_n = F_{cr}S_x \le M_p$

$$F_{cr} = \frac{C_b\pi^2 E}{\left(\frac{L_b}{r_{ts}}\right)^2}\sqrt{1+0.078\frac{Jc}{S_x h_o}\left(\frac{L_b}{r_{ts}}\right)^2} = 155.2\,\text{MPa}$$

$$\therefore\ M_n = F_{cr}S_x = (155.2)(2.91\times10^6) = 451.7\,\text{kN·m}$$

예제 6.11

단순보의 양단에서만 횡지지된 H형강 보에 다음 하중이 작용할 때 C_b를 계산하시오.

(a) 등분포하중

(b) 지간 중앙 집중하중

풀이

(a) $M_{\max} = \dfrac{wL^2}{8}$

$$M_A = M_{1/4} = \frac{3wL^2}{32}$$

$$M_C = M_{3/4} = \frac{3wL^2}{32}$$

$$M_B = M_{\max} = \frac{wL^2}{8}$$

$$\text{보정계수 } C_b = \frac{12.5\,M_{\max}}{2.5M_{\max} + 3M_A + 4M_B + 3M_C}$$

$$= \frac{12.5 \times \frac{1}{8}}{2.5(\frac{1}{8}) + 3(\frac{3}{32}) + 4(\frac{1}{8}) + 3(\frac{3}{32})} = 1.14$$

(b) $M_{\max} = \dfrac{PL}{4}$

$$M_A = M_{1/4} = \frac{PL}{8}$$

$$M_C = M_{3/4} = \frac{PL}{8}$$

$$M_B = M_{\max} = \frac{PL}{4}$$

$$\text{보정계수 } C_b = \frac{12.5\,M_{\max}}{2.5M_{\max} + 3M_A + 4M_B + 3M_C}$$

$$= \frac{12.5 \times \frac{1}{4}}{2.5(\frac{1}{4}) + 3(\frac{1}{8}) + 4(\frac{1}{4}) + 3(\frac{1}{8})} = 1.32$$

6.6 합성 휨부재

합성부재란 서로 다른 두 가지 이상의 재료로 하나의 단면을 구성하여 전체로서 강성과 강도를 효율적으로 향상시킨 구조부재를 의미한다. 본 절에서는 한 단면 내에서 압축 및 인장 영역이 발생하는 휨거동에 사용되는 합성 휨부재의 기본 거동과 휨강도에 대해 살펴보도록 한다. 강교량에 적용되는 합성단면 교량의 설계와 관련해서는 제11장 강교량에서 보다 상세하게 다루고 있다.

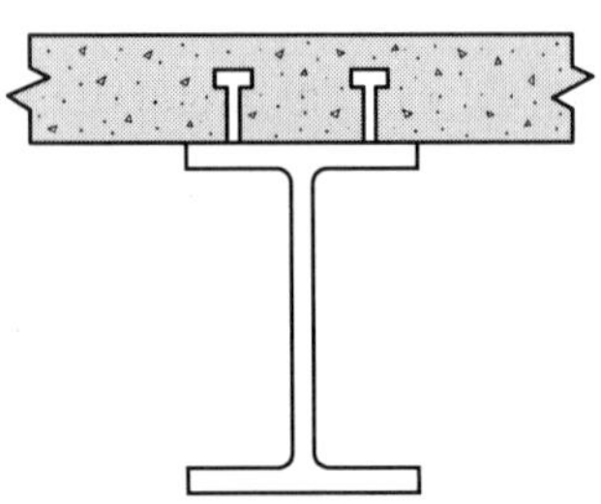

그림 6.19 **강-콘크리트 합성보**

대표적인 합성 휨부재로는 그림 6.19에 보인 콘크리트와 강재 단면이 이루는 강-콘크리트 합성보(steel-concrete composite beam)를 들 수 있다. 이러한 합성 휨부재는 강재와 콘크리트의 두 재료를 상호 결합하여 서로의 단점을 보완하고 장점을 최대한 활용한다는 기본적인 설계개념(design philosophy)에서 출발하였다. 콘크리트는 압축에 강한 저항을 가지지만 인장에는 취약한 구조재료이고, 강재는 고강도 재료로서 단면이 세장하여 압축력에 대한 좌굴에 면밀한 대응을 해야 한다. 그러나 두 개의 구조부재를 일체로 합성하여 콘크리트는 압축에 대한 저항을 담당하고, 강재단면은 주로 인장에 저항하도록 단면을 구성하면 매우 기능적이고 경제적인 합성단면의 구성이 가능하다.

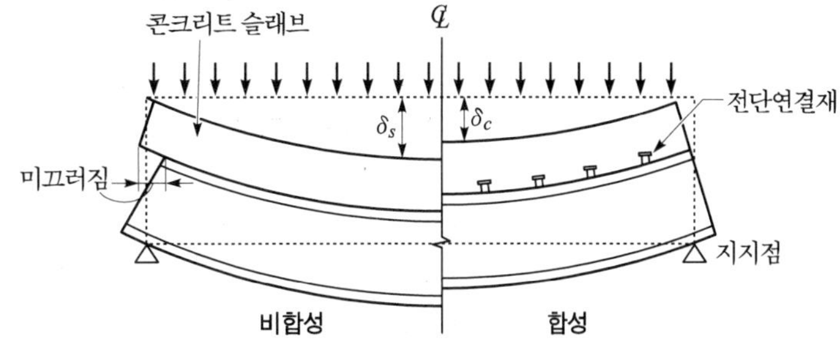

그림 6.20 **합성 휨부재에서 합성작용의 비교**

합성 휨부재에서 서로 성질이 다른 이종의 재료가 적절하게 함께 휨거동을 할 수 있도록 조건을 제공하여야 하는데 이러한 합성작용(composite action)을 확보하기 위하여 전단연결재(shear connectors)라는 기계적 장치를 콘크리트와 강재 단면 사이에 설치한다. 만약 전단연결재가 없을 경우 그림 6.20 좌측에서 보듯이 콘크리트와 강재의 경계면에서 수평전단력에 대한 저항이 없어 각 재료별 단면이 각각의 중립축을 가지고 거동하므로 상대변위가 발생하게 되고, 단면계수 등도 각각 계산되어 합성단면으로서의 합성효과는 얻을 수 없다. 반면, 그림 6.20 우측에서처럼 전단연결재에 의해 합성작용이 담보될 경우 두 단면이 완전부착이 되어 경계면에서 미끄러짐 등이 발생하지 않고 하나의 합성단면으로 단면계수 등을 산정할 수 있어 비합성단면 대비 훨씬 효율적인 강성과 강도를 얻을 수 있다.

전단연결재는 정해진 간격에 따라 강재단면의 상부플랜지 위에 용접되고 경화된 콘크리트가 정착됨으로서 역학적 거동을 하게 된다. 그림 6.19에 보인 바와 같이 스터드(stud)는 가장 많이 이용되는 전단연결재인데 시공성이 우수하고 대상 거더의 상부플랜지가 충분히 넓다면 종방향으로 2열 이상을 배치하여 효율을 높일 수 있다.

합성작용의 정도에 따라 완전합성작용(fully composite action), 부분합성작용(partially composite sction)으로 구분되는데 완전합성작용을 얻기 위해서는 일정 개수 이상으로 요구되는 전단연결재를 설치하여야 한다. 만약 이보다 적은 수의 전단연결재가 설치된다면 강재와 콘크리트 사이에 미끄러짐을 유발하는 부분합성작용으로 거동하게 된다.

합성거더와 합성보는 교량구조 및 건물구조에서 많이 적용되는데 그 이유는 경제적인 대안이 되기 때문이다. 더 작고 가벼운 조립거더 또는 압연보가 합성 휨부재로 사용될 수도 있지만, 이 장점은 때때로 전단연결재의 추가적인 비용으로 상쇄될 수도 있다. 합성 휨부재를 효과적으로 활용하면 형고(girder depth)를 낮춘 새로운 합성공법이 개발될 수 있으며 처짐과 진동을 살피는 사용성 평가에서도 비합성구조에 비해 유리한 측면이 있다.

6.6.1 합성 휨부재 탄성해석

합성 휨부재가 파괴에 이르는 수준의 하중보다 훨씬 낮은 하중을 받도록 설계될 경우 강재와 콘크리트 합성단면은 선형으로 거동한다고 가정할 수 있다. 합성 휨부재의 설계강도는 보통 파괴 시의 상태를 기본으로 하지만, 공용하중 하에서의 거동을 이해하는 것이 여러 가지 이유에서 매우 중요하다. 처짐은 항상 공용하중 하에서 검토되며, 어떤 경우의 설계강도는 최초로 항복이 일어난 한계상태를 기준으로 하기도 한다.

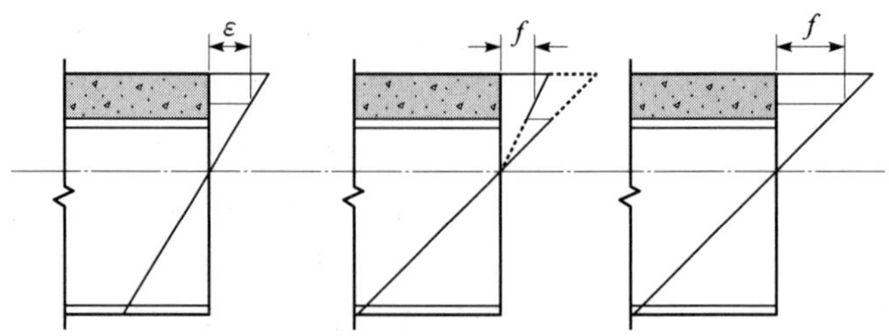

그림 6.21 **합성단면의 변형률과 응력분포**

(a) 변형(ε) (b) 실제응력($f=E\varepsilon$) (c) 환산단면의 응력 단면

균질한 재료로 된 보의 휨응력 f_b과 전단응력 f_v은 다음 식으로부터 산정될 수 있다.

$$f_b = \frac{My}{I} \tag{6.41}$$

$$f_v = \frac{VQ}{It} \tag{6.42}$$

여기서 M=휨모멘트, V=전단력, I=단면2차모멘트, Q=단면1차모멘트, y= 중립축에서 휨응력이 고려되는 위치까지의 거리, t= 전단응력이 고려되는 위치에서 단면의 폭이다. 합성 휨부재는 하나의 재료로 이루어진 것이 아니므로 이 식들을 직접 사용할 수는 없다. 이 식들을 사용하기 위해서는 환산단면(transformed section) 개념을 적용해 콘크리트단면을 같은 효과를 가지는 강재단면으로 환산해야 한다. 그림 6.21은 합성보의 한 단면이 휨을 받을 때 변형률 및 응력선도를 보여주고 있다. 콘크리트슬래브가 조립강거더 또는 압연형강에 완전합성으로 부착되어 있다면 휨을 받기 전에 평면이었던 단면은 휨을 받은 후에도 평면을 유지한다는 이론에 따라 변형률은 그림 6.21(a)와 같다. 이에 따른 응력분포를 6.21(b)에 나타내었는데 강재와 콘크리트의 탄성계수의 차이만큼 응력에서 차이를 보인다. 그러나 탄성계수를 고려하여 콘크리트단면을 강재단면으로 적용한 환산단면적 개념을 활용하면 전체 단면은 균질재료로 가정될 수 있으며 그림 6.21(c)에 나타난 바와 같이 연속선형 응력분포로 고려 가능하다.

환산단면 개념은 우선 한 점에서의 콘크리트 변형률이 치환된 강재의 변형률과 같다는 전제에서 출발한다.

$$\epsilon_c = \epsilon_s \text{ 또는 } \frac{f_c}{E_c} = \frac{f_s}{E_s} \quad (6.43)$$

그리고

$$f_s = \frac{E_s}{E_c} f_c = n f_c \quad (6.44)$$

여기서 E_c : 콘크리트의 탄성계수

$$n = \frac{E_s}{E_c} \text{ : 탄성계수비} \quad (6.45)$$

콘크리트교 설계기준 (KDS 24 14 21)에 의하면 보통 콘크리트의 탄성계수는 다음과 같이 주어진다.

$$E_c = 0.077 m_c^{1.5} \sqrt[3]{f_{cm}} \text{ (MPa)} \quad (6.46)$$

여기서 m_c =콘크리트의 단위 질량 (kg/m^3)

f_{cm} =재령 28일에서 콘크리트 평균압축강도 (MPa)

탄성계수비 n 이 포함된 식(6.44)는 다음과 같이 해석될 수 있다. 콘크리트 단면적 n m^{2}는 강재 단면적 1 m^{2}가 받는 힘에 저항하기 위해 필요한 단면적이며, 역으로 콘크리트가 받는 힘에 저항하는 강재단면을 결정하기 위해서는 콘크리트 면적을 n 으로 나누면 된다. 즉 A_c를 A_c/n으로 치환하면, 이 면적이 바로 환산단면적(transformed area)이 된다.

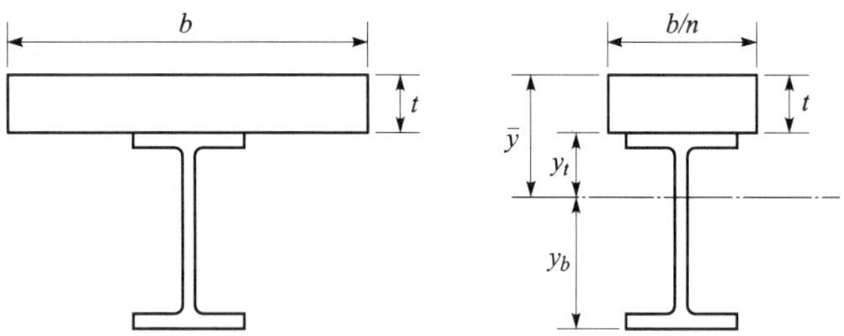

(a) 환산단면 적용전 합성단면 (b) 환산단면 적용후 합성단면

그림 6.22 환산단면적의 산정

그림 6.22(a)에는 환산단면 개념이 적용되기 전 합성단면을 보이고 있다. 콘크리트 면적 A_c를 강재에 해당하는 단면적으로 환산하기 위해 n 으로 나누어야 하는데, 합성단면적의 중립축의 위치를 변하게 하지 않는 가장 편한 방법이 폭은 n 으로 나누고 두께는 그냥 두는 것이다. 이렇게 함으로써 그림 6.22(b)와 같이 균질한 강재단면으로 환산될 수 있다. 응력을 계산하기 위해서 합성단면의 중립축을 결정하고 단면2차모멘트를 산정한 후 휨공식을 이용해 휨응력을 산정할 수 있다. 강재단면의 상연과 하연에서의 응력은 다음과 같이 산정될 수 있다.

$$f_{st} = \frac{My_t}{I_{tr}} \quad (6.47)$$

$$f_{sb} = \frac{My_b}{I_{tr}} \quad (6.48)$$

여기서 M : 작용 휨모멘트

I_{tr} : 중립축(균일단면의 경우 중심축과 같은)에 대한 단면2차모멘트

y_t : 중립축으로부터 강재보 상연까지의 거리

y_b : 중립축으로부터 강재보 하연까지의 거리

콘크리트단면 내 응력도 같은 방법으로 구할 수 있는데, 환산단면에서 강재로 고려되었으므로 결과를 탄성계수비 n으로 나누어 구해야 한다. 그림 6.22(b)를 참조하여 콘크리트 상면에 발생하는 최대 응력은 다음과 같다.

$$f_{c,\max} = \frac{M\bar{y}}{nI_{tr}} \quad (6.49)$$

여기서 $\bar{y}$는 중립축으로부터 콘크리트 상면까지의 거리이다.

설계 과정에서 콘크리트의 인장강도는 일반적으로 무시되므로 콘크리트단면의 전부 또는 일부가 압축상태가 되는 정모멘트 구간에서만 환산단면적이 적용될 수 있다.

예제 6.12

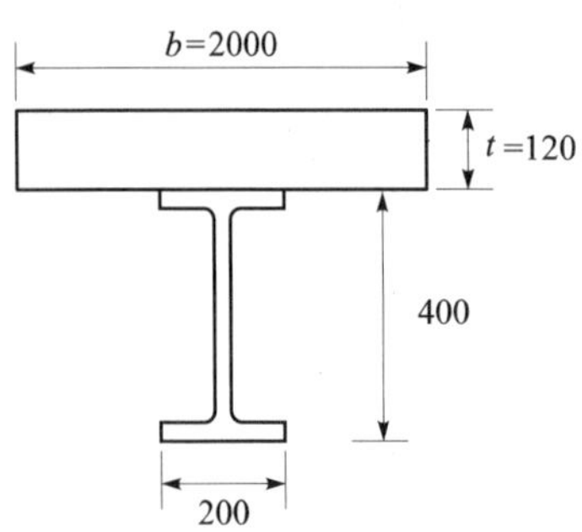

그림 6.23 강-콘크리트 합성단면

강재 SM355 (항복강도 F_y=355MPa, 탄성계수 E_s=210GPa)으로 제작된 깊이 400mm, 폭 200mm의 2축 대칭 I-형 단면과 두께 t=120mm, 폭 b=2,000mm의 상부 콘크리트 슬래브로 구성된 합성보가 있다. I-형 강재의 단면적 A= 6,774mm^{2}이고, 강축에 대한 단면2차모멘트 $I_s = 1.865 \times 10^8$mm^{4}이다. 또한 콘크리트의 단위 중량 m_c =2,300kg/m^{3}이고, 평균압축강도 f_{cm}=28MPa이다. 정모멘트 구간에서 휨모멘트 217kN·m로 인해 발생되는 강재와 콘크리트에서 발생하는 최대응력을 산정하라.

풀이

식(6.46)을 이용하여 콘크리트의 탄성계수를 먼저 구한다.

$$E_c = 0.077 \times m_c^{1.5} \times \sqrt[3]{f_{cm}}$$
$$= 0.077 \times 2300^{1.5} \times \sqrt[3]{28} = 25{,}791\text{MPa}$$

식(6.45)에서 보인 탄성계수비를 계산하여

$$n = \frac{E_s}{E_c} = \frac{210{,}000}{25{,}791} = 8.14 \qquad \therefore\ n = 8\text{을 사용한다.}$$

콘크리트 탄성계수는 근사화하여 사용할 수 있기 때문에 일반적으로 통용되는 정수값를 사용한다. 탄성계수비를 사용하여 환산단면적을 산정할 때 높이는 그대로 두고 폭을 변화시키는데 환산된 폭 b'은 다음과 같다.

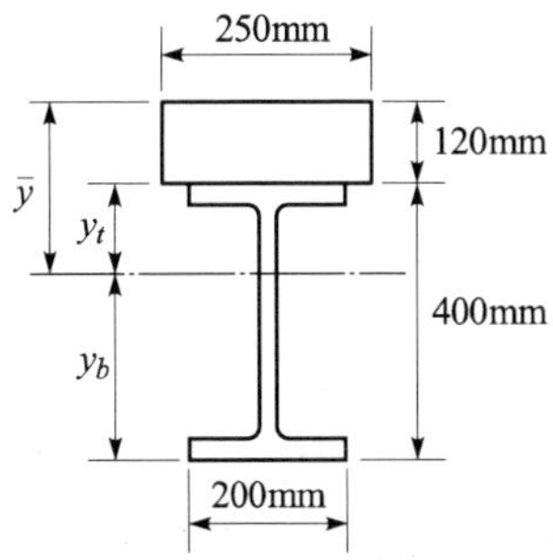

그림 6.24 강-콘크리트 합성단면의 환산단면

$$b' = \frac{b}{n} = \frac{2,000}{8} = 250\,\mathrm{mm}$$

환산단면에 대한 치수가 그림 6.24에 나타나 있다. 그림에는 환산단면의 중립축이 강재단면의 웨브에 있는 것으로 나타나 있지만 콘크리트단면 내에 있는지 강재단면 내에 있는지 아직은 알 수 없다.

중립축의 위치는 슬래브 상단을 기준축으로 단면1차모멘트를 취하여 찾을 수 있다. 계산과정은 표 6.3을 참조하고, 슬래브 상단에서 합성단면 도심까지의 거리 $\bar{y}$는 다음과 같다.

$$\bar{y} = \frac{\Sigma Ay}{\Sigma A} = \frac{3,967,680}{36,774} = 107.9\mathrm{mm}$$

이 값은 슬래브 두께 120mm 보다 작기 때문에 환산단면의 중립축은 콘크리트슬래브 내에 위치한다는 것을 알 수 있다. 평행축 정리를 적용하여 환산단면에 대한 단면2차모멘트를 계산하면 표 6.4에서 보인 바와 같이 다음과 같은 값을 얻는다.

$$I_{tr} = 596.0 \times 10^6\,\mathrm{mm}^4$$

중립축에서 강재 상단까지 거리는

$$y_t = \bar{y} - t = 107.9 - 120 = -12.1\mathrm{mm}$$

여기서 t는 슬래브의 두께이다. y_t의 부호가 음이라는 것은 강재단면과 콘크리트슬래브의 접합면 기준으로 상향 즉, 콘크리트 단면 내에 중립축이 존재한다는 의미이므로 강재단면은 모두 중립축 아래에 위치하게 되어 인장상태에 있음을 알 수 있다. 강재단면 상단에서의 응력은

$$f_{st} = \frac{My_t}{I_{tr}} = \frac{(217 \times 10^6\,\mathrm{N \cdot mm})(12.1\,\mathrm{mm})}{596.0 \times 10^6\,\mathrm{mm}^4} = 4.4\,\mathrm{MPa}$$

으로 계산된다.

표 6.3 환산단면 단면1차모멘트

요소	A (mm^2)	y (mm)	Ay (mm^3)
콘크리트	30,000	60	1,800,000
강재단면	6,774	320	2,167,680
	36,774		3,967,680

표 6.4 환산단면 단면2차모멘트

요소	A (mm^2)	y (mm)	$\bar{I}$ (mm^4)	d (mm)	$\bar{I} + Ad^2$ (mm^4)
콘크리트	30,000	60	36.00×10^6	47.9	104.8×10^6
강재단면	6,774	320	186.5×10^6	212.1	491.2×10^6
					596.0×10^6

중립축으로부터 강재단면 하단까지 거리 y_b 및 강재단면 하단에서의 응력은 각각

$$y_b = t + d - \bar{y} = 120 + 400 - 107.9 = 412.1\mathrm{mm}$$

$$f_{sb} = \frac{My_b}{I_{tr}} = \frac{(217 \times 10^6\,\mathrm{N \cdot mm})(412.1\,\mathrm{mm})}{596.0 \times 10^6\,\mathrm{mm}^4} = 150.0\,\mathrm{MPa}$$

으로 산정되는데 강재단면 상단과 마찬가지로 인장응력 상태에 있다. 한편, 콘크리

트 상단의 응력은

$$f_c = \frac{M\bar{y}}{nI_{tr}} = \frac{(217\times 10^6 \text{N}\cdot\text{mm})(107.9\text{mm})}{(8)(596.0\times 10^6 \text{mm}^4)} = 4.9\text{MPa}$$

로 압축응력 상태에 있다.

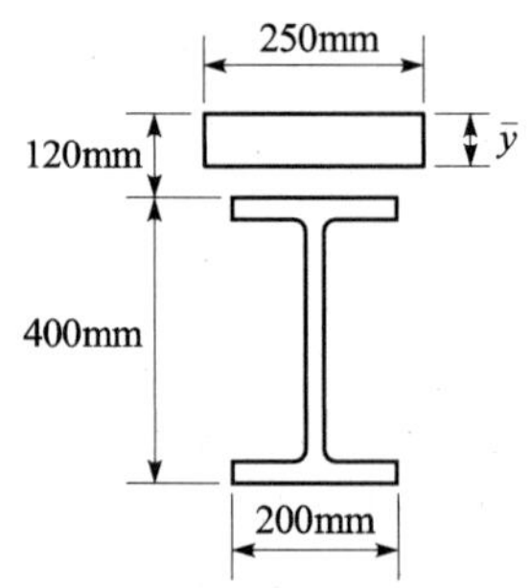

그림 6.25 인장영역 콘크리트가 제외된 수정 환산단면

일반적으로 콘크리트의 인장능력은 무시되므로 중립축 아래의 콘크리트는 단면산정시 고려되지 않는다. 이러한 경우 환산 단면의 기하학적 형상은 처음의 가정과 다르다는 것을 알 수 있다. 정확한 결과를 얻기 위해서는 중립축의 위치는 새로운 단면, 즉 콘크리트의 인장영역을 제외하고 압축영역만 고려된 기하학적 형상을 기초로 다시 산정되어야 한다. 그림 6.25와 표 6.5를 참조하여 새로운 중립축의 위치를 다음과 같이 계산할 수 있다.

$$\bar{y} = \frac{\Sigma Ay}{\Sigma A} = \frac{125\bar{y}^2 + 2,167,680}{250\bar{y} + 6,774}$$

$$\bar{y}(250\bar{y} + 6,774) = 125\bar{y}^2 + 2,167,680$$

$$125\bar{y}^2 + 6,774\bar{y} - 2,167,680 = 0$$

$$\therefore\ \bar{y} = 107.3\text{mm}$$

수정된 환산단면의 단면2차모멘트는

$$I_{tr} = (\frac{1}{3})(250)(107.3^3) + 186.5\times 10^6 + (6,774)(320 - 107.3)^2$$

$$= 595.9\times 10^6 \text{mm}^4$$

그리고 각 위치에서의 응력은 다음과 같다.

$$f_{st} = \frac{My_t}{I_{tr}} = \frac{(217\times 10^6)(120 - 107.3)}{595.9\times 10^6} = 4.6\text{MPa}(\text{인장})$$

$$f_{sb} = \frac{My_b}{I_{tr}} = \frac{(217\times 10^6)(120 + 400 - 107.3)}{595.9\times 10^6} = 150.3\text{MPa}(\text{인장})$$

$$f_c = \frac{M\bar{y}}{nI_{tr}} = \frac{(217\times 10^6)(107.3)}{(8)(595.9\times 10^6)} = 4.9\text{MPa}(\text{압축})$$

두 해석 결과를 비교해 보면 미소한 수준의 차이는 있지만 실무적으로 무시할 수 있는 수준이다. 만약 환산단면에 대한 중립축이 강재단면 내에 위치한다면 콘크리트 전단면이 압축상태가 되므로 콘크리트 인장영역을 제외하는 환산단면의 수정 과정은 불필요하다.

표 6.5 수정 환산단면의 단면1차모멘트

요소	A (mm^2)	y (mm)	Ay (mm^3)
콘크리트	$250\bar{y}$	$\bar{y}/2$	$125\bar{y}^2$
강재단면	6,774	320	2,167,680

6.6.2 합성부재 휨강도

대부분의 경우 강재 전단면이 항복되고 콘크리트가 정모멘트에 대해 압축상태로 부스러질 때 공칭휨강도에 도달하게 된다. 이 때 합성단면에 나타나는 이러한 응력분포를 소성응력분포(plastic stress distribution)라 한다. 정모멘트 구간에서 합성부재의 설계 휨강도는 다음과 같은 과정으로 산정한다.

- 조밀 강재웨브단면을 갖는 합성단면에 대한 공칭휨강도 M_n은 소성응력분포 상태로부터 구한다.
- 비조밀 강재웨브단면을 갖는 합성단면에 대한 공칭휨강도 M_n은 강재가 처음 항복할 때인 탄성응력분포 상태로부터 구한다.
- 설계강도는 공칭휨강도에 저항계수를 곱한 값 ϕM_n이 된다.

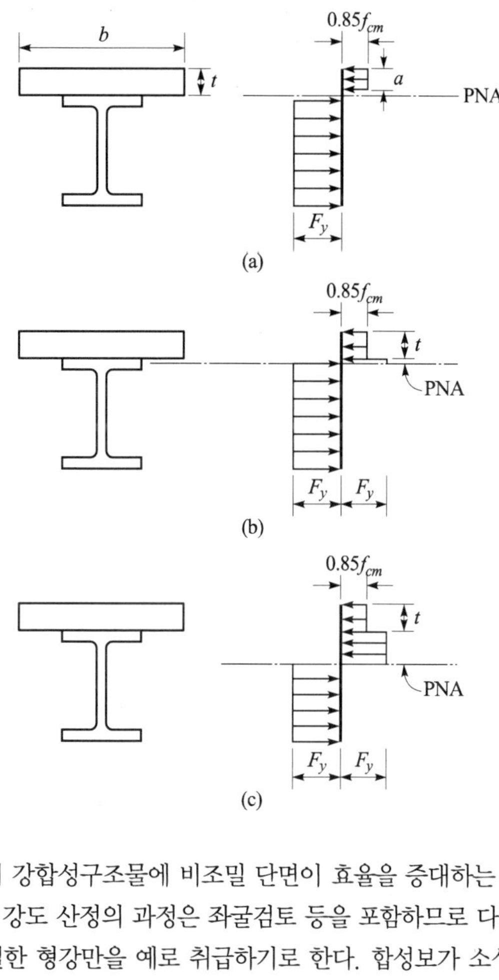

그림 6.26 합성단면에 대한 소성응력분포: (a) 소성중립축(PNA)이 콘크리트슬래브에 있는 경우 (b)소성중립축(PNA)이 상부플랜지에 있는 경우 (c) 소성중립축(PNA)이 웨브에 있는 경우

강교량 등 실제 강합성구조물에 비조밀 단면이 효율을 증대하는 대안이 될 수 있어 많이 활용되지만 강도 산정의 과정은 좌굴검토 등을 포함하므로 다소 복잡할 수 있다. 본 절에서는 조밀한 형강만을 예로 취급하기로 한다. 합성보가 소성한계 상태에 도달할 때, 응력은 그림 6.26에 나타난 바와 같이 세 경우 중 하나와 같이 분포하게 될 것이다. 콘크리트의 응력은 $0.85f_{cm}$의 균일압축응력으로 슬래브 상면으로부터 슬래브 하면 또는 이보다 작은 깊이까지 분포하게 된다. 이 분포는 휘트니의 등가응력분포(Whitney's equivalent stress distribution)라 하며, 실제 응력분포에 상응하는 합력의 크기를 갖는다. 그림 6.26(a)의 강재는 전단면 인장항복상태에 있고 콘크리트는 부분 압축상태로서 소성중립축(PNA, plastic neutral axis)이 슬래브 내에 있는 응력분포를 보여준다. 콘크리트의 인장강도는 매우 작아 무시되므로 인장부의 콘크리트에는 아무런 응력도 나타나 있지 않다. 충분한 전단연결재가 설치되어 있어 미끄러짐이 완전히 방지된 경우, 즉 완전합성 거동이 이루어진다면 이 조건이 보통 대부분의 경우이다. 그림 6.26(b)에서는 콘크리트 응력블럭이 슬래브 전단면 두께에 걸쳐 분포되어 있으며 소성중립축이 상부플랜지단면 내에 있어 상부플랜지 일부분이 압축상태에 있게 되며 슬래브 압축력과 더불어 전체 압축력을 증가시킨다. 세 번째 가능한 경우는 그림 6.26(c)에서와 같이 소성중립축이 웨브에 존재하는 경우이다.

그림 6.26의 각각의 경우에서, 압축과 인장에 각각 해당하는 짝힘(couple)이 만들어 내는 모멘트를 산정함으로써 공칭 휨저항강도를 구할 수 있다. 강재거더와 콘크리트슬래브가 일체로 연결되고 콘크리트가 양생되어 합성작용을 하게 되면 상부플랜지가 비록 압축을 받고 있더라도 콘크리트슬래브에 연속으로 지지되어 정모멘트 구간에서는 횡비틀림좌굴은 문제가 되지 않는다.

예제 6.13

예제 6.12에서 보인 합성단면보에 대한 소성휨강도를 산정하라. 완전 합성거동을 할 수 있도록 전단연결재를 충분히 배치하였다고 가정한다.

풀이

콘크리트의 압축력 C를 먼저 결정한다. 가정에서 전단연결재가 충분히 배치되었으므로 완전합성거동을 한다. 강재단면 전단면 항복력 A_sF_y와 콘크리트의 전단면 압축력 $0.85f_{cm}A_c$ 중에서 작은 값이 실제 콘크리트에 작용하는 압축력 C가 된다.

$$A_sF_y = (6{,}774\,\text{mm}^2)(355\,\text{MPa}) = 2{,}404{,}770\,\text{N}$$

$$0.85f_{cm}A_c = (0.85)(28\,\text{MPa})(120\text{mm})(2{,}000\text{mm}) = 5{,}712{,}000\,\text{N}$$

강재단면이 지배하므로 압축력 C는 2,404,770N이 된다. 따라서 소성중립축은 콘크리트슬래브 내에 존재한다. 이 때의 응력분포는 그림 6.27과 같다.

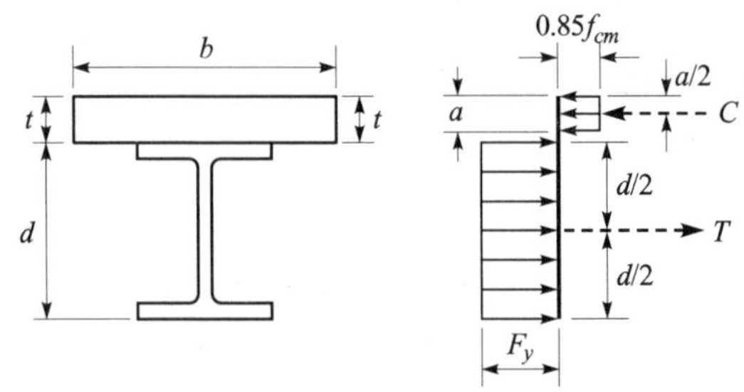

그림 6.27 강재단면이 압축력을 지배하는 합성단면의 압축력 (C)과 인장력 (T)

그림 6.27에서 압축력은 다음과 같다.

$$C = 0.85f_{cm}ab$$

이로부터 콘크리트 슬래브 상단으로부터 압축력이 작용하는 깊이 a를 산정하면

$$a = \frac{C}{0.85 f_{cm} b} = \frac{(2{,}404{,}770\,\text{N})}{(0.85)(28\,\text{MPa})(2{,}000\,\text{mm})} = 50.5\,\text{mm}$$

압축력 C는 슬래브 상면으로부터 깊이 $a/2$ 만큼 떨어진 압축면 중심에 작용하게 된다. 인장력의 합력 T는 압축력 C와 크기는 같고 강재단면의 중심에 작용한다. C와 T에 의한 짝힘 모멘트의 팔길이는

$$y = \frac{d}{2} + t - \frac{a}{2} = \frac{400}{2} + 120 - \frac{50.5}{2} = 294.75\,\text{mm}$$

로 계산되고 합성단면의 공칭휨강도는

$$M_n = Cy = Ty = (2{,}404{,}770\,\text{N})(294.75\,\text{mm}) = 708.8\,\text{kN}\cdot\text{m}$$

로 계산된다. 설계휨강도는 KDS 14 31 10에서 제시된 강재 전단연결재를 갖는 합성보의 정모멘트 저항계수를 고려하여 다음과 같이 산정한다.

$$\phi M_n = = (0.9)(708.8\,\text{kN}\cdot\text{m}) = 637.9\,\text{kN}\cdot\text{m}$$

6.7 처짐설계

구조물은 안전하여야 하며 또한 사용이 가능하여야 한다. 사용 가능한 구조물은 거주자나 사용자에게 불쾌감이나 불안감을 주지 않고 기능을 제대로 발휘하여야 한다. 보 또는 거더에서 사용 가능성이라 함은 변형, 주로 수직 처짐의 한계를 정하는 것을 의미한다. 과도한 처짐은 휨부재로서 너무 유연하다는 것을 의미하고, 이로 인해 사용성이 떨어지고 진동 문제를 초래하는 수가 있다. 휨부재에 부착된 구조요소들이 작은 변형에도 전체적으로 뒤틀린다면 처짐 자체가 문제가 되기도 한다. 또한 사용자들이 과도한 처짐에 대하여 부정적이고 구조물이 불안전하다고 판단하게 된다.

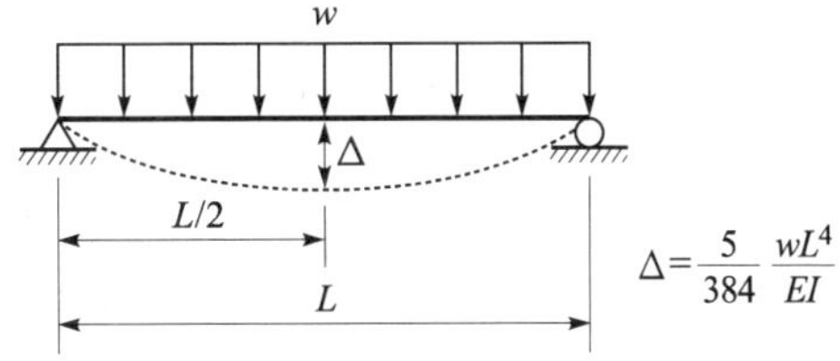

그림 6.28 단순보의 최대 처짐

그림 6.28과 같은 보편적인 경우인 등분포하중이 재하된 단순보의 최대 처짐은 다음 식으로 주어진다.

$$\Delta = \frac{5}{384}\frac{wL^4}{EI} \tag{6.50}$$

다양한 형태의 보와 하중조건에 대한 처짐량의 산정을 위해서는 공식화된 자료를 참조할 수 있다. 보편적이지 않은 경우에는 가상일의 원리와 같은 해석적인 방

법을 사용하여 처짐을 구하여야 한다. 처짐에 대한 검토는 강도한계상태가 아닌 사용한계상태에서 수행되므로, 처짐량의 산정에는 고정하중이 제외된 활하중만이 고려되어야 한다.

보의 최대 처짐에 대한 적절한 규정은 보의 기능과 처짐에 기인한 손상의 가능성 정도에 따라서 정해진다. 미국 AISC (American Institute of Steel Construction) 설계기준의 "사용성 설계"에는 과도한 처짐이 발생해서는 안 된다고 서술하고 있지만 사안별로 구체적인 규정은 나와 있지 않다.

교량구조물의 경우를 보면 도로교설계기준(한계상태설계법) 교량설계 일반사항(KDS 24 10 11)의 '2.5.2.6 처짐'에서 처짐으로 인한 바람직하지 못한 구조적 또는 심리적 영향을 배제할 수 있도록 교량을 설계해야 한다고 규정하고 있다. 본 규정을 적용을 위해서는 차량활하중에 충격하중 효과를 포함해야 한다. 적절한 처짐에 대한 규정이 없는 경우 강재, 알루미늄, 또는 콘크리트 구조물에 표 6.6에 보인 처짐 제한을 적용할 수 있다.

표 6.6 교량구조물 처짐한계

하중 및 부재 종류	최대 처짐 기준 (L=지간)
차량하중, 일반	$L/800$
차량하중 또는 보행자하중	$L/1000$
내민보의 차량하중	$L/300$
내민보의 차량하중 또는 보행자하중	$L/375$

거더의 설계시 극한한계상태에 대한 설계와 함께 사용한계상태에 대한 검토를 수행하여야 한다. 사용한계상태는 사용하중 하에서 거더가 너무 크게 처지거나 또는 상당히 진동하는 경우 설계자는 처짐제한을 신중히 선택하고 적합한 바닥진동을 검토하는 것으로 보의 과도한 유연성과 관련된 것이다. 따라서 적당한 제한을 선택하는 것은 설계자의 경험적 판단에 달려있다.

기존 도로교설계기준에서는 처짐의 허용값을 교량형식별로 정량적으로 제공하였으나 한계상태설계법이 적용된 2012년 이후 도로교설계기준에서는 교량형식별 처짐 허용량은 삭제되었고, 교량구조물과 그 부대 시설을 구성하고 있는 부재가 충분한 기능을 발휘할 수 있도록 사용 중의 응력한계, 균열폭 제한 및 처짐 제한에 관련된 사용성 한계상태의 검증에 관한 규정을 다루고 있다.

강교 설계기준(KDS 24 14 31)에서 바닥판과 바닥틀의 사용성 한계상태를 기술한 4.10.3절에서는 바닥구조와 바닥틀을 전체 탄성 구조로 해석하고 바닥판의 과도한 변형과 처짐을 설계 시 고려해야 한다고 규정하고 있다. 충격계수를 고려한 설계트럭하중 작용 시 바닥판의 허용처짐량은 다음과 같다.

① L/800 : 보도부가 없는 바닥판
② L/1000 : 보도부가 있는 바닥판
③ L/1200 : 보도부가 매우 중요한 바닥판
　여기서, L=바닥판 지지부재의 중심간 거리

고정하중에 의한 처짐은 보통 솟음을 주는 등의 방법으로 보정하기 때문에 고정하중과 활하중을 동시에 재하한 경우의 처짐한계는 강재 보에는 적용되지 않는다. 솟음은 고정하중에 의한 처짐과는 반대 방향의 곡률이며, 가열 또는 가열하지 않고 보를 구부려서 제작한다. 솟음을 두어 제작된 보에 고정하중이 작용하면 곡률이 제거되어 보는 수평을 유지하게 된다. 그러므로 완성후의 구조물은 활하중에 의한 처짐만이 관심의 대상이다. 바닥판 두께의 변화가 보의 처짐의 결과를 반영하도록 하면, 고정하중 처짐은 상면이 수평을 유지하도록 바닥판 두께를 다르게 타설하여 보정할 수도 있다.

예제 6.14

그림 6.29와 같이 단순지지된 강재바닥틀의 지간이 10m이고, 등분포 고정하중(DC) 8 kN/m과 충격하중이 고려된 활하중 (LL) 14 kN/m이 작용하는 강재바닥틀을 H형강 단면으로 설계하였다. 활하중 (LL)에 의한 처짐은 보도부가 있는 바닥판으로 L/1000로 제한되어 있다. H-700×300×13×24 단면이 사용되었을 때 처짐의 사용성에 대하여 검토하라. 단, 하중조합은 $P_u = 1.00DC + 1.30LL$ 를 사용하라.

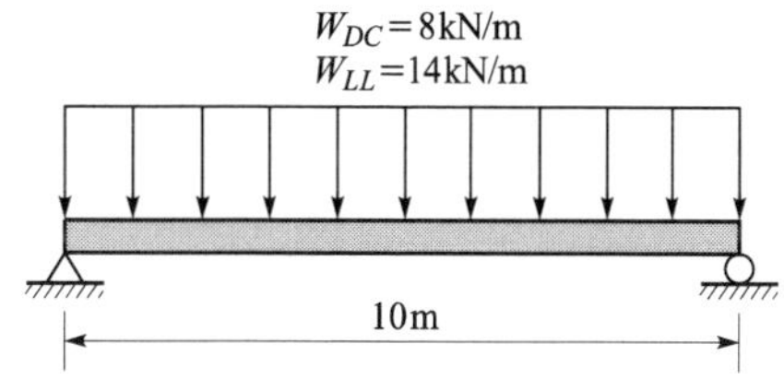

그림 6.29 **고정하중과 활하중을 받는 단순보**

풀이

주된 관심사는 휨강도가 아니라 구조물이 사용 중일 때의 처짐이므로 하중은 극한하중 대신 활하중을 사용한다. 강재바닥틀은 고정하중이 재하되면서 바닥구조가 수평이 되도록 부재의 제작시 처짐의 역방향으로 솟음을 설치되어 있으므로, 활하중 (LL)에 의한 처짐의 사용성만 검토하면 된다. 활하중에 의한 모멘트는 아래와 같다.

$$1.30w_{LL} = (1.30)(14) = 18.2\,\text{kN/m}$$

단순경간 최대처짐은

$$\Delta = \frac{5wL^4}{384EI}$$

으로 계산되며 강재제원표에서 찾아보면, H−700×300×13×24의 단면2차모멘트 $I_x = 201{,}000 \times 10^4\text{mm}^4$ 임을 알 수 있다.

$$\therefore\ \Delta = \frac{5wL^4}{384EI} = \frac{5 \times (18.2) \times (10{,}000)^4}{384(210{,}000) \times (201{,}000 \times 10^4)} = 5.6\,\text{mm}$$

$$< \left(\frac{L}{1000} = 10\,\text{mm}\right) \qquad \therefore\ O.K$$

6.8 플레이트거더

플레이트거더(plate girder)는 조립이나 용접된 강재보의 일종으로서, 압연형강보다 더 큰 단면계수가 요구되는 경우에 사용되는 부재 형식이다. 압연보의 적용이 불가능하거나 경제성이 떨어지는 경우, 특히 단면 형상이 크거나 장지간의 휨부재에 시공성과 가공성의 이유로 주로 사용된다. 휨모멘트와 전단력 등 단면력이 커서 압연형강으로 소요 강도를 만족시키거나 처짐을 제어하기 어려울 때 그림 6.30과 같이 강판을 절단하여 판재를 형성하고 이들을 조립하여 I-형이나 H-형 또는 박스형 단면을 이뤄서 적용되는데, 이와 같이 판부재로 이뤄진 모든 형태의 조립 단면 보를 일컫는다. 이러한 플레이트거더는 사회기반시설이나 대형 빌딩, 플랜트 구조물의 주요 보 부재로써 활용되는데, 중장지간 교량의 주요 거더 형식 중 하나이다. 단순교뿐만 아니라 연속교 형식으로도 많이 사용되고 있으며, 연속교로 활용되면 처짐이나 사용성 측면에서 유리하므로 지간이 상대적으로 더 길어질 수 있다.

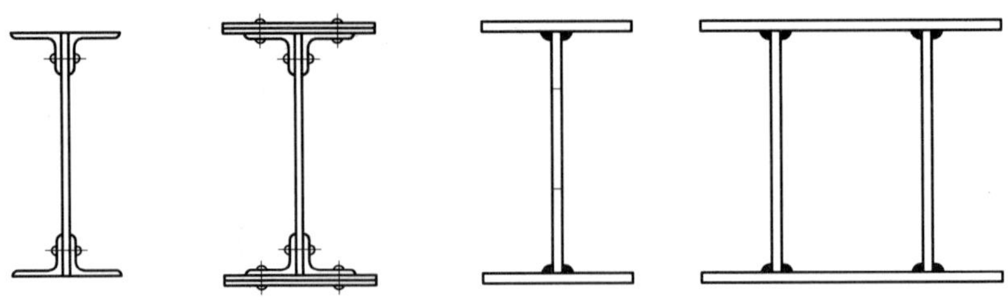

그림 6.30 **플레이트거더의 단면**

일반적으로 플레이트거더(plate girder)라고 하면 웨브 보강재가 존재하거나 2축 또는 1축 대칭 I형 단면의 보로서, 웨브의 폭두께비(D/t_w)가 다음 식에 해당하는 경우를 말한다.

$$\frac{D}{t_w} > 5.70\sqrt{\frac{E}{F_{yc}}} \tag{6.51}$$

여기서, D는 웨브 높이, F_{yc}는 압축플랜지의 항복강도이다. 보편적으로 위와 같은 범위로 단면 형상이 커지면 세장해 질 수 있는데, 웨브와 플랜지에 보강재가 적용되면 국부 판부재의 유효 폭두께비를 효율적으로 조정할 수 있다. 이에 따라, 보강재가 용접되어 있는 것이 플레이트거더의 특징으로 여겨지기도 한다.

그림 6.30에서 보이는 바와 같이 과거에는 볼트플레이트거더가 사용되기도 했으나, 현재는 용접기술의 발달과 공장제작기술의 고도화로 인해 용접으로 제작된 플레이트거더가 주로 사용되며, 트러스에 비해 더 경제적인 구조형식으로 받아들여지고 있다. 단순교에서는 20~50m의 지간에서 주로 활용되며, 연속교의 경우 지간 100m 내외까지 설계, 제작 및 시공이 가능한 것으로 알려져 있다.

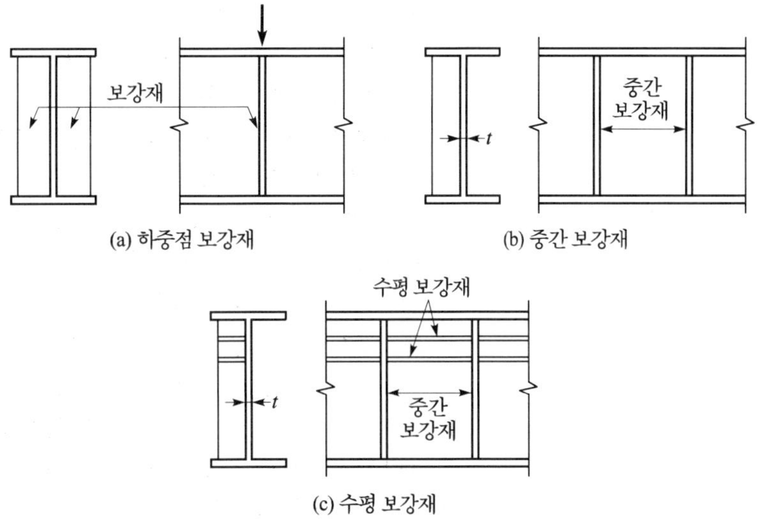

그림 6.31 플레이트거더의 보강재

6.8.1 플레이트거더의 구조적 특징

플레이트거더와 압연보의 차이는 압연보가 주로 표준압연조밀단면을 사용하는 데 반해, 플레이트거더는 플랜지와 웨브를 세장한 강판으로 제작하여 만드는 것이므로 구조적 거동에 상이한 특성을 보여준다. 플레이트거더는 형고는 높아시너라도 엄연한 보의 일종이므로, 압연보의 한계상태가 대부분 그대로 적용된다.

플랜지가 세장한 경우($\lambda > \lambda_r$)에는 한계상태설계법의 플레이트거더 설계기준에 따라 설계해야 한다. 그러나 ($\lambda < \lambda_r$)인 경우에는 판 부재에 탄성좌굴 거동이 일어나지 않고 항복응력에 도달 할 수 있다. 플레이트거더의 휨강도와 전단강도는 주로 웨브와 관련되고, 세장한 웨브는 다음과 같은 문제를 야기시킬 수 있으므로 설계 시에 각각 고려되어야 한다.

① 웨브의 면내 휨좌굴로 인한 웨브의 탄성 휨모멘트 저항내력 감소
② 웨브의 부적절한 보강으로 인한 압축플랜지의 좌굴
③ 전단으로 인한 좌굴

앞서 언급된 바와 같이 플레이트거더도 일종의 보, 즉 휨부재이므로 적정한 수준의 휨강도와 전단강도를 확보해야 한다. 설계 휨강도는 압축플랜지의 좌굴내력과 인장플랜지의 항복내력을 고려하여 산정된다. 플레이트거더의 전단강도는 웨브의 폭두께비 및 중간수직보강재(intermediate transverse stiffener)의 간격에 좌우되는데, 웨브 좌굴 이전의 강도와 후좌굴강도의 합으로 평가될 수 있다.

플레이트거더가 압연보와 상이하게 다른 구조적 특징 중의 하나는 규칙적으로 배열된 보강재를 사용한다는 점이다. 수직보강재는 웨브의 전단에 대한 저항강도를 증진시킬 수 있다. 플레이트거더 웨브의 탄성 또는 비탄성 좌굴이 최대전단강도를 나타내는 척도는 아니며, 적절한 간격의 보강재를 사용한 경우에는 좌굴 후에 상당한 크기의 후좌굴 강도(post-buckling strength)를 발휘한다. 이때, 플레이트거더는 사인장 방향으로 웨브의 일부가 인장으로 저항하고 수직보강재에는 연직

방향의 압축력이 작용하면서 전체적으로 트러스구조와 유사한 거동을 보인다. 이와 같이 트러스와 유사하게 거동하는 것을 인장역작용(tension-field action)이라 일컫는다. 보다 자세한 하중저항 메카니즘은 6.8.6절에서 기술되었다.

플레이트거더 설계의 핵심 사안은 웨브와 플랜지의 제원을 적절히 결정하는 것이다. 통상 전체 유효 폭과 웨브의 예비 사이즈를 가정한 후, 소요 휨강도와 전단강도의 만족 여부를 검토하여 최적 두께를 결정하는 과정으로 진행된다. 인장역작용(tension field action)이 감안되는 경우 휨과 전단의 상호작용에 따른 조합응력의 검토가 필요할 수도 있다.

전체좌굴은 휨을 받는 단면의 압축플랜지가 횡방향으로 지지되어 있지 않은 경우 일어날 수 있다. 횡방향으로 지지되지 않은 압축플랜지는 기둥과 같은 거동을 보여, 횡방향 지지점 사이에서 면외방향으로 좌굴을 일으킬 수 있는데, 이를 횡비틀림좌굴(lateral tortional buckling)이라고 한다.

국부좌굴은 압축을 받고 있는 단면의 폭두께비가 너무 큰 경우에 발생한다. 압축플랜지에 좌굴이 발생하는 것을 플랜지국부 좌굴(flange local buckling)이라 하고 웨브의 압축영역에서 좌굴이 발생하는 것을 웨브의 국부좌굴(web local buckling)이라 한다.

대부분의 규격화된 압연보의 경우 국부적인 안정문제는 거의 없으나, 플레이트거더의 경우 국부적 안정성에 대한 갖가지 경우를 고려하여야 한다. 이 중에서 높고 얇은 웨브는 플레이트거더의 휨강도와 전단강도에 미치는 영향이 크다. 이로 인한 문제점으로는, 웨브의 면내휨좌굴로 인해 웨브의 탄성모멘트 저항내력의 효율성 감소, 웨브의 부적절한 보강으로 인한 압축플랜지의 좌굴, 전단으로 인한 좌굴 등이 그것이다.

이러한 문제점의 대안으로는 앞에서 언급한 보강재를 적절히 사용하여야 한다. 중간수직보강재는 웨브의 전단저항내력을 증가시켜 주고, 웨브의 좌굴후에 상당한 크기의 후좌굴강도(post-buckling strength)를 발휘하도록 한다. 이에 대해서는 6.8.6절에서 다룰 것이다. 한편, 수평보강재는 웨브의 휨압축 국부좌굴을 방지하는 역할을 한다.

6.8.2 한계상태

플레이트거더와 합성거더를 포괄한 휨을 받는 I형 단면에 대한 한계상태는 극한한계상태, 사용한계상태, 피로 및 파단한계상태로 구분할 수 있다.

1) 극한한계상태 [KDS 14 31 10 (강구조 부재 설계기준) 4.3.3.1.6]

조밀단면의 설계휨저항강도는 모멘트 항으로 규정된다.

$$M_r = \phi_f M_n \tag{6.52}$$

여기서 ϕ_f는 휨에 대한 저항계수이며, 1.00의 값을 갖고, $M_n = M_p$로써 조밀단면의 공칭휨강도를 나타낸다. 비조밀단면의 설계휨강도는 응력의 항으로 규정된다.

$$F_r = \phi_f F_{nc} \tag{6.53}$$

여기서 F_{nc}는 비조밀단면에 대한 공칭휨강도이다. 설계전단저항강도는 다음과 같은 식으로 표현된다.

$$V_r = \phi_v V_n \tag{6.54}$$

여기서 ϕ_v는 전단에 대한 저항계수로서, 1.00의 값을 갖고, V_n은 공칭전단강도이다.

2) 사용한계상태 [KDS 14 31 10 (강구조 부재 설계기준) 4.3.3.1.4]

표 3.12에 규정된 사용한계상태 하중조합Ⅱ가 사용한계 결정에 적용되어야 한다. 이러한 하중조합 Ⅱ는 하중이 플레이트거더 부재에 작용할 때, 강재의 항복을 조절하고, 주행감을 떨어뜨리는 영구처짐을 방지하기 위한 것이다. 영구처짐을 검토할 때 플랜지응력은 다음 값을 초과해서는 안 된다.

합성단면의 상·하플랜지의 경우 :

$$f_f \leqq 0.95 F_{yf} \tag{6.55}$$

비합성단면의 상·하플랜지의 경우 :

$$f_f \leqq 0.80 F_{yf} \tag{6.56}$$

여기서 f_f는 설계하중에 의해서 발생하는 플랜지의 탄성응력,
F_{yf}는 플랜지의 항복응력이다.

3) 피로 및 파단한계상태

반복하중에 의한, 즉 하중유발피로는 KDS 14 31 20 강구조 피로 및 파단 설계기준(하중저항계수설계법)에 의한다. 한편, 하중저항계수설계법에 대한 피로 및 파단한계상태는 반복하중에 의한 웨브의 면외휨(out-of-plane bending)의 한계를 설정함을 의미한다. 면외 휨을 제한한다는 것은 웨브에 발생하는 휨응력이나 전단응력이 웨브의 휨 및 전단 최대좌굴응력에 의해 제한된다는 것이다.

KDS 14 31 10 4.3.3.1.5에서는 웨브의 피로요구조건을 검토할 때 설계피로하중은 표 3.12의 피로하중조합으로 계산한 값의 2배를 적용하도록 규정하고 있다. 그리고 수직보강재가 설치된 웨브 내측 패널은 수평보강재 유무에 관계없이 다음 조건을 만족해야 한다.

$$V_u \leq V_{cr} \tag{6.57}$$

여기서 V_u : 하중계수를 곱하지 않는 영구하중과 설계피로하중으로 발생하는 웨브 전단력(N)
V_{cr} : 전단좌굴강도, 6.8.6 (4)에서 기술.

6.8.3 국부좌굴 – 웨브 및 압축플랜지의 좌굴에 대하여

플레이트거더에 하중이 작용되었을 때, 웨브 및 압축플랜지는 면내응력을 받는 평판의 거동과 같다. 이러한 평판의 한계상태가 바로 웨브 및 플랜지의 좌굴이나

항복으로 나타나는 것이다. 여기서는 평판좌굴이론을 간단히 소개하고, 이를 웨브 및 플랜지의 국부좌굴의 한계상태에 적용한다.

1) 판의 좌굴이론

그림 6.32의 평판의 거동은 미소처짐이론을 적용하여 다음과 같은 4차 편미분 방정식으로 표현할 수 있다.

$$D\left(\frac{\partial^4 w}{\partial X^4}+2\frac{\partial^4 w}{\partial X^2 \partial Y^2}+\frac{\partial^4 w}{\partial Y^4}\right)+f_x t\frac{\partial^2 w}{\partial X^2}=0 \tag{6.58}$$

여기서, w는 판에 대한 직각방향의 면외 처짐, t는 판의 두께, f_x는 양단에 작용하는 축방향응력을 의미하며, D는 판의 휨강성(flexual rigidity)으로서 다음과 같다.

$$D=\frac{Et^3}{12(1-\nu^2)} \tag{6.59}$$

식(6.58)의 자세한 풀이 과정은 생략하고, 좌굴계수 k 및 포아송 비 ν를 사용하여 평판의 국부좌굴응력을 나타내면 다음과 같다.

$$F_{cr}=\frac{k\pi^2 E}{12(1-\nu^2)}\left(\frac{t}{b}\right)^2 \tag{6.60}$$

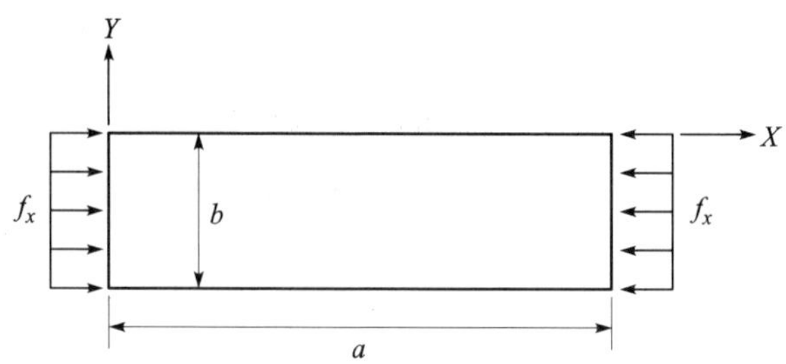

그림 6.32 압축응력을 받는 평판

2) 웨브의 세장비

웨브 단면은 전단력에 저항하는 것 이외에 플랜지에 발생하는 응력도 지지하여야 한다. 즉, 그림 6.33에 나타난 바와 같이 플레이트거더 단면이 휨을 받으면 웨브에는 두 개의 파괴메카니즘이 존재한다. 즉, 웨브가 플랜지들로부터 압축력을 받아서 수직기둥으로 좌굴하거나, 평면상의 평면 휨응력에 의한 판좌굴이 그것이다. 이들 파괴메카니즘은 웨브의 폭두께비에 임계상태를 설정하며, 두 번째의 메카니즘 즉, 웨브의 휨압축좌굴이 웨브의 폭두께비에 더 큰 영향을 미친다.

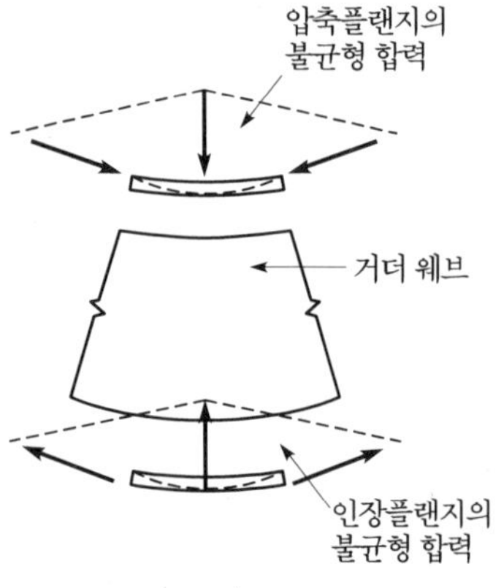

그림 6.33 휨에 의한 플레이트거더의 거동

(1) 웨브의 수직좌굴

일반 압연보의 경우 웨브는 주로 전단에 대한 저항이 고려되지만, 플레이트거더는 이 외에도 웨브의 높이가 커짐에 따라 발생할 수 있는 여러 가지 문제점 중에서 웨브의 수직방향 압축좌굴이 설계시 고려되어야 한다. 웨브의 수직좌굴에 관한 일반적인 거동은 다음과 같다. 그림 6.33과 같이 외력이 작용하여 플레이트거더에 휨을 발생시켰을 때, 압축측 플랜지응력의 하향성분과 인장측 플랜지의 상향성분에 의해 웨브는 수직압축을 받고, 웨브의 수직좌굴강도가 이와 같은 압축작용에 저항하는 것이다.

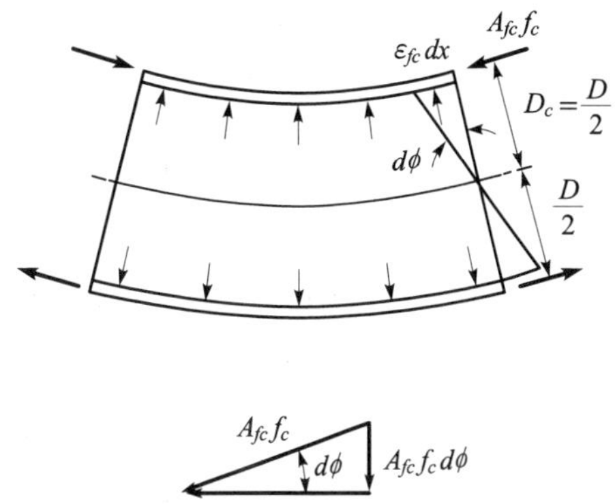

그림 6.34 **플랜지의 수직좌굴**

플레이트거더가 휨을 받을 때 플레이트거더에 생기는 미소변형을 확대하여 나타낸 그림이 그림 6.34이다. 작용외력인 휨의 결과로 플랜지와 웨브의 접합부에 압축응력을 야기시키는데, 이때 압축플랜지의 힘성분에 대해 웨브가 안정하다면 플랜지는 수직좌굴이 발생하지 않는다. 우선 플랜지의 수직좌굴에 대한 강성이 없는 것으로 가정하면, 그림 6.34에서 미소길이 요소의 변형은 다음과 같이 표현된다.

$$\epsilon_{fc}dx = d\phi\frac{D}{2} \tag{6.61}$$

$$\frac{d\phi}{dx} = \frac{2\epsilon_{fc}}{D} \tag{6.62}$$

여기서, ϵ_{fc}는 압축플랜지 변형률이고, $d\phi$는 압축플랜지에 작용하는 힘과 그 수직성분 사이의 각이다. 그림 6.34에서와 같이 압축플랜지에 작용되는 응력의 수직방향성분은 $A_{fc}f_c d\phi$이고, 이를 웨브의 미소길이 면적 $t_w dx$로 나누면 웨브에 작용하는 압축응력 f_{wc}를 얻을 수 있다.

$$f_{wc} = \frac{A_{fc}f_c d\phi}{t_w\,dx} = \frac{2A_{fc}f_c\epsilon_{fc}}{Dt_w(=A_w)} \tag{6.63}$$

그러나 플레이트거더는 일반적으로 용접에 의해 제작되는 경우가 많으므로 잔류응력 f_{rs}가 부재 내에 존재하게 된다. 단, 아래의 잔류응력을 고려한 변형률 식은 부재의 소성변형이 다루어져야 하므로 유도과정은 생략한다.

$$\epsilon_{fc} = \frac{(f_c+f_{rs})}{E} \tag{6.64}$$

식(6.64)를 식(6.63)에 대입하여 정리하면 다음과 같다.

$$f_{wc} = \frac{2A_{fc}}{EA_w}f_c(f_c+f_{rs}) \tag{6.65}$$

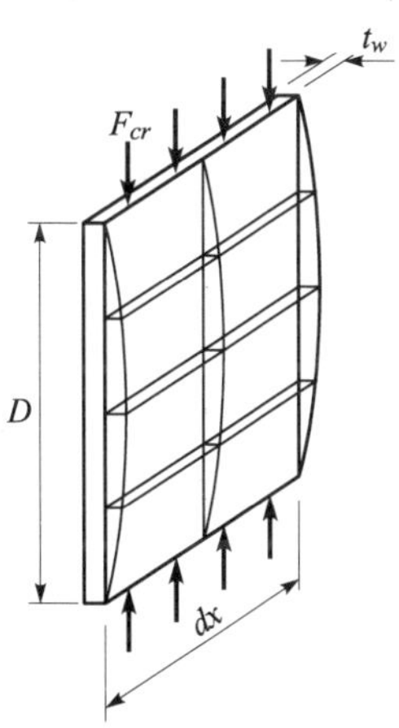

그림 6.35 **웨브의 수직좌굴**

그림 6.35는 무한한 웨브로부터 분리된 미소길이 요소이며, 이의 경계조건은 웨브의 윗부분과 아랫부분의 가장자리만이 단순지지된 것이다. 웨브의 수직기둥거동에 대한 임계좌굴하중(오일러하중) 및 단면2차모멘트는 다음과 같다.

$$P_{cr} = \frac{\pi^2 EI}{D^2} \quad (6.66)$$

$$I = \frac{t_w^3\, dx}{12(1-\nu^2)} \quad (6.67)$$

식(6.67)을 식(6.66)에 대입한 후, F_{cr}의 작용방향에 대한 웨브의 면적으로 나누어 정리하면 다음과 같이 표현된다.

$$F_{cr} = \frac{\pi^2 E t_w^3\, dx}{12(1-\nu^2)D^2 t_w dx} = \frac{\pi^2 E}{12(1-\nu^2)\left(\dfrac{D}{t_w}\right)^2} \quad (6.68)$$

따라서 웨브의 수직좌굴에 대한 임계조건은 식(6.65)와 식(6.68)이 같을 경우이며, 이를 정리하여 웨브의 세장비로 나타내면 다음과 같다.

$$\left(\frac{D}{t_w}\right)^2 = \frac{A_w}{A_{fc}} \frac{\pi^2 E^2}{24(1-\nu^2)} \frac{1}{f_c(f_c+f_{rs})} \quad (6.69)$$

여기서, $\dfrac{A_w}{A_{fc}} = 0.5$, $\nu = 0.3$, $f_{rs} = 0.5F_{yc}$(압축플랜지 항복강도의 0.5배)로 고려하면 웨브의 수직좌굴은 플랜지의 항복응력상태에서 일어나므로, $f_c = F_{yc}$를 윗 식에 적용하면 웨브의 수직좌굴에 대한 임계조건을 얻을 수 있다.

$$\left(\frac{D}{t_w}\right) = 0.388\frac{E}{F_{yc}} \quad (6.70)$$

위의 웨브의 수직좌굴에 대한 임계세장비는 통상 매우 커서, 즉 웨브의 수직좌굴은 가능성이 희박하여 KDS 14 31 10에서는 이를 다루지 않고 있다.

(2) 웨브의 휨압축 국부좌굴

그림 6.36과 같이 플레이트거더가 휨을 받으면 웨브의 일정 깊이까지 압축응력을 야기시키며, 이로 인해 웨브에 면외좌굴을 발생시킨다.

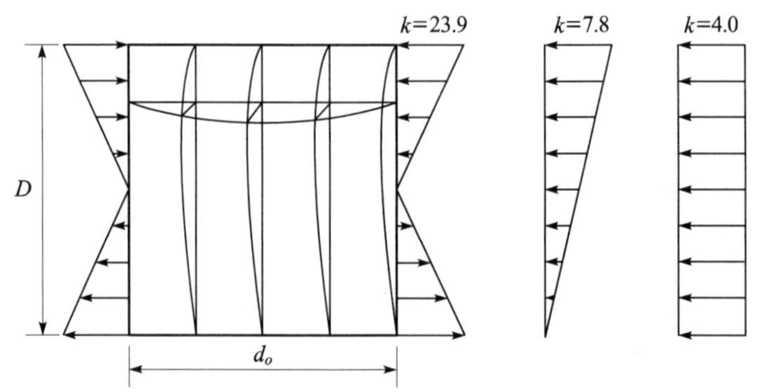

그림 6.36 **웨브의 휨국부좌굴**

4개의 가장자리가 단순지지되어 있고, 형상비가 1.0보다 큰 경우, 응력분포에 따른 k값이 그림 6.36에 도시되어 있으며, $k = 23.9$인 경우가 순수휨의 경우이다. 식

(6.60)을 웨브의 세장비에 대해 정리하면 다음과 같다.

$$\left(\frac{D}{t_w}\right)^2 = \frac{k\pi^2}{12(1-\nu^2)}\frac{E}{F_{cr}} \tag{6.71}$$

윗 식의 웨브휨국부좌굴에 대한 임계조건은 웨브의 국부좌굴응력 F_{cr}이 압축플랜지의 항복강도 F_{yc}와 같을 경우이고, 이를 $\nu = 0.3$과 순수휨($k = 23.9$)의 조건에 대해 웨브의 폭-두께비로 표현하면 다음과 같다.

$$\frac{D}{t_w} \leq 0.95\sqrt{23.9}\sqrt{\frac{E}{F_{yc}}} = 4.64\sqrt{\frac{E}{F_{yc}}} \tag{6.72}$$

윗 식은 웨브의 후좌굴강도를 무시하여 실제보다 낮은 좌굴강도를 산정한 것으로 여러 실험에서 입증되었다. 따라서 국내 KDS 14 31 10은 약간 다른 표현으로 웨브의 세장비를 규정하고 있다. 즉, 비대칭플레이트거더에서의 적용을 위해서, 압축을 받는 웨브의 높이 D_c가 D를 대체하여 다음과 같이 적용된다.

$$\frac{D}{t_w} = \frac{2D_c}{t_w} \tag{6.73}$$

또한 KDS 14 31 10에서는 후좌굴강도와 수평보강재의 영향을 고려하기 위하여 수평보강재가 없는 경우 $k = 36$, 수평보강재를 설치하는 경우에는 보강재 위치에 따라 좌굴계수 k (KDS 14 31 10 4.3.3.1.1.9)를 산정하고, 비조밀웨브의 한계 폭두께비를 다음과 같이 정의하고 있다.

수평보강재가 없는 경우 : $$\frac{2D_c}{t_w} \leq 5.7\sqrt{\frac{E}{F_{yc}}} \leq 150 \tag{6.74}$$

수평보강재가 있는 경우 : $$\frac{D}{t_w} \leq 0.95\sqrt{\frac{kE}{F_{yc}}} \leq 300 \tag{6.75}$$

여기서, F_{yc}는 압축플랜지의 항복강도이다.

한편 조밀단면의 휨국부좌굴에 대한 웨브의 폭두께비 임계조건을 살펴보면 다음과 같다. 조밀단면에 있어서는 휨을 받는 플레이트거더의 플랜지뿐만 아니라, 웨브도 소성적인 거동을 해야 하는데, 이를 위해서는 플랜지와 웨브의 접합부에서 큰 변형이 일어나야 한다. 이때 충분한 회전이 일어나기에 앞서 웨브가 좌굴되는 것을 방지하기 위해서 좌굴계수는 16으로 설정하며, 소성중립축에 근거한 웨브의 압축력 측 높이 D_{cp}가 기존 식의 D_c를 대체한다. 즉, 이를 종합한 플레이트거더 조밀단면의 휨국부좌굴에 대한 웨브의 세장비는 KDS 14 31 10 4.3.3.1.6.2에 의해

$$\frac{2D_{cp}}{t_w} \leq 3.76\sqrt{\frac{E}{F_{yc}}} \tag{6.76}$$

를 만족해야 한다.

3) 압축플랜지의 세장비

플레이트거더 플랜지의 국부좌굴 메카니즘은 다음과 같다. 보강된 웨브의 후좌굴

강도로 인해 웨브의 좌굴하중 수준의 하중이 재하되어도 플레이트거더는 붕괴되지 않는다. 그러나 단부의 웨브 패널중 하나라도 붕괴된다면, 이는 압축플랜지의 전체 혹은 국부좌굴에 의한 파괴를 야기시켜 플랜지와 웨브의 접합부에서의 두 부재 사이의 처짐구속효과가 없어지게 되므로 웨브는 더 이상 휨에 저항할 수 없으며 플레이트거더는 붕괴된다. 이러한 웨브와 압축플랜지간의 접합부형상을 고려하여 모델화한 것이 그림 6.37이다. 즉, 압축플랜지는 그 절반에 해당되는 부분의 가장자리는 자유단이고, 반대편 가장자리는 단순지지되어 있으며, 등분포압축력에 저항하는 긴 평판이다. 등분포압축력에 대한 평판의 좌굴계수는 0.425의 값을 갖는다.

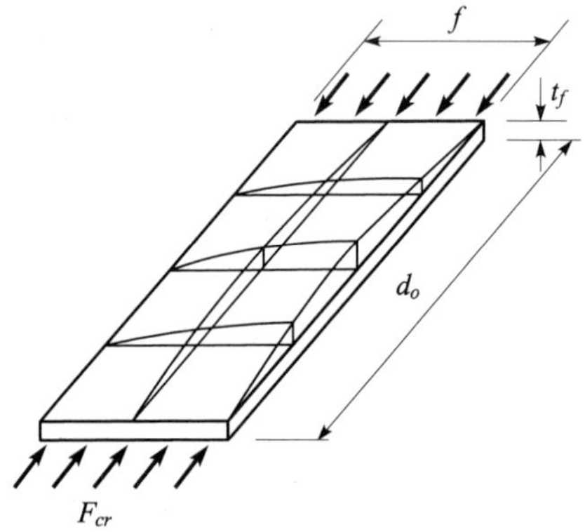

그림 6.37 **압축플랜지의 반쪽 모델**

압축플랜지의 국부좌굴에 대한 조밀단면의 임계세장비를 유도하는 과정은 웨브의 폭두께비 임계조건의 유도 과정과 비슷하므로, 이에 대한 자세한 유도과정은 생략하고 간단히 그 임계조건을 나타내면 다음과 같다.

$$\frac{b_f}{2t_f} \leqq 0.95\sqrt{k}\sqrt{\frac{E}{F_{yc}}} \tag{6.77}$$

여기서 플레이트거더가 소성모멘트에 이르러 파괴되기 위해서는 임계좌굴 응력 F_{cr}이 압축플랜지의 항복강도 F_{yc}와 같아야 하고, 이는 식(6.78)과 같이 조밀단면에 대한 압축플랜지의 세장비 조건을 표현할 수 있다.

$$\frac{b_f}{2t_f} \leqq 0.38\sqrt{\frac{E}{F_{yc}}} \tag{6.78}$$

또한 압축플랜지의 국부좌굴에 대한 비조밀단면의 임계세장비(λ_{rf})는 6.8.5에 제시하였으며, KDS 14 31 10 4.3.3.1.2.2에서는 압축플랜지의 세장비를 다음과 같이 제한하고 있다.

$$\frac{b_f}{2t_f} \leqq 12.0 \tag{6.79}$$

6.8.4 압축플랜지의 전체횡비틀림좌굴

앞의 서술 내용은 플레이트거더의 압축영역에서의 국부좌굴에 대한 임계세장비 조건을 설명하였다. 그러나 압축영역의 전체횡비틀림좌굴에 대한 문제도 고려되어야 하므로 이러한 거동특성을 살펴보기로 한다.

일반적으로 비지지된 압축플랜지는 횡방향으로 이동하고 비틀리는 횡비틀림좌굴로 파괴된다. 압축플랜지가 조밀한 간격 L_p 이하로 지지되어 있으면 플랜지의 횡비틀림좌굴은 일어나지 않는다. 비지지길이 L_b가 L_p와 L_r 사이에 있으면 비탄성 횡비틀림좌굴을 하며, L_r보다 크면 감소된 휨강도에서 탄성적으로 좌굴된다. 즉, 압축플랜지의 전체좌굴을 고려할 때는 플랜지의 세장비보다는 비지지길이 L_b가 중요한 매개변수의 의미를 갖는다.

비지지길이에 따른 압축플랜지의 공칭휨강도 M_n을 살펴보면 다음과 같다. 즉, $L_b \leqq L_p$이면 $M_n = M_p$의 관계가 있고, $L_b \geqq L_r$이면 압축플랜지는 탄성횡비틀림좌굴에 의해 파괴된다. Timoshenko가 제시한 탄성해에 의해 압축플랜지의 휨강도는 비틀림좌굴강도와 횡방향좌굴강도로 구성된다. 즉,

$$M_n^{\ 2} = M_{n.v}^{\ 2} + M_{n.w}^{\ 2} \tag{6.80}$$

여기서 $M_{n,v}$은 St. Venant 비틀림좌굴강도이며, $M_{n,w}$은 횡방향좌굴강도이다. 지지점들 사이에서 균일한 모멘트를 받는 경우, 식(6.80)은 다음과 같이 표현된다.

$$M_{n.v}^{\ 2} = \frac{\pi^2}{L_b^{\ 2}} EI_y GJ \tag{6.81}$$

$$M_{n.w}^{\ 2} = \frac{\pi^4}{L_b^{\ 4}} EI_y EC_w \tag{6.82}$$

I_y는 웨브 단면에 대한 2차모멘트, G는 전단탄성계수, J는 비틀림상수, $C_w (= I_y h^2/4)$는 뒴비틀림상수를 의미한다. 플레이트거더의 경우, 주로 횡방향좌굴강도 $M_{n,w}$가 지배적이다. $L_p \leqq L_b \leqq L_r$에 있을 경우, 압축플랜지는 비탄성 횡비틀림좌굴에 의해 파괴된다. 비탄성 횡비틀림좌굴영역($M_p > M_n \geqq M_L$)에서 공칭휨강도 M_n에 도달하는 일반적인 극한상태이다. M_L은 플랜지의 최단부가 항복응력 F_{yf}(잔류응력 포함)에 도달했을 때, 사용하중하에서 가용한 공칭휨강도를 나타내며, $M_L = (F_{yf} - f_{rs})S_x$이다. 여기서, f_{rs}는 플랜지의 잔류응력으로서 일반적으로 $f_{rs} = 0.3F_y$이고, S_x는 탄성단면계수이다. 이러한 비탄성 좌굴거동은 실험결과로부터의 추정식을 사용하여 직선으로 근사시켜 다음과 같이 표현한다.

$$M_n = M_p - (M_p - M_L)\left[\frac{L_b - L_p}{L_r - L_p}\right] \tag{6.83}$$

식(6.81)과 식(6.82)의 좌굴강도는 균일한 모멘트가 지지점들 사이에 작용하는 경우에 대해 적용할 수 있는 식이다. 그러나 실제적인 경우에는 모멘트가 비지지길이 사이에서 변화되기 때문에 이에 대한 고려가 있어야 한다. 따라서 모멘트 변화 보정계수 C_b를 도입해야 하며, C_b는 두 수직브레이싱점(횡지지점)의 사이에서 동

일한 양(+)의 모멘트를 받으면 1.0이 된다. C_b의 산정은 KDS 14 31 10 (강구조 부재 설계기준) 4.3.3.1.8.2를 따라 다음의 과정을 이용한다.

① 브레이싱이 없는 캔틸레버나 $f_{mid}/f_2>1$ 또는 $f_2=0$인 부재

$$C_b = 1.0 \quad (6.84a)$$

② 그 밖의 모든 경우

$$C_b = 1.75 - 1.05\left(\frac{f_1}{f_2}\right) + 0.3\left(\frac{f_1}{f_2}\right)^2 \le 2.3 \quad (6.84b)$$

여기서,

f_{mid} : 고려 중인 플랜지의 비지지길이 구간 중앙점에서의 횡방향 휨을 고려하지 않은 휨응력으로 최대 압축응력을 발생시키거나 압축이 전혀 작용하지 않는 경우에는 최소 인장응력을 발생시키는 설계모멘트로 산정한다. 이 응력은 계수하중에 의한 응력이며 압축일 경우가 양의 값이며 인장인 경우는 음의 값이다.

f_2 : 브레이싱 양단 지점에서 발생하는 압축응력 중 큰 값. 가장 불리한 계수하중을 적용하며 항상 양의 값을 갖는다. 브레이싱 양 지점에서 플랜지의 응력이 0이거나 인장으로 작용하는 경우에는 0으로 한다.

f_1 : f_2에 대응하는 반대쪽 브레이싱 지점의 횡방향 휨을 고려하지 않은 휨응력으로, C_b 값을 가장 작게 발생시키는 f_2와 f_0(또는 f_{mid}) 사이를 선형보간하여 구한 응력으로 다음과 같이 구한다.

① 브레이싱 양단 지점 간의 거리에 따라 모멘트의 변화가 오목한 형태인 경우

$$f_1 = f_0 \quad (6.85a)$$

② 그 밖의 경우

$$f_1 = 2f_{mid} - f_2 \ge f_0 \quad (6.85b)$$

여기서,

f_0 : f_2에 대응하는 반대지점의 횡방향 휨을 고려하지 않은 휨응력으로 최대 압축응력을 발생시키거나, 압축이 전혀 작용하지 않는 경우에는 최소 인장응력을 발생시키는 설계모멘트로 산정한다. 이 응력은 계수하중에 의한 응력이며 압축일 경우가 양의 값이며 인장인 경우는 음의 값이다.

6.8.5 공칭휨강도

1) 압축플랜지 국부좌굴강도

플레이트거더의 단면이 일반적으로 비조밀단면으로 구성되므로 휨강도는 압축플랜지에 대한 강도로 표현될 수 있으며, 이 경우 압축플랜지의 국부좌굴강도를 계

산하여 횡비틀림좌굴강도 산정과 함께 검토하여야 한다. 압축플랜지의 국부좌굴강도는 다음과 같이 계산한다.

① $\lambda_f \le \lambda_{pf}$인 경우

$$F_{nc} = R_b R_h F_{yc} \tag{6.86}$$

② 그 밖의 경우

$$F_{nc} = \left[1 - \left(1 - \frac{F_{yr}}{R_h F_{yc}}\right)\left(\frac{\lambda_f - \lambda_{pf}}{\lambda_{rf} - \lambda_{pf}}\right)\right] R_b R_h F_{yc} \tag{6.87}$$

여기서, λ_f = 압축플랜지의 세장비

$$= \frac{b_f}{2t_f} \tag{6.88}$$

λ_{pf} = 조밀단면 플랜지의 세장비 한계

$$= 0.38\sqrt{\frac{E}{F_{yc}}} \tag{6.89}$$

λ_{rf} =비조밀단면 플랜지의 세장비 한계

$$= 0.56\sqrt{\frac{E}{F_{yr}}} \tag{6.90}$$

여기서 F_{yr} 은 잔류응력의 영향을 포함한 공칭항복강도에 도달할 때 압축플랜지 응력으로 압축플랜지 횡방향 휨은 고려치 않으며 $0.7F_{yc}$와 F_{yw} 가운데 작은 값이며, $0.5F_{yc}$ 이상이어야 한다. R_b 및 R_h은 웨브의 국부좌굴에 의한 플랜지 응력감소계수 및 하이브리드 단면의 플랜지 응력감소계수를 의미한다.

하이브리드 단면의 플랜지 응력감소계수 R_h는 압연, 균질 조립단면과 웨브강도가 양측 플랜지강도보다 큰 경우 R_h는 1.0을 사용하고, 그렇지 않은 경우 다음 식으로 구한다.

$$R_h = \frac{12 + \beta(3\rho - \rho^3)}{12 + 2\beta} \tag{6.91}$$

여기서, $\beta = \dfrac{2D_n t_w}{A_{fn}}$

ρ : F_{yw}/f_n과 1.0 중에 작은 값

여기서, A_{fn}은 플랜지 단면적과 D_n방향에 위치한 플랜지 덮개판 면적의 합으로 부모멘트를 받는 합성단면인 경우 상부플랜지에 대한 A_{fn} 값은 종방향 철근단면적을 포함시킨다. D_n는 단면의 탄성중립축으로부터 양 플랜지의 안쪽 면까지의 거리 중 큰 값으로 중립축의 위치가 웨브중앙에 위치하는 경우에는 중립축으로부터 항복이 먼저 발생하는 플랜지까지의 거리가 된다. f_n은 D_n 방향에 위치한 플랜지, 덮개판 또는 종방향 철근에서 처음으로 항복이 발생하는 단면의 경우에는 A_{fn}산정 시 포함된 각 요소의 최소항복강도가 되고, 그 밖의 경우에는 D_n과 반대방향에서 최초 항복 발생 시 D_n 방향에 위치한 플랜지의 탄성응력 값이 된다.

웨브의 국부좌굴에 따른 플랜지 응력감소계수 R_b는 강구조 부재설계기준 4.3.3.1.3.2의 규정에 따라

$$\frac{D}{t_w} \le 0.95\sqrt{\frac{Ek}{F_{yc}}} \quad : \text{수평보강재 있는 경우} \tag{6.92}$$

또는

$$\frac{2D_c}{t_w} \le \lambda_{rw} \quad : \text{수평보강재 없는 경우} \tag{6.93}$$

을 만족하는 경우 R_b는 1.0을 사용한다. 그 밖의 경우에는 다음과 같이 산정된다.

$$R_b = 1 - \left(\frac{a_{wc}}{1200 + 300a_{wc}}\right)\left(\frac{2D_c}{t_w} - \lambda_{rw}\right) \le 1.0 \tag{6.94}$$

여기서, λ_{rw} = 비조밀 웨브에 대한 세장비 한계

$$= 5.7\sqrt{\frac{E}{F_{yc}}} \tag{6.95}$$

a_{wc} = 압축을 받는 웨브의 2배 면적과 압축플랜지의 비

$$= \frac{2D_c t_w}{b_{fc} t_{fc}} \tag{6.96}$$

2) 횡비틀림좌굴강도

공칭휨강도 산정의 두 번째 단계로, 비지지길이 내에서 균일 단면을 갖는 압축플랜지의 횡비틀림좌굴강도는 다음과 같이 구한다.

① $L_b \le L_p$인 경우

$$F_{nc} = R_b R_h F_{yc} \tag{6.97}$$

② $L_p < L_b \le L_r$인 경우

$$F_{nc} = C_b\left[1 - \left(1 - \frac{F_{yr}}{R_h F_{yc}}\right)\left(\frac{L_b - L_p}{L_r - L_p}\right)\right] R_b R_h F_{yc} \le R_b R_h F_{yc} \tag{6.98}$$

③ $L_b > L_r$인 경우

$$F_{nc} = F_{cr} \le R_b R_h F_{yc} \tag{6.99}$$

여기서, L_b는 대상부재의 비지지길이이고, L_p 및 L_r은 각각 소성거동을 보장하는 비지지길이 한계 및 비탄성 횡비틀림좌굴을 보장하는 비지지길이 한계를 의미하고 다음과 같이 정의된다.

$$L_p = 1.0 r_t \sqrt{\frac{E}{F_{yc}}} \tag{6.100}$$

$$L_r = \pi r_t \sqrt{\frac{E}{F_{yr}}} \tag{6.101}$$

여기서, r_t는 그림 6.38에 보인 바와 같이 압축플랜지와 압축을 받는 웨브 높이

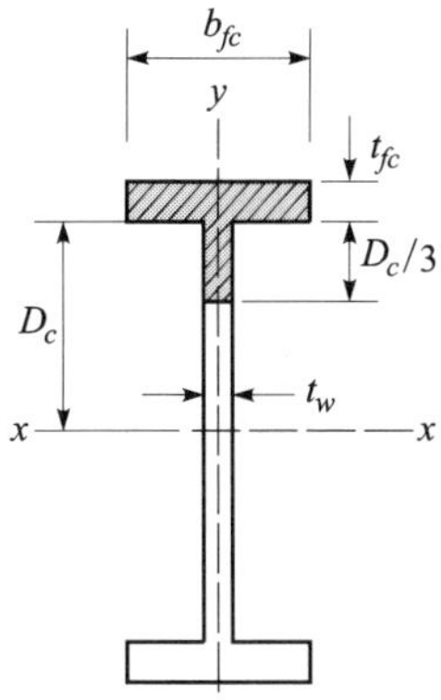

그림 6.38 **압축플랜지 및 웨브일부의 약축에 대한 회전반경**

D_c의 1/3을 합한 면적의 연직축(약축)에 대한 유효회전반경으로 다음과 같이 산정된다.

$$r_t = \frac{b_{fc}}{\sqrt{12\left(1 + \frac{1}{3}\frac{D_c t_w}{b_{fc} t_{fc}}\right)}} \quad (6.102)$$

C_b는 식(6.84a) 및 (6.84b)에서 정의된 모멘트 보정계수이다. F_{yr}은 잔류응력의 영향을 포함한 공칭항복강도에 도달할 때 압축플랜지 응력으로 압축플랜지 횡방향 휨은 고려치 않고 $0.7F_{yc}$와 F_{yw} 가운데 작은 값이지만 $0.5F_{yc}$ 이상이어야 한다. F_{cr}은 탄성 횡비틀림좌굴응력으로 다음 식으로 산정된다.

$$F_{cr} = \frac{C_b R_b \pi^2 E}{(L_b/r_t)^2} \quad (6.103)$$

6.8.6 공칭전단강도

일반적인 I형 단면의 경우, 대부분의 전단을 웨브가 수용한다. 따라서 플레이트거더는 원래 세장한 폭두께비를 갖고 있으므로 전단에 의한 웨브의 안정성 문제를 더욱 신중히 고려하여야 한다. 플레이트거더의 공칭전단강도는 웨브의 폭두께비와 중간수직보강재 설치 간격의 함수로 구성되며, 중간보강재의 유무에 따라 전단에 저항하는 메카니즘이 확연히 달라진다. 즉, 중간보강재가 없을 경우, 미소처짐의 보이론을 적용함으로써 전단의 임계조건을 추정할 수 있고, 웨브를 중간보강재로 보강할 경우, 웨브의 좌굴 후 항복이 일어나기 전까지 인장역작용(tension-field action)에 의한 후좌굴강도가 존재하게 된다. 다시 말하면 전단저항능력은 좌굴강도와 후좌굴강도로 구성되는데 이 후좌굴강도는 인장역작용에 의존하며, 이 인장역작용은 중간보강재가 있을 경우에만 존재하게 된다. 또한 만약 중간보강재가 설치되지 않거나 설치간격이 너무 클 경우 인장역작용은 존재하지 않으며, 전단저항도는 단지 좌굴강도만으로 구성된다. 수식적으로 공칭전단강도를 표현하면 다음과 같다.

$$V_n = V_\tau + V_f \quad (6.104)$$

여기서 V_τ은 보 작용에 의한 좌굴전단강도이고, V_f는 인장역작용에 의한 후좌굴전단강도이다.

1) 순수전단을 받는 탄성좌굴

그림 6.39에 나타낸 것처럼, I형 단면 웨브 중립축에 있는 응력블록은 휨응력이 0이므로, 순수 전단 상태에 있다. 이 경우에 주응력은 양의 전단력과 같고, 주 응력의 방향은 수평면으로부터 45°경사지게 된다. 보이론에 따라 전단력 V는 웨브에 의해 저항되는 것으로 일반적으로 가정되므로 웨브의 좌굴임계조건에 대해 살펴볼 필요가 있다. 다시 말하면, 전단을 최대로 받고 휨은 가능한 적게 받는 상태에서의 좌굴검토를 말하는 것이다.

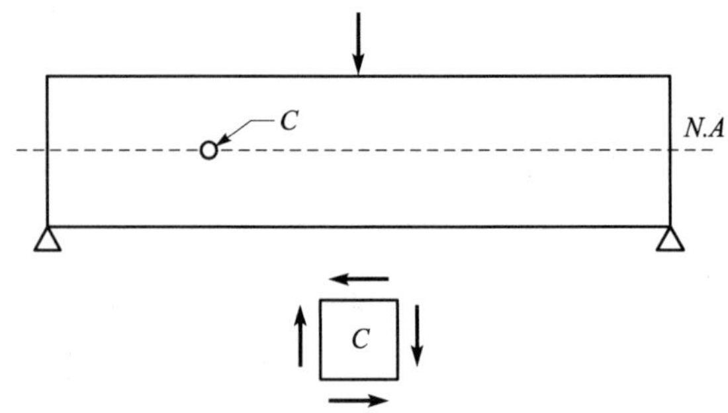

그림 6.39 순수전단

이와 같은 보이론에 따르면, 전단력 V는 다음과 같이 표현된다.

$$f_v = \frac{V}{D\,t_w} \tag{6.105}$$

여기서 D는 웨브의 높이, t_w는 웨브의 두께를 의미한다. 좌굴이 발생하지 않으면 전단응력은 항복강도 F_{vy}에 도달하고 완전소성전단력 V_p를 얻을 수 있다. 식 (6.105)를 다시 쓰면,

$$V_p = F_{vy} D t_w \tag{6.106}$$

이 되고, 일반적으로 적용되는 항복강도는 von Mises 전단파괴기준이므로, 이 기준에 따라 전단항복강도는 웨브의 인장강도 F_y에 연관된다.

$$F_{vy} = \frac{F_y}{\sqrt{3}} = 0.58 F_y \tag{6.107}$$

좌굴이 발생하면, 웨브의 탄성좌굴응력은 다음 식과 같이 표현된다.

$$F_{cr} = \frac{k\pi^2 E}{12(1-\nu^2)(b/t)^2} \tag{6.108}$$

F_{cr}을 F_{vcr}로 대치하면, 다음과 같은 전단응력에 의한 판의 좌굴식이 얻어진다.

$$F_{vcr} = \frac{k\pi^2 E}{12(1-\nu^2)\left(D/t_w\right)^2} \tag{6.109}$$

그리고 좌굴계수(k)는 다음과 같이 정의된다.

$$k = 5 + \frac{5}{(d_o/D)^2} \tag{6.110}$$

여기서 d_0는 수평보강재의 간격이고, 위 식은 판의 양끝이 단순지지되어 있는 경우에 대한 식이다. 전단력이 F_{vcr}까지 증가한 뒤 일정하다면 V_τ는 V_p의 일부로 다음과 같이 표현할 수 있다.

$$V_\tau = \frac{F_{vcr}}{F_{vy}} V_p \tag{6.111}$$

2) 인장역작용을 고려한 전단강도

일반적으로 중간보강재가 설치된 웨브의 경우 외부작용하중에 의해 웨브가 좌굴된 후에도 외부작용하중에 대해 좌굴강성이 거의 항복강도수준까지 유지가 된다. 이러한 후좌굴강도의 발현은 앞에서 기술한 것처럼 중간보강재의 설치에 따른 인장역작용의 결과이다.

(1) 인장역작용(tension-field action)

그림 6.40(a)처럼 플레이트거더의 웨브에 중간보강재를 설치하면 전단하중을 받는 사각형의 웨브패널이 4개의 가장자리에 지지되어 대각선으로 인장역이 유발된다. 여기서 I 형단면의 웨브는 경계중 두 개의 가장자리가 플랜지들이고, 나머지 두 개의 가장자리는 수직보강재들이다. 이 두쌍의 경계는 매우 다른 성질을 갖는다. 플랜지들은 수직방향으로 비교적 연성이어서 웨브에 발생하는 인장역의 응력을 전달할 수 없으며, 수직(중간)보강재들은 인장역의 정착부 역할을 한다. 그러므로 플랜지와의 접합점에 인접한 웨브의 영역은 유효하지 않게 되고 그림 6.40(b)와 같이 트러스와 유사하게 하중을 지탱하는 메카니즘이 발생된다. 이러한 인장역이 유발된 구조적 거동을 트러스와 비교 검토해 보면, 플랜지들은 상하현재가 되고 수직보강재는 압축재, 웨브는 인장사재가 된다.

이에 대한 하중저항 메카니즘은 우선 작용하중에 의해 웨브가 먼저 좌굴되고 난 후, 중간보강재로 보강된 웨브에 사인장방향으로 막작용이 발생하여 좌굴 후 웨브에 항복응력(F_{yw})이 발생될 때까지 작용되는 하중을 정착부 (중간보강재와 플랜지의 접합점)로 전달하여 중간보강재가 이 응력성분 중 수직응력에 저항하고 플랜지가 수평성분을 바로 옆의 패널로 전달하도록 하는 시스템이다. 이는 Pratt-Truss와 유사한 거동이 된다. 이러한 인장역작용은 웨브의 전단좌굴-전단항복점 근처에서 후좌굴강도에 상당한 효과가 있는 것이다. 다시 말하면 웨브의 좌굴이 발생하지 않으면 인장역작용은 발생하지 않는다.

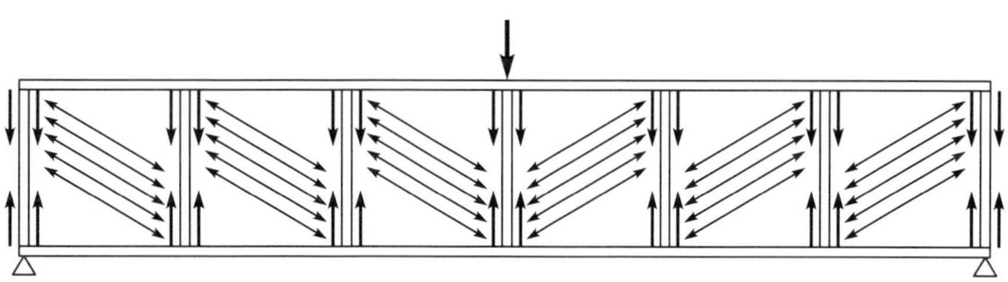
(a)

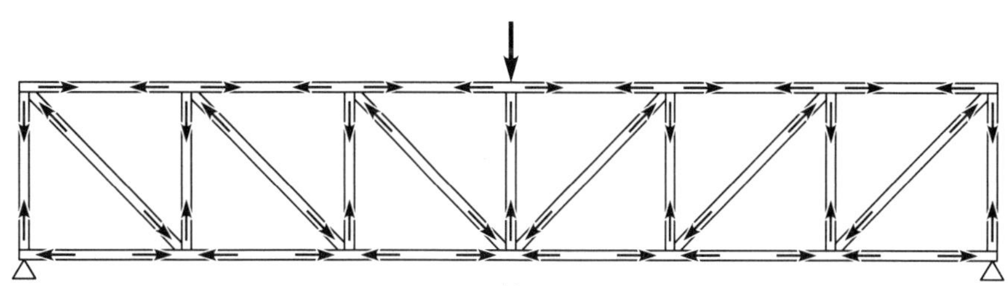
(b)

그림 6.40 인장역작용

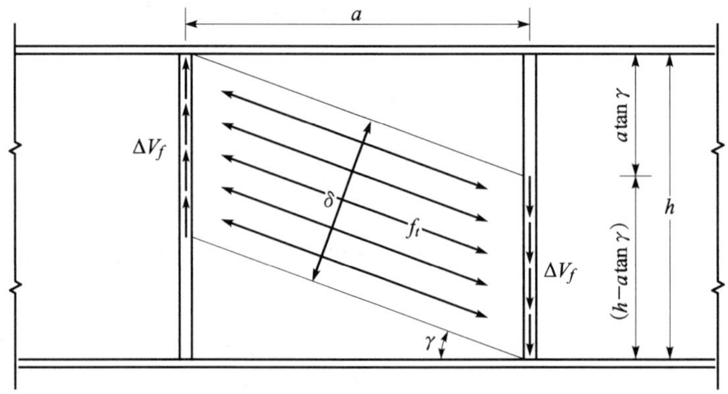

그림 6.41 웨브패널내 인장역

그림 6.41에서 인장역의 최적 방향 γ, 즉 최대강성을 발휘하는 인장역 발생 각도가 산정될 수 있으며, 보강재의 압축저항이 고려된 인장역작용에 의한 전단강도 증가량 ΔV_f의 최대값은 식(6.112)와 같이 유도된다.

$$\Delta V_f = f_t \delta t_w \sin\gamma = \frac{f_t\, h\, t_w}{2}[\sqrt{1+(a/h)^2} - a/h] \tag{6.112}$$

여기서 δ는 인장역의 폭(band width)이며 t_w는 웨브의 두께, f_t는 웨브의 좌굴 후에 발생되는 인장 막응력(tensile membrane stress)이다. 인장역 작용범위를 넘어선 부분(삼각형부분)에서의 응력상태를 명확히 알 수가 없으므로 식(6.112)는 적용의 한계가 있다. 인장역 최적방향 γ의 정역학적 평형조건으로부터 구한 후좌굴전단강도 V_f를 나타내면 다음과 같다.

$$V_f = \frac{f_t\, h\, t_w}{2}\left[\frac{1}{\sqrt{1+(a/h)^2}}\right] \tag{6.113}$$

여기서 V_f를 소성전단력 V_p에 대해 정리하기 위해, $a/h = \alpha$로 대체하고, von Mises 전단파괴기준을 적용하여 나타내면 다음과 같다($ht_w = \sqrt{3}\, V_p/F_y$).

$$V_f = \frac{\sqrt{3}}{2}\frac{f_t}{F_y}\frac{1}{\sqrt{1+\alpha^2}}V_p \tag{6.114}$$

(2) 합성전단강도

보 작용에 의한 전단강도인 식(6.111)과 인장역작용에 의한 전단강도인 식(6.114)를 합하여 플레이트거더의 웨브에 대한 일반적인 전단강도식을 얻을 수 있다.

$$V_n = V_p\left[\frac{F_{vcr}}{F_{vy}} + \frac{\sqrt{3}}{2}\frac{f_t}{F_y}\frac{1}{\sqrt{1+\alpha^2}}\right] \tag{6.115}$$

여기서 우변 괄호 안의 첫 번째 항은 보 작용에 의한 것이고, 두 번째 항은 인장역작용에 의한 것이다.

(3) 비보강 웨브의 공칭전단강도

다음의 경우에 해당하는 웨브를 '보강 웨브(stiffened web)'로, 그 외의 경우는 '비보강 웨브(unstiffened web)'로 고려한다.

- 수평보강재가 없고 수직보강재 간격이 $3D$ 이내인 경우,
- 수평보강재가 설치되고 수직보강재 간격이 $1.5D$ 이내인 경우

비보강 웨브의 공칭전단강도 V_n은 다음과 같다.

$$V_n = C V_p \quad (6.116)$$

여기서 V_p : 소성전단력($=0.58F_{yw}Dt_w$)

C : 전단항복강도에 대한 전단좌굴응력의 비로서, 전단좌굴계수 k는 5.0으로 함

F_{yw} : 웨브의 항복강도(MPa)

D : 웨브의 높이(mm)

t_w : 웨브의 두께(mm)

(4) 보강 웨브의 공칭전단강도

① 일반사항

균질단면이나 하이브리드단면에서 보강 웨브에 대한 중간 및 단부 패널의 공칭전단강도는 각각 아래의 ②와 ③ 항의 규정과 같다. 수평보강재가 있는 웨브 패널의 공칭전단강도를 구하는데 있어서는 웨브의 전체 높이 D를 사용한다. 수직보강재는 패널에 작용하는 최대전단력을 고려하여 간격을 정한다. 보강재는 KDS 14 31 10 (강구조 부재 설계기준) 4.3.3.1.11.1에서 규정한 요구사항을 만족해야 한다.

② 내측패널

전체 패널 단면이 다음 단면비를 만족하는 경우

$$\frac{2Dt_w}{(b_{fc}t_{fc}+b_{ft}t_{ft})} \le 2.5 \quad (6.117)$$

공칭전단강도는 다음 식으로 구한다.

$$V_n = V_p\left[C+\frac{0.87(1-C)}{\sqrt{1+\left(\frac{d_0}{D}\right)^2}}\right] \quad (6.118)$$

여기서, $V_p = 0.58\,F_{yw}\,D\,t_w$ (6.119)

d_0 : 수직보강재 간격 (mm)

V_n : 공칭전단강도 (N)

V_p : 소성전단력 (N)

C : 전단항복강도에 대한 전단좌굴응력비

전단좌굴응력비 C는 아래와 같이 계산한다.

1) $\frac{D}{t_w} < 1.12\sqrt{\frac{Ek}{F_{yw}}}$ 이면 $C=1.0$ (6.120)

2) $1.12\sqrt{\dfrac{Ek}{F_{yw}}} \le \dfrac{D}{t_w} \le 1.40\sqrt{\dfrac{Ek}{F_{yw}}}$ 이면 $C = \dfrac{1.12}{(D/t_w)}\sqrt{\dfrac{Ek}{F_{yw}}}$ (6.121)

3) $\dfrac{D}{t_w} > 1.40\sqrt{\dfrac{Ek}{F_{yw}}}$ 이면 $C = \dfrac{1.57}{(D/t_w)^2}\left(\dfrac{Ek}{F_{yw}}\right)$ (6.122)

여기서 k : 전단좌굴계수로서, 비보강 웨브의 경우 $k=5.0$,

보강 웨브의 경우 $k = 5 + \dfrac{5}{(d_0/D)^2}$

d_0 : 수직보강재의 간격 (mm)

패널 단면이 식(6.117)의 단면비를 만족하지 않는 경우 공칭전단강도는 다음과 같이 구한다.

$$V_n = V_p\left[C + \frac{0.87(1-C)}{\left(\sqrt{1+\left(\dfrac{d_0}{D}\right)^2} + \dfrac{d_0}{D}\right)}\right] \quad (6.123)$$

③ 단부 패널

단부 패널의 공칭전단강도는 다음과 같다.

$$V_n = CV_p \quad (6.124)$$

여기서, V_p : 소성전단력($=0.58F_{yw}Dt_w$)

수평보강재의 유무에 관계없이 단부 패널에서의 수직보강재 간격은 $1.5D$를 초과할 수 없다.

예제 6.15

다음 그림 6.42의 단경간 플레이트거더를 휨과 전단에 대해 설계하라. 단, KDS 14 31 10 (강구조 부재 설계기준)을 따른다.

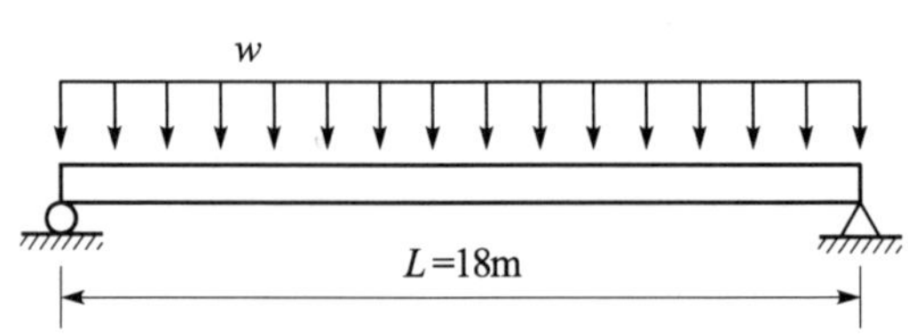

그림 6.42

1) 고정하중(DC) = 130 kN/m
2) 플레이트거더자중(DC) = 4.0 kN/m
3) 활하중(LL) = 32.5 kN/m
4) 플랜지 상부에서 길이방향으로 4.5m 간격으로 횡지지되어 있다. 즉, 압축플랜지 비지지길이 L_b = 4.5m이다.

5) 강종은 SM355, 하중계수는 $\gamma_{DC}=1.25$ 와 $\gamma_{LL}=1.80$ 이고 하중조합은 극한한계상태 I 로 $P_u=\eta\sum\gamma_i Q_i=1.00\times(1.25\times DC+1.80\times LL)=1.25DC+1.80LL$ 를 사용하라.
6) 극한한계상태 휨저항계수 $\phi_f=1.00$, 탄성계수 $E=2.1\times10^5\,\text{MPa}$, 전단탄성계수 $G=0.8\times10^5\,\text{MPa}$ 이다.
7) 웨브는 수평보강재를 사용하여 식 (6.92)를 만족하도록 만들었고(즉 $R_b=1.0$), 수직보강재의 간격 d_0는 웨브의 높이와 같다($d_0/D=1.0$). 그리고 $R_h=1.0$이라고 가정하라.

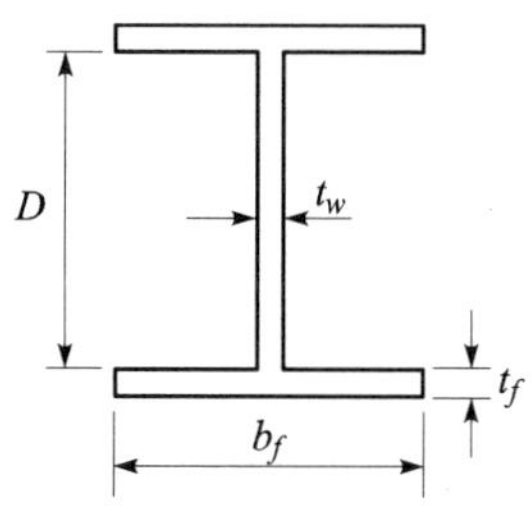

그림 6.43

풀이

$w_{DC}=134\,\text{kN/m}$, $w_{LL}=32.5\,\text{kN/m}$, $L=18\,\text{m}$

$w_u=1.25w_{DC}+1.8w_{LL}=226\,\text{kN/m}$

$$M_u=\frac{w_uL^2}{8}=9{,}153\,\text{kN}\cdot\text{m}$$

1) 휨에 대한 설계 : 압축플랜지 비지지길이 $L_b=4.5\,\text{m}$(주어진 조건)

2) 단면 가정 :

$t_w=13\,\text{mm}$, $D=1{,}800\,\text{mm}$, $t_f=25\,\text{mm}$, $b_f=550\,\text{mm}$

3) 재료특성 :

$F_y=355\,\text{MPa}(t=13\,\text{mm})$, $345\,\text{MPa}(t=25\,\text{mm})$, $E=210{,}000\,\text{MPa}$

4) 단면특성 :

- 웨브의 단면적 : $A_w=Dt_w=23{,}400\,\text{mm}^2$
- 플랜지의 단면적 : $A_f=b_ft_f=13{,}750\,\text{mm}^2$
- 웨브의 세장비 : $\lambda_w=\dfrac{D}{t_w}=138.5$
- 플랜지의 세장비 : $\lambda_f=\dfrac{b_f}{2t_f}=11.0$

주어진 조건에 의해 웨브는 조밀단면

$$12>\lambda_f=11.0>\lambda_{pf}=0.38\sqrt{\frac{E}{F_{yc}}}=0.38\times\sqrt{\frac{210{,}000}{345}}=9.38$$

→ 플랜지는 비조밀단면

5) x축에 관한 단면2차모멘트

$$I_x=2b_f\frac{t_f^3}{12}+2A_f\left(\frac{D}{2}+\frac{t_f}{2}\right)^2+\frac{D^3t_w}{12}=2.9216\times10^{10}\,\text{mm}^4$$

6) 탄성단면계수 :

$$S_x=\frac{I_x}{D/2+t_f}=3.1585\times10^7\,\text{mm}^3$$

7) 좌굴응력의 계산

- 비조밀단면 플랜지의 국부좌굴

$\lambda_f \le \lambda_{pf}$에 해당하지 않는 경우이므로 아래 식에 의거하여 산정한다.

$$F_{nc} = [1-(1-\frac{F_{yr}}{R_h F_{yc}})(\frac{\lambda_f - \lambda_{pf}}{\lambda_{rf} - \lambda_{pf}})]\ R_b R_h F_{yc} = 321.5\ \mathrm{MPa}$$

$$\lambda_{pf} = 0.38\sqrt{\frac{E}{F_{yc}}} = 9.38$$

$$\lambda_{rf} = 0.56\sqrt{\frac{E}{F_{yr}}} = 0.56\sqrt{\frac{210{,}000}{(0.7)(345)}} = 16.5$$

- 횡비틀림좌굴 ($L_b = 4.5\mathrm{m}$)

$$r_t = \frac{b_{fc}}{\sqrt{12(1+\frac{1}{3}\frac{D_c t_w}{b_{fc} t_{fc}})}} = 140.14\,\mathrm{mm}$$

$$L_p = 1.0\, r_t \sqrt{\frac{E}{F_{yc}}} = 1.0(140.14)\sqrt{\frac{210{,}000}{345}} = 3{,}457\,\mathrm{mm}$$

$$L_r = \pi r_t \sqrt{\frac{E}{F_{yr}}} = \pi(140.14)\sqrt{\frac{210{,}000}{(0.7)(345)}} = 12{,}983\,\mathrm{mm}$$

$L_p < L_b = 4.5\,\mathrm{m} < L_r$ 이므로, 횡비틀림좌굴의 영향을 고려하여 아래 식으로 압축플랜지 횡비틀림좌굴강도를 산정하면,

$$F_{nc} = C_b[1-(1-\frac{F_{yr}}{R_h F_{yc}})(\frac{L_b - L_p}{L_r - L_p})]R_b R_h F_{yc} \le R_b R_h F_{yc}$$

$$= 333.7\,\mathrm{MPa} \le 345\,\mathrm{MPa}$$

이 때, C_b는 안전측으로 1.0을 사용하였다.

8) 설계 휨강도 계산

공칭휨강도 M_n은 가능한 지배한계상태 중에서 작은 값이다.

따라서, 비조밀단면인 압축플랜지의 국부좌굴에 의한 설계 저항력에 의해 공칭휨강도 M_n이 결정된다.

$$M_n = S_x R_b R_h F_{cr} = (3.1585\times 10^7)\times 1.0\times 1.0\times 321.5 = 10{,}155\,\mathrm{kN\cdot m}$$

$\phi M_n = 1.0\times 10{,}155\,\mathrm{kN\cdot m} = 10{,}155\,\mathrm{kN\cdot m} > M_u = 9{,}153\,\mathrm{kN\cdot m}$ O.K.

9) 전단강도 검토

보강된 웨브이므로 전단좌굴계수 k는 다음 식으로 산정한다.

$$k = 5 + \frac{5}{(d_0/D)^2} = 5 + \frac{5}{(1.0)^2} = 10.0$$

$D/t_w = 138.5 > 1.4\sqrt{Ek/F_{yw}} = 107.7$ 이므로,

$$C = \frac{1.57}{(D/t_w)^2}\left(\frac{Ek}{F_{yw}}\right) = 0.484$$

- 내측패널

단면비 검토를 식(6.117)로 수행한다.

$$\frac{2Dt_w}{(b_{fc}t_{fc} + b_{ft}t_{ft})} = \frac{2(1{,}800)(13)}{(550\times 25 + 550\times 25)} = 1.7 \le 2.5$$

따라서 전단강도는,

$$V_n = V_p\left[C + \frac{0.87(1-C)}{\sqrt{1+\left(\frac{d_0}{D}\right)^2}}\right]$$

$$= 0.58 \times 355 \times 1800 \times 13\left[0.484 + \frac{0.87(1-0.484)}{\sqrt{1+(1.0)^2}}\right]$$

$$= 3{,}861.4\,kN$$

$\phi V_n = 1.0 \times 3{,}861.4\,\text{kN} = 3{,}861.4\,\text{kN} > w_u L/2 = 2{,}034\,\text{kN}$ O.K.

- 지점의 단부패널

$$V_n = C V_p$$

$$= 0.484 \times 0.58 \times 355 \times 1800 \times 13 = 2{,}331.9\,\text{kN}$$

$\phi V_n = 1.0 \times 2{,}331.9\,\text{kN} = 2{,}331.9\,\text{kN} > w_u L/2 = 2{,}034\,\text{kN}$ O.K.

❙ 기호

C_b : 모멘트 구배를 고려한 보정계수
C_w : 뒴비틀림상수
D : 웨브 높이
D_{cp} : 소성 휨상태의 압축측 웨브 높이
E : 탄성계수
F_{cr} : 좌굴응력
F_y : 강재의 항복강도
G : 전단탄성계수
I : 단면2차모멘트
J : 비틀림상수
L_b : 횡 비지지 길이
L_p : 소성 비지지길이 한계
L_r : 탄성 비지지 길이 한계
M_n : 단면 공칭휨강도
M_p : 소성모멘트
M_y : 항복모멘트
R_b : 압축플랜지 강도감소계수
R_h : 하이브리드 계수
S : 탄성단면계수
T_s : 순수비틀림모멘트
T_w : 뒴비틀림모멘트
V : 전단력
V_n : 단면의 공칭 전단강도
Z : 소성단면계수
b_f : (압축)플랜지 폭
f : 휨응력
f_v : 전단응력
k : 좌굴계수
t_f : (압축)플랜지 두께
t_w : 웨브 두께
κ : 휨곡률
λ : 판 폭-두께비(세장비)
λ_p : 조밀단면 판 폭-두께비
λ_r : 비조밀단면 판 폭-두께비
ϕ_f : 휨에 대한 저항계수
ϕ_v : 전단에 대한 저항계수

연습문제

6.1 압연 형강보 H-400×300×10×16(SM275)의 강축에 대한 항복모멘트와 소성모멘트를 구하시오.

6.2 T단면의 형강이 24mm×240mm 플랜지와 24mm×300mm 웨브로 구성되어 있고 항복응력은 235MPa이다. 수평 소성중립축에 대한 소성모멘트 M_p를 구하시오.

6.3 항복강도 F_y가 275N/mm^{2}인 비대칭 강재보 단면의 크기가 상부플랜지 15mm×350mm, 하부플랜지 15mm×250mm, 웨브 12mm×600mm이다.
(a) 상연으로부터 중립축까지의 거리 $\bar{y}$, 탄성단면계수 S_x 및 항복모멘트 M_y를 구하시오.
(b) 상연으로부터 소성중립축(P.N.A.)까지의 거리 $\bar{y}_p$, 소성단면계수 Z_x 및 소성모멘트 M_p를 구하시오.
(c) 이 단면에 대한 형상계수를 구하시오.

6.4 압연 형강보 H-100×100×6×8(SM275)의 플랜지와 웨브가 조밀단면, 비조밀단면 또는 세장판단면 중에서 어느 단면에 속하는지 결정하시오.

6.5 압연 형강보 H-150×150×7×10(SM275)의 플랜지와 웨브가 조밀단면, 비조밀단면 또는 세장판단면 중에서 어느 단면에 속하는지 결정하시오.

6.6 H형강 H-400×300×10×16(SM275)의 보가 양단에 단순지지 되어있으며, 상부슬래브에 의해 압축플랜지 전길이에 대해 횡방향 지지되어 있다. 휨강도를 산정하시오

6.7 압연H형강보 H 700×300×13×20(r=28mm)의 비보강 공칭전단강도를 산정하시오. 강재의 종류는 SM275이다(탄성계수 210GPa, 항복강도, F_y=275N/mm^2).

6.8 H형강 H−300×300×10×15(SM275)의 보가 양단에 단순지지 되어있으며, 양단지점에만 횡방향지지 가로보가 설치되어 있다. 하중 P는 사용활하중을 나타낸다면, 최대허용하중 P는 얼마인가?

(a) 보의 자중 무시
(b) 보의 자중 고려

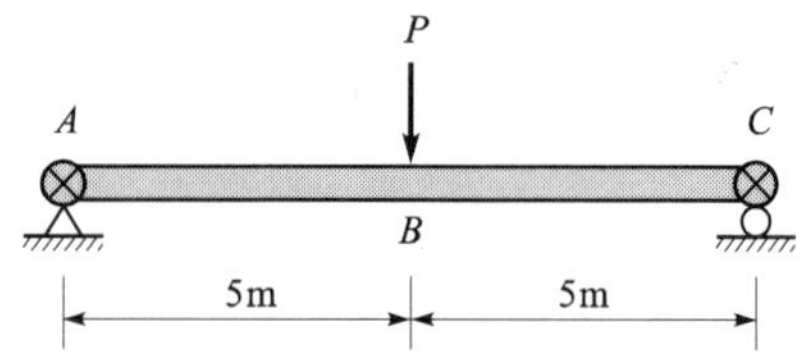

문제 6.8

6.9 표준단면형강 H−700×300×13×24(SM275)의 보가 양단에 단순지지 되어있으며, 양단지점에만 횡방향지지 가로보가 설치되어 있다. 등분포하중 w(kN/m)는 사용활하중을 나타낸다면, 최대허용하중 w는 얼마인가?(보의 자중 고려)

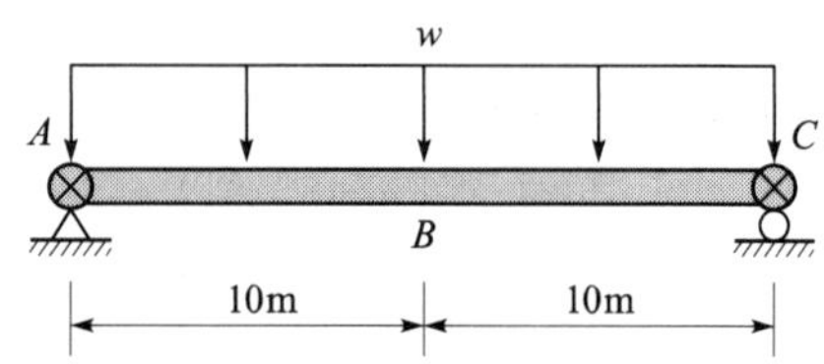

문제 6.9

6.10 표준단면형강 H−500×200×10×16 (항복강도 $F_y = 355\,\mathrm{MPa}$, 탄성계수 $E_s = 210\,\mathrm{GPa}$)과 폭 $b = 2{,}700\,\mathrm{mm}$, 두께 $t = 200\,\mathrm{mm}$의 상부콘크리트 슬래브로 구성된 합성보에는 전단연결재가 충분히 설치되어 완전합성거동을 한다. 콘크리트의 단위질량 $m_c = 2{,}300\mathrm{kg/m^3}$이고, 평균압축강도 $f_{cm} = 28\,\mathrm{MPa}$이다.

(a) 환산단면에 대한 단면2차모멘트를 계산하시오.
(b) 정모멘트 구간에 설치되어 휨모멘트 320 kN−m을 받는 경우 강재 상하단과 콘크리트 상단에서 발생하는 응력을 산정하시오.

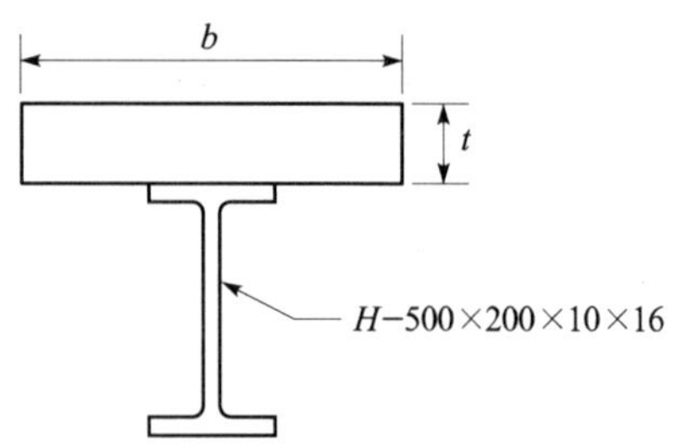

문제 6.10

6.11 문제 10에서 제시된 합성보의 공칭휨강도를 구하시오.

6.12 문제 10에서 제시된 합성보에서 강재의 항복강도 f_y가 400MPa로 변경되었을 경우 공칭휨강도를 구하시오.

6.13 그림과 같이 단순지지된 강재바닥틀의 경간이 10 m이고, 등분포 고정하중(DC) 15kN과 충격하중이 고려된 활하중 (LL) 20kN/m이 작용하는 H형강 단면을 설계하였다. 활하중 (LL)에 의한 처짐은 보도부가 있는 바닥판으로 L/1000로 제한되어 있다. H-600×200×11×17 단면이 사용되었을 때 처짐의 사용성에 대하여 검토하시오. 단, 하중조합은 사용한계상태 Ⅱ로 $P_u = 1.00DC + 1.30LL$ 를 사용하시오.

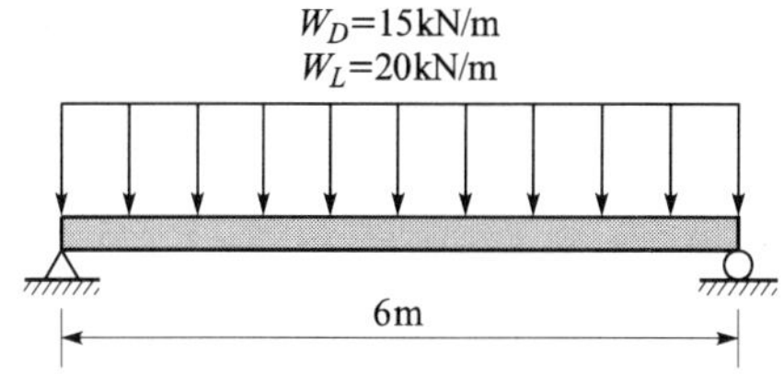

문제 6.13

6.14 다음과 같은 조건에서 각각의 경우에 대하여 SM355 강종으로 제작된 플레이트거더의 공칭휨강도를 산정하라.

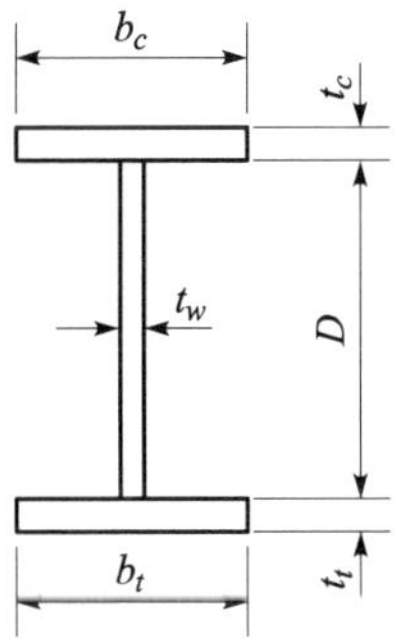

상부플랜지 폭	b_c =	400 mm
상부플랜지 두께	t_c =	22 mm
복부판 두께	t_w =	10 mm
복부판 높이	D =	1,300 mm
하부판 폭	b_t =	500 mm
하부플랜지 두께	t_t =	38 mm
강재탄성계수	E_s =	205,000 mm

문제 6.14

(a) 비지지길이가 7m이고, 균일한 휨모멘트가 작용할 경우

(b) 비지지길이는 위와 동일하되, 아래 그림과 같이 경간 중앙에 집중하중이 재하된 경우

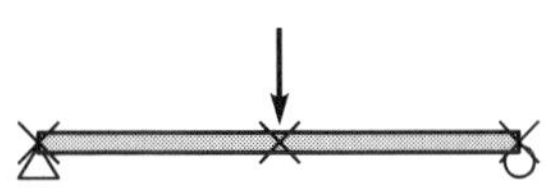

Design of Steel Structures

제7장 축력과 휨을 동시에 받는 부재

7.1 개요

이 장에서는 축력과 휨모멘트를 동시에 받는 부재에 대하여 설명한다. 압축력과 휨모멘트를 동시에 받는 부재를 보-기둥(beam-column)이라 칭하며, 엄밀히 보면 뼈대(골조) 구조물의 거의 대부분이 보-기둥 부재로 이루어져 있다. 보-기둥의 설계방법은 두 가지로 구분할 수 있다. 즉, (i)소요강도 대 설계강도의 비의 합으로 표시되는 상관관계식(interaction equation)으로 처리하는 경우와 (ii)외력이 유발한 응력의 합을 좌굴응력 또는 항복응력으로 제한하여 설계를 수행하는 경우로 구분할 수 있다. 실제로는 아주 예외적인 경우를 제외하고는 상관관계식을 사용하여 설계하는 경우가 대부분이다. 따라서 여기서는 실제로 사용빈도가 가장 높은 휨모멘트와 압축력을 받는 부재중에서, H형강 보-기둥 부재의 설계규정의 배경과 적용법을 해설하는 것에 중점을 두고 기술하였다.

하중저항계수설계법의 설계개념에 의하면 하중효과를 부재의 강도로 나눈 것이 1보다 작으면 설계조건을 만족하게 된다. 그런데 보-기둥은 축력과 휨모멘트를 동시에 받으므로 설계조건이 상관관계식으로 표현되어야 한다. 상관관계식의 분모에는 부재의 설계압축강도 및 설계휨강도가 사용되고 분자에는 구조해석으로부터 구한 부재의 소요압축강도(계수하중조합에 의한 압축력) 및 소요휨강도(계수하중조합에 의한 휨모멘트)를 사용한다. 외력에 의한 부재의 휨모멘트인 소요휨강도는 선형해석으로 구한 휨모멘트에 2차휨모멘트를 더한 값을 사용한다. 2차휨모멘트는 압축력과 부재의 변위와의 곱으로써 표현되며, 부재효과(member effect, $P-\delta$효과) 및 골조효과(frame effect, $P-\Delta$효과)에 의해 발생하는 휨모멘트이다. 부재효과($P-\delta$효과)는 횡변위(sidesway)가 발생하지 않는 상황에서 2차휨모멘트 증폭을 나타낸다. 횡변위(sidesway)가 발생하지 않는 상황은 보-기둥의 상단과 하단의 상대변위가 없는 부재를 지칭한다. 골조효과($P-\Delta$효과)는 횡변위가 발생하는 상황을 고려하여 2차휨모멘트 증폭을 나타낸 것이다.

7.2 보-기둥 부재

7.2.1 보-기둥 부재의 상관관계식

KDS 14 31 10 강구조부재설계기준(하중저항계수설계법)에 따르면, 2축대칭단면부재와 I_{yc}/I_y의 값이 0.1 이상 0.9 이하로서 x축(강축) 또는 y축(약축)으로만 휨이 발생하도록 구속된 1축대칭단면부재에 있어서 휨모멘트와 압축력의 상관관계식은 식(7.1)과 식(7.2)와 같이 제시되어 있다. 여기서 I_{yc}는 압축력을 받는 플랜지의 y축에 대한 단면2차모멘트를 나타낸다.

1) $\dfrac{P_u}{P_r} \geq 0.2$ 인 경우

$$\frac{P_u}{P_r}+\frac{8}{9}\left(\frac{M_{ux}}{M_{rx}}+\frac{M_{uy}}{M_{ry}}\right) \leq 1.0 \tag{7.1}$$

2) $\dfrac{P_u}{P_r} < 0.2$ 인 경우

$$\frac{P_u}{2P_r}+\left(\frac{M_{ux}}{M_{rx}}+\frac{M_{uy}}{M_{ry}}\right) \leq 1.0 \tag{7.2}$$

여기서, P_u : 설계하중으로 인한 소요압축강도 (N)
P_r : 5장의 규정에 따라 정해지는 설계압축강도($=\phi_c P_n$) (N)
M_u : 설계하중으로 인한 소요휨강도 (N·mm)
M_r : 6장의 규정에 따라 정해지는 설계휨강도($=\phi_b M_n$) (N·mm)
x : 강축 휨을 나타내는 아래첨자
y : 약축 휨을 나타내는 아래첨자
ϕ_c : 압축에 대한 강도저항계수(=0.90)
ϕ_b : 휨에 대한 강도저항계수(=0.90)

위의 식(7.1)과 식(7.2)를 적용할 때 주의할 사항은 다음과 같다.

가) P_r은 세장비가 최대인 축에 대하여 산정해야 한다.
나) M_r은 보의 모든 한계상태(횡비틀림좌굴, 국부좌굴, 소성항복)를 고려하여 최소 휨강도를 사용해야 한다.
다) P_u는 2차효과가 포함된 압축력이다.
라) M_u는 2차효과가 포함된 휨모멘트이다.

식(7.1)과 식(7.2)는 Kanchanalai(1977)가 82개의 횡변위가 있는 뼈대구조물(sideway uninhibited frame, unbraced frame)에 대하여 비탄성, 비선형해석인 소성영역해석(plastic-zone analysis)을 수행하여 그 결과를 바탕으로 개발한 식이다. 이 식은 AISC(1993)에서 처음 채택되었으며 미국 AASHTO 시방서(1994) 및 KDS 14 31 10 강구조부재설계기준(하중저항계수설계법)에서도 그대로 도입되어 사용되고 있다.

M_{ux} 및 M_{uy}(이하 M_u)는 설계하중에 의한 부재의 휨모멘트로서 선형해석에 의한 1차 휨모멘트(primary moment)에 2차 휨모멘트(secondary moment)를 합한 값이다. 여기서 2차 휨모멘트는 기둥의 압축력에 기둥의 횡변위를 곱한 값이다. 이러한 2차 휨모멘트를 정확히 구하기 위해서는 비선형해석(nonlinear analysis)을 수행하여야 한다. 그러나 비선형해석법은 설계자에게 익숙한 방법이 아니므로 KDS 14 31 15 강구조골조의 안정성 설계기준(하중저항계수설계법)에서는 선형해석을 수행한 후 모멘트증폭계수를 활용하여 비선형모멘트를 구하는 방법을 다음의 절과 같이 제시하고 있다.

7.2.2 부재효과와 골조효과에 따른 2차 모멘트

그림 7.1의 (a)와 (b)는 2차효과를 "부재효과"(member effect, local effect, $P-\delta$ effect) 및 "골조효과"(frame effect, global effect, $P-\Delta$ effect)로 구분하여 나타낸 것이다. 부재효과는 골조의 횡변위(sidesway)가 발생하지 않는 조건에서 발생하는 모멘트증폭 등의 2차효과를 지칭하고, 골조효과는 골조의 횡변위 발생에 따라 수반되는 모멘트증폭 등의 2차효과를 나타낸다.

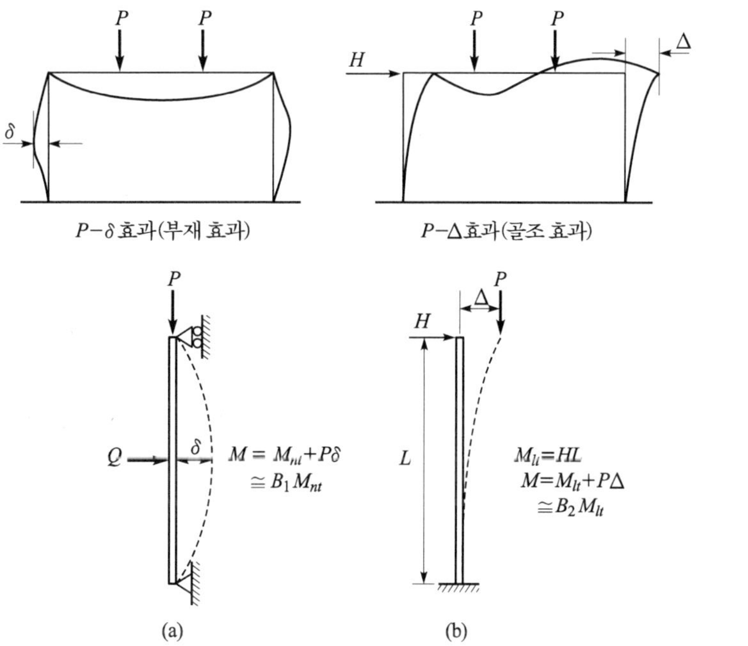

그림 7.1 2차효과에 따른 모멘트증폭

현행 강구조설계기준에서는 부재효과와 골조효과를 구분하여 각각에 B_1 및 B_2로 표시되는 증폭계수를 곱하여 2차효과를 반영하는 방식을 택하고 있다(그림 7.2 참조).

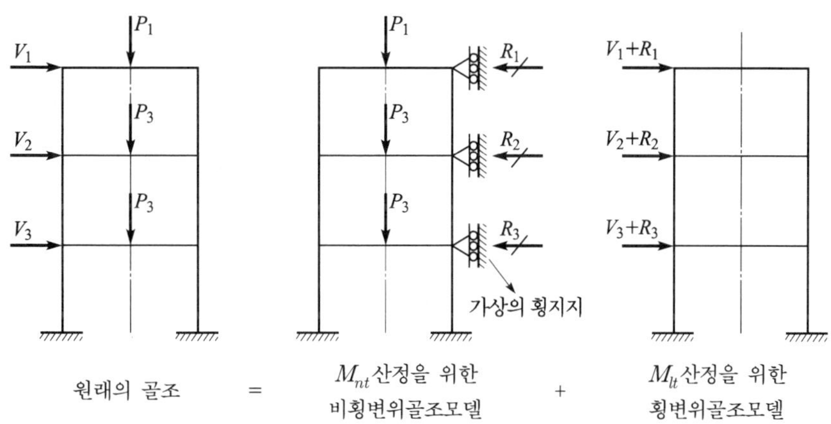

그림 7.2 모멘트 증폭을 위한 골조모델

그림 7.2에서 "비횡변위골조(nonsway frame)"는 중력하중에 대해 골조의 횡변위가 발생하지 않도록 인위적으로 횡지지를 가한 골조이다. 이 골조에 중력하중을 가해서 산정한 기둥부재의 모멘트에 증폭계수 B_1을 곱하여 부재효과를 반영한다.

중력하중과 구조물 모두가 대칭이 아니라면 인위적 횡지지점에서 반력이 발생할 것이다. 따라서 이 가상의 반력을 상쇄하는 반대방향의 외력을 원래 횡하중에 더하여 그림 7.2의 횡변위골조(sway frame)에 작용시켜서 기둥 모멘트를 구한 후 증폭계수 B_2를 곱하게 된다.

2차 효과가 고려된 최종적인 소요휨강도(M_u)와 소요축강도(P_u)는 식(7.3) 및 식(7.4)와 같이 산정된다.

$$M_u = B_1 M_{nt} + B_2 M_{lt} \tag{7.3}$$

$$P_u = P_{nt} + B_2 P_{lt} \tag{7.4}$$

여기서 M_u : 2차 효과가 고려된 소요휨강도

P_u : 2차 효과가 고려된 소요축강도

B_1 : 횡구속 부재의 휨방향에 대한 부재효과($P-\delta$ effect)에 의한 증폭계수(7.2.3 참조)

B_2 : 비횡구속 부재의 골조효과($P-\Delta$ effect)에 의한 증폭계수 (7.2.4 참조)

M_{lt} : 골조의 횡변위를 허용한 조건의 1차 휨모멘트

M_{nt} : 골조의 횡변위가 구속된 조건의 1차 휨모멘트

P_{lt} : 골조의 횡변위를 허용한 조건의 1차 축력

P_{nt} : 골조의 횡변위가 구속된 조건의 1차 축력

다음 절에서는 증폭계수 B_1 및 B_2의 산정방법을 간략히 기술한다.

7.2.3 횡구속 부재효과에 따른 증폭계수(B_1 계수)

그림 7.1(a)와 같이 횡방향 변위가 구속된 부재의 부재효과($P-\delta$ effect)에 따른 모멘트 증폭계수의 엄밀한 형태는 하중형식이 부재하중(span loading)인지 또는 재단모멘트(end moment)인지에 따라 달라진다. 그러나 이를 근사시켜 대부분의 설계기준에서는 간결한 형식으로 정리한 모멘트 증폭계수를 사용한다.

1) 횡하중을 받는 보-기둥 부재

그림 7.3과 같이 집중 횡하중의 부재하중을 받는 보-기둥 부재의 이론적 모멘트 증폭계수는 그림 7.4와 같은 자유물체도에 모멘트 평형조건식을 적용하여 얻어진 다음의 2계상미분방정식을 풀어서 구할 수 있다.

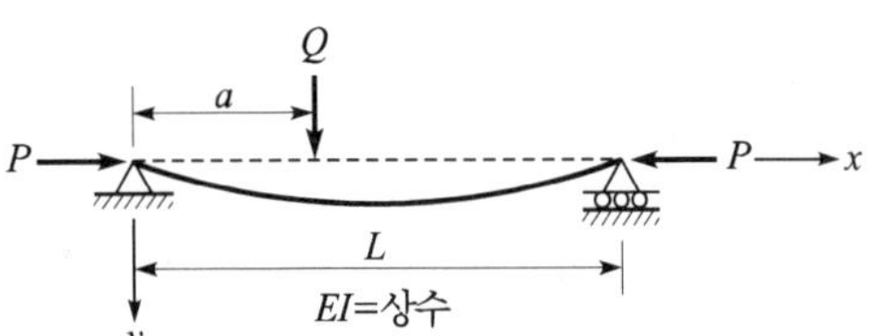

그림 7.3 부재 집중하중을 받는 보-기둥 부재

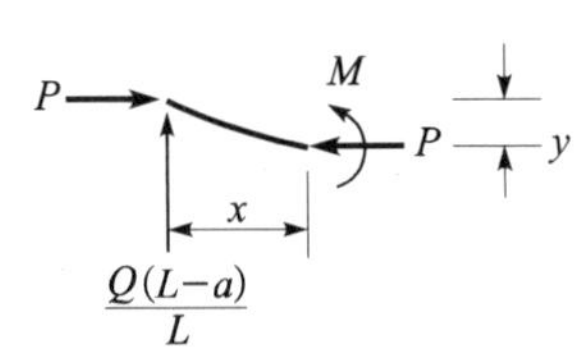

그림 7.4 부재 집중하중을 받는 보-기둥 부재의 자유물체도

내부휨모멘트 $M_{int} = -EIy''$ (7.5)

외부휨모멘트 $M_{ext} = \dfrac{Q(L-a)}{L}x + Py$ (7.6)

$M_{int} = M_{ext}$ 의 평형조건으로부터

$$y'' + k^2 y = -\frac{Q(L-a)}{LEI}x \qquad (0 \le x \le a) \tag{7.7}$$

$$y'' + k^2 y = \frac{Qa(L-x)}{LEI} \qquad (a \le x \le L) \tag{7.8}$$

여기서, $k^2 = P/EI$, y는 처짐, y''는 곡률

위의 2계상미분방정식을 풀면,

$$y = \frac{Q}{EIk^3}\frac{\sin k(L-a)}{\sin kL}\sin kx - \frac{Q(L-a)}{LEIk^2}x \qquad (0 \le x \le a) \tag{7.9}$$

$$y = -\frac{Q}{EIk^3}\frac{\sin ka}{\tan kL}\sin kx + \frac{Q\sin ka}{EIk^3}\cos kx - \frac{Qa(L-x)}{LEIk^2} \qquad (a < x \le L) \tag{7.10}$$

$a = \dfrac{L}{2}$ 로 특화된 경우를 고려하면,

$$M_{\max} = \frac{QL}{4}\left[\frac{\tan u}{u}\right] = M_0\left[\frac{\tan u}{u}\right] \tag{7.11}$$

여기서, $u = \dfrac{kL}{2}$

식(7.11)에 $\tan u = u + \dfrac{1}{3}u^3 + \dfrac{2}{15}u^5 + \dfrac{17}{315}u^7 + \ldots$ 로 표시되는 멱급수전개식을 대입하여 정리하면 다음과 같다.

$$M_{\max} = M_0\left[\frac{1-0.2(P/P_e)}{1-P/P_e}\right] \tag{7.12}$$

여기서, $P_e = \dfrac{\pi^2 EI}{L^2}$ (오일러 좌굴하중)

유사한 접근법을 적용하여 다른 부재하중 조건에서의 모멘트 증폭계수와 관련된 계수, Ψ 와 C_m을 정리하면 표 7.1과 같다. 일반적으로 부재하중이 작용하는 경우의 증폭된 모멘트는 아래 식(7.13)과 같은 형태를 가진다.

$$M_{\max} = M_0\left[\frac{1+\Psi(P/P_e)}{1-P/P_e}\right] = M_0\left[\frac{1+\Psi\alpha}{1-\alpha}\right] = M_0\left[\frac{C_m}{1-\alpha}\right] \tag{7.13}$$

여기서, M_0 : 1차해석에서 얻어진 부재하중에 의한 최대휨모멘트

P : 작용 축하중

P_e : 보-기둥 부재의 오일러좌굴하중

α : P/P_e

C_m : 부재하중이 작용할 경우에는 모멘트 저감계수(moment reduction factor)이며 재단모멘트가 작용할 경우에는 등가모멘트계수(equivalent moment factor)로 간주하여 적용한다(Chen & Lui, 1987).

표 7.1 부재하중이 작용하는 경우

하중조건	Ψ 정모멘트 (부모멘트)	C_m (작은값)
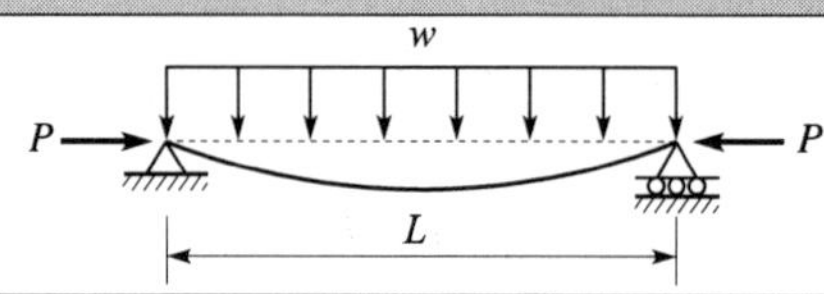 	0	1.0
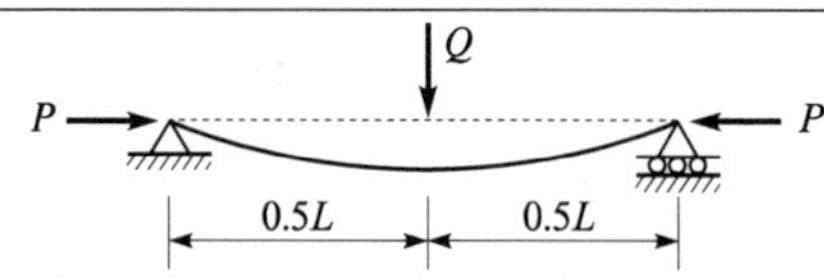 	−0.20	1−0.2α
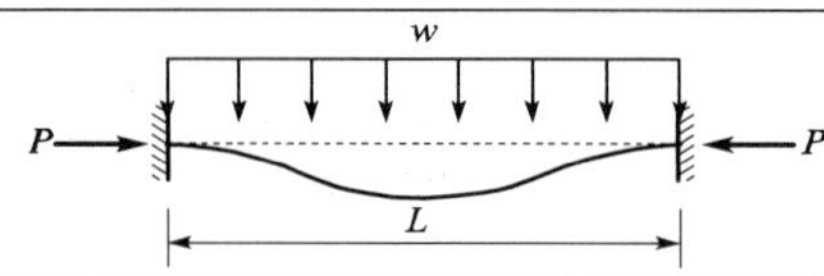 	−0.40 (−0.40)	1−0.4α
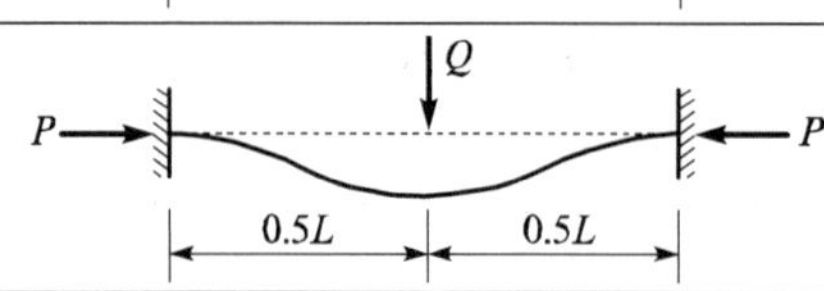 	−0.60 (−0.20)	1−0.2α

2) 재단모멘트가 작용하는 보-기둥

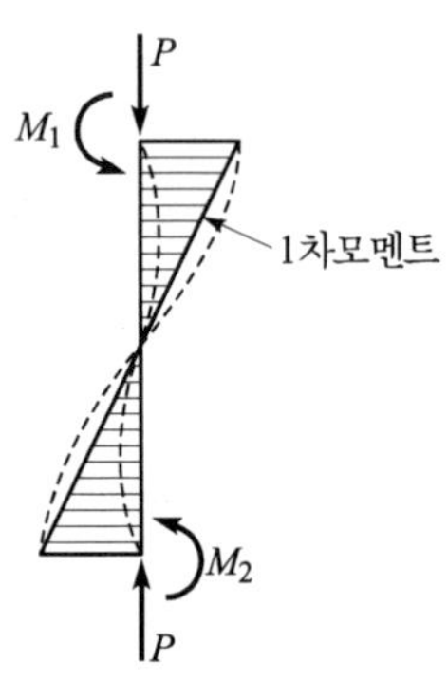

그림 7.5 재단모멘트와 축력이 작용하는 보-기둥 부재

모멘트골조의 대부분의 보-기둥 설계는 그림 7.5와 같이 기둥부재의 양단에 재단모멘트(M_1, M_2)가 작용하는 경우가 주 대상이다. 이론적으로 모멘트증폭계수는 2계상미분방정식을 풀어서 구할 수 있다. Austin(1961)이 안전측으로 근사시킨 결과를 정리하면 다음과 같다(Chen-Lui 1987 참조).

$$M_{\max} = \left[\frac{C_m}{1-P/P_e}\right] M_2 \tag{7.14}$$

여기서, $$C_m = 0.6 - 0.4\left(\frac{M_1}{M_2}\right) \geq 0.4 \tag{7.15}$$

단, $|M_2| \geq |M_1|$ 이고 $\left(\frac{M_1}{M_2}\right)$의 부호는 보-기둥의 변형이 복곡률이면 (+), 단곡률이면 (−)를 취하도록 한다.

그림 7.6은 재단모멘트에 따른 C_m계수 산정사례를 정리한 것이다.

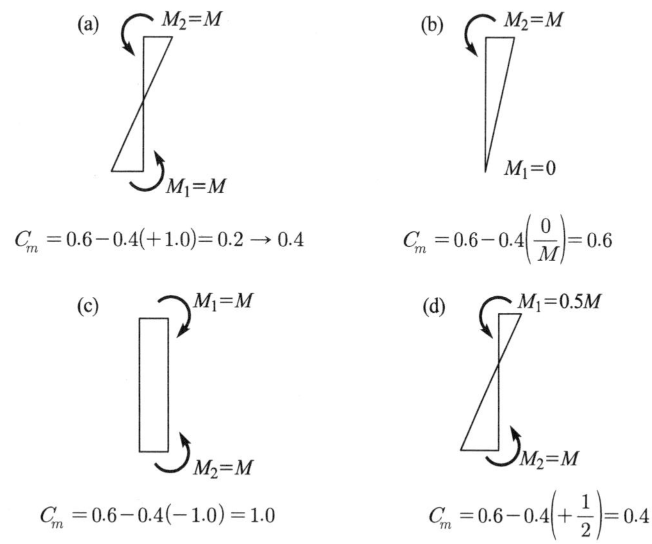

그림 7.6 재단모멘트에 따른 C_m 계수

3) 설계기준의 증폭계수 B_1

식(7.13) 및 식(7.14)에서 하중형태에 따라 모멘트가 증폭되는 역학적인 메카니즘은 다르지만 두 경우의 증폭계수는 외견상 유사한 형태를 지닌다. 우선 증폭의 크기를 지배하는 분모가 동일하다. 따라서 KDS 14 31 15 강구조골조의 안정성 설계기준(하중저항계수설계법)에서는 다음과 같은 고려에 의해 두 경우 모두를 포괄할 수 있는 간결한 형태의 단일의 기준식이 사용되고 있다.

부재하중이 작용할 경우 안전측의 근사로서 식(7.13)의 분자의 두 번째 항인 $\Psi(P/P_e)$를 무시할 수 있다. 이는 Ψ 값이 1보다 작고 작용압축력의 크기가 오일러좌굴하중의 크기보다 훨씬 작을 경우 충분히 실용적인 근사가 될 수 있다. 원래 C_m은 재단모멘트에 따른 모멘트구배의 영향을 반영하는 계수에서 도입된 것이며 이 개념을 확장하여 부재하중이 작용하는 경우에는 C_m=1.0으로 택한다면 단일 식으로서 부재하중(Q)과 재단모멘트(M)가 작용하는 두 가지 경우 모두를 취급할 수 있다. 따라서 설계기준에서는 다음과 같은 형태의 증폭계수 B_1을 제시하고 있다.

$$B_1 = \frac{C_m}{1-(P_{u1}/P_{e1})} \geq 1.0 \tag{7.16}$$

여기서, $P_{u1} = P_{nt} + P_{lt}$: 1차해석에 의한 압축력

P_{nt} : 골조의 횡변위가 구속된 조건의 1차 압축력

P_{lt} : 골조의 횡변위를 허용한 조건의 1차 압축력

P_{e1} : 골조의 횡변위를 구속한 조건의 휨평면내 오일러좌굴하중강도

C_m(부재하중 작용시) : 표 7.1과 같은 이론상의 해석값을 사용하거나 모든 경우 보수적으로 1.0을 적용할 수 있다.

C_m(부재하중 없이 재단모멘트만 작용시) : 식(7.15)와 같이

$$C_m = 0.6 - 0.4\left(\frac{M_1}{M_2}\right) \geq 0.4$$

7.2.4 비횡구속 골조효과에 따른 증폭계수(B_2 계수)

그림 7.1(b)와 같이 횡방향 변위가 허용된 부재의 골조효과($P-\Delta$ effect)에 따른 모멘트 증폭과 관련하여 KDS 14 31 15 강구조골조의 안정성 설계기준(하중저항계수설계법)에서 제시하고 있는 B_2계수는 다음과 같이 산정한다.

$$B_2 = \frac{1}{1-\dfrac{\Sigma P_{nt}}{\Sigma P_{e2}}} \geq 1.0 \tag{7.17}$$

여기서, ΣP_{nt} : 대상층에 작용하는 총 계수연직하중

ΣP_{e2} : 대상층에 횡변위가 수반되는 좌굴모드에 대한 층 전체의 탄성좌굴강도

ΣP_{e2}는 층좌굴강도개념과 층강성개념으로 산정할 수 있다.

첫 번째로 층좌굴강도 개념에 의해,

$$\Sigma P_{e2} = \Sigma \frac{\pi^2 EI}{(K_2 L)^2} \tag{7.18}$$

두 번째로 층강성개념에 의해,

$$\Sigma P_{e2} = R_M \frac{\Sigma HL}{\Delta_H} \tag{7.19}$$

여기서, I : 휨좌굴이 발생하는 축에 대한 단면2차모멘트

K_2 : 기둥의 횡변위 좌굴모드를 고려하여 휨평면에서 산정된 유효좌굴길이계수

L : 부재길이(층고)

R_M : 1.0 (브레이싱이 설치된 골조)

: 0.85 (모멘트골조 또는 조합구조시스템)

Δ_H : 횡력에 대한 1차 해석에서 얻어진 층간변위

ΣH : Δ_H 산정에 사용된 횡력이 유발한 층전단력의 합

식(7.17)에 제시된 B_2계수의 근거는 첫번째로 층좌굴(story buckling)개념으로 설명될 수 있다. 이 개념에서는 동일층에 있는 모든 기둥이 동시에 좌굴하는 것으로 가정한다. 이 경우의 증폭계수는 단순지지된 보-기둥 중앙부에 집중하중이 작용하는 경우로 근사할 수 있다(그림 7.7 및 7.2.3 참조).

그림 7.7과 같이 횡방향 변위가 수반되는 기둥의 모멘트 증폭은 스팬 중앙부에 집중하중이 작용하는 경우의 모멘트 증폭과 유사한 조건임을 알 수 있다. 7.2.3에서 살펴본 바와 같이 이런 조건의 보-기둥 부재의 모멘트 증폭계수는 $[1/(1-P/P_e)]$로 근사할 수 있으므로, 층 모든 기둥의 동시좌굴을 가정하여 좌굴내력을 취합하면 식(7.18)이 얻어지게 된다.

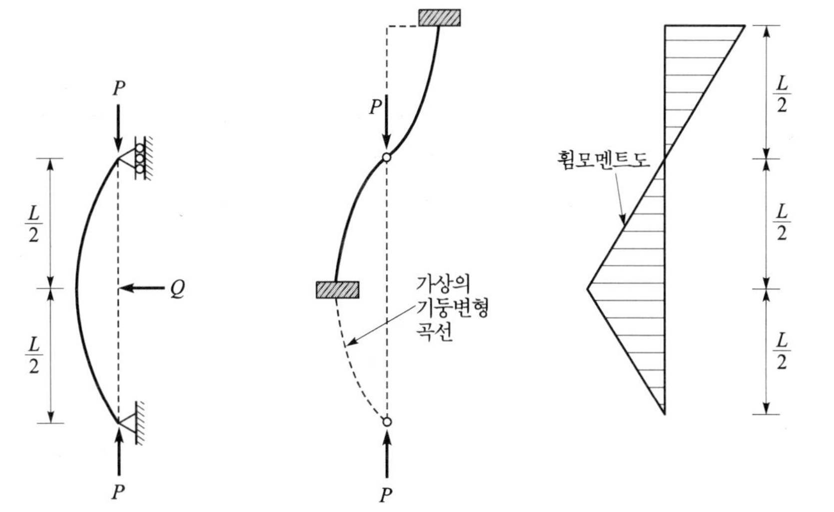

그림 7.7 **층좌굴개념에 의한 증폭계수**

층좌굴하중을 산정하는 두 번째 방법인 식(7.19)는 소위 층강성개념(story stiffness concept, Le Messurier 1977)에 토대를 둔 것이다. 이 개념에 의하면 단위 라디안의 층간변위각을 유발시키는데 필요한 층전단력은 곧 그 층의 횡좌굴강도($P_{story,cr}$)의 상한에 해당한다. 즉 층높이가 L인 층에 ΣH인 층전단력이 작용하여 Δ_H의 층간변위를 유발하였다면, 이 층의 횡좌굴강도는 다음과 같다.

$$P_{story,cr} \leq \frac{\Sigma H}{(\Delta_H/L)} = \frac{\Sigma HL}{\Delta_H} \tag{7.20}$$

강구조설계기준에 제시된 식(7.19)는 이에 토대를 둔 것이다. 모멘트골조 또는 조합구조시스템에 $R_M = 0.85$를 부과하여 층좌굴강도를 약간 낮춘 것은 통상의 1차 해석에서 부재효과를 고려치 않으므로 이에 따른 약간의 횡변위 과소평가 경향을 반영한 것이다. 구조해석 과정에서 ΣH에 대응되는 층간변위Δ_H를 쉽게 얻을 수 있기 때문에 식(7.19)는 구조설계에 매우 유용하게 활용될 수 있다.

예제 7.1

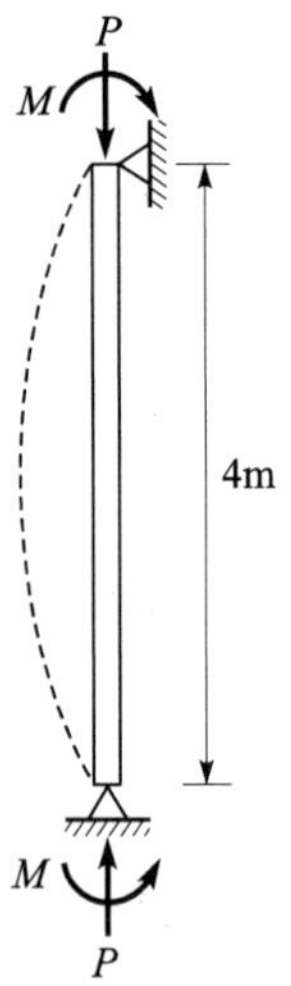

그림 7.8

그림 7.8과 같이 강재 SM275가 사용된 압연H형강 H－400×400×13×21($F_y=275$MPa, $E=210{,}000$MPa) 단면의 기둥이 양단 모두 핀으로 지지되어 있다. 이 기둥에 설계하중에 의한 소요압축강도가 $P_u=3500$kN이고 부재 단부에 강축방향의 계수 휨모멘트 $M_{nt}=300$kN·m가 작용하고 있다. 이 기둥의 소요휨강도를 산정하시오(단, 휨모멘트는 단곡률을 유발하고 기둥의 유효좌굴길이계수는 $K=1.0$으로 가정할 것).

풀이

(1) 부재의 단면 성능 (H－400×400×13×21)

$A=21{,}870\,\text{mm}^2,\ Z_x=3.67\times10^6\,\text{mm}^3,\ r$ (필렛반경)$=22\,\text{mm}$

$I_x=6.66\times10^8\,\text{mm}^4,\ I_y=2.24\times10^8\,\text{mm}^4$

$r_x=175\,\text{mm},\ r_y=101\,\text{mm}$

(2) 소요휨강도(M_u) 산정

- 강축방향 계수휨모멘트 $M_{nt}=300\,\text{kN·m}$
- 모멘트 증폭계수 B_1

$$C_m=0.6-0.4\left(\frac{M_1}{M_2}\right)=0.6-0.4\times\left(-\frac{300}{300}\right)=1.0\ \ (\because \text{단곡률})$$

$$P_{e1}=\frac{\pi^2EI_x}{(KL)^2}=\frac{\pi^2\times210{,}000\times6.66\times10^8}{(1.0\times4.0\times10^3)^2}\times10^{-3}=86{,}273\,\text{kN}$$

$$B_1=\frac{C_m}{1-P_{u1}/P_{e1}}=\frac{1.0}{1-(3{,}500/86{,}273)}=1.04$$

$$M_u=B_1M_{nt}=1.04\times300=312\,\text{kN·m}$$

예제 7.2

예제 7.1의 조건에서 설계압축강도를 산정하시오.

풀이

(1) 위험좌굴축 결정 (세장비 큰 축)

$$\left(\frac{KL}{r}\right)_x=\frac{1.0\times4{,}000}{175}=22.9,\ \left(\frac{KL}{r}\right)_y=\frac{1.0\times4{,}000}{101}=39.6$$

$$\Rightarrow\left(\frac{KL}{r}\right)_{\max}=\left(\frac{KL}{r}\right)_y=39.6\ \text{(면외 방향의 약축좌굴이 지배)}$$

(2) 설계압축강도($P_r=\phi P_n$) 산정

$$\frac{KL}{r}=39.6<4.71\sqrt{\frac{E}{F_y}}=4.71\sqrt{\frac{210{,}000}{275}}=130.2$$

$$\text{혹은}\ F_e=\frac{\pi^2E}{\left(\frac{KL}{r}\right)^2}=1{,}321.7\text{MPa}>0.44F_y=121.0\text{MPa}$$

그러므로

$$F_{cr} = \left(0.658^{\frac{F_y}{F_e}}\right) F_y = 252.1\text{MPa}$$

$$P_r = \phi_c P_n = \phi_c F_{cr} A_g = 0.9 \times 252.1 \times 21{,}870 \times 10^{-3} = 4{,}962\text{kN}$$

예제 7.3

예제 7.1의 조건에서 설계휨강도를 산정하시오.

풀이

설계휨강도($M_{rx} = \phi M_{nx}$)는 부재의 국부좌굴, 횡비틀림좌굴, 소성모멘트 강도를 비교하여 최솟값을 택한다.

① 소성모멘트

$$M_p = F_y Z_x = 275 \times 3.67 \times 10^6 \times 10^{-6} = 1{,}009.3 \text{ kN·m}$$

② 국부좌굴을 고려한 휨강도

- 플랜지 폭두께비

$$\lambda = b/t_f = (400/2)/21 = 9.52$$

$$\lambda_p = 0.38\sqrt{E/F_y} = 0.38 \times \sqrt{210{,}000/275} = 10.5$$

$\therefore \lambda < \lambda_p$ 로서 조밀플랜지이다.

- 웨브 폭두께비

$$\lambda = h/t_w = [400 - 2 \times (21 + 22)]/13 = 24.2$$

$$\lambda_p = 3.76\sqrt{E/F_y} = 3.76\sqrt{210{,}000/275} = 103.9$$

$\therefore \lambda < \lambda_p$ 로서 조밀웨브이다.

(일반적으로 압연H형강의 웨브는 거의 모두가 조밀단면에 속한다.)

$\therefore$ 국부좌굴휨강도: $M_{nx} = M_p = Z_x F_y = 1{,}009.3\,\text{kN}$

③ 횡비틀림좌굴을 고려한 설계휨강도

$$L_b = 4{,}000\text{ mm}$$

$$L_p = 1.76\, r_y \sqrt{E/F_y} = 1.76\,(101)\sqrt{210{,}000/275} = 4{,}912.2\text{ mm}$$

$\therefore L_b < L_p$ 이므로 소성모멘트 발현이 가능하다.

그러므로,

$$M_{nx} = M_p = F_y Z_x = 1{,}009.3\text{ kN·m}$$

따라서 설계휨강도(M_{rx})는 소성모멘트강도에 의해 결정된다.

$$M_{rx} = \phi_b M_{nx} = 0.9 \times 1{,}009.3 = 908.4\text{kN·m}$$

예제 7.4

예제 7.1의 조건에서 축력과 휨모멘트를 동시에 받는 부재에 대한 상관관계식에 따라 안전성을 검토하시오.

풀이

주어진 보-기둥은 강축방향의 1축휨을 받는 2축대칭 부재이므로 식(7.1)과 식(7.2)를 적용하면 된다.

$\frac{P_u}{P_r} = \frac{3{,}500}{4{,}962} = 0.71 > 0.2$ 이므로 식(7.1)에 의해,

$$\frac{P_u}{P_r} + \frac{8}{9}\left(\frac{M_{ux}}{M_{rx}} + \frac{M_{uy}}{M_{ry}}\right) = \frac{3{,}500}{4{,}962} + \frac{8}{9}\left(\frac{312}{908.4} + 0\right) = 1.01 > 1.0$$

따라서 H $-400 \times 400 \times 13 \times 21$ 부재는 외부하중에 대해 안전하지 못하다.

예제 7.5

그림 7.9와 같은 골조에 대하여 기둥 부재 CD(H-344×348×10×16, $A_g = 14{,}600\,\mathrm{mm}^2$, $I_x = 3.33 \times 10^8\,\mathrm{mm}^4$, $S_x = 1.94 \times 10^6\,\mathrm{mm}^3$, $r_x = 151\,\mathrm{mm}$, SM 275)의 적합성 여부를 검토하시오(E= 210,000 MPa, F_y= 275 MPa). 주어진 중력하중(P_u)과 풍하중(ΣH)은 모두 계수하중이다. 그리고 면외(약축, y축)방향 유효좌굴길이계수는 $K_{y,AB} = K_{y,CD} = 1.0$으로 가정한다.

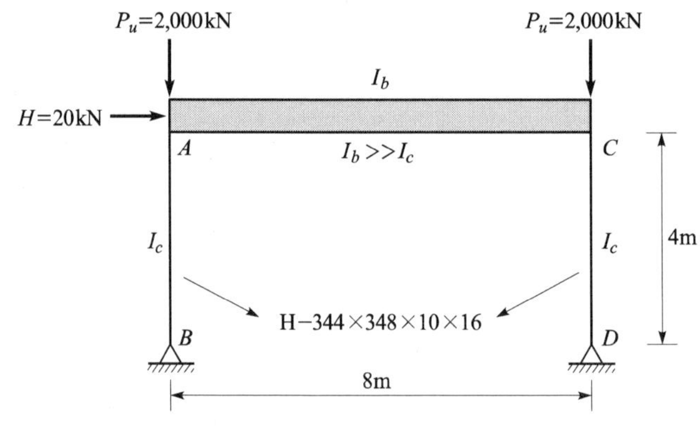

그림 7.9

풀이

이 예제의 구조물은 보의 휨강성이 기둥의 휨강성보다 월등히 크다는 조건을 의도적으로 부여하였다. 이런 조건으로 한 이유는 유효좌굴길이의 산정과 구조해석을 간단히 하고, 2차효과를 고려한 모멘트골조의 보-기둥 부재설계의 전 과정을 상세히 전달하고자 한 것이다.

1) 구조해석

중력하중과 횡력이 동시에 작용할 경우 설계기준의 모멘트중폭계수를 적절하게 적용하기 위해서는 그림 7.2와 같이 비횡변위골조(nonsway frame)와 횡변

위골조(sidesway frame)로 분리하여 1차해석을 수행한 후 중첩하는 과정이 필요하다. 여기서 비횡변위골조라 함은 아래 그림 7.10(a)와 같이 층바닥 높이에 가상의 인위적 횡지지를 설치한 골조에 중력하중만을 가한 것이다. 인위적 횡지지에서 발생하는 반력은 실제 횡력과 합하여 횡지지골조에 가함으로써 상쇄시킨다.

비횡변위골조의 해석에서 얻어진 기둥부재의 휨모멘트에는 부재효과(member effect)를 반영하는 증폭계수 B_1을 곱하고, 횡변위골조의 해석에서 얻어진 그것에는 골조효과(frame effect)를 반영하는 증폭계수 B_2를 곱한다.

그림 7.10(a), (b)는 2가지 골조에 대한 해석결과를 요약한다. 비횡변위골조의 경우 기둥에 중력하중이 직접 작용하므로 $M_{nt}=0$ 이 된다. 본 예제에서 보는 바와 같이 중력하중과 구조물이 대칭이면 가상의 횡지지부에서 반력이 발생하지 않는다. 비횡변위골조 기둥부재의 유효좌굴길이는 힌지-고정에 상당하므로 유효좌굴길이는 0.7로 취할 수 있다. 반면 횡변위골조 기둥은 캔틸레버기둥을 뒤집은 것으로 생각할 수 있으므로 유효좌굴길이는 2.0으로 취한다.

2) 모멘트 증폭계수 B_1 및 B_2 산정

그림 7.10(a)에서 $M_{nt}=0$(횡변위구속) 이므로 B_1을 구할 필요가 없다. 한 가지 유의할 점은 B_1 산정에 사용되는 기둥의 유효좌굴길이계수는 비횡변위골조의 값을 택해야 한다는 것이다(이 예제의 경우에는 0.7).

B_2 산정(그림 7.10(b) 참조)

$\Sigma P_{nt}=4{,}000\text{ kN}$ (층에 작용하는 총 계수중력하중)

$$\Sigma P_{e2}=2\times\frac{\pi^2 EI_x}{(KL)^2}=2\times\frac{\pi^2\times 210{,}000\times 3.33\times 10^8\times 10^{-3}}{(2.0\times 4{,}000)^2}=21{,}568\text{ kN}$$

$$B_2=\frac{1}{1-\dfrac{\Sigma P_{nt}}{\Sigma P_{e2}}}=\frac{1}{1-\dfrac{4{,}000}{21{,}568}}=1.23\ (\geq 1.0)$$

3) 소요압축강도(P_u) 및 소요휨강도(M_u) 산정

1차해석결과에 위에서 구한 증폭계수를 곱하여 산정한다.

(1) 소요압축강도(P_u)

$$P_u=P_{nt}+B_2P_{lt}=2{,}000+1.23\times 10=2{,}012.3\text{ kN}$$

(2) 소요휨강도(M_u)

$$M_u=B_1M_{nt}+B_2M_{lt}=0+1.23\times 40=49.2\text{ kN}\cdot\text{m}$$

4) 조합응력검토를 위한 설계압축강도 및 설계휨강도 산정

(1) 설계압축강도($P_r=\phi P_n$)

면내좌굴과 면외좌굴의 유효좌굴길이계수($K_x=2.0$, $K_y=1.0$)를 반영하여 세장비($\frac{KL}{r}$)를 구하고 위험좌굴축 결정

$$\left(\frac{KL}{r}\right)_x = \frac{2.0\times 4{,}000}{151} = 53.0,\quad \left(\frac{KL}{r}\right)_y = \frac{1.0\times 4{,}000}{87.8} = 45.6$$

$$\Rightarrow \left(\frac{KL}{r}\right)_{\max} = \left(\frac{KL}{r}\right)_x = 53.0(\text{면내 방향의 강축좌굴이 지배})$$

$$\frac{KL}{r} = 53.0 < 4.71\sqrt{\frac{E}{F_y}} = 4.71\sqrt{\frac{210{,}000}{275}} = 130.2$$

혹은

$$F_e = \frac{\pi^2 E}{\left(\frac{KL}{r}\right)^2} = 737.8\text{MPa} > 0.44F_y = 121\text{MPa}$$

그러므로

$$F_{cr} = \left(0.658^{\frac{F_y}{F_e}}\right)F_y = 235.3\,\text{MPa}$$

$$P_r = \phi_c P_n = \phi_c F_{cr} A_g = 0.9\times 235.3\times 14{,}600\times 10^{-3} = 3{,}092\text{ kN}$$

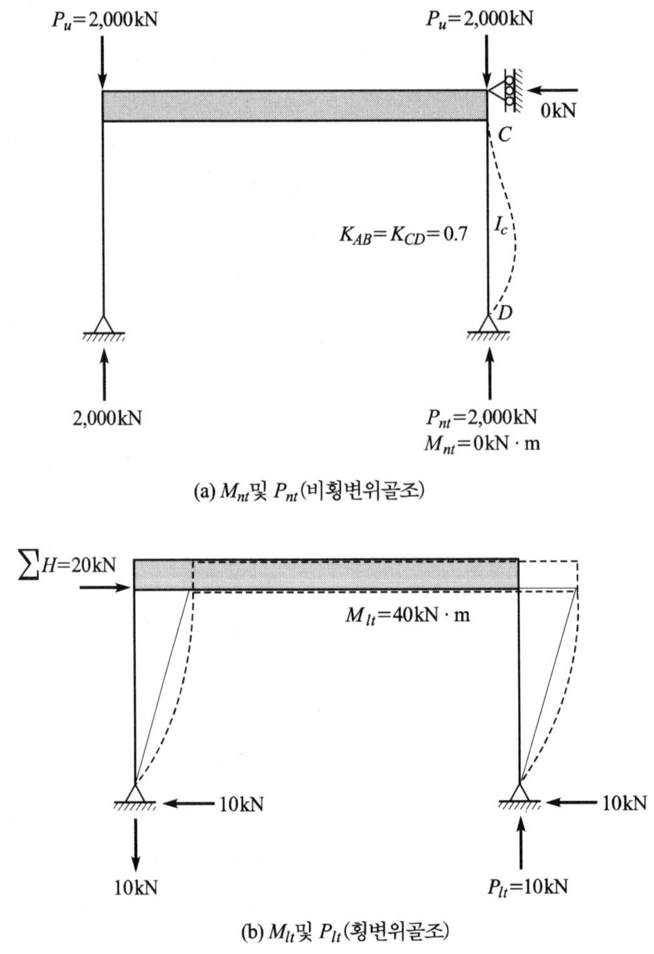

그림 7.10

(2) 설계휨강도($M_r = \phi M_{nx}$)

설계휨강도(M_r)는 부재의 국부좌굴강도, 횡비틀림좌굴강도, 소성모멘트강도를 비교하여 최솟값을 택한다.

① 소성모멘트

$M_p = F_y Z_x = 275 \times 2.12 \times 10^6 \times 10^{-6} = 583\ \text{kN·m}$

② 국부좌굴을 고려한 휨강도

플랜지 국부좌굴(FLB)

$\lambda = b/t_f = (348/2)/16 = 10.88$

$\lambda_p = 0.38\sqrt{E/F_y} = 0.38 \times \sqrt{210{,}000/275} = 10.5$

$\lambda_r = 1.0\sqrt{E/F_y} = 1.0 \times \sqrt{210{,}000/275} = 27.6$

$\therefore\ \lambda_p < \lambda < \lambda_r$ 로서 비조밀플랜지이다.

웨브 국부좌굴(WLB) 검토

$\lambda = h/t_w = [344 - 2 \times (16+20)]/10 = 27.2$

$\lambda_p = 3.76\sqrt{E/F_y} = 3.76\sqrt{210{,}000/275} = 103.9$

$\therefore\ \lambda < \lambda_p$ 로서 조밀웨브이다.

비조밀단면인 보의 공칭 휨강도는 6장에서 기술한 바와 같이 소성모멘트 M_p와 $0.7F_y S_x$ 사이의 직선 보간하여 다음과 같이 산정한다.

$0.7F_y S_x = 0.7 \times 275 \times 1.94 \times 10^6 \times 10^{-6} = 373.5\ \text{kN}$

$$M_n = M_p - (M_p - 0.7F_y S_x)\frac{\lambda - \lambda_p}{\lambda_r - \lambda_p}$$

$$= 583 - (583 - 373.5)\frac{10.88 - 10.5}{27.6 - 10.5} = 578.3\ \text{kN·m}$$

③ 횡비틀림좌굴 검토

$L_b = 4{,}000\ \text{mm}$

$L_p = 1.76\, r_y \sqrt{E/F_y} = 1.76(87.8)\sqrt{210{,}000/275} = 4{,}270\ \text{mm}$

$\therefore\ L_b < L_p$ 이므로 소성모멘트 발현이 가능하다.

따라서 주어진 기둥 CD의 공칭휨강도(M_{nx})는 비조밀단면의 국부좌굴강도와 같고 설계휨강도는 다음과 같다.

$\therefore\ M_r = \phi_b M_{nx} = 0.9 \times 578.3 = 520.5\ \text{kN·m}$

5) 조합력에 대한 내력 상관관계식 검토

기둥 CD는 강축방향의 1축휨을 받는 2축대칭 부재이므로 식(7.1)과 식(7.2)를 적용하면 된다.

$\dfrac{P_u}{P_r} = \dfrac{2{,}012.3}{3{,}092} = 0.65 > 0.2$ 이므로 식(7.1)에 의해,

$$\frac{P_u}{P_r} + \frac{8}{9}\left(\frac{M_{ux}}{M_{rx}} + \frac{M_{uy}}{M_{ry}}\right) = \frac{2{,}012.3}{3{,}092} + \frac{8}{9}\left(\frac{49.2}{520.5}\right) = 0.73 < 1.0$$

따라서 H$-344 \times 348 \times 10 \times 16$ 부재는 기둥으로 적합하다.

예제 7.6

그림 7.11과 같은 아래 단순골조의 기둥 AB의 모멘트 증폭계수 B_2를 층강성(story stiffness) 및 층좌굴(story buckling)개념에 의해 각각 산정하시오. 기둥 AB의 주각과 주두는 각각 고정단과 힌지접합이고, 기둥 CD의 주각과 주두는 모두 힌지로 접합되어 있는 정정구조물임에 유의하시오. 두 방법의 직접 비교를 위해 식(7.19)의 보정계수 R_M을 배제하고 비교하시오.

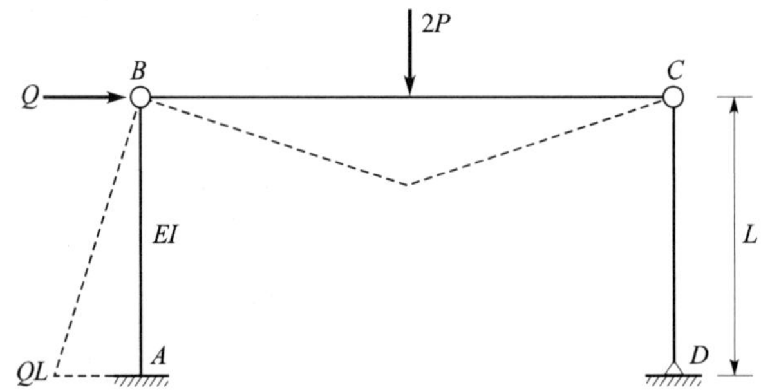

그림 7.11

풀이

이 예제는 단순한 형태의 구조모델이지만 B_2계수의 산정법의 개념 및 적용법의 이해에 유용하다.

(1) 층좌굴 개념에 의한 B_2계수의 산정

위 골조에서 횡변위가 수반되는 기둥 AB의 유효좌굴길이 계수(K)는 캔틸레버 기둥의 좌굴길이 계수인 $K=2.0$ 이다. 기둥 CD의 경우는 양단 힌지 접합이므로 횡력에 저항할 수 없으므로 식 (7.18)의 ΣP_{e2} 산정 시 제외한다. 따라서 층좌굴 개념에 의한 B_2계수는 다음과 같다.

$$B_2 = \frac{1}{1-\dfrac{2P}{\Sigma P_{e2}}} = \frac{1}{1-\dfrac{2P}{\left[\dfrac{\pi^2 EI}{(2L)^2}\right]}} = \frac{1}{1-\dfrac{8P}{\left(\dfrac{\pi^2 EI}{L^2}\right)}} = \frac{1}{1-8.0\dfrac{P}{P_e}}$$

(2) 층강성 개념에 의한 B_2계수의 산정

주어진 기둥 단부 조건에 의하여 위 골조의 횡강성은 기둥 AB에 의해서만 제공되므로 $\Sigma H=Q$ 일 때, $\Delta_{oh}=\dfrac{QL^3}{3EI}$가 된다. 따라서 층강성 개념에 의한 B_2계수는 다음과 같다.

$$B_2 = \frac{1}{1-\dfrac{2P\Delta_{oh}}{\Sigma HL}} = \frac{1}{1-\dfrac{(2P)\dfrac{QL^3}{3EI}}{QL}} = \frac{1}{1-\dfrac{\left(\dfrac{2P}{3}\right)\pi^2}{\left(\dfrac{\pi^2 EI}{L^2}\right)}} = \frac{1}{1-6.6\dfrac{P}{P_e}}$$

일반적으로 두 접근법이 완전히 동일한 결과를 주지는 않지만 대체적으로 유사한 결과가 얻어진다.

예제 7.7

보-기둥 부재가 위치한 상층의 계수중력하중의 총합은 $\Sigma P_{nt} = 22{,}000\,\text{kN}$이고, 풍하중에 의한 층전단력 $\Sigma H = 360\,\text{kN}$이 작용하고 있다. 이 층전단력에 대해 층고의 $\frac{1}{400}$에 해당하는 층간변위 수준으로 횡변위를 제어하고자 했을 때, 이 보-기둥 부재설계시 모멘트 증폭계수 B_2의 한계값을 산정하시오.

풀이

이 예제의 경우 층강성 개념에 의해 B_2계수를 다음과 같이 산정할 수 있다.

$$B_2 = \frac{1}{1-\left(\frac{\Sigma P_{nt}}{\Sigma H}\right)\left(\frac{\Delta_{oh}}{L}\right)} = \frac{1}{1-\left(\frac{22{,}000}{360}\right)\left(\frac{1}{400}\right)} = 1.18$$

7.3 골조구조의 유효좌굴길이

골조구조의 설계는 전 절에서 기술한 보-기둥 부재의 상관관계식을 사용하여 개별부재 단위로 수행한다. 전체구조물의 개별부재는 인접한 부재의 영향을 고려하여 설계된다. 따라서, 모든 인접부재와 설계대상 부재의 상호효과를 고려하여 유효좌굴길이계수 K를 결정하게 되는데, 이를 위해 전체구조물의 해석이 필수적이다. 그러나 전체구조물의 해석을 수행하는 어려움을 피하기 위해 K를 결정에 있어서 일반적으로 널리 통용되는 정렬차트(alignment chart)를 사용한다. 여기에서는 골조를 수평변위가 구속된 비횡변위골조(nonsway frame)와 수평변위가 구속되지 않는 횡변위골조(sway frame)으로 구분하여 유효좌굴길이계수 K를 결정하는 방법과 절차를 기술한다.

7.3.1 비횡변위골조의 유효좌굴길이계수

비횡변위골조의 예시를 그림 7.12에서 도식화 하였다. 그림 7.12(a)의 경우 기둥 상단에 수직하중이 작용하여 기둥에는 압축력이 발생하나 휨모멘트는 발생하지 않는다. 수직하중이 증가하여 어느 한도에 도달하면 기둥에 갑작스런 횡변위가 과대하게 발생되는데, 이때의 하중을 좌굴하중이라 한다. 그림 7.12(b)의 경우에는 거더에 수직하중이 재하되어 1차 모멘트가 발생하며 이 모멘트는 기둥에 전달되어 횡변위를 유발한다. 기둥 부재의 축력은 변위와 곱해져 2차 모멘트가 발생하며 이는 기둥의 1차 모멘트에 추가된다. 수직하중이 점차 증가함에 따라 변위도 증가하며 2차 모멘트도 증가하여 일정한 값에 도달하면 평형을 이루지 못하고 불안정 상태가 된다. 이와 같은 경우에는 그림 7.12(a)와는 달리 하중이 증가함에 따라 기둥의 변위도 점차 증가한다. 그림 7.12(c)에서 1차 모멘트가 충분히 큰 경우에는 구조물이 불안정 상태에 이르기 전에 충분한 수의 소성힌지가 발생하여 소성기구(plastic mechanism)가 형성된다. 이 경우 뼈대구조물의 강도는 소성강도가 된다.

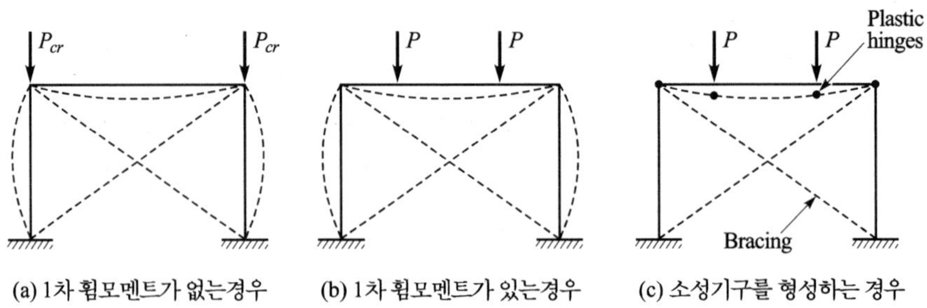

그림 7.12 **비횡변위골조**

비횡변위골조 기둥의 유효좌굴길이계수 K를 결정하기 위하여 사용된 정렬차트은 그림 7.13에서 보는 바와 같다. 여기서, 사용된 가정은 다음과 같다(AISC 1993).

- 구조시스템은 탄성거동을 한다.
- 모든 부재는 일정한 단면을 가지고 있다.
- 부재접속부는 강결(rigid)이다.
- 거더 양단, 회전각의 크기는 같고 방향은 반대이다.
- 모든 기둥의 강성인자 $L\sqrt{P/EI}$ 는 동일하다.
- 절점의 구속력은 절점의 상부 및 하부 기둥의 강성비에 따라 분배된다.
- 모든 기둥은 동시에 좌굴한다.
- 거더에 작용하는 압축력은 무시할 만큼 작다.

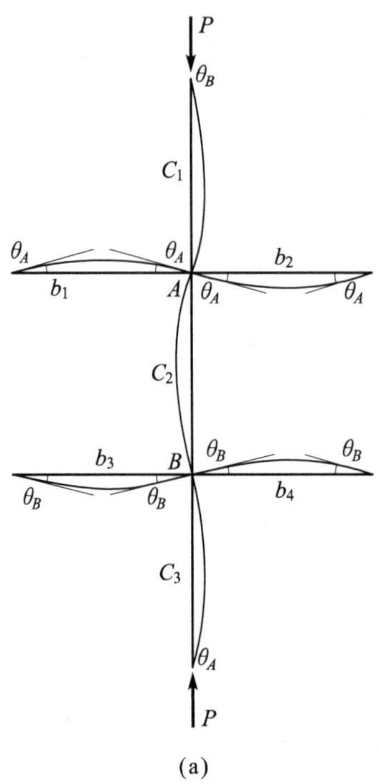

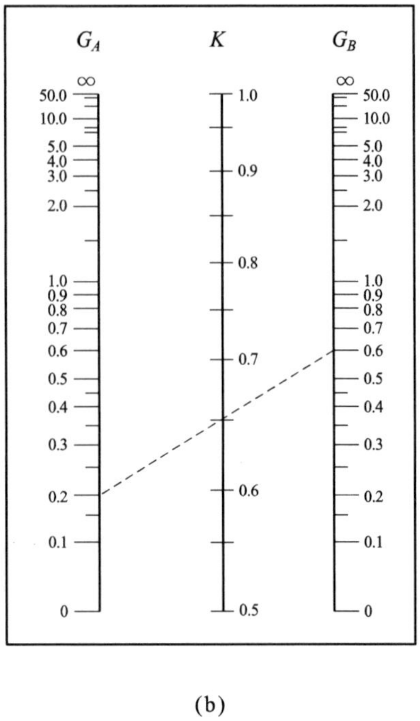

그림 7.13 **비횡변위골조**

그림 7.13(a)의 기둥 AB의 유효좌굴길이계수 K를 구하기 위해 거더와 기둥에 대한 처짐각방정식을 정리하면 다음과 같다.

$$\frac{G_A G_B}{4}\left(\frac{\pi}{K}\right)^2+\left(\frac{G_A+G_B}{2}\right)\left(1-\frac{\pi/K}{\tan(\pi/K)}\right)+\frac{2\tan(\pi/2K)}{\pi/K}-1=0 \quad (7.21)$$

$$\text{여기서 } G_A=\frac{\sum_A\left(\frac{EI}{L}\right)_c}{\sum_A\left(\frac{EI}{L}\right)_g},\quad G_B=\frac{\sum_B\left(\frac{EI}{L}\right)_c}{\sum_B\left(\frac{EI}{L}\right)_g} \quad (7.22)$$

식(7.22)의 아래첨자 c, g는 각각 기둥과 보에 관계됨을 나타낸다. G_A, G_B는 각각 점 A, B 에서 상대강성비로서 A, B 점에 연결되어 있는 기둥 강성의 합을 거더 강성의 합로 나눈 값이다. 기둥 AB의 유효좌굴길이계수 K를 구하기 위해서 상대강성비 G_A 및 G_B를 식(7.22)를 사용하여 구하고 G_A, G_B를 식(7.21)에 대입하면 유효좌굴길이계수 K를 산정할 수 있다. 또한, 그림 7.13(b)의 정렬챠트를 이용하여 도식적으로 구할 수도 있다. 즉, G_A 및 G_B 값을 그림 7.13(b)에 적용하여 직선으로 연결하면 K값을 구할 수 있다. 예를 들어 만약 $G_A=0.2$, $G_B=0.6$이면 K값은 0.65가 된다. 일반적으로 비횡변위골조의 K값은 1보다 작고 0.5보다는 큰 값을 갖는다. 기둥의 단부가 힌지인 경우의 G값은 이론적으로 무한히 큰 값을 갖지만, 마찰이 없는 힌지로 설계된 경우를 제외하고는 G값을 10으로 적용한다. 또한, 기둥의 단부가 고정된 경우 G값은 이론적으로 0이지만, 현실적으로 이상적인 고정단은 존재하기 어려우므로 G값을 1로 사용한다.

7.3.2 횡변위골조의 유효좌굴길이계수

횡변위골조의 경우도 그림 7.14와 같이 세 가지로 분류할 수 있다. 그림 7.14(a)는 1차 모멘트가 없는 경우의 좌굴, 그림 7.14(b)는 1차 모멘트가 있는 경우의 좌굴, 그리고 그림 7.14(c)는 소성기구 형성에 의한 불안정을 나타낸다.

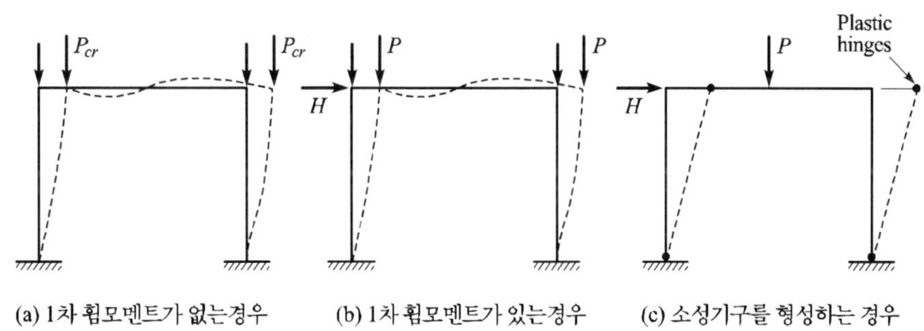

그림 7.14 **횡변위골조**

횡변위골조의 유효좌굴길이계수 K를 결정하기 위하여 그림 7.15의 정렬차트를 사용하거나 식(7.23)을 적용한다. 이 모델에 적용된 가정은 비횡변위골조의 경우와 동일하나 그 중에서 네 번째 가정이 다음과 같이 변경된다. "거더 양단, 회전각의 크기와 방향은 같다."즉, 거더는 이중곡률을 나타내는 휨이 발생함을 나타낸다.

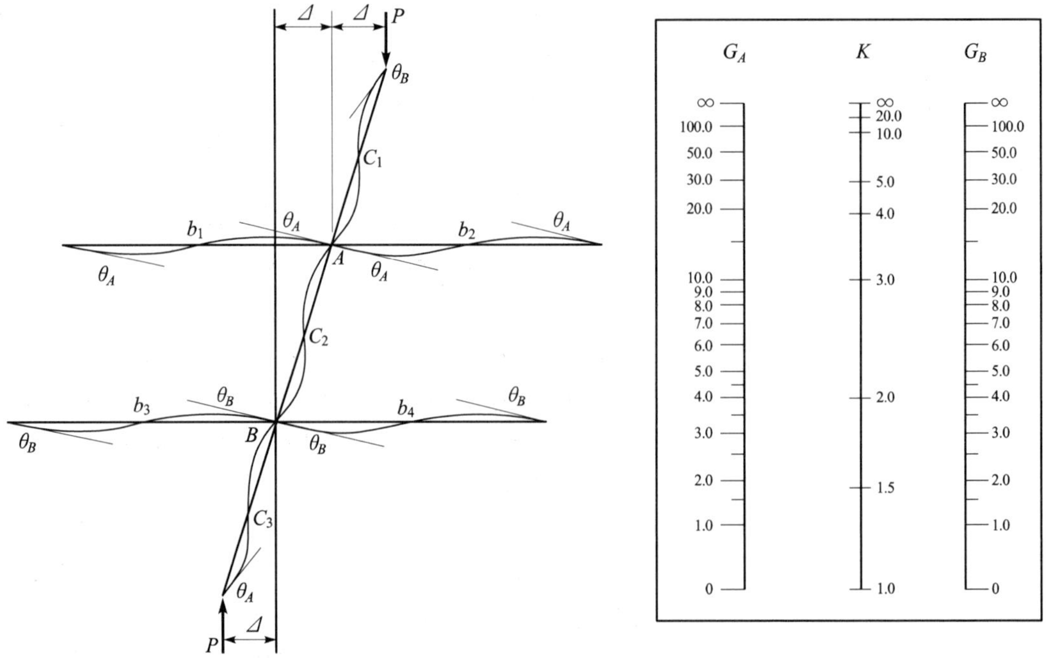

그림 7.15 횡변위골조 (a) (b)

그림 7.15(a)의 기둥 AB의 유효좌굴계수 K를 구하고자 하는 경우 기둥과 거더에 대한 처짐각방정식을 사용하면 다음과 같은 식을 얻는다.

$$\frac{G_A G_B(\pi/K)^2-36}{6(G_A+G_B)}-\frac{(\pi/K)}{\tan(\pi/K)}=0 \quad (7.23)$$

여기서, 상대강성비 G_A 및 G_B는 식(7.22)를 적용하여 계산한다. 상대강성비 G_A 및 G_B를 식(7.23)에 대입하면 유효좌굴길이계수 K를 산정할 수 있다. 또한, K를 그림 7.15(b)의 정렬차트로 구할 수도 있다. 일반적으로 K는 1.0보다 큰 값을 갖는다.

7.3.3 유효좌굴길이계수의 수정

1) 거더길이 수정

정렬차트는 앞서 제시된 가정사항을 바탕으로 구해진다. 하지만, 이상화된 기본 가정과 실제조건과의 차이로 인한 오차가 발생할 수 있다. 특히, 모든 절점들은 강결되어 있다는 가정과는 다르게 거더 원단(far end)에서의 경계조건이 고정단이나 힌지단일 경우, KDS 14 31 15 강구조골조의안전성설계기준(하중저항계수설계법)에서는 거더길이 L_g를 표 7.2와 같이 수정한다.

표 7.2 거더의 수정길이 L_g'

원단의 경계조건	비횡변위골조구조	횡변위골조구조
고정(fix)	$L_g/2$	$1.5L_g$
힌지(hinge)	$L_g/1.5$	$2.0L_g$

특히, 횡변위골조에서의 상대강성비 G를 구함에 있어서 L_g 대신 식(7.24)에서 제시된 수정 거더길이 L_g'를 적용하면 보다 정확한 상대강성비를 구할 수 있다.

$$L_g' = L_g\left(2 - \frac{M_F}{M_N}\right) \quad (7.24)$$

여기서 M_F : 횡하중으로 인한 거더의 원단 모멘트

M_N : 횡하중으로 인한 거더의 근단 모멘트

M_F/M_N : 이중곡률 휨의 경우 양수(+)

2) 기둥의 비탄성효과 고려

구조시스템은 탄성거동을 한다는 전제에서 정렬차트가 적용된다. 하지만, 한계상태설계에서는 하중계수를 곱한 하중을 사용하게 됨에 따라 기둥에 큰 압축력이 작용하고 결과적으로 비탄성 거동을 할 수 있게 된다. 기둥이 비탄성 상태에 있고 거더가 탄성상태를 유지한다면, 거더는 기둥의 좌굴을 억제하는데 더 효과적이 된다. 결론적으로 상대강성비가 작아지고 기둥의 유효좌굴길이계수가 작아진다. 이러한 효과를 상대강성비 G에 비탄성 보정계수 τ를 다음과 같이 적용한다.

$$G = \frac{\Sigma\left(\frac{\tau I_c}{L_c}\right)}{\Sigma\left(\frac{I_g}{L_g'}\right)} \quad (7.25)$$

여기서, 보정계수 τ는 다음과 같다.

$$\tau = 1.0 \quad \text{for } \frac{P_u}{P_y} \le \frac{1}{2} \quad (7.26)$$

$$\tau = 4\left(\frac{P_u}{P_y}\right)\left(1 - \frac{P_u}{P_y}\right) \quad \text{for } \frac{P_u}{P_y} > \frac{1}{2} \quad (7.27)$$

여기서 P_u : 설계하중으로 인한 소요압축강도, P_y : 기둥의 항복축하중

예제 7.8

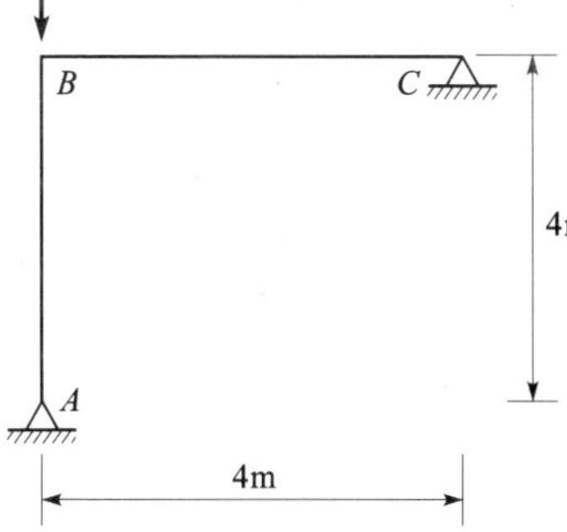

그림 7.16

그림 7.16과 같은 비횡변위골조의 부재 AB의 유효좌굴길이계수 K_x를 구하라. 면외(약축, y축)방향으로 지지되어 있는 것으로 가정하며, 기둥과 거더는 강재 SM275 ($E = 210{,}000\,\text{MPa}$, $F_y = 275\,\text{MPa}$)의 H−200×200×8×12 ($A = 6350\,\text{mm}^2$, $I_x = 4{,}720 \times 10^4\,\text{mm}^4$, $Z_x = 513 \times 10^3\,\text{mm}^3$, $r_x = 86.2\,\text{mm}$) 형강을 사용한다.

풀이

1) BC부재의 수정된 거더길이 L_{BC}'는 비횡변위골조의 경우 표 7.2에 의해

$L_{BC}' = L_{BC}/1.5$

2) 비탄성 보정계수 τ

$P_u = 1,100 + 0 = 1,100\ \mathrm{kN}$

$$\frac{P_u}{P_y} = \frac{1,100 \times 10^3}{275 \times 63.5 \times 10^2} = 0.630 > \frac{1}{2}$$

따라서, 식(7.27)에 의해

$$\tau = 4\left(\frac{P_u}{P_y}\right)\left(1 - \frac{P_u}{P_y}\right) = 4 \times 0.630 \times (1 - 0.630) = 0.932$$

3) 상대강성비 G

A(힌지)에서의 $G_A = 10$ (앞서 설명한 바와 같이 “기둥의 단부가 힌지인 경우의 G값은 이론적으로 무한히 큰 값을 갖지만, 마찰이 없는 힌지로 설계된 경우를 제외하고는 G값을 10으로 적용한다.”)

B에서의 G_B는 식(7.22)에 의해 다음과 같이 계산된다.

$$G_B = \frac{\sum_B \left(\tau \frac{EI}{L}\right)_c}{\sum_B \left(\frac{EI}{L}\right)_g} = \frac{\tau \frac{EI_{AB}}{L_{AB}}}{\frac{EI_{BC}}{L_{BC}}} = \frac{0.932 \times \frac{EI_{AB}}{4}}{\frac{EI_{AB}}{4} \times 1.5} = 0.621$$

4) 그림 7.13에서 제시된 비횡변위골조의 정렬차트에서 $G_A = 10$과 $G_B = 0.621$을 연결하는 유효좌굴길이계수 K_x는 0.824이다. 또한, 식(7.21)에 $G_A = 10$과 $G_B = 0.621$을 대입하여도 동일한 K_x값을 얻는다.

예제 7.9

그림 7.17과 같이 횡변위골조에 대하여 기둥 부재 CF(H-344×348×10×16, $A_g = 14,600\ \mathrm{mm^2}$, $I_x = 3.33 \times 10^8\ \mathrm{mm^4}$, $r_x = 151\ \mathrm{mm}$, SM275, $E = 210,000\ \mathrm{MPa}$, $F_y = 275\ \mathrm{MPa}$)의 적합성 여부를 검토하시오.

거더는 H−400×400×13×21($A = 21870\mathrm{mm^2}$, $I_x = 66,600 \times 10^4\mathrm{mm^4}$, $Z_x = 3,670 \times 10^3\mathrm{mm^3}$, SM275, $E = 210,000\ \mathrm{MPa}$, $F_y = 275\ \mathrm{MPa}$)이며, 면외방향으로 지지되어 있는 것으로 가정한다.

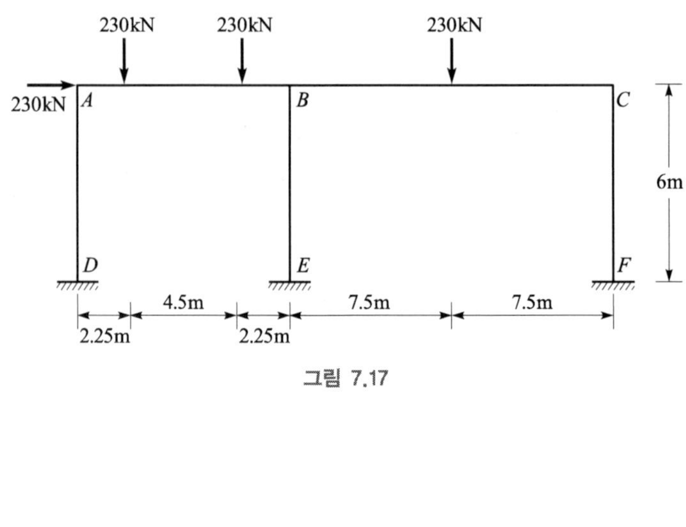

그림 7.17

풀이

1) 구조해석

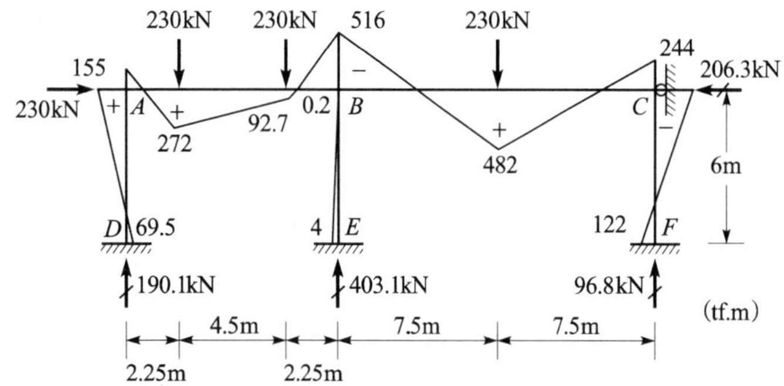

(a) 비횡변위골조

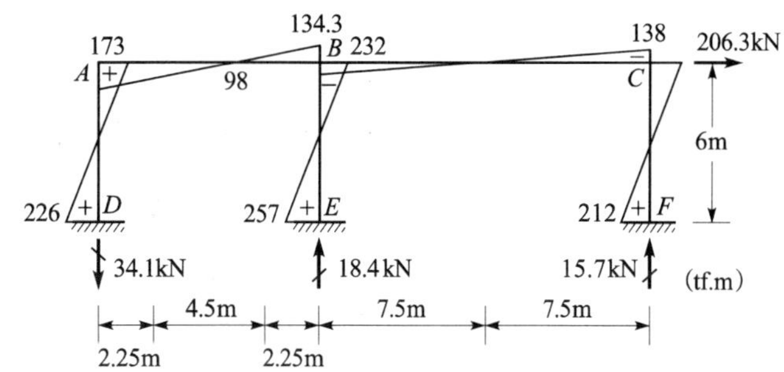

(b) 횡변위골조

그림 7.18

그림 7.17과 같이 중력하중과 횡력이 동시에 작용할 경우 설계기준의 모멘트 증폭계수를 적절하게 적용하기 위해서는 그림 7.18과 같이 비횡변위골조(nonsway frame)와 횡변위골조(sidesway frame)로 분리하여 1차해석을 수행한 후 중첩하는 과정을 적용한다. 비횡변위골조의 해석에서 얻어진 기둥부재의 모멘트에는 부재효과(member effect)를 반영하는 증폭계수 B_1을 곱하고, 횡변위골조의 해석에서 얻어진 그것에는 골조효과(frame effect)를 반영하는 증폭계수 B_2를 곱한다.

2) CB부재의 수정된 거더길이 L_{CB}'를 식(7.24)를 적용하면

$$L_{CB}' = L_{CB}\left(2-\frac{M_F}{M_N}\right) = 15\times\left(2-\frac{98}{138}\right) = 19.3m$$

3) 비탄성 보정계수 τ

$P_u = 96.8 + 15.7 = 112.5$ kN (그림 7.18 참조)

$$\frac{P_u}{P_y} = \frac{112.5\times10^3}{(275)\times(146\times10^2)} = 0.028 < \frac{1}{2}$$

따라서, 식(7.26) 에 의해 $\tau = 1.0$

4) 상대강성비 G

F(고정단)에서의 $G_F = 1.0$ (앞서 설명한 바와 같이 기둥의 단부가 고정된 경우의 G값은 이론적으로 0을 갖지만, 설계상에서 G값을 1.0으로 적용)

C에서의 G_C는 식(7.22)에 의해 다음과 같이 계산된다.

$$G_C = \frac{\sum_C \left(\tau \frac{EI}{L}\right)_c}{\sum_C \left(\frac{EI}{L}\right)_g} = \frac{\tau \frac{EI_{CF}}{L_{CF}}}{\frac{EI_{CB}}{L'_{CB}}} = \frac{1.0 \times \frac{33,300}{6}}{\frac{66,600}{19.3}} = 1.61$$

5) 그림 7.15에서 제시된 횡변위골조의 정렬차트에서 $G_C = 1.61$과 $G_F = 1.0$을 연결하는 유효좌굴길이계수 K_x는 1.4이다. 한편, 식(7.23)에 $G_C = 1.61$과 $G_F = 1.0$을 대입하면 동일한 값의 K_x를 얻는다.

6) 설계압축강도 P_r

본 예제에서는 면외방향으로 지지되어 있는 것으로 가정하였기 때문에 약축 y에 대한 계산은 생략한다.

세장비 $\frac{KL}{r_x}$를 계산하면

$$\frac{KL}{r_x} = \frac{1.4 \times 6000}{151} = 55.63 < 4.71\sqrt{\frac{E}{F_y}} = 4.71\sqrt{\frac{210,000}{275}} = 130.2$$

또한, $F_e = \frac{\pi^2 E}{\left(\frac{KL}{r_x}\right)^2} = \frac{\pi^2 \times 210,000}{55.63^2} = 669.7$

따라서, 공칭압축강도

$$P_n = 0.658^{\frac{F_y}{F_e}} F_y A_s = 0.658^{\frac{275}{669.7}} \times 275 \times 14,600 \times 10^{-3} = 3,384.7\,\text{kN}$$

설계압축강도는 다음과 같다.

$$P_r = \phi_c P_n = 0.90 \times 3,384.7 = 3,046.2\,\text{kN}$$

7) 설계휨강도 M_r

설계휨강도(M_c)는 부재의 소성모멘트강도, 국부좌굴강도, 횡비틀림좌굴강도의 최솟값

① 소성모멘트

$$M_p = F_y Z_x = 275 \times 2.12 \times 10^6 \times 10^{-6} = 583\ \text{kN·m}$$

② 국부좌굴을 고려한 휨강도

플랜지 국부좌굴(FLB)

$$\lambda = b/t_f = (348/2)/16 = 10.88$$

$$\lambda_p = 0.38\sqrt{E/F_y} = 0.38 \times \sqrt{210,000/275} = 10.5$$

$$\lambda_r = 1.0\sqrt{E/F_y} = 1.0 \times \sqrt{210,000/275} = 27.6$$

$\therefore \lambda_p < \lambda < \lambda_r$ 로서 비조밀플랜지이다.

웨브 국부좌굴(WLB) 검토

$\lambda = h/t_w = [344 - 2\times(16+20)]/10 = 27.2$

$\lambda_p = 3.76\sqrt{E/F_y} = 3.76\sqrt{210{,}000/275} = 103.9 \rightarrow \lambda < \lambda_p$

비조밀단면인 보의 공칭 휨강도는 식 (6.22)로부터 소성모멘트 M_p와 $0.7F_y S_x$ 사이의 직선 보간하여 다음과 같이 산정한다.

$0.7F_y S_x = 0.7\times 275\times 1.94\times 10^6\times 10^{-6} = 373.5\,\text{kN}$

$$M_n = M_p - (M_p - 0.7F_y S_x)\frac{\lambda - \lambda_p}{\lambda_r - \lambda_p}$$

$$= 583 - (583 - 373.5)\frac{10.88 - 10.5}{27.6 - 10.5} = 578.3\ \text{kN}\cdot\text{m}$$

③ 횡비틀림좌굴 검토

면외방향지지에 의해 횡비틀림좌굴이 없다고 할 수 있음

따라서 주어진 기둥 CF의 공칭휨강도(M_{nx})는 비조밀단면의 국부좌굴강도와 같고 설계휨강도는 다음과 같다.

$\therefore\ M_r = \phi_b M_{nx} = 0.9\times 578.3 = 520.5\,\text{kN}\cdot\text{m}$

8) 설계하중에 의한 기둥부재 CF의 소요휨모멘트 M_u

식(7.3)을 적용하여 M_u를 계산하는데, 증폭계수 B_1과 B_2를 산정한다.

① 횡변위구속골조에 대한 휨방향에 대한 부재효과에 의한 증폭계수 B_1

식(7.16)의 $B_1 = \dfrac{C_m}{1 - P_{u1}/P_{e1}}$ 에서

$$C_m = 0.6 - 0.4\left(\frac{M_1}{M_2}\right) = 0.6 - 0.4\left(\frac{122}{244}\right) = 0.4$$

횡변위구속골조에 대한 기둥부재 CF의 압축력 $P_{u1} = 96.8\,\text{kN}$

유효좌굴길이계수 K_x는 횡변위구속골조에 대한 정렬차트(그림7.13 참조)를 산정한다. 앞서 계산된 $G_C = 1.61$과 $G_F = 1.0$을 적용하면 $K_x = 0.8$이고, 식(7.21)에 $G_C = 1.61$과 $G_F = 1.0$을 대입하여도 $K_x = 0.8$을 얻는다.

$$P_{e1} = \frac{\pi^2 EI}{(K_x L)^2} = \frac{\pi^2\times 2.1\times 10^5\times 33{,}300\times 10^4\times 10^{-3}}{(0.8\times 6{,}000)^2} = 29{,}955.8\,\text{kN}$$

$$B_1 = \frac{C_m}{1 - P_{u1}/P_{e1}} = \frac{0.4}{1 - \dfrac{96.8}{29955.8}} = 0.40 < 1.0$$ 따라서, $B_1 = 1.0$

② 횡변위골조에 대한 휨방향에 대한 골조효과에 의한 증폭계수 B_2

식(7.17)의 $B_2 = \dfrac{1}{1 - \Sigma P_{nt}/\Sigma P_{e2}}$ 에서

$\Sigma P_{nt} = 230\times 3 = 690\text{kN}$

층좌굴강도 개념에 의해 식(7.18) $\Sigma P_{e2} = \sum \dfrac{\pi^2 EI}{(K_x L)^2}$

여기서, 기둥 AD, BE 및 CF의 유효좌굴길이계수 K_x를 정렬차트(그림 7.15)를 이용하거나 식(7.23)을 적용하여 구한다. 이때, 수정된 거더길이 $L_g{}'$와 비탄성 보정계수 τ를 고려하지 않는다면,

$$K_{CF} = 1.40$$

$$K_{AD} = 1.28 \left(\because G_A = \frac{33{,}300/6}{66{,}600/9} = 0.75,\ \ G_D = 1.0 \right)$$

$$K_{BE} = 1.24 \left(\because G_B = \frac{33{,}300/6}{66{,}600/9 + 66{,}600/15} = 0.469,\ G_E = 1.0 \right)$$

따라서,

$$\Sigma P_{e2} = \sum \frac{\pi^2 EI}{(K_x L)^2}$$

$$= \frac{\pi^2 \times (2.1 \times 10^5) \times 33{,}300 \times 10^4 \times 10^{-3}}{6{,}000^2} \left(\frac{1}{1.40^2} + \frac{1}{1.28^2} + \frac{1}{1.24^2} \right)$$

$$= 33{,}951.6\,\mathrm{kN}$$

$$B_2 = \frac{1}{1 - \Sigma P_{nt} / \Sigma P_{e2}} = \frac{1}{1 - 690/33951.6} = 1.02$$

③ 기둥 상하단에서 $M_u = B_1 M_{nt} + B_2 M_{lt}$

상단: $M_u = (1)(-244) + (1.02)(-138) = -384.76\,\mathrm{kN \cdot m}$

하단: $M_u = (1)(122) + (1.02)(212) = 338.24\,\mathrm{kN \cdot m}$

9) 상관관계식 검토

기둥상단의 휨모멘트의 절대값이 더 크므로 이에 대하여 검토한다.

$$P_u = P_{nt} + B_2 P_{lt} = 96.8 + 1.02 \times 15.7 = 112.8\,\mathrm{kN}$$

$\dfrac{P_u}{P_r} = \dfrac{112.8}{3{,}046.2} = 0.037 < 0.2$ 이므로 식(7.2)를 적용하면

$$\frac{P_u}{2P_r} + \frac{M_{ux}}{M_{rx}} = \frac{0.037}{2} + \frac{384.76}{520.5} = 0.76 < 1.0$$

따라서, H-344×348×10×16 부재는 외부하중에 대해 안전하다.

7.4 보-기둥의 설계

보-기둥(beam-column) 부재는 휨모멘트와 압축력을 동시에 받는 부재, 즉 휨-압축재(flexure-compression member)를 지칭한다. 엄밀히는 골조의 거의 대부분의 부재는 보-기둥 부재이다. 그렇지만 축력효과가 휨효과에 비해 무시할 만하면 휨재인 보(beam)로서 해석하고 설계하는 것이 편리하다. 반대로 축력효과에 비해 휨모멘트의 영향이 부차적이면 압축재인 기둥(column)으로 고려하여 해석하고 설계할 수 있다. 즉 보와 기둥은 보-기둥의 부재의 특별한 경우로 생각할 수 있다.

보-기둥 부재에서는 휨과 축력효과 모두가 상당하므로 보로서의 처짐문제와 기둥으로서의 좌굴문제가 동시에 고려되어야 한다. 특히 휨에 의한 처짐에 편심을 갖고 작용하는 축력은 소위 2차효과(secondary effects)를 발생시켜 모멘트와 처짐을 증폭하게 되는데 이를 설계에 적절히 고려하여야 한다. 축력과 휨모멘트를 동시에 받는 보-기둥의 설계흐름도를 그림 7.19에 나타내었다.

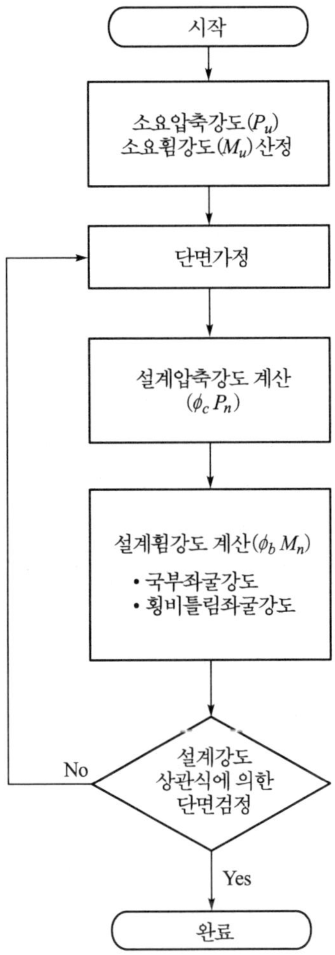

· $P_u = P_{nt} + B_2 P_{lt}$

· 전체소요휨강도는 $P-Delta$효과고려

· $M_u = B_1 M_{nt} + B_2 M_{lt}$

· $P-\delta$효과

$$B_1 = \frac{C_m}{1 - P_{u1}/P_{e1}} \geq 1.0$$

$$P_{e1} = \frac{\pi^2 E A_g}{(KL/r)^2} = \frac{A_g F_y}{\lambda_c^2} = \frac{\pi^2 EI}{(KL)^2}$$

· $P-\Delta$효과

$$B_2 = \frac{1}{1 - \Sigma P_{nt} / \Sigma P_{e2}} \geq 1.0$$

$$\Sigma P_{e2} = \Sigma \frac{\pi^2 EI}{(K_2 L)^2}$$

$$= R_M \frac{\Sigma HL}{\Delta H}$$

$$= R_M \frac{\Sigma H}{\Delta H/L}$$

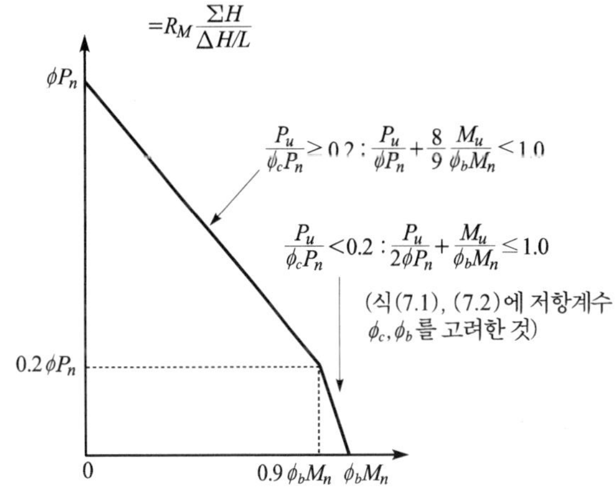

그림 7.19 축력과 휨모멘트를 받는 부재 설계흐름도

보-기둥의 설계는 상관관계식의 많은 변수 때문에 본질적으로 시행착오법을 사용하여야 한다. 초기 가정단면을 선택하고 상관관계식 적용의 적절함에 대해 살펴보아야 한다. 초기 가정단면 선택의 가장 효과적인 과정은 휨모멘트를 등가축력으로 변환하는 것이다. 이들 가상축력은 실제축력에 추가되고 단면은 전체하중을 바탕으로 기둥설계와 같은 방법으로 선택된다.

총유효축력은 다음과 같이 계산할 수 있다.

$$P_{u,eq} = P_u + M_{ux} m + M_{uy} u \tag{7.28}$$

여기서 P_u : 설계축하중

M_{ux} : x축에 대한 휨모멘트

M_{uy} : y축에 대한 휨모멘트

m : 표 7.3의 상수

u : 단면에 대하여 결정되는 상수

식(7.28)은 보-기둥 부재의 상관관계식으로부터 다음과 같이 유도된다.

$$\frac{P_u}{P_r} + \left(\frac{M_{ux}}{M_{rx}} + \frac{M_{uy}}{M_{ry}} \right) \leqq 1.0 \tag{7.29}$$

식(7.29)에 $P_r = \phi_c P_n$ 을 양변에 곱하면

$$P_u + \frac{\phi_c P_n M_{ux}}{\phi_b M_{nx}} + \frac{\phi_c P_n M_{uy}}{\phi_b M_{ny}} \leqq \phi_c P_n \tag{7.30}$$

이를 정리하면

$$P_u + (M_{ux} \times \text{상수}) + (M_{uy} \times \text{상수}) \leqq \phi_c P_n \tag{7.31}$$

이 부등식의 우변은 고려하는 부재에서의 설계축강도이고, 좌변은 작용하중이라고 생각할 수 있다. 좌변의 세 항은 각각 힘의 단위이며 상수들은 휨모멘트 M_{ux}와 M_{uy}를 축하중 성분으로 변환시키는 역할을 한다. 상수 m의 평균값은 H형강의 각 그룹에 대해서 계산되어지며 표 7.3에 주어져 있다. u의 값은 각각의 단면에 대하여 각기 다른 값을 가지나, $u=2$로 가정해도 좋다. 시행착오법을 기본으로 한 기둥의 단면설계과정은 다음과 같다.

1) 유효좌굴길이 KL에 대응하는 m을 선택하고, $u=2$로 놓는다.
2) 등가 축압축하중 $P_{u,eq} = P_u + M_{ux}m + M_{uy}u$를 계산한다.
3) 계산된 등가 축압축하중을 바탕으로 5장의 기둥설계과정을 따라 단면을 결정한다.
4) 결정된 단면에 대해 상관관계식을 활용하여 검토한다.

표 7.3은 AISC 시방서에 제시되어 있는 lb-ft 단위계 값을 SI단위로 변환한 표이다.

표 7.3 예비 보-기둥의 설계에 대한 m 의 값

F_y	248 MPa							345 MPa						
KL(m)	3.0	3.7	4.3	4.9	5.5	6.1	6.7이상	3.0	3.7	4.3	4.9	5.5	6.1	6.7이상
m	2.0	1.9	1.8	1.7	1.6	1.5	1.3	1.9	1.8	1.7	1.6	1.4	1.3	1.2

Yura는 식(7.28)과 비교하여 초기부재의 크기 결정에 대한 좀 더 간단한 등가축력식을 다음과 같이 제안하였다.

$$P_{u,eq} = P_u + \frac{2M_{ux}}{d} + \frac{7.5M_{uy}}{b} \tag{7.32}$$

여기서 d : 단면의 깊이
b : 단면의 폭

식(7.28)과 식(7.32)로 주어지는 등가 축력접근법은 수직하중조합하의 부재의 예비 크기를 결정하는 데에 유용하다. 그러나 휨모멘트가 지배적일 때 이 식은 부정확하게 된다. 이 경우에 등가 축력접근법보다는 등가모멘트 접근법이 더 정확하다. Yura는 등가모멘트 추정에 대해 다음과 같은 식을 제안하였다.

$$M_{u,eq} = M_{ux} + \frac{P_u d}{2} \tag{7.33}$$

이 식은 수평하중 조합하의 횡변위가 있는 뼈대구조물에서 초기 기둥의 크기를 결정하는데 적당하다.

예제 7.10

휨에 저항되는 단면의 높이가 400 mm로 정해져 있고 사용될 강재는 SM275라고 할 때, 부재에 소요압축강도(P_u) 1,800 kN와 양단에 강축에 대한 소요휨모멘트(M_{ux})가 각각 165, 190 kN·m를 받는 보-기둥을 설계하려고 한다. 부재의 길이가 4.5 m라고 할 때 사용에 적절한 형강을 선택하라. 다만 문제의 부재에 대한 유효좌굴길이계수가 K는 1.0이라고 가정하라.

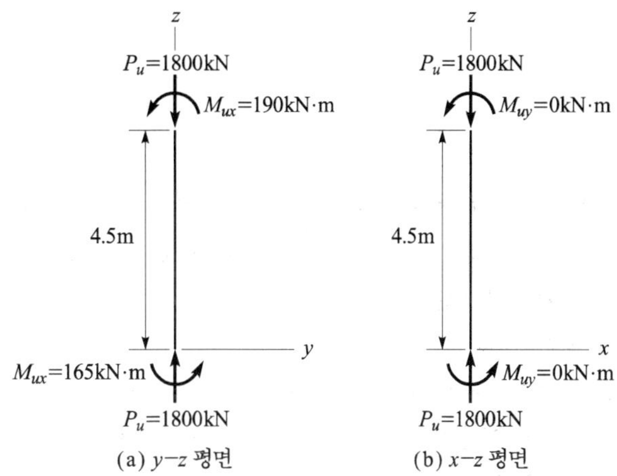

그림 7.20

풀이

단면을 설계하는 과정은 다음과 같다.

1) $F_y = 275\,\text{MPa}$, $KL = 1.0 \times 4.5\,\text{m} = 4.5\,\text{m}$에 대해서 표 7.3로부터 $m = 1.8$ 을 선택하고 $u = 2$로 놓는다.

2) $P_u = 1{,}800\,\text{kN}$

   $M_{ux} = 190\,\text{kN}\cdot\text{m}$

   $M_{uy} = 0$

   $P_{u,eq} = P_u + M_{ux}m + M_{uy}u = 1{,}800 + (190) \times (1.8) = 2{,}142\,\text{kN}$

3) 세장비를 추정한 다음 추정 F_{cr}을 계산

   $KL = 4.5\,\text{m}$ 는 기둥 길이로는 적당하게 긴 길이로 볼 수 있으므로, 세장비는 80 ~ 100정도로 추정한다. $KL/r = 100$ 일 경우

$$F_e = \frac{\pi^2 E}{\left(\frac{KL}{r}\right)^2} = 207.3\text{N/mm}^2 > 0.44F_y = 121\text{N/mm}^2$$

그러므로

$$F_{cr} = \left(0.658^{\frac{F_y}{F_e}}\right) F_y = 157.8\text{N/mm}^2$$

따라서 소요 단면적은 다음과 같이 계산된다.

$$\text{소요 } A_s = \frac{P_{u,eq}}{\phi_c f_{cr}} = \frac{2{,}142 \times 10^3}{0.90 \cdot (157.8)} = 15{,}082\,\text{mm}^2$$

4) 단면선정

초기 가정단면으로 $A_s = 16{,}600\,\text{mm}^2$ 인 H−350×350×16×16단면을 선택한다.

5) 단면검토

선택한 H−350×350×16×16단면이 축하중과 휨모멘트에 대하여 적절한 단면인가를 알아보는 단면의 검토 과정은 예제 7.1과 같은 과정을 따른다.

기호

B_1 : 횡구속 부재의 휨방향에 대한 부재효과($P-\delta$ effect)에 의한 증폭계수

B_2 : 비횡구속 부재의 골조효과($P-\Delta$ effect)에 의한 증폭계수

C_m : 모멘트 저감계수 (등가모멘트계수)

G : 상대강성비

M_{lt} : 골조의 횡변위를 허용한 조건의 1차 휨모멘트 (N·mm)

M_{nt} : 골조의 횡변위가 구속된 조건의 1차 휨모멘트 (N·mm)

M_r : 설계휨강도($=\phi_b M_n$)(N·mm)

M_u : 설계하중으로 인한 소요휨강도 (N·mm)

P_e : 보−기둥 부재의 오일러좌굴하중 (N)

ΣP_{e2} : 대상층에 횡변위가 수반되는 좌굴모드에 대한 층 전체의 탄성좌굴강도 (N)

ΣP_{nt} : 대상층에 작용하는 총 계수연직하중 (N)

P_{lt} : 골조의 횡변위를 허용한 조건의 1차 축력 (N)

P_{nt} : 골조의 횡변위가 구속된 조건의 1차 축력 (N)

P_r : 설계압축강도($=\phi_c P_n$) (N)

P_u : 설계하중으로 인한 소요압축강도 (N)

P_y : 기둥의 항복축하중 (N)

ϕ_c : 압축에 대한 강도저항계수

ϕ_b : 휨에 대한 강도저항계수

연습문제

7.1 다음 그림과 같은 보-기둥 부재의 축력비가 $P/P_e = 0.1$, 0.3, 0.5, 0.7, 0.9일 경우 설계기준식에 의한 모멘트증폭계수를 산정하시오.

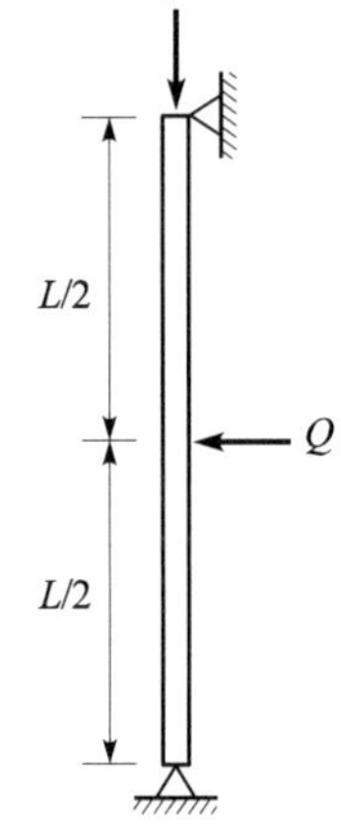

문제 7.1

7.2 다음 그림과 같이 설계기준의 휨-압축재 설계식(7장의 식(7.1) 및 식(7.2))을 이용하여 단면이 압연H형강 H $- 400 \times 400 \times 13 \times 21$인 다음 기둥의 축압축력-휨모멘트 상호작용 곡선($P_u - M_{ux}$ 관계식)을 도시하고 비교하시오. 면내의 강축휨만을 고려하시오 ($E = 210{,}000$ MPa, $F_y = 315$ MPa).

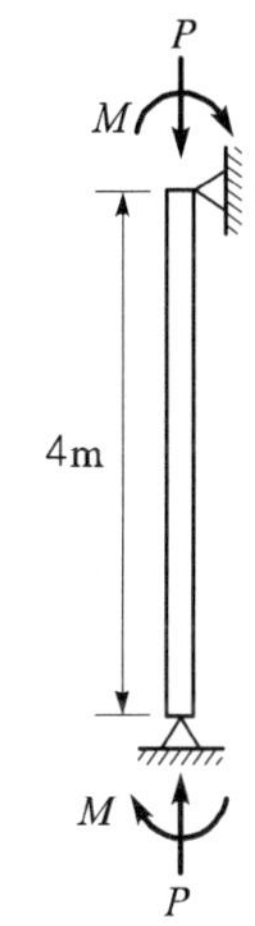

문제 7.2

7.3 다음 그림과 같이 형강 H $- 400 \times 400 \times 13 \times 21$ 의 양단 핀인 기둥에 축압축력과 강축방향의 1축 휨모멘트가 동시에 작용하고 있다. 축압축력은 $P_D = 1{,}200$ kN, $P_L = 1{,}200$ kN이 작용하고 있고, 기둥 상단부에는 휨모멘트가 $M_D = 15$ kN·m, $M_L = 35$ kN·m, 기둥 하단부에는 휨모멘트가 $M_D = 80$ kN·m, $M_L = 100$ kN·m 으로 그림과 같은 방향으로 작용하고 있다. 이 기둥의 안전성 여부를 검토하시오. ($K_x = 1.0$, $K_y = 1.0$이고 $E = 210{,}000$ MPa, $F_y = 275$ MPa)

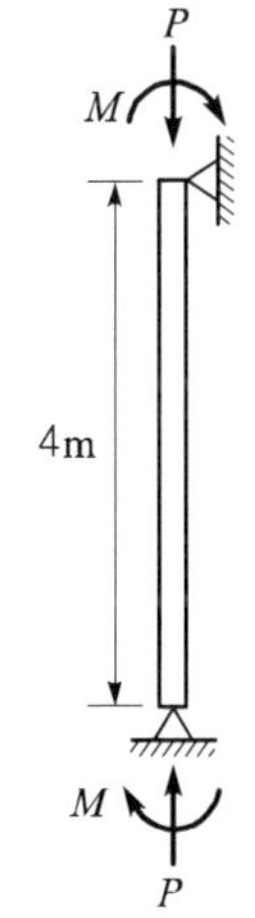

문제 7.3

7.4 다음 그림과 같이 압연H형강 H$-390\times300\times10\times16$의 양단 핀인 가새골조의 기둥에 축압축력과 2축 휨모멘트가 동시에 작용하고 있다. 축압축력은 그림 (a)와 같이 $P_D=500\,\text{kN}$, $P_L=600\,\text{kN}$이 작용하고 있고, 강축방향의 휨모멘트는 그림 (b)와 같이 기둥 상단부에서 $M_{x,D}=20\text{kN}\cdot\text{m}$, $M_{x,L}=30\,\text{kN}\cdot\text{m}$, 기둥 하단부에서 $M_{x,D}=30\,\text{kN}\cdot\text{m}$, $M_{x,L}=70\,\text{kN}\cdot\text{m}$로 각각 같은 방향으로 작용하고 있다. 그리고 약축방향의 휨모멘트는 그림 (c)와 같이 기둥 상단부와 하단부에서 $M_{y,D}=3\text{kN}\cdot\text{m}$, $M_{y,L}=7\,\text{kN}\cdot\text{m}$로 같은 크기와 방향으로 작용하고 있다. 연속적 횡방향 지지가 있을 경우, 이 기둥의 안전성 여부를 검토하시오. ($K_x=K_y=1.0$ 이고 $E=210{,}000$ MPa, $F_y=275$ MPa)

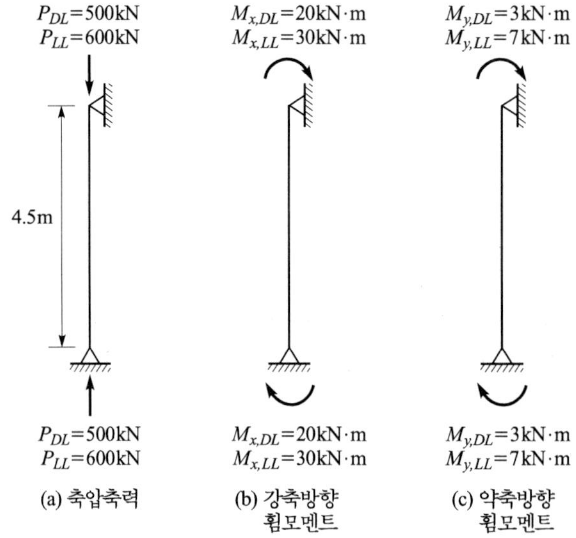

문제 7.4

7.5 다음 그림과 같이 트러스의 부재 A는 그림과 같이 축압축력과 부재하중을 동시에 받고 있다. 부재 A (H$-200\times200\times8\times12$)의 적합성 여부를 검토하시오. 면내 및 면외 유효좌굴길이는 부재 절점간 길이를 적용하며, 횡비틀림 좌굴은 고려하지 않는다. ($K_x=1.0$, $K_y=1.0$이고 $E=210{,}000$ MPa, $F_y=355$ MPa)

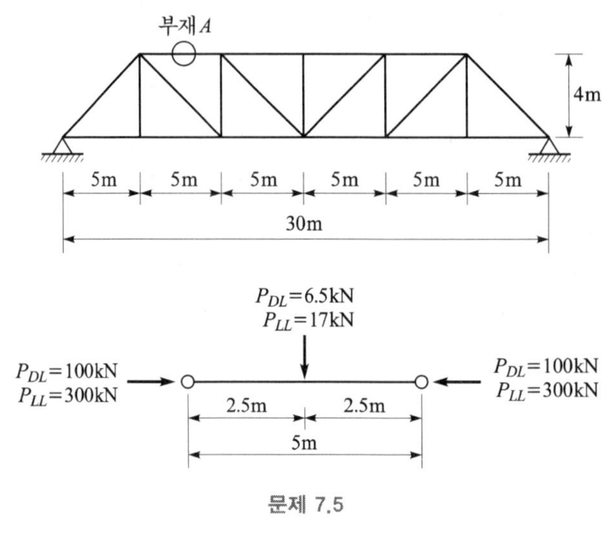

문제 7.5

7.6 다음 그림과 같은 길이 9m의 H형강 부재가 트러스 인장재로 사용되고 있다. 계수인장력은 $P_u = 1{,}500\,\text{kN}$이고, 계수중력하중 $Q_u = 100\,\text{kN}$이 부재 중앙부에 작용하여 강축휨모멘트를 유발하고 있다. 이 부재에 압연H형강 H$-488\times300\times11\times18$이 사용될 경우 적정성 여부를 검토하시오 ($E = 210{,}000\,\text{MPa}$, $F_y = 275\,\text{MPa}$).

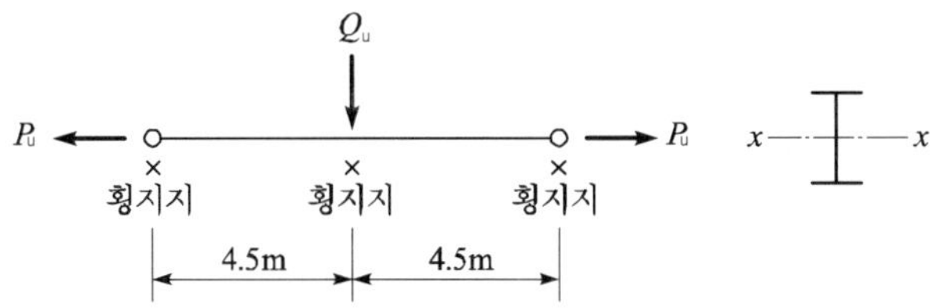

문제 7.6

7.7 다음 그림의 비횡변위골조구조의 기둥AB의 유효좌굴길이계수를 구하시오. 여기서, 비탄성 보정계수 τ=1.0로 가정한다.

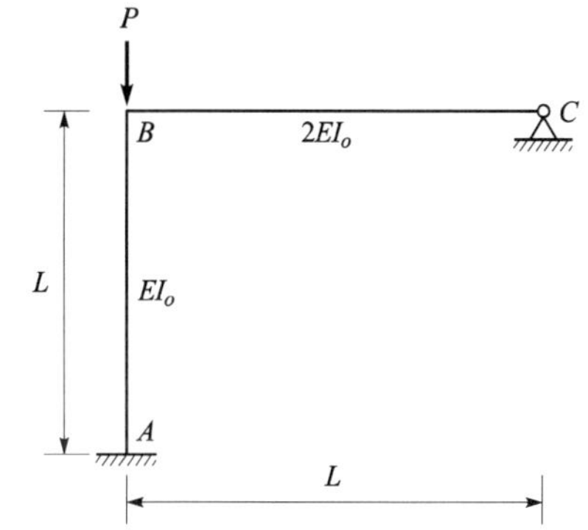

문제 7.7

7.8 다음 그림의 횡변위골조구조의 기둥AB의 유효좌굴길이계수를 구하시오. 여기서, 비탄성 보정계수 τ=1.0로 가정한다.

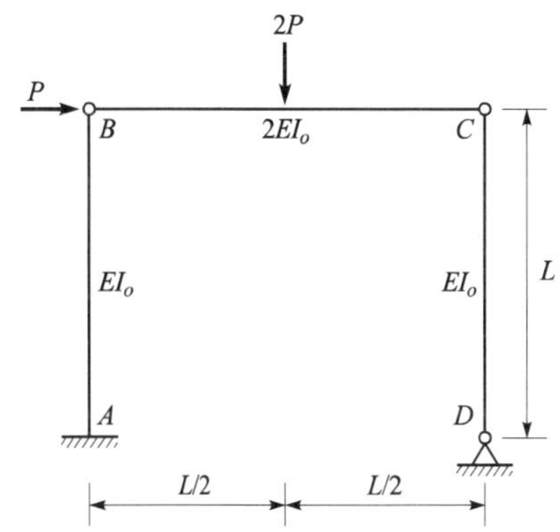

문제 7.8

Design of Steel Structures

제8장 용접연결

8.1 용접의 개요

용접은 열을 이용하여 두 개의 금속을 녹여 붙이는 것을 말한다. 강구조물의 제작에 주로 사용되는 용접 방법으로는 아세틸렌-산소 불꽃의 열을 이용한 가스 용접과 전극에서 발생하는 아크를 이용한 아크용접이 있다.

아크용접은 가스용접에 비하여 높은 열원을 쉽게 얻을 수 있으므로 용접 성능이 좋으며, 기계화, 자동화가 가능하고, 대부분의 경우 경제적이다. 따라서 최근에는 아크 용접이 주로 사용되고 있다.

그림 8.1은 아크용접의 방법을 보여주고 있다. 용접기로부터 접지하는 한쪽 선은 모재에 연결하고, 다른 또 하나의 전극선은 용접봉에 연결한다. 용접봉이 모재에 접근하면 회로가 닫히면서 모재와 용접봉 선단 사이에서 약 3,600℃의 아크열이 발생하며, 이로 인해 모재와 용접봉이 용융상태가 된다. 이 때 용접봉이 녹아 형성된 작은 용접금속 방울들은 모재의 접합부로 이동하여 쌓이며 냉각되면서 굳으면 모재가 접합된다.

용접하여 제작하는 강구조물에는 용접 구조용 압연강재(KS D3515에 따른 SM 계열 강재) 등을 모재로 사용할 수 있다. 용접 금속은 모재의 강종에 상응한 등급의 제품을 사용하여야 한다.

용접부의 취성 파괴를 방지하기 위해서 잔류응력과 3축 응력 상태가 작아지도록 용접부 이음선이 한곳에서 서로 겹치는 것은 피하는 것이 좋다. 압연형강의 플랜지와 웨브가 만나는 부분에는 부재의 끝에 머리판을 용접하는 경우를 제외하고는 용접을 하지 않는 것이 좋다. 진정강이 아닌 경우에는 순수 압축응력이 작용하는 경우에만 플랜지와 복부가 만나는 부분에 머리판을 연결시키기 위한 용접이 허용된다.

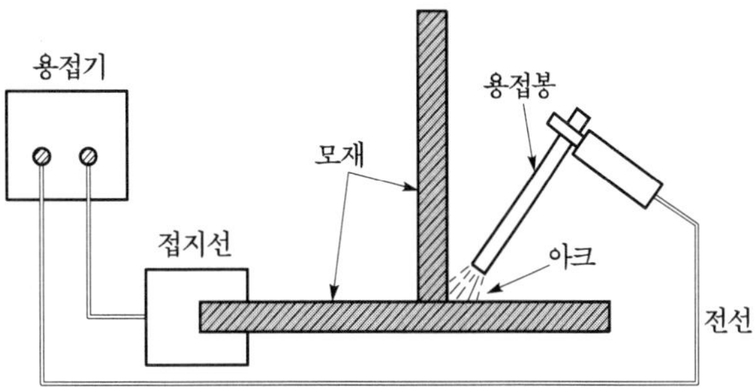

그림 8.1 아크용접의 개요도

8.2 용접의 종류

8.2.1 피복아크용접

수동용접 또는 SMAW(Shielded Metal Arc Welding)라고 한다. 일반적으로 길이 250~450mm, 직경 4~6mm 정도의 직선 용접봉을 사용한다.

용접봉은 광물질의 피복으로 둘러 싸여있다. 이 피복은 용접과정 중 쉽게 녹아

보호가스를 발생하여 용접 아크를 안정시키며, 용융된 금속에 공기(산소, 질소 등)가 접근하는 것을 차단하여 용접금속이 산화되거나 취성을 갖게 되는 것을 방지한다. 또한 용융지 위에 슬래그를 형성하여 아직 뜨거운 상태에 있는 용접금속을 주변 공기의 영향으로부터 보호하고, 갑작스러운 냉각을 어느 정도 방지하여 용접에 의한 잔류응력을 줄여주는 역할을 한다.

현장이나 공장에서 소규모 작업에 적합하다.

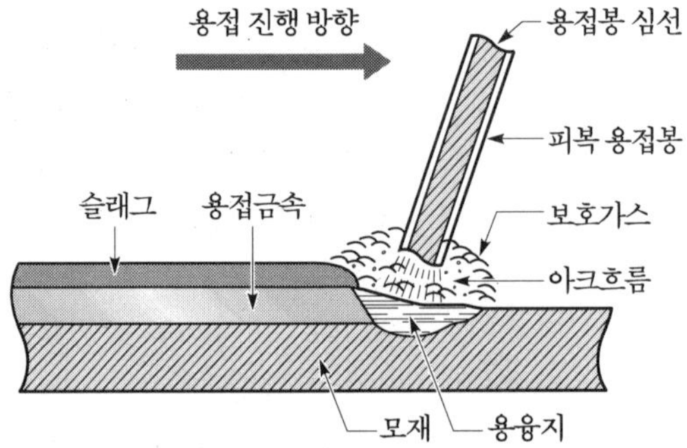

그림 8.2 피복 아크용접 (SMAW)

8.2.2 가스메탈아크용접

GMAW(Gas Metal Arc Welding)라고 하며, 별도의 보호가스를 사용하면서 전극 와이어를 연속으로 공급하고, 그 선단에서 아크가 발생하여 용융 상태의 작은 금속방울이 용융지로 이행되도록 하는 용접법이다.

보호가스로는 아르곤, 헬륨 등의 불활성 가스, 또는 이산화탄소(CO_2), 또는 이들을 일정한 비율로 혼합하여 사용한다. 보호가스는 아크 흐름과 용가재가 용융된 금속방울의 이동 성질을 제어하고, 용입 깊이, 용융 폭, 용접부의 형상, 언더컷, 용접 속도 등에 영향을 미친다.

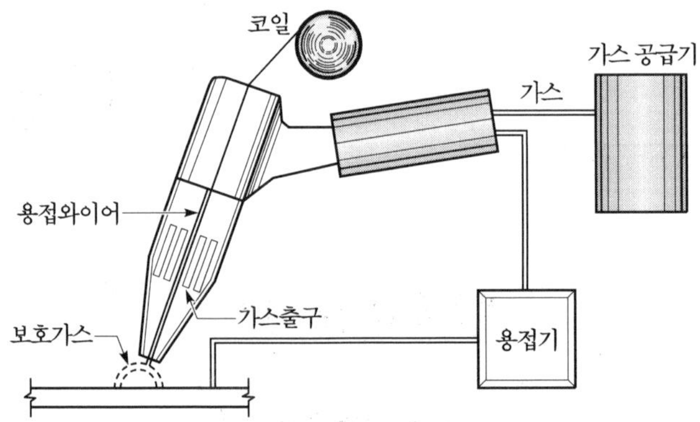

그림 8.3 가스금속아크용접 (GMAW)

8.2.3 플럭스코어드아크용접

FCAW(Flux Cored Arc Welding)이라고 하며, 내부에 플럭스가 들어있는 관 형태의 용접와이어가 코일에 감겨있어 연속으로 공급된다.

용접와이어 내부의 플럭스는 피복아크용접의 용접봉 피복과 유사한 역할을 한다. 이 플럭스가 보호가스를 공급하나 필요에 따라 외부에서 공급되는 보호가스를 추가로 사용하기도 한다.

8.2.4 서브머지드아크용접

SAW(Submerged Arc Welding)이라고 하며, 코일로 둥글게 감겨있는 피복되지 않는 용접와이어와 작은 알갱이 형태의 플럭스를 사용한다. 자동, 또는 반자동으로 기계화하여 용접할 부분에 플럭스가 공급되고, 뒤따르는 전극과 모재 사이에 아크가 발생하여 용접이 이루어진다. 플럭스의 일부는 녹아서 보호가스 층을 형성한다.

용접 속도가 빠르고 용융깊이(모재의 표면에서부터 녹아 들어간 깊이)가 크다. 용접부분의 역학적 성질이 모재와 거의 동일한 균일한 품질을 얻기 쉽다. 그러나 용접법의 특성 상 용접자세에 제한이 있어서 아래보기자세 또는 수평자세의 경우만 적용이 가능하다.

기계에 의한 자동용접은 공장에서 주로 사용하며, 반자동으로 현장에서도 사용할 수 있다.

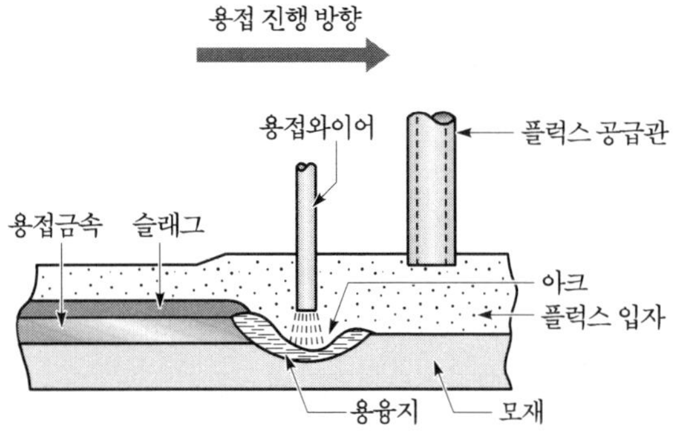

그림 8.4 서브머지드 아크용접 (SAW)

8.2.5 스터드용접

스터드용접(Stud Welding)은 스터드를 모재에 붙이는 자동화된 용접 방법이다. 용접 총에 물려있는 스터드의 끝이 전극으로 작동하여 모재와의 사이에 아크가 생성된다. 용접 총은 아크 생성 시간을 조정하며, 발생된 아크의 열로 스터드의 끝부분과 모재가 적당히 용융되면 전원을 차단하고 스터드를 모재 쪽으로 밀어내어 스터드의 전체 단면이 모재에 용접 되도록 한다. 스터드의 끝을 둘러싸고 있는 세라믹(Ceramic Ferrule)은 아크와 용융된 금속을 보호하고 스터드의 둘레에 균일한 용접 덧살이 만들어질 수 있도록 한다.

8.3 이음의 형태

용접이음의 형태는 연결되는 부재들의 상대적 위치와 배열에 따라서 다음과 같이 구분할 수 있다.

맞대기이음(Butt Joint)은 주로 두께가 거의 같은 두 강판을 같은 위치에서 서로 끝을 맞대어 연결한 것이다. 편심 없이 하중을 전달할 수 있고 연결부의 크기를 줄일 수 있으며, 외형이 매끄러워 보기 좋은 장점이 있다. 그러나 모재의 용접될 부분을 사전 가공하여야 하고, 부재가 제대로 정렬되도록 세심한 주의를 기울여야 한다. 두께, 폭, 또는 둘 모두 서로 다른 판을 맞대기 이음 하는 경우 용접열이 가급적 양쪽 판에 균일하게 전달되도록 하고, 용접부에 응력집중 현상이 크게 생기지 않도록 길이 방향으로 두께와 폭을 서서히 변화시켜야 한다.

겹치기이음(Lap Joint)은 두 부재를 서로 다른 위치에서 평행으로 겹쳐놓고 연결하는 것이다. 전달되는 힘이 편심 작용하게 되는 단점이 있으나 부재 끝부분에서의 오차 등을 쉽게 흡수할 수 있고, 용접될 부분을 별도로 가공할 필요가 없으며, 작업을 수행하기 쉬운 장점이 있어 많이 사용되고 있다. 응력을 전달하는 겹치기이음에서는 두 줄 이상의 필릿용접을 사용하는 것을 원칙으로 하고, 얇은 쪽 강판 두께의 5배 이상 겹치게 하여야 한다.

T-연결을 필릿용접, 또는 부분용입그루브 용접으로 하는 경우는 한쪽만 용접하면 외력에 의해 용접부에 응력이 크게 생기고 변형에 대한 저항도 약하므로 이음의 양쪽을 용접하여야 한다. 그러나 완전용입그루브 용접을 하거나, 횡방향의 변형에 대해 저항할 수 있는 구조일 때는 한쪽에서만 수행하는 용접을 적용할 수 있다.

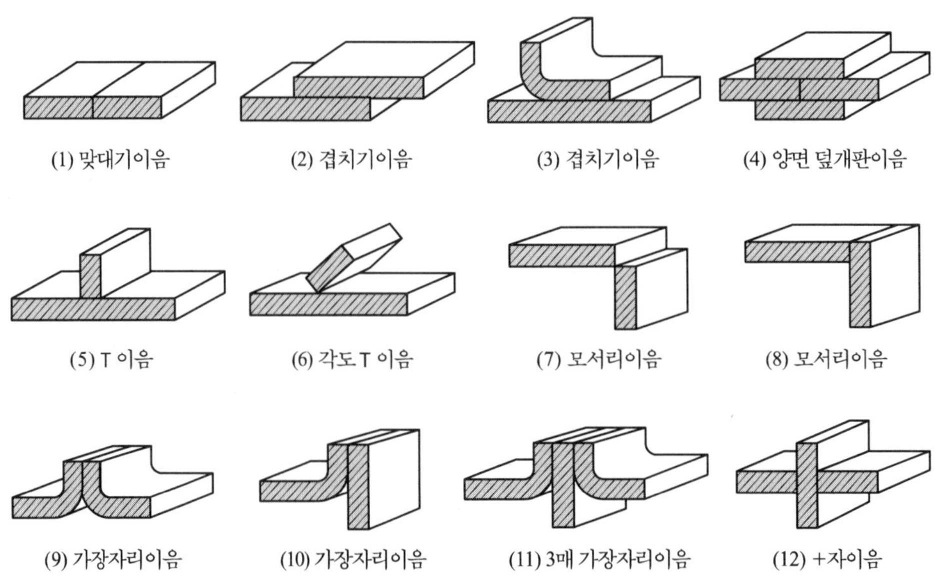

그림 8.5 용접이음 형태

8.4 용접의 형태

용접의 종류는 용접부의 형상에 따라 필릿용접과 그루브 용접으로 구분할 수 있다. 필릿용접과 그루브 용접으로 부족할 경우 보조적인 방법으로 플러그용접과 슬롯용접 등을 사용할 수 있다.

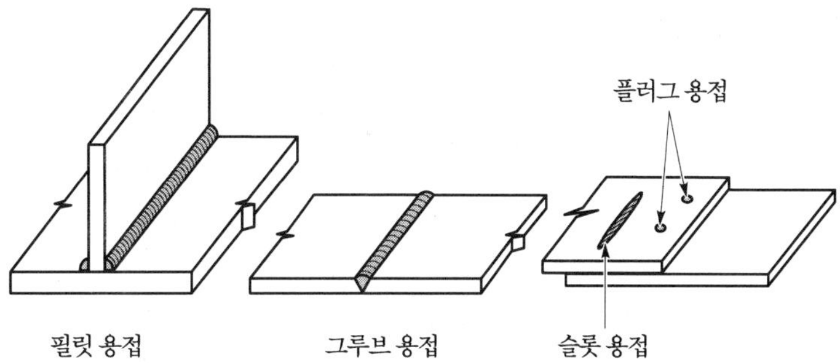

그림 8.6 용접부 형상에 따른 용접 종류

8.4.1 그루브용접

그루브용접(Groove Welds, 홈용접)은 맞대기, T, 모서리 이음의 용접 시 부재의 서로 접합되는 부분을 안쪽에서부터 용접할 수 있도록 용접할 곳의 모재를 미리 개선가공한 후 용접한다. 두께 5mm 이하의 강판은 용접부 모재의 사전 가공을 생략할 수도 있다. 용접루트가 녹아 흘러내리는 것(용락)을 방지하기 위해서 필요에 따라 뒷댐재(백킹)를 사용 한다.

용접부 모재의 사전 가공 형상은 수직, 1면 K형, 양면 K형, V형, J형, U형 등이 있다. 용접부 모재를 사전 가공하는 그루브용접은 시간과 비용이 많이 소요되나 사전 가공이 필요 없는 필릿용접보다 더 높은 강도를 발휘하는 장점이 있다.

일반적으로 서로 접하는 모재부분의 전 단면이 용접된 '완전용입 그루브용접'을 사용하며, 일부분만 용접된 '부분용입 그루브용접'은 특별한 설계요구 조건이 적용된 경우에만 사용된다.

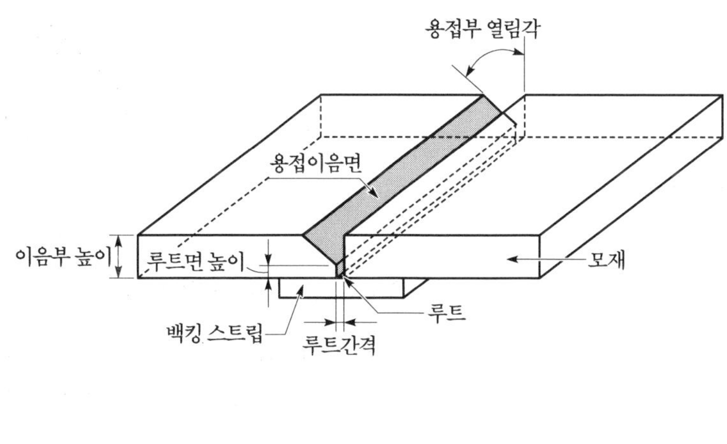

그림 8.7 그루브 용접부 사전준비

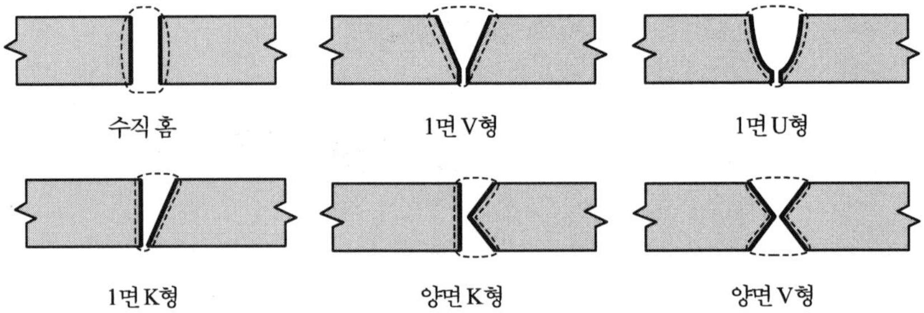

그림 8.8 그루브 용접 형식

8.4.2 필릿용접

필릿용접(Fillet Welds)은 겹치기이음, T-이음, 모서리 이음 등의 경우에 두 부재의 서로 만나는 면과 면, 또는 면과 모서리 사이에 용착된 용접금속의 단면이 삼각형을 이루도록 한 용접이다.

그림 8.9는 전형적인 필릿용접의 모양을 보여주고 있다. 용접치수는 용접 다리의 길이로 나타낸다. 필릿용접의 용접루트는 삼각형의 정점, 또는 다리가 만나는 부분을 말한다. 이론적으로 용접루트에서 용접표면까지의 거리를 '목두께'라고 한다.

겹치기이음에서 용접단면은 대략 직각 삼각형을 형성하지만 T-이음과 같은 경우 모재가 직각으로 만나지 않을 수도 있다. 필릿용접이 가능한 범위는 두 모재가 이루는 각이 60°~120°이다. 두 판재가 서로 만나는 각이 60°보다 작거나 120°보다 큰 경우에는 판재의 모서리를 사전 가공하고 그루브 용접을 해야 한다.

용접될 모재의 모서리를 가공할 필요가 없으므로 경제적이다. 특히 1회의 용접 패스로 요구되는 용접치수를 얻을 수 있다면 더욱 경제적이다. 공장에서 1회의 용접 패스로 얻을 수 있는 용접치수는 피복아크용접(SMAW)의 경우 8mm까지, 서브머지드 아크용접(SAW)의 경우 12mm까지 가능하지만 현장용접의 경우에는 이보다 조금 작은 치수로 줄이는 것이 좋다.

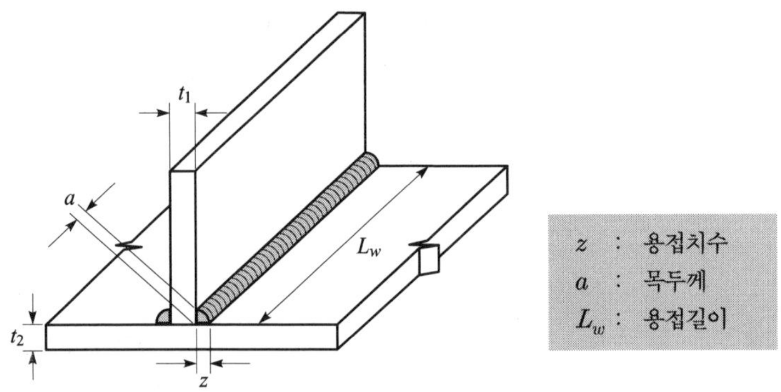

그림 8.9 필릿용접

8.4.3 플러그용접 및 슬롯용접

플러그용접(Plug Welds)은 겹치기이음의 판이 겹쳐진 한 쪽 모재에 원형의 구멍을 만들고 이곳의 일부 또는 전부를 용착금속으로 채워서 다른 쪽 판과 접합하는 용접이며, 슬롯용접(Slot Welds)은 원형구멍 대신 가늘고 긴 슬롯을 사용하는 용접이다. 플러그용접과 슬롯용접은 겹쳐진 부분의 전단력을 전달하거나 좌굴을 방지하는 역할을 한다.

필릿용접을 할 수 있는 공간이 확보되지 못한 경우 또는 덮개판과 조립부재를 결합하는데 사용될 수 있으나 주요 부재에 사용하는 것은 피하는 것이 좋다. 부득이 적용할 경우에는 응력의 전달을 고려하여야 한다. 피로 강도가 낮으므로 반복하중이 작용하는 경우는 주의하여야 한다.

8.5 용접 품질관리

8.5.1 용접자세

용접 위치에 따라 용접의 품질에 영향을 미치는 용접자세를 다음 그림과 같이 아래보기자세, 수평자세, 수직자세, 위보기자세 등이 있다.

아래보기자세의 경우에 가장 좋은 품질을 얻을 수 있다. 위보기자세의 경우는 작업이 어렵고, 용접 품질이 가장 좋지 못하므로 불가피한 곳을 제외하고는 사용하지 않는 것이 바람직하다.

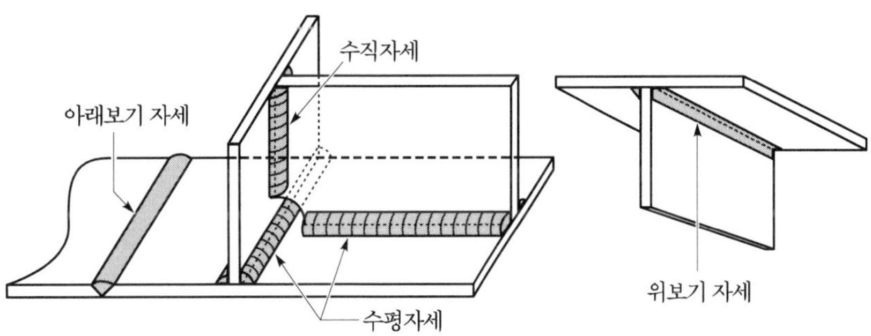

그림 8.10 용접자세

8.5.2 용접절차설명서

WPS(Welding Procedure Specification)라고 하며, 용접상세, 모재의 강종 및 두께, 용접법, 용접재료(용접봉, 용접와이어, 플럭스, 보호개스의 종류 및 사용량), 예열, 전류 및 전압, 용접속도, 용접자세 등 용접의 품질을 결정하는 주요 변수가 명기되어 있다.

용접작업 시행 전에 적용할 용접절차설명서가 인증 및 감독자 승인 등의 과정을 거쳐 확정되어 있어야 한다.

8.5.3 용접 검사

육안검사는 모든 용접부에 대해서 용접균열, 용접비드 표면의 피트와 요철, 언더컷, 오버랩, 용접의 크기 등을 육안으로 검사한다.

비파괴검사는 침투탐상검사(PT), 자분탐상검사(MT), 방사선투과검사(RT), 초음파탐상검사(UT), 위상배열초음파탐상검사(PAUT) 등이 있다

8.6 용접부 설계

8.6.1 용접 기호

용접기호는 용접방법, 종류, 용접부 가공 형상, 용접 위치, 용접자세, 시공 장소 등을 나타내는 기호를 말한다. 국내의 용접기호와 표기방법은 KS B 0052에 규격화되어 있으며 다음 표 8.1a, 8.1b 및 그림 8.11과 같다.

표 8.1a 용접기호

용접의 종류		기 호	적 용 예		비 고
I 형				화살의 반대측에서 용접	1. 하나는 연속선이고 다른 하나는 파선인 2개의 평행선으로 된 2중 기준선 (파선은 연속선의 위 또는 그 바로 아래 중 어느 한 가지로 그을 수 있다.) 2. 용접부(용접면)가 이음의 화살표 쪽에 있을 때에는 기호를 실선 쪽의 기준선에 기입하고, 용접부(용접면)가 이음의 화살표와는 반대쪽에 있을 때에는 기호를 파선 쪽에 기입한다.
				화살쪽에 용접	
				양측에 용접	
V 형				화살의 반대측에 그루브	
				화살쪽에 그루브	
X 형				양측에 그루브	
U 형				화살의 반대측에 그루브	
				화살쪽에 그루브	
H 형				양측에 그루브	
L 형				화살의 반대측에 그루브	
				화살쪽에 그루브	
K 형				양측에 그루브	
J 형				화살의 반대측에 그루브	
				화살쪽에 그루브	
양면 J형				양측에 그루브	
단속	편면용접			화살의 반대측에 필릿	
				화살쪽에 필릿	
	병렬용접				
	지그재그 용접				
플러그 용접 슬롯용접				화살의 반대측에 용접	
				화살쪽에 용접	

표 8.1b **용접보조기호**

기 호	명 칭	적 용 예	
	평탄비드	V 홈 평탄비드( )	
	볼록비드	X 홈 블록비드( )	
	오목비드	필릿용접 오목비드( )	
	온둘레용접		
	현장용접		

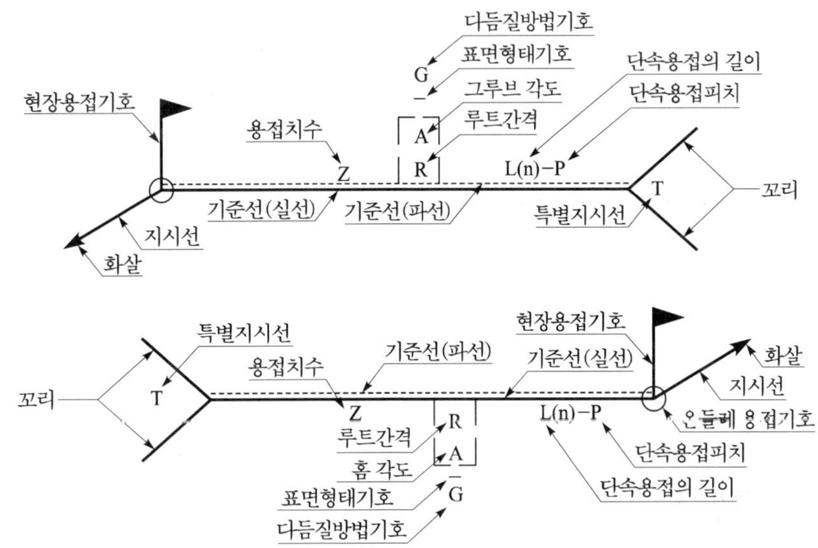

그림 8.11 **용접 기호 표시 방법**

기존의 그루브용접에 대한 도면 표시 방법은 그림 8.12와 같다. 이 방법은 1990년대 후반 이전의 KS에 따른 표시방법으로 기준선으로 파선은 사용하지 않고, 실선 아래쪽에 있는 용접기호는 화살표쪽에 용접이 위치하는 것을 의미한다. 그림 8.12를 현재의 KS에 따라 수정한다면 실선으로 된 기준선 위쪽에 파선의 기준선을 첨가하여야 한다.

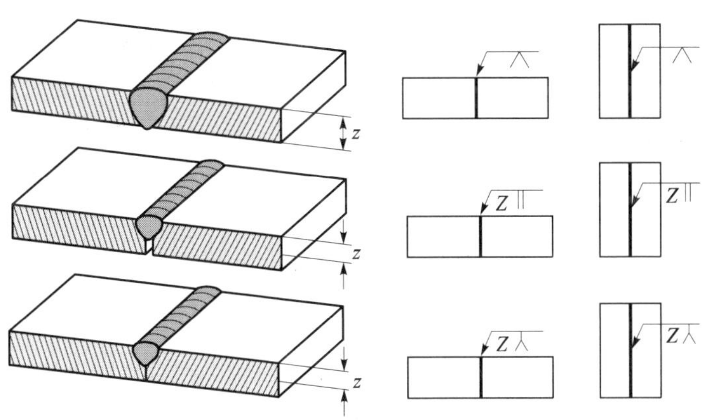

그림 8.12 **그루브 용접 표시**

필릿용접에서는 그림 8.13에 나타낸 바와 같이 문자 a 또는 z를 해당하는 치수값의 앞에 배치한다. 용접기호가 실선 쪽에 있는 경우는 화살표 쪽에, 파선 쪽에 있는 경우는 화살표 반대쪽에 용접이 위치하는 것을 의미한다. 양쪽 대칭으로 용접이 이루어지는 경우에는 파선을 생략할 수 있다.

필릿용접의 용입깊이를 포함한 목두께는 그림 8.14와 같이 목두께 s로 나타낸다. 필릿용접을 설계도면에 나타낸 예는 그림 8.15와 같다.

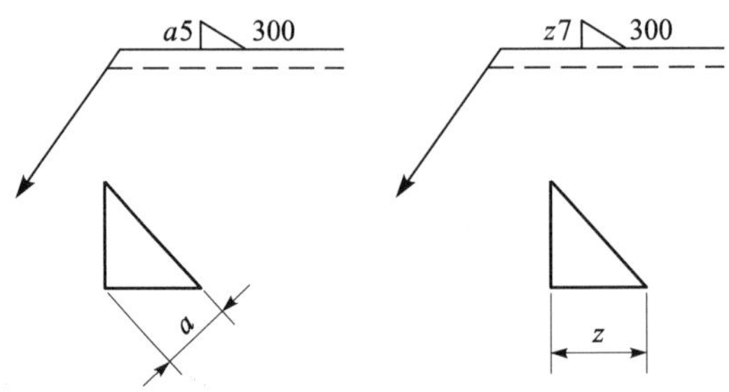

그림 8.13 필릿용접의 치수 표시 방법

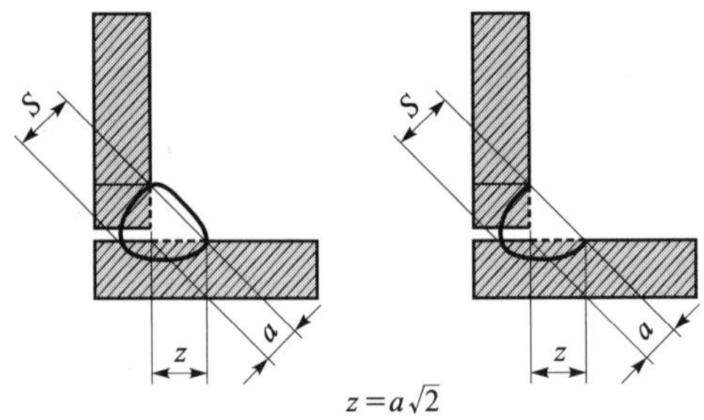

그림 8.14 필릿용접의 용입깊이의 치수 표시 방법

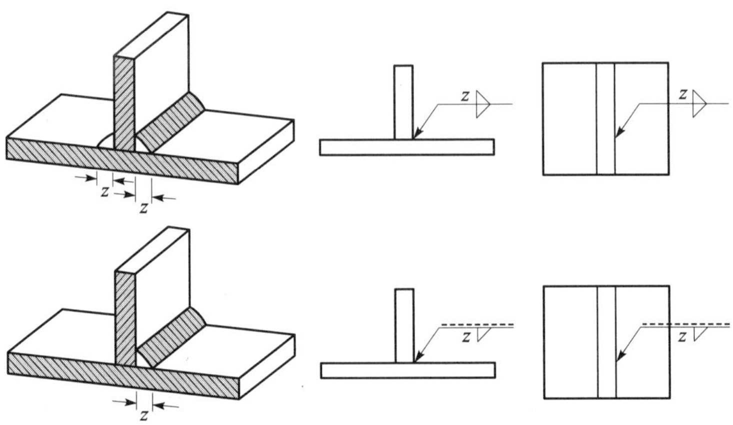

그림 8.15 필릿용접의 표시

8.6.2 그루브용접

1) 일반

용접선에 대해 직각방향으로 인장응력을 받는 이음에는 완전용입 그루브용접을 사용함을 원칙으로 하며, 부분용입 그루브용접을 적용해서는 안 된다.

2) 용접 유효면적

용접 이음부에 대한 공칭단면은 용접의 유효두께와 유효길이를 곱하여 구한다. 용접의 축방향과 응력방향이 직각을 이루지 않는 경우에는 응력에 직각인 면에 투영시킨 용접길이를 유효길이로 사용한다.

그루브 용접의 유효두께는 그림 8.16과 같으며, 부분용입 그루브용접의 경우에는 다음 표 8.2와 같다.

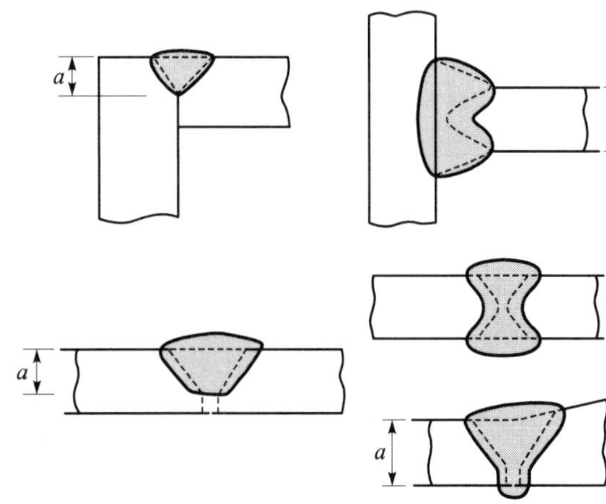

그림 8.16 그루브용접의 유효두께

표 8.2 부분용입 그루브용접의 유효목두께

용접방법	용접자세	그루브 형상	유효목두께
SMAW GMAW	모든 자세	J 또는 U 그루브, 60° V 그루브	그루브깊이
SAW	아래보기자세	J 또는 U 그루브, 60° 베벨 또는 V 그루브	
GMAW FCAW	아래보기자세 수평자세	45° 베벨	
SMAW	모든 자세	45° 베벨	그루브깊이에서 3mm 공제
GMAW FCAW	수직자세 위보기자세		

3) 소요강도 및 설계강도

소요강도는 계수하중에 대해 모재의 경우와 동일한 방법으로 구한다. 그루브용접 접합부의 설계강도 ϕR_n는 다음과 같이 구하며, 그루브용접 접합부의 소요강도 P_u 이상이어야 한다. 여기서 A_w는 용접부의 유효단면적이며, 용접의 공칭강도 F_w와 저항계수 ϕ는 표 8.3과 같다.

$$\phi R_n = \phi F_w A_w \tag{8.1}$$

모재의 규정 항복강도와 인장강도 이상이 되도록 용접된 완전용입 그루브용접의 공칭강도는 접합되는 모재 중 공칭강도가 작은 쪽의 값으로 한다. 인장강도 600MPa 이상의 강종에 대해 언더매칭 용접을 한 경우에는 용접금속의 인장강도를 기준으로 공칭깅도를 정한다.

용접축에 평행으로 작용하는 인장 또는 압축에 대해서는 용접부를 검토할 필요가 없다.

표 8.3 그루브용접의 공칭강도와 저항계수

용접구분	응력구분	공칭강도 (F_w)	저항계수 (ϕ)
완전용입 그루브용접	용접축에 직각인 인장	모재와 동일	
	용접축에 직각인 압축	모재와 동일	
	용접축에 평행한 인장, 압축	별도 검토하지 않음	
	전단	$0.6F_u$ 1)	0.8
부분용입 그루브용접	용접축에 직각인 인장	$0.6F_u$ 1), 2)	0.8
	기둥의 선단밀착접합부 압축	별도 검토하지 않음	
	기둥 외의 선단밀착접합부 압축	$0.6F_u$ 1)	0.8
	선단밀착접합부 외의 압축	$0.9F_u$ 1)	0.8
	용접축에 평행한 인장, 압축	별도 검토하지 않음	
	전단	$0.6F_u$ 1), 2)	0.75

주 1) 용접부 모재의 인장강도이며, 언더매칭용접의 경우에는 용접재의 인장강도를 적용한다.
2) 인장강도 600MPa의 강종(HSB460)은 $0.56F_u$, 800MPa의 강종(HSB690)은 $0.45F_u$을 적용하며,인장강도가 이들 사이인 강종의 경우에는 보간법을 적용한다.

8.6.3 필릿용접

1) 일반

주요부재의 응력을 전달하는 필릿용접 치수의 최소값은 표 8.4와 같이 모재의 두께가 20mm 이하인 경우에는 최소용접치수 6mm, 모재두께가 20mm를 초과하는 경우에는 8mm로 규정하고 있다. 사용응력이나 예열, 승인받은 WPS(용접절차서) 등을 근거로 감독자의 승인을 받는 경우에는 이들 값보다 더 작은 용접치수를 사용할 수 있다.

표 8.4 필릿용접의 최소 치수

접합부의 두꺼운 쪽 두께 t	필릿용접의 최소 치수
$t <$ 6mm	3mm
6mm $\leq t <$ 13mm	5mm
13mm $\leq t <$ 20mm	6mm
20mm $\leq t$	8mm

겹치기이음의 필릿용접 치수 z의 최대값은 연단이 용접되는 판의 두께가 6mm 미만일 경우 6mm, 그 이상일 경우 판 두께보다 2mm 작은 치수로 한다.

강도에 의해 지배되는 필릿용접 설계의 경우 최소유효길이는 공칭용접치수의 4배 이상으로 한다. 또는 용접치수를 유효길이의 1/4 이하로 간주한다. 강교와 같은 구조물의 필릿용접 최소 유효길이는 공칭 용접치수의 10배 이상, 또한 80mm 이상으로 하는 것이 좋다.

평판 인장재의 단부에 부재의 길이방향으로 필릿용접을 할 경우 각 필릿용접의 길이는 이들 용접의 간격보다 길게 해야 한다.

단속필릿용접은 연결부 또는 겹친 면사이의 힘을 전달하거나 조립부재의 요소를 서로 접합하는데 사용할 수 있다. 단속필릿용접의 한 세그멘트 길이는 용접치수의 4배 이상, 또한 40mm 이상이어야 한다.

겹치기이음의 경우 연결되는 요소가 서로 겹치는 길이는 연결되는 요소 중 얇은 쪽 판 두께의 5배 이상, 또한 25mm 이상으로 한다.

축방향력을 받는 부재의 겹치기이음이 횡방향 필릿용접만으로 된 경우 양쪽 부재의 단부는 필릿용접을 해야 한다. 그러나 최대하중 작용 시에 접합부가 벌어지는 않도록 겹친 부분의 변형이 충분히 구속된 경우에는 예외로 한다.

2) 공칭 용접단면적

필릿용접부의 공칭단면적은 필릿용접의 유효목두께에 용접길이를 곱하여 얻은 면적을 사용한다. 필릿용접의 용접치수(z)는 용접단면 내에 그릴 수 있는 최대 이등변 삼각형 모양을 기준으로 하며, 모재와 접하는 한 변의 길이이다. 용접 형상이 등치수가 아닐 경우에는 짧은 변을 기준으로 한 이등변 삼각형을 기준으로 계산하다. 유효목두께, a는 그림 8.17에 나타낸 바와 같이 용접부 루트를 꼭지점으로 하는 내접 이등변삼각형의 높이로 한다.

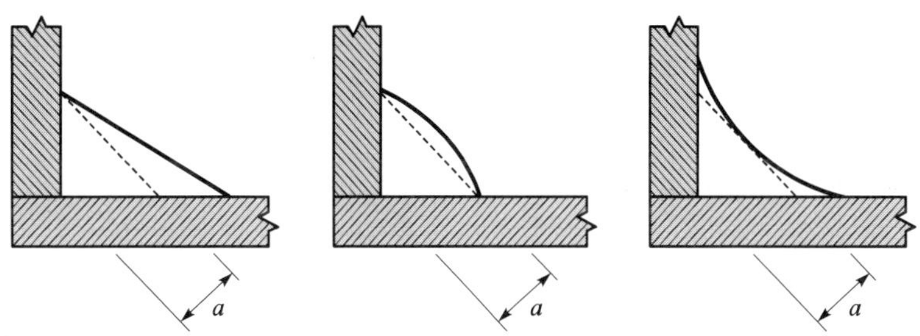

그림 8.17 필릿용접의 유효목두께

용접의 시작점과 끝점은 모재의 모퉁이를 돌아서 용접치수의 2배 이상의 길이로 끝돌림용접을 할 수 있으며, 이 끝돌림용접은 유효용접길이로 고려하지 않는다. 끝돌림용접을 하지 않은 경우는 실제 용접된 길이에서 각각 목두께와 같은 길이를 뺀 값을 유효용접길이로 한다.

부재 단부에 하중 작용 방향으로 용접된 필릿용접부의 길이가 용접치수의 100배 이내인 경우에는 실제 용접된 길이를 유효용접길이로 사용할 수 있다. 용접길이가 용접치수의 100배를 초과하고, 300배 이하인 경우에는 실제 용접된 길이에 다음의 감소계수 β를 곱한 값을 필릿용접의 유효길이로 정한다. 용접길이가 용접치수의 300배를 초과하는 경우에는 용접치수의 180배를 필릿용접의 유효길이로 한다.

$$\beta = 1.2 - 0.002\left(\frac{l}{z}\right) \leq 1.0 \tag{8.2}$$

여기서 l : 부재 단부 필릿용접의 실제 길이 (mm)

z : 필릿용접의 치수 (mm)

3) 소요강도 및 설계강도

계수하중의 작용에 의한 필릿용접의 단위길이 당 소요강도 P_u는 용접의 단위길이 당 작용하는 모든 방향의 힘의 합력이다. 합력의 크기는 임의의 방향으로 작용하는 힘들의 벡터 합으로 구할 수 있으며, 작용하는 힘을 용접의 유효면에서 서로 직각인 3방향으로 구분한 경우에는 다음 식과 같이 계산할 수 있다.

$$P_u = \sqrt{P_{\perp}^2 + V_{\perp}^2 + V_{\parallel}^2} \tag{8.3}$$

여기서, $P_{\perp}$ =용접 단위길이 당 유효면에서 유효면에 직각방향으로 작용하는 힘

$V_{\perp}$ =용접 단위길이 당 유효면에서 용접축에 직각방향으로 작용하는 힘

$V_{\parallel}$ =용접 단위길이 당 유효면에서 용접축에 평행방향으로 작용하는 힘

필릿용접의 단위길이 당 설계강도 ϕR_n는 다음과 같이 구하며, 필릿용접의 소요강도 P_u 이상이어야 한다.

$$\phi R_n = \phi F_w A_w \tag{8.4}$$

여기서 ϕ : 저항계수 (표 8.5)

F_w : 용접 공칭강도 (표 8.5)

A_w : 용접 단위길이 당 유효면적 (필릿용접의 유효목두께 사용)

표 8.5 필릿용접의 공칭강도와 저항계수

용접구분	응력구분	공칭강도 (F_w)	저항계수 (ϕ)
필릿용접	전단	$0.6F_u$ 1), 2)	0.75
	용접축에 평행한 인장, 압축	고려하지 않음	
플러그, 슬롯용접	접합면에 평행한 전단	$0.6F_u$ 1), 2)	0.75

주 1) 용접부 모재의 인장강도이며, 언더매칭용접의 경우에는 용접재의 인장강도를 적용한다.
2) 인장강도 600MPa의 강종(HSB460)은 $0.56F_u$, 800MPa의 강종(HSB690)은 $0.45F_u$을 적용하며, 인장강도가 이들 사이인 강종의 경우에는 보간법을 적용한다.

4) 편심하중 작용 시 설계강도

그림 8.18과 같이 용접접합 유효단면의 중심에서 수평과 수직 방향으로 각각 e_x, e_z 떨어진 점에 작용하는 수평과 수직 하중 P_H 와 P_V 는 용접접합 유효단면의 중심점에 작용하는 동일한 크기의 하중과 모멘트 M_T로 치환시킬 수 있으며, 이 때 모멘트 M_T는 다음 식과 같다.

$$M_T = P_V \cdot e_x - P_H \cdot e_z \tag{8.5}$$

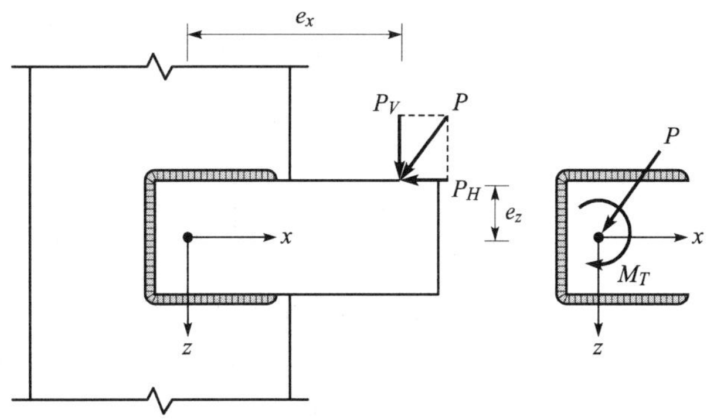

그림 8.18 용접접합 유효단면에 작용하는 하중

모멘트 M_T에 의한 유효용접면적에 작용하는 각 방향별 전단응력은 다음의 식으로 구할 수 있다.

$$\text{수평방향 : } v_{x,M} = \frac{M_T}{I_p} \cdot z_i \tag{8.6a}$$

$$\text{연직방향 : } v_{z,M} = \frac{M_T}{I_p} \cdot x_i \tag{8.6b}$$

여기서 I_p : 용접이음단면의 극관성 모멘트 (유효용접면적에 대해 계산함)

$$I_p = \int_{A_w} r^2\, dA = \int_{A_w} (x^2 + z^2)\, dA = I_x + I_z \tag{8.7}$$

r : 용접이음단면의 중심에서 각 용접 요소까지의 거리

x_i, z_i : 용접 접합부 유효단면의 중심에서 각 용접 요소까지의 수평, 수직거리

단면중심에 작용하는 하중이 전체 단면에 균등 분포된다고 가정하면 각 방향별 유효용접면적에 대한 전단응력은 다음과 같다.

$$\text{수평방향 : } v_{x,P} = \frac{P_H}{a \cdot L_w} \tag{8.8a}$$

$$\text{연직방향 : } v_{z,P} = \frac{P_V}{a \cdot L_w} \tag{8.8b}$$

수 있다.

$$v_x = v_{x,P} + v_{x,M}$$
$$v_z = v_{z,P} + v_{z,M} \tag{8.9}$$
$$v = \sqrt{v_x^2 + v_z^2}$$

따라서 단위 용접 길이 당 소요강도는 계수하중에 대해 구한 용접부의 전단응력 v_u에 용접목두께를 곱한 값이므로 용접부의 강도 검토는 다음과 같이 할 수 있다.

$$\phi F_w \left(= \frac{\phi R_n}{a}\right) \geq v_u \left(= \frac{P_u}{a}\right) \tag{8.10}$$

용접부의 소성거동을 고려한 극한강도 검토 방법도 있으나 토목 구조물 연결부의 특수성과 설계 작업의 편의성을 고려하여 탄성이론에 근거한 위의 방법을 적용할 것을 추천한다.

8.6.4 용접 접합부 상세

1) 용접과 볼트의 병용

그루브용접을 사용한 맞대기이음과 고장력볼트 마찰이음의 병용, 또는 응력방향에 평행한 필릿용접과 고장력볼트 마찰이음을 병용하는 경우에는, 이들이 각각 응력을 분담하는 것으로 본다. 단, 이들의 분담 상태에 대해서는 충분히 검토를 하여야 한다.

응력방향과 직각을 이루는 필릿용접과 고장력볼트 마찰이음을 병용해서는 안 된다. 또한, 용접과 고장력볼트 지압이음을 병용해서는 안 된다.

2) 플레이트거더의 웨브 접합부

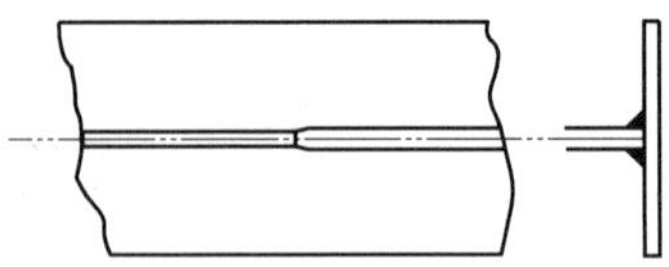

그림 8.19

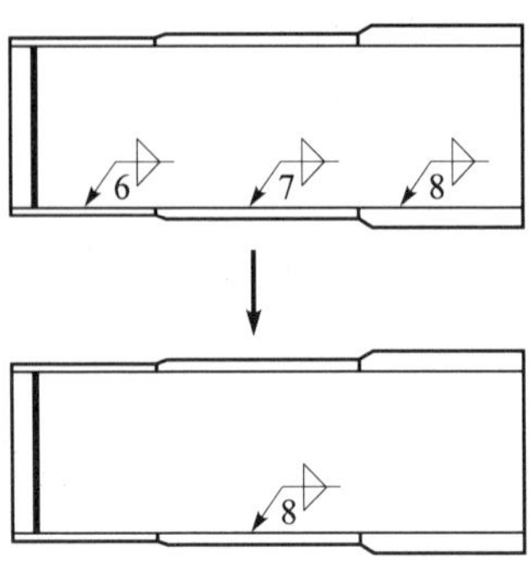

그림 8.20

한 부재에서 플랜지의 재질이 변화하는 경우 복부판의 두께가 같으면 고강도 재질로 하여 판의 이음이 없도록 하는 것이 좋다. 또한 복부판 두께가 변화하는 경우에도 그림 8.19와 같이 판두께의 중심선을 일치시킨다.

그림 8.20과 같이 플랜지의 두께가 변하는 경우 이곳에 접하는 웨브의 연단은 연속이 되도록 하는 것을 원칙으로 한다. 플랜지-웨브 사이의 용접은 1 패스로 용접할 수 있는 최대 용접치수 이하로 한 부재 내에서 용접 치수를 가능한 한 통일시키는 것이 좋다.

3) 플랜지 단면 변화부와 이음판과의 최소거리

상·하부플랜지 테이퍼부와 이음판이 근접되는 경우, 테이퍼단부와 이음판은 20mm 이상 띄우는 것이 좋다. 또한 플랜지 단면변화부의 테이퍼는 폭방향 및 두께 방향 모두 1:2.5 이하를 표준으로 한다.

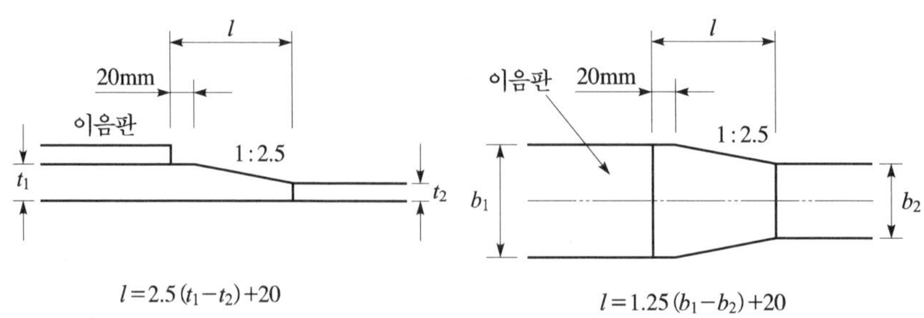

그림 8.21 플랜지 단면 변화부와 이음판 이격거리

4) 전단연결재

스터드의 시공성을 고려하여 스터드의 배치는 플랜지 폭이 변하더라도 최소폭 b에서 결정한 스터드 개수를 플랜지폭에 일정하게 배치하는 것이 좋다.

플랜지 연단과 최외측 스터드 중심사이의 거리는 시방서 규정(순간격 25mm)에도 불구하고 ϕ19의 경우 40mm, ϕ22의 경우 45mm로 하는 것이 좋다.

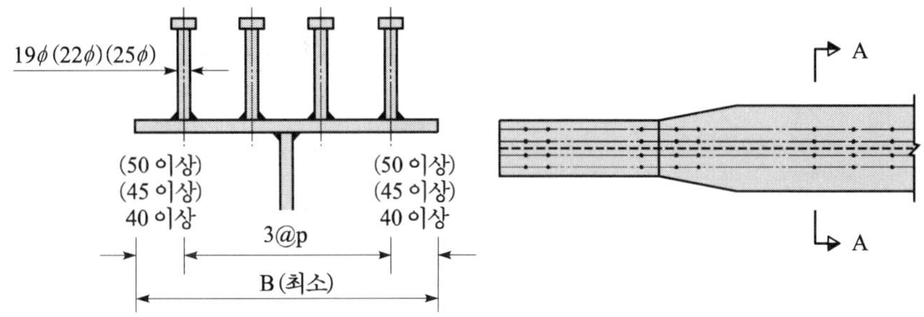

단면 A−A

그림 8.22

5) 스터드와 플랜지이음부

그림 8.23에 보인 바와 같이 용접이음 위치와의 간격에 대해서는 용접이음에서부터 50mm 이상, 테이퍼 단부로부터 20mm 이상 이격시켜 스터드를 설치하는 것을 원칙으로 한다.

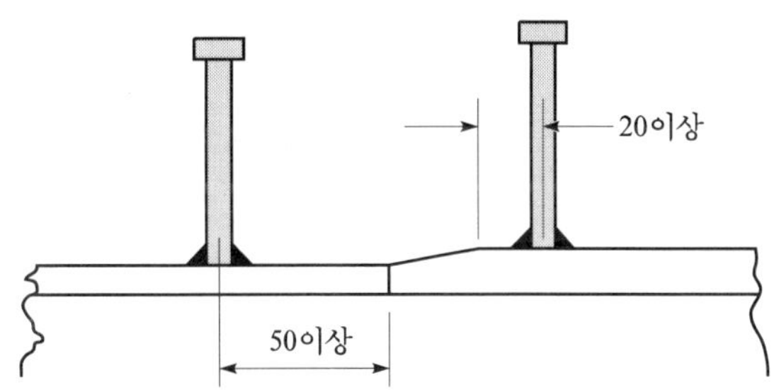

그림 8.23

6) 수직보강재와 플랜지 연결

상·하부플랜지와 수직보강재 사이의 연결은 표 8.6과 같이 하는 것을 원칙으로 한다. 교번응력을 받는 부분의 수직보강재와 상·하부플랜지의 접합부는 용접하는 것을 원칙으로 한다.

표 8.6 **수직보강재의 연결형태**

위치	지점부	수직브레이싱 및 가로보가 설치되는 부분		기 타	
휨 모멘트의 부호	부	정	부, 교번부	정	부, 교번부
개념도	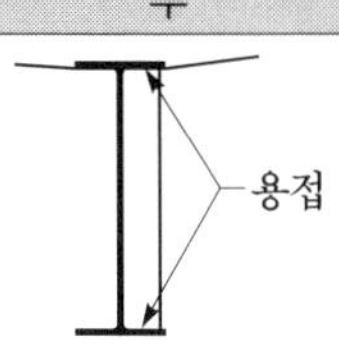	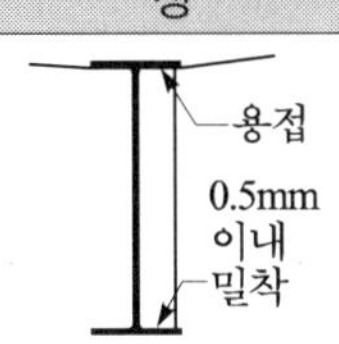	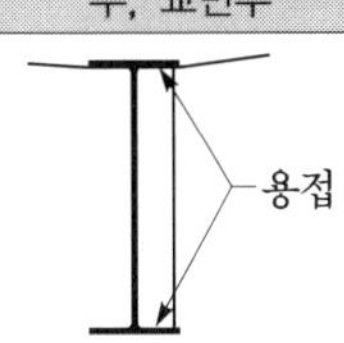	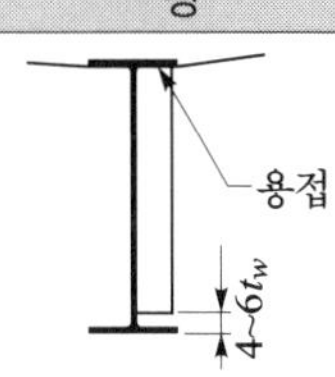	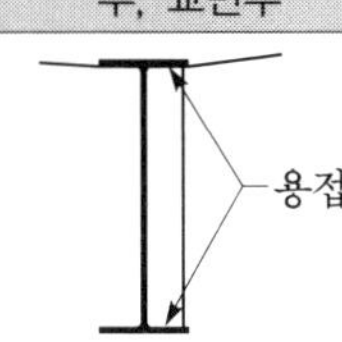

7) 스캘럽 반경

수직보강재 등의 스캘럽 반경R은 온둘레용접 및 도장의 품질확보를 위하여 35mm를 표준으로 하되 판의 두께가 증가함에 따라 크게 하여야 한다.

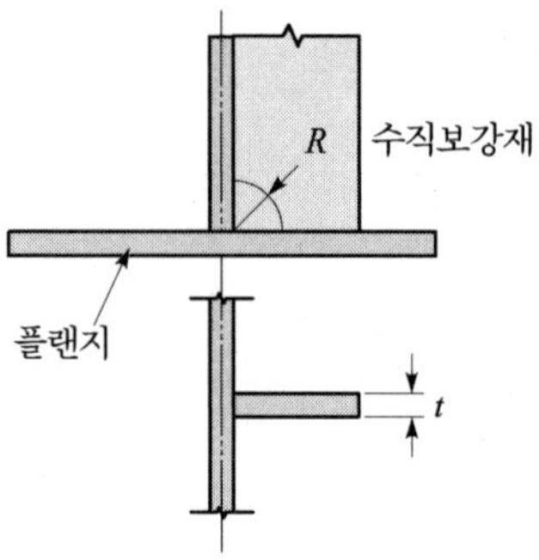

t (mm)	R (mm)
t≤16	35
t>16	40 (R=t + 25 사용을 추천함)

그림 8.24

예제 8.1

그림과 같이 맞대기 용접 이음판이 있다. 그림 (a)는 완전용입 용접상태이고 그림(b)는 부분용입 용접상태이다. 각 용접 판에 굽힘 모멘트가 M_b=450,000 N·mm 가 작용할 때 각 (a)와 (b)의 용접상태에서 발생 하는 최대 굽힘응력을 구하여라. (단, 용접길이 $l=300\text{ mm}$, 두께 $t=30\text{ mm}$, 부분용입 깊이 $h=10\text{ mm}$)

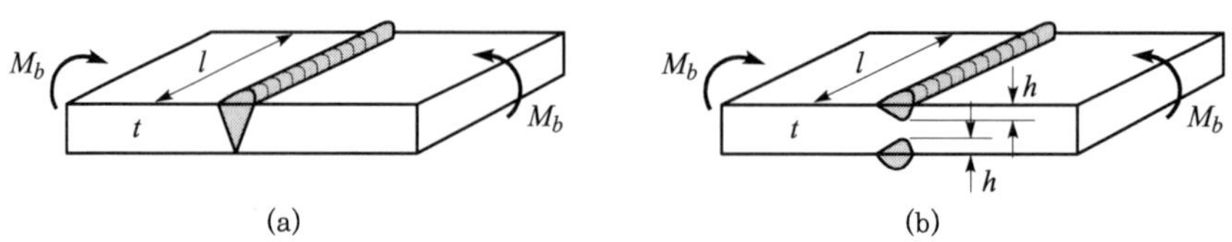

그림 8.25

풀이

(a) 완전용입 용접상태 :

단면2차모멘트 $I_x = \dfrac{\ell \cdot t^3}{12}$

단면계수 $S = \dfrac{\ell \cdot t^3}{12} / \dfrac{t}{2} = \dfrac{\ell \cdot t^2}{6}$

$= \dfrac{(300)(30)^2}{6}$

$= 45{,}000\text{ mm}^3$

최대 굽힘응력 $\sigma_{\max} = \dfrac{M_b}{S} = \dfrac{450{,}000}{45{,}000} = 10.0\text{ MPa}$

(b) 부분 용입 용접상태 :

단면2차모멘트 $I_x = \dfrac{\ell}{6}(3t^2h - 6th^2 + 4h^3)$

단면계수 $S = I_x / \dfrac{t}{2} = \dfrac{\ell \cdot h}{3t}(3t^2 - 6th + 4h^2)$

$$= \frac{(300)(10)}{3(30)}(3(30)^2 - 6(30)(10) + 4(10)^2)$$

$$= 43{,}333\ \text{mm}^3$$

최대 굽힘응력 $\sigma_{\max} = \dfrac{M_b}{S} = \dfrac{450{,}000}{43{,}333} = 10.38\ \text{MPa}$

예제 8.2

그림과 같이 양쪽 전면 겹치기 필릿용접판이 있다. 인장 하중 50 kN이 작용하고, 허용 전단응력이 50 MPa이라 할 때 용접길이는 얼마 이상이어야 하는가?

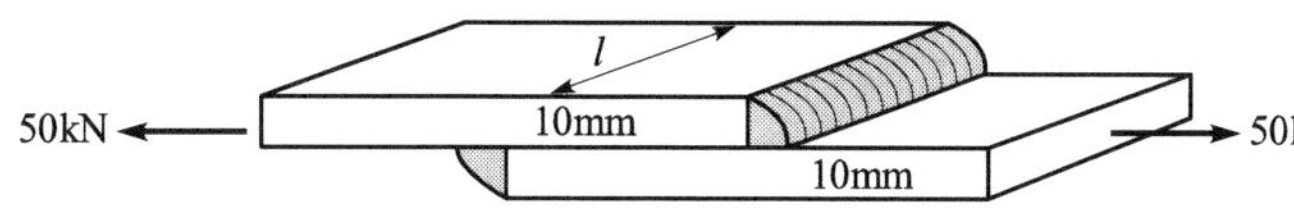

그림 8.26

풀이

목두께 $a = \cos 45^\circ \cdot z = 0.707 \cdot z = 7.07\,\text{mm}$

전단응력 크기 $\tau = \dfrac{P}{2al} = \dfrac{50 \times 10^3\ \text{N}}{2 \times 7.07 \times l}$

용접길이 $l - \dfrac{P}{2\,a\tau_a} - \dfrac{50{,}000\ \text{N}}{2 \times 7.07 \times 50}$

$$= 70.7\ \text{mm}$$

즉 용접판의 폭은 36mm 이상이어야 한다.

예제 8.3

그림과 같이 250mm × 10mm의 강판을 완전용입 그루브용접을 하였을 때 용접부가 지지할 수 있는 설계 시 최대하중을 구하라. (단, SS315 강재 사용, $F_u = 490\,\text{MPa}$)

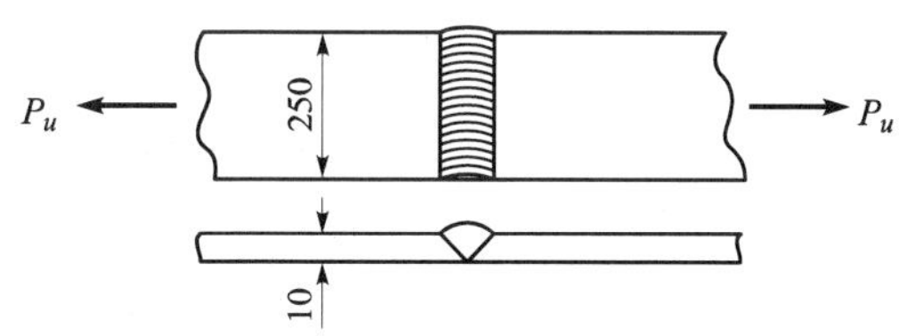

그림 8.27

풀이

유효목두께 $a = 10\ \text{mm}$

용접유효길이 $l_e = 250\ \text{mm}$

공칭강도 $F_w = F_u = 490\,\text{MPa}$ (용접축에 직각인 인장)

설계강도 $\phi R_n = \phi F_w A_w = \phi(F_u)(a \times l_e)$

$$= 0.8(490)(10 \times 250) = 980{,}000\ \text{N} = 980\ \text{kN}$$

∴ 최대하중 $P_u = \phi R_n = 980\ \text{kN}$

예제 8.4

두께 14mm의 덧댐판에 L-100×100×12 형강을 100mm 겹치게 하여 길이방향으로만 현장 필릿용접을 하였을 때, 이 용접부의 설계강도를 구하라. (단, 용접치수 10mm, SM355 강재 사용, $F_u = 490\,\text{MPa}$)

풀이

유효목두께 $a = 0.707 \times 10 = 7.07\,\text{mm}$

용접유효길이 $l_e = 200\,\text{mm}$

∴ 설계강도 $\phi R_n = \phi F_w A_w = \phi(0.6F_u)(a \times l_e)$

$= 0.75(0.6 \times 490)(7.07 \times 200) = 311{,}787\,N = 311.8\,\text{kN}$

예제 8.5

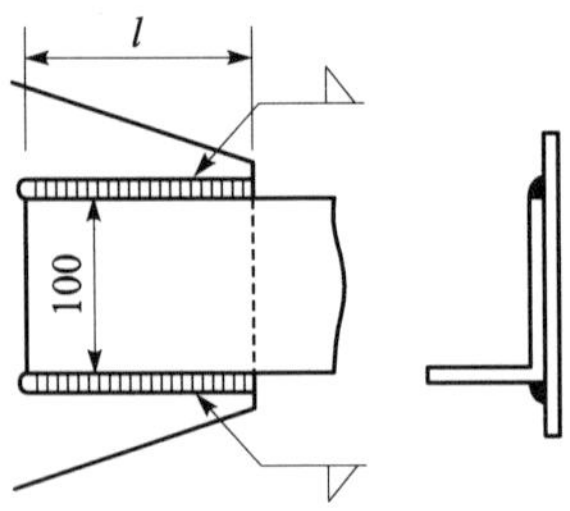

그림 8.28

그림과 같은 두께 14mm의 덧댐판에 인장력 P_u=90 kN을 받는 L-100×100×12 강판을 필릿용접 할 때 연결부를 설계하라. (단, SS355 강재 사용)

풀이

1) 용접치수(z)의 결정

접합부의 두꺼운 쪽 두께가 14mm이므로 표 8.4에 따라, 필릿용접의 최소사이즈는 6mm이다. 두꺼운 쪽 판두께가 14mm이므로 필릿용접의 최대사이즈는 판두께보다 2mm작은 12mm이다. 용접치수 z=6mm로 설계하자.

2) 단위길이당 용접강도 및 유효용접길이

$\phi R_n = \phi F_w A_w = \phi(0.6F_u)(a \times l)$ 여기서, A_w는 단위길이당 면적

$= 0.75(0.6 \times 490)(0.707 \times 6 \times 1) = 935.4\,\text{N/mm}$

소요 유효용접길이는 $l_e = P_u/\phi R_n = 90 \times 10^3/935.4 = 96.2\,\text{mm}$

한쪽의 소요 실제용접길이 $l_{req} = l_e/2 = 96.2/2 = 48.1\,\text{mm}$

용접길이 $l = 50\,\text{mm}$를 사용한다.

3) 최소 유효용접길이 검토

$[l_e = 50\,\text{mm}] > [4z = 4(6) = 24\,\text{mm}]$ O.K.

∴ 용접치수 $z = 6\,\text{mm}$, 용접길이 $l = 50\,\text{mm}$로 한다.

예제 8.6

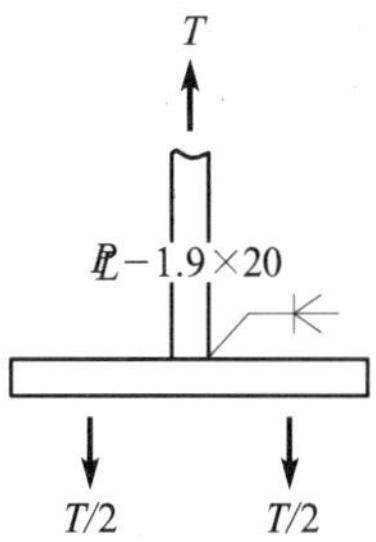

그림 8.29

그림과 같은 T형이음에 대해서, 사용하중의 80%는 활하중이고 20%는 고정하중이라고 가정할 때 작용할 수 있는 하중을 결정하여라.
(단, 판은 1.9cm × 20cm인 SS275강판이고 F_y=275 MPa 이며, 플랜지의 편심의 영향은 고려하지 않고 하중조합 $T_u = 1.25D + 1.8L$로 가정한다.)

풀이

1) 1.9cm × 20cm 판의 강도계산

$$\phi T_n = \phi F_y A_g = 0.95(275)(19)(200)(10^{-3}) = 992.8\ \text{kN}$$

$$T_u = 1.25D + 1.8L = 1.25(0.2T) + 1.8(0.8T) = 1.69\ T$$

2) 작용하중의 계산

$$\phi T_n = T_u$$

$$T = \frac{992.8}{1.69} = 587.5\ \text{kN}$$

만일, 한쪽 면만 이용하여 T형이음을 할 경우에는 과도한 굴곡현상을 초래하여 연결부에 편심을 유발할 가능성이 있다.

예제 8.7

그림과 같은 필릿용접 이음부의 설계강도를 구하고, 계수하중 $P_u = 164\,\text{kN}$이 작용할 때 필릿용접 이음부의 안전성을 검토하시오. 모재 SS275의 인장강도 F_u=410 MPa 이다.

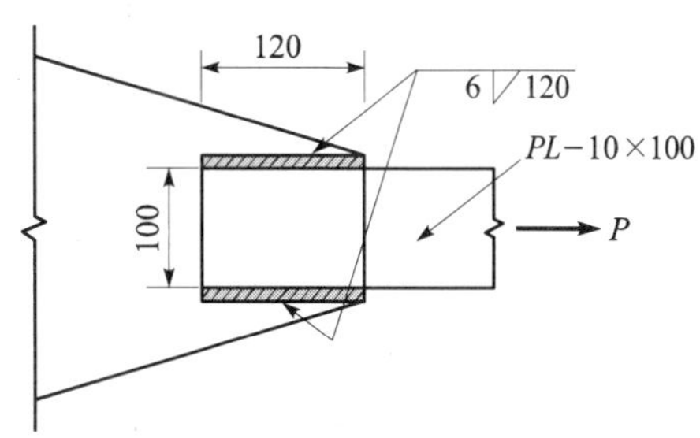

그림 8.30

풀이

1) 필릿용접 이음부의 설계강도

유효목두께 $a = 0.707 \times z = 0.707 \times 6 = 4.24\ \text{mm}$

유효길이 $l_e = 2l = 2(120) = 240\ \text{mm}$

설계강도 $\phi R_n = \phi F_w A_w = \phi(0.6F_u)(a \times l_e)$

$$= 0.75(0.6 \times 410)(4.24 \times 240) = 187{,}747\,\text{N} = 187.7\ \text{kN}$$

2) 안전성검토

$\phi R_n > P_u$

187.7 kN > 164 kN

∴ O.K

예제 8.8

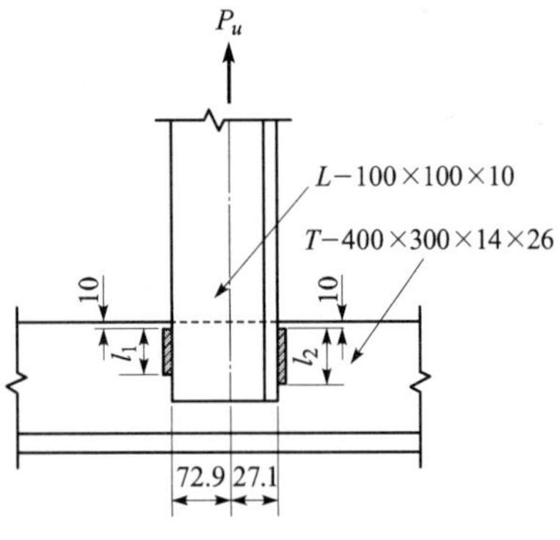

그림 8.31

그림과 같은 접합부에 계수하중 $P_u = 170\text{kN}$ 의 인장력이 작용할 때 편심접합이 되지 않도록 필릿용접 이음부의 적절한 용접길이를 구하시오. 모재 SS275의 인장강도 F_u =410 MPa 이다.

풀이

1) 용접치수(z)의 결정

접합부의 두꺼운 쪽 두께가 14mm(T형강)이므로 표 8.4에 따라, 필릿용접의 최소사이즈는 6mm이다. 두꺼운 쪽 판두께가 14mm이므로 필릿용접의 최대사이즈는 판두께보다 2mm 작은 12mm이다. 용접치수 z=6mm로 설계하자.

2) 단위길이당 용접강도 및 유효용접길이

$\phi R_n = \phi F_w A_w = \phi(0.6F_u)(a\times l)$ 여기서, A_w는 단위길이당 면적

$= 0.75(0.6\times410)(0.707\times6\times1) = 782.6\text{ N/mm}$

소요 유효용접길이는

$l_e = P_u/\phi R_n = 170\times10^3/782.6 = 217\text{ mm}$

3) 편심접합이 되지 않도록 용접길이의 배분

$l_e = l_1 + l_2 = 217\text{ mm}$ ······①

재축 중심선에 대하여 모멘트 평형조건식이 만족되어야 하므로

$l_1\times72.9 = l_2\times27.1$ ······②

①, ②를 연립하여 풀면, $l_1 = 58.8\text{ mm}, l_2 = 158.3\text{ mm}$

$\therefore l_1 = 60\text{ mm}, l_2 = 160\text{ mm}$로 한다.

예제 8.9

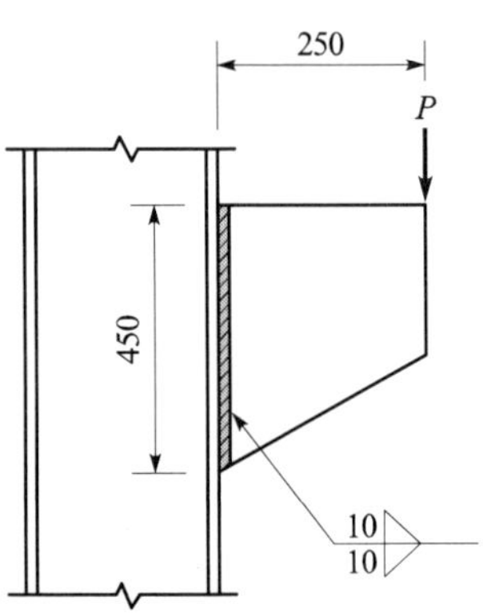

그림 8.32

그림과 같이 브라켓에 계수하중 $P_u = 200\text{kN}$이 작용할 때, 이음부를 양면 필릿용접으로 할 경우 접합부의 안전성을 검토하시오. 모재 SS275의 인장강도(F_u)는 410 MPa 이다. 기둥 플랜지와 브라켓의 단면적은 충분히 크다고 가정한다.

풀이

1) 용접부에 작용하는 응력

용접부에 작용하는 부재력은

$M = P_u\times e = 200\times250 = 50{,}000\text{ kN}\cdot\text{mm}$

$V = P_u = 200\text{ kN}$

유효목두께 $a = 0.707\times10 = 7.07\text{ mm}$

유효길이 $l_e = l = 450\text{ mm}$ (1면 기준)

양면 필릿용접의 유효면적 및 단면계수

$A_w = (a\cdot l_e)\times$ 2면 $= 7.07\times450\times2 = 6{,}363\text{ mm}^2$

$$S_w = \frac{a \cdot l_e^2}{6} \times 2\text{면} = \frac{7.07 \times 450^2 \times 2}{6} = 477{,}225\ \text{mm}^3$$

휨모멘트에 의한 축방향응력 및 전단력에 의한 전단응력

$$\sigma_u = \frac{M}{S_w} = \frac{50{,}000 \times 1{,}000}{477{,}225} = 104.8\ \text{N/mm}^2$$

$$v_u = \frac{V}{A_w} = \frac{200 \times 1{,}000}{6{,}363} = 31.4\ \text{N/mm}^2$$

2) 필릿용접 이음부의 안정성 검토

용접이음부에 작용하는 조합응력은

$$\sigma = \sqrt{\sigma_u^2 + v_u^2} = \sqrt{104.8^2 + 31.4^2} = 109.4\ \text{N/mm}^2$$

필릿용접의 단위면적당 설계강도는

$$\phi F_w = 0.75(0.6 \times F_u) = 0.75(0.6 \times 410) = 184.5\ \text{N/mm}^2$$

$\therefore \phi F_u(184.5\ \text{N/mm}^2) > \sigma(109.4\ \text{N/mm}^2)$ 이므로 안전하다.

기호

- A_w : 용접 유효단면적
- F_w : 용접 공칭강도
- R_n : 공칭 용접접합강도
- v : 필릿용접에 작용하는 전단응력
- z : 필릿용접치수
- ϕ : 저항계수(강도감소계수)

연습문제

8.1 다음과 같은 용접부에 최대로 작용할 수 있는 계수하중을 구하여라.

강종 : SM275 (F_u=410 MPa)

하중 P : Lug 중심에서 연직선에 대해 20° 경사로
Lug 면내에서 작용

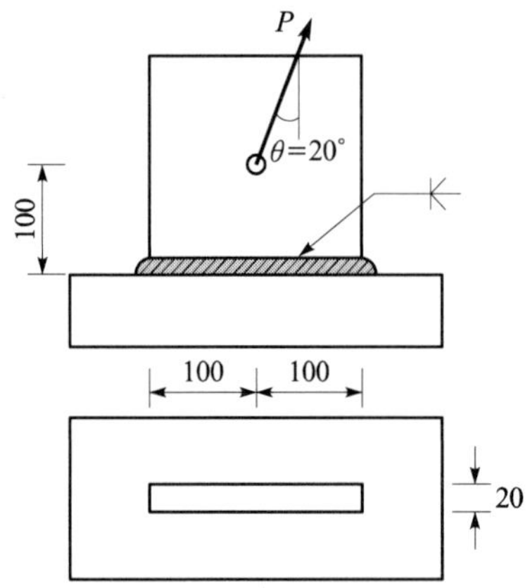

문제 8.1 (단위:mm)

8.2 다음과 같은 H형강의 플랜지에 연결판을 필릿용접으로 연결하고자 한다. 최소 요구되는 필릿용접의 치수를 구하라.

강종 : SM275 (F_u=410 MPa)

계수하중 : P_u=200 kN

θ=20°

연결판 : 폭 220mm, 두께 20mm

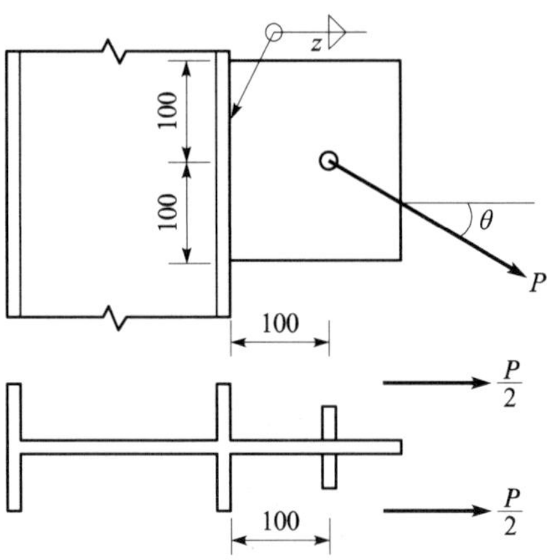

문제 8.2

8.3 다음 그림과 같이 인장부재로 사용된 평강이 연결판(거셋플레이트)에 필릿용접으로 접합되어 있다. 용접치수는 0.5 cm이다. 접합부는 SS275강재(F_u=410 Mpa)가 사용되었고 부재의 인장강도가 적절하다고 가정할 때, 용접접합부의 설계강도를 결정하라.

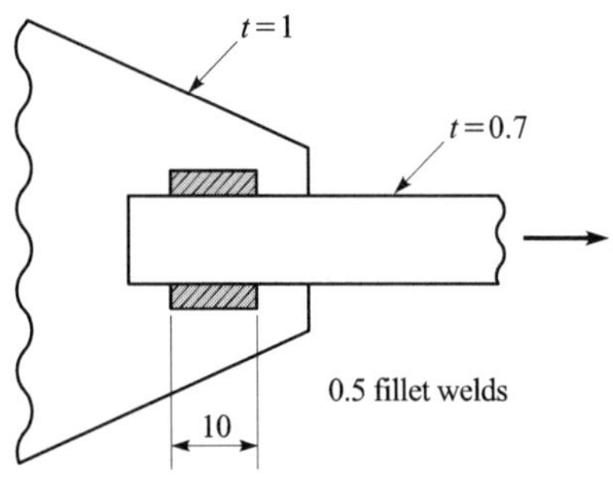

문제 8.3 (단위:cm)

8.4 다음 그림과 같이 계수하중 164 kN을 지지하는 인장부재로 사용된 폭 10cm, 두께 1.3cm의 SS275강재 (F_u = 410 MPa)가 연결판(거셋플레이트, 두께=1 cm)에 부착되어 있을 때 필릿용접 이음을 설계하라.

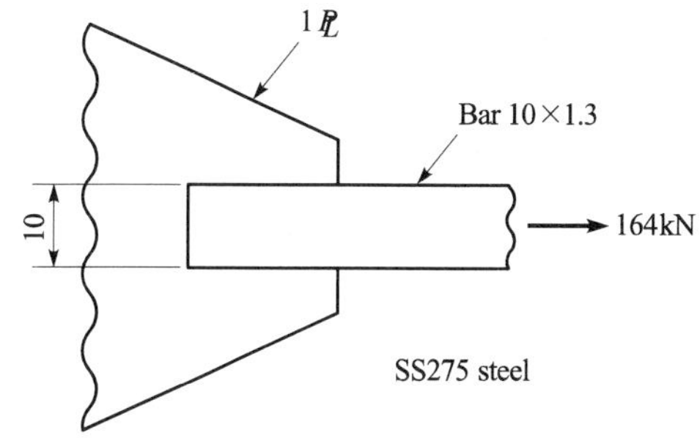

문제 8.4 (단위:cm)

8.5 다음 그림과 같이 계수하중 P_u=350 kN 작용 시 PL 1.3x20의 SS315강판 (F_u=490 MPa)을 사용하여 겹침용접이음을 하려고 할 때 필요한 횡방향 용접길이를 결정하라.

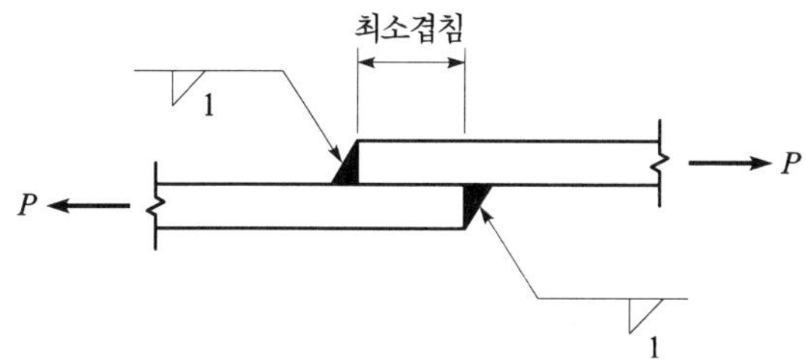

문제 8.5 (단위:cm)

8.6 계수하중 140 kN이 작용하는 다음 그림과 같은 인장재에 합당한 필릿용접의 용접길이를 산정하시오. 필릿용접사이즈 z는 6mm이고, 모재는 SM355강재(F_u=490 MPa)이다. 필릿용접 이음부의 설계강도는 용접재의 강도로 결정되도록 한다.

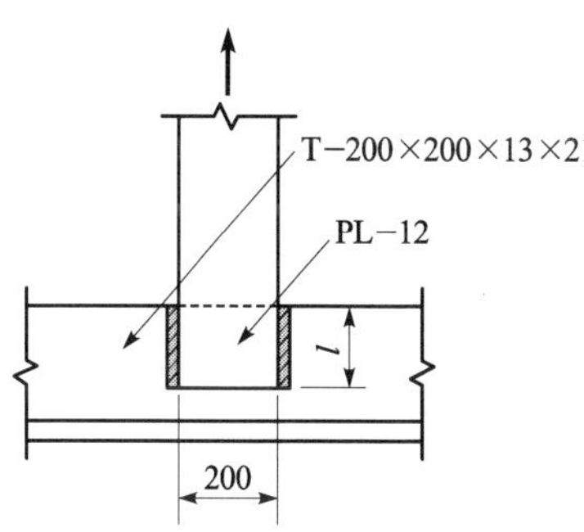

문제 8.6

8.7 다음 그림과 같이 ㄱ형강(SM275, F_u=410 MPa, A_g= 22.74 cm^2)과 덧댐판의 겹연결부에 P_u=110 kN의 압축력이 작용한다. 용접연결길이 l을 구하라. 단, 필릿용접의 ab, ed 및 cd는 용접선이 불연속으로서 결함이 발생하기 쉬우므로 유효용접길이에 포함하지 않는 것으로 한다.

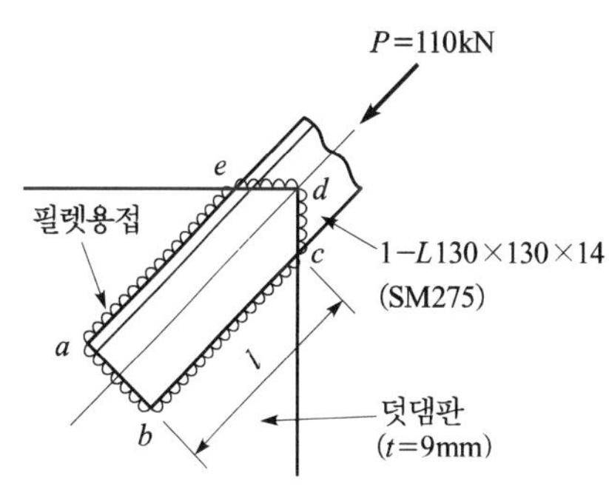

문제 8.7

Design of Steel Structures

제9장 볼트접합

9.1 볼트접합의 개요

9.1.1 힘의 전달 형태와 볼트접합의 종류

서로 분리되어 있는 2개 이상의 요소 사이에서 힘이 전달될 수 있도록 구멍을 뚫고 볼트를 채결하는 것을 볼트접합이라고 한다. 볼트 접합부는 전달되는 힘의 방향에 따라 힘의 작용 방향이 볼트 축 방향에 직각인 전단접합 형태와 힘의 방향과 볼트의 축 방향이 서로 평행인 인장접합 형태, 또는 볼트 축 방향에 직각인 성분과 평행인 성분의 힘이 동시에 작용하는 전단-인장접합 형태로 구분할 수 있다.

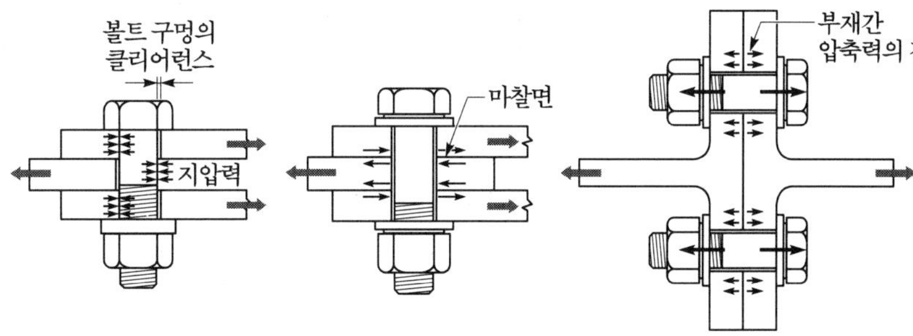

그림 9.1 고장력볼트 접합방법의 종류

(a) 지압접합 (b) 마찰접합 (c) 인장접합

전단접합 형태의 경우 전단력이 작용하는 면의 수에 따라 전단면이 하나인 경우를 1면 전단접합, 전단면이 2개인 경우를 2면 전단접합이라고 한다. 전단접합은 하중작용 시 연결부의 역학적 거동에 따라서 지압접합(Bearing Type Connections)과 마찰접합(Slip Critical Connections)으로 구분한다.

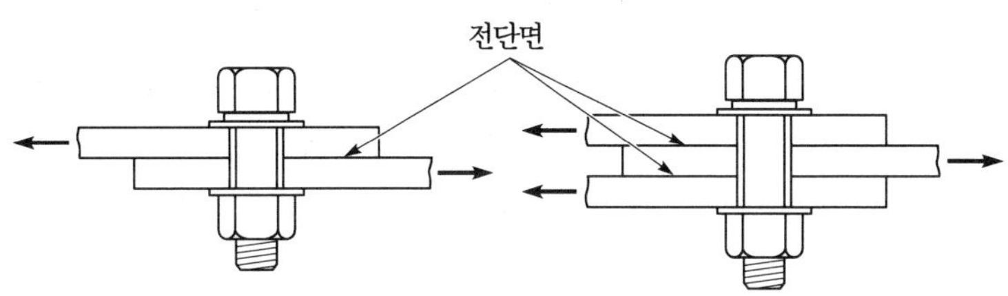

그림 9.2 전단력 작용면

(a) 1면 전단접합 (b) 2면 전단접합

지압접합

지압접합은 연결되는 요소들 사이의 상대적인 미끄러짐이 볼트구멍과 볼트 몸체 사이의 접촉면에 발생하는 지압력과 볼트 몸체의 전단력에 의해 구속되면서 힘을 전달하게 된다.

제작오차와 원활한 볼트 체결작업을 고려하여 볼트 직경보다 2~3mm 정도 크게 볼트구멍을 가공하므로 지압접합은 힘의 작용 방향이 바뀌면 볼트구멍과 볼트 사이의 접촉면의 위치가 변하며, 바뀐 힘 방향으로 여유 공간만큼의 미끄러짐이 일어날 수 있다. 이로 인해 연결부에서의 변형량이 커지고, 볼트와 부재의 특정 부분에 힘이 집중될 수도 있으며, 볼트 체결의 이완, 볼트구멍의 확대 등 연결부의 성능 저하 요인이 발생할 수 있다.

▌마찰접합

마찰접합은 연결되는 요소들 사이의 접합면에 유발된 마찰력에 의해 힘을 전달하게 된다. 볼트 체결 시 볼트에 볼트의 축 방향으로 미리 일정한 크기의 인장력이 도입되도록 조여야 하며, 이로 인해 접합되는 요소들 사이의 접촉면에는 면에 직각인 방향으로 압축력이 작용한다.

이 접합면의 최대 마찰력은 압축력에 미끄러짐 계수를 곱하여 구할 수 있다. 하중에 의한 접합면의 전단력이 최대 마찰력보다 작으면 미끄러짐이 일어나지 않고 접촉면을 통해 하중이 전달된다. 마찰접합을 힘의 작용방향이 자주 바뀌는 부재의 연결에서 부재간의 상대적인 미끄러짐을 방지하기 위해 사용할 수 있다.

볼트의 인장력이 도입되도록 체결하는 방법에는 부재가 서로 잘 접촉될 정도로 조인 상태에서 너트를 일정 크기의 회전각만큼 더 조여 주는 회전각법과 일정한 크기의 토크(torque, 회전모멘트)로 너트를 조이는 토크법이 있다.

토크법은 토크렌치(torque wrench) 등을 이용하여 볼트 조임 정도를 쉽게 검사할 수 있으나 볼트와 너트의 나사산 사이의 미끄럼계수 크기에 따라서 인장력이 도입되는 정도가 달라질 수 있는 단점이 있다.

T/S볼트(토크-전단 볼트)는 일정한 크기 이상의 토크가 가해질 경우 볼트의 꼬리부분이 잘려지므로 많은 수의 볼트 체결력 품질관리를 용이하게 할 수 있다. 최근에는 사용되는 볼트의 개수가 많아서 모든 볼트의 긴장력 도입정도를 관리하기 어려운 대형구조물의 경우에 T/S볼트를 많이 사용하고 있다.

9.1.2 볼트접합의 파괴 형식

그림 9.3은 볼트접합에서 발생할 수 있는 파괴형식을 나타낸 것이다. 전단접합의 파괴형식은 그림과 같이 볼트 전단파괴(a, b), 연단 및 측단부 파괴(d, e), 지압파괴(f) 등이 있으며, 인장접합의 파괴형식은 볼트 인장파괴(c)가 있다.

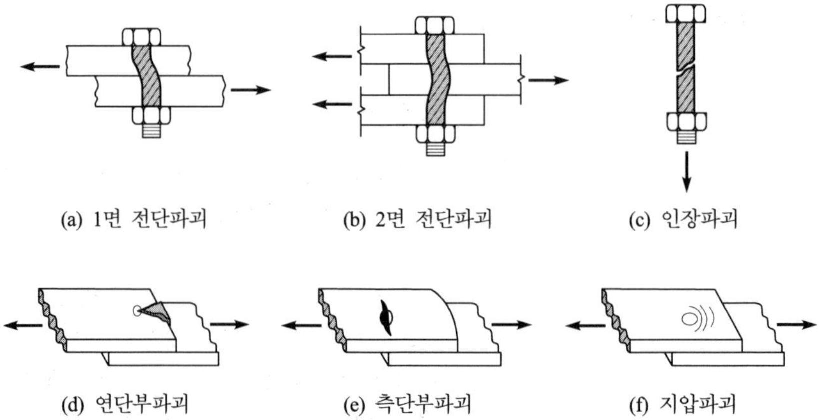

그림 9.3 볼트접합의 파괴 형식

9.2 볼트의 종류

9.2.1 고장력볼트

고장력 볼트의 세트는 그림 9.4와 같이 고장력 6각 볼트, 6각 너트, 그리고 평와셔로 구성된다. 도로교 등의 강구조물에는 KS B 1010의 제1종과 제2종의 M20, M22, M24, M27 및 M30, 제4종의 M20, M22, M24를 사용하는 것을 표준으로 하고 있다. 지압접합에는 마찰접합용 제1종 및 제2종 및 제4종의 고장력 볼트 세트를 사용하거나 또는 동일한 강도의 다른 KS 규격에 따른 볼트 세트를 사용할 수 있다.

KS B 1010에 따른 마찰접합용 고장력 볼트 세트의 부품 등급 및 부품의 기계적 성질은 다음의 표 9.1~표 9.4와 같다.

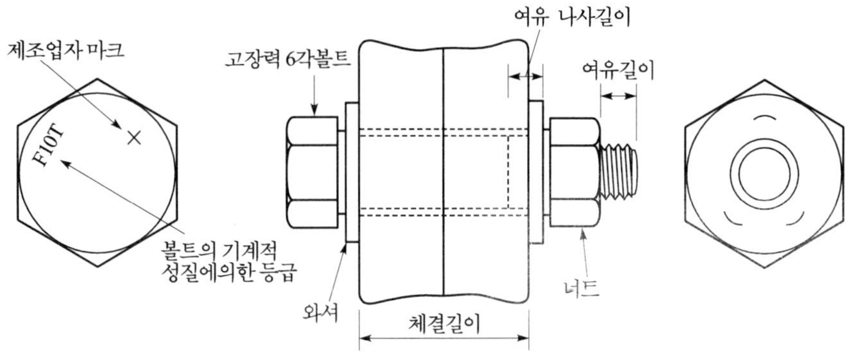

그림 9.4 고장력 볼트의 구성

표 9.1 마찰접합용 고장력 볼트 세트의 종류

세트 종류		부품 등급		
기계적 성질에 따른 종류	토오크 계수 값에 따른 종류	볼 트	너 트	와 셔
1 종	A	F8T	F10 (F8)	F35
	B			
2 종	A	F10T	F10	
	B			
(3 종)	A	(F11T)		
	B			
4 종	A	F13T	F13	
	B			

주) 표에 ( )를 붙인 것은 되도록 사용하지 않는다.

표 9.2 볼트의 기계적 성질

볼트 등급	항복강도 (MPa)	인장강도 (MPa)	연신율 (%)	단면수축률 (%)	경 도	최소 인장하중 (kN)				
						M20	M22	M24	M27	M30
F8T	640 이상	800~1000	16이상	45이상	HRC 18~31	195.8	242.7	282.0	367.0	449.0
F10T	900 이상	1000~1200	14이상	40이상	HRC 27~38	244.8	303.4	352.5	458.8	561.3
F11T	990 이상	1100~1300	14이상	40이상	HRC 30~40	269.3	333.7	387.8	504.7	617.4
F13T	1170 이상	1300~1500	12이상	35이상	HRC 40~45	318.2	394.4	458.3	596.4	729.7

표 9.3 너트와 와셔의 기계적 성질 (KS B 1010)

등 급		경 도		비 고
		최소	최대	
너트	F8	HRB 85	HRB 100	볼트의 최소 인장하중과 같다.
	F10	HRB 95	HRC 35	
	F13	HRC 30	HRC 40	
와셔	F35	HRC 35	HRC 45	

표 9.4 고장력 볼트의 단면적

볼트 호칭	공칭지름 (mm)	축 단면적 (mm^2)	유효 단면적 (mm^2)
M20	20	314	245
M22	22	380	303
M24	24	452	353
M27	27	573	459
M30	30	707	561

볼트 세트의 토크 값은 시험에 대하여 다음과 같은 식으로 구한다.

$$k = \frac{T}{d \times N} \times 1000 \quad (9.1)$$

여기서 k : 토크 계수 값

T : 토크 (너트를 조이는 모멘트) (kN·m)

d : 볼트 나사 바깥지름의 기준 치수 (mm)

N : 볼트 축력 (kN)

볼트 세트의 종류에 따른 토크 계수 값은 다음 표 9.5와 같다.

T/S볼트는 KS B 2819 "구조물용 토크-전단형 고장력볼트·6각너트·평와셔의 세트"에 준한다.

표 9.5 세트의 토크 계수값 (KS B 1010)

구 분	토크 계수 값에 따른 세트의 종류	
	A	B
1제조 로트 토크 계수 값의 평균값	0.110~0.150	0.150~0.190
1제조 로트 토크 계수 값의 표준 편차	0.010 이하	0.013 이하

9.2.2 일반볼트

일반볼트는 KS B 1002에 따르며, 강도등급 4.6 볼트를 사용한다. 일반볼트는 영구적인 구조물에 구조용으로 사용할 수 없으며, 가체결용 지압접합으로만 사용할 수 있다.

9.3 볼트접합부의 설계강도

9.3.1 지압접합의 설계강도

1) 볼트구멍의 지압강도

① 표준구멍, 과대구멍, 단슬롯 구멍에 지압력(작용 방향과 관계없음)이 작용하는 경우, 또는 장슬롯 구멍에 장슬롯의 길이 방향으로 지압력이 작용하는 경우

- 사용하중상태에서 볼트구멍의 변형을 설계에 고려할 필요가 있는 경우

$$R_n = 1.2\, L_c\, t\, F_u \le 2.4\, d\, t\, F_u \tag{9.2}$$

- 사용하중상태에서 볼트구멍의 변형을 설계에 고려할 필요가 없는 경우

$$R_n = 1.5\, L_c\, t F_u \le 3.0\, d\, t\, F_u \tag{9.3}$$

② 장슬롯 구멍에 장슬롯의 직각 방향으로 지압력이 작용하는 경우

$$R_n = 1.0\, L_c\, t\, F_u \le 2.0\, d\, t\, F_u \tag{9.4}$$

여기서, d =볼트 공칭직경 (mm)
t =연결부재 두께 (mm)
F_u =연결되는 부재의 인장강도 (MPa)
L_c =하중 방향 구멍 간 순간격, 구멍과 부재의 응력 방향의 순연단거리 (mm)

볼트구멍의 지압강도 계산에 사용하는 연결부재의 인장강도는 표 9.6과 같고, 저항계수 ϕ는 0.75를 적용한다.

표 9.6 강재의 인장강도 (MPa)

두께 (mm) \ 강종	SS275 SM275 SMA275	SS315 SM355 SMA355	SM420	SM460 SMA460
100 이하	410	490	520	570

두께 (mm) \ 강종	SM355-TMC	SM420-TMC	SM460-TMC
100 이하	490	520	570

두께 (mm) \ 강종	HSB380	HSB460	HSB690
80 이하	500	600	800
80 초과 100 이하			–

2) 볼트의 전단강도

볼트의 전단파단한계상태에 대한 설계강도는 다음과 같이 구한다.

$$\phi R_{nv} = \phi F_{nv}\, A_b \tag{9.5}$$

여기서, F_{nv} : 공칭전단강도, F_{nv} (MPa) (표 9.7에 따름)

A_b : 볼트, 또는 나사 강봉의 나사가 없는 부분의 공칭단면적 (mm^2)

ϕ : 저항계수, $\phi=0.75$ 적용 (도로교설계기준 $\phi=0.8$)

표 9.7 볼트의 공칭전단강도, F_{nv}[1] (MPa)

볼트 구분	고장력볼트			일반볼트
	F8T	F10T	F13T	4.6
나사부가 전단면에 포함될 경우 주[2]	320	400	520	160
나사부가 전단면에 포함되지 않을 경우 주[3]	400	500	650	200

주 1) 힘 작용 방향으로 볼트접합부의 첫 번째 볼트와 맨 끝 볼트의 중심 거리가 800mm 이하인 경우에 대한 것임. 이를 초과하는 경우에는 주어진 값의 85%를 적용함.

2) 인장강도의 0.4배 (0.38배) 주 3) 인장강도의 0.5배 (0.48배)

3) 전단면에 나사산 포함 여부는 나사부의 공칭길이에 나사산 피치의 2배를 더한 곳까지의 부분을 나사산이 있는 부분으로 간주하여 판정함.

9.3.2 마찰접합의 설계강도

마찰접합에 대한 미끄러짐 한계상태(사용한계상태 설계하중)에 대한 마찰접합의 설계강도는 다음과 같이 구한다.

$$\phi R_{nv} = \phi\, \mu\, k_f\, k_h\, T_o\, n_s \tag{9.6}$$

여기서, ϕ : 저항계수, $\phi=1.0$

μ : 미끄럼계수

$\mu=0.5$ (무도장 블라스트 처리한 마찰면)

$\mu=0.4$ (무기질 아연말 프라이머 도장한 표면) (주) KDS 14 31 25 (2017)에는 0.45로 제시되었으나, 0.4로 개정 예정

k_f : 끼움재(필러)계수,

$k_f=1.0$: 끼움재를 사용하지 않는 경우와 끼움재를 통한 하중의 분산을 위하여 볼트를 추가한 경우, 그리고 추가 볼트 없으나 접합되는 요소 사이 끼움재 1개만 사용한 경우

$k_f=0.85$: 접합되는 요소 사이에 끼움재를 2개 이상 사용하였으나 하중의 분산을 위한 추가 볼트가 없는 경우

k_h : 구멍크기계수,

$k_h=1.00$: 표준구멍의 경우

$k_h=0.85$: 과대구멍, 또는 단슬롯 구멍의 경우

$k_h=0.70$: 하중방향에 직각인 장슬롯 구멍의 경우

$k_h=0.60$: 하중방향에 평행인 장슬롯 구멍의 경우

T_o : 고장력볼트의 설계볼트장력 (kN), 표 9.8에 따름

n_s : 전단면의 수

표 9.8 고장력볼트의 설계볼트장력 T_o(kN)

볼트의 등급	볼트의 호칭	최소 인장 하중[1] (kN)	설계볼트장력[2] (T_o) kN
F8T	M16	125.4	84
	M20	195.8	131
	M22	242.7	163
	M24	282.0	189
F10T	M16	156.7	105
	M20	244.8	164
	M22	303.4	203
	M24	352.5	236
	M27	458.8	307
	M30	561.3	376
F13T	M16	203.7	136
	M20	318.2	213
	M22	394.4	264
	M24	458.3	307

주 1) KS B 1010, 표3에 규정된 볼트의 최소 인장하중

2) 설계볼트장력은 KS B 1010에 규정된 볼트의 최소 인장하중에 0.67을 곱한 값

전처리를 하지 않은 볼트 접합면의 경우 볼트구멍 연단에서 볼트지경 또는 25 mm 이내의 구간 및 볼트 배치부에는 도장을 하지 않도록 계약서에 명시해야 한다. 도장을 하는 등급을 사용한 연결 면은 녹을 깨끗이 제거하고 실험에 합격한 등급의 도장을 사용하도록 계약서에 명시해야 한다. 만일 평균 표면상태계수가 실험에 의해 정해졌고, 책임기술자가 승인하는 경우에는 다른 값을 사용할 수 있다. 이 경우 공칭마찰강도는 실험에서 구한 표면상태계수의 값에 의해 계산한다.

9.3.3 인장접합의 설계강도

볼트의 소요인장강도는 접합부의 변형에 의한 지레작용(Prying Action)을 고려한 인장력으로 한다. 볼트의 인장파단한계상태에 대한 설계강도는 다음과 같이 구한다.

$$\phi R_{nt} = \phi F_{nt} A_b \tag{9.7}$$

여기서, F_{nt} : 공칭인장강도 (MPa) (표 9.9에 따름)

A_b : 볼트, 또는 나사 강봉의 나사가 없는 부분의 공칭단면적 (mm^2)

ϕ : 저항계수, ϕ=0.75 적용 (도로교설계기준의 경우 ϕ=0.8)

표 9.9 볼트의 공칭인장강도 F_{nt} (MPa)

볼트 구분	고장력볼트			일반볼트
	F8T	F10T	F13T	4.6
공칭인장강도, F_{nt} [1]	600	750	975	300

주 1) 인장강도의 0.75배 (도로교설계기준 0.76배)

9.3.4 전단-인장접합의 설계강도

1) 지압접합의 경우

지압접합이 인장과 전단의 조합력을 받을 경우 볼트의 설계인장강도는 다음의 인장과 전단파괴의 한계상태에 따라서 산정한다.

$$\phi R_{nt} = \phi F_{nt}' A_b \tag{9.8}$$

여기서, F_{nt}' : 전단응력의 효과를 고려한 공칭 인장강도 (MPa)

$$F_{nt}' = 1.3F_{nt} - \frac{F_{nt}}{\phi F_{nv}} f_v \le F_{nt} \tag{9.9}$$

F_{nv} : 표 9.7에 따른 볼트의 공칭전단강도 (MPa)

F_{nt} : 표 9.9에 따른 볼트의 공칭인장강도 (MPa)

f_v : 소요전단응력 (MPa)

ϕ : 저항계수 0.75 (도로교설계기준의 경우 ϕ=0.8)

전단 또는 인장에 의한 소요응력 f가 설계응력의 20% 이하이면 조합응력의 효과를 무시할 수 있다.

2) 마찰접합의 경우

사용한계상태의 설계하중에 대해 인장과 전단이 동시에 작용할 때의 마찰접합 볼트의 미끄러짐에 대한 설계강도는 다음 식으로 구한다.

$$\phi R_{nv} = \phi \mu k_h k_f T_o n_s \left(1 - \frac{P_{ut}}{T_o}\right) \tag{9.10}$$

여기서, ϕ : 저항계수, ϕ=1.0

μ : 미끄럼계수, 무기질 아연말 프라이머 도장한 경우 μ=0.4

k_f : 끼움재계수, 끼움재를 사용하지 않는 경우 k_f=1.0

k_h : 구멍크기계수, 표준구멍의 경우 k_h=1.00

T_o : 고장력볼트의 설계볼트장력(kN), 표 9.8에 따름

P_{ut} : 계수하중에 의한 볼트의 축방향 인장력

n_s : 전단면의 수

9.3.5 접합부재의 설계강도

강구조 연결 설계기준(하중저항계수설계법, KDS 14 31 25)에서는 접합부재의 설계강도를 다음과 같이 규정하고 있다.

1) 인장강도

접합부재의 설계인장강도 ϕR_n은 인장항복과 인장파단의 한계상태에 따라 다음 중 작은 값으로 산정한다.

① 접합부재의 인장항복에 대하여 (ϕ=0.90) :

$$\phi R_n = \phi F_y A_g \tag{9.11}$$

② 접합부재의 인장파단에 대하여 (ϕ=0.75) :

$$\phi R_n = \phi F_u A_e \quad (9.12)$$

여기서, A_e: 유효단면적 (mm²), 볼트접합부의 경우에는 $A_e = A_n \le 0.85 A_g$

2) 전단강도

접합부재의 설계전단강도 ϕR_n은 전단항복과 전단파단의 한계상태에 따라 다음 중 작은 값으로 산정한다.

① 접합부재의 전단항복에 대하여 (ϕ=1.0) :

$$\phi R_n = \phi (0.6 F_y) A_g \quad (9.13)$$

② 접합부재의 전단파단에 대하여 (ϕ=0.75) :

$$\phi R_n = \phi (0.6 F_u) A_{nv} \quad (9.14)$$

여기서, A_{nv}: 유효단면적 (mm²)

3) 블록 전단 강도

전단 파괴선을 따라 발생하는 전단파단과 직각으로 발생하는 인장파단의 블록 전단 파단 한계상태에 대한 설계강도는 다음과 같이 구한다.

$$\phi R_n = \phi[0.6\ F_u A_{nv} + U_{bs} F_u A_{nt}] \le \phi[0.6\ F_y A_{gv} + U_{bs} F_u A_{nt}] \quad (9.15)$$

여기서, A_{gv} : 전단저항 총단면적 (mm²)
A_{nv} : 전단저항 순단면적 (mm²)
A_{nt} : 인장저항 순단면적 (mm²)
U_{bs} : 인장응력이 균일할 경우 1.0, 불균일할 경우 0.5 적용
ϕ : 저항강도 ϕ=0.75

9.4 볼트접합부 설계 규정

9.4.1 볼트 구멍

1) 공칭치수

고장력볼트 체결을 위한 구멍의 공칭치수는 표 9.10에 따른다.

표 9.10 고장력볼트 구멍의 공칭치수 (mm)

고장력볼트 호칭	표준구멍 직경	과대구멍 직경	단슬롯 치수	장슬롯 치수
M16	18	20	18×22	18×40
M20	22	24	22×26	22×50
M22	24	28	24×30	24×55
M24	27	30	27×32	27×60
M27	30	35	30×37	30×67
M30	33	38	33×40	33×75

2) 최소 중심간격

고장력볼트 구멍 중심간의 거리는 볼트의 공칭직경의 2.7배보다 커야 하며, 최소한 3배 이상으로 하는 것이 좋다. 강교와 같은 구조물의 경우에는 표 9.11의 값을 표준으로 하는 것이 좋으며, 부득이 한 경우에는 볼트 직경의 3배까지 허용할 수 있다.

표 9.11 볼트의 최소중심간격

볼트의 호칭	최소 중심간격(mm)
M30	105
M27	95
M24	85
M22	75
M20	65

3) 최대 중심간격

고장력볼트 구멍 중심에서 볼트머리 또는 너트가 접하는 부재의 연단까지의 최대거리는 판두께의 12배 이하 또한 150mm 이하로 한다. 도로교설계기준은 힘 방향의 중심간격(pitch) p와 힘에 직각 방향의 중심간격(gauge) g가 표 9.12에 규정된 값 중 적은 값을 초과하지 않도록 규정하고 있다. 또한 힘에 직각방향의 중심간격과 인장부재에 사용한 누빔볼트의 힘 방향의 중심간격은 $24t$와 300mm 중 적은 값을 초과해서는 안 된다.

표 9.12 볼트의 최대중심간격 (mm)

<table>
<tr><th rowspan="2">볼트의 호칭</th><th colspan="3">최대 중심간격</th></tr>
<tr><th colspan="2">p</th><th>g</th></tr>
<tr><td>M30</td><td>210</td><td rowspan="5">$12t$
지그재그인 경우: $15t-\frac{3}{8}g$
다만, $12t$ 이하</td><td rowspan="5">$24t$
다만, 300이하</td></tr>
<tr><td>M27</td><td>190</td></tr>
<tr><td>M24</td><td>170</td></tr>
<tr><td>M22</td><td>150</td></tr>
<tr><td>M20</td><td>130</td></tr>
</table>

4) 최소 연단거리

부재의 연단으로부터 볼트의 중심까지의 최소거리는 볼트가 충분히 강도를 발휘할 수 있도록 최소 연단거리 이상을 확보하여야 한다. 도로교설계기준에 따른 최소 연단거리는 표 9.13과 같다.

표 9.13 볼트의 최소연단거리 (mm)

<table>
<tr><th rowspan="2">볼트의 호칭</th><th colspan="2">연단부의 가공방법</th></tr>
<tr><th>전단절단, 수동가스절단</th><th>압연형강, 자동가스절단,
기계가공마감</th></tr>
<tr><td>M16</td><td>28</td><td>22</td></tr>
<tr><td>M20</td><td>34</td><td>26</td></tr>
<tr><td>M22</td><td>38</td><td>28</td></tr>
<tr><td>M24</td><td>42</td><td>30</td></tr>
<tr><td>M27</td><td>48</td><td>34</td></tr>
<tr><td>M30</td><td>52</td><td>38</td></tr>
<tr><td>M30 초과</td><td>$1.75d$ [1)]</td><td>$1.25d$ [1)]</td></tr>
</table>

주 1) d는 볼트 몸체의 공칭 직경

지압접합의 경우에는 힘 방향의 볼트 개수가 2개 이하이면 볼트의 연단거리는 표에 주어진 최소 연단거리보다 커야 하며, 동시에 다음 식을 만족하여야 한다. 힘 방향의 볼트 수가 3개 이상인 경우에는 이 식을 적용할 필요가 없다.

- 1면 전단의 경우 : $e \geq \alpha \cdot \dfrac{A_b}{t}$ (9.16a)
- 2면 전단의 경우 : $e \geq \alpha \cdot \dfrac{2A_b}{t}$ (9.16b)

여기서 e : 힘 방향의 최소 연단거리

α : 모재에 대한 볼트의 허용전단응력비

A_b : 볼트 몸체의 공칭직경을 기준으로 계산한 볼트의 공칭단면적

t : 1면 전단의 경우 얇은 쪽 강재의 두께

2면 전단의 경우 모재의 두께와 연결판 두께의 합계 중 작은 값

5) 최대 연단거리

연결되는 강재의 접촉면 사이는 충분히 밀착되고 빗물이 침투하지 못하도록 하여야 하며, 또한 압축부재의 경우 국부좌굴이 발생하지 않도록 배려하여야 한다. 고장력볼트의 구멍 중심에서 볼트머리 또는 너트가 접하는 부재의 연단까지의 최대거리는 판두께의 12배 이하이며, 150mm이하로 한다.

도로교의 경우는 최대거리를 연결부 외측 가장 얇은 강판 두께의 8배 이하이며, 150mm이하로 한다.

9.4.2 기타 설계 규정

1) 볼트의 갯수

접합에서 하나의 볼트 무리로 2개 이상의 고장력 볼트를 사용하여야 한다. 볼트 1개로서는 연결하는 강재의 접촉면을 충분히 밀착시키지 못할 우려가 있다. 또한 조립 시 작업의 편리를 고려하여 최소 2개로 한다.

2) 경사와셔와 곡면와셔

볼트머리 또는 너트가 놓이는 부재의 외측 면이 볼트 축에 직각인 면에 대해 1/20 이상의 경사를 이룬 경우에는, 경사진 끼움재, 또는 경사진 와셔를 사용하여야 한다. 단, 축방향으로 반복 인장력이 작용하는 볼트의 경우는 위의 경사를 1/50로 한다.

볼트머리 또는 너트가 놓이는 부재의 외측 면이 곡률 반지름 500mm 이하의 곡면인 경우에는 곡면와셔를 사용한다.

3) 끼움재

연결하려는 부재의 두께가 서로 다른 경우 부재와 연결판 사이에 끼움재를 넣고 볼트를 체결할 수 있다. 이음양측 폭과 두께가 다른 일반적인 경우에서는 그림 9.5와 같은 형태로 한다.

2mm 이하의 끼움재는 부식의 문제점이 있으므로 사용하지 않는 것이 좋다. 지압접합 고장력볼트의 설계는 끼움재의 두께가 6mm 미만인 경우에는 그 영향이 작아서 사용 볼트의 수를 증가시키지 않아도 되나 6mm 이상인 경우에는 필요한 볼트 수를 30% 증가시켜야 한다.

끼움재의 두께가 9mm를 넘을 때에는 끼움재를 덮개판 밖으로 연장하고 증가된 볼트를 채움판과 부재의 연결에 사용하는 것이 좋다. 그러나 끼움재의 두께가 9mm 이하인 경우에는 볼트 체결 주변에 틈이 생기고 부식되기 쉬우므로 연장하지 않는 것이 좋다.

한 곳에 2개 이상의 끼움재를 사용하는 것은 제작이 복잡하고, 볼트가 휘기 쉬우며 연결도 불확실하므로 바람직하지 못하다.

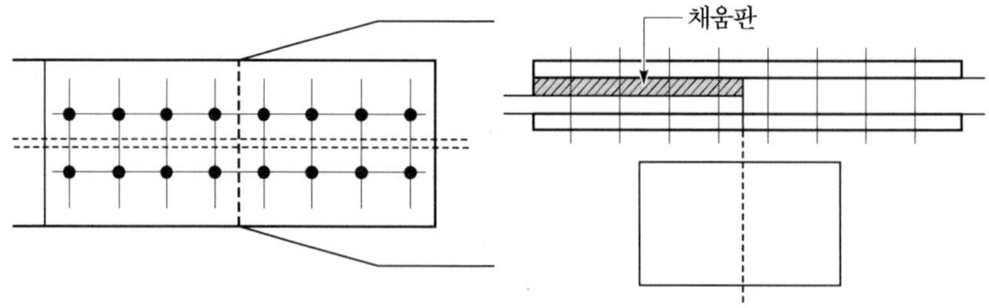

그림 9.5 끼움재

예제 9.1

그림 9.6과 같은 접합부에서 지압접합의 설계강도를 구하시오. 강재는 SM275이며 고장력볼트는 M22(F10T, 표준구멍)이다. 나사부가 전단면에 포함되지 않으며 $F_{nv}=500$ MPa이며, 이음부 플레이트는 안전하고 사용하중상태에서 고장력볼트 구멍의 변형이 설계에 고려된다고 가정한다.

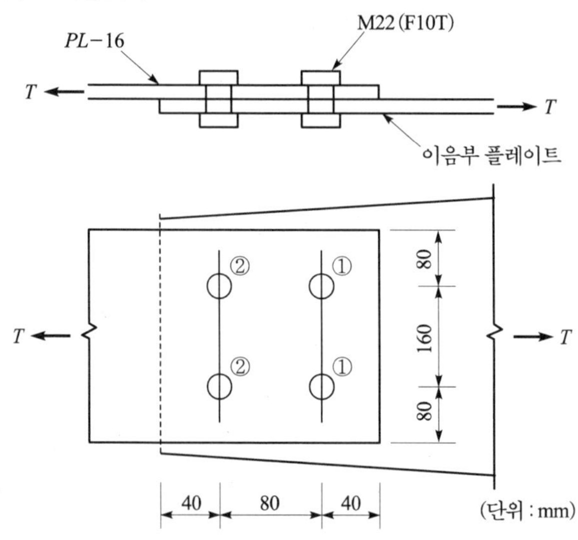

그림 9.6 예제 9.1

풀이

1) 고장력볼트의 설계전단강도(1면 전단)

$$\phi R_{nv} = \phi n_b F_{nv} A_b n_s$$

$\phi R_{nv} = 0.75 \times 4 \times 500 \times 380 \times 1 \times 10^{-3} = 570\ \mathrm{kN}$

2) 고장력볼트 구멍의 설계지압강도
연단측 고장력볼트 구멍(그림 9.6의 ①구멍군)의 설계지압강도
$\phi R_n = \phi 1.2 L_c t F_u \le \phi 2.4 d t F_u$
$\phi = 0.75$, $L_c = 40 - 24/2 = 28\ \mathrm{mm}$, $\mathrm{t} = 16\ \mathrm{mm}$, $\mathrm{d} = 22\ \mathrm{mm}$
$\phi R_n = \phi 1.2 L_c t F_u = 0.75 \times 1.2 \times 28 \times 16 \times 410 \times 10^{-3} = 165.3\ \mathrm{kN}$
$\le \phi 2.4 d t F_u = 0.75 \times 2.4 \times 22 \times 16 \times 410 \times 10^{-3} = 259.8\ \mathrm{kN}$
따라서, 연단측 고장력볼트 구멍의 설계지압강도는 165.3 *kN*/개이다.
나머지 고장력볼트 구멍(그림 9.6의 ②구멍군)의 설계지압강도
$\phi R_n = \phi 1.2 L_c t F_u \le \phi 2.4 d t F_u$
$\phi = 0.75$, $L_c = 80 - 24 = 56\ \mathrm{mm}$, $\mathrm{t} = 16\ \mathrm{mm}$, $\mathrm{d} = 22\ \mathrm{mm}$
$\phi R_n = \phi 1.2 L_c t F_u = 0.75 \times 1.2 \times 56 \times 16 \times 410 \times 10^{-3} = 330.6\ \mathrm{kN}$
$> \phi 2.4 d t F_u = 259.8\ \mathrm{kN}$
따라서, ②구멍군 고장력볼트 구멍의 설계지압강도는 259.8 kN/개다.
∴ 고장력볼트 4개에 대한 설계지압강도 : $165.3 \times 2 + 259.8 \times 2 = 850.2\ \mathrm{kN}$

3) 고장력볼트의 설계전단강도와 고장력볼트 구멍의 설계지압강도 중 작은 값을 지압접합의 설계강도로 한다. 따라서,
$\phi R_n = 570\ \mathrm{kN}$

예제 9.2

예제 9.1과 동일한 조건의 접합부에서 마찰접합의 설계강도를 구하시오. 강재는 SM275이며 고장력볼트는 M22(F10T, 표준구멍), 설계볼트장력 $T_o = 203\ \mathrm{kN}$ 으로 한다. 마찰면은 블라스트 후 무기질 아연말 프라이머로 도장하였으며, 끼움재는 사용하지 않았다.

풀이

1) 고장력볼트의 설계미끄럼강도(1면전단)
$\phi R_n = \phi \mu k_f k_h T_o n_s$
저항계수 : $\phi = 1.0$
무기질 아연말 프라이머 도장 : $\mu = 0.4$
끼움재를 사용하지 않은 경우 : $k_f = 1.0$
표준구멍 : $k_h = 1.0$
따라서,
$\phi R_n = \phi \mu k_f k_h T_o n_s = 1.0 \times 0.4 \times 1.0 \times 1.0 \times 203 \times 1 = 81.2\ \mathrm{kN}$
∴ 고장력볼트 4개에 대한 설계미끄럼강도 $= 81.2 \times 4 = 324.8\ \mathrm{kN}$

2) 고장력볼트의 설계전단강도(고장력볼트 4개, 1면전단)
$\phi R_n = 570\ \mathrm{kN}$ (예제 9.1 참조)

3) 고장력볼트 구멍의 설계지압강도(고장력볼트 4개)
$\phi R_n = 850.2$ kN (예제 9.1 참조)

4) 고장력볼트의 설계미끄럼강도, 설계전단강도, 구멍의 설계지압강도 중 작은 값을 마찰접합의 설계강도로 한다. 따라서,
$\phi R_n = 324.8$ kN

예제 9.3

그림 9.7과 같은 접합부에 고정하중 $P_D = 120$ kN 과 활하중 $P_L = 100$ kN 이 작용할 때 인장력과 전단력을 동시에 받는 A 부분이 마찰접합인 경우 고장력볼트의 설계강도를 검토하시오. 강재는 SM275이고 고장력볼트는 M22(F10T, 표준구멍)이며 설계볼트장력 $T_o = 203$ kN 이다. 마찰면은 무기질 아연말 프라이머 도장을 하였고 끼움재는 사용하지 않았다.

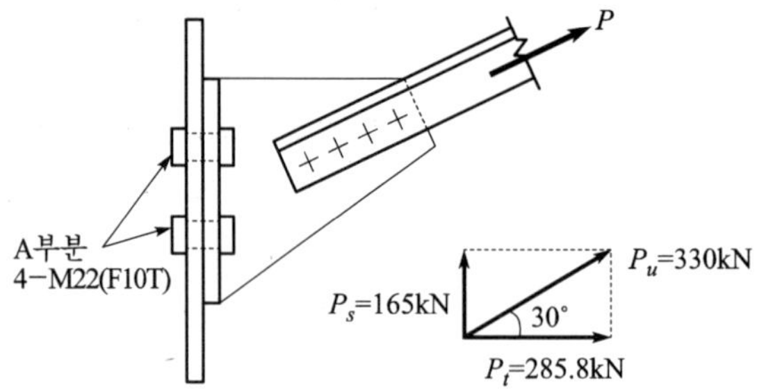

그림 9.7 예제 9.3

풀이

1) 계수하중에 의한 작용하중

$$P_u = 1.25P_D + 1.8P_L = 1.25 \times 120 + 1.8 \times 100 = 330 \text{ kN}$$

$$P_{t(\text{수평})} = P_u \cos 30^o = 285.8 \text{ kN},\ P_{ut} = 71.45 \text{ kN/ 볼트}$$

$$P_{s(\text{수직})} = P_u \sin 30^o = 165.0 \text{ kN},\ P_{us} = 41.25 \text{ kN/ 볼트}$$

2) 마찰접합에서 인장력과 전단력을 동시에 받는 고장력볼트의 설계미끄럼강도
M22(F10T, 표준구멍) 고장력볼트 1개에 대하여(식(9.10)으로부터)

$$\phi R_{nv} = \phi \mu k_h k_f T_o n_s \left(1 - \frac{P_{ut}}{T_o}\right)$$

$\phi = 1.0$

$\mu = 0.4$(무기질 아연말 프라이머 도장)

$k_h = 1.0$(표준구멍)

$k_f = 1.0$(끼움재 사용 안함)

$T_o = 203$ kN

$$\therefore \phi R_{nv} = 1.0 \times 0.4 \times 1.0 \times 1.0 \times 203 \text{ kN} \times 1 \times \left(1 - \frac{71.45}{203}\right)$$

$$= 52.62 \text{ kN} > P_{us} = 41.25 \text{ kN} \quad \text{O.K.}$$

9.5 볼트접합의 소요강도

9.5.1 편심하중이 작용하는 볼트이음부

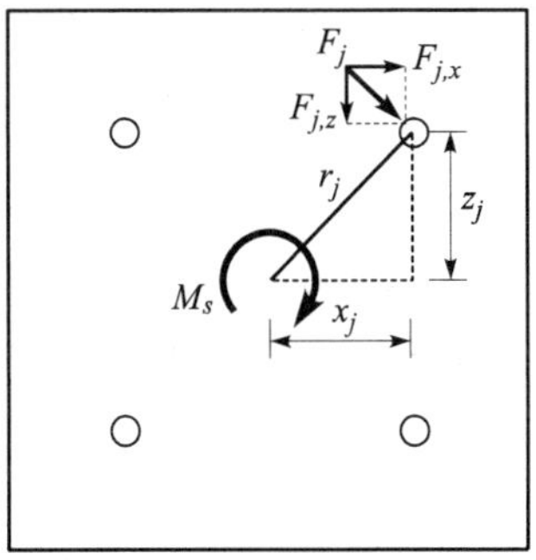

그림 9.8 모멘트에 의한 볼트의 하중 분담

편심하중을 받는 부재는 접합부의 볼트군 중심에 임의의 방향으로 작용하는 힘 이외에 편심으로 인한 모멘트 하중(그림 9.8)을 받게 된다. 이때 모멘트 하중에 의해 각각의 볼트가 받게 되는 힘의 크기는 탄성이론에 의해 다음과 같이 구한 값을 사용할 수 있다. 여기서 서로 연결되는 판 요소는 모멘트에 의해 볼트 군의 중심을 기준으로 상대적인 회전이 발생하고, 이때 모멘트에 저항하기 위해 각 볼트가 분담하게 되는 힘의 크기는 볼트군의 중심으로부터 각 볼트까지의 거리(r)에 비례하고, 힘의 작용 방향은 r에 직각 방향으로 가정한다. 이와 같은 가정을 바탕으로 각 볼트가 분담하게 되는 힘이 모멘트 하중과 평형조건을 만족하도록 수식으로 정리하면 다음과 같다.

$$M_s = \sum_{i=1}^{n} F_i \cdot r_i \tag{9.17a}$$

각 볼트의 힘은 볼트군의 중심으로부터의 거리에 비례하므로

$$\frac{F_1}{r_1} = \frac{F_2}{r_2} = \cdots = \frac{F_j}{r_j} = \cdots = \frac{F_n}{r_n} \tag{9.17b}$$

따라서,

$$F_1 = \frac{F_j r_1}{r_j},\ F_2 = \frac{F_j r_2}{r_j}, \cdots,\ F_i = \frac{F_j r_i}{r_j}, \cdots,\ F_n = \frac{F_j r_n}{r_j} \tag{9.17c}$$

즉, 식(9.17a)는 다음과 같이 된다.

$$M_s = \frac{F_j r_1^2}{r_j} + \frac{F_j r_2^2}{r_j} + \cdots + \frac{F_j r_n^2}{r_j} = \frac{F_j}{r_j} \sum_{i=1}^{n} r_i^{\ 2} \tag{9.17d}$$

따라서 j-번째 볼트가 받는 힘은

$$F_j = \frac{M_s \cdot r_j}{\sum r_i^{\ 2}} = \frac{M_s \cdot r_j}{\sum (x_i^{\ 2} + z_i^{\ 2})} \tag{9.17e}$$

와 같고, x 방향 및 z 방향 분력은 다음과 같다.

$$F_{j,x} = \frac{M_s \cdot z_j}{\sum (x_i^{\ 2} + z_i^{\ 2})} \quad ;\ F_{j,z} = \frac{M_s \cdot x_j}{\sum (x_i^{\ 2} + z_i^{\ 2})} \tag{9.17f}$$

볼트의 최대 반력은 볼트군의 중심에서 가장 멀리 떨어져 있는 최외곽 볼트에서 발생하므로 이 경우의 볼트 1개당 1전단면에서 발생하는 힘은 다음과 같이 구할 수 있다.

$$F_{b,x,M} = \frac{M_s \cdot z_e}{\Sigma (x_i^{\ 2} + z_i^{\ 2})} \cdot \frac{1}{n_s} \tag{9.18a}$$

$$F_{b,z,M} = \frac{M_s \cdot x_e}{\Sigma (x_i^{\ 2} + z_i^{\ 2})} \cdot \frac{1}{n_s} \tag{9.18b}$$

여기서 $F_{b,x,M}$: M_s에 의해 최 외측 볼트 1개 전단면에 작용하는 x방향 힘
$F_{b,z,M}$: M_s에 의해 최 외측 볼트 1개 전단면에 작용하는 z방향 힘
x_i : 볼트 군의 중심에서 i번째 볼트 중심까지의 x방향 거리
z_i : 볼트 군의 중심에서 i번째 볼트 중심까지의 z방향 거리
x_e : 볼트 군의 중심에서 최외측 볼트 중심까지의 x방향 거리
z_e : 볼트 군의 중심에서 최외측 볼트 중심까지의 z방향 거리
n_s : 볼트접합의 전단면 수

볼트군의 중심에 작용하는 하중은 볼트군의 모든 볼트에 균일하게 분담되는 것으로 가정한다. 따라서 수평력과 수직력에 의해 볼트 1개당 1개 전단면에서 받게 되는 힘의 크기는 각각 다음과 같다.

$$F_{b,x,H} = \frac{P_H}{n_b \cdot n_s} \tag{9.19a}$$

$$F_{b,z,V} = \frac{P_V}{n_b \cdot n_s} \tag{9.19b}$$

여기서 P_H : 하중의 수평(x방향)성분
P_V : 하중의 수직(z방향)성분
$F_{b,x,H}$: P_H에 의해 볼트 1개당 1개 전단면에 작용하는 x방향 힘
$F_{b,z,V}$: P_V에 의해 볼트 1개당 1개 전단면에 작용하는 z방향 힘
n_b : 볼트의 개수
n_s : 볼트접합의 전단면수

볼트 한 개의 소요강도, P_{b1}은 위에서 구한 수직과 수평 성분의 벡터 합으로 다음과 같이 구할 수 있다.

$$P_{b1} = \sqrt{(F_{b,x,H}+F_{b,x,M})^2 + (F_{b,z,V}+F_{b,z,M})^2} \tag{9.20}$$

9.5.2 플레이트거더의 볼트이음부

1) 개요

거더의 이음부는 상·하 플랜지와 웨브가 각각 분담하는 힘을 볼트접합부를 통해 전달하는 것으로 한다. 상·하 플랜지의 이음부는 거더에 작용하는 휨모멘트와 축력에 의한 축력(플랜지 축방향의 힘)에 대해서, 웨브의 이음부는 웨브가 분담하는 축력과 휨모멘트에 대해서 설계한다.

2) 플랜지 이음부의 소요강도

상·하 플랜지의 이음부의 소요강도는 다음 식과 같이 구한다.

$$P_f = P_{f,M} + P_{f,N} = [\frac{M}{I} \cdot z_f + \frac{N}{A}] \cdot A_f \tag{9.21}$$

여기서 P_f : 해당 플랜지 이음판에 작용하는 힘
M : 휨모멘트 (정모멘트 (+) 부호)
N : 축력 (인장력 (+) 부호)
I : 보의 단면2차모멘트
A : 보의 단면적
A_f : 해당 플랜지의 단면적
z_f : 보 단면의 중립축으로부터 해당 플랜지 단면의 중심까지의 거리(해당 플랜지 단면의 중심이 보의 중심축보다 아래에 있을 때 (+)부호 적용)

3) 웨브 볼트이음의 소요강도

웨브 이음부의 한쪽 볼트군에 작용하는 연직방향의 힘, V_s는 다음 식과 같이 거더 이음선 위치에서의 전단력 값(Q)을 사용한다.

$$V_s = Q_{web} \approx Q \tag{9.22}$$

웨브 이음부의 한쪽 볼트군에 작용하는 부재 축방향의 힘, N_s와 모멘트, M_s는 거더 이음선 위치에서의 축력과 휨모멘트에 의한 웨브 단면의 응력분포로부터 다음과 같이 구한다.

$$N_s = [\frac{N}{A} + \frac{M}{I} \cdot \frac{z_{up} + z_{lo}}{2}] \cdot A_{web} \tag{9.23a}$$

$$M_{web} = M \cdot \frac{I_{web}}{I} \tag{9.23b}$$

$$M_s = M_{web} + Q \cdot e_Q \tag{9.23c}$$

여기서 A_{web} : 웨브의 단면적
z_{up} : 거더 단면의 중심축으로부터 웨브 단면의 상단까지의 거리 (웨브 상단이 보의 중심축보다 위에 있을 때 (−)부호)
z_{lo} : 거더 단면의 중심축으로부터 웨브 단면의 하단까지의 거리
e_Q : 거더 이음선에서 한쪽 볼트군의 중심까지의 거리

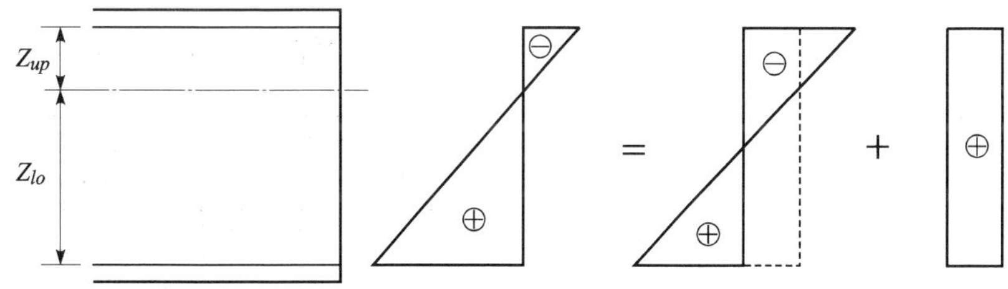

그림 9.9 웨브의 응력분포

9.6 플레이트거더 볼트접합 계산 예

9.6.1 검토 조건

1) 이음부 상세

플레이트거더의 단면 및 볼트이음부의 치수는 그림 9.10과 같고, 볼트배치 상세는 그림 9.11과 같다. 거더와 이음판의 강종은 SM355이고, 고장력 볼트는 M22-F10T를 사용하여 마찰접합으로 가정한다.

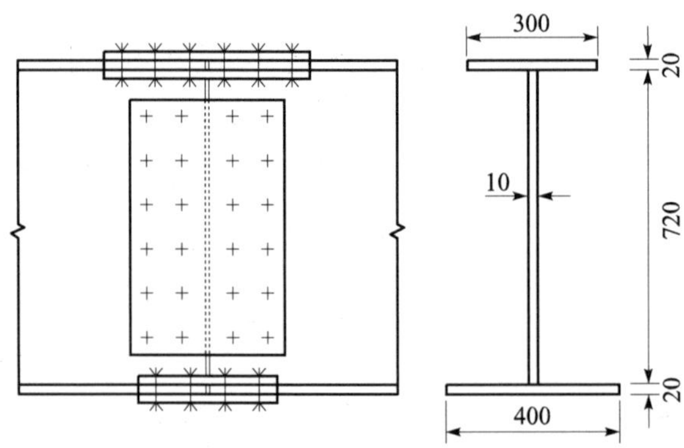

그림 9.10 플레이트거더 단면 및 이음부

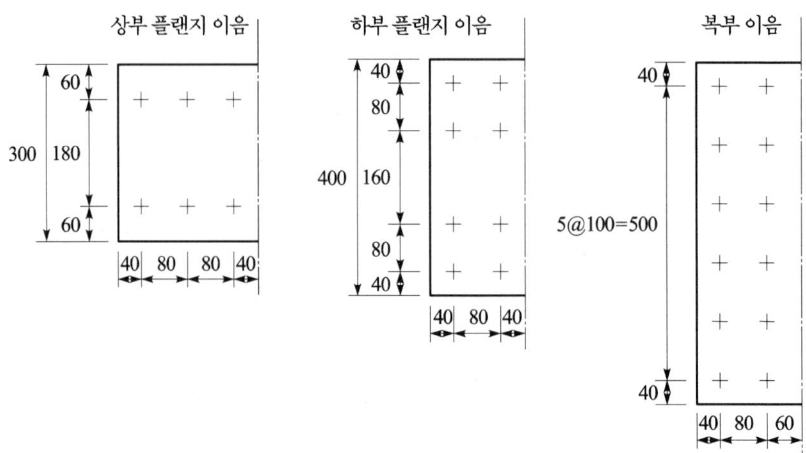

그림 9.11 볼트 배치 간격

2) 이음부 단면 특성값

표 9.14

	A (mm^2)	z (mm)	$A \cdot z$ (mm^3)	$A \cdot z^2$ (mm^4)	I_o (mm^4)
(1)	300×20=6000	–	–	–	–
(2)	10×720=7200	0.37×10^3	2664×10^3	985.7×10^6	311×10^6
(3)	400×20=8000	0.74×10^3	5920×10^3	4380.8×10^6	–
$\sum$	21200		8584×10^3	5366.5×10^6	311×10^6

$$A = 21{,}200\ \mathrm{mm}^2$$

$$z_c = \frac{8.584\times 10^6}{21{,}200} = 405\ \mathrm{mm}$$: 도심에서 상부플랜지 중심까지 거리

$$z_{up} = -405\ \mathrm{mm}$$

$$z_{lo} = 740 - 405 = 335\ \mathrm{mm}$$

$$I = \sum I_o + \sum A\cdot z^2 - z_c\cdot \sum A\cdot z$$

$$= 311\times 10^6 + 5{,}366.5\times 10^6 - 405\times 8.584\times 10^6 = 2{,}201\times 10^6\ \mathrm{mm}^4$$

3) 작용하중에 의한 단면력

(1) 고정하중에 의한 단면력

휨멘트 $M_D =$ 330 kN·m ; 전단력 $V_D =$ 180 kN

(2) 활하중에 의한 단면력

휨모멘트 $M_L =$ 150 kN·m ; 전단력 $V_L =$ 80 kN

4) 적용 기준

(1) 하중계수 및 강도감소계수는 도로교설계기준(한계상태설계법)의 값 사용.

(2) 도로교설계기준(한계상태설계법) 강교편, 6.13.2.1 (1)의 규정에 따라 마찰접합은 사용한계상태 하중조합II에 대해 미끄러짐을 방지하고, 극한한계상태 하중조합에 대해 지압과 전단에 저항할 수 있도록 설계해야 한다.

(3) 계산식은 강구조 연결 설계기준(하중저항계수설계법) KDS 14 31 25, 4.2 거더 이음 참조.

9.6.2 극한한계상태에 대한 검토

1) 극한한계상태 하중조합에 의한 단면력

$$M_u = 1.25\times M_D + 1.80\times M_L = 1.25\times 330 + 1.80\times 150 = 682.5\ \mathrm{kN\cdot m}$$

$$V_u = 1.25\times V_D + 1.80\times V_L = 1.25\times 180 + 1.80\times 80 = 369.0\ \mathrm{kN}$$

2) 플랜지 볼트접합부의 소요강도

① 플랜지의 응력

$$f_{f,up} = \frac{682.5\times 10^6}{2{,}201\times 10^6}\times(-405) = (-)125.6\ \mathrm{MPa}\quad (압축)$$

$$f_{f,lo} = \frac{682.5\times 10^6}{2{,}201\times 10^6}\times(+335) = (+)103.9\ \mathrm{MPa}\quad (인장)$$

$$f_{cf} = f_{f,up} = 125.6\ \mathrm{MPa}\quad (압축)$$

$$f_{ncf} = f_{f,lo} = 103.9\ \mathrm{MPa}\quad (인장)$$

주) '제어플랜지'는 이음점에서 작은 쪽 단면의 상부, 하부플랜지 중 설계하중에 의한 플랜지 두께 중앙에서의 탄성 휨응력과 설계강도의 비가 최대가 되는 플랜지로 규정한다. 다른 쪽 플랜지를 '비제어플랜지'라고 한다.

② 상부플랜지 (제어플랜지) 설계단면력

플랜지 볼트이음에 대한 설계응력은 KDS 14 31 25, 식(4.2-3)에 따라 다음 두 값 중 큰 값을 사용함.

$$\frac{\left\{\left|\frac{f_{cf}}{R_h}\right|+\alpha\cdot\phi_f\cdot F_{yf}\right\}}{2}=\frac{\left\{\left|\frac{125.6}{1.0}\right|+1.0\times1.0\times355\right\}}{2}=240.3\text{ MPa}$$

$$0.75\cdot\alpha\cdot\phi_f\cdot F_{yf}=0.75\times1.0\times1.0\times355=266.3\text{ MPa}$$

여기서, $\alpha=1.0$ (KDS 14 31 25, 4.2절 참조)

$\therefore\ F_{cf}=266.3\text{ MPa}$ (압축)

$$R_{cf}=\frac{F_{cf}}{f_{cf}}=\frac{266.3}{125.6}=2.12$$

$$P_{u,up}=F_{cf}\cdot A_e=F_{cf}\cdot A_g=266.3\times300\times20\times10^{-3}=1597.8\text{ kN}\ \text{(압축)}$$

③ 하부플랜지 (비제어플랜지) 설계단면력

$$A_n=20\times(400-24\times4)=6080\ \text{mm}^2$$

인장플랜지이므로 KDS 14 31 25, 식(4.2-4)에 따라 다음과 같이 구함.

$$A_e=\left(\frac{\phi_u\cdot F_u}{\phi_y\cdot F_{yt}}\right)\cdot A_n=\left(\frac{0.75\times490}{0.90\times355}\right)\times6080=6993\ \text{mm}^2\le A_g$$

$$A_g=20\times400=8000$$

$\therefore\ A_e=6993\ \text{mm}^2$

비제어플랜지 볼트이음에 대한 설계응력은 KDS 14 31 25, 식(4.2-5)에 따라 다음과 같이 구함.

$$R_{cf}\cdot\left|\frac{f_{ncf}}{R_h}\right|=2.12\times\frac{103.9}{1.0}=220.3\ \text{MPa}\ \ge0.75\alpha\phi_f F_{yf}$$

$$0.75\cdot\alpha\cdot\phi_f\cdot F_{yf}=0.75\times1.0\times1.0\times355=266.3$$

$\therefore\ F_{ncf}=266.3\text{ MPa}$

$$P_{u,lo}=F_{ncf}\cdot A_e=266.3\times6993\times10^{-3}=1862.2\ \text{kN}\ \text{(인장)}$$

3) 플랜지 접합부 부재의 설계강도

① 상부플랜지 (압축)

$$\phi R_n=\phi_c\cdot F_y\cdot A_g=0.90\times355\times(300\times20)\times10^{-3}=1917.0\text{ kN}$$

$$>P_{u,up}=1597.8\text{ kN}\qquad\therefore\ \text{O.K.}$$

② 하부플랜지 (인장)

$$\phi R_n=\phi_y\cdot F_y\cdot A_g=0.90\times355\times(400\times20)\times10^{-3}=2556.0\text{ kN}$$

$$>P_{u,lo}=1862.2\text{ kN}\qquad\therefore\ \text{O.K.}$$

$$\phi R_n=\phi_u\cdot F_u\cdot A_n\cdot U=0.75\times490\times((400-24\times4)\times20)\times1.0=2234.4\text{ kN}$$

$$>P_{u,lo}=1862.2\text{ kN}\qquad\therefore\ \text{O.K.}$$

4) 플랜지 접합부 볼트의 설계전단강도

① 볼트 연결 상세

- 상부플랜지에 M22-F10T 6개 사용
- 하부플랜지에 M22-F10T 8개 사용
- 전단면에서 나사부가 벗어나 있음
- 위의 그림 9.10, 그림 9.11의 한쪽 볼트 이음부의 길이(첫번째 볼트와 맨 끝 볼트의 중심간 거리)는 800mm 이하이므로 볼트이음부의 길이에 따른 볼트 전단강도 감소는 없음. (KDS 14 31 25, 4.1.3.3, 표 4.1-6 참조)

② 전단강도 (나사부가 전단면에 포함되지 않는 경우로 가정 시)

$\phi R_n = \phi \cdot F_{nv} \cdot A_b \cdot n_s = 0.75 \times 500 \times 380 \times 2 \times 10^{-3} = 285.0\text{ kN}$

- 상부플랜지 : $n_b \cdot \phi R_n = 6 \times 285 = 1710.0\text{ kN} \;\; > \;\; P_{u,up} = 1597.8\text{ kN}$ ∴ O.K.
- 하부플랜지 : $n_b \cdot \phi R_n = 8 \times 285 = 2280.0\text{ kN} \;\; > \;\; P_{u,lo} = 1862.2\text{ kN}$ ∴ O.K.

5) 플랜지 볼트구멍의 지압강도

① 상부플랜지

볼트배치간격 : 볼트중심간격 $= 80\text{ mm}$; 볼트구멍 연단거리 $= 40\text{ mm}$

볼트구멍 순간격 : $L_c = 80 - 24 = 56\text{ mm} \;\; > \;\; 2d = 2 \times 22 = 44\text{ mm}$

$\phi R_n = \phi \cdot 2.4 \cdot d \cdot t \cdot F_u = 0.75 \times 2.4 \times 22 \times 20 \times 490 \times 10^{-3} = 388.1\text{ kN}$

볼트구멍 순연단거리 : $L_c = 40 - 24/2 = 28\text{ mm} \;\; < \;\; 2d = 44\text{ mm}$

$\phi R_n = \phi \cdot 1.2 \cdot L_c \cdot t \cdot F_u = 0.75 \times 1.2 \times 28 \times 20 \times 490 \times 10^{-3} = 247.0\text{ kN}$

$\sum \phi R_n = 4 \times 388.1 + 2 \times 247.0 = 2046.4\text{ kN} \;\; > \;\; P_{u,up} = 1597.8\text{ kN}$ ∴ O.K.

② 하부플랜지

볼트배치간격 : 볼트중심간격 $= 80\text{ mm}$; 볼트구멍 연단거리 $= 40\text{ mm}$

볼트구멍 순간격 : $L_c = 80 - 24 = 56\text{ mm} \;\; > \;\; 2d = 44\text{ mm}$

$\phi R_n = \phi \cdot 2.4 \cdot d \cdot t \cdot F_u = 0.75 \times 2.4 \times 22 \times 20 \times 490 \times 10^{-3} = 388.1\text{ kN}$

볼트구멍 순연단거리 : $L_c = 40 - 24/2 = 28\text{ mm} \;\; \langle \;\; 2d = 44\text{ mm}$

$\phi R_n = \phi \cdot 1.2 \cdot L_c \cdot t \cdot F_u = 0.75 \times 1.2 \times 28 \times 20 \times 490 \times 10^{-3} = 247.0\text{ kN}$

$\sum \phi R_n = 4 \times 388.1 + 4 \times 247.0 = 2540.4\text{ kN} \;\; > \;\; P_{u,lo} = 1862.2\text{ kN}$ ∴ O.K.

6) 웨브 볼트접합부의 소요강도

① 설계전단력

웨브의 공칭전단강도는 KDS 14 31 10의 4.3.3.1.9.3에 따라 구함.

$V_p = 0.58 \cdot F_{yw} \cdot D \cdot t_w = 0.58 \times 355 \times 720 \times 10 \times 10^{-3} = 1482.5\text{ kN}$

$\dfrac{D}{t_w} = \dfrac{720}{10} = 72$

수직보강재 간격 $d_0 = 1000\text{ mm}$ (가정) ; $\dfrac{d_0}{D} = \dfrac{1000}{720} = 1.39$

$$k = 5 + \frac{5}{\left(\frac{d_0}{D}\right)^2} = 7.59$$

$$1.12 \cdot \sqrt{\frac{E \cdot k}{F_{yw}}} = 1.12 \cdot \sqrt{\frac{2.1 \times 10^5 \times 7.59}{355}} = 75.0 \quad > \quad \frac{D}{t_w} = 72$$

$$\therefore \; C = 1.0$$

$$V_n = C \cdot V_p = 1.0 \times 1482.5 = 1482.5 \text{ kN}$$

웨브의 볼트이음에 대한 설계전단력은 KDS 14 31 25, 4.2절에 따라 다음과 같이 구함.

- $V_u < 0.5\phi_v V_n$ 인 경우 : $V_{uw} = 1.5 V_u$
- $V_u \geq 0.5\phi_v V_n$ 인 경우 : $V_{uw} = \frac{(V_u + \phi_v V_n)}{2}$

이로부터

$$0.5 \cdot \phi_v \cdot V_n = 0.5 \times 1.0 \times 1482.5 = 741.3 \text{ kN} \quad > \quad V_u = 369.0 \text{ kN}$$

$$\therefore \; V_{uw} = 1.5 \cdot V_u = 1.5 \times 369.0 = 553.5 \text{ kN}$$

② 설계 모멘트

그림 9.9에 따라 웨브에 작용하는 응력분포로부터 이에 상응하는 휨모멘트와 축력을 구할 수 있다. 즉 이음점에서의 웨브가 분담하는 휨모멘트의 크기는 웨브 응력분포의 기울기와 웨브의 단면2차모멘트를 곱하여 구할 수 있다. 여기서 상·하부 플랜지의 설계응력을 웨브 상·하 연단에서의 설계응력으로 가정하였다. 볼트군의 중심에서 받게 되는 설계모멘트는 이 값에 전단력에 의한 편심 모멘트(볼트군의 중심과 거더 이음점과의 거리)를 합산하여 구하면 다음과 같다(9.5.2 3) 참조).

$$\begin{aligned} M_{uw} &= \frac{t_w \cdot D^2}{12} \cdot |R_h \cdot F_{cf} - R_{cf} \cdot f_{ncf}| + V_{uw} \cdot e_v \\ &= \frac{10 \times 720^2}{12} \times |1.0 \times (-266.3) - 2.12 \times 103.9| + (553.5 \times 10^3) \times 100 \\ &= 265.5 \times 10^6 \text{ N} \cdot \text{mm} = 265.5 \text{ kN} \cdot \text{m} \end{aligned}$$

③ 설계 축력

위의 ② 설계모멘트와 같은 개념으로 웨브가 분담하는 축력은 웨브 상·하 연단 응력의 평균 값에 웨브의 면적을 곱하여 구할 수 있다.

$$\begin{aligned} H_{uw} &= \frac{t_w \cdot D}{2} \cdot (R_h \cdot F_{cf} + R_{cf} \cdot f_{ncf}) \\ &= \frac{10 \times 720}{2} \times (1.0 \times (-266.3) + 2.12 \times 103.9) \\ &= (-)165.7 \times 10^3 \text{ N} = (-)165.7 \text{ kN} \end{aligned}$$

④ 볼트의 최대 작용하중 (볼트 1개당)

$$\begin{aligned} I_p &= \frac{m \cdot n}{12}[s^2(n^2 - 1) + g^2(m^2 - 1)] \\ &= \frac{2 \times 6}{12} \times [100^2 \times (6^2 - 1) + 80^2 \times (2^2 - 1)] \times 10^{-6} = 0.3692 \text{ m}^2 \end{aligned}$$

웨브의 볼트 군이 분담하는 설계수평력과 설계수직력으로 인해 볼트 1개가 받게 되는 각 방향의 힘의 크기는 다음과 같다.

$$P_{ub,x,H} = \frac{H_{uw}}{n_b} = \frac{165.7}{12} = 13.8\ \text{kN}$$

$$P_{ub,z,V} = \frac{V_{uw}}{n_b} = \frac{553.5}{12} = 46.1\ \text{kN}$$

웨브의 볼트 군이 분담하는 설계모멘트로 인해 가장 외측의 볼트 1개가 받게 되는 각 방향의 힘의 크기는 다음과 같다.

$$P_{ub,x,M} = \frac{M_s \cdot z_e}{I_p} = \frac{265.5 \times 0.25}{0.3692} = 179.8\ \text{kN}$$

$$P_{ub,z,M} = \frac{M_s \cdot x_e}{I_p} = \frac{265.5 \times 0.04}{0.3692} = 28.8\ \text{kN}$$

볼트 1개가 받게 되는 힘의 크기는 벡터의 합으로 다음과 같이 구할 수 있다.

$$P_{ub1} = \sqrt{(13.8+179.8)^2 + (46.1+28.8)^2} = 207.6\ \text{kN}$$

7) 웨브 접합부 볼트의 전단강도

$$\phi R_n = \phi \cdot F_{nv} \cdot A_b \cdot n_s = 0.75 \times 500 \times 380 \times 2 \times 10^{-3} = 285.0\ \text{kN}$$

$$> P_{ub1} = 207.6\ \text{kN} \qquad \therefore\ \text{O.K.}$$

8) 웨브 접합부 볼트구멍의 지압강도

순연단거리 : $L_c = 60 - 24/2 = 48\ \text{mm} \ > \ 2d = 44\ \text{mm}$

$$\phi R_n = \phi \cdot 2.4 \cdot d \cdot t \cdot F_u = 0.75 \times 2.4 \times 22 \times 10 \times 490 \times 10^{-3} = 194.0\ \text{kN}$$

$$< P_{ub1} = 207.6\ \text{kN} \qquad \therefore\ \text{N.G.}$$

9.6.3 사용한계상태에 대한 검토

1) 사용한계상태 하중조합II에 의한 단면력

$$M_s = 1.0 \times 330 + 1.3 \times 150 = 525.0\ \text{kN} \cdot \text{m}$$

$$V_s = 1.0 \times 180 + 1.3 \times 80 = 284.0\ \text{kN}$$

2) 플랜지 볼트접합부의 소요강도

① 플랜지 응력

$$f_{s,up} = \frac{525.0 \times 10^6}{2{,}201 \times 10^6} \times (-405) = (-)96.6\ \text{MPa}\ \ (\text{압축})$$

$$f_{s,lo} = \frac{525.0 \times 10^6}{2{,}201 \times 10^6} \times (+335) = (+)79.9\ \text{MPa}\ \ (\text{인장})$$

② 상부플랜지의 설계단면력

$$F_s = \frac{f_s}{R_h} = \frac{96.6}{1.0} = 96.6\ \text{MPa}\ \ (\text{압축})$$

$$P_{s,up} = 20 \times 300 \times 96.6 \times 10^{-3} = 579.6 \text{ kN} \quad (\text{압축})$$

③ 하부플랜지의 설계단면력

$$F_s = \frac{f_s}{R_h} = \frac{79.9}{1.0} = 79.9 \text{ MPa} \quad (\text{인장})$$

$$P_{s,up} = 20 \times 400 \times 79.9 \times 10^{-3} = 639.2 \text{ kN} \quad (\text{인장})$$

주) 사용한계상태에서는 전단면적 사용

3) 플랜지 볼트접합부의 설계강도

① 상부플랜지

$$\phi R_{nv} = \phi\ \mu\ k_f\ k_h\ T_o\ n_s = 1.0 \times 0.4 \times 1.0 \times 1.0 \times 203 \times 2 = 162.4 \text{ kN/EA}$$

$$\text{요구} n_b = \frac{P_{s,up}}{\phi R_{nv}} = \frac{579.6}{162.4} = 3.57 \text{ EA} \quad < \text{ 사용 } n_b = 6 \text{ EA} \quad \therefore \text{ O.K.}$$

② 하부플랜지

$$\phi R_{nv} = 162.4 \text{ kN/EA}$$

$$\text{요구} n_b = \frac{P_{s,lo}}{\phi R_{nv}} = \frac{639.2}{162.4} = 3.94 \text{ EA} \quad < \text{ 사용 } n_b = 8 \text{ EA} \quad \therefore \text{ O.K.}$$

4) 웨브 볼트접합부의 소요강도

① 설계단면력

$$V_{sh} = 284.0 \text{ kN}$$

$$M_{sw} = \frac{t_w \cdot D^2}{12} \cdot |f_{s,up} - f_{s,lo}| + V_{sw} \cdot e_v$$

$$= \frac{10 \times 720^2}{12} \times |-96.6 - 79.9| + (284 \times 10^3) \times 100$$

$$= 104.65 \times 10^6 \text{ N} \cdot \text{mm} = 104.65 \text{ kN} \cdot \text{m}$$

$$H_{sw} = \frac{t_w \cdot D}{2} \cdot (f_{s,up} + f_{s,lo})$$

$$= \frac{10 \times 720}{2} \times (-96.6 + 79.9) = (-)60.1 \times 10^3 \text{ N} = (-)60.1 \text{ kN}$$

② 볼트작용력

$$P_{b,x,H} = \frac{60.1}{12} = 5.0 \text{ kN}$$

$$P_{b,z,V} = \frac{284.0}{12} = 23.7 \text{ kN}$$

$$P_{b,x,M} = \frac{M_{sw} \cdot z_e}{I_p} = \frac{104.65 \times 0.25}{0.3692} = 70.9 \text{ kN}$$

$$P_{b,z,M} = \frac{M_{sw} \cdot x_e}{I_p} = \frac{104.65 \times 0.04}{0.3692} = 11.3 \text{ kN}$$

$$P_{b1} = \sqrt{(5.0+70.9)^2+(23.7+11.3)^2} = 83.6\text{ kN}$$

5) 웨브 볼트접합부의 설계강도

웨브 볼트접합부에 대해 사용하중 작용에 의한 미끄러짐 한계상태에 대한 설계강도는 다음과 같다.

$$\phi R_{nv} = \phi\ \mu\ k_f\ k_h\ T_o\ n_s = 1.0\times0.4\times1.0\times1.0\times203\times2 = 162.4\text{kN/EA}$$

$$> 83.6 = P_{b1} \therefore \text{ O.K.}$$

기호

A_b : 볼트 공칭단면적

A_e : 접합되는 부재의 유효단면적

A_g : 접합되는 부재의 전체단면적

F_{nt} : 볼트의 공칭인장강도

F_{nv} : 볼트의 공칭전단강도

F_u : 연결되는 부재의 인장강도

F_y : 연결되는 부재의 항복강도

N : 볼트 축력

R_n : 볼트이음 공칭강도

T_o : 고장력볼트의 설계볼트장력

d : 볼트 공칭직경

e : 힘 방향의 최소연단거리

f_v : 소요 전단응력

k : 볼트 토크계수

k_f : 끼움재 계수

k_h : 구멍크기 계수

n_s : 전단면의 수

t : 연결 부재의 두께

μ : 미끄럼계수

ϕ : 저항계수

연습문제

9.1 아래 그림과 같은 두 강판(SM 275)의 이음에서 전단면에 나사부가 포함되지 않으며 사용하중상태에서 볼트구멍의 변형이 설계에 고려하는 경우 지압이음에 대한 최대사용하중을 구하라. M22(F10T, 표준구멍) 볼트 4개를 사용하며 F10T 볼트의 $F_{nv} = 500\,\text{MPa}$ 로 한다. 사용활하중(LL)은 고정하중(DC)의 3배이며, 하중계수는 $\gamma_{DC} = 1.25$, $\gamma_{LL} = 1.80$ 이고 하중조합은 극한한계상태 I 로 $P_u = \Sigma\, \eta_i \gamma_i Q_i = 1.00 \times 1.25 \times DC + 1.00 \times 1.80 \times LL = 1.25DC + 1.80LL$ 을 사용하며, 하중수정계수 η_i는 1.0으로 한다.

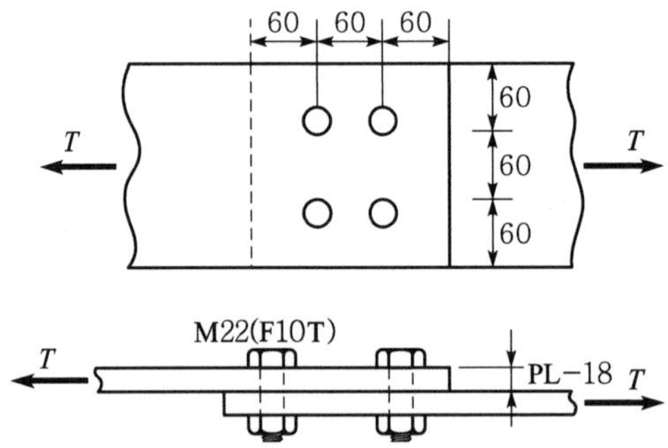

문제 9.1

9.2 아래 그림의 2면 전단형 마찰접합(아연말 프라이머 도장 실시) 이음부의 설계강도를 구하시오. 단, 지압접합 강도 검토 시에는 1) 전단면에 볼트 나사부가 포함되어 있지 않을 경우와 2) 전단면에 볼트 나사부가 포함되어 있는 경우에 대해 검토하라. 사용볼트는 M20(F8T) 볼트이며, 표준볼트구멍을 사용하고 사용강재는 SM 355이다.

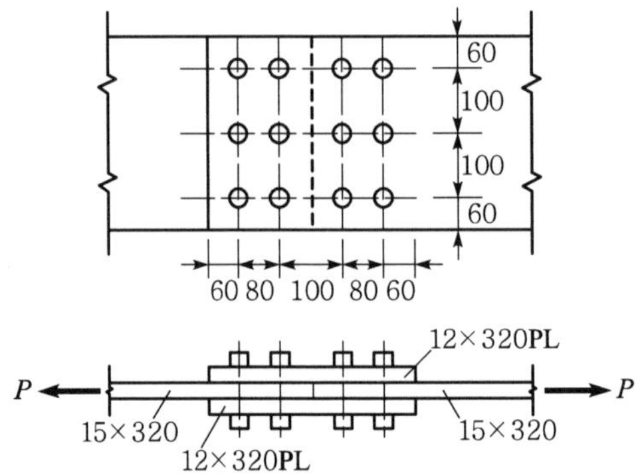

문제 9.2

9.3 아래 그림과 같이 편심하중을 받고 있는 볼트접합(1면 전단)에서 최대볼트반력을 계산하라.

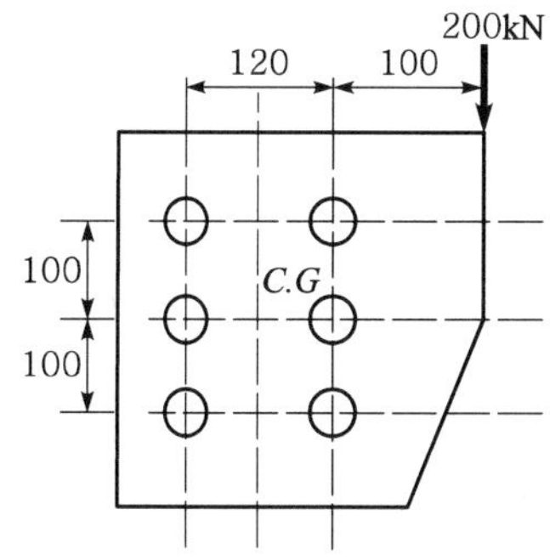

문제 9.3

9.4 9.6절의 플레이트거더 볼트이음 계산 예에서 웨브 볼트이음이 그림과 같이 수정되었을 때 강도한계상태에 대해 볼트이음강도를 재검토하라.

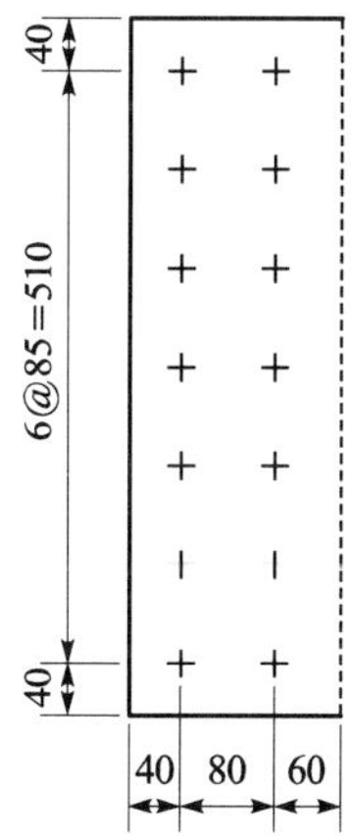

문제 9.4

Design of Steel Structures

제10장 피 로

10.1 개설

10.1.1 개요

피로(fatigue)라는 말은 우리 주위에서 주로 인간의 정신적, 육체적 피로를 나타내는 단어로 자주 사용되고 있다. 그런데 피로라고 하는 것은 이와 같이 인간에게만 적용되는 것이 아니라 공학분야에서도 자주 사용되는 용어로서, 공학에서는 주로 부재의 재료적인 특성에 기초하는 피로를 대상으로 하고 있다.

강구조 부재에 외력이 반복작용하면 부재의 구조적인 응력집중부 또는 용접이음 형상이나 용접결함 등의 응력집중부에서 균열이 발생하고, 이 균열이 성장하여 최종적으로 부재가 파단에 도달하는 경우가 있다. 즉 손상(damage)이 축적되어 균열이 발생, 진전하는 현상을 피로라고 하며, 이것에 의해 구조물이 받는 손상을 피로손상이라고 한다.

우리 주변에서 흔히 볼 수 있는 것으로는 철사를 구부렸다 폈다 하는 것을 반복하면 철사가 파단되는데 이것도 피로현상의 하나로 생각할 수 있다. 강교량에서는 이 외력에 해당하는 것으로 통행차량 하중이나 바람에 의한 진동 등을 생각할 수 있다. 또 대규모 지진 시에는 부재에 큰 소성변형을 발생시킬 수 있는 큰 외력이 반복작용하게 되는데 이것도 일종의 피로라고 생각할 수 있다.

교량의 피로설계는 일반적으로 공칭응력을 기준으로 하며, 설계대상 부재의 연결상세, 작용차량에 의해 대상부위에 발생되는 최대, 최소 응력의 차이로 얻어지는 응력범위, 그리고 작용차량의 교통량 등의 반복횟수 등이 고려되는 허용피로응력범위를 비교하는 것에 의해 실시된다. 여기서 응력범위는 구조부재의 1차적 거동에 의한 응력뿐만이 아니라 부재의 면외변형에 의해 발생되는 2차응력도 포함된다. 한계상태설계법에서의 허용피로응력범위는 공칭피로강도로서 강재의 종류에 관계없이 교통량을 고려하여 구조부재의 연결상세에 따라 결정되는 것이 일반적이다.

피로설계에 대한 도로교설계기준 규정의 변천을 살펴보면, 1985년 7월에 개정된 시방서에서는 "일반도로교에서는 교번응력에 의한 피로의 영향을 고려하지 않아도 좋다. 그러나 도로교에 궤도 혹은 철도를 병용하는 것과 같은 특수한 경우에는 응력, 강재의 종류, 이음의 종류, 최소응력과 최대응력의 비, 반복횟수 등의 영향을 고려하고 필요에 따라서 허용피로응력을 감소시키도록 한다"고 규정하였으나 허용피로응력에 대한 별도의 규정은 제시하고 않았다. 1992년 11월 도로교시방서를 개정하면서 "피로설계를 할 필요가 있는 경우에는 부록 C의 허용피로응력을 참고하여 설계할 수 있다"라고 언급하면서 구체적인 피로설계규정은 부록 C에 수록하였다. 부록 C의 내용은 AASHTO의 피로설계규정을 그대로 옮겨놓은 것으로서 실제적인 피로설계방안을 제시하지는 못하였다. 또한 1996년 4월에 개정된 도로교시방서에서는 비로소 본 조항에 허용피로응력에 대한 규정을 제시하고 있으나, 1992년 개정판의 부록 C를 그대로 적용한 것이었다.

미국 AASHTO에서는 1994년 Bridge Design Specifications를 발간하면서 새롭고 발전된 피로설계기법을 제시하였으며, 국내에서도 이를 기초로 하여 1996년에

도로교시방서의 피로설계편을 제정하게 되었다. 2012년에는 강교 및 콘크리트교의 설계에 대해 도로교설계기준을 한계상태설계법으로 개선하였으며, 피로설계도 신뢰성기반 설계기준인 한계상태설계법으로 제정하였다.

10.1.2 피로문제의 현황

강도로교에서 피로손상이 문제화되기 시작한 것은 외국의 예를 보면 미국은 1970년대, 일본은 1980년경부터이다. 이때부터 피로손상이 보고되기 시작하여 현재는 피로사례 및 피로손상의 종류가 모두 증가하는 추세이다.

통상 도로교의 주구조부재설계에 사용되는 활하중은 발생확률이 낮은 큰 하중을 사용하므로 피로손상의 발생 가능성이 낮은 것으로 생각되었으며, 또 실제로 주구조부재의 설계에서 고려한 응력이 원인이 되어 피로손상이 발생한 사례는 거의 없는 것으로 보고되고 있다. 그러나 과거에 비하여 증가된 교통량, 특히 과적차량의 증가, 그리고 이음형식의 변화, 즉 무거운 리벳구조에서 가벼운 용접구조로의 변화, 또 사용강재의 고강도화 등의 요인에 의해 강교량이 활하중의 영향을 받기 쉽게 되어 피로손상의 발생요인도 증가하고 있다.

일반적으로 피로손상은 부재를 서로 연결하는 용접이음 또는 노치부 등의 응력집중부에서 발생되며, 피로손상에 의해 균열이 발생, 성장, 확대된다. 그러나 피로만으로는 중대한 사고가 거의 일어나지 않는다. 즉 강교량에서의 피로균열의 발생 및 성장은 자주 발견되나, 일반구조용강의 경우 성장초기의 피로균열에 의해 부재가 급작스럽게 파단되지는 않으므로 구조물 유지관리에서 검사시점에서의 손상, 특히 피로균열의 징후나 피로균열을 발견하고, 이를 조치하는 것이 중요하다.

피로파괴 이외에 용접부에 잔존하는 결함에서 직접 발생되는 균열에 의해 파괴되는 취성파괴도 있을 수 있으나, 대부분의 경우는 초기결함에서 우선적으로 피로균열이 발생하고, 이것이 성장하여 어느 정도의 크기까지 확대된 후에 취성파괴가 발생한다.

이것은 인장응력의 반복영역에 피로균열선단이 있는 경우에는 성장된 균열길이와 외부하중으로 인한 인장응력의 크기가 어떤 일정조건, 즉 재료의 고유한 임계값인 파괴인성값에 도달되면 일순간에 취성적인 파괴가 발생하기 때문이다. 이 파괴는 통상 정적하중에 의한 연성적 파괴에 비해 급격하게 발생하므로 강교량의 경우 돌발적으로 낙교를 발생시킬 가능성이 있다.

그러나 지금까지 강교량에서 보고된 손상사례 대부분이 2차부재와 거더 또는 주구조 연결부에 발생한 것이므로 실제로 낙교의 가능성이 있는 것은 희박하다. 다만, 경우에 따라서는 균열이 성장하여 용접구조물의 주부재로 피로균열이 성장하는 경우도 있다.

그림 10.1은 대표적인 피로손상의 예를 나타내며, 표 10.1에 대표적인 피로균열 사례를 나타낸다.

(a) 가로보 복부판의 피로균열

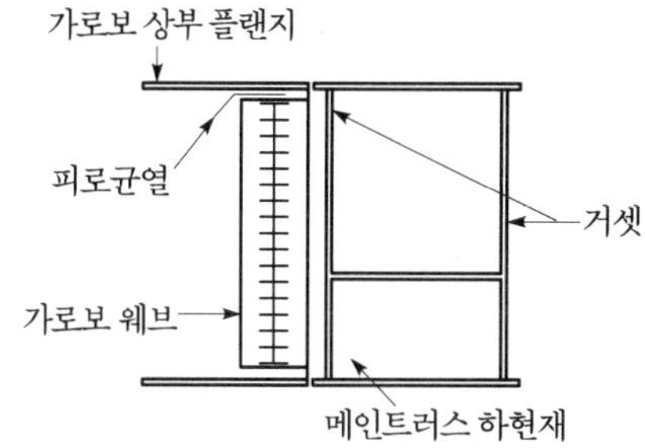

(b) 가로보 복부판 피로균열

(c) 수직보강재 상단에서 발생한 피로균열

그림 10.1 **대표적인 피로손상의 예**

10.1.3 피로손상의 원인

피로손상의 원인은 직접적으로는 응력집중과 그 반복횟수가 문제가 되는데 손상을 발생시키는 요인을 각 단계별로 분류하면 다음과 같다.

1) 설계, 제작에서의 요인

기존 손상사례의 대부분은 교량의 2차적인 부재나 구조상세에서 발생하고 있다. 이것은 다음과 같이 부재에 발생하는 응력을 증폭시키는 요인에 의해 발생된 것으로 생각된다.

① 설계상의 요인

- 구조적인 응력집중을 유발시키는 부적절한 구조상세의 채용
- 설계상에서 선택한 구조해석 모델과 실제 구조물 거동과의 차이에 기인하는 2차응력의 발생
- 극단적인 경량화에 따른 강성부족(활하중 처짐이 크게 되므로 2차응력이 발생하기 쉽다).

② 제작상의 요인

용접결함은 피로강도를 저하시키는 최대 원인이 된다. 제작시의 제작오차(루트갭 등)나 용접품질의 불량(균열 등의 결함, 형상불량, 목두께 부족 등)에 따른 응력집중으로 인하여 피로균열이 발생한다. 그 밖에도 부적절한 강재, 용접재료의 사용 및 시공방법은 용접결함 등의 결함과 같은 피로손상을 발생시킬 수 있으므로 유의하여야 한다.

표 10.1 대표적인 피로 균열 사례

<table>
<tr><th colspan="2">형식</th><th>대상부위</th><th>손상개요</th></tr>
<tr><td rowspan="7">플레이트
거더
박스거더
(R.C상판)</td><td rowspan="6">I형</td><td>거더 단부</td><td>하부플랜지와 절취된 복부와의 용접부</td></tr>
<tr><td>수평브레이싱 거세트
플레이트</td><td>지점위 수평브레이싱 거세트플레이트 설치부
수평브레이싱 거세트플레이트 설치부</td></tr>
<tr><td>수직보강재,
수직브레이싱 거세트
가로보 단부</td><td>수직브레이싱, 가로보가 설치된 수직보강재 상단 용접부
수직브레이싱 현재가 설치된 거세트의 용접부,
가로보 단부 리벳구멍부,
가로보 플랜지의 관통부</td></tr>
<tr><td>단부가로보 끝단부</td><td>단부가로보의 끝단부, 지점위 수직보강재 상·하단 용접부</td></tr>
<tr><td>브라켓보</td><td>거더와의 용접부, 가로보와의 연결부</td></tr>
<tr><td>하부플렌지 판이음부</td><td>하부플렌지판 이음부의 맞대기용접부</td></tr>
<tr><td>공통</td><td>소울플레이트</td><td>받침의 소울플레이트 용접부</td></tr>
<tr><td rowspan="7">아치
트러스</td><td rowspan="2">상로아치</td><td>수직재 단부</td><td>수직재 상하단 용접부</td></tr>
<tr><td>보강형 단부</td><td>단부 지주 상부의 보강거더의 단부</td></tr>
<tr><td>중로아치</td><td>아치리브 복부판</td><td>아치리브 복부와 가로보와의 접합부</td></tr>
<tr><td>상로아치</td><td>현재(행어재)</td><td>행어재의 상·하단부의 접합부</td></tr>
<tr><td rowspan="3">공통
(바닥틀)</td><td>가로보,
단부가로보 끝단부</td><td>가로보 끝단부(가로보 복부판 면내력이 원인)
단부 가로보 및 가로보 단부(가로보 복부 면외력에 기인)</td></tr>
<tr><td>세로보 단부</td><td>세로보, 보강 세로보 단부</td></tr>
<tr><td>단부가로보</td><td>단부가로보 복부판과 세로보 접합부
(가로보 복부판 면외력이 원인)</td></tr>
<tr><td rowspan="5">강바닥교</td><td rowspan="3">강바닥
판부</td><td>세로리브</td><td>세로리브(U리브)의 맞댐용접부
데크플레이트와 세로리브(U리브)의 용접부
단부 가로리브, 다이아프램과 세로리브 단부의 필릿용접부 지점 위 다이아프램 수직보강재와 세로리브의 용접부</td></tr>
<tr><td>가로리브</td><td>가로리브 복부판과 세로리브와의 교차부
데크플레이트와의 용접부(현장이음에 의한 노치부)</td></tr>
<tr><td>수직보강재 상단부</td><td>데크플레이트와 수직보강재와의 용접부</td></tr>
<tr><td rowspan="2">박스
거더부</td><td>다이아프램 등의
우각부</td><td>다이아프램 우각부 용접부
횡리브와 수직보강재, 거세트 용접부</td></tr>
<tr><td>코너플레이트
(하부플렌지측)</td><td>코너플레이트와 하부플렌지, 다이아프램 용접부</td></tr>
<tr><td colspan="2">게르버힌지</td><td>원호상의 플렌지를
갖는 게르버힌지</td><td>하부플렌지와 절취된 복부와의 용접부
I단면(거더, 상로아치측 경간)
박스거더단면(트러스)</td></tr>
<tr><td colspan="2">현수교</td><td>행어 정착부</td><td>행어를 보강거더에 정착하는 행어볼트</td></tr>
<tr><td colspan="2">교각</td><td>T형교각 우각부</td><td>기둥과 보의 용접부</td></tr>
<tr><td rowspan="2">부속물</td><td>표지판
기둥</td><td>표지판 기둥과의
연결부</td><td>박스거더 복부와 표지판 기둥 기초 및 기둥분기부의 용접부</td></tr>
<tr><td>리프팅
피스</td><td>리프팅피스 설치부</td><td>플레이트거더교 외측거더 리프팅피스 부착용접부</td></tr>
</table>

2) 작용외력에 따른 요인

① 활하중의 영향

최근에 이르러 피로손상 보고가 증가하는 배경에는 비약적으로 증가한 도로교통량에 의한 피로손상의 축적을 생각할 수 있다. 즉 트럭의 대형화, 특히 과적재 차량의 존재가 피로수명에 미치는 영향이 크며, 또 산업화에 따른 물동량 증가에 의한 대형차 교통량 증가의 영향을 고려하면 부재의 피로손상 증가가 예상된다.

② 활하중 이외의 영향

도로교에서 활하중 이외의 외력이 피로에 직접적인 요인이 되는 경우로서는 바람에 의한 부재진동현상에 의해 설계 시 고려하지 못한 외력이 작용하는 경우를 지적할 수 있다. 바람에 의해 야기된 진동은 단기간에 많은 횟수의 응력반복을 발생시키기 때문에 피로손상도 공용 후, 비교적 빠른 시기에 발생하는 경우가 많다.

3) 유지관리에 따른 요인

불충분한 유지관리에 의한 부식(단면감소에 의한 응력증가 및 응력집중의 발생), 받침부의 부식이나 마모에 의한 기능저하(반복 구속응력의 발생) 등을 생각할 수 있다.

10.1.4 피로설계방법

강교량의 피로설계는 반복하중하에서 피로손상이 예상되는 구조부재 또는 이음 상세의 해석 및 설계를 실시하는 것을 말한다.

피로설계방법은 일반적으로 다음과 같이 분류할 수 있다.

1) 무한수명설계(infinite life design)

이 설계개념은 모든 피로작용을 피로한계 이하가 되도록 설계하는 방법이다. 따라서 공용중에는 정기적인 모니터링을 규정하지 않으므로, 높은 비파괴확률을 갖도록 하여야 한다.

2) 안전수명설계(safe life design)

이 설계개념은 용접이음에 초기결함이 없는 것으로 가정하여 설계하는 방법이다. 역시 공용중에는 정기적인 모니터링을 규정하지는 않으므로, 높은 비파괴확률을 갖도록 하여야 한다.

3) 파손안전설계(failure safe design)

이 설계개념은 부정정구조물이 되게 하거나 다재하경로구조물이 되도록 설계하는 방법이다. 피로파손의 경우는 힘의 재분배가 수명을 연장시키므로 파손을 검사, 보수하여 구조물의 기능을 회복시킬 수 있다. 따라서 용접구조물은 일정한 비파괴확률에 대해 설계한다.

4) 손상허용설계(damage tolerant design)

이 설계개념은 적용된 비파괴시험의 검출수준에 따라 결함의 허용결함치수를 가정하여 설계하는 방법이다. 그러므로 파괴역학적 접근방법에 의해 파손까지의 수명을 계산하며, 이 계산된 수명에 의해 검사주기를 결정한다. 따라서 용접구조물은 일정한 비파괴확률에 대해 설계한다.

10.2 피로설계 개념

여기에서는 강구조물, 특히 강교량의 피로설계에 대한 개념을 설명한다.

10.2.1 S-N 선도

피로현상은 일반적으로 외력과 반복횟수의 관계로 표현할 수 있는데, 그림 10.2에 나타낸 것과 같이 피로균열이 발생하는 개소에 작용하는 외력의 진폭(응력진폭)이 가장 중요한 요인이 된다.

그림 10.3은 용접이음 시험체에 일정진폭의 응력을 반복 작용시킨 경우의 파단까지의 회수(파단수명)를 양 대수(log-log)의 관계로 정리한 것이다. 이것을 사용하면 피로균열이 발생하여 파괴에 이르는 한계를 $S-N$선도로 나타낼 수 있다. 여기서 종축을 작용응력범위 Δf, 횡축을 반복횟수 N_f 라고 하면 이들 관계를 양 대수의 직선 식으로 나타낼 수 있다.

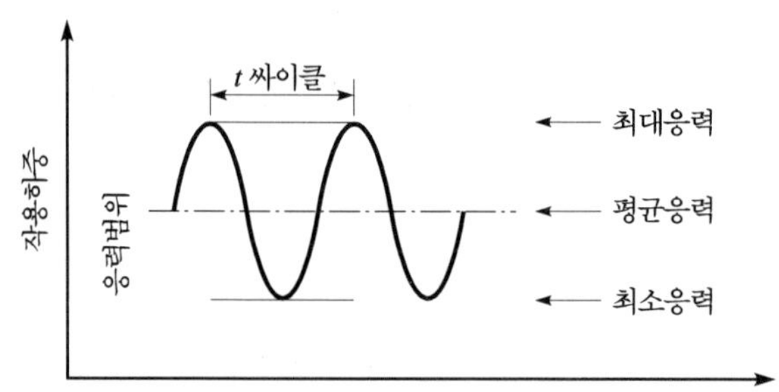

그림 10.2 작용응력범위와 시간

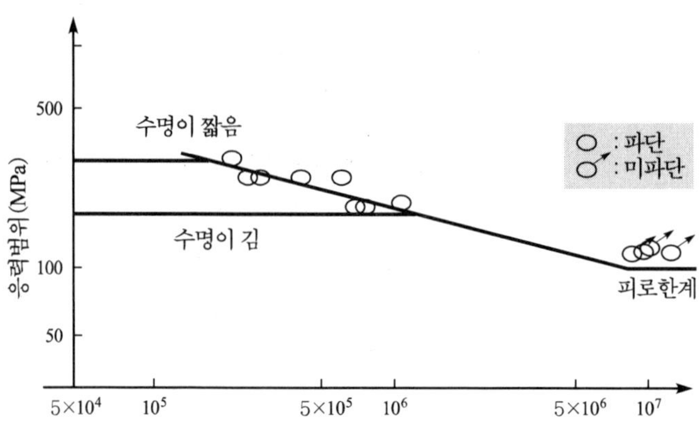

그림 10.3 S-N선도의 예
(용접이음 시험체의 그림)

$$LogN_f = C - m \cdot Log\Delta f \tag{10.1}$$

여기서 Δf : 작용응력범위 (MPa)

$C,\ m$: 재료상수

이 직선은 각 반복회수에 대한 피로강도를 나타낸 것이다. 그림에서 파단수명 N이 작용응력범위 Δf의 지수승(2~5승 정도)과 반비례 관계에 있으므로 반복하는 작용응력범위의 크기가 피로수명에 크게 영향을 미치는 것을 알 수 있다. 여기서, 양대수 그래프에서의 직선구배는 재료 및 응력집중에 따라 달라진다.

한편 응력범위를 작게 하면 반복수가 아무리 많게 되더라도 균열이 발생, 또는 성장하지 않게 되는 응력범위에 도달하는데 이 응력범위를 피로한계라고 한다. 강재의 경우는 일정 진폭하중에 대한 $S-N$선도 내에서 각 구조상세에 따라 반복횟수가 $2\times10^6 \sim 10^7$회 이상 반복하여도 직선이 수평이 되는데, 이 수평선 이하의 응력범위에서는 피로균열은 발생하지 않는다는 것을 의미한다.

대상으로 하는 구조상세부의 피로작용에 대한 피로저항능력을 피로강도라고 표현하는데, 일반적으로 작용응력범위에 대한 반복회수로 나타낸다. 또 구조요소 또는 이음부의 피로수명은 이음형식 및 이음에서의 공칭응력범위의 크기에 의존한다.

10.2.2 피로강도와 정적강도와의 차이 및 응력집중의 영향

정적 내하력에서는 강재의 연성적 성질로 인하여 평균응력(또는 공칭응력)에 의한 내하력평가가 가능하나, 피로에서는 국부적인 응력반복이 지배적이며, 또한 균열발생을 동반하므로 부재 단면적에 기초한 강도평가가 의미를 갖지 못하는 경우도 있다. 즉, 피로에서는 허용하중 이하의 작용응력의 최대치는 중요한 문제가 되지 않으며, 구조물에 반복작용하는 응력진폭에 의해 지배되므로 구조물 수명은 작용응력의 반복횟수에 의해 영향을 받는다. 그러므로 피로문제에서는 고정하중에 의한 응력의 크기는 거의 문제가 되지 않는다.

일반적으로 강재 자체의 피로강도는 표면이 평활한 경우에는 인장강도가 높을수록 높게 되는 재료의존성의 경향이 있다. 그러나 강재표면에 노치나 용접비드 등의 형상이 급변하는 응력집중부가 존재하면 이곳에서 피로균열이 발생하여 피로강도가 극단적으로 저하한다. 그림 10.4는 각종 노치를 갖는 인장강도 800MPa급 강재 시험체의 피로강도를 나타낸 것이다. 평활재의 100만회 피로강도가 700MPa정도인 것에 비해 노치가 존재하면 100MPa정도까지 저하한다. 즉, 이 그림은 응력을 전달하는 부분의 단면적은 모든 시험체에서 동일하나 피로강도는 국부적인 응력집중부의 영향에 따라 크게 달라지는 것을 나타내고 있다.

또 강교량과 같이 여러 부재가 용접에 의해 연결된 구조에서는 구조부재로서의 피로강도는 이음부의 구조적인 응력집중이나 용접부 자체의 국부적인 응력집중에 지배되므로 사용강재의 강도에 거의 영향을 받지 않는다. 따라서 고강도강재를 사용한 교량은 고정하중 경감분만큼 활하중응력이 차지하는 비율이 증가하기 때문에 오히려 피로의 영향을 받기 쉬울 수도 있다.

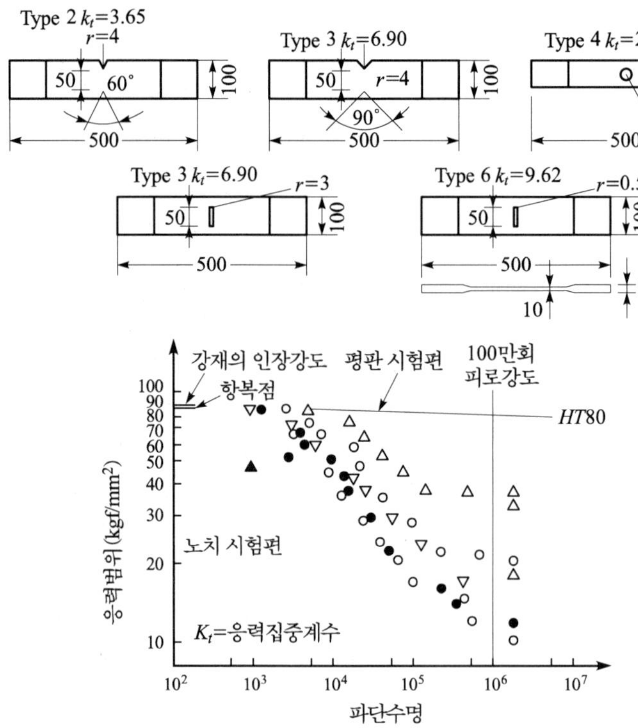

그림 10.4 노치재의 피로강도

10.2.3 용접잔류응력과 용접결함의 영향

피로균열은 인장응력의 반복에 의해 발생하나 외력으로서 압축응력만이 작용하는 용접부위에서도 용접인장잔류응력이 존재하면 피로균열이 발생하는 경우도 있다. 이것은 용접부 냉각시에 통상 항복점에 가까운 인장응력이 내부응력으로서 잔류하기 때문에 용접부에 압축응력이 작용하더라도 용접부에는 내부응력과의 중첩에 의해 인장응력이 반복작용하기 때문이다.

또 용접부에 융합불량, 균열, 언더컷, 블로우홀 등의 결함이 존재하면 이것이 응력집중의 원인이 되어 피로강도를 저하시키게 된다. 용접은 적절한 시공과 품질검사가 수행되어야 건전한 용접이음을 얻을 수 있으므로 이중 어느 하나가 결여되면 용접결함이나 용접형상의 불량 등을 발생시키게 되므로 용접시공시에는 이들이 발생되지 않도록 하는 것이 중요하다.

10.2.4 피로설계의 기본개념

1) 피로설계의 방법

피로설계에서는 이음에 관한 초기정보에 의해 적절한 응력형식을 정의하고, 응력크기를 결정하여 피로검토를 실시하는데, 피로설계에서 어떤 피로저항을 사용하는가는 피로작용으로서 어떤 응력형식을 사용하는가에 의해 결정된다.

그림 10.5에 플레이트거더 용접이음부의 응력집중의 영향을 나타내었다. 균열기

점이 되는 용접지단(toe)부에 작용하는 응력은 이음전체에서의 힘 흐름의 불연속성에 의존하는 구조적인 응력집중(기하학적 응력 또는 핫스폿(hot spot)응력이라고도 함), 용접부분 근방의 용접비드형상에 의존하는 국부적인 응력집중(유효노치응력이라고도 함)과 같은 영향을 받아 설계에서 일반적으로 사용하는 공칭휨응력보다 높게 된다.

그림 10.5를 참조로 피로설계에서 사용하는 피로작용요소와 피로저항을 분류하면 표 10.2와 같이 나타낼 수 있다. 이 가운데 가장 일반적으로 사용되고 있는 것이 공칭응력을 사용하는 $S-N$선도에 의한 피로평가이다.

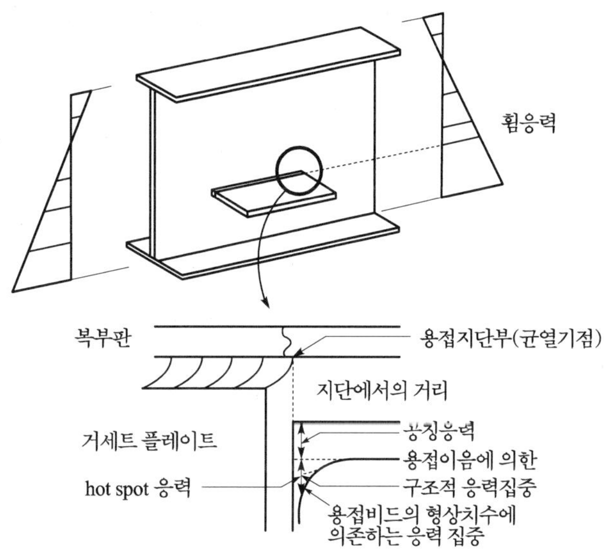

그림 10.5 용접이음부의 응력집중의 영향

표 10.2 피로작용요소와 피로저항도

피로작용요소	피로저항
공칭응력	구조상세별 공칭응력에 의한 $S-N$ 선도의 피로저항
기하학적 응력(핫스폿응력)	핫스폿(hot spot)응력의 피로저항
유효노치응력	유효노치응력에 의한 범용$S-N$ 선도의 피로저항
균열선단의 응력확대계수	균열진전속도법칙으로 주어진 재료의 균열진전에 대한 파라메터

2) 피로설계에서의 외력

부재에 작용하는 모든 하중은 적용되는 평가방법에 따라 응력 또는 응력확대계수를 사용하여 평가하며, 평가에 있어서는 피로한도에 영향을 미치는 용접에 의한 잔류응력, 부재두께 등의 요인도 고려한다.

(1) 응력범위

피로평가는 일반적으로 식(10.2) 및 식(10.3)의 응력범위 또는 응력확대계수범위를 기본으로 하여 평가한다.

$$\Delta f = f_{\max} - f_{\min} \tag{10.2}$$

$$\Delta K = K_{\max} - K_{\min} \quad (10.3)$$

이들 범위는 하중크기의 변동, 구조물에 대한 하중전달, 하중방향의 변화, 하중 및 동적응답에 의한 구조적 진동, 온도변화 등의 변동작용의 중첩을 고려하여 계산하며, 또한 피로해석에서는 구조물의 설계공용수명 동안 발생된 모든 범위의 누적 효과를 기초로 한다.

(2) 피로설계하중

피로설계하중은 설계수명 중에 구조물에 작용하는 하중특성을 충분하게 나타낼 수 있는 것으로 하는데, 하나의 하중단위 또는 복수 하중단위의 조합, 또는 대표하중단위를 사용하여 설정한다.

① 하중단위

하중단위는 구조물의 사용목적 및 예상되는 사용상황에 따라 설정하는데, 하중단위는 단위기간 내에 작용하는 하중특성을 충분하게 나타낼 수 있는 하중의 크기, 빈도 및 위치와 이동에 의해 주어진다. 복수의 하중단위를 사용하는 것이 적당한 경우에는 각각에 대해 하중단위를 설정한다.

② 대표하중단위

설계계산을 간편하게 하기 위해 복수의 하중단위를 대표로 하는 단수의 하중단위, 또는 하중크기가 변동하는 하중단위를 대표하는 하중크기를 대표치로 하는 하중단위를 피로설계하중으로 한다. 이와 같은 하중단위를 대표하중단위라고 한다.

③ 최대하중단위

최대하중단위는 설계수명 중에 구조부재에 발생하는 최대응력범위를 발생시키는 하중단위이다. 일반적으로 안전측의 신속한 피로조사를 하는 "간편 피로조사"를 실시할 때 사용한다.

(3) 응력 및 응력확대계수

① 판에서의 응력분포

하중을 받는 부재에서 판 두께의 응력분포는 그림 10.6과 같이 용접부 노치 근방에서는 비선형의 분포특성으로 나타낼 수 있다.

$$\text{노치응력} = \text{막응력}(f_m) + \text{판휨응력}(f_b) + \text{비선형피크응력}(f_p) \quad (10.4)$$

여기서 막응력은 판 두께방향으로 계산된 평균응력이며, 판휨응력은 판 두께방향의 중립축을 기준으로 선형적으로 분포하고, 비선형피크응력은 전체 응력분포에서 막응력, 판휨응력을 제외한 나머지 응력분포이다.

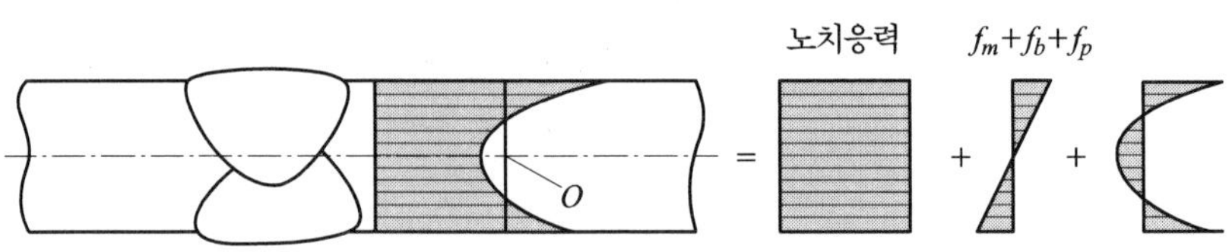

그림 10.6 각 응력성분으로 분리한 비선형응력분포

② 공칭응력

공칭응력은 피로평가방법에서 가장 보편적으로 사용되는 피로작용으로서 피로평가에서 가장 기본이 되는 응력이다.

공칭응력은 용접이음의 구조상세의 영향에 의해 발생하는 국부응력을 무시하고, 대상부위의 단면적으로 계산한 응력으로서 일반적으로 보이론이나 유한요소법에 의해 산출하며, 탄성거동하는 것으로 가정한다.

강판 사이의 불일치 등의 편심이나 하중재하모드 등의 원인에 의해 대상부에 면외방향의 휨응력이 발생하는 경우에는 면외방향의 휨응력범위 Δf_b를 추가하는 것에 의해 수직응력범위 Δf는 식(10.5)와 같이 계산한다.

$$\Delta f = \Delta f_m + (\frac{4}{5})\Delta f_b \tag{10.5}$$

다만, 식(10.5)는 판 두께가 25mm 이하인 이음에 대해서만 적용한다. 이것을 초과하는 이음에 대해서는 면외방향의 휨응력범위에 곱하는 계수를 4/5가 아니라 1로 한다.

또 설계에서 계산된 공칭응력이 실제응력보다도 낮게 되는 것이 분명한 경우에는 보정계수 α(설계계산 응력보정계수)를 곱하여 설계계산 응력범위를 보정한다.

③ 기하학적 응력 (핫스폿응력)

기하학적 응력은 일반적으로 복잡한 기하학적 형상에 의해 용접이음부의 공칭응력을 명확하게 정의할 수 없는 용접이음의 피로평가에 사용되는 응력이다. 이 방법은 특히 해양구조물과 같은 튜브구조물의 피로평가에 유용한 방법으로 추천되고 있다.

구조적 기하학적 응력은 그림 10.6과 같이 용접지단형상에 기인하는 비선형 국부응력 등의 응력집중을 제외한 구조상세로 인한 모든 응력상승이 포함된다.

④ 응력확대계수

파괴역학은 초기균열치수 a_i의 존재를 가정하여 초기균열에서 최종균열치수 a_f까지의 균열진전수명을 예측 평가하는데 유용한 수단이다. 구조용강재를 이용한 용접구조의 용접부에서 균열발생이 전체 피로수명 사이클에서 차지하는 부분은 작은 부분이므로 이 방법은 주로 피로수명, 검사주기, 균열과 같은 결함 및 변동진폭하중의 영향평가에 적절하다. 이와 같은 균열진전평가에서 균열선단의 피로작용으로 사용되는 파라메터로는 일반적으로 응력확대계수 K가 사용된다.

(4) 응력이력

응력이력은 부재의 예상 공용기간 내의 피로작용의 변동기록 및 표시로서, 이것은 피로작용에 의한 응력의 연속적인 최대, 최소의 항으로 표현된다. 여기에는 모든 하중항과 이것에 의한 동적응답도 포함된다.

응력이력은 다음과 같은 형태로 주어진다.

- 대상이 되는 구조물에서 측정한 연속적인 최대, 최소응력의 기록, 하중 및 공용기간의 기록, 또는 대표적인 연속적인 하중항의 기록

- 규정된 계수법에 의해서 얻어진 응력범위의 1차원적인 누적빈도로 여러 가지가 있으나 일반적으로는 레인플로우(Rainflow)법이 사용된다.

① Miner의 피로손상 누적법칙 및 등가응력범위

등가응력범위는 일반적으로 다음 식과 같이 피로 손상을 선형축적 개념으로 나타내는 Miner's Rule에 의해 결정된다.

$$\sum \frac{n_i}{N_i} = 1 \tag{10.6}$$

여기서, n_i =응력범위 Δf_{ri}의 발생횟수

$N_i = \Delta f_{ri}$에 대한 피로수명(fatigue life)

또한, 응력범위 f_{ri}와 피로수명 N_i과의 관계는 다음 식과 같이 표현된다.

$$N_i = A(\Delta f_{ri})^{-m} \text{ 또는 } \log N_i = C - \log \Delta f_{ri} \tag{10.7}$$

위의 식들로부터 피로수명 내의 변동응력진폭과 동일한 일정진폭의 반복횟수로 같은 정도의 피로피해를 주는 등가응력범위 Δf_e, Δv_e는 다음과 같이 구한다.

$$\Delta f_e = \left[\frac{\sum n_i \cdot \Delta f_i^{\,m}}{\sum n_i} \right]^{1/m} \tag{10.8}$$

$$\Delta v_e = \left[\frac{\sum n_i \cdot \Delta v_i^{\,m}}{\sum n_i} \right]^{1/m} \tag{10.9}$$

여기서 수직응력인 경우 $m = 3$ 또는 5, 전단응력인 경우 m = 5, Δf_i, Δv_i는 각각 응력범위히스토그램에서 구한 응력범위분포를 구성하는 수직응력 및 전단응력의 응력범위이며, n_i는 Δf_i 또는 Δv_i의 빈도이다. 이 식은 변동진폭응력 하에서의 피로평가에 사용된다.

그림 10.10에서와 같이 강구조설계기준(한계상태설계법)에서의 S-N선도는 기울기상수 m=3 또는 m=5이다. 식 (10.8) 및 (10.9)는 응력이력에서의 모든 응력범위가 기울기상수 3 또는 5의 S-N선도상에 있을 때의 등가응력범위를 나타낸 것이다. 만일 응력범위가 기울기상수 3 및 5의 S-N선도상에 위치할 경우에 대한 등가응력범위 산정은 아래와 같다.

식 (10.6) 및 (10.7)을 통해 두 가지 기울기를 가지는 응력이력에 대한 피로손상식은 아래와 같다.

$$D = \sum \frac{n_i}{A(\Delta f_i)^{-3}} + \sum \frac{n_j}{B(\Delta f_j)^{-5}} \tag{10.10}$$

여기서, n_i =응력범위 Δf_i의 발생횟수

n_j =응력범위 Δf_j의 발생횟수

Δf_i =기울기 상수 $m=3$에 해당하는 응력범위

Δf_j =기울기 상수 $m=5$에 해당하는 응력범위

S-N선도에서 일정진폭피로한계값 $(\Delta F)_{TH}$에 해당하는 반복횟수N_{TH}는 기울기 상수 m=3과 m=5의 선도가 만나는 지점이므로 두 식 모두에 적용 가능하다.

$$N_{TH} = A(\Delta F_{TH})^{-3} = B(\Delta F_{TH})^{-5} \tag{10.11}$$

또한, 피로손상은 등가응력범위에서의 피로수명와 응력범위 발생횟수의 비로 식 (10.12)처럼 나타낼 수 있다. 응력이력이 기울기상수 3 및 5의 S-N선도 두 부분에 걸쳐 있을 경우에는 등가응력범위가 둘 중 어느 기울기에 해당하는 지 결정해야 되지만 기울기상수 3과 5의 결과값은 동일하므로 본 교제에서는 기울기상수 3을 적용하여 식을 유도하였다.

$$D = \frac{N}{N_{equ}} = \frac{N}{A(\Delta f_e)^{-3}} = \frac{\sum n_i + \sum n_j}{A(\Delta f_e)^{-3}} \tag{10.12}$$

식 (10.10) 및 (10.12)를 연립하여 식 (10.11)을 대입하면 등가응력범위는 식 (10.13)과 같이 나타낼 수 있다.

$$\Delta F_e = \left[\frac{\sum n_i (\Delta f_i)^3 + \sum n_j (\Delta f_j)^3 (\Delta f_j / \Delta F_{TH})^2}{\sum n_i + \sum n_j} \right]^{1/3} \tag{10.13}$$

여기서, $Q_i = n_i (\Delta f_i)^3$, $Q_j = n_j (\Delta f_j)^3 (\Delta f_j / \Delta F_{TH})^2$로 정의하여 식 (10.13)을 단순화시키면 아래와 같다.

$$\Delta F_e = \left[\frac{\sum Q_i + \sum Q_j}{\sum n_i + \sum n_j} \right]^{1/3} \tag{10.14}$$

10.2.5 피로저항

1) 기본개념

피로저항은 일반적으로 일정 또는 변동진폭시험에 의해 얻어지는데, 통상은 일정진폭시험에 얻어진 피로저항을 기본으로 한다. 이 피로저항에 사용하는 피로한계는 파손의 정의에 따라 다르게 사용되는데, 소형시험편에서는 부재의 완전파단까지의 반복수를 의미하며, 구조부재에 대해서는 일반적으로 균열이 부재두께를 관통하는 것을 파손의 한계로 사용한다.

용접이음의 피로강도는 일반적으로 이음형식별로 이음에 작용하는 응력범위 Δf_r과 이음의 수명 N_f를 사용하여 식 (10.15)로 나타낼 수 있다.

$$\Delta f_r^m \cdot N_f = A \quad (A\text{:이음형식별로 일정}) \tag{10.15}$$

여기서 m은 재료상수

f_r은 피로한도

이 식에서의 피로저항데이터는 비파괴확률 95%(기준에 따라서는 97.5%로 나타내는 경우도 있다)에 대응하는 특성값이다. 식에서의 m값은 일반적으로 강구조물

용접이음의 경우, 그 값을 3으로 부여하고 있다.

또 이음별 피로강도를 나타내는 경우 일반적으로 200만회 피로강도(반복수 200만회에서 이음이 파단에 도달하는 응력범위 : 기본허용피로응력범위라고도 함)를 사용하여 왔다. 이 200만회라고 하는 반복수는 과거 "피로한도에 대응하는 반복수"로서 인식된 측면도 있으나, 용접이음의 경우 반드시 그렇지는 않다. 즉, 200만회라고 하는 반복회수는 $S-N$선도를 표현하기 위한 대표값의 하나로서 생각하여야 하는데, 이는 용접이음의 경우에는 응력집중영향에 의해 피로한도가 200만회 피로강도보다 낮게 되는 경우가 많기 때문이다.

2) 구조상세등급의 피로저항

강재의 구조상세 및 용접이음은 그림 10.7에 나타낸 예와 같이 여러 가지 형태로 나타낼 수 있다. 따라서 각국의 설계기준에서는 이러한 여러 이음형태에 대해 각 이음의 피로저항을 규정하고 있다. 여기서의 피로저항은 공칭응력범위를 사용한다.

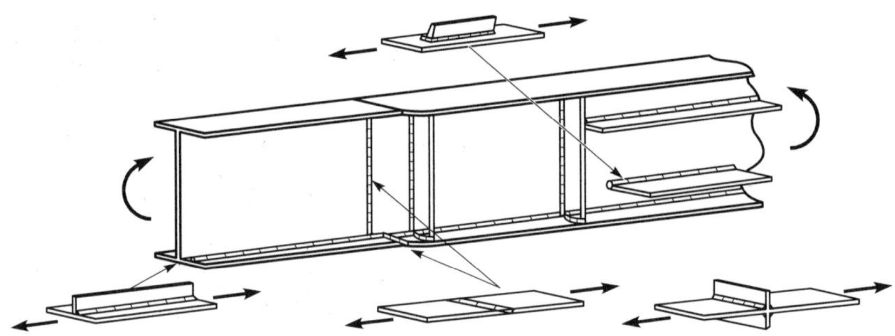

그림 10.7 플레이트거더교 거더에 포함되는 이음의 예

3) 피로대책의 기본

피로손상을 방지하기 위해서는 대상 부위에 대해 피로강도를 높이던가 또는 작용하는 응력범위를 작게 하는 것이 대응책의 기본이 된다.

이것을 $S-N$선도상에서 설명한 것이 그림 10.8이다. 예를 들면 임의의 이음에 대해 응력범위 f_{r0}가 N_{f0}회 반복되는 경우(점 A), 용접이음이 파단되지 않으려면 작용응력범위를 저하시키든가(점 A를 점 A'로 이동), 또는 용접이음의 피로강도를 높게 하는 것의 2가지 대응을 생각할 수 있다.

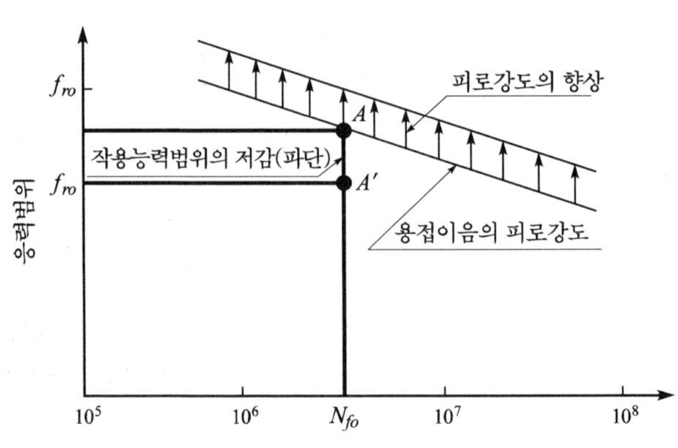

그림 10.8 작용응력범위의 저감과 피로강도 향상

피로강도 향상 방법의 대표적인 방법으로는 다음과 같이 용접후의 피로저항을 향상시켜 피로강도를 향상시키는 것이 일반적인 방법이다.

- 용접단면의 향상
- 잔류응력처리에 의한 향상
- 환경조건 개선에 의한 방법

일반적으로 동일 용접조건에서도 치수형상이나 용접조건 등이 달라지면 그 피로저항이 달라지나 여기에 나타낸 등급은 이음형식별로 각종 영향을 고려하여 하나의 안전측으로 설정된 값이다. $S-N$선도를 이용한 피로저항별 이음분류는 분류한 이음 내의 용접형상에 따른 국부적인 응력집중, 이음에 포함된 용접결함의 크기와 형상, 응력방향, 금속조직이나 잔류응력, 기하학적 불일치, 용접부의 다듬질 등의 영향을 고려한 것이다. 그러므로 설계에서는 이들 등급을 참조하여 각 이음이 어느 정도의 피로강도를 갖고 있는가를 개략적으로 파악하는 것이 중요하다.

강교량과 같이 여러 부재들의 연결로 구성되는 각종 구조상세들이 포함되는 강구조물의 「피로평가(fatigue assessment)」에서 모든 이음에 대해 매번 실험을 실시하여 $S-N$선도를 설정하는 것은 번잡할 뿐만 아니라 실질적으로는 거의 불가능하기 때문에 사전에 몇 개의 강도등급으로 $S-N$선도를 정하고 각 이음상세가 어디에 해당되는가를 분류(이음분류)하는 방법을 사용한다. 또한 피로강도 평가에서는 부재의 피로강도에 영향을 미치는 인자인 응력비(평균응력)와 판 두께에 대한 영향을 고려하기 위하여 이들은 평가식에서 각각 응력비보정계수 $f(r)$와 판두께보정계수 C_t로 고려하기도 한다.

4) 균열성장에 대한 피로저항

피로균열의 발생은 하중이 반복적으로 작용하여 재료를 구성하고 있는 결정입자 내에 변형률이 누적되어 탄성적 회복력이 감퇴하기 때문인 것으로 알려져 있다. 반복응력에 수반하여 발생되는 히스테리시스곡선으로 둘러싸인 면적에 상당하는 에너지는 영구변형, 열 등으로 소비되어지나, 이러한 에너지의 일부가 내부에 누적되어 그것이 어느 한계값을 초과하면 피로균열이 발생하게 된다. 이와 같이 발생된 피로균열은 반복하중의 작용회수의 증가와 함께 균열이 점진적으로 성장하게 되는데 이것을 균열의 성장단계라고 한다. 이와 같은 균열성장에 의해 금속파단면에는 줄무늬(striation)가 발생된다. 이 구간에서는 균열진전속도와 응력확대계수범위와의 관계는 그림 10.9와 같이 양대수상에서 다음과 같은 Paris-Eldogan 법칙의 직선관계식으로 나타낼 수 있다. 또 이 그림에는 각 국가별의 피로균열성장선도의 예도 함께 나타내었다.

$$\frac{da}{dN} = C\ (\Delta K^m - \Delta K_{th}^m) \tag{10.16}$$

여기서 da/dN : 균열성장속도 (m/cycle)

ΔK : 응력확대계수범위 (MPa $\sqrt{\text{m}}$)

ΔK_{th} : 하한계응력확대계수범위 (MPa $\sqrt{\text{m}}$)

C, m : 재료상수

응력확대계수범위(stress intensity factor range) ΔK는 식(10.17)로 나타낸다.

$$\Delta K = \Delta f \sqrt{\pi a} F \quad (10.17)$$

여기서 Δf : 응력범위 (MPa)

a : 균열길이 (m)

F : 응력확대계수범위의 보정계수($= F_g \cdot F_e \cdot F_s \cdot F_t \cdot F_h z$)

식(10.17)에서 응력확대계수범위의 보정계수는 각각 균열에 관계되는 응력집중, 균열형상, 표면균열, 이음의 판두께, 판폭 및 균열편심에 대한 보정계수이다.

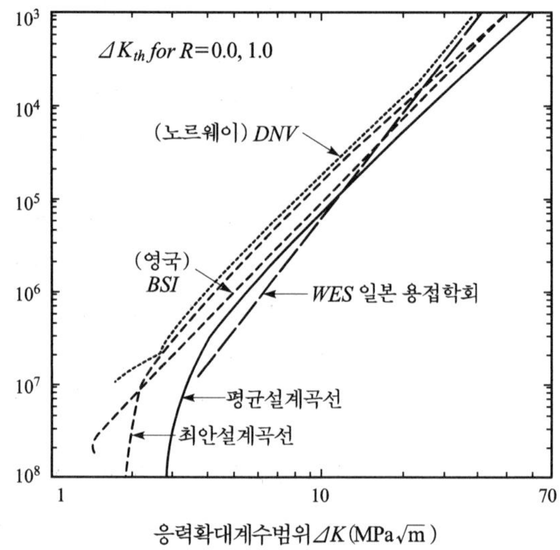

그림 10.9 피로균열성장선도

10.3 LRFD 피로설계

10.3.1 LRFD 피로설계 개념

이 책에서는 국내의 설계기준과의 일치를 위하여 피로허용응력범위(공칭피로강도)에 관해서는 강구조설계기준을 적용하는 것으로 하며, 설계피로하중 및 피로하중의 반복회수 등에 관해서는 도로교설계기준을 적용하는 것으로 한다.

강구조설계기준에서 제시하고 있는 설계기준은 기본식을 피로하중 및 피로강도에 관한 표현으로 바꿈으로써 다음과 같이 나타낼 수 있으며, 각 구조상세는 하중유발피로에 대하여 이 식을 만족시키도록 하고 있다.

$$\eta \gamma (\Delta f) \le \phi (\Delta F)_n \quad (10.18)$$

여기서, ϕ : 각 한계상태에 대한 저항계수

η : 연성, 여용성, 구조물의 중요도에 관련된 하중수정계수

그러나 피로 및 파괴한계상태에 대해서 $\eta = 1.0$, $\phi = 1.0$ 이므로 식(10.18)은 다음과 같이 표현될 수 있다.

$$\gamma(\Delta f) \le (\Delta F)_n \tag{10.19}$$

여기서, γ : 하중조합 규정에 명시된 하중계수

(Δf) : 하중효과, 즉 피로설계하중 통과 시 발생되는 활하중 응력범위 (MPa)

$(\Delta F)_n$: 표 10.3 및 표 10.4에 규정된 공칭피로강도 (MPa)

강구조설계기준에서는 피로를 하중유발피로와 변형유발피로로 구분하고 하중유발피로의 경우 피로강도는 다음과 같이 규정한다.

일정진폭응력에 대한 각 상세별 공칭피로강도는 다음과 같다.

$$(\Delta F)_n = \left(\frac{N_{TH}}{N}\right)^{\frac{1}{3}} (\Delta F)_{TH}, \quad N \le N_{TH} \tag{10.20}$$

다양한 진폭응력에 대한 각 상세별 공칭피로강도는 다음과 같다.

$$(\Delta F)_n = \left(\frac{N_{TH}}{N}\right)^{\frac{1}{3}} (\Delta F)_{TH}, \quad N \le N_{TH} \tag{10.21}$$

$$= \left(\frac{N_{TH}}{N}\right)^{\frac{1}{5}} (\Delta F)_{TH}, \quad N_{TH} \le N \le N_{CL} \tag{10.22}$$

여기서, N : 대상 구조상세가 설계수명 동안 받을 것으로 예상되는 활하중에 의한 응력범위 반복횟수

$(\Delta F)_{TH}$: 표 10.3에 주어진 일정진폭 피로한계값 (MPa)

$(\Delta F)_{CL}$: 표 10.4에 주어진 무한수명 공칭피로강도 (MPa)

N_{TH}: 일정진폭 피로한계값($(\Delta F)_{TH}$)에 해당하는 응력범위 반복회수 (표 10.3)

N_{CL}: 무한수명 응력범위(cut-off limit)에 해당하는 응력범위 반복회수 (표 10.4)

더욱 많은 교통량을 갖는 교량에 대하여(즉, 다양한 진폭의 응력범위의 경우), $(\Delta F)_{TH}$보다 작은 응력범위에서 발생하는 피로손상은 $(\Delta F)_{TH}$보다 큰 경우의 피로손상보다 작게 된다. 이론적으로 작용 응력범위가 $(\Delta F)_{TH}$보다 작으면 피로손상이 없어야 하지만 $(\Delta F)_{TH}$보다 큰 응력범위에 의한 손상으로 인해 $(\Delta F)_{TH}$보다 낮은 응력범위에서도 손상이 일어날 수 있다. 이러한 점을 고려해서 대상 구조상세가 설계수명 동안 받을 것으로 예상되는 활하중에 의한 응력범위 반복횟수(N)가 $(\Delta F)_{TH}$에 해당하는 응력범위 반복회수(N_{TH})보다 크고 무한수명 공칭피로강도(cut-off limit)에 해당하는 응력범위 반복회수(N_{CL})보다 작은 경우, S-N 선도의

기울기 m=5로 조정된 식(10.22)를 적용하여 공칭피로강도를 산정한다. 그림 10.10은 범주 A에서 E'까지의 공칭피로강도를 나타낸 그래프이다.

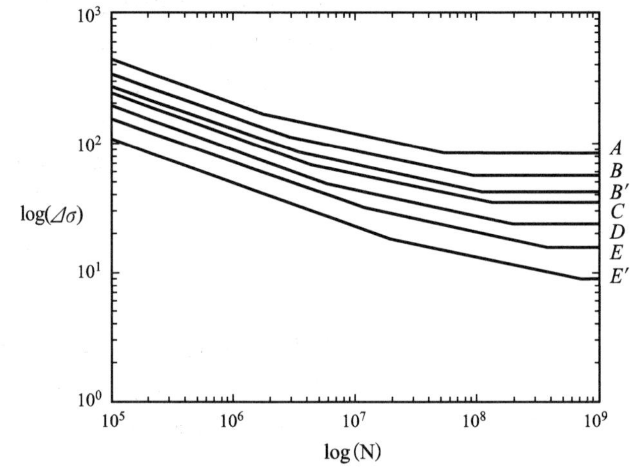

그림 10.10 피로강도곡선

표 10.3 일정진폭 피로한계값($(\Delta F)_{TH}$) 및 반복횟수(N_{TH})

상세범주	$(\Delta F)_{TH}$(MPa)	$N_{TH}(\times 10^6)$
A	165.0	1.83
B	110.0	2.95
B'	82.7	3.54
C	69.0	4.38
C'	82.7	2.55
D	48.3	6.40
E	31.0	12.12
E'	17.9	22.32
축방향인장을 받는 F8T 볼트	100.0	0.84
축방향인장을 받는 F10T(S10T) 볼트	110.0	0.77
축방향인장을 받는 F13T(S13T) 볼트	80.0	0.84

표 10.4 무한수명 공칭피로강도($(\Delta F)_{CL}$) 및 반복횟수(N_{CL})

상세범주	$(\Delta F)_{CL}$ (MPa)	$N_{CL}(\times 10^6)$
A	82.5	58.41
B	55.0	94.49
B'	41.4	113.11
C	34.5	140.27
C'	41.4	81.47
D	24.2	204.76
E	15.5	387.77
E'	9.0	714.17
축방향인장을 받는 F8T 볼트	50.0	6.75
축방향인장을 받는 F10T(S10T) 볼트	55.0	6.13
축방향인장을 받는 F13T(S13T) 볼트	40.0	6.75

강구조설계기준에서 제시하고 있는 기준에 따른 피로설계는 일반적으로 다음과 같은 절차를 통하여 수행된다.

(1) 대상 교량의 설계수명 동안 통과할 것으로 예상되는 설계하중에 대한 응력반복회수를 결정한다.
(2) 대상 구조부재의 상세범주를 정하고 이에 해당하는 상세범주와 응력반복회수에 대한 허용피로응력범위를 결정한다.
(3) 각 부재단면에서 충격계수를 고려한 활하중에 의해 발생되는 최대응력범위를 구한다.
(4) (3)에서 구한 최대응력범위가 (2)에서 구한 허용피로응력범위 내에 있는가를 검토한다.

그림 10.11은 한계상태설계법에 의한 피로설계 흐름도이며, 각 단계별로 아래에서 상세히 설명한다.

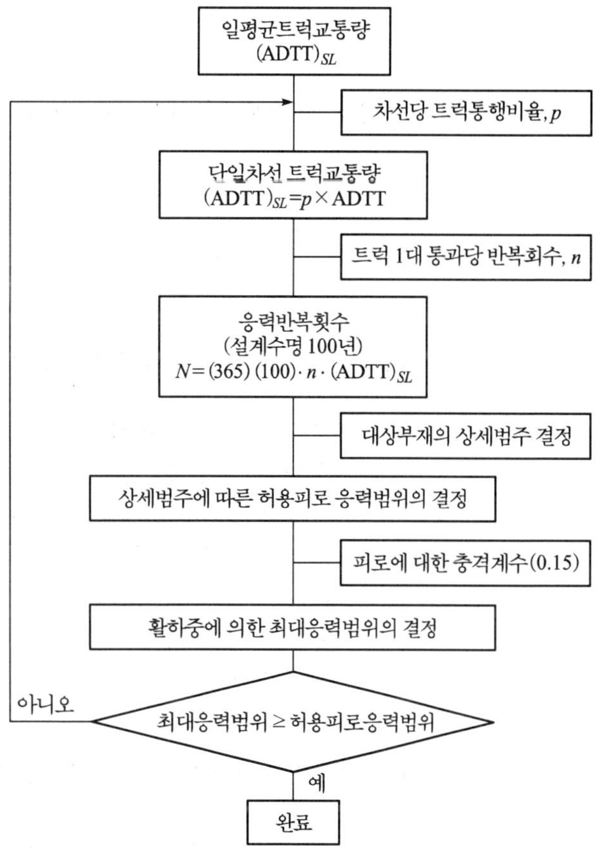

그림 10.11 **피로설계 흐름도**

10.3.2 피로설계응력범위의 반복회수 결정

피로하중의 반복회수를 결정하기 위하여 도로교설계기준에서의 규정을 적용하여 일반적으로 단일차로 일평균트럭교통량$(ADTT)_{SL}$을 사용한다. 피로하중의 반복회수는 교량의 모든 부재에 적용 가능하며, 통행차량수가 적은 경우에도 적용할 수 있다. 단일차로의 일평균트럭교통량에 대한 정확한 정보가 없는 경우에는 일평균트럭교통량과 차로당 통행비율을 이용하여 다음과 같이 결정한다[도로교설계기준(한계상태설계법)].

$$(\mathrm{ADTT})_{\mathrm{SL}} = p \times \mathrm{ADTT} \tag{10.23}$$

여기서 p는 한 차로에서의 트럭교통량 비율로서 1차로의 경우에는 1.00, 2차로인 경우에는 0.85, 3차로 이상인 경우에는 0.80이다. 따라서 설계피로수명 100년에 대한 총 반복회수는 다음과 같다.

$$N = (100\,\mathrm{years}) \cdot (365\,\mathrm{days}) \cdot n \cdot (\mathrm{ADTT})_{\mathrm{SL}} \tag{10.24}$$

여기서 n은 트럭 한대 통과 시 발생하는 응력범위의 반복회수이다.

10.3.3 부재에 관련된 구조상세의 상세범주 및 공칭피로강도 결정

강구조설계기준으로부터 상세범주를 결정하고, 상세범주에 따른 공칭피로강도는 식(10.20) ~ (10.22)를 이용하여 구할 수 있다. 트럭 통행량의 예측이 어려울 경우에는 무한수명의 경우로 설계하고 공칭피로강도는 $(\Delta F)_{CL}$을 적용한다.

10.3.4 설계피로하중에 의해 발생되는 피로설계응력범위 결정

도로교설계기준에서는 피로설계트럭하중(각각의 축간 거리 4.2 m)을 설계피로하중으로 규정하고 있으며, 설계차로수에 관계없이 횡방향, 종방향으로 1대 재하를 원칙으로 하고 있다. 따라서 설계피로하중에 의한 피로설계응력범위는 설계차로수에 관계없이 대상부재의 상세부위에 가장 불리한 위치에 설계트럭하중 1대의 주행에 의해 발생되는 최대응력범위가 된다. 또한 도로교설계기준의 피로한계상태에 대한 충격계수는 부재의 종류에 관계없이 0.15를 사용하고 하중계수는 0.75를 사용하도록 규정하고 있다.

10.3.5 공칭피로강도$(\Delta F)_n$와 활하중에 의한 최대응력범위(ΔF)의 비교

피로설계시에는 설계피로하중에 의한 최대응력범위가 단일차로 트럭교통량에 따른 공칭피로강도를 초과하지 않도록 설계한다.

10.4 예제

예제 10.1

지간장 50m의 콘크리트 바닥판을 갖는 단순 I형 합성플레이트거더교로 단면 형상과 상세는 그림 10.12와 같다. 이 교량에 대해 피로응력을 도로교설계기준(한계상태설계법) 및 강구조설계기준(한계상태설계법)을 사용하여 검토하시오.
(단, 단일차로의 일평균 트럭교통량(ADTTSL)은 2,500대이며 설계피로수명은 100년으로 한다. 대상부재 구조상세는 복부판에 용접된 수직보강재의 용접단부이다.)

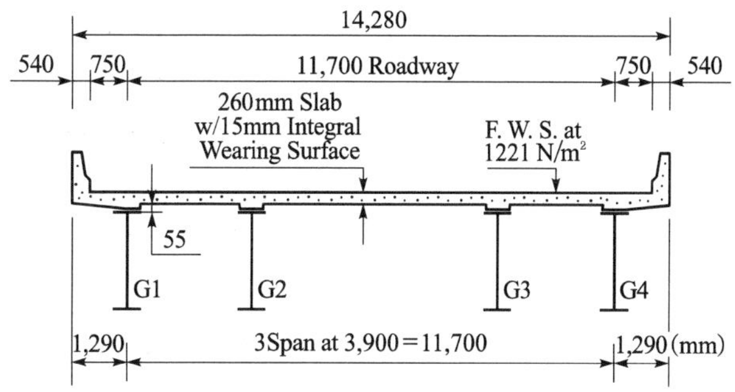

그림 10.12 거더의 간편한 피로평가

풀이

1) 해석단면의 가정

내측거더와 외측거더에 대한 해석단면은 동일한 단면을 갖는 것으로 가정한다. ($I_g = 104.2 \times 10^9 \text{mm}^4$)

2) 피로트럭하중에 의한 휨모멘트 해석

피로트럭하중에 의한 최대응력범위를 결정하기 위하여 먼저 피로트럭하중에 의한 대상부위의 최대휨모멘트를 계산하여야 한다.

피로트럭하중은 도로교설계기준(한계상태설계법)에서 규정대로 설계차로수에 관계없이 횡방향, 종방향으로 설계대상부재에 가장 불리한 위치에 1대만을 재하시키는 것으로 한다. 합성거더에 따른 내측거더의 유효폭을 계산하여 정리하면 그림 10.13과 같다. 합성단면은 강재단면과 슬래브 유효폭의 환산단면으로 구성되고, 활하중은 단기합성단면에 작용한다. 이를 정리하면 그림 10.14와 같다. 횡방향으로의 피로트럭하중은 내측거더(G3)에 재하하는 것으로 가정한다.

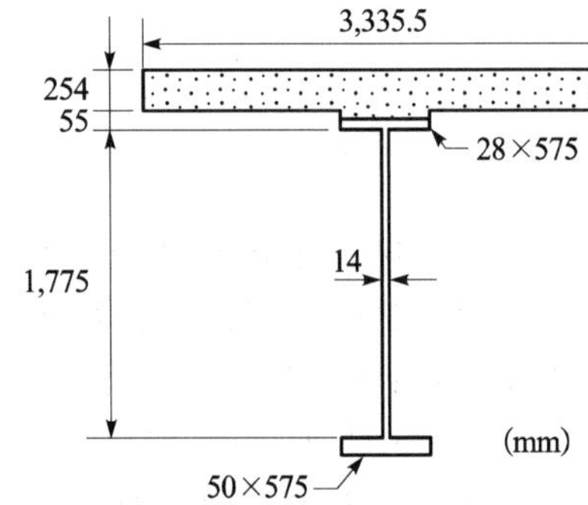

그림 10.13

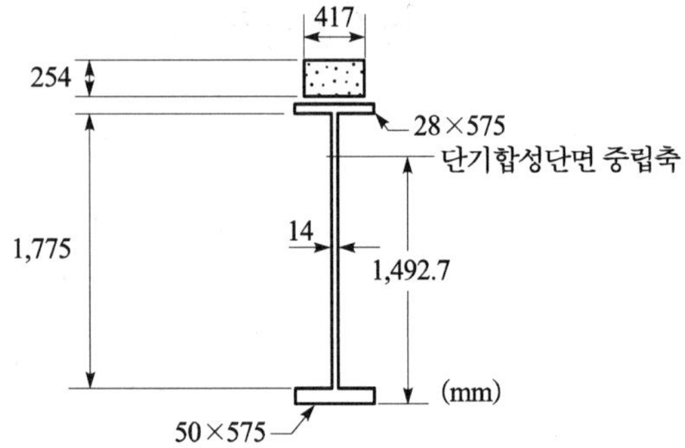

그림 10.14

(1) 모멘트 포락선도

내측거더(G3)의 최대휨모멘트를 구하기 위하여 피로트럭하중의 종방향 진행에 의한 최대휨모멘트의 포락선도를 그림 10.15와 같이 작성한다. 거더의 설계과정에서는 일반적으로 단면을 적당한 간격으로 나누어 모멘트의 크기에 따라 설계한다. 절대최대모멘트를 구하는 대신에 각 절점에서 발생하는 최대모멘트를 구하여 그 구간의 설계모멘트로 이용한다. 여기서, 피로트럭하중은 도로교설계기준(한계상태설계법)에 명시되어 있는 대로 표준트럭하중(KL-510)의 80%를 적용한다.

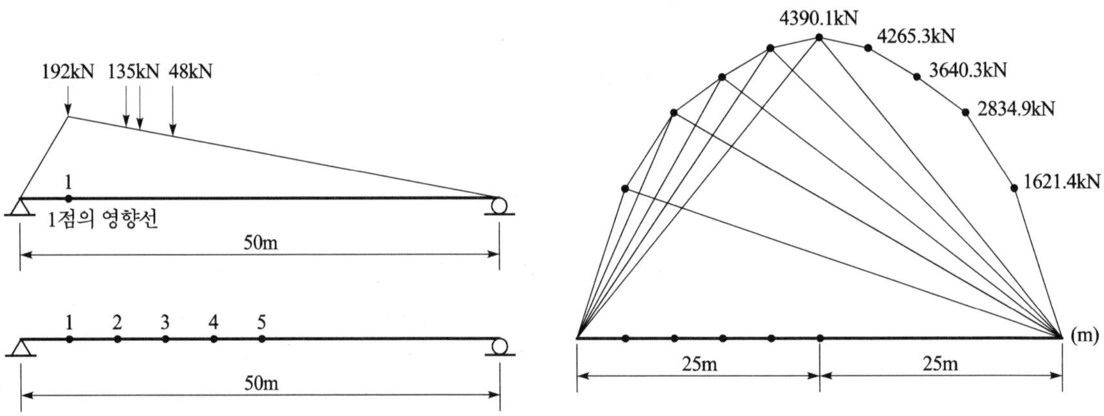

그림 10.15
포락선도

(2) 피로하중상태에서의 휨모멘트

설계피로하중에 의해 발생되는 최대 응력범위는 피로트럭하중에 의한 모멘트(LL)에 피로한계상태에 대한 충격계수(IM), 분배계수(DF), 하중계수(γ)를 적용하여 구할 수 있다. 도로교설계기준(한계상태설계법)에 규정되어 있는 대로 피로한계상태에서의 충격계수는 부재의 종류와 관계없이 0.15를 사용하고 하중계수는 0.75를 사용한다. 한 개의 설계차로재하에 따른 활하중분배계수는 도로교설계기준(한계상태설계법)에 따라 계산해 보면 DF= 0.393이다.

표 10.5 피로하중상태에서의 모멘트와 응력범위

(N · mm×10[6])

위치(x/L)	LL(1+IM)		DF[LL(1+IM)]			γ · DF[LL(1+IM)]	
	M+	M−	DF	M+	M−	M+	M−
0.0	0	0	0.393	0	0	0	0
0.1	1865	0	0.393	733	0	550	0
0.2	3260	0	0.393	1282	0	962	0
0.3	4187	0	0.393	1646	0	1235	0
0.4	4905	0	0.393	1928	0	1446	0
0.5	5049	0	0.393	1985	0	1489	0
0.6	4905	0	0.393	1928	0	1446	0
0.7	4187	0	0.393	1646	0	1235	0
0.8	3260	0	0.393	1282	0	962	0
0.9	1865	0	0.393	733	0	550	0
1.0	0	0	0.393	0	0	0	0

3) 피로한계상태 해석

(1) STEP 1. 피로설계응력범위의 반복회수 결정

설계피로수명 100년에 대한 총 반복회수, N

$(ADTT)_{SL} = 2500$ trucks/day

$N = 365(100)(1)(2500) = 91{,}250{,}000$ 회

(2) STEP 2. 대상부재에 관련된 구조상세의 범주 및 공칭피로강도 결정

- 대상부재의 구조상세

  대상부재의 구조상세는 수직보강재를 복부판에 용접보강한 경우의 용접단부로 강구조설계기준의 규정에 따라 C'등급으로 분류된다.

- 공칭피로강도

  상세범주 C'에서의 $(\Delta F)_{CL} = 41.4\,MPa$, $N_{CL} = 81{,}470{,}000$

  $[N = 91{,}250{,}000] > [N_{CL} = 81{,}470{,}000]$ 이므로 무한수명 설계에서의

  공칭피로강도 $(\Delta F)_n = (\Delta F)_{CL} = 41.4\,\text{MPa}$

(3) STEP 3. 설계피로하중에 의해 발생되는 최대피로설계응력범위 결정

$$\gamma(\Delta f) = \frac{\gamma \cdot DF[LL(1+IM)]}{I_g} y$$

$$= \frac{1.489 \times 10^9}{104.2 \times 10^9}\{1{,}492.7 - 50 - 35\} = 20.1\,MPa$$

여기서, 강구조설계기준 수직보강재 부착방법의 규정에 의해 인장플랜지와 수직보강재 사이의 간격은 35mm로 하였다.

(4) STEP 4. 공칭피로강도와 최대피로설계응력범위의 비교

$\gamma(\Delta f) \le (\Delta F)_n$

$20.1\text{ MPa} < 41.4\text{ MPa} \therefore\ O.K$

예제 10.2

소규모 제조공장에서 사용될 수 있는 천장크레인(overhead crane)에서 이 예제에서는 단순지지(simply-supported) 및 지간장(span)이 10m인 크레인 거더를 고려한다. 이 거더의 단면은 필렛용접(fillet-welding)으로 3개의 플레이트를 연결하여 I형으로 만들어진다 (그림 10.16). 플랜지 플레이트는 폭 350mm, 두께 22mm이며, 웨브 플레이트는 폭 306mm, 두께 14mm이다. 이 단면의 단면2차모멘트는 $448 \times 10^6 \mathrm{mm}^4$이다. 이 크레인의 주요 용도는 공장 한쪽 끝에서 다른 끝까지 240kN의 레이들(ladle)을 운반하는 것이며, 이 240kN의 하중은 거더에 단일 집중하중으로 작용한다고 가정한다. 이 크레인은 시간당 2회, 하루 8시간, 주 5일로 운영되며 이 공장의 설계수명은 50년이다.

강구조설계기준(한계상태설계법)를 이용하여 이 크레인 거더의 피로수명이 만족스러운지 검토하시오.

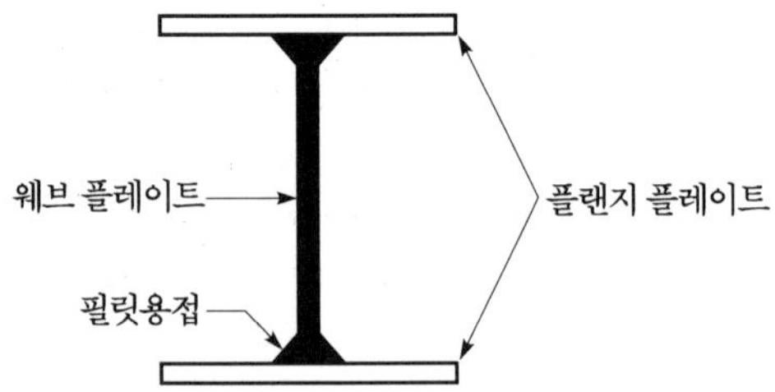

그림 10.16

풀이

1) 응력반복횟수(number of stress cycles) (이 경우, 하중반복횟수와 동일함)
   N＝(2회/시간)(8시간/일)(5일/주)(52주/년)(50년)＝208,000회

2) 상세 범주(detail classification)
   그림 10.16은 강구조설계기준에 따라 상세범주 B에 해당한다. 표 10.3에서와 같이 상세범주 B에서의 일정진폭 피로한계값($(\Delta F)_{TH}$)은 110MPa이고 이에 해당하는 응력범위 반복횟수(N_{TH})는 2.95×10^6이다.
   $[N = 208{,}000] < [N_{TH} = 2{,}950{,}000]$이므로 일정진폭응력에 대한 공칭피로강도(허용응력범위)는 아래와 같이 계산한다.

$$(\Delta F)_N = \left(\frac{N_{TH}}{N}\right)^{1/3} (\Delta F)_{TH} = \left(\frac{2{,}950{,}000}{208{,}000}\right)^{1/3} \cdot 110\,\mathrm{MPa} = 266.3\,\mathrm{MPa}$$

3) 작용 응력범위 계산

$$\sigma_{\min} = 0$$

$$M = \frac{PL}{4} = \frac{(240 \times 10^3 \mathrm{N}) \cdot (10{,}000\,\mathrm{mm})}{4} = 600 \times 10^6 \mathrm{N} \cdot \mathrm{mm}$$

$$\therefore \sigma_{\max} = \frac{My}{I} = \frac{(600 \times 10^6 \mathrm{N} \cdot \mathrm{mm}) \cdot (175\mathrm{mm})}{(448 \times 10^6 \mathrm{mm}^4)} = 234.4\,\mathrm{MPa}$$

   그러므로, $\Delta\sigma = 234.4 - 0 = 234.4\,\mathrm{MPa}$
   작용응력범위(234.4MPa)가 허용피로응력범위(266.3kN)보다 작으므로 이 크레인거더의 피로수명은 만족스럽다.

이 문제에 접근하는 또 다른 방법은 실제로 발생하는 응력반복횟수와 작용응력범위에 해당하는 허용반복횟수를 비교하는 것이다. 작용응력범위 234.4MPa에 대한 허용반복회수는 아래와 같이 304,879회이고, 이는 설계수명동안 실제로 발생하는 응력반복회수(208,000회)보다 크므로 이 크레인거더의 피로수명은 만족스럽다.

$$(\Delta F)_n = (\frac{N_{TH}}{N})^{\frac{1}{3}} (\Delta F)_{TH}$$

$$234.4\text{MPa} = (\frac{2.95 \times 10^6}{\text{N}})^{\frac{1}{3}} \cdot 110\text{MPa}$$

N=304,879회

예제 10.3

예제 10.2의 크레인거더가 기존 하중(240kN)의 이동 외에도 추가적으로 200kN의 하중을 시간당 1회 이동해야 한다. 이 크레인거더의 피로수명은 여전히 만족스러운가? (그 외 모든 세부사항은 예제 10.2에서와 동일하다.)

풀이

$P_1 = 240\,\text{kN}$

$P_2 = 200\,\text{kN}$

1) 예제 10.2에 따르면 기존 하중 수준(240kN)에서의 응력반복횟수는 208,000(=n_1)이고 피로수명은 304,879(=N_1)이다.

2) 새로운 하중 수준(200 kN)에서의 작용 응력반복횟수는 N=(1 회/시간)(8시간/일)(5일/주)(52주/년)(50년)=104,000(=n_2).

3) 새로운 하중 수준에서의 피로수명은 아래와 같이 산정한다.
기존 하중 수준에서 거더에 작용하는 최대 응력범위는 234.4MPa이고 새로운 하중 수준에서의 응력범위는 $\left(\frac{200\,\text{kN}}{240\,\text{kN}}\right) \cdot (234.4\,\text{MPa}) = 195.3\text{MPa}$이다.
다양한 진폭응력(이 예제에서는 2개의 진폭응력)에 대한 상세범주 B의 공칭피로강도식을 적용하면, 새로운 하중 수준에서의 공칭피로강도(허용응력범위)는 $[N = 104{,}000] < [N_{TH} = 2{,}950{,}000]$이므로 식(10.20)을 적용하여

$$195.3\,\text{MPa} = (\frac{2.95 \times 10^6}{\text{N}})^{\frac{1}{3}} \cdot 110\text{MPa}$$

N_2=527,100회

$$\sum \frac{n_i}{N_i} = 1 \text{ or}$$

$$\frac{n_1}{N_1} + \frac{n_2}{N_2} = \frac{208{,}000}{304{,}879} + \frac{104{,}000}{527{,}100} = 0.68 + 0.20 = 0.88$$

총 피로손상량이 1.0보다 작으므로 이 크레인거더의 피로수명은 여전히 만족스럽다.

예제 10.4

등가응력방법(equivalent stress method)을 사용하여 예제 10.3에서 적용된 하중에 의해 소비된 피로수명의 비율을 결정하라.

풀이

예제 10.2와 10.3에서의 결과를 요약하면,

n_1=208,000회 ΔF_1=234.4MPa

n_2=104,000회 ΔF_2=195.3MPa

$\sum n_i$=208,000+104,000=312,000

$$\frac{n_1}{\sum n_i} = \gamma_1 = \frac{208{,}000}{312{,}000} = 0.67 \qquad \frac{n_2}{\sum n_i} = \gamma_2 = \frac{104{,}000}{312{,}000} = 0.33$$

등가응력범위를 계산하기 위해 아래 식을 사용하면

$$\Delta F_e = [\sum \gamma_i \Delta F_i^3]^{\frac{1}{3}}$$

$$= [(0.67 \times 234.4^3) + (0.33 \times 195.3^3)]^{\frac{1}{3}} = 223\,\text{MPa}$$

상세범주 B와 223MPa의 등가응력범위에 대한 피로수명은 다음과 같이 계산한다.

$$223\text{MPa} = (\frac{2.95 \times 10^6}{N})^{\frac{1}{3}} \cdot 110\text{MPa}$$

N=354,067회

실제 반복횟수는 312,000이므로 소모된 피로수명의 비율은 (312,000 / 354,067) =0.88 (88%)이다. 이는 예제 10.3에서 Miner법칙을 사용하여 구한 해와 동일하다. Miner법칙과 등가응력방법 중 어느 것을 사용할 지는 선택의 문제이다.

예제 10.5

그림 10.17은 어느 특정한 단순교에서 계측된 응력범위빈도분포(stress range histogram)를 보여준다. 계측데이터는 2,064번의 트럭 통행에서 얻은 것이다. 교량 개통 이후의 총 트럭 통행량은 35×10^6회로 추정된다. 한 트럭의 통행은 하나의 응력범위를 야기한다고 가정한다. 응력이력이 측정된 피로상세부는 부분길이 덮개판의 끝부분이다. 거더의 플랜지 두께는 25mm이며 덮개판은 필렛용접으로 거더플랜지에 부착된다.

주어진 응력범위빈도분포 그래프로부터 계산한 응력범위가 다양한 진폭응력에 대한 무한수명 공칭피로강도$(\Delta F)_{CL}$보다 큰 경우에만 피로균열 성장에 기여한다고 가정한다.

이 상세부에서 피로수명이 얼마나 많이 소모되었는지 계산하라.(Miner 법칙을 사용하여 계산하라.

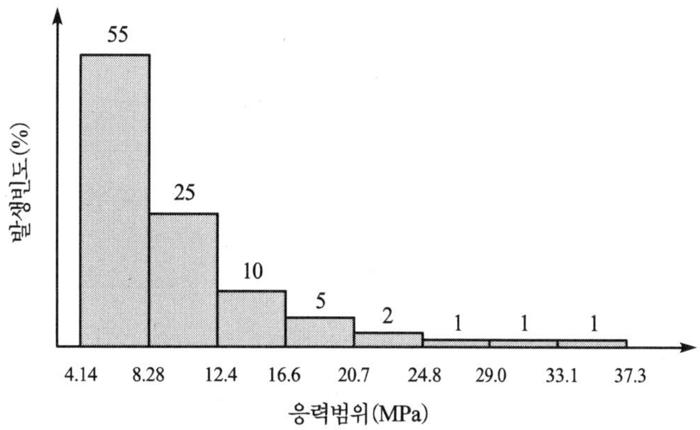

그림 10.17

풀이

강구조설계기준에 따라 이 예제에서 검토하는 피로상세부는 상세범주 E'에 해당한다. 소모된 피로수명을 계산하기 위해서 각 범위에서의 평균응력 [예, (16.6+20.7)/ 2=18.6MPa]을 사용할 수 있다.

여기서, $[\Delta F_{CL}=9.0\text{MPa}] < \Delta \text{F}_\text{j} < [\Delta \text{F}_\text{TH}=17.9\text{MPa}]$ 해당 응력범위에서의 피로수명은 $(\Delta F)_j = \left(\frac{N_{TH}}{N_j}\right)^{\frac{1}{5}}(\Delta F)_{TH}$ 식을 사용하여 계산하고,

$[\Delta F_{TH}=17.9\text{MPa}] < \Delta \text{F}_\text{i}$ 응력범위에서의 피로수명은 $(\Delta F)_i = \left(\frac{N_{TH}}{N_i}\right)^{\frac{1}{3}}(\Delta F)_{TH}$ 식으로 각각 계산한다.

두 가지의 기울기 상수 3과 5에 걸쳐있는 응력범위분포를 보이므로 식(10.13)을 통해 등가응력범위를 계산한다.

잔여피로수명을 결정하는데 필요한 계산 결과는 아래 표와 같다.

표 10.6 거더의 간편한 피로평가

평균ΔF (MPa)	n_i or n_j $cycles \times 10^6$	N_i or N_j $cycles \times 10^6$	$\frac{n_i}{N_i}$ or $\frac{n_j}{N_j}$	Q_i or Q_j $\times 10^6$	$\Delta F_e^{\ 3} = \frac{\sum Q_i + \sum Q_j}{\sum n_i + \sum n_j}$
6.21	0 (truncated)				
10.3	8.75	354	0.025	3166	
14.5	3.50	65.0	0.055	7002	
18.6	1.75	19.9	0.088	11261	
22.7	0.70	10.94	0.064	8188	
26.9	0.35	6.58	0.053	6813	
31	0.35	4.30	0.081	10427	
35.2	0.35	2.94	0.119	15265	
$\sum$	15.75		0.485	62122	3944

$$\sum \frac{n_i}{N_i} + \sum \frac{n_j}{N_j} = 0.49$$

Miner 합계가 0.49이므로 이는 피로수명이 49% 소비되었음을 의미한다.

* 다른 방법 – 등가응력범위에 따른 피로수명 산정

$$\Delta F_e = 3944^{\frac{1}{3}} = 15.8MPa$$

상세범주 E'과 15.8MPa의 등가응력범위에 대한 피로수명은 다음과 같이 계산한다.

$$15.8MPa = (\frac{22.32 \times 10^6}{N})^{\frac{1}{3}} \times 17.9MPa$$

$N = 32.5 \times 10^6$회

현재까지 소모된 수명은 $N = \frac{15.75 \times 10^6 \text{ 회}}{32.5 \times 10^6 \text{회}} = 0.49$으로, 총 피로수명의 49%이다.

기호

A, C, m : 재료 상수

a : 균열길이 (m)

a_f : 최종균열치수

a_i : 초기균열치수

C_t : 판두께보정계수

DF : 피로 및 파괴한계상태에 대한 분배계수

F : 응력확대계수범위의 보정계수 ($= F_g \cdot F_e \cdot F_s \cdot F_t \cdot F_h$)

- F_g 균열에 관계되는 응력집중
- F_e 균열형상
- F_s 표면균열
- F_t 이음의 판두께 · 판폭
- F_h 균열편심

ΔF_e : 등가응력범위 (MPa)

f_b : 판휨응력

f_m : 막응력

f_p : 비선형피크응력

f_r : 피로한도

$f(r)$: 응력비보정계수

$\Delta f_e, \Delta v_e$: 피로수명내의 변동응력진폭과 동일한 일정진폭의 반복횟수로 같은 정도의 피로피해를 주는 등가응력범위 (수직응력, 전단응력) (MPa)

Δf_i : 응력범위히스토그램에서 구한 응력범위분포를 구성하는 수직응력의 범위 (MPa)

Δf	: 하중효과, 즉 피로설계하중 통과 시 발생되는 활하중 응력범위 (MPa)
$(\Delta F)_n$	: 표10.3 및 표10.4에 규정된 공칭피로강도 (MPa)
$(\Delta F)_{TH}$	: 표10.3에 주어진 일정진폭 피로한계값 (MPa)
$(\Delta F)_{CL}$	: 표10.4에 주어진 무한수명 공칭피로강도 (MPa)
I_g	: 단면2차모멘트 (mm^4)
IM	: 피로 및 파괴한계상태에 대한 충격계수
K	: 응력확대계수 (MPa $\sqrt{m}$)
ΔK	: 응력확대계수범위 (MPa $\sqrt{m}$)
ΔK_{th}	: 하한계응력확대계수범위 (MPa $\sqrt{m}$)
LL	: 피로트럭하중에 의한 모멘트 (N • mm)
N_f	: 반복횟수
N_i	: 응력범위 Δf_i에 대한 피로수명
N_{TH}	: 일정진폭 피로한계값($(\Delta F)_{TH}$)에 해당하는 응력범위 반복횟수 (표 10.3)
N_{CL}	: 무한수명 응력범위(cut-off limit)에 해당하는 응력범위 반복횟수 (표 10.4)
n_i	: 응력범위 Δf_i의 발생횟수
P	: 하중
p	: 한 차로에서의 트럭교통량 비율(1차로-1.00 2차로-0.85 3차로-0.80)
Δv_i	: 응력범위히스토그램에서 구한 응력범위분포를 구성하는 전단응력의 범위
γ	: 하중조합 규정에 명시된 하중계수
η	: 연성, 여용성, 구조물의 중요도에 관련된 하중수정계수
σ	: 응력 (MPa)
ϕ	: 각 한계상태에 대한 저항계수

연습문제

10.1 철합금 시험편의 피로시험 결과 응력범위 240 ksi에서 피로수명 10^4회, 응력범위 135 ksi에서 피로수명 10^6회까지 (로그스케일에서) 선형적으로 연결되는 S-N 선도를 가진다. 해당 시험편에 응력범위를 160 ksi로 10^5회동안 가한 후, 응력범위를 180 ksi로 증가시켰을 때 이 시험편의 남은 피로수명을 구하시오.

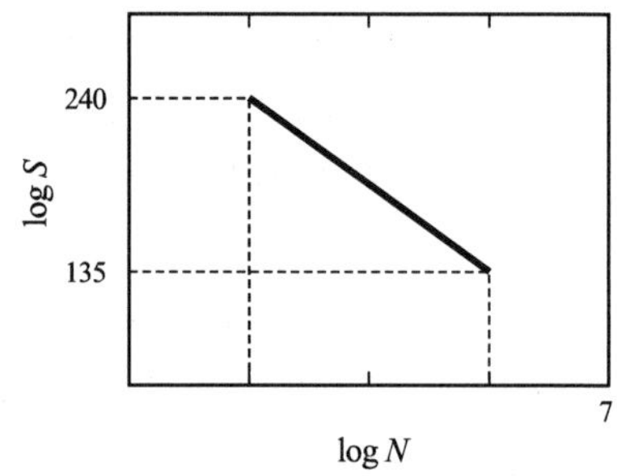

문제 10.1

10.2 아래 그림에서와 같이 파괴응력 σ_f를 갖는 재료는 응력범위 $\sigma_f/3$에서 피로수명이 10^7회인 선형의 S–N 선도를 가진다. 이 재료에 $0.5\sigma_f$의 응력범위로 1,000회를 가한 후, 응력진폭을 $0.7\sigma_f$로 증가시켰을 때 피로파괴 전까지 추가적으로 견딜 수 있는 회를 구하시오.

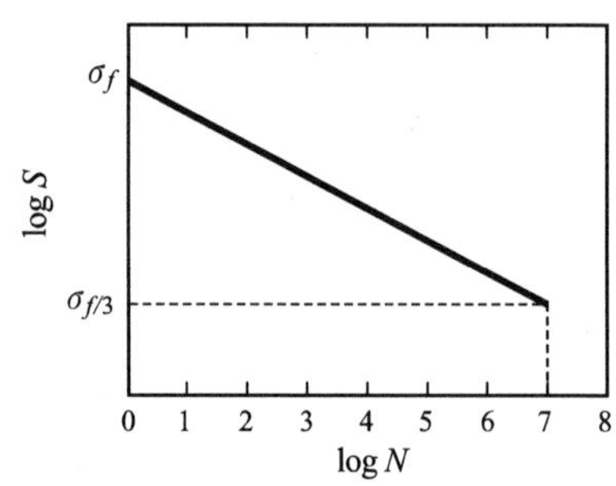

문제 10.2

10.3 그림과 같은 패턴으로 완전 반전(reversed)된 응력이력을 받는 강구조물이 있다. 주어진 정보와 Miner법칙을 적용하여 아래 표의 남은 부분을 완성하라.

$\Delta\sigma_1$=720 MPa, 5.44×10^5회

$\Delta\sigma_2$=1,000 MPa, 5.35×10^3회

$\Delta\sigma_3$=880 MPa, 3.24×10^4회

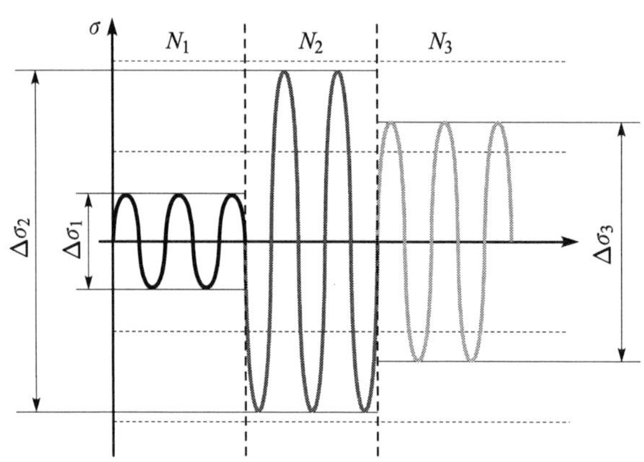

문제 10.3

응력범위(MPa)	n_i	N_i	$\left(\frac{n_i}{N_i}\right)$
720	5.44×10^5		
1,000	5.35×10^3		0.268
880	3.24×10^4	6×10^4	

10.4 W24×68 보의 플랜지에 플랜지 폭보다 좁은 덮개판이 용접으로 연결되어 있다. 플랜지의 두께는 15mm이다. 강구조설계기준(한계상태설계법)을 사용하여 이 덮개판 용접연결부의 공칭피로강도를 구하여라. 단순보의 경간은 10m이고, 2차로이며, 일평균트럭교통량(ADTT)은 8,000대, 설계피로수명은 100년으로 한다.

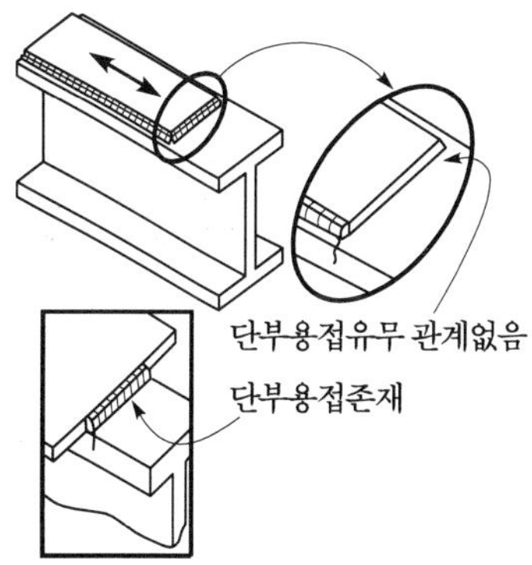

문제 10.4

10.5 응력 작용방향과 평행한 필릿용접에 의해 연결된 덮개판의 용접금속 및 모재부는 강구조설계기준(한계상태설계법)에 의하면 상세범주는 B에 해당한다.

1) 해당 부재의 기대피로수명을 500,000회로 확보하려면 허용되는 응력범위를 구하여라.

2) 만일 설계 피로허용응력범위가 100 MPa이라면 이 구조물의 기대 피로수명을 구하여라.

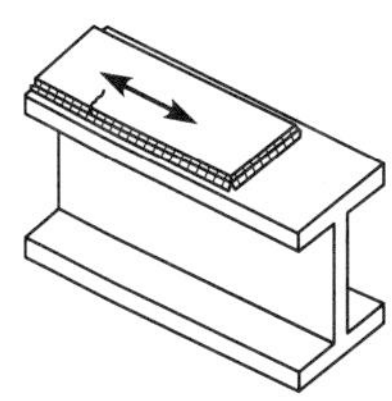

문제 10.5

10.6 엔진의 주 부품인 강철 크랭크샤프트(crankshaft)가 사용 중에 225 MPa의 응력범위를 받는다. 사용 전에 초음파 기술을 사용하여 검사한 결과, 표면에 최대 2.5mm의 균열이 발견되었다. 본 강철 재료의 하한계응력확대계수범위(ΔK_{th})가 45 MNm−3/2 일때, 임계균열길이(a) 및 피로수명을 구하여라.

(응력확대계수범위의 보정계수 F=1, 재료상수 $C=1.5\times10^{-12}\,\mathrm{m/(MNm^{-\frac{3}{2}})^m}$, m=2.5로 한다.)

10.7 아래 그림과 같은 단순교에 대하여 현장계측을 수행하였다. 보 경간의 2/3만큼 하부플랜지에 덮개판이 연결되어 있다. 덮개판의 끝부분에는 용접이 안 되어 있다. 콘크리트 바닥판의 두께는 8인치이고 전단연결재는 없다. 그림에서와 같이 스트레인게이지는 덮개판 끝부분의 하부플랜지에 설치되어 있다. 이 교량은 40년 동안 사용되어 왔고 바닥판이 노후화되어 바닥판을 교체하는 것으로 제안되었다. 35일동안 현장계측을 수행하여 rainflow cycle-counting 알고리즘을 사용하여 아래와 같은 응력범위 히스토그램을 얻었다. 이는 이 교량이 앞으로 경험할 응력이력을 대표한다고 가정하자. 현 상태로 교량을 계속 사용한다면, 강구조설계기준(한계상태설계법)을 적용하여 남은 피로수명을 구하라.
(상세범주는 E'에 해당하며, $\Delta F_{CL} = 9\text{MPa} ≒ 1.3\text{ksi}$, $\Delta F_{TH} = 17.9\text{MPa} ≒ 2.5\text{ksi}$로
$\Delta F < [\Delta F_{CL} ≒ 1.3\text{ksi}]$의 응력범위는 피로손상에 영향을 미치지 않는 것으로 가정한다.)

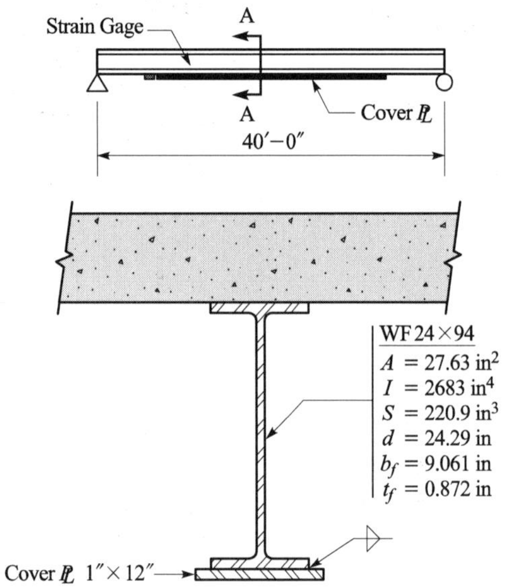

문제 10.7

Stress Range (ksi)	Number of Cycles
0.25-0.5	281697
0.5-1.0	181868
1.0-1.5	114030
1.5-2.0	39899
2.0-2.5	24100
2.5-3.0	5177
3.0-3.5	1545
3.5-4.0	854
4.0-4.5	282
4.5-5.0	138
5.0-5.5	85
5.5-6.0	26
6.0-6.5	8
6.5-7.0	4
7.0-7.5	2
7.5-8.0	1
8.0-8.5	0
8.5-9.0	0
9.0-9.5	0
9.5-10.0	0

10.8 문제 10.7에서 40년 동안 사용된 교량의 플랜지를 새로운 것으로 교체한다고 하자. 초기에 설치된 플랜지는 비합성단면으로 단면계수가 220.9 in^3이나, 합성단면으로 교체하여 단면계수가 345.9 in^3으로 증가하였다. 잔여 피로수명을 예측하라.
(문제 10.7에서와 같이 이 교량은 계측된 응력범위이력 패턴을 과거부터 미래까지 동일하게 경험하는 것으로 가정하고, 응력을 유발하는 하중 또한 동일하다고 가정하자.
$\Delta F < [\Delta F_{CL} ≒ 1.3ksi]$의 응력범위는 피로손상에 영향을 미치지 않는 것으로 가정한다.)

Design of Steel Structures

제11장 강교량

11.1 개요

구조물에 하중이 작용하면 휨모멘트, 전단력, 변위 등 여러 형태의 하중효과가 나타난다. 일반적으로 구조물을 설계하는데 있어서 하중효과가 구조물이 갖고 있는 저항능력보다 크면 구조물은 파괴상태에 이르게 되고, 저항능력보다 작으면 안전한 상태가 된다. 그리고 구조물에 발생하는 하중효과가 저항능력과 같으면 구조물은 한계상태에 이르렀다고 말한다.

구조물의 한계상태에는 두 가지 종류가 있다. 구조체 또는 구조요소가 사용하기에 부적당하게 되고 의도된 기능을 더 이상 발휘하지 못하는 사용한계상태와 극한하중 지지능력에 도달한 상태인 강도한계상태(또는 극한한계상태)가 있다. 사용한계상태는 구조물의 외형, 유지 및 관리, 내구성, 사용자의 안락감 또는 기계류의 정상적인 기능 등을 유지하기 위한 구조물의 능력에 영향을 미치는 한계 상태이며, 강도한계상태는 항복, 소성힌지의 형성, 골조 또는 부재의 안정성, 인장파괴, 피로파괴 등 안전성과 최대하중 지지력에 대한 한계상태이다.

하중저항계수설계법(LRFD)이란 이와 같은 구조물의 강도한계상태와 사용한계상태에 대해서 확률통계적인 방법으로 접근해서 구조물을 안전하게 설계하고자 하는 설계법이다. 하중저항계수설계법은 1986년 미국의 AISC LRFD manual에서 채택한 후 1994년 AASHTO LRFD Bridge Design Specification에서 현대적 교량의 설계법으로 채택하여 현재까지 사용되고 있는 설계방법이다. AISC LRFD manual은 일반 강구조물 설계를 목적으로 개발된 설계기준이며 대상하중들이 주로 건축구조물에서 발생되는 하중들인 반면에, AASHTO LRFD specification은 도로교 설계를 위한 설계기준이다. 국내에서는 1996년 도로교시방서 하중저항계수 설계편 제 4장에서 강교량에 대한 하중저항계수설계기준을 처음으로 제시하였다. 그 후 국제표준에 부합되는 신뢰도기반 설계기준에 대한 다년간의 국내 연구성과를 집대성한 2012년 도로교설계기준(한계상태설계법)이 제정되었고, 실무자들의 요구사항을 반영하여 2015년에 개정판이 작성되었다. 2016년에는 국가건설기준의 통합코드화에 따라 교량설계기준(KDS 24 00 00)이 제정되었으며, 강교량의 설계는 KDS 24 14 31에 따른다. 건설기준 통합코드화에 따라 공통기준으로 제정된 구조설계기준(강구조) KDS 14 31 00과 교량설계기준의 강교량 KDS 24 14 31의 중복과 상충을 피하도록 건설기준코드가 작성되었다. 따라서 교량설계는 KDS 24 14 31(강교설계기준, 한계상태설계법)을 기본으로 하고, 구조설계기준(강구조) KDS 14 31 10 (4.3.3)의 교량용거더의 해당규정을 따른다.

국내에서 채택한 강구조설계기준 하중저항계수설계편에서는 AASHTO LRFD specification을 기초로 하여 국내의 관련 연구결과를 반영하여 국내에 적합한 하중계수 및 저항계수를 선정하였다.

여기에서는 하중저항계수설계법에 근거하여 강교량의 설계조건들과 적절한 대상교량에 대한 설계예제를 다루도록 한다. 설계예제로 선택한 대상교량은 3경간연속 플레이트거더교이며, 하중저항계수설계법으로 설계하도록 한다. 설계예제에 적용된 주요 설계기준은 KDS 24 14 31(강교설계기준, 한계상태설계법)과 KDS 14 31 10(강구조 부재 설계기준, 하중저항계수설계법)이다.

11.2 생활속의 강교량

11.2.1 대표적인 강교량

우리의 생활 속에서는 다양한 강교량을 쉽게 접할 수 있다. 부산의 상징인 광안대교(현수교), 송도를 경유하여 인천공항으로 가는 길을 제공하는 인천대교(사장교), 서울의 한강을 횡단하는 있는 방화대교(아치교), 성수대교(트러스) 등과 같이 많이 알려진 교량들이 있으며, 고속국도를 포함하여 도로가 교차되는 부분의 곡선 교량에 많이 활용되는 형식인 강박스거더교와 강교량 중 가장 기본적이며 경제적인 플레이트거더교 등과 같이 우리의 실생활에 인접하여 많이 활용되는 강교량들도 있다. 이렇게 실생활에 인접해 있는 강교량들도 이 책에 수록된 강구조공학을 기본으로 하여 설계된다.

(a) 현수교(광안대교)

(b) 사장교(인천대교)

(c) 강아치교(방화대교)

(d) 트러스교(성수대교)

(e) 강박스거더교

(f) 플레이트거더교

그림 11.1 **대표적인 강교량 사진**

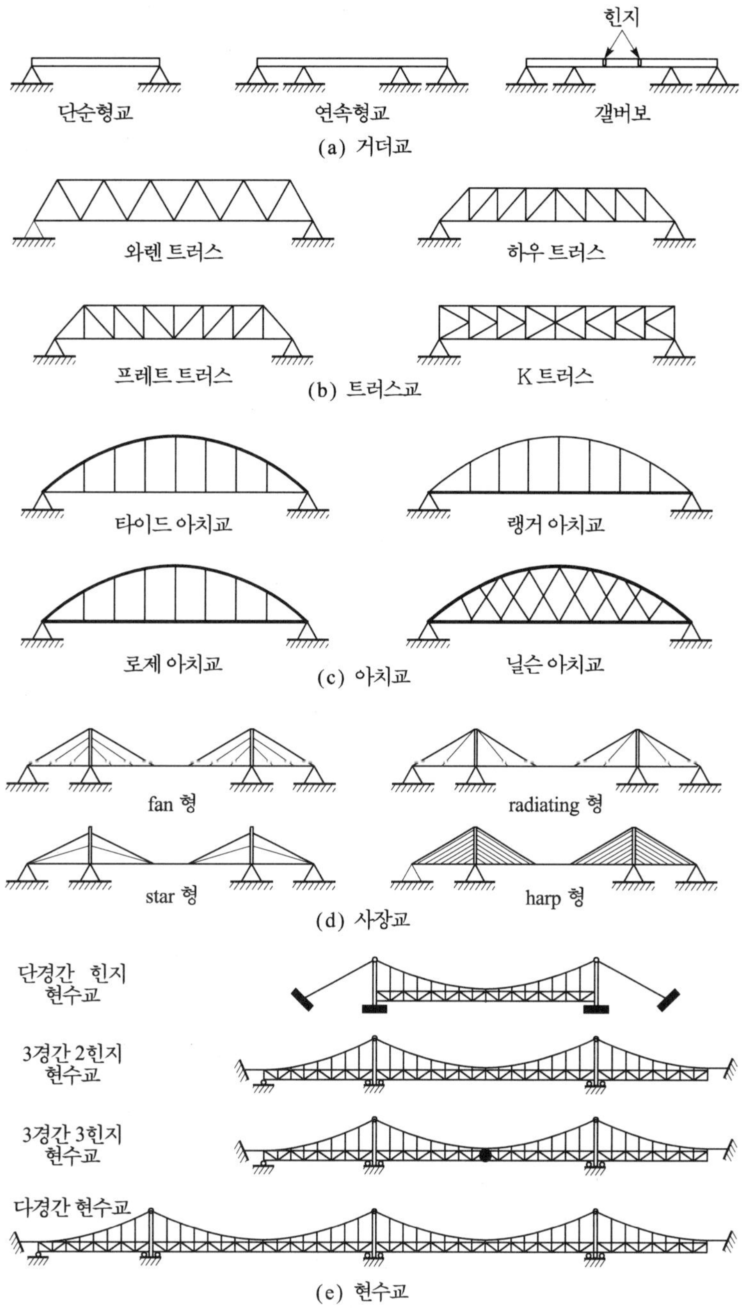

그림 11.2 **교량형식별 개념도**

11.2.2 강교량 속의 부재 구성

1) 플레이트거더교

플레이트거더형식은 가장 기본적인 강교량 형식으로 단순교에서는 40m 이하의 경간장에 주로 활용된다. 바닥판에 작용하는 하중을 I-형상의 거더가 휨모멘트로 지지하는 구조이다.

정모멘트가 작용하는 영역에서는 하부플랜지에 휨인장응력이 작용하고, 상부플랜지에는 휨압축응력이 작용하는 구조이다. 휨을 받는 거더구조로 설계하여야 한다.

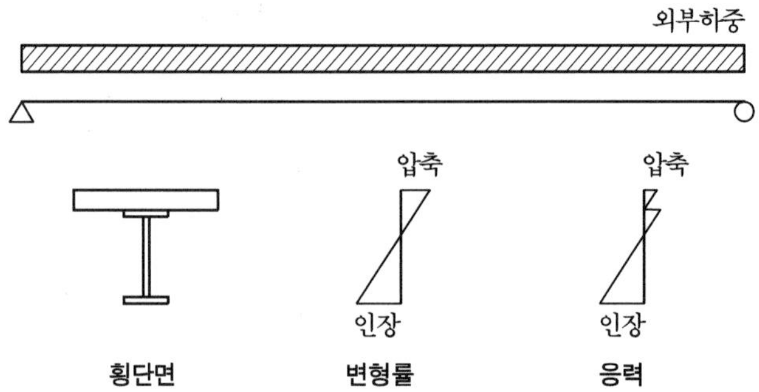

그림 11.3 **플레이트거더교의 부재 구성**

2) 강박스거더교

강박스 거더교는 가장 많이 사용되는 강교량 형식으로 80m 이하의 경간장에 주로 활용된다.

플레이트거더와 유사하지만 거더의 형상이 폐합형 박스단면인 점이 다르다. 박스형 단면은 비틀림 모멘트에 유리한 구조이기 때문에 곡선교량에 주로 강박스거더교가 활용된다. 예전에는 거더의 상부플랜지도 폐합되는 단면을 주로 활용하였으나 최근에는 바닥판이 타설된 후에 폐합단면이 되는 개단면(U형) 박스거더에 대한 사용이 증가하고 있다. 플레이트거더와 유사하게 휨을 받는 거더구조로 설계하여야 하며, 보강된 판, 다이아프램 등을 추가로 고려하여야 한다.

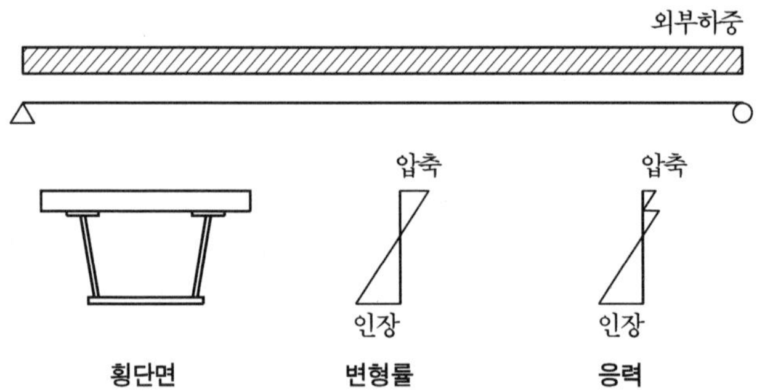

그림 11.4 **강박스거더교의 부재 구성**

3) 트러스교

트러스교는 강성이 커서 철도교와 장지간의 도로교에 적용되며, 광안대교와 같이 현수교의 거더로도 사용된다. 부재배치 및 형상에 따라 다양한 형식으로 나누어지며, 하중을 직접 지지하는 바닥판(차도)과 트러스 구조의 위치에 따라 상로 트러스교, 하로 트러스교, 중로 트러스교 등으로 나뉜다. 형식에 따라 400m가 넘는 경간장에 활용되기도 하지만 주로 200m 이하의 경간장에 많이 활용된다.

휨을 받는 교량거더를 상현재, 하현재, 사재, 수직재 등으로 구별하여 축방향력을 주로 받는 부재들의 조합으로 대체한다. 축력과 휨을 받는 부재들의 조합으로 설계하여야 한다.

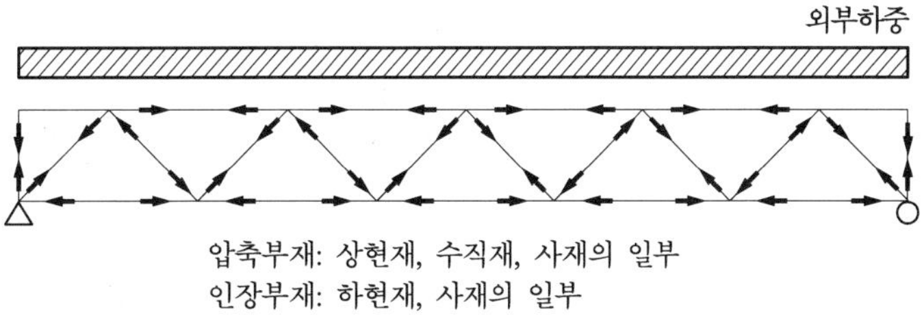

그림 11.5 **트러스교의 부재 구성 (와렌트러스 예)**

4) 아치교

아치교는 거더의 하중이 행어를 통해서 아치리브로 전달되는 구조이다. 바닥판과 거더(차도)가 아치리브보다 낮게 있는 경우는 하로 아치교, 거더(차도)가 아치부재 보다 높게 있는 경우는 상로 아치교, 중간에 있는 경우는 중로 아치교이다. 아치구조는 로마시대에도 많이 활용될 정도로 대표적인 구조형식이다. 시드니 하버브릿지(호주)처럼 500m가 넘는 경간장에 활용되기도 하지만 대다수는 200m 이하의 경간장에 활용된다.

하로 아치교, 상로 아치교, 중로 아치교에서 아치리브는 모두 압축과 휨을 받는 부재가 되고, 거더는 인장과 휨을 받는 부재인 경우가 많으며, 행어는 하로 아치교에서는 인장부재, 상로 아치교에서는 압축부재로 설계하여야 한다. 인장을 받는 부재는 강재로 적용하는 경우가 대부분이며, 압축부재인 아치부재 등은 콘크리트로 대체되는 경우도 많다.

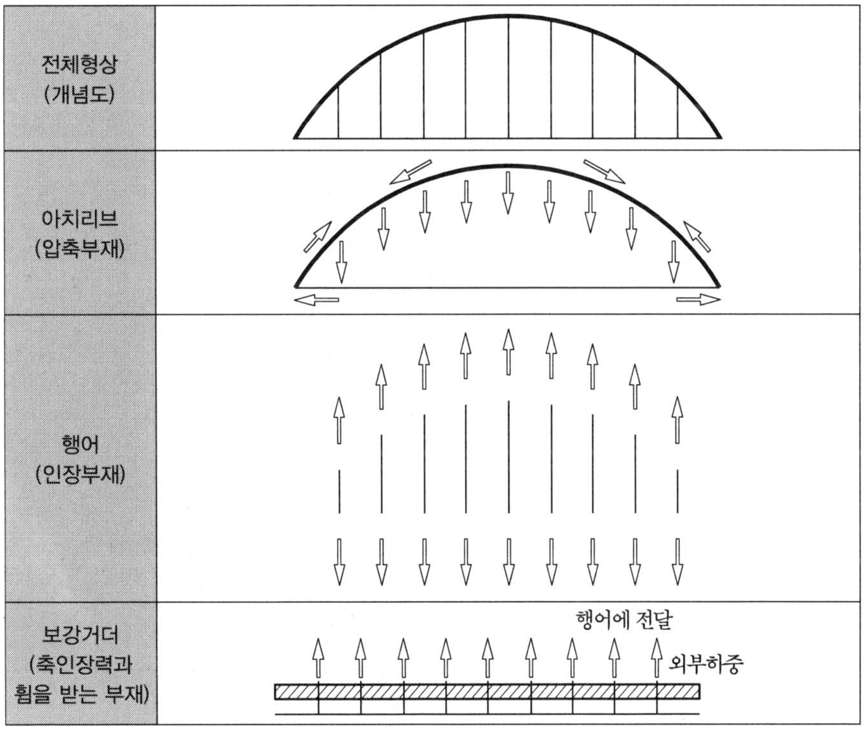

그림 11.6 **하로 아치교의 부재 구성**

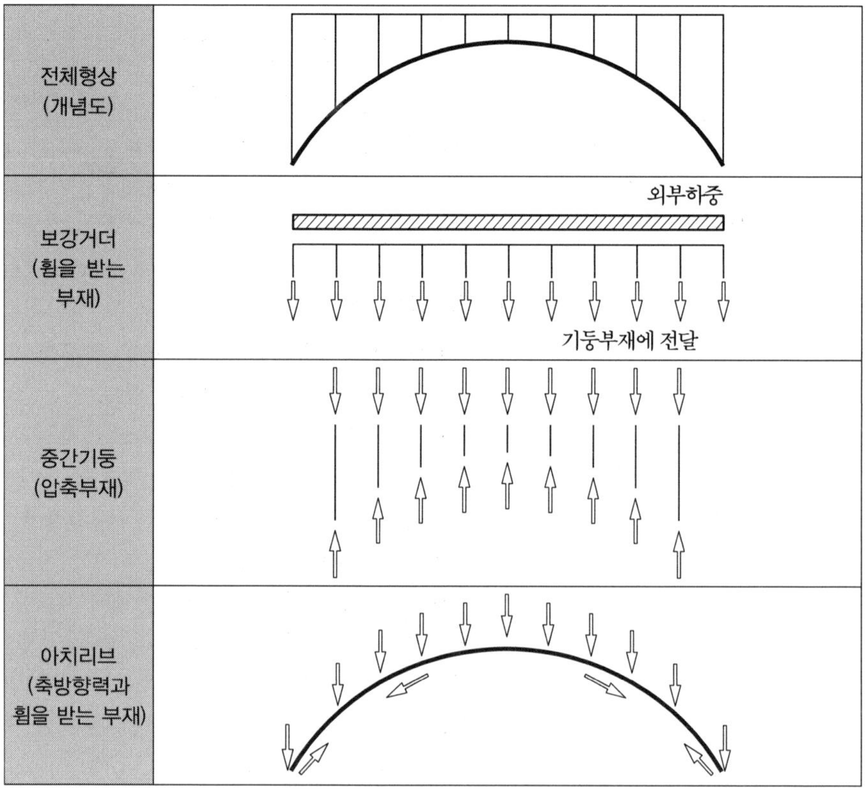

그림 11.7 상로 아치교의 부재 구성

5) 사장교

사장교는 거더를 주케이블이 지지하고, 주케이블의 하중을 주탑이 지지하는 구조이다. 대표적으로는 인천대교, 올림픽대교, 목포대교, 노르망디대교(프랑스) 등이 있다.

케이블은 인장부재로 설계하고, 보강형은 압축과 휨을 받는 부재로 설계하여야 한다. 2000년대 들어서 최대 경간장이 1km가 넘는 사장교들이 완공되었다. (Russky Bridge, Sutong Yangtz River Bridge 등)

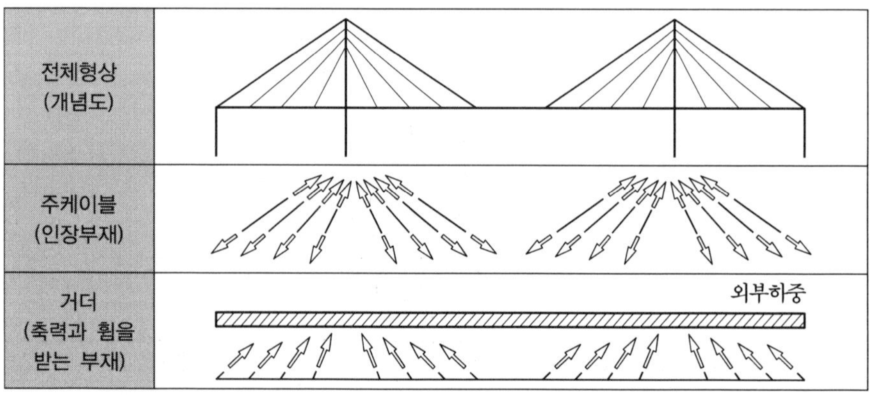

그림 11.8 사장교의 부재 구성

6) 현수교

현수교는 차량하중을 직접 지지하는 거더를 케이블 행어가 지지하고, 행어의 힘은 주케이블을 통하여 주탑 및 앵커리지로 전달되는 구조이다. 현재까지는 경간장을 가장 길게 할 수 있는 형식이며 대표적인 현수교로는 금문교(미국), 아카시대교(일본), 영종대교, 이순신대교 등이 있다.

케이블인 주케이블과 행어는 인장부재로 설계하여야 하며, 보강형이라고도 불리는 거더는 휨을 받는 부재로 설계하여야 한다. 현존하는 최대경간장 현수교는 1,991m인 아카시대교이며, 국내에서는 1,545m인 이순신대교이다.

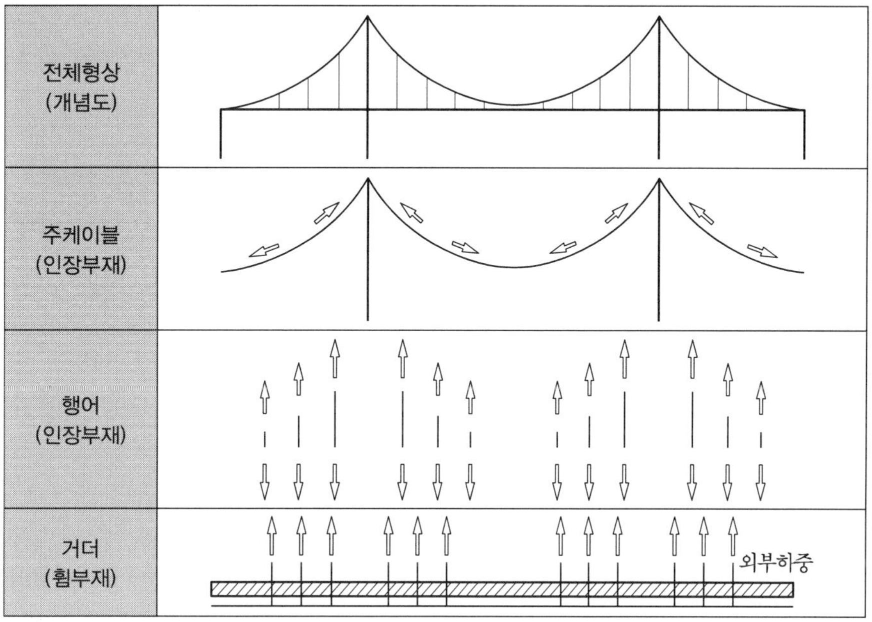

그림 11.9 **현수교의 부재 구성**

11.3 합성거더의 거동

11.3.1 합성거더 이론

본 절에서는 주로 강재와 콘크리트의 합성작용에 대한 재료 및 구조적 거동에 대해 서술한다. 대부분의 교량에서 강재는 콘크리트 바닥판를 지지하는 기능을 갖는다. 이때 바닥판과 보 사이에 결합장치가 없어도 강재 보와 콘크리트 바닥판의 마찰에 의한 접합이 어느 정도 존재하게 된다. 즉 두 요소는 합성보처럼 거동하게 되는 것이다. 그러나 마찰은 일반적으로 신뢰할 수 있는 합성작용을 부여할 수 없으므로 그림 11.10과 같이 전단연결재를 바닥판과 보 사이에 설치하여 콘크리트와 강재를 결합시킨다. 이러한 전단연결재는 강재거더의 상부플랜지에 용접되고 콘크리트 바닥판에 묻히게 된다.

이러한 합성거더는 주로 휨부재이므로 거동을 이해하기 위해서는 기본적인 보해석이론을 검토해야 하는데 이에 대해서는 6장 휨부재의 거동편에 자세히 서술되어 있다. 이를 기초로 한 합성거더의 해석 시 기본적인 가정을 열거하고 합성거더의 휨거동을 탄성이론과 소성이론에 의해 기술한다.

하중저항계수설계법은 작용하중하에서 콘크리트와 강재 모두 그들의 최대 강도를 발휘한다는 가정에 의거한다.

- 휨부재의 변형률은 중립축으로부터의 거리에 비례한다.
- 작용하중 하에서 강재는 항복강도 F_y까지 발휘될 수 있으며, 콘크리트는 $0.85f_{ck}$까지 발휘될 수 있다.
- 강재의 경우 항복강도 이하에서의 응력은 탄성계수(E)와 변형률의 곱으로 구해지며, 항복강도 이상에서의 응력은 항복응력 F_y로 일정하다.
- 휨응력 계산에 있어서 콘크리트의 인장응력은 무시된다.

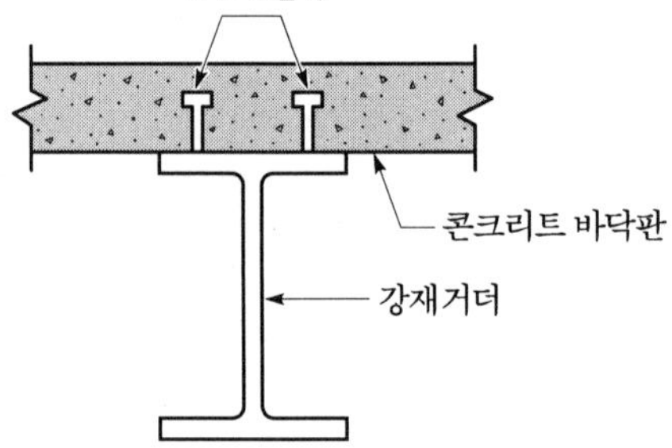

그림 11.10 **합성거더의 단면형상**

1) 탄성이론

정모멘트 상태의 단면에 대해 예를 들기로 한다. 탄성해석에서 응력은 변형률에 비례하며 임계모멘트는 한계응력이 강재보의 하단에서 $0.95F_y$이거나, 콘크리트 바닥판의 상단에서 $0.8 \times 0.85f_{ck}$일 때 얻어진다. 이러한 해석에서 콘크리트 바닥판의 유효폭(b_e)을 콘크리트의 탄성계수비($n = E_s/E_c$)로 나눔으로써 바닥판의 폭을 감소시켜 등가의 강재단면으로 변환시킨다. 이를 그림 11.11(a)의 좌측에 나타내었다.

한편 합성단면의 변형률은 중립축으로부터 거리에 따라 선형으로 비례한다. 이는 응력분포에 따라 2가지 경우가 가능하다. 하나는 중립축이 강재거더 내에 있는 경우(그림 11.11(a))이고, 다른 하나는 중립축이 바닥판 내에 있는 경우(그림 11.11(b))이다. 중립축이 강재거더 내에 있는 경우에는 콘크리트 바닥판 전체가 압축을 받게 되고, 변환된 유효 바닥판의 면적은 $t_s \times b_e/n$이 된다. 중립축이 바닥판 내에 있는 경우에는 바닥판 일부가 인장을 받게 되며, 단면계수 산정 시 인장부분은 제외한다. 두 가지 경우에 대해 중립축의 위치 결정과 단면2차모멘트(I_t)의 산정에 대해서는 6장의 6.6절에서 취급하였다. 이러한 두 경우에 대해 강재의 최대응력은 하부플랜지에 존재하게 되고, 콘크리트 바닥판의 경우 최대응력은 상부에 존재하게 된다.

$$F_{su} = \frac{M_u y_b}{I_t} \le 0.95F_y \tag{11.1}$$

$$F_{cu} = \frac{M_u(d+t_s-y_b)}{nI_t} \leq 0.8 \times 0.85 f_{ck} \tag{11.2}$$

여기서 콘크리트 응력 F_{cu} 계산 시 탄성계수비로 나눈 것은 콘크리트 단면을 강재로 환산하여 고려하였기 때문이다.

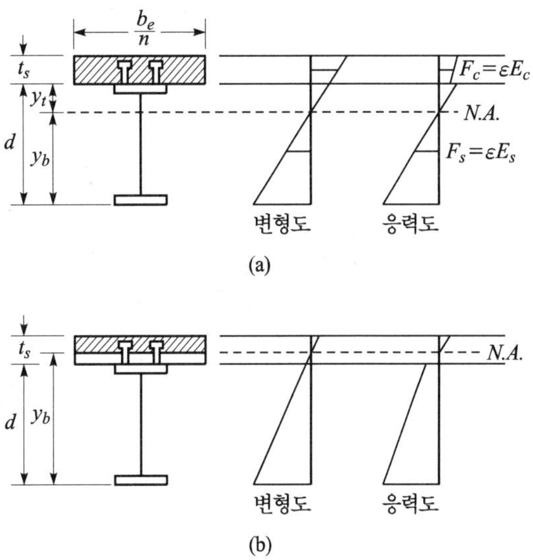

그림 11.11 **합성단면의 탄성해석**

2) 소성이론

합성거더에 대한 여러 실험 결과로부터 탄성이론에 의한 합성구조의 설계는 모멘트 능력에 대하여 대단히 안전측의 예측값을 나타냄이 확인되었다. 다시 말하자면 합성거더의 실제 모멘트 저항 능력은 강재단면이 완전히 항복하고 콘크리트 바닥판의 압축부가 $0.85f_{ck}$의 응력을 받는다고 가정함으로써 근사적으로 약산할 수 있다. 정모멘트 상태의 단면을 예로 들면, 이러한 소성해석에 대한 유효단면은 그림 11.12와 같이 강재와 유효바닥판으로 구성되고, 이 유효단면에 대한 소성응력 분포는 3가지의 경우가 있다. 즉 강재보가 완전히 인장으로 항복되고 콘크리트 인장부는 고려하지 않는 경우[그림 11.12(b)], 소성중립축이 강재보의 플랜지 내에 있는 경우[그림 11.12(c)], 그리고 소성 중립축이 강재보의 웨브에 있는 경우[그림 11.12(d)]이다. 소성중립축의 위치는 이 축 위쪽의 압축력과 아래쪽의 인장력이 같은 조건으로부터 결정할 수 있다.

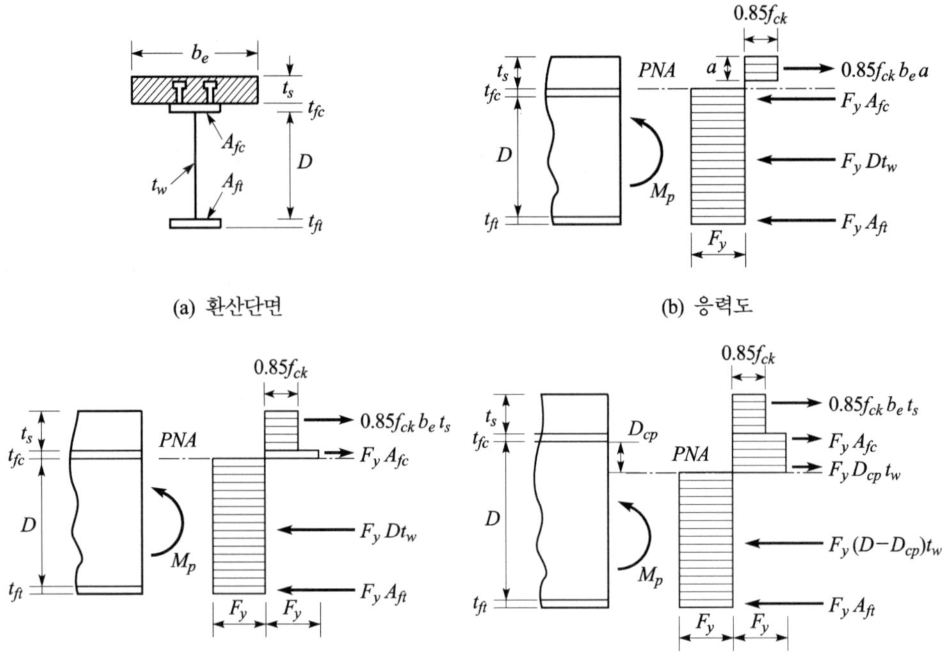

(a) 환산단면 (b) 응력도 (c) 응력도 (d) 응력도

그림 11.12 **합성단면의 소성해석**

먼저 소성중립축이 콘크리트 바닥판 내에 있어 강재가 완전히 인장으로 항복한 경우(b)에 대해 살펴보면 다음과 같다. 콘크리트 응력의 합력은 $0.85f_{ck}b_ea$이고, 강재보 응력의 합력은 $F_yA_s = F_y(A_{fc}+A_{ft}+Dt_w)$이다. 이 두 힘은 정역학적 평형을 이루어야 하므로 다음과 같이 표현된다.

$$F_yA_s = 0.85f_{ck}b_ea \tag{11.3}$$

이로부터 콘크리트 압축부분의 높이 a는

$$a = \frac{F_yA_s}{0.85f_{ck}b_e} \tag{11.4}$$

이 되고, $F_yA_s < 0.85f_{ck}b_et_s$의 조건하에서는 소성중립축이 콘크리트 내에 있게 된다. 이 때 소성모멘트는 소성중립축(plastic neutral axis)에 대한 모멘트를 취함으로써 다음과 같이 구할 수 있게 된다.

$$M_p = F_yA_{fc}\left(t_s - a + \frac{t_{fc}}{2}\right) + F_yA_{ft}\left(t_s - a + t_{fc} + D + \frac{t_{ft}}{2}\right) + F_yDt_w\left(t_s - a + t_{fc} + \frac{D}{2}\right) + 0.85f_{ck}b_ea\left(t_s - a + \frac{a}{2}\right) \tag{11.5}$$

두 번째 경우(c)에 대한 예로서 소성중립축이 상부플랜지 하면, 즉 웨브 상단에 있는 경우를 예를 들기로 한다. 콘크리트의 압축력은 $0.85f_{ck}b_et_s$이고, 상부플랜지 압축력은 F_yA_{fc}가 되고 강재보의 인장력은 $F_y(A_{ft}+Dt_w)$가 된다. 이로부터 소성중립축에 대해 모멘트를 취하면 소성모멘트는 다음과 같이 구해진다.

$$M_p = 0.85 f_{ck} b_e t_s (t_{fc} + \frac{t_s}{2}) + F_y A_{fc}(\frac{t_{fc}}{2}) + F_y A_{ft}(D + \frac{t_{ft}}{2}) + F_y D t_w (\frac{D}{2}) \quad (11.6)$$

마지막으로 중립축이 웨브 내에 있는 경우(d)도 위와 같이 힘의 평형조건을 적용하여 소성중립축의 위치 D_{cp}를 다음과 같이 구한다.

$$0.85 f_{ck}\, b_e\, t_s + F_y A_{fc} + F_y D_{cp} t_w = F_y A_{ft} + F_y (D - D_{cp})\, t_w \quad (11.7)$$

이로부터 소성중립축에 대한 모멘트를 취하여 소성모멘트를 구한다.

$$M_p = 0.85 f_{ck}\, b_e\, t_s (D_{cp} + t_{fc} + \frac{t_s}{2}) + F_y A_{fc}(D_{cp} + \frac{t_{fc}}{2}) + F_y D_{cp} t_w (\frac{D_{cp}}{2})$$
$$+ F_y (D - D_{cp}) t_w (\frac{D - D_{cp}}{2}) + F_y A_{ft}(D - D_{cp} + \frac{t_{ft}}{2}) \quad (11.8)$$

3) 전단연결재

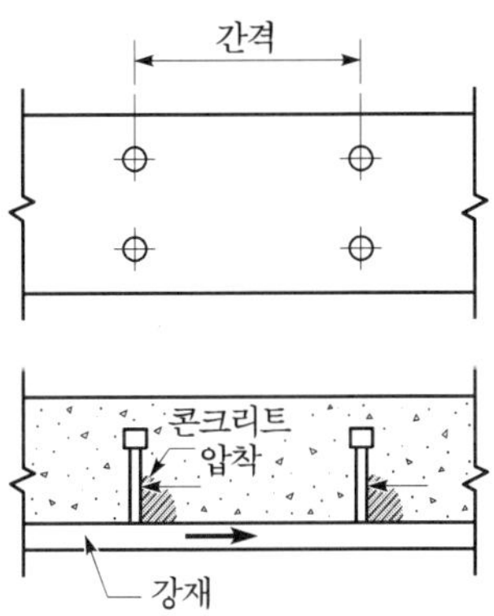

그림 11.13 **전단연결재(스터드)**

전단연결재는 콘크리트 바닥판과 강재와의 접합부에서의 수평전단에 저항하기 위한 것으로 설치위치는 강재의 상부플랜지에 용접되어 콘크리트 타설시 묻혀서 고정되도록 한다. 그 전형적인 예가 그림 11.13에 나타나 있다. 부(−)의 모멘트를 받는 위치에 설치된 전단연결재는 합성단면이 갑자기 비합성단면으로 전이되는 현상을 막고, 부재들을 단단히 결합시켜서 외부하중에 대해 부재가 일체로 저항하도록 함으로써 교량의 전시간에 걸쳐 휨의 적합조건이 일관되게 적용되도록 하는 기능을 갖는다. 또한 그 기능상 전단연결재는 콘크리트와 강재의 접합부에서 수평전단만을 받는 것으로 고려되나 이러한 전단연결재 설치로 인해 부재의 합성거동이 유발됨으로써 휨에 대해 더욱 큰 저항강성을 갖게 되는 것이다.

이러한 전단연결재의 한계상태는 크게 두 가지로 나눌 수 있는데, 피로한계상태와 강도한계상태이다. 피로한계상태는 작용하중범위 내에서 영향을 받으므로 탄성응력의 범주 내에서 고려되며, 강도한계상태는 연결재의 소성거동을 고려하여 결정한다.

Slutter와 Fisher의 연구 결과에 의하면 수평전단응력의 범위가 전단연결재의 피로수명에 영향을 끼치는 주요 인자라고 한다. 즉 콘크리트강도, 연결재의 방향, 크기 등은 이러한 피로에 큰 영향이 없음이 밝혀졌다. 전단연결재의 피로강도는 전단응력범위와 재료가 파손에 이르는 하중재하횟수로 정의된다. 한편, 전단연결재의 강도는 Ollgaard의 실험 결과에 근거하고 있는데, 이 실험에 따르면 두 가지의 파괴모드가 발견된다. 즉, 전단연결재의 파손에 의해 강재보로부터 이탈하는 경우와 콘크리트 파열로 인해 콘크리트로부터 분리되는 경우이다.

전단연결재의 설치 상세 요건과 피로한계상태 및 강도한계상태에 대한 검토는 KDS 14 31 10:2017 강구조부재 설계기준(하중저항계수설계법)의 4.3.3.1.10에 따른다.

11.4 플레이트거더교 설계 예

KDS 14 31 10:2017 4.3.3 교량용 거더편에서는 플레이트거더, 박스거더 및 기타 휨부재에 대한 설계규정을 수록하고 있다. 따라서 하중저항계수설계법에 따른 강교량 설계의 전 과정을 알아보기 위해서 가장 기본 형태인 플레이트거더교의 사례를 검토한다.

11.4.1 계획 및 설계조건

1) 교량 제원

이 절에서 설계 예를 위한 3경간연속 플레이트거더교(이하 대상교량)의 설계조건은 다음과 같다.

- 경간구성 : 3경간 연속교 ($L=30.0+45.0+30.0=105\,\mathrm{m}$)
- 교 량 폭 : $B=12.145\,\mathrm{m}$
- 교량사각 : $\theta=0°$ (직교)
- 사용재료 및 재료상수
  - 강재 : 주거더, 보강재 및 가로보 ⇒ SM355
    브레이싱 ⇒ SM275
    $E_s=210{,}000\,\mathrm{MPa}$
  - 콘크리트 : $f_{ck}=27\,\mathrm{MPa}$, $E_c=26{,}700\,\mathrm{MPa}$
  - 철근 : $F_y=400\ \mathrm{MPa}$, $E_{sr}=200{,}000\,\mathrm{MPa}$
  - 탄성계수비 : $n=E_s/E_c=7$

2) 설계 개념

교량의 각 구성요소와 연결부는 각 한계상태에 대해 다음을 만족해야 한다.

$$\eta\Sigma\gamma_i Q_i \le \phi R_n$$

여기서, η : 하중수정계수
γ_i : 하중계수
Q_i : 하중 또는 하중효과
ϕ : 공칭저항강도에 곱하는 강도저항계수
R_n : 공칭저항강도

이때 강도한계상태, 사용한계상태, 피로 및 파단한계상태 등에 대해 고려하여야 하며, 각 한계상태에서 작용하는 하중, 하중계수, 저항계수 등은 구조물별 설계기준에 따른다.

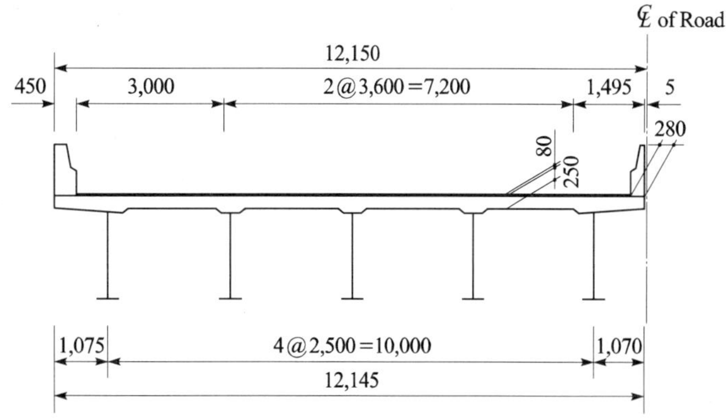

그림 11.14 **설계단면(단위:mm)**

3) 단면 제원

설계 예를 위한 연속교는 5거더 합성거더교로서 합성단면은 KDS 14 31 10:2017 4.3.3.1.10에 의해 설계된 전단연결재로 강재단면과 콘크리트 바닥판이 결합되어 강재에 대한 횡방향지지 및 확실한 합성거동이 보장되는 경우로 정의되며 본 교량은 동바리 공법을 적용하지 않는 경우로써 콘크리트 바닥판이 굳기 전이나 합성이 되기 전에 강재단면 만으로 자중을 지지하는 것으로 가정한다. 거더간격이 2.5m이며, 그 형상과 치수가 그림 11.14와 같으며, 강재거더의 웨브두께를 12mm로 하되, 높이는 경간중간부와 지점부 모두 1.8m로 하고, 상부 및 하부플랜지 폭은 500mm로 일치시키되 두께는 위치에 따라 적당히 가정한 후, 계산되는 단면력에 맞추어 변화시키는 것으로 한다.

4) 바닥판 설계

콘크리트 바닥판은 지지하는 거더 또는 요소 부재와 완전합성작용이 발휘되도록 바닥슬래브와 지지 요소 사이에 전단 연결재를 배치해야 한다. 또한 사용수명기간 동안 피복두께를 포함한 내구성을 확보하기 위한 요구조건을 만족해야 한다. 이와 같이 충분한 합성상태와 내구성이 확보된 바닥판은 활하중과 그 동적효과에 의해 유발되는 바닥판 처짐량 및 사용중의 응력한계와 균열폭 제한에 관련된 사용한계상태(KDS 24 14 21:2016 4.2)와 휨모멘트 및 펀칭 전단을 포함한 전단에 대한 극한한계상태(KDS 24 14 21:2016 4.1)의 설계 단면력이 계획된 단면의 저항강도를 만족하여야 한다. 콘크리트 바닥판의 최소두께는 바닥판의 흠집, 마모면 그리고 보호덮개를 제외하고 220mm 보다 작아서는 안되며 설계지간의 1/20이하의 두께인 슬래브에 대해서는 균열을 방지하기 위해 그 지간의 방향으로 프리스트레싱을 가해야 한다. 본 예제의 콘크리트 바닥판은 두께 250mm, 헌치높이를 80mm(경사 1:3)로 하되 캔틸레버부의 헌치는 그림 11.15와 같다. 구조물 부재단면의 가정이 완료되면 가정된 콘크리트 바닥판의 저항성능을 검토한다.

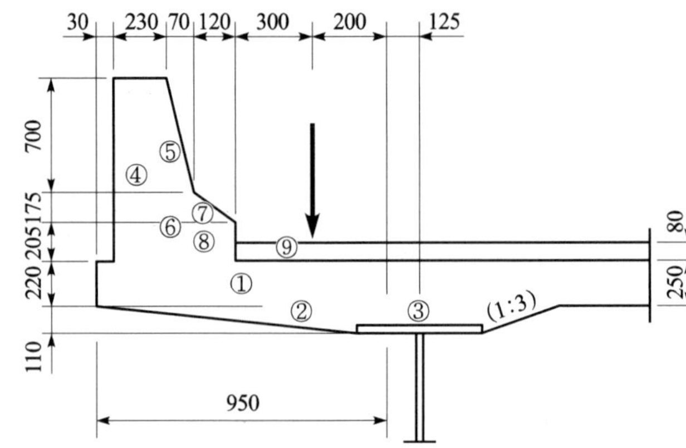

그림 11.15 바닥판 제원 (단위:mm)

설계단면력을 산정하기 위해 설계하중은 KDS 24 12 21:2016에 의거하여 산정되며 KDS 24 12 11:2016을 기준으로 각 한계상태에서 규정된 극한하중효과의 조합들에 대한 적용이 요구된다. 고정하중은 상기제원과 해당 단위중량을 고려하여 산정한다. 활하중(KL-510)은 KDS 24 12 21:2016 4.3.1.4에 근거하여 재하위치를 상기와 같이 결정하며 충격계수를 고려하여 해당하중의 단면력을 산정한다. 이와 같이 계산에 의해 산정된 단면력에 저항하는 단면을 결정하기 위해서는 대상 구조부재 각각에 대한 관련 기준의 검토가 필요하다.

이상과 같이 각 부위별 고정하중과 이들 고정하중에 의한 단면력으로 인한 설계단면력의 크기가 단면이 갖는 저항응력을 만족하는 배근계획 및 단면이 얻어지면 콘크리트 바닥판 중 캔틸레버부의 설계가 완료된 것이며, 같은 방법으로 거더와 거더사이의 바닥판 등 나머지 바닥판을 설계할 수 있다. 이때 바닥판의 종방향 배근계획은 전체계 구조해석 및 단면의 저항성능 검증을 통해 정의된다.

11.4.2 주거더 설계 흐름

상기의 설계조건을 기준으로 한 주거더 설계흐름은 표 11.1과 같다. 본 예제는 주거더 검토를 대상으로 하며, 표 11.1의 3단계 주거더 설계는 KDS 14 31 10:2017 4.3.3.1.1의 규정을 만족하도록 설계해야 한다.

표 11.1 설계 흐름도

단계	내용
1단계	설계조건 결정 및 단면가정 ▶ 제원 ▶ 단면가정
2단계	하중산정 및 모델링 ▶ 하중산정 ▶ 모델링 및 해석 ▶ 단면력 산정
3단계	주거더 설계 ▶ 단면정수(M_p, M_y 등) 계산 ▶ 단면비 제한 조건 ▶ 시공성 요구조건 ▶ 사용한계상태 요구조건 ▶ 피로 및 파괴한계상태 요구조건 ▶ 강도한계상태 요구조건
4단계	이음부 설계 ▶ 설계 단면 선정 ▶ 플랜지 이음부 단면력 산정 및 이음부 검토 ▶ 웨브 이음부 설계하중 산정 및 이음부 검토
5단계	부부재 설계 ▶ 전단연결재, 각종 보강재 설계 ▶ K-frame 및 다이아프램 설계 ▶ 브레이싱 설계

11.4.3 설계 단면력 산정

1) 교량 모델링

계획에서 형식과 지간 등이 결정되면, 구조해석을 통하여 각 구조요소에 발생되는 주거더 설계단면력을 얻어야 한다. 구조해석용 범용프로그램을 이용하여 횡분배 거동과 실제 구조물의 특성이 가장 잘 나타나는 부재요소 및 부재특성치를 반영하여 구조해석을 수행한다 (그림 11.16).

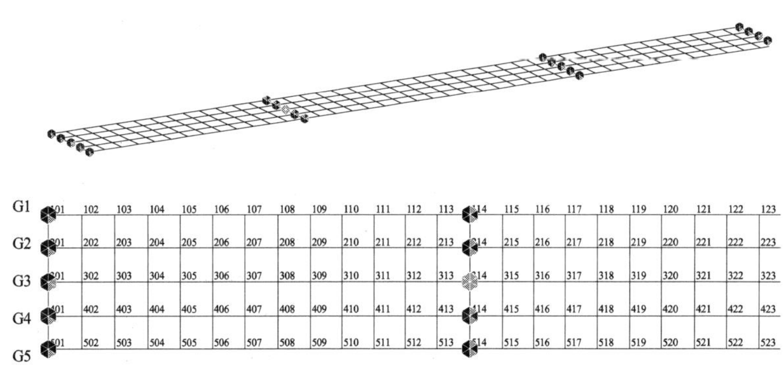

그림 11.16 대상 교량의 구조해석 모델 (격자모델)

2) 설계 하중

각 부재 단면에 관련된 정수들의 입력이 끝나면 하중데이터에 대한 입력이 요구된다. 하중데이터 중 고정하중에 대해서는 합성전과 합성후의 고정하중 계산이 필요하며, 활하중에 대해서는 차량하중 외에도 설계자는 발주처의 요구에 따라 풍하중, 지진하중 등 특수하중들의 관련 설계기준이 정하는 바에 따라 적절히 조합을 고려할 수도 있다.

거더설계를 위한 단계별 하중 및 활하중을 정의하면 다음과 같다.

(1) 합성전 고정하중 (DC1)

강재거더에 대해 콘크리트 바닥판과 헌치에 대한 자중, 거더의 중량을 고려하여 단위길이당 분포하중으로 입력한다.

(2) 합성후 고정하중 (DC2, DW)

바닥판이 합성된 이후 합성거더에 재하되는 하중으로 방호울타리, 중분대, 난간 및 가로등(이상 DC2), 포장(DW) 등이 여기에 해당한다.

(3) 활하중(LL)

주거더를 설계하는 경우 다음과 같이 KDS 24 12 21:2016 4.3.1.5에 의거하며 만재하 및 편재하 효과를 영향선 해석을 통해 활하중 최대 하중영향을 산정한다. 이때 활하중 최대 하중영향을 아래의 경우 중 큰 값을 사용한다. 단, 처짐평가를 위한 활하중 효과는 KDS 24 12 21:2016 4.3.1.7에 의거하여 산정한다.

① 표준트럭하중의 영향 (KDS 24 12 21:2016 4.3.1.3.1)

② 표준트럭하중 영향의 75%와 표준차로하중(KDS 24 12 21:2016 4.3.1.3.2)의 영향의 합

KDS 24 12 21:2016 4.4에 따른 충격하중계수 25%(트럭하중에만 적용)와 KDS 24 12 21:2016 4.3.1.2에 따른 활하중의 동시재하 저감계수를 고려하며, 외측 및 내측 지간, 그리고 지점부에 작용하는 활하중을 구한다. 가정된 교량폭을 이용하여 설계차로수 및 차로폭을 결정한다 (KDS 24 12 21:2016 4.3.1.1).

- 설계차로수 : $N = \dfrac{12.145 - 0.450 - 0.28}{3.0} = 3.805 \quad \rightarrow$ 3차로

- 차로폭 : $W = \dfrac{11.415}{3.0} = 3.805 > 3.6\text{m} \quad \therefore W = 3.6\text{m}$ 로 적용한다.

3) 설계 단면력 산정

각 위치에서의 설계단면력은 정의된 하중조건들을 기준으로 산정되며 이를 만족하는 단면특성치 및 강성을 기준으로 재해석을 수행한다. 이를 통해 거더이음 위치와 보강재위치를 고려한 단면의 변화위치를 결정한다. 구조해석을 수행한 결과 중 G1(외측) 거더에 발생된 단면력을 정리하면 다음과 같다.

단, 설계단면력은 개략적으로 고정하중과 활하중만 고려하였으며 극한한계상태(강도한계상태) 조합1 (1.25DC+1.5DW +1.80LL)에 대한 검토 예를 제시하기로 한다.

(1) 휨모멘트 (단위: kN·m)

표 11.2 설계단면력(휨모멘트)

경우 / 절점	합성전 고정하중 (DC1)	합성후 방호벽 (DC2)	합성후 포장 (DW)	합성후 활하중 (LL)	극한조합1	위치
6	1,079.7	322.5	193.6	2,193.9	5,992.2	최대 정모멘트부 (외측경간)
14	−3,919.9	−981.2	−674.0	−2,817.9	−12,209.6	최대 부모멘트부 (내측지점)
22	2,133.6	428.7	395.8	2,815.5	8,864.5	최대 정모멘트부 (교량중앙)

(2) 전단력 (kN)

표 11.3 설계단면력(전단)

경우 / 절점	합성전 고정하중 (DC1)	합성후 방호벽 (DC2)	합성후 포장 (DW)	합성후 활하중 (LL)	극한조합1	위치
1	223.6	82.6	39.2	325.4	1,027.3	외측지점
14	541.4	163.9	93.0	430.9	1,796.7	최대 부모멘트부 (내측지점)

11.4.4 합성거더 바닥판 유효폭 산정

상기의 G1 거더에서 발생된 단면력을 기준으로 한계상태 중 강도한계상태에 대한 휨과 전단 등에 대한 단면설계를 위해서는 전단지연 효과를 고려하는 콘크리트 바닥판의 유효폭 산정이 필요하다.

단면 검토는 방호울타리측의 외측거더에 대하여 수행하기로 하고, 외측거더에 대한 합성거더의 바닥판 유효폭을 산정한다. 대상 위치는 예를 들어, 외측거더의 중앙경간 중앙부와 내부지점부로 한다. KDS 14 31 10:2017 4.3.3.1.1.1에 규정에 따르면 합성거더의 바닥판 유효폭은 다음과 같이 산정할 수 있다.

유효지간의 길이는 단순보의 경우에는 실제 지간길이로 하고, 연속보의 경우에는 장기하중에 의한 처짐 곡선의 변곡점간의 거리로 한다.

내측 보의 유효폭은 다음 중 최솟값으로 한다.

- 유효지간길이의 1/4
- 바닥판 평균 두께의 12배에 웨브 두께와 상부플랜지 폭의 1/2 중 큰 값을 합한 값
- 인접한 보와의 평균 간격

외측 보의 유효폭은 인접한 내측 보의 유효폭의 1/2과 다음 중 최솟값을 합한 값으로 한다.

- 유효지간길이의 1/8
- 바닥판 평균 두께의 6배에 웨브 두께의 1/2과 상부플랜지 폭의 1/4 중 큰 값을 합한 값
- 내민 폭

예제 11.1

아래 그림은 11.4.1절에서 제시된 교량의 고정하중에 의한 휨모멘트도와, 이에 따라 산정된 등가지간장을 나타내고 있다. 제시된 등가지간장을 기준으로 중앙경간의 정모멘트부와 내측지점부에서 내측거더와 외측거더의 바닥판 유효폭을 각각 계산하시오.

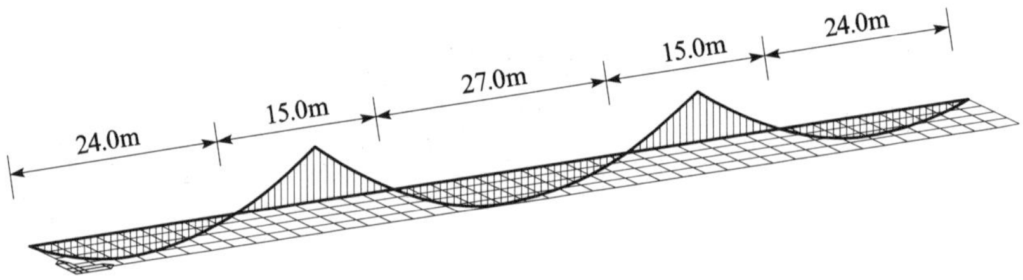

그림 11.17 고정하중 모멘트도

풀이

주거더의 단면 제원은 다음 예제 11.2 참조.

(1) 중앙경간 정모멘트부

Li=27.000m

① 내측거더

바닥판 유효폭은 다음의 값들 중 가장 작은 값으로 한다.

$$\text{등가지간장의 } \frac{1}{4} = \frac{27.000\text{m}}{4} = 6.75\text{m}$$

바닥판 두께의 12배 + Max(웨브두께, 주거더 상부플랜지폭의 $\frac{1}{2}$)

$$= 0.250 \times 12 + \text{Max}\left(0.012, \frac{0.5}{2}\right) = 3.250\text{m}$$

인접한 보 사이의 평균간격=2.500m

바닥판 유효폭=Min(6.75m, 3.250m, 2.500m)=2.500m

② 외측거더

바닥판 유효폭은 인접한 내측거더 유효폭의 절반과 다음 값 중의 최솟값의 합으로 한다.

$$\text{등가지간장의 } \frac{1}{8} = \frac{27.000\text{m}}{8} = 3.375\text{m}$$

바닥판 두께의 6배 + Max(웨브두께 1/2, 주거더 상부플랜지폭 $\frac{1}{4}$)

$$= 0.250 \times 6 + \text{Max}\left(0.012, \frac{0.5}{4}\right) = 1.625\text{m}$$

내민부분(overhang)의 폭=1.075m

바닥판 유효폭=Min(3.375m, 1.625m, 1.075m)=1.075m

외측거더의 바닥판 유효폭=$\frac{2.500}{2}$+1.075=2.325m

(2) 내측지점 부모멘트부

Li＝15.000m

① 내측거더

바닥판 유효폭은 다음의 값들 중 가장 작은 값으로 한다.

등가지간장의 $\frac{1}{4} = \frac{15.000\text{m}}{4} = 3.750\text{m}$

바닥판 두께의 12배 + Max(웨브두께, 주거더 상부플랜지폭의 $\frac{1}{2}$)

$$= 0.250 \times 12 + \text{Max}\left(0.012, \frac{0.5}{2}\right) = 3.250\text{m}$$

인접한 보 사이의 평균간격=2.500m

바닥판 유효폭=Min(3.750m, 3.250m, 2.500m)=2.500m

② 외측거더

바닥판 유효폭은 인접한 내측거더 유효폭의 절반과 다음 값 중의 최솟값의 합으로 한다.

등가지간장의 $\frac{1}{8} = \frac{15.000\text{m}}{8} = 1.875\text{m}$

바닥판 두께의 6배 + Max(웨브두께 1/2, 주거더 상부플랜지폭 $\frac{1}{4}$)

$$= 0.250 \times 6 + \text{Max}\left(0.012, \frac{0.5}{4}\right) = 1.625\text{m}$$

내민부분(overhang)의 폭=1.075m

바닥판 유효폭=Min(1.875m, 1.625m, 1.075m)=1.075m

외측거더의 바닥판 유효폭=$\frac{2.500}{2}$+1.075=2.325m

11.4.5 단면비 제한 검토

1) 단면비 제한조건

KDS 14 31 10:2017 4.3.3.1.2에 따르면 공칭강도식을 적용하기 위하여 단면비에 대한 제한조건은 다음과 같이 제시하고 있다.

(1) 웨브 단면비 제한

수평보강재가 없는 웨브

$$\frac{D}{t_w} \leq 150 \tag{11.9}$$

수평보강재가 있는 웨브

$$\frac{D}{t_w} \leq 300 \tag{11.10}$$

(2) 플랜지 단면비 제한

압축플랜지와 인장플랜지는 다음을 만족해야 한다.

$$\frac{b_f}{2t_f} \leq 12.0 \tag{11.11}$$

$$b_f \geq D/6 \tag{11.12}$$

$$t_f \geq 1.1t_w \tag{11.13}$$

$$0.1 \leq \frac{I_{yc}}{I_{yt}} \leq 10 \tag{11.14}$$

(3) 연성 요구조건

KDS 14 31 10:2017 4.3.3.1.7.3에 따르면 조밀 및 비조밀 단면은 다음을 만족하여야 한다.

공칭항복강도가 690MPa인 강재

$$D_p \leq 0.3\,D_t \tag{11.15}$$

그 밖의 단면인 경우

$$D_p \leq 0.42\,D_t \tag{11.16}$$

예제 11.2

그림 11.18과 그림 11.19는 각각 대상교량에 있어서 중앙경간의 정모멘트부(절점 22)와 내측지점의 부모멘트부(절점 14) 단면도이다. 각각의 단면에서 단면비 제한에 대하여 검토하시오.

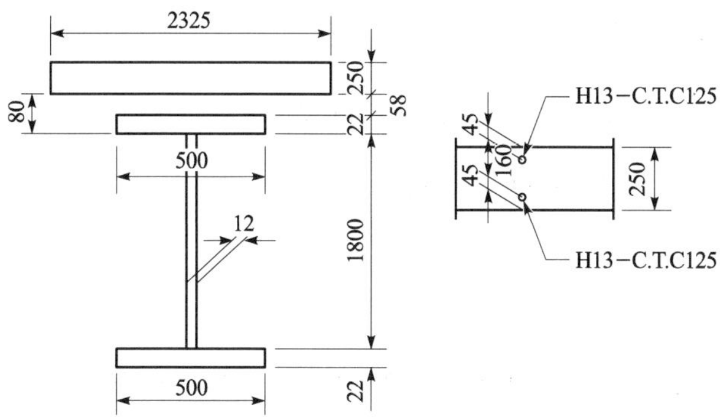

그림 11.18 **정모멘트 단면(단위:mm)**

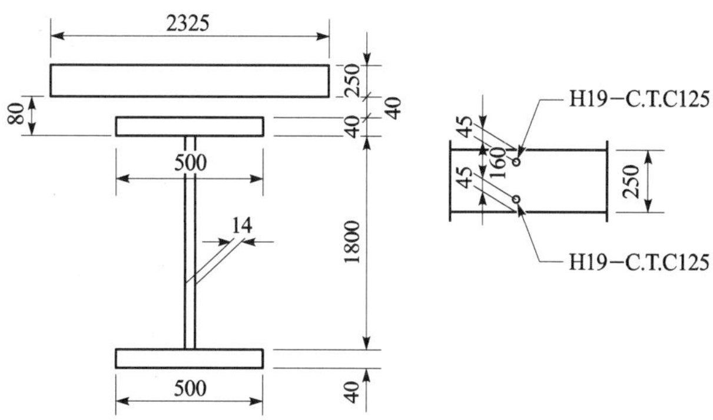

그림 11.19 **부모멘트 단면(단위:mm)**

풀이

1) 정모멘트 단면

(1) 웨브 단면비 (KDS 14 31 10:2017 4.3.3.1.2.1 (1))

$$\frac{D}{t_w} = \frac{1{,}800\text{mm}}{12\text{mm}} = 150 \ \le \ 150.0 \ (\therefore \text{ 만족})$$

(2) 플랜지 단면비 (KDS 14 31 10:2017 4.3.3.1.2.2)

$$\frac{b_f}{2t_f} = \frac{500\text{mm}}{2(22\text{mm})} = 11.3 \ < \ 12.0 \ (\therefore \text{ 만족})$$

$$b_f = 500\text{mm} \ > \ \frac{D}{6} = \frac{1{,}800\text{mm}}{6} = 300\text{mm} \ (\therefore \text{ 만족})$$

$$t_f = 22\text{mm} \ > \ 1.1 \cdot t_w = 1.1(12\text{mm}) = 13.2\text{mm} \ (\therefore \text{ 만족})$$

$$0.1 \le \frac{I_{yc}}{I_{yt}} \le 10$$

여기서

I_{yc} : 웨브 중심선의 수직축에 관한 압축플랜지의 단면2차 모멘트

$= 229{,}166{,}666.7\text{mm}^4$

I_{yt} : 웨브 중심선의 수직축에 관한 인장플랜지의 단면2차 모멘트

$= 229{,}166{,}666.7\text{mm}^4$

$$\frac{I_{yc}}{I_{yt}} = \frac{229{,}166{,}666.7}{229{,}166{,}666.7} = 1.00$$

$$\therefore \ 0.1 \le \frac{I_{yc}}{I_{yt}} = 1.00 \le 10.0 \qquad \text{O.K}$$

2) 부모멘트 단면

(1) 웨브 단면비 (KDS 14 31 10:2017 4.3.3.1.2.1 (1))

$$\frac{D}{t_w}=\frac{1{,}800\text{mm}}{14\text{mm}}=128.6 < 150.0 \ (\therefore \text{ 만족})$$

(2) 플랜지 단면비 (KDS 14 31 10:2017 4.3.3.1.2.2)

$$\frac{b_f}{2t_f}=\frac{500\text{mm}}{2(40\text{mm})}=6.25 < 12.0 \ (\therefore \text{ 만족})$$

$$b_f= 500\text{mm} > \frac{D}{6}=\frac{1{,}800\text{mm}}{6}=300\text{mm} \ (\therefore \text{ 만족})$$

$$t_f= 40\text{mm} > 1.1\cdot t_w=1.1(14\text{mm})=15.4\text{mm} \ (\therefore \text{ 만족})$$

$$0.1 \le \frac{I_{yc}}{I_{yt}} \le 10$$

여기서

I_{yc} : 웨브 중심선의 수직축에 관한 압축플랜지의 단면2차 모멘트 $=416{,}666{,}666.7\text{mm}^4$

I_{yt} : 웨브 중심선의 수직축에 관한 인장플랜지의 단면2차 모멘트 $=416{,}666{,}666.7\text{mm}^4$

$$\frac{I_{yc}}{I_{yt}}=\frac{416{,}666{,}666.7}{416{,}666{,}666.7}=1.00$$

$$\therefore\ 0.1 \le \frac{I_{yc}}{I_{yt}}=1.00 \le 10.0 \qquad \text{O.K}$$

예제 11.3

다음 그림을 참고하여 정모멘트부 설계를 위한 단면계수(비합성단면, 단기 합성단면, 장기 합성단면)를 산정하시오.

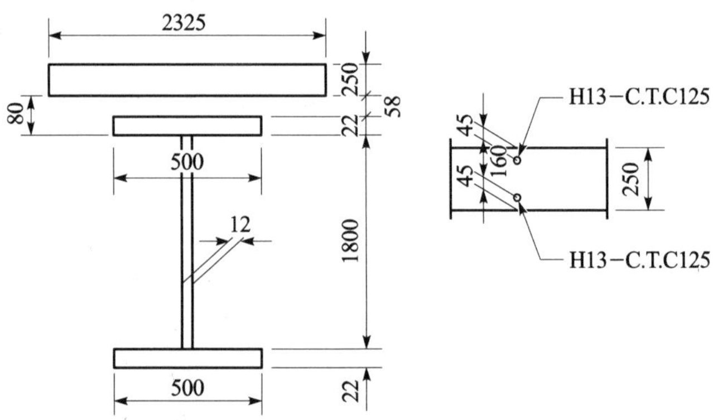

그림 11.20 정모멘트 단면(단위:mm)

풀이

(1) 비합성단면계수(S_{NC})

비합성강재단면의 단면2차모멘트와 중립축의 위치 그리고 비합성단면계수

S_{NC}는 다음과 같이 계산된다.

$y_{su} = 922\text{mm}$, $y_{sl} = 922\text{mm}$,

$I_s = 24{,}091{,}149{,}333.3\text{mm}^4$

S_{NC-t} = 비합성단면계수(상부플랜지연단)

$$= \frac{I_s}{y_{su}} = \frac{24{,}091{,}149{,}333.3\text{mm}^4}{922\text{mm}} = 26{,}129{,}229.2\text{mm}^3$$

S_{NC-b} = 비합성단면계수(하부플랜지연단)

$$= \frac{I_s}{y_{sl}} = \frac{24{,}091{,}149{,}333.3\text{mm}^4}{922\text{mm}} = 26{,}129{,}229.2\text{mm}^3$$

(2) 단기 합성단면계수($S_{ST}, n=7$)

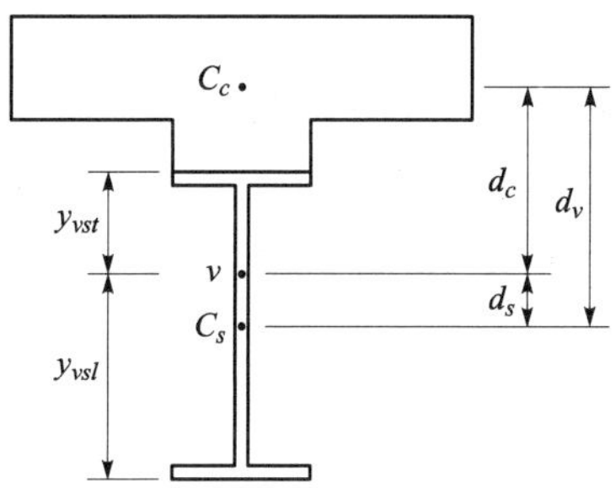

그림 11.21 단기 합성단면(n=7)

단기 합성단면의 2차모멘트와 중립축의 위치 그리고 단기 합성단면계수 S_{ST} 는 다음과 같이 계산된다.

$A_c = A_{con} + A_{\text{헌치}} = 628{,}760.0\text{mm}^2$

$A_s = 43{,}600.0\text{mm}^2$

A_v = 단기 합성단면의 단면적

$= A_s + A_c/n = 133{,}422.9\text{mm}^2$

d_c = 단기 합성단면의 중립축과 콘크리트 바닥판의 도심 사이의 거리

$$= d_v \frac{A_s}{A_v} = (1{,}105.0\text{mm})\frac{43{,}600.0\text{mm}^2}{133{,}422.9\text{mm}^2} = 361.1\text{mm}$$

d_s = 단기 합성단면의 중립축과 강거더 도심 사이의 거리

$= d_v - d_c = 743.9\text{mm}$

$y_{vsl} = 1{,}665.9\text{mm}$, $y_{vst} = 178.1\text{mm}$

$I_c = I_{con} + I_{\text{헌치}} = 4{,}058{,}952{,}790.6\text{mm}^4$

$$I_v = I_s + \frac{I_c}{n} + A_s d_s^2 + A_c \frac{d_c^2}{n} = 60{,}510{,}972{,}762.0\text{mm}^4$$

S_{ST-t} = 단기 합성단면계수(상부플랜지연단)

$$= \frac{I_v}{y_{vst}} = \frac{60{,}510{,}972{,}762.0\text{mm}^4}{178.1\text{mm}} = 339{,}758{,}409.7\text{mm}^3$$

S_{ST-b} = 단기 합성단면계수(하부플랜지연단)

$$= \frac{I_v}{y_{vsl}} = \frac{60{,}510{,}972{,}762.0\text{mm}^4}{1{,}665.9\text{mm}} = 36{,}323{,}292.4\text{mm}^3$$

(3) 장기 합성단면계수(S_{LT}, $n_1 = 3n = 21$)

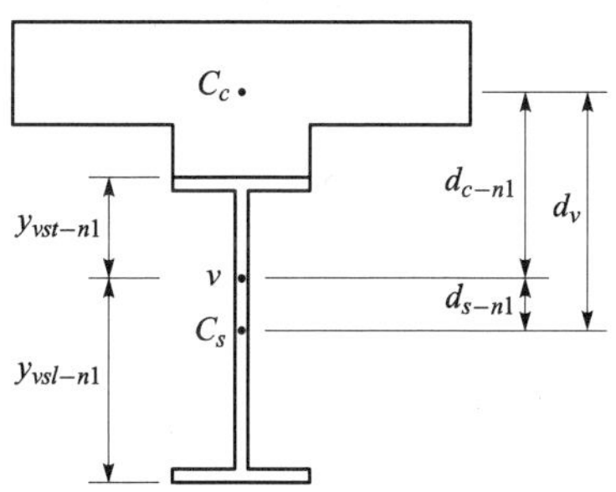

그림 11.22 장기 합성단면(n_1=21)

$A_{v-n_1} = A_s + A_c/n_1 = 73{,}541.0\text{m}^2$

$$d_{c-n_1} = d_v \frac{A_s}{A_{v-n_1}} = (1{,}105.0\text{mm})\frac{43{,}600.0\text{mm}^2}{73{,}541.0\text{mm}^2} = 655.1\text{mm}$$

$d_{s-n_1} = d_v - d_{c-n_1} = 1{,}105.0\text{mm} - 655.1\text{mm} = 449.9\text{mm}$

$y_{vsl-n_1} = 1{,}371.9\text{mm}, \quad y_{vst-n_1} = 472.1\text{mm}$

$I_{v-n1} = 45{,}958{,}848{,}894.6\text{mm}^4$

$S_{LT-t} =$ 장기 합성단면계수(상부플랜지연단)

$$= \frac{I_{v-n_1}}{y_{vcu-n_1}} = \frac{45{,}958{,}848{,}894.6\text{mm}^4}{472.1\text{mm}} = 97{,}349{,}817.6\text{mm}^3$$

$S_{LT-b} =$ 장기 합성단면계수(하부플랜지연단)

$$= \frac{I_{v-n_1}}{y_{vsl-n_1}} = \frac{45{,}958{,}848{,}894.6\text{mm}^4}{1{,}371.9\text{mm}} = 33{,}500{,}145.0\text{mm}^3$$

예제 11.4

다음 그림을 참고하여 부모멘트부 설계를 위한 단면계수(비합성단면, 합성단면-철근유효)를 산정하시오. 이때, 상부철근은 H19-C.T.C125, 하부철근은 H19-C.T.C125로 가정한다. 이 때 H19는 공칭면적이 286.5mm²인 철근을 의미하며, C.T.C125는 철근의 중심간 간격이 125mm임을 의미한다.

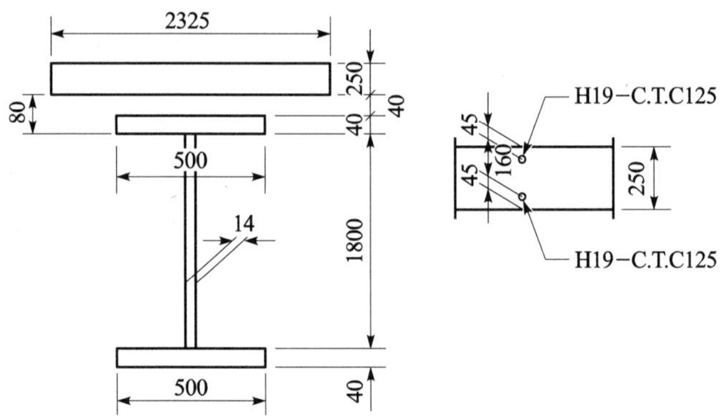

그림 11.23 부모멘트 단면(단위:mm)

풀이

(1) 비합성단면계수(S_{NC})

비합성강재단면의 단면2차모멘트와 중립축의 위치 그리고 비합성단면계수 S_{NC}는 다음과 같이 계산된다.

$y_{su} = 940\text{mm}, \quad y_{sl} = 940\text{mm}$,

$I_s = 40{,}665{,}333{,}333.3\text{mm}^4$

$S_{NC-t} =$ 비합성단면계수(상부플랜지연단)

$$= \frac{I_s}{y_{su}} = \frac{40{,}665{,}333{,}333.3\text{mm}^4}{940\text{mm}} = 43{,}260{,}992.9\text{mm}^3$$

$S_{NC-b} =$ 비합성단면계수(하부플랜지연단)

$$= \frac{I_s}{y_{sl}} = \frac{40,665,333,333.3\text{mm}^4}{940\text{mm}} = 43,260,992.9\text{mm}^3$$

2) 합성단면계수

배근된 철근을 고려한 합성단면의 2차모멘트와 중립축의 위치 그리고 합성단면계수 S_{ST}는 다음과 같이 계산된다. 이때, 상부철근은 H19-C.T.C125, 하부철근은 H19-C.T.C125로 가정하며 KDS 14 31 10:2017 4.3.3.1.1.7에 근거하여 부모멘트 구간의 최소 바닥판 철근량 규정을 만족하여야 한다.

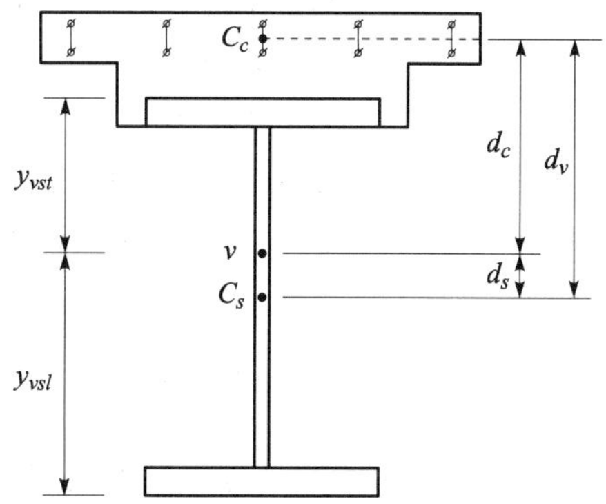

그림 11.24 합성단면

$A_r = A_{rt} + A_{rb} = 10,314\text{mm}^2$ (36개)

$A_s = 65,200.0\text{mm}^2$

$A_v = A_s + A_r = 75,514\text{mm}^2$

d_c = 합성단면의 중립축과 철근의 중심 사이의 거리

$$= d_v \frac{A_s}{A_v} = (1,105.0\text{mm}) \frac{65,200.0\text{mm}^2}{75,514.0\text{mm}^2} = 954.1\text{mm}$$

d_s = 배근된 철근을 고려한 합성단면 중립축과 강거더 도심 사이의 거리

$= d_v - d_c = 150.9\text{mm}$

$y_{vsl} = 1090.9\text{mm}$, $y_{vst} = 789.1\text{mm}$

$I_v = I_s + A_s d_s^2 + A_r d_c^2 = 51,538,894,583.6\text{mm}^4$

S_{ST-t} = 합성단면계수(상부플랜지연단)

$$= \frac{I_v}{y_{vst}} = \frac{51,538,894,583.6\text{mm}^4}{789.1\text{mm}} = 65,313,514.9\text{mm}^3$$

S_{ST-b} = 합성단면계수(하부플랜지연단)

$$= \frac{I_v}{y_{vsl}} = \frac{51,538,894,583.6\text{mm}^4}{1090.9\text{mm}} = 47,244,380.4\text{mm}^3$$

11.4.6 강도한계상태 – 휨강도 검토

대표적으로 최대 부모멘트(내부지점, 절점 14)와 정모멘트 단면(중앙경간, 절점 22)에 대하여 강도한계상태에서 휨강도의 설계절차를 설명하고자 한다.

1) 항복모멘트와 소성모멘트

(1) 항복모멘트

합성단면 임의의 점에서 탄성응력은 강재단면, 단기 합성단면 그리고 장기 합성단면에 각각 작용해서 발생한 응력의 합으로 계산해야 한다. 콘크리트 바닥판의 강도가 75%에 이르기 전에 작용하는 장기하중은 강재단면이 받는 것으로 가정하고, 75%에 이른 후에 작용하는 영구하중이나 활하중은 합성단면이 지지하는 것으로 가정한다. 따라서, 합성단면의 항복모멘트 M_y는 강재단면, 단기 합성단면 그리고 장기 합성단면에 작용하는 모멘트의 합으로 표현된다. 이를 수식으로 표현하면 다음과 같다 [KDS 14 31 10:2017 강구조 부재 설계기준(하중저항계수설계법) 부록 B.2].

① 다음 식에서 M_{AD}를 구한다.

$$F_{yf} = \frac{M_{D1}}{S_{NC}} + \frac{M_{D2}}{S_{LT}} + \frac{M_{AD}}{S_{ST}} \tag{11.17}$$

② 다음을 계산한다.

$$M_y = M_{D1} + M_{D2} + M_{AD} \tag{11.18}$$

여기서, S_{NC} : 비합성단면의 단면계수 (mm^3)
S_{ST} : 단기 합성단면의 단면계수 (mm^3)
S_{LT} : 장기 합성단면의 단면계수 (mm^3)
M_{D1}, M_{D2} 및 M_{AD} : 단면에 적용되는 계수하중에 의한 모멘트 (N·mm)

M_y는 압축플랜지 항복모멘트 M_{yc} 또는 인장플랜지 항복모멘트 M_{yt} 가운데 작은 값이다. 특별한 규정이 없는 한 F_{yf}는 플랜지의 항복응력이고 단면계수는 플랜지의 외측연단에 대한 값이다.

(2) 소성모멘트

11.3절에서 언급하였듯이, 합성거더에 대한 여러 실험결과로부터 탄성이론에 의한 합성구조의 설계는 모멘트 저항능력에 대하여 대단히 안전측의 예측값을 나타냄이 밝혀졌다. 즉 정모멘트 단면의 경우 합성거더의 실제 모멘트 저항능력은 강재단면이 완전히 항복하고 콘크리트 바닥판의 압축부가 $0.85f_{ck}$의 응력을 받는다고 가정함으로써 근사적으로 약산할 수 있다. 이러한 소성해석에서 주요하게 고려해야 하는 인자는 콘크리트의 유효폭, 소성 중립축의 위치 그리고 소성 중립축의 위치에 따른 소성모멘트(M_p)의 크기이다. 소성 중립축의 위치는 그 위치가 콘크리트

바닥판에 있는 경우, 상부플랜지에 있는 경우 그리고 웨브에 있는 경우로 나누어 각각의 소성모멘트와 중립축의 위치를 규정하고 있다 [KDS 14 31 10:2017 강구조 부재 설계기준(하중저항계수설계법) 부록 B.1].

그림 11.25와 11.26은 각각 정모멘트와 부모멘트 단면에 대한 소성 중립축의 위치와 소성력을 나타내고 있다. 그림의 기호들 $P_t(=F_{yt}b_tt_t)$는 인장플랜지의 소성력, $P_w(=F_{yw}Dt_w)$는 웨브의 소성력, $P_c(=F_{yc}b_ct_c)$는 압축플랜지의 소성력, $P_s(=0.85f_{ck}b_st_s)$는 콘크리트의 소성력, $P_{rt}(=A_{rt}F_{yrt})$는 상부철근(종방향철근)의 소성력 그리고 $P_{rb}(=A_{rb}F_{yrb})$는 하부철근(종방향철근)의 소성력을 나타낸다. 또한, 두께와 폭의 기호인 t와 b의 아래첨자들은 각각의 소성력에 대응하는 부분의 두께와 폭을 의미한다. 예를 들어 t_c와 b_c는 압축플랜지의 두께와 폭을 나타낸다. 그리고 F_y와 f_{ck}는 강재 및 철근의 항복강도와 콘크리트의 압축강도를 의미하며, D는 웨브의 높이, A_r은 상·하부철근의 단면적을 나타낸다. 정모멘트 및 부모멘트 단면에 대한 각 경우별 소성 중립축 위치와 소성모멘트 크기의 정량적인 표현 식들은 다음과 같다.

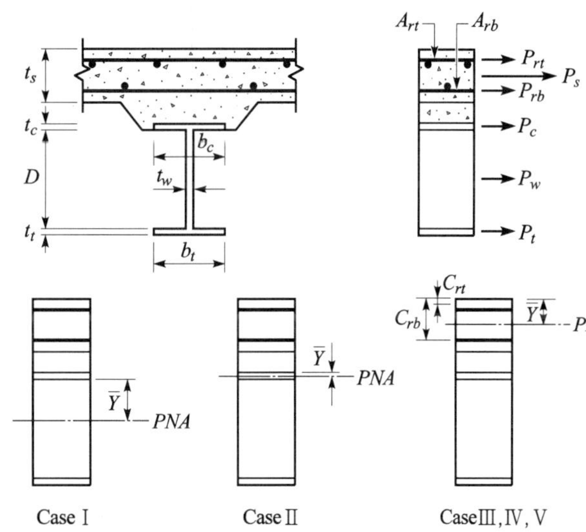

그림 11.25 **정모멘트 단면의 소성중립축 위치와 소성력**

① 정모멘트 단면

- 경우 I : 소성 중립축이 웨브에 있는 경우, $P_t+P_w \geq P_c+P_s+P_{rb}+P_{rt}$

$$\overline{Y}=\left(\frac{D}{2}\right)\left[\frac{P_t-P_c-P_s-P_{rt}-P_{rb}}{P_w}+1\right] \tag{11.19}$$

$$M_p=\frac{P_w}{2D}[\overline{Y}^2+(D-\overline{Y})^2]+[P_sd_s+P_{rt}d_{rt}+P_{rb}d_{rb}+P_cd_c+P_td_t] \tag{11.20}$$

- 경우 II : 소성 중립축이 상부플랜지에 있는 경우, $P_t+P_w+P_c \geq P_s+P_{rb}+P_{rt}$

$$\overline{Y}=\left(\frac{t_c}{2}\right)\left[\frac{P_w+P_t-P_s-P_{rt}-P_{rb}}{P_c}+1\right] \tag{11.21}$$

$$M_p = \frac{P_c}{2t_c}[\overline{Y}^2 + (t_c - \overline{Y})^2] + [P_s d_s + P_{rt} d_{rt} + P_{rb} d_{rb} + P_w d_w + P_t d_t] \quad (11.22)$$

- 경우Ⅲ : 소성중립축이 바닥판 하부철근 아래부분에 있는 경우,

$$P_t + P_w + P_c \geq \left(\frac{c_{rb}}{t_s}\right) P_s + P_{rb} + P_{rt}$$

$$\overline{Y} = (t_s)\left[\frac{P_c + P_w + P_t - P_{rt} - P_{rb}}{P_s}\right] \quad (11.23)$$

$$M_p = \left(\frac{\overline{Y}^2 P_s}{2t_s}\right) + [P_{rt} d_{rt} + P_{rb} d_{rb} + P_c d_c + P_w d_w + P_t d_t] \quad (11.24)$$

- 경우Ⅳ : 소성중립축이 바닥판 하부철근에 있는 경우,

$$P_t + P_w + P_c + P_{rb} \geq \left(\frac{c_{rb}}{t_s}\right) P_s + P_{rt}$$

$$\overline{Y} = c_{rb} \quad (11.25)$$

$$M_p = \left(\frac{\overline{Y}^2 P_s}{2t_s}\right) + [P_{rt} d_{rt} + P_c d_c + P_w d_w + P_t d_t] \quad (11.26)$$

- 경우Ⅴ : 소성중립축이 바닥판 하부철근 윗부분에 있는 경우,

$$P_t + P_w + P_c + P_{rb} \geq \left(\frac{c_{rt}}{t_s}\right) P_s + P_{rt}$$

$$\overline{Y} = (t_s)\left[\frac{P_{rb} + P_c + P_w + P_t - P_{rt}}{P_s}\right] \quad (11.27)$$

$$M_p = \left(\frac{\overline{Y}^2 P_s}{2t_s}\right) + [P_{rt} d_{rt} + P_{rb} d_{rb} + P_c d_c + P_w d_w + P_t d_t] \quad (11.28)$$

예제 11.5

합성단면의 항복모멘트 M_y는 강재단면, 단기 합성단면 그리고 장기 합성단면에 작용하는 모멘트의 합으로 표현된다. 대상교량 중앙경간의 정모멘트부 단면(예제 11.4, 표 11.2의 절점 22)의 항복모멘트를 산정하시오.

풀이

KDS 14 31 10:2017 부록 B.2 이용하여 항복모멘트를 구하면 다음과 같다.

$M_{DC1} = 2{,}133.6\ \text{kN·m}$, $M_{DC2} = 428.7\ \text{kN·m}$, $M_{DW} = 395.8\ \text{kN·m}$

$F_y =$ 강재의 항복응력 $= 345\ \text{MPa}\ (16\ \text{mm} < \text{t} \leq 40\ \text{mm})$

$$M_{AD} = S_{ST}\left(F_y - \frac{1.25 M_{DC1}}{S_{NC}} - \frac{1.25 M_{DC2} + 1.5 M_{DW}}{S_{LT}}\right)$$

(1) 상부플랜지연단

$$M_{ADc} = S_{ST-t}\left(F_y - \frac{1.25M_{DC1}}{S_{NC-t}} - \frac{1.25M_{DC2}+1.5M_{DW}}{S_{LT-t}}\right)$$

$$= 339{,}758{,}409.7 \times \left(345 - \frac{1.25(2{,}133.6\times10^6)}{26{,}129{,}229.2} - \frac{1.25(428.7\times10^6)}{97{,}349{,}817.6}\right.$$

$$\left. - \frac{1.5(395.8\times10^6)}{97{,}349{,}817.6}\right) = 78{,}595.3\ \text{kN·m}$$

$$\therefore M_{yc} = 1.25M_{DC1} + 1.25M_{DC2} + 1.5M_{DW} + M_{ADc} = 82{,}391.9\ \text{kN·m}$$

(2) 하부플랜지연단

$$M_{ADt} = S_{ST-b}\left(F_y - \frac{1.25M_{DC1}}{S_{NC-b}} - \frac{1.25M_{DC2}+1.5M_{DW}}{S_{LT-b}}\right)$$

$$= 36{,}323{,}292.4 \times \left(345 - \frac{1.25(2{,}133.6\times10^6)}{26{,}129{,}229.2} - \frac{1.25(428.7\times10^6)}{33{,}500{,}145.0}\right.$$

$$\left. - \frac{1.5(395.8\times10^6)}{33{,}500{,}145.0}\right) = 7{,}599.3\ \text{kN·m}$$

$$\therefore M_{yt} = 1.25M_{DC1} + 1.25M_{DC2} + 1.5M_{DW} + M_{ADt} = 11{,}395.8\ \text{kN·m}$$

$$\therefore M_y = \min(M_{yc}, M_{yt}) = 11{,}395.8\ \text{kN·m}$$

예제 11.6

대상교량의 정모멘트 단면에서, KDS 14 31 10:2017 부록 B.1을 이용하여 소성중립축의 위치와 소성모멘트를 구하시오. 이때, 상부철근과 하부철근의 배치는 H13-C.T.C125로 가정하며, H13의 공칭단면적은 126.7mm^{2}이다.

풀이

P_t =인장플랜지의 소성력= $F_{yt}\, b_t\, t_t = (345)(500)(22) = 3{,}795.0\,\text{kN}$

P_w =웨브의 소성력

$= F_{yw}\, D t_w = (355)(1{,}800)(12) = 7{,}668.0\,\text{kN}$

P_c =압축플랜지의 소성력= $F_{yc} b_c t_c = (345)(500)(22) = 3{,}795.0\text{kN}$

P_s =콘크리트의 소성력

$= 0.85 f_{ck} b_s t_s = 0.85(27)(2{,}325)(250) = 13{,}339.69\text{kN}$

P_{rt} =상부철근의 소성력 (H13−C.T.C125)

$= A_{rt} F_{yrt} = 18 \times 126.7 \times 400 = 912.24\,\text{kN}$

P_{rb} =하부철근의 소성력 (H13−C.T.C125)

$= A_{rb} F_{yrb} = 912.24\,\text{kN}$

$$P_t + P_w + P_c = 15{,}258.0\,\text{kN} > \left(\frac{C_{rb}}{t_s}\right)P_s + P_{rt} + P_{rb} = 12{,}763.0\,\text{kN}$$

∴ 경우 Ⅲ, 소성 중립축 ⇒ 콘크리트 바닥판 P_{rb} 아래부분

∴ 소성모멘트에서 압축을 받는 웨브에 있지 않으므로 D_{cp}값은 0이다.
(KDS 14 31 10:2017 부록 B.3.2)

$\overline{Y}$= 소성 중립축에서 바닥판 상면까지의 거리 (Case Ⅲ)

$$\therefore \overline{Y} = (t_s)\left[\frac{P_c + P_w + P_t - P_{rt} - P_{rb}}{P_s}\right]$$

$$= (250.0)\left[\frac{3,795.0 + 7,668.0 + 3,795.0 - 912.24 \times 2}{13,339.69}\right] = 251.8\,\mathrm{mm}$$

$$M_p = \left(\frac{P_s \overline{Y}^2}{2t_s}\right) + \left[P_c d_c + P_{rt} d_{rt} + P_{rb} d_{rb} + P_w d_w + P_t d_t\right]$$

위에서 구한 값들을 정리하면,

$\overline{Y} = 251.8\mathrm{mm}$

$P_c = 3,795.0\ \mathrm{kN}$, $d_c = 67.2\,\mathrm{mm}$

$P_s = 13,339.69\mathrm{kN}$, $d_s = 126.8\mathrm{mm}$

$P_{rt} = 912.24\ \mathrm{kN}$, $d_{rt} = 206.8\,\mathrm{mm}$

$P_{rb} = 912.24\mathrm{kN}$, $d_{rb} = 46.8\,\mathrm{mm}$

$P_w = 7,668.0\ \mathrm{kN}$, $d_w = 978.2\,\mathrm{mm}$

$P_t = 3,795.0\ \mathrm{kN}$, $d_t = 1889.2\,\mathrm{mm}$

$$\therefore M_p = \frac{13,339.69 \times 0.2518^2}{2(0.250)} + [(3,795.0)(0.0672) + (912.24)(0.2068) +$$
$$(912.24)(0.0468) + (7,668.0)(0.9782) + (3,795.0)(1.8892)] = 16,848.3\ \mathrm{kN \cdot m}$$

② 부모멘트 단면

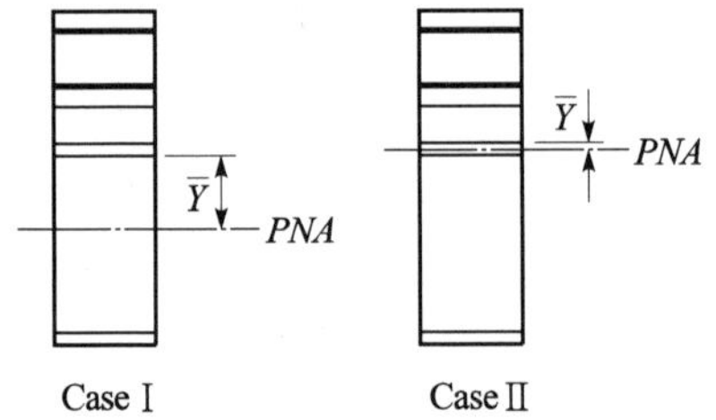

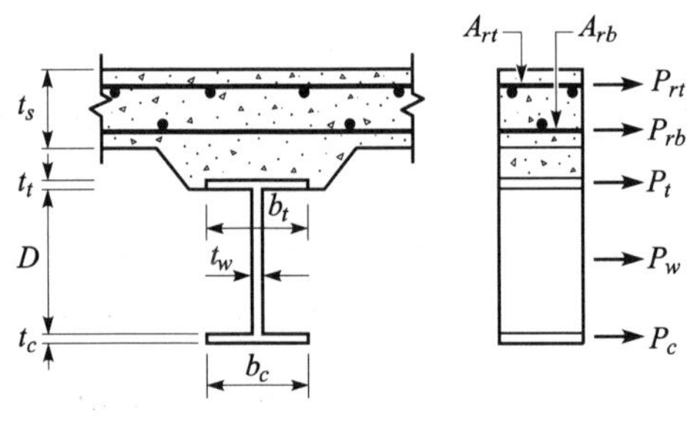

그림 11.26 부모멘트 단면의 소성 중립축 위치와 소성력

– 경우Ⅰ : 소성 중립축이 웨브에 있는 경우, $P_c+P_w \geq P_t+P_{rb}+P_{rt}$

$$\overline{Y}=\left(\frac{D}{2}\right)\left[\frac{P_c-P_t-P_{rt}-P_{rb}}{P_w}+1\right] \tag{11.29}$$

$$M_p=\frac{P_w}{2D}[\overline{Y}^2+(D-\overline{Y})^2]+[P_{rt}d_{rt}+P_{rb}d_{rb}+P_cd_c+P_td_t] \tag{11.30}$$

– 경우Ⅱ : 소성 중립축이 상부플랜지에 있는 경우, $P_t+P_w+P_c \geq P_{rb}+P_{rt}$

$$\overline{Y}=\left(\frac{t_t}{2}\right)\left[\frac{P_w+P_c-P_{rt}-P_{rb}}{P_t}+1\right] \tag{11.31}$$

$$M_p=\frac{P_t}{2t_t}[\overline{Y}^2+(t_t-\overline{Y})^2]+[P_{rt}d_{rt}+P_{rb}d_{rb}+P_wd_w+P_cd_c] \tag{11.32}$$

예제 11.7

합성단면의 항복모멘트 M_y는 강재단면, 단기 합성단면 그리고 장기 합성단면에 작용하는 모멘트의 합으로 표현된다. 대상교량 내측지점부에서 부모멘트 단면(예제 11.4, 표 11.2의 절점 14)의 항복모멘트를 산정하시오.

풀이

본 예제는 부모멘트 단면의 조밀 여부를 떠나 항복모멘트의 계산 예를 보이고자 한 것이다. KDS 14 31 10:2017 부록 B.2를 이용하여 항복모멘트를 구하면 다음과 같다.

$M_{DC1}=-3{,}919.9\ \text{kN·m},\ M_{DC2}=-981.2\ \text{kN·m},\ M_{DW}=-674.0\ \text{kN·m}$

$F_y=$ 강재의 항복응력 $=345\,\text{MPa}$

$$M_{AD}=S_{ST}\left(F_y-\frac{1.25M_{DC1}}{S_{NC}}-\frac{1.25M_{DC2}+1.5M_{DW}}{S_{LT}}\right)$$

(1) 상부플랜지연단

$$M_{ADt}=S_{ST-t}\left(F_y-\frac{1.25M_{DC1}}{S_{NC-t}}-\frac{1.25M_{DC2}+1.5M_{DW}}{S_{LT-t}}\right)$$

$$=65{,}313{,}514.9\times\left(345-\frac{1.25(3{,}919.9\times10^6)}{43{,}260{,}992.9}-\frac{1.25(981.2\times10^6)}{65{,}313{,}514.9}\right.$$

$$\left.-\frac{1.5(674.0\times10^6)}{65{,}313{,}514.9}\right)=-12{,}898.1\ \text{kN·m}$$

$$\therefore M_{yt}=1.25M_{DC1}+1.25M_{DC2}+1.5M_{DW}+M_{ADt}=-20{,}035.4\ \text{kN·m}$$

(2) 하부플랜지연단

$$M_{ADc}= S_{ST-b}\left(F_y - \frac{1.25M_{DC1}}{S_{NC-b}} - \frac{1.25M_{DC2}+1.5M_{DW}}{S_{LT-b}}\right)$$

$$= 47{,}244{,}380.4\times\left(345 - \frac{1.25(3{,}919.9\times10^6)}{43{,}260{,}992.9} - \frac{1.25(981.2\times10^6)}{47{,}244{,}380.4}\right.$$

$$\left. - \frac{1.5(674.0\times10^6)}{47{,}244{,}380.4}\right) = -8{,}710.8\ \text{kN·m}$$

$$\therefore M_{yc} = 1.25M_{DC1}+1.25M_{DC2}+1.5M_{DW}+M_{ADc} = -15{,}848.1\ \text{kN·m}$$

$$\therefore M_y = \min(|M_{yc}|, |M_{yt}|) = -15{,}848.1\ \text{kN·m}$$

예제 11.8

대상교량의 부모멘트 단면에서, KDS 14 31 10:2017 부록 B.1을 이용하여 소성중립축의 위치와 소성모멘트를 구하시오.

풀이

본 예제는 부모멘트 단면의 조밀 여부를 떠나 소성모멘트의 계산 예를 보이고자 한 것이다. 부모멘트 단면에 대해 KDS 14 31 10:2017 부록 B.1을 이용하여 소성모멘트를 구하면 다음과 같다.

P_t =인장플랜지의 소성력= $F_{yt}\, b_t\, t_t = (345)(500)(40) = 6{,}900.0\,\text{kN}$

P_w =웨브의 소성력 = $F_{yw}\, D t_w = (355)(1{,}800)(14) = 8{,}946.0\,\text{kN}$

P_c =압축플랜지의 소성력= $F_{yc} b_c t_c = (345)(500)(40) = 6{,}900.0\,\text{kN}$

P_s =콘크리트의 소성력

$= 0.85 f_{ck} b_s t_s = 0.85(27)(2{,}325)(250) = 13{,}339.690\text{kN}$

P_{rt} =상부철근의 소성력 (H19−C.T.C125)

$= A_{rt}F_{yrt} = 18\times 286.5\times 400 = 2{,}062.8\,\text{kN}$

P_{rb} =하부철근의 소성력 (H19−C.T.C125)

$= A_{rb}F_{yrb} = 2{,}062.8\,\text{kN}$

$P_w + P_c = 15{,}846.0\,\text{kN} > \text{P}_\text{t} + \text{P}_\text{rt} + \text{P}_\text{rb} = 11{,}025.6\,\text{kN}$

∴ 경우 Ⅰ, 소성 중립축 ⇒ 웨브 내

$\overline{Y}$= 소성 중립축에서 웨브의 상부연단까지의 거리

$$\therefore \overline{Y} = \left(\frac{D}{2}\right)\left[\frac{P_c - P_t - P_{rt} - P_{rb}}{P_w} + 1\right]$$

$$= \left(\frac{1{,}800}{2}\right)\left[\frac{6{,}900.0 - 6{,}900.0 - 2{,}062.8\times 2}{8{,}946.0} + 1\right]$$

$$= 484.9\,\text{mm} < D = 1{,}800\text{mm} \qquad \text{O.K}$$

$$M_p = \frac{P_w}{2D}\left[\overline{Y}^2 + (D-\overline{Y})^2\right] + \left[P_{rt}d_{rt} + P_{rb}d_{rb} + P_t d_t + P_c d_c\right]$$

위에서 구한 값들을 정리하면,

$\overline{Y} = 484.9\,\text{mm}$

$P_t = 6{,}900.0\,\text{kN}$, $\quad d_t = 504.9\,\text{mm}$

$P_{rt} = 2{,}062.8\,\text{kN}$, $\quad d_{rt} = 769.9\,\text{mm}$

$P_{rb} = 2{,}062.8\,\text{kN}$, $\quad d_{rb} = 609.9\,\text{mm}$

$P_w = 8{,}946.0\,\text{kN}$, $\quad d_w = 415.1\,\text{mm}$

$P_c = 6{,}900.0\,\text{kN}$, $\quad d_c = 1{,}335.1\,\text{mm}$

$$M_p = \frac{P_w}{2D}\left[\overline{Y}^2 + (D - \overline{Y})^2\right] + \left[P_{rt}d_{rt} + P_{rb}d_{rb} + P_t d_t + P_c d_c\right]$$

$$\begin{aligned}\therefore M_p &= \frac{8{,}946.0}{2(1.8)}\left[(0.4849)^2 + (1.800 - 0.4849)^2\right] \\ &\quad + \left[(2{,}062.8)(0.7699) + (2{,}062.8)(0.6099) + \right. \\ &\quad \left.(6{,}900.0)(0.5049) + (6{,}900.0)(1.3351)\right] \\ &= 20{,}424.32\,\text{kN}\cdot\text{m}\end{aligned}$$

---

2) 강도한계상태 – 정모멘트부

정모멘트부에서 강도한계상태의 휨설계에 대한 검토 내용은 다음과 같다.

(1) 단면의 조밀성 검토

정모멘트부의 합성단면은 KDS 14 31 10:2017 4.3.3.1.6.2 (2)에서 규정한 다음 조건을 만족하여야 한다.

① 직선 거더가 각을 이루고 연속으로 연결된 교량 또는 수평 곡선 거더 교량의 합성단면은 비조밀단면으로 간주하며 4.3.3.1.7.2를 만족해야 한다.

② 아래의 요구조건을 만족하는 직선교의 합성단면은 조밀단면으로 간주한다.

가. 플랜지의 최소항복강도가 485MPa를 초과하지 않고,

나. 웨브는 4.3.3.1.2.1(1)의 규정을 만족하며(본 교재 11.4.5의 (1) 웨브 단면비 제한),

다. 웨브세장비 한계를 만족하는 단면

$$\frac{2D_{cp}}{t_w} \le 3.76\sqrt{\frac{E}{F_{yc}}} \qquad (11.33)$$

여기서, D_{cp} : 부록 B.3.2에 규정된 소성모멘트 적용 시 압축 측 웨브의 높이 (mm)

③ 조밀단면은 4.3.3.1.7.1을 만족해야 한다. 그렇지 않으면 단면은 비조밀단면으로 간주하고 4.3.3.1.7.2(다음 (2) 공칭휨강도의 식(11.38) 및 식(11.39))를 만족해야 한다.

④ 조밀단면 및 비조밀단면은 4.3.3.1.7.3에 규정된 연성조건을 만족해야 한다.

주) KDS 14 31 10:2017 4.3.3.1.7.3 연성 요구조건 : 조밀 및 비조밀단면은 아래의 식을 만족해야 한다.

- 공칭항복강도가 690 MPa인 강재로 설계된 균질 합성단면 또는 상부 및 하부 플랜지의 공칭항복강도가 690 MPa이며 4.3.3.1.1.3을 만족하는 하이브리드 합성단면인 경우

$$D_p \leq 0.3D_t \tag{11.34}$$

- 그 밖의 단면인 경우

$$D_p \leq 0.42D_t \tag{11.35}$$

여기서, D_p : 소성모멘트 상태에서 콘크리트 바닥판의 상단에서 중립축까지의 거리 (mm)

D_t : 합성단면의 전체높이 (mm)

(2) 공칭휨강도

플레이트거더 정모멘트부 합성단면의 공칭휨강도에 관한 설계기준은 다음 표 11.4와 같다(KDS 14 31 10:2017 4.3.3.1.7).

표 11.4 **강도한계상태-합성단면**

조 건	플레이트거더(정모멘트부) 합성단면 공칭휨강도 M_n 또는 F_n
조밀단면	• F_y=485MPa 이하인 강재 $D_p \leq 0.1D_t$; $M_n = M_p$ 그 밖의 경우; $M_n = M_p\left(1.07 - 0.7\dfrac{D_p}{D_t}\right)$ • F_y=690MPa 강재 $D_p \leq 0.1D_t$; $M_n = M_p$ $0.1D_t < D_p \leq 0.2D_t$; $M_n = M_p\left(1.19 - 1.9\dfrac{D_p}{D_t}\right)$ $D_p > 0.2D_t$; $M_n = M_p\left(1.0 - 0.95\dfrac{D_p}{D_t}\right)$ • 연속교의 경우 $M_n \leq 1.3R_hM_y$
비조밀 단면	• 압축플랜지 $F_{nc} = R_bR_hF_{yc}$ 여기서, R_b : 웨브의 국부좌굴에 따른 플랜지 응력감소계수 KDS 14 31 10:2017 4.3.3.1.1.10 (2) R_h : 하이브리드 단면의 플랜지 응력감소계수 KDS 14 31 10:2017 4.3.3.1.1.10 (1) • 인장플랜지 $F_{nt} = R_hF_{yt}$

강도한계상태에서 조밀단면은 다음 식을 만족하여야 한다.

$$M_u + \frac{1}{3}f_lS_{xt} \leq \phi_fM_n \tag{11.36}$$

$$\frac{2D_{cp}}{t_w} \leq 3.76\sqrt{\frac{E}{F_{yc}}} \quad \text{(웨브세장비 한계)} \tag{11.37}$$

강도한계상태에서 비조밀단면의 압축플랜지는 다음 식을 만족하여야 한다.

$$f_{bu} \leq \phi_f F_{nc} \tag{11.38}$$

강도한계상태에서 비조밀단면의 인장플랜지는 다음 식을 만족하여야 한다.

$$f_{bu} + \frac{1}{3} f_l \leq \phi_f F_{nt} \tag{11.39}$$

예제 11.9

대상교량에서 정모멘트 단면의 조밀성을 검토하시오

풀이

대상교량의 경우 사교 또는 곡선교에 해당하지 않으므로 4.3.3.1.6.2 (2) ①에 해당하지 않으며 적용 강종은 SM355로써 최소항복강도가 485MPa를 초과하지 않으므로 4.3.3.1.6.2 (2) ② 가.에 해당하지 않는다. 또한 4.3.3.1.6.2 (2) ② 나. 경우 상기 웨브 단면비 검토에 의거하여 만족한다. 4.3.3.1.6.2 (2) ② 다.와 4.3.3.1.6.2 (2) ④에 해당하는 조건에 대한 만족 여부를 다음과 같이 판단한다. 단, ③항의 경우 휨강도 산정시 반영한다.

(1) 웨브 세장비

구한 정모멘트 단면의 소성중립축 위치가 상부플랜지 하면보다 위에 존재하므로 D_{cp} 즉 소성모멘트가 작용할 때 압축을 받는 웨브의 높이는 "0"이 된다. 그러므로 이는 웨브의 세장비가 만족되는 조밀단면을 의미한다.

(2) 연성검토 (KDS 14 31 10:2017 4.3.3.1.7.3)

합성단면이 소성모멘트에 접근할 때 콘크리트 바닥판에 미리 파손이 일어나서는 안된다. 정모멘트부의 조밀합성단면의 연성을 다음 식을 통해서 검토하도록 규정하고 있다.

$D_p \leq 0.42\,D_t$

$D_p = 251.8\text{mm} < 0.42\,D_t = 0.42 \times 2{,}152\text{mm} = 903.8\text{mm}$ O.K

따라서, 본 정모멘트 단면은 조밀단면이고 연성요건을 만족한다.

예제 11.10

대상교량에서 정모멘트 단면의 공칭휨강도를 산정하시오.

풀이

공칭항복강도가 485MPa 이하인 강재로 설계된 균질 합성단면으로서 다음과 같이 휨강도를 산정한다.

$D_p = 251.8\,\text{mm} > 0.10\,D_t = 215.2\text{mm}$이므로

$M_n = M_p\left(1.07 - 0.7\dfrac{D_p}{D_t}\right) = 16{,}848.3 \times \left(1.07 - 0.7\dfrac{251.8}{2{,}152}\right) = 16{,}647.72\ \ \text{kN·m}$

한편 연속교에서 조밀단면의 공칭휨강도는 다음 식으로 제한된다(KDS 14 31 10:2017 4.3.3.1.7.1).

$M_n \le 1.3R_h M_y = 1.3(1.0)(11{,}395.8) = 14{,}814.5\ \ \text{kN·m}$

ϕ_f =휨에 대한 강도감소계수= 1.00 (KDS 24 14 31:2017 4.1.4.2)

$M_u = 8{,}864.5\text{kN·m}$ (절점번호 22번의 휨모멘트)

$\therefore \phi_f M_n = 1.0 \times 14{,}814.5$

$\qquad = 14{,}814.5\ \text{kN·m} > M_u = 8{,}864.5\,\text{kN·m} \qquad \text{O.K}$

추가적으로 상기와 같이 휨강도를 만족하는 정모멘트 최대부의 단면은 KDS 14 31 10:2017 4.3.3.1.7.1 (1)에 따라 횡방향 응력을 고려한 안전성을 확보하여야 한다.

---

3) 강도한계상태 – 부모멘트부

부모멘트부에서 강도한계상태의 휨설계에 대한 검토 내용은 다음과 같다.

(1) 단면의 조밀성 검토

부모멘트부의 합성단면은 KDS 14 31 10:2017 4.3.3.1.6.2 (3)에서 규정한 다음 조건을 만족하여야 한다.

① 직선 거더가 각을 이루고 연속으로 연결된 교량 또는 수평 곡선 거더 교량의 단면은 4.3.3.1.8의 규정(다음 (2) 공칭휨강도에 해당)을 적용하여 설계해야 한다.

② 직교 혹은 사각이 20° 미만인 사교에 중간 다이아프램 또는 크로스프레임이 지점과 평행한 선을 따라 설치되어 있고, 다음의 조건을 만족하면 부록 A에 명시된 조밀 또는 비조밀 웨브 단면의 규정에 따라 설계할 수 있다.

가. 플랜지의 최소항복강도가 485MPa를 초과하지 않고,

나. 웨브가 비조밀단면 세장비 한계를 만족하며,

$$\frac{2D_c}{t_w} \le 5.7\sqrt{\frac{E}{F_{yc}}} \qquad (11.40)$$

다. 플랜지가 아래의 비율을 만족하는 단면

$$\frac{I_{yc}}{I_{yt}} \ge 0.3 \qquad (11.41)$$

여기서, D_c : 탄성범위 내에서 웨브의 압축 측 높이 (mm). 합성단면의 경우 D_c는 KDS 14 31 10:2017 부록 B.3.1을 적용하여 구할 수 있다.

I_{yc} : 웨브 중심선의 수직축에 관한 압축플랜지의 단면2차모멘트

I_{yt} : 웨브 중심선의 수직축에 관한 인장플랜지의 단면2차모멘트

③ 위의 조건을 만족하지 않으면 비조밀 단면으로써 KDS 14 31 10:2017의

4.3.3.1.8을 따라야 한다.

(2) 공칭휨강도

플레이트거더 부모멘트부 합성단면과 비합성단면의 공칭휨강도에 관한 설계기준은 다음 표 11.5와 같다 (KDS 14 31 10:2017 4.3.3.1.8).

불연속적으로 횡지지된 압축플랜지는 다음 식을 만족하여야 한다.

$$f_{bu} + \frac{1}{3} f_l \leq \phi_f F_{nc} \tag{11.42}$$

불연속적으로 횡지지된 인장플랜지는 다음 식을 만족하여야 한다.

$$f_{bu} + \frac{1}{3} f_l \leq \phi_f F_{nt} \tag{11.43}$$

연속적으로 횡지지된 인장 또는 압축플랜지는 다음 식을 만족하여야 한다.

$$f_{bu} \leq \phi_f R_h F_{yf} \tag{11.44}$$

표 11.5 **극한한계상태-합성과 비합성단면**

플랜지	플레이트거더 부모멘트부의 합성단면과 정 또는 부모멘트부의 비합성단면
단면비 제한	웨브세장비 한계 $\frac{2D_c}{t_w} \leq 5.7\sqrt{\frac{E}{F_{yc}}}$ 상하부 플랜지비율 $\frac{I_{yc}}{I_{yt}} \geq 0\ 3$
압축플랜지	• 국부좌굴(FLB) – 조밀플랜지($\lambda_f \leq \lambda_{pf}$) $F_{nc} = R_b R_h F_{yc}$ – 비조밀플랜지($\lambda_{pf} < \lambda_f \leq \lambda_{rf}$) $F_{nc} = \left[1 - \left(1 - \frac{F_{yr}}{R_h F_{yc}}\right)\left(\frac{\lambda_f - \lambda_{pf}}{\lambda_{rf} - \lambda_{pf}}\right)\right] R_b R_h F_{yc}$ 여기서 $\lambda_f = \frac{b_f}{2t_f}$: 압축플랜지의 세장비 $\lambda_{pf} = 0.38\sqrt{\frac{E}{F_{yc}}}$: 조밀단면 플랜지의 세장비 한계 $\lambda_{rf} = 0.56\sqrt{\frac{E}{F_{yr}}}$: 비조밀단면 플랜지의 세장비 한계 • 횡비틀림좌굴(LTB) – $L_b \leq L_p$ 인 경우 $F_{nc} = R_b R_h F_{yc}$ – $L_p < L_b \leq L_r$ 인 경우 $F_{nc} = C_b\left[1 - \left(1 - \frac{F_{yr}}{R_h F_{yc}}\right)\left(\frac{L_b - L_p}{L_r - L_p}\right)\right] R_b R_h F_{yc} \leq R_b R_h F_{yc}$ – $L_b > L_r$ 인 경우 $F_{nc} = F_{cr} = \frac{C_b R_b \pi^2 E}{(L_b/r_t)^2} \leq R_b R_h F_{yc}$ 여기서 L_b : 비지지길이 (mm) $L_p = 1.0 r_t \sqrt{\frac{E}{F_{yc}}}$: 소성한계에 대한 비지지길이 (mm) $L_r = \pi r_t \sqrt{\frac{E}{F_{yr}}}$: 비탄성한계에 대한 비지지길이 (mm)
인장플랜지	$F_{nt} = R_h F_{yt}$

예제 11.11

대상교량에서 부모멘트 단면의 조밀성을 검토하시오

풀이

대상교량의 경우 사교 또는 곡선교에 해당하지 않으므로 ①에 해당하지 않으며 적용 강종은 SM355로써 최소항복강도가 485MPa를 초과하지 않으므로 KDS 14 31 10:2017의 4.3.3.1.6.2 (3) ② 가.에 해당하지 않으며, 4.3.3.1.6.2 (3) ② 나. 및 다.에 해당하는 조건에 대한 만족 여부를 다음과 같이 판단한다.

(1) 웨브 세장비 한계 (KDS 14 31 10:2017 4.3.3.1.6.2 (3) ② 나.)

앞에서 구한 부모멘트 단면의 탄성중립축 위치가 웨브에 존재하며 웨브 세장비는 비조밀 한계를 만족하지 않는다.

$$\lambda_w = \frac{2D_c}{t_w} = \frac{2 \times 1{,}050.9}{14} = 150.1 > \lambda_{rw} = 5.7\sqrt{\frac{E}{F_{yc}}} = 5.7\sqrt{\frac{210{,}000}{345}} = 140.6$$

(2) 단면비 검토 (KDS 14 31 10:2017 4.3.3.1.6.2 (3) ② 다.)

$$\frac{I_{yc}}{I_{yt}} > 0.3$$

여기서, I_{yc} : 웨브 중심선의 수직축에 관한 압축플랜지의 단면2차 모멘트 $= 416{,}666{,}666.7\text{mm}^4$

I_{yt} : 웨브 중심선의 수직축에 관한 인장플랜지의 단면2차 모멘트 $= 416{,}666{,}666.7\text{mm}^4$

$$\frac{I_{yc}}{I_{yt}} = \frac{416{,}666{,}666.7}{416{,}666{,}666.7} = 1.00 > 0.3 \quad \text{O.K}$$

따라서, 검토단면은 비조밀단면으로 검토한다.

예제 11.12

대상 교량의 내측 지점부에서 부모멘트 단면의 강도한계상태에 대해 휨강도를 검토하시오.

풀이

1) 불연속적으로 횡지지된 압축플랜지

조밀성 검토로부터 KDS 14 31 10의 4.3.3.1.6.2 (3) ②에서 웨브세장비가 해당 조건을 만족하지 않으므로 KDS 14 31 10의 4.3.3.1.8에 따라 다음 식을 만족하여야 한다.

$$f_{bu} + \frac{1}{3} f_l \le \phi_f F_{nc}$$

$\dfrac{2D_c}{t_w} \le \lambda_{rw} = 5.7\sqrt{\dfrac{E}{F_{yc}}}$ 를 만족하지 못하므로 R_b는 다음과 같다.

$$R_b = 1 - \left(\frac{a_{wc}}{1200 + 300a_{wc}}\right)\left(\frac{2D_c}{t_w} - \lambda_{rw}\right)$$

$$= 1 - \left(\frac{1.471}{1200 + 300 \times 1.471}\right)\left(\frac{2 \times 1,050.9}{14} - 140.6\right) = 0.991$$

여기서, $a_{wc} = \dfrac{2D_c t_w}{b_{fc} t_{fc}} = \dfrac{2 \times 1,050.9 \times 14}{500 \times 40} = 1.471$

① 압축플랜지 국부좌굴강도

압축플랜지 세장비

$$\lambda_f = \frac{b_f}{2t_f} = \frac{500}{2 \times 40} = 6.25 \le \lambda_{pf} = 0.38\sqrt{\frac{E}{F_{yc}}} = 0.38\sqrt{\frac{210,000}{345}} = 9.375$$

∴ 조밀 플랜지

$$F_{nc,\,FLB} = R_b R_h F_{yc} = 0.991 \times 1.0 \times 345 = 341.9\text{ MPa}$$

② 횡비틀림좌굴강도

내부 지점부에서 횡지지 간격은 5.0 m 인 것으로 가정한다.

$$L_p = 1.0 r_t \sqrt{\frac{E}{F_{yc}}} = 1.0 \times 129.3\sqrt{\frac{210,000}{345}} = 3,190.1\text{ mm}$$

$$L_r = \pi r_t \sqrt{\frac{E}{F_{yr}}} = \pi \times 129.3\sqrt{\frac{210,000}{(0.7F_{yc})}} = 11,978.4\text{ mm}$$

여기서,

$$r_t = \frac{b_{fc}}{\sqrt{12\left(1 + \frac{1}{3}\frac{D_c t_w}{b_{fc} t_{fc}}\right)}} = \frac{500}{\sqrt{12\left(1 + \frac{1}{3}\frac{1,050.9 \times 14}{500 \times 40}\right)}} = 129.3\, mm$$

∴ $L_p \le L_b = 5.0\ m \le L_r$

$$F_{nc,\,LTB} = C_b\left[1 - \left(1 - \frac{F_{yr}}{R_h F_{yc}}\right)\left(\frac{L_b - L_p}{L_r - L_p}\right)\right] R_b R_h F_{yc}$$

$$= 1.0\left[1 - \left(1 - \frac{0.7 \times 345}{1.0 \times 345}\right)\left(\frac{5,000 - 3,190.1}{11,978.4 - 3,190.1}\right)\right](0.991)(1.0)(345)$$

$$= 320.8\text{ MPa}$$

여기서, 모멘트보정계수 C_b는 편의상 안전측으로 1.0으로 가정하였다.(내부지점부에서는 모멘트 경사가 크므로 실제 $C_b \ge 1.0$이며, 단 $F_{nc,\,LTB} \le R_b R_h F_{yc}$ 이다.) 따라서, $F_{nc} = \min[F_{nc,\,FLB}, F_{nc,\,LTB}] = 320.8\text{ MPa}$

$$f_{fu} = \frac{1.25M_{DC1}}{S_{NC-b}} + \frac{1.25M_{DC2} + 1.5M_{DW}}{S_{ST-b}} + \frac{1.8M_{LL}}{S_{ST-b}}$$

$$= 1.25\left(\frac{-3,919.9 \times 10^6}{43,260,992.9}\right) + 1.25\left(\frac{-981.2 \times 10^6}{47,244,380.4}\right) + 1.5\left(\frac{-674.0 \times 10^6}{47,244,380.4}\right)$$

$$+ 1.8\left(\frac{-2,817.9 \times 10^6}{47,244,380.4}\right)$$

$$= -268.0\text{ MPa}$$

본 예의 경우 직선교로서 횡방향 응력 $f_l = 0$으로 가정하면,

$$f_{bu} + \frac{1}{3} f_l = -268.0 \text{ MPa} \ \langle \ \phi_f F_{nc} = 320.8 \text{ MPa} \qquad (\text{O.K})$$

2) 연속적으로 횡지지된 인장플랜지

연속적으로 횡지지된 인장플랜지는 다음을 만족하여야 한다.

$$f_{bu} \le \phi_f R_h F_{yf}$$

$$f_{fu} = \frac{1.25 M_{DC1}}{S_{NC-t}} + \frac{1.25 M_{DC2} + 1.5 M_{DW}}{S_{ST-t}} + \frac{1.8 M_{LL}}{S_{ST-t}}$$

$$= 1.25\left(\frac{3{,}919.9 \times 10^6}{43{,}260{,}992.9}\right) + 1.25\left(\frac{981.2 \times 10^6}{65{,}313{,}514.9}\right) + 1.5\left(\frac{674.0 \times 10^6}{65{,}313{,}514.9}\right)$$

$$+ 1.8\left(\frac{2{,}817.9 \times 10^6}{65{,}313{,}514.9}\right)$$

$$= 225.2 \text{MPa} \le \phi_f R_h F_{yf} = (1.0)(1.0)(345.0) = 345.0 \text{MPa} \quad (\text{O.K})$$

11.4.7 강도한계상태 – 전단강도 검토

휨강도와 마찬가지로 플레이트거더의 전단강도에 대한 이론적인 내용은 6장을 참고하기 바란다. 여기서는 설계기준에 관한 사항만을 중점적으로 다룬다.

강도한계상태에서 직선 및 곡선 웨브패널은 다음을 만족하여야 한다.

$$V_u \le \phi_v V_n \qquad (11.45)$$

표 11.6 강도한계상태-전단강도

구 분	플레이트거더 공칭전단강도
비보강 웨브	$V_n = CV_p$
보강 웨브	① 내측패널 • $\frac{2Dt_w}{(b_{fc}t_{fc} + b_{ft}t_{ft})} \le 2.5$ 인 경우 : $V_n = V_p\left[C + \frac{0.87(1-C)}{\sqrt{1+\left(\frac{d_0}{D}\right)^2}}\right]$ • $\frac{2Dt_w}{(b_{fc}t_{fc} + b_{ft}t_{ft})} > 2.5$ 인 경우 : $V_n = V_p\left[C + \frac{0.87(1-C)}{\sqrt{1+\left(\frac{d_0}{D}\right)^2} + \frac{d_0}{D}}\right]$ ② 단부패널 $V_n = CV_p$
전단좌굴 응력비(C)	• $\frac{D}{t_w} < 1.12\sqrt{\frac{Ek}{F_{yw}}}$ 인 경우 $C = 1.0$ • $1.12\sqrt{\frac{Ek}{F_{yw}}} \le \frac{D}{t_w} < 1.4\sqrt{\frac{Ek}{F_{yw}}}$ 인 경우 $C = \frac{1.12}{(D/t_w)}\sqrt{\frac{Ek}{F_{yw}}}$ • $\frac{D}{t_w} > 1.4\sqrt{\frac{Ek}{F_{yw}}}$ 인 경우 $C = \frac{1.57}{(D/t_w)^2}\left(\frac{Ek}{F_{yw}}\right)$ 여기서, $V_p = 0.58 F_{yw} D t_w$ $k = 5.0 + \frac{5}{(d_0/D)^2}$ (보강웨브), $k = 5.0$(비보강웨브)

예제 11.13

대상교량 내측 지점부의 부모멘트부에서 전단강도를 검토하시오. 이때 전단강도 산정에 있어 수직보강재 배치간격(d_o)은 1,250mm로 가정한다.

풀이

수직보강재나 수평보강재가 있는 균질거더와 복합거더의 보강된 내측 웨브 패널의 공칭전단강도 V_n은 KDS 14 31 10:2017 4.3.3.1.9.3에 근거하여 검토한다.
검토 단면은 수평보강재가 없고 수직보강재의 간격이 $3D$ 이하이다. 따라서 보강 웨브의 내측패널 조건으로 검토한다.

$$E = 2.10\times10^5\text{MPa},\ \ F_{yw} = 355\,\text{MPa},\ \ k = 5+\frac{5}{(d_0/D)^2} = 5+\frac{5}{(\frac{1,250}{1,800})^2} = 15.368$$

$$\frac{D}{t_w} = \frac{1,800\text{mm}}{14\text{mm}} = 128.6$$

$$1.12\sqrt{\frac{Ek}{F_{yw}}} = 1.12\sqrt{\frac{2.1\times10^5\times15.368}{355}} = 106.8,\ \ 1.40\sqrt{\frac{Ek}{F_{yw}}} = 133.5$$

$$\therefore\ 1.12\sqrt{\frac{Ek}{F_{yw}}} \le \frac{D}{t_w} < 1.4\sqrt{\frac{Ek}{F_{yw}}}$$

따라서, $C = \dfrac{1.12}{(D/t_w)}\sqrt{\dfrac{Ek}{F_{yw}}} = \dfrac{1.12}{(1,800/14)}\sqrt{\dfrac{210,000\times15.368}{355}} = 0.83$

$\Rightarrow$ 탄성전단좌굴

$$\frac{2Dt_w}{(b_{fc}t_{fc}+b_{ft}t_{ft})} = \frac{2\times1,800\times14}{500\times40+500\times40} = 1.25 \le 2.5$$

$$V_n = V_p\left[C+\frac{0.87(1-C)}{\sqrt{1+(\frac{d_o}{D})^2}}\right] = 5,188.68\left[0.83+\frac{0.87(1-0.83)}{\sqrt{1+(\frac{1,250}{1,800})^2}}\right]$$

$$= 4,936.9\,\text{kN}$$

여기서, $V_p = 0.58F_{yw}Dt_w = 0.58\times355\times1800\times14 = 5,188.68\,\text{kN}$

$V_u = 1,797.6\,\text{kN}$ (절점번호 14번의 전단력)

$\phi_v =$ 전단에 대한 저항계수 $= 1.00$

$\therefore\ \phi_v V_n = (1.00)(4,936.9) = 4,936.9\,\text{kN}\ > V_u = 1,797.6\,\text{kN}$ (O.K)

부 록

부록 A 강재단면

A.1 H-BEAM

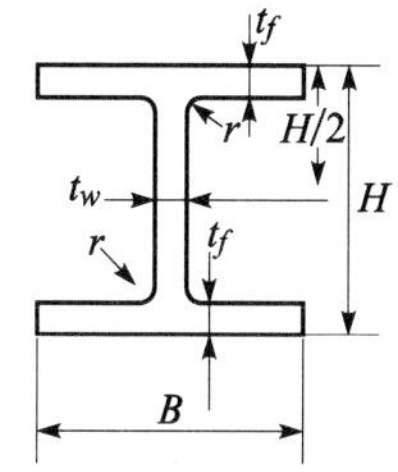

규격 Dimensions (KS D 3502)

공칭치수	표준단면치수				단면적	단위 중량	단면2차모멘트		단면2차반경		단면계수		휨단면성능		소성단면계수		비지지길이			
																	$F_y=$ 2.4tf/cm^2		$F_y=$ 3.3tf/cm^2	
	$H\times B$	t_w	t_f	r	A	W	I_x	I_y	r_x	r_y	S_x	S_y	r_{ts}	H/A	Z_x	Z_y	L_c	L_u	L_c	L_u
mm	mm	mm	mm	mm	cm^2	kgf/m	cm^4	cm^4	cm	cm	cm^3	cm^3	cm	cm^{-1}	cm^3	cm^3	cm	cm	cm	cm
100×100	100×100	6	8	10	21.90	17.2	383	134	4.18	2.47	76.5	26.7	2.73	1.250	87.6	41.2	129	150	110	128
125×125	125×125	6.5	9	10	30.31	23.8	847	293	5.29	3.11	136	47	3.43	1.110	154	71.9	161	188	138	160
150×75	150×75	5	7	8	17.85	14.0	666	49.5	6.11	1.66	88.8	13.2	1.96	2.860	102	20.8	97	107	83	92
150×100	148×100	6	9	11	26.84	21.1	1,020	151	6.17	2.37	138	30.1	2.68	1.650	157	46.7	129	147	110	125
150×150	150×150	7	10	11	40.14	31.5	1,640	563	6.39	3.75	219	75.1	4.12	1.000	246	115	194	226	165	192
200×100	198×99	4.5	7	11	23.18	18.2	1,580	114	8.26	2.21	160	23	2.57	2.500	180	35.7	128	141	109	120
	200×100	5.5	8	11	27.16	21.3	1,840	134	8.24	2.22	184	26.8	2.6	2.500	209	41.9	129	142	110	121
200×150	194×150	6	9	13	39.01	30.6	2,690	507	8.30	3.61	277	67.6	4.03	1.440	309	104	194	221	165	188
200×200	200×200	8	12	13	63.53	49.9	4,720	1,600	8.62	5.02	472	160	5.5	0.835	525	244	258	301	220	257
	200×204	12	12	13	71.53	56.2	4,980	1,700	8.35	4.88	498	167	5.53	0.817	565	257	263	303	225	258
	208×202	10	16	13	83.69	65.7	6,530	2,200	8.83	5.13	628	218	5.61	0.643	710	332	261	307	222	262
250×125	248×124	5	8	12	32.68	25.7	3,540	255	10.40	2.79	285	41.1	3.23	2.500	319	63.6	160	177	137	151
	250×125	6	9	12	37.66	29.6	4,050	294	10.40	2.79	324	47	3.26	2.220	366	73.1	161	179	138	152
250×175	244×175	7	11	16	56.24	44.1	6,120	984	10.40	4.18	502	113	4.68	1.270	558	173	226	256	193	219
250×250	244×252	11	11	16	82.06	64.4	8,790	2,940	10.30	5.98	720	233	6.76	0.880	805	358	325	370	277	316
	248×249	8	13	16	84.70	66.5	9,930	3,350	10.80	6.29	801	269	6.84	0.766	883	408	321	375	274	319
	250×250	9	14	16	92.18	72.4	10,800	3,650	10.80	6.29	867	292	6.87	0.715	960	444	323	376	275	321
	250×255	14	14	16	104.70	82.2	11,500	3,880	10.50	6.09	919	304	6.9	0.700	1040	468	329	378	281	322
300×150	298×149	5.5	8	13	40.80	32.0	6,320	442	12.40	3.29	424	59.3	3.84	2.500	475	91.8	192	210	164	179
	300×150	6.5	9	13	46.78	36.7	7,210	508	12.40	3.29	481	67.7	3.87	2.220	542	105	194	212	165	181
300×200	294×200	8	12	18	72.38	56.8	11,300	1,600	12.50	4.71	771	160	5.32	1.220	859	247	258	291	220	248
	298×201	9	14	18	83.36	65.4	13,300	1,900	12.60	4.77	893	189	5.38	1.060	1,000	291	259	295	221	251

공칭치수	표준단면치수				단면적	단위중량	단면2차모멘트		단면2차반경		단면계수		휨단면성능		소성단면계수		비지지길이			
																	$F_y=$ 2.4tf/cm²		$F_y=$ 3.3tf/cm²	
	$H\times B$	t_w	t_f	r	A	W	I_x	I_y	r_x	r_y	S_x	S_y	r_{ts}	H/A	Z_x	Z_y	L_c	L_u	L_c	L_u
mm	mm	mm	mm	mm	cm²	kgf/m	cm⁴	cm⁴	cm	cm	cm³	cm³	cm	cm⁻¹	cm³	cm³	cm	cm	cm	cm
300×300	294×302	12	12	18	107.70	84.5	16,900	5,520	12.50	7.16	1,150	365	8.09	0.812	1,280	560	390	443	332	378
	298×299	9	14	18	110.80	87.0	18,800	6,240	13.00	7.50	1,270	417	8.19	0.712	1,390	634	386	449	329	383
	300×300	10	15	18	119.80	94.0	20,400	6,750	13.10	7.51	1,360	450	8.23	0.666	1,500	684	387	451	330	384
	300×305	15	15	18	134.80	106.0	21,500	7,100	12.60	7.26	1,440	466	8.23	0.656	1,610	716	394	451	336	384
	304×301	11	17	18	134.80	106.0	23,400	7,730	13.20	7.57	1,540	514	8.29	0.593	1,710	781	389	454	331	387
	310×305	15	20	18	165.30	130.0	28,200	9,460	13.20	7.60	1,810	620	8.39	0.508	2,080	949	394	460	336	392
	310×310	20	20	18	180.80	142.0	29,400	9,940	12.80	7.50	1,890	642	8.44	0.500	2,200	992	400	462	341	394
350×175	346×174	6	9	14	52.68	41.4	11,100	792	14.50	3.88	641	91	4.51	2.210	716	140	225	247	192	211
	350×175	7	11	14	63.14	49.6	13,600	984	14.70	3.95	775	112	4.58	1.820	868	174	226	251	193	214
	354×176	8	13	14	73.68	57.8	16,100	1,180	14.80	4.01	909	134	4.65	1.550	1,020	208	227	255	194	217
340×250	336×249	8	12	20	88.15	69.2	18,500	3,090	14.50	5.92	1,100	248	6.63	1.130	1,220	380	321	363	274	310
	340×250	9	14	20	101.50	79.7	21,700	3,650	14.60	6.00	1,280	292	6.71	0.972	1,410	447	323	368	275	313
350×350	338×351	13	13	20	135.30	106.0	28,200	9,380	14.40	8.33	1,670	534	9.42	0.740	1,850	872	453	516	386	440
	344×348	10	16	20	146.00	115.0	33,300	11,200	15.10	8.78	1,940	646	9.56	0.618	2,120	980	449	524	383	447
	344×354	16	16	20	166.60	131.0	35,300	11,800	14.60	8.43	2,050	669	9.54	0.608	2,250	1,020	457	523	390	446
	350×350	12	19	20	173.90	137.0	40,300	13,600	15.20	8.84	2,300	776	9.65	0.526	2,550	1,180	452	529	385	451
	350×357	19	19	20	191.40	156.0	42,800	14,400	14.70	8.53	2,450	809	9.68	0.515	2,760	1,240	461	530	393	452
400×200	396×199	7	11	16	72.16	56.6	20,000	1,450	16.70	4.48	1,010	145	5.19	1.810	1,130	224	257	284	219	242
	400×200	8	13	16	84.12	66.0	23,700	1,740	16.80	4.54	1,190	174	5.26	1.540	1,330	268	258	288	220	246
	404×201	9	15	16	96.16	75.5	27,500	2,030	16.90	4.60	1,360	202	5.32	1.340	1,530	312	259	291	221	248
400×300	386×299	9	14	22	120.10	94.3	33,700	6,240	16.70	7.81	1,740	418	8.02	0.923	1,920	637	386	439	329	375
	390×300	10	16	22	136.00	107.0	38,700	7,210	16.90	7.28	1,980	481	8.09	0.813	2,190	733	387	443	330	378
400×400	388×402	15	15	22	178.50	140.0	49,000	16,300	16.60	9.54	2,520	809	10.8	0.643	2,800	1,240	519	592	443	504
	394×398	11	18	22	186.80	147.0	56,100	18,900	17.30	10.10	2,850	951	10.9	0.552	3,120	1,440	514	597	438	509
	394×405	18	18	22	214.40	168.0	59,700	20,000	16.70	9.65	3,030	985	11	0.536	3,390	1,510	523	602	446	514
	400×400	13	21	22	218.70	172.0	66,600	22,400	17.50	10.10	3,330	1,120	11.1	0.473	3,670	1,700	516	608	440	518
	400×408	21	21	22	250.70	197.0	70,900	23,800	16.80	9.75	3,540	1,170	11.1	0.465	3,990	1,790	527	608	449	518
	406×403	16	24	22	254.90	200.0	78,000	26,200	17.50	10.10	3,840	1,300	11.2	0.417	4,280	1,980	520	613	444	523
	414×405	18	28	22	295.40	232.0	92,800	31,000	17.70	10.20	4,480	1,530	11.4	0.360	5,030	2,330	523	624	446	532
	428×407	20	35	22	360.70	283.0	119,000	39,400	18.20	10.40	5,570	1,930	11.8	0.290	6,310	2,940	525	646	448	551
	458×417	30	50	22	528.60	415.0	187,000	60,500	18.80	10.70	8,170	2,900	11.8	0.219	9,540	4,440	538	646	459	551
	498×432	45	70	22	770.10	605.0	298,000	94,000	19.70	11.10	13,000	4,370	12.3	0.165	14,500	6,720	558	674	476	575

공칭치수	표준단면치수				단면적	단위 중량	단면2차모멘트		단면2차반경		단면계수		휨단면성능		소성단면계수		비지지길이			
																	$F_y=$ 2.4tf/cm²		$F_y=$ 3.3tf/cm²	
	$H\times B$	t_w	t_f	r	A	W	I_x	I_y	r_x	r_y	S_x	S_y	r_{ts}	H/A	Z_x	Z_y	L_c	L_u	L_c	L_u
mm	mm	mm	mm	mm	cm²	kgf/m	cm⁴	cm⁴	cm	cm	cm³	cm³	cm	cm⁻¹	cm³	cm³	cm	cm	cm	cm
450×200	446×199	8	12	18	84.30	66.2	28,700	1,580	18.50	4.33	1,290	159	5.11	1.870	1,450	247	257	280	219	239
	450×200	9	14	18	96.76	76.0	33,500	1,870	18.60	4.40	1,490	187	5.18	1.610	1,680	291	258	284	220	242
450×300	434×299	10	15	24	135.00	106.0	46,800	6,690	18.60	7.04	2,160	448	7.94	0.967	2,380	686	386	435	329	371
	440×300	11	18	24	157.40	124.0	56,100	8,110	18.90	7.18	2,550	541	8.05	0.815	2,820	828	387	441	330	376
500×200	496×199	9	14	20	101.30	79.5	41,900	1,840	20.30	4.27	1,690	185	5.08	1.780	1,910	290	257	278	219	237
	500×200	10	16	20	114.20	89.6	47,800	2,140	20.50	4.33	1,910	214	5.14	1.560	2,180	335	258	282	220	240
	506×201	11	19	20	131.30	103.0	56,500	2,580	20.70	4.43	2,230	254	5.23	1.330	2,540	401	259	286	221	244
500×300	482×300	11	15	26	145.50	114.0	60,400	6,760	20.40	6.82	2,500	451	7.83	1.070	2,790	695	387	429	330	366
	488×300	11	18	26	163.50	128.0	71,000	8,110	20.80	7.04	2,910	541	7.97	0.903	3,230	830	387	437	330	372
600×200	596×199	10	15	22	120.50	94.6	68,700	1,980	23.90	4.05	2,310	199	4.95	2.000	2,650	315	257	271	212	231
	600×200	11	17	22	134.40	106.0	77,600	2,280	24.00	4.12	2,590	228	5.01	1.770	2,980	361	258	274	220	234
	606×201	12	20	22	152.50	120.0	90,400	2,720	24.30	4.22	2,980	271	5.11	1.510	3,430	429	259	280	221	239
	612×202	13	23	22	170.70	134.0	103,000	3,180	24.60	4.31	3,380	314	5.19	1.320	3,890	498	261	284	222	242
600×300	582×300	12	17	28	174.50	137.0	103,000	7,670	24.30	6.63	3,530	511	7.74	1.140	3,960	793	387	424	330	362
	588×300	12	20	28	192.50	151.0	118,000	9,020	24.80	6.85	4,020	601	7.87	0.980	4,490	928	387	431	330	368
	594×302	14	23	28	222.40	175.0	137,000	10,600	24.90	6.90	4,620	701	7.96	0.856	5,200	1,080	390	436	332	372
700×300	692×300	13	20	28	211.50	166.0	172,000	9,020	28.60	6.53	4,980	602	7.71	1.150	5,630	936	387	422	330	360
	700×300	13	24	28	235.50	185.0	201,000	10,800	29.30	6.78	5,760	722	7.86	0.973	6,460	1,120	387	431	330	367
	708×302	15	28	28	273.60	215.0	237,000	12,900	29.40	6.86	6,700	853	7.97	0.837	7,560	1,320	390	437	332	372
800×300	792×300	14	22	28	243.40	191.0	254,000	9,930	32.30	6.39	6,410	662	7.65	1.200	7,290	1,040	387	419	330	357
	800×300	14	26	28	267.40	210.0	292,000	11,700	33.00	6.62	7,290	782	7.8	1.030	8,240	1,220	387	427	330	364
	808×302	16	30	28	307.60	241.0	339,000	13,800	33.20	6.70	8,400	915	7.89	0.892	9,530	1,430	390	432	332	369
900×300	890×299	15	23	18	266.80	210.0	339,000	10,300	35.60	6.20	7,610	687	7.51	1.290	8,910	1,080	386	411	329	351
	900×300	16	28	18	305.80	240.0	404,000	12,600	36.40	6.43	8,990	842	7.68	1.070	10,500	1,320	387	421	330	359
	912×302	18	34	18	360.10	283.0	491,000	15,700	36.90	6.56	10,800	1,040	7.84	0.888	12,500	1,630	390	429	332	366
	918×303	19	37	18	387.40	304.0	535,000	17,200	37.20	6.67	11,700	1,140	7.8	0.819	13,400	1,780	391	427	334	364

A.2 H형강 말뚝 H-BEARING PILE

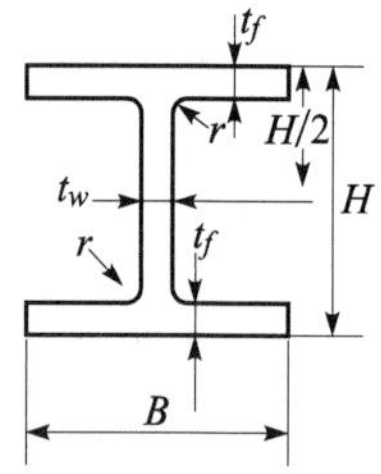

규격 Dimensions (KS D 3502)

공칭치수 mm	표준단면치수 mm				단면적 cm^2	단위중량 kgf/m	단면2차모멘트 cm^4		단면2차반경 cm		단면계수 cm^3		표면적 m^2/m
	$H \times B$	t_w	t_f	r	A	W	I_x	I_y	r_x	r_y	S_x	S_y	
200×200	200×204	12	12	13	71.53	56.2	4,980	1,700	8.35	4.88	498	167	1.17
250×250	244×252	11	11	16	82.06	64.4	8,790	2,940	10.30	5.98	720	233	1.45
	250×255	14	14	16	104.70	82.2	11,500	3,880	10.50	6.09	919	304	1.46
300×300	294×302	12	12	18	107.70	84.5	16,900	5,520	12.50	7.16	1,150	365	1.74
	300×300	10	15	18	119.80	94.0	20,400	6,750	13.10	7.51	1,360	450	1.75
	300×305	15	15	18	134.80	106.0	21,500	7,100	12.60	7.26	1,440	466	1.76
350×350	338×351	13	13	20	135.30	106.0	28,200	9,380	14.40	8.33	1,670	534	2.02
	344×354	16	16	20	166.60	131.0	35,300	11,800	14.60	8.43	2,050	669	2.04
	350×350	12	19	20	173.90	137.0	40,300	13,600	15.20	8.84	2,300	776	2.04
	350×357	19	19	20	198.40	156.0	42,800	14,400	14.70	8.53	2,450	809	2.06
400×400	388×402	15	15	22	178.50	140.0	49,000	16,300	16.60	9.54	2,520	809	2.32
	394×405	18	18	22	214.40	168.0	59,700	20,000	16.70	9.65	3,030	985	2.33
	400×400	13	21	22	218.70	172.0	66,600	22,400	17.50	10.10	3,330	1,120	2.34
	400×408	21	21	22	250.70	197.0	70,900	23,800	16.80	9.75	3,540	1,170	2.35
	414×405	18	28	22	295.40	232.0	92,800	31,000	17.70	10.20	4,480	1,530	2.38
	428×407	20	35	22	360.70	283.0	119,000	39,400	18.20	10.40	5,570	1,930	2.41

A.3 무늬 H형강(CHECKERED H BEAMS)

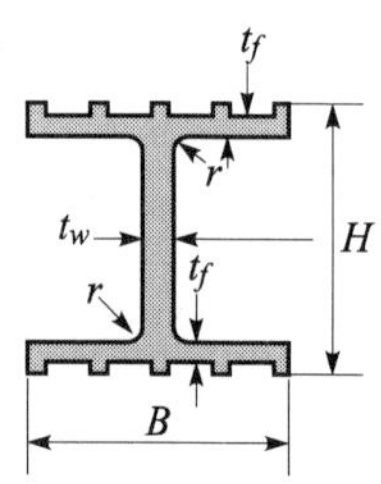

규격 Dimensions (KS D 3502)

공칭치수 mm	표준단면치수 mm				단면적 cm^2	단위중량 kgf/m	단면계수 cm^3	
	$H \times B$	t_w	t_f	r	A	W	S_x	S_y
190×197	190×197	5	7	13	39.94	32.60	312	99.2

A.4 ㄱ형강 EQUAL ANGLE

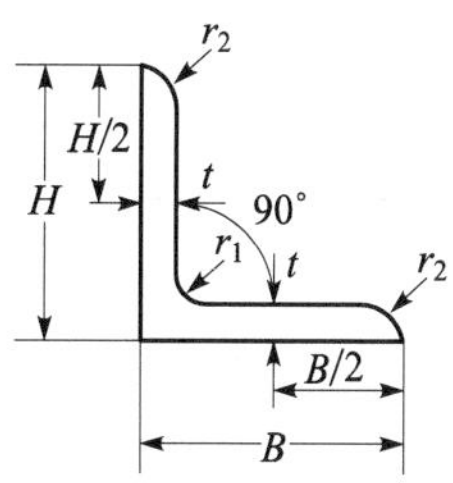

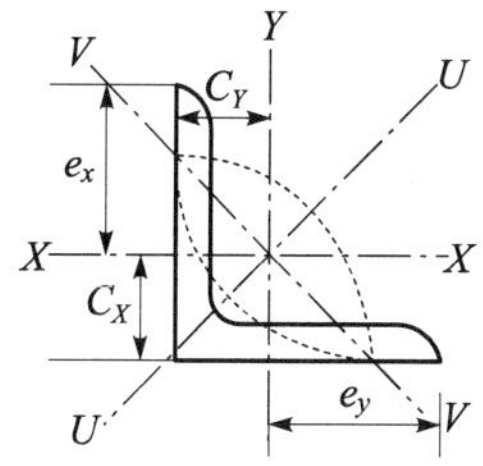

규격 Dimensions (KS D 3502)

공칭치수 mm	표준단면치수 mm				단면적 cm^2	단위중량 kgf/cm	중심의 위치 cm	단면2차모멘트 cm^4			단면2차반경 cm			단면계수 cm^3
	$H \times B$	t	r_1	r_2	A	W	$C_x = C_y$	$I_x = I_y$	max I_u	min I_v	$r_x = r_y$	max r_u	min r_v	$S_x = S_y$
25×25	25×25	3	4	2	1.427	1.12	0.719	0.797	1.26	0.332	0.747	0.94	0.483	0.448
30×30	30×30	3	4	2	1.727	1.36	0.844	1.42	2.26	0.59	0.908	1.14	0.585	0.661
40×40	40×40	5	4.5	3	3.755	2.95	1.17	5.42	8.59	2.25	1.2	1.51	0.774	1.91
45×45	45×45	4	6.5	3	3.492	2.74	1.24	6.5	10.3	2.69	1.36	1.72	0.88	2
	45×45	5	6.5	3	4.302	3.38	1.28	7.91	12.5	3.29	1.36	1.71	0.874	2.46
50×50	50×50	4	6.5	3	3.892	3.06	1.37	9.06	14.4	3.76	1.53	1.92	0.983	2.49
	50×50	5	6.5	3	4.082	3.77	1.41	11.1	17.5	4.58	1.52	1.91	0.976	3.08
	50×50	6	6.5	4.5	5.644	4.43	1.44	12.6	20	5.23	1.5	1.88	0.963	3.55
60×60	60×60	4	6.5	3	4.692	3.68	1.61	16	25.4	6.62	1.85	2.33	1.19	3.66
	60×60	5	6.5	3	5.802	4.55	1.66	19.6	31.2	8.09	1.84	2.32	1.18	4.52
	60×60	6	6.5	4.5	6.844	5.37	1.69	22.6	35.9	9.3	1.82	2.29	1.17	5.24
65×65	65×65	5	8.5	3	6.367	5	1.77	25.3	40.1	10.5	1.99	2.51	1.28	5.36
	65×65	6	8.5	4	7.527	5.91	1.81	29.4	46.6	12.2	1.98	2.49	1.27	6.26
	65×65	8	8.5	6	9.761	7.66	1.88	36.8	58.3	15.3	1.94	2.44	1.25	7.96
70×70	70×70	6	8.5	4	8.127	6.38	1.93	37.1	58.9	15.3	2.14	2.69	1.37	7.33
75×75	75×75	6	8.5	4	8.727	6.85	2.06	46.1	73.2	19	2.3	2.9	1.48	8.47
	75×75	9	8.5	6	12.69	9.96	2.17	64.4	102	26.7	2.25	2.84	1.45	12.1
	75×75	12	8.5	6	16.56	13	2.29	81.9	129	34.5	2.22	2.79	1.44	15.7
80×80	80×80	6	8.5	4	9.327	7.32	2.18	56.4	89.6	23.2	2.46	3.1	1.58	9.7
	80×80	7	8.5	4	10.797	8.48	2.23	64.2	102.4	26.8	2.44	3.08	1.58	11.12
90×90	90×90	6	10	5	10.55	8.28	2.42	80.7	128	33.4	2.77	3.48	1.78	12.3
	90×90	7	10	5	12.22	9.59	2.46	93	148	38.3	2.76	3.48	1.77	14.2
	90×90	8	10	7	13.764	10.8	2.5	104	165	42.8	2.74	3.46	1.76	16
	90×90	9	10	7	15.394	12.08	2.54	114	182	47.3	2.72	3.44	1.75	17.65
	90×90	10	10	7	17	13.3	2.57	125	199	51.7	2.71	3.42	1.74	19.5
	90×90	13	10	7	21.71	17	2.69	156	248	65.3	2.68	3.38	1.73	24.8

공칭치수 mm	표준단면치수 mm				단면적 ㎠	단위중량 kgf/cm	중심의 위치 cm	단면2차모멘트 cm^4			단면2차반경 cm			단면계수 cm^3
	$H \times B$	t	r_1	r_2	A	W	$C_x = C_y$	$I_x = I_y$	max I_u	min I_v	$r_x = r_y$	max r_u	min r_v	$S_x = S_y$
100×100	100×100	7	10	5	13.62	10.7	2.71	129	205	53.2	3.08	3.88	1.98	17.7
	100×100	8	10	8	15.36	12.06	2.75	144	229	59.4	3.06	3.86	1.97	19.86
	100×100	10	10	7	19	14.9	2.82	175	278	72	3.04	3.83	1.95	24.4
	100×100	13	10	7	24.31	19.1	2.94	220	348	91.1	3	3.78	1.94	31.1
120×120	120×120	8	12	5	18.76	14.7	3.24	258	410	106	3.71	4.67	2.38	29.5
130×130	130×130	9	12	6	22.74	17.9	3.53	366	583	150	4.01	5.06	2.57	38.7
	130×130	10	12	6	25.16	19.75	3.57	403	641	165	4	5.05	2.56	42.8
	130×130	12	12	8.5	29.76	23.4	3.64	467	743	192	3.96	5	2.54	49.9
	130×130	15	12	8.5	36.75	28.8	3.76	568	902	234	3.93	4.95	2.53	61.5
150×150	150×150	10	14	7	29.71	22.9	4.06	627	997	258	4.63	5.84	2.97	57.3
	150×150	12	14	7	34.77	27.3	4.14	740	1180	304	4.61	5.82	2.96	68
	150×150	15	14	10	42.74	33.6	4.24	888	1140	365	4.56	5.75	2.92	82.6
	150×150	19	14	10	53.38	41.9	4.4	1009	1730	451	4.52	5.69	2.91	103
175×175	175×175	12	15	11	40.52	31.8	4.73	1170	1860	480	5.38	6.78	3.44	91.8
	175×175	15	15	11	50.21	39.4	4.85	1440	2290	589	5.35	6.75	3.42	114
200×200	200×200	15	17	12	57.75	45.3	5.46	2180	3470	891	6.14	7.75	3.93	150
	200×200	20	17	12	76	59.7	5.67	2820	4490	1160	6.09	7.68	3.9	197
	200×200	25	17	12	93.75	73.6	5.86	3420	5420	1410	6.04	7.61	3.88	242
250×250	250×250	25	24	12	119.4	93.7	7.1	6950	11100	2860	7.63	9.62	4.9	388
	250×250	35	24	18	162.6	128	7.45	9110	14400	3790	7.49	9.42	4.83	519

A.5 ㄷ형강 CHANNEL

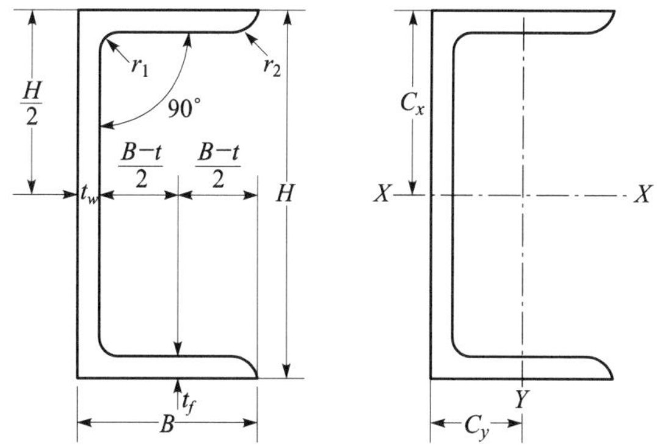

규격 Dimensions (KS D 3502)

표준단면치수 mm					단면적 cm^4	단위중량 kgf/cm	중심의위치 cm		단면2차모멘트 cm^4		단면2차반경 cm		단면계수 cm^3	
$H \times B$	t_w	t_f	r_1	r_2	A	W	C_x	C_y	I_x	I_y	r_x	r_y	S_x	S_y
75×40	5	7	8	4	8.818	6.92	0	1.28	75.3	12.2	2.92	1.17	20.1	4.47
100×50	5	7.5	8	4	11.92	9.36	0	1.54	188	26.0	3.97	1.48	37.6	7.52
125×65	6	8	8	4	17.11	13.4	0	1.90	424	61.8	4.98	1.90	67.8	13.4
150×75	6.5	10	10	5	23.71	18.6	0	2.28	861	117	6.03	2.22	115	22.4
200×80	7.5	11	12	6	31.33	24.6	0	2.21	1,950	168	7.88	2.32	195	29.1
200×90	8	13.5	14	7	38.65	30.3	0	2.74	2,490	277	8.02	2.68	249	44.2
250×90	9	13	14	7	44.07	34.6	0	2.40	4,180	294	9.74	2.58	334	44.5
300×90	9	13	14	7	48.57	38.1	0	2.22	6,440	309	11.5	2.52	429	45.7
380×100	10.5	16	18	9	69.39	54.5	0	2.41	14,500	535	14.5	2.78	763	70.5
380×100	13	20	24	12	85.71	67.3	0	2.54	17,600	655	14.3	2.76	926	87.8

A.6 CT형강(STRUCTURAL TEES)

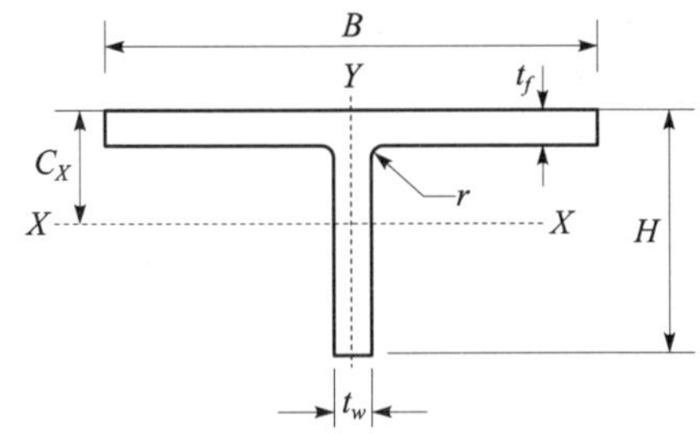

규격 Dimensions (KS D 3502)

공칭치수	높이 (H)	폭 (B)	두께 웨브 t_w	두께 플랜지 t_f	코너 반경 (r)	단면적 (A)	단위 중량 (W)	단면 2차모멘트 I_x	단면 2차모멘트 I_y	단면2차반경 r_x	단면2차반경 r_y	단면계수 S_x	단면계수 S_y	중심 위치 C_x
mm	mm	mm	mm	mm	mm	cm^2	kgf/m	cm^4	cm^4	cm	cm	cm^3	cm^3	cm
62.5×125	62.5	125	6.5	9	10	15.16	11.9	35	147	1.52	3.11	6.91	23.5	1.19
75×75	75	75	5	7	8	8.925	7.01	42.6	24.7	2.18	1.66	7.46	6.59	1.79
75×100	75	100	6	9	11	13.42	10.5	51.7	75.3	1.96	2.37	8.84	15.1	1.55
75×150	75	150	7	10	11	20.07	15.8	66.4	282	1.82	3.75	10.8	37.6	1.37
100×100	100	100	5.5	8	11	13.58	10.7	114	67	2.9	2.22	14.8	13.4	2.29
100×150	97	150	6	9	13	19.51	15.3	125	254	2.53	3.61	15.8	33.8	1.79
100×200	100	200	8	12	13	31.77	24.9	184	801	2.41	5.02	22.3	80.1	1.73
	100	204	12	12	13	35.77	28.1	256	851	2.67	4.88	32.4	83.4	2.09
	104	202	10	16	13	41.85	32.8	251	1,100	2.45	5.13	29.5	109	1.91
125×125	124	124	5	8	12	16.34	12.8	208	127	3.57	2.79	21.3	20.5	2.63
	125	125	6	9	12	18.83	14.8	248	147	3.63	2.79	25.6	23.5	2.78
125×175	122	175	7	11	16	28.12	22.1	289	492	3.2	4.18	29.1	56.3	2.27
125×250	122	252	11	11	16	41.03	32.2	445	1,470	3.29	5.98	45.3	117	2.39
	124	249	8	13	16	42.35	33.2	364	1,670	2.93	6.29	34.9	134	1.98
	125	250	9	14	16	46.06	36.2	412	1,820	2.99	6.29	39.5	146	2.08
	125	255	14	14	16	52.34	41.1	589	1,940	3.36	6.09	59.4	152	2.58
150×150	149	149	5.5	8	13	20.4	16	393	221	4.39	3.29	33.8	29.7	3.26
	150	150	6.5	9	13	23.39	18.4	464	254	4.45	3.29	40	33.8	3.41
150×200	147	200	8	12	18	36.19	28.4	572	802	3.97	4.71	48.2	80.2	2.83
	149	201	9	14	18	41.68	32.7	662	949	3.99	4.71	55.2	94.4	2.91
150×300	147	302	12	12	18	53.83	42.3	858	2,760	3.99	7.16	72.3	183	2.84
	149	299	9	14	18	55.4	43.5	715	3,120	3.59	7.51	57	209	2.36
	150	300	10	15	18	59.89	47	798	3,380	3.65	7.51	63.7	225	2.47
	150	305	15	15	18	67.39	52.9	1,110	3,550	4.05	7.26	92.5	233	3.03
	152	301	11	17	18	67.41	52.9	903	3,870	3.66	7.57	71.4	257	2.55

공칭치수	높이 (H)	폭 (B)	두께		코너 반경 (r)	단면적 (A)	단위 중량 (W)	단면 2차모멘트		단면2차반경		단면계수		중심 위치
			웨브 t_w	플랜지 t_f				I_x	I_y	r_x	r_y	S_x	S_y	C_x
mm	mm	mm	mm	mm	mm	cm^2	kgf/m	cm^4	cm^4	cm	cm	cm^3	cm^3	cm
175×175	173	174	6	9	14	26.34	20.7	679	396	5.08	3.88	50	45.5	3.71
	175	175	7	11	14	31.57	24.8	815	492	5.08	3.95	59.3	56.2	3.75
175×250	168	249	8	12	20	44.08	34.6	881	1,540	4.47	5.92	64	124	3.02
	170	250	9	14	20	50.76	39.8	1,020	1,830	4.48	6	73.1	146	3.09
175×300	172	348	10	16	20	73	57.3	1,230	5,620	4.11	8.78	84.7	323	2.67
	172	354	16	16	20	83.32	65.4	1,800	5,920	4.65	8.43	131	335	3.4
	175	350	12	19	20	86.94	68.2	1,520	6,790	4.18	8.84	104	388	2.86
	175	357	19	19	20	99.19	77.9	2,200	7,220	4.71	8.53	158	404	3.59
	169	351	13	13	20	67.63	53.1	1,420	4,690	4.59	8.33	104	267	3.21
200×200	198	199	7	11	16	36.08	28.3	1,190	723	5.76	4.48	76.4	72.7	4.17
	200	200	8	13	16	42.06	33	1,400	868	5.76	4.54	88.6	86.8	4.23
200×300	193	299	9	15	22	60.05	47.1	1,530	3,120	5.04	7.21	95.5	209	3.33
	195	300	10	16	22	67.98	53.4	1,730	6,300	5.05	7.28	108	240	3.41
200×400	249	432	45	70	22	385	302	13,200	47,100	5.87	11.1	706	2,180	6.13
	229	417	30	50	22	264.3	207	7,470	30,200	5.32	10.7	414	1,450	4.85
	214	407	20	35	22	180.3	142	4,380	19,700	4.93	10.4	250	967	3.9
	207	45	18	28	22	147.7	116	3,360	15,500	4.95	10.2	213	766	3.68
	203	403	16	24	22	127.4	100	3,090	13,100	4.92	10	184	650	3.51
	200	408	21	21	22	125.3	98.4	3,650	11,900	5.4	9.75	229	584	4.07
	200	400	13	21	22	109.3	85.8	2,480	11,200	4.76	10.1	147	560	3.21
	197	405	18	18	22	107.2	84.1	3,050	9,980	5.34	9.65	193	493	3.89
	197	398	11	18	22	93.41	73.3	2,050	9,460	4.68	10.1	123	475	3.01
	194	402	15	15	22	89.23	70	2,480	8,130	5.27	9.54	158	404	3.7
225×200	223	199	8	12	18	42.15	33.1	1,880	790	6.67	4.33	109	79.4	5.1
	225	200	9	14	18	43.38	38	2,160	936	6.68	4.4	124	93.6	5.15

공칭치수	높이 (*H*)	폭 (*B*)	두께		코너 반경 (*r*)	단면적 (*A*)	단위 중량 (*W*)	단면 2차모멘트		단면2차반경		단면계수		중심 위치
			웨브 t_w	플랜지 t_f				I_x	I_y	r_x	r_y	S_x	S_y	C_x
mm	mm	mm	mm	mm	mm	cm^2	kgf/m	cm^4	cm^4	cm	cm	cm^3	cm^3	cm
225×300	217	299	10	15	24	67.52	53	2,350	3,350	5.89	7.04	133	224	4.04
	220	300	11	18	24	78.69	61.8	2,680	4,060	5.84	7.68	149	270	4.05
250×200	248	199	9	14	20	50.64	39.7	2,840	922	7.49	4.27	150	92.6	5.9
	250	200	10	16	20	57.12	44.8	3,210	1,070	7.5	4.33	169	107	5.96
	253	201	11	19	20	65.65	51.5	3,670	1,290	7.48	4.33	190	128	5.95
250×300	241	300	11	15	26	72.76	57.1	3,420	3,380	6.85	6.82	178	225	4.92
	244	300	11	18	26	81.76	64.2	3,620	4,060	6.66	7.07	184	270	4.66
300×200	298	199	10	15	22	60.23	47.3	5,190	989	9.29	4.05	236	99.4	7.79
	300	200	11	17	22	67.21	52.8	5,810	1,140	9.3	4.12	262	114	7.84
	303	201	12	20	22	76.24	59.8	6,570	1,360	9.28	4.22	292	135	7.79
	306	202	13	23	22	85.33	67	7,340	1,590	9.27	4.31	322	157	7.79
300×300	291	300	12	17	28	87.24	68	6,360	3,830	8.54	6.63	280	256	6.39
	294	300	12	20	28	96.24	75.6	6,170	4,510	8.35	6.85	288	301	6.08
	297	302	14	23	28	111.2	87.3	7,910	5,290	8.44	6.9	339	350	6.33
350×300	354	302	15	28	28	136.8	107	14,200	6,440	10.2	6.86	513	426	7.78
	350	300	13	24	28	117.7	92.4	12,000	5,410	10.1	6.78	438	361	7.55
	346	300	13	20	28	105.7	83	11,300	4,510	10.3	6.53	425	301	7.99
400×300	396	300	14	22	28	121.7	95.6	17,700	4,690	12.1	6.38	593	331	9.66
	400	300	14	26	28	133.7	105	18,800	6,860	11.9	6.62	610	391	9.18
	404	302	16	30	28	153.8	121	21,900	6,900	11.9	6.70	705	457	9.41

부록 B
국외 구조용 강재의 규격

부 표 B.1 미국 ASTM 규격

강종		F_y (MPa)	F_u (MPa)	두께(t), (mm)
A36		220	400-550	$t \geq 200$
		250	400-550	$t < 200$
A53	Grade B	240	415	
A242		290	435	$40 < t \leq 100$
		315	460	$20 < t \leq 40$
		345	480	$t \leq 20$
A500	Grade A	228	310	Round
	Grade B	290	400	Round
	Grade C	317	427	Round
	Grade A	269	310	Shaped
	Grade B	317	400	Shaped
	Grade C	345	427	Shaped
A514		620	690-895	$65 < t \leq 150$
		690	760-895	$t \leq 65$
A529	Grade 42	290	415-585	$t \leq 13$
	Grade 50	345	485-690	$t \leq 25$
A570	Grade 40	275	380	
	Grade 45	310	415	
	Grade 50	345	450	
A572	Grade 42	290	415	$t \leq 150$
	Grade 50	345	450	$t \leq 100$
	Grade 60	415	520	$t \leq 32$
	Grade 65	450	550	$t \leq 32$
A588		290	435	$125 < t \leq 200$
		315	460	$100 < t \leq 125$
		345	485	$t \leq 100$
A606		310	450	
		345	480	
A607	Grade 45	310	410	
	Grade 50	340	450	
	Grade 55	380	480	
	Grade 60	410	520	
	Grade 65	450	550	
	Grade 70	480	590	
A611	Grade C	230	330	
	Grade D	275	360	
	Grade E	550	565	
A618	Grade Ⅰ&Ⅱ	345	485	$t \leq 19$ (walls)
	Grade Ⅲ	345	450	
A709	Grade 36	250	400-550	$t \leq 100$
	Grade 50	345	450	$t \leq 100$
	Grade 50W	345	485	$t \leq 100$
	Grade 70W	485	620-760	$t \leq 100$
	Grade 100 & 100W	620	690-895	$64 < t \leq 102$
	Grade 100& 100W	690	760-895	$t \leq 64$
A852		485	620-760	$t \leq 100$
A913	Grade 60	415	520	
	Grade 65	450	520	
	Grade 70	485	620	

부 표 B.2 유럽 EN 규격

강 종		F_y (MPa)						F_u (MPa)	
		두께(t), (mm)						두께(t), (mm)	
		$t \le 16$	$16 < t \le 40$	$40 < t \le 63$	$63 < t \le 80$	$80 < t \le 100$	$100 < t \le 125$	$3 \le t \le 100$	$100 \le t \le 125$
EN 10025	S235JR S235J0 S235J2	235	225	215			195	360–510	350–500
	S275JR S275J0 S275J2	275	265	255	245	235	225	410–560	400–540
	S355JR S355J0 S355J2 S355K2	355	345	335	325	315	295	470–630	450–630
	S450J0	450	430	410	390	380	380	550–720	530–700

참고문헌

1. 건설교통부, 도로교표준시방서, 1996.
2. 국가기술표준원, KS B 0802 금속재료 인장시험방법
3. 국가기술표준원, KS B 0804 굽힘시험
4. 국가기술표준원, KS B 0810 금속재료의 충격시험방법
5. 국가기술표준원, KS D 3003 항만 및 해양 구조용 내식성 강재
6. 국가기술표준원, KS D 3503 일반구조용 압연강재
7. 국가기술표준원, KS D 3504 철근콘크리트용 봉강
8. 국가기술표준원, KS D 3515 용접구조용 압연강재
9. 국가기술표준원, KS D 3529 용접구조용 내후성 열간압연강재
10. 국가기술표준원, KS D 3530 일반 구조용 경량 형강
11. 국가기술표준원, KS D 3542 고 내후성 압연강재
12. 국가기술표준원, KS D 3557 리벳용 원형강
13. 국가기술표준원, KS D 3558 일반 구조용 용접 경량 H 형강
14. 국가기술표준원, KS D 3611 용접 구조용 고항복점 강판
15. 국가기술표준원, KS D 3781 철탑용 고장력강 강재
16. 국토교통부, 도로교설계기준(한계상태설계법), 2016.
17. 국토교통부, KCS 14 31 05:2016, 강구조공사 일반사항
18. 국토교통부, KCS 14 31 10:2016, 제작
19. 국토교통부, KCS 14 31 20:2016, 용접
20. 국토교통부, KCS 14 31 25:2016, 볼트접합 및 핀 연결
21. 국토교통부, KCS 14 31 30:2016, 조립 및 설치
22. 국토교통부, KCS 14 31 40:2016, 도장
23. 국토교통부, KCS 14 31 45:2016, 용융아연도금
24. 국토교통부, KCS 14 31 50:2016, 내화피복
25. 국토교통부, KCS 14 31 70:2016, 데크플레이트 및 바닥슬래브
26. 국토교통부, KDS 14 30 05:2016, 강구조설계 일반사항(허용응력설계법)
27. 국토교통부, KDS 14 30 10:2016, 강구조 부재 설계기준(허용응력설계법)
28. 국토교통부, KDS 14 30 20:2016, 강구조 피로 및 파단 설계기준(허용응력설계법)
29. 국토교통부, KDS 14 30 25:2016, 강구조 연결 설계기준(허용응력설계법)
30. 국토교통부, KDS 14 30 50:2016, 강구조 사용성 설계(허용응력설계법)
31. 국토교통부, KDS 14 31 05:2017, 강구조설계 일반사항(하중저항계수설계법)
32. 국토교통부, KDS 14 31 10:2017, 강구조 부재 설계기준(하중저항계수설계법)

33. 국토교통부, KDS 14 31 15:2017, 강구조 골조의 안정성 설계기준(하중저항계수설계법)
34. 국토교통부, KDS 14 31 20:2017, 강구조 피로 및 파단 설계기준(하중저항계수설계법)
35. 국토교통부, KDS 14 31 25:2017, 강구조 연결 설계기준(하중저항계수설계법)
36. 국토교통부, KDS 14 31 50:2016, 강구조 물고임 및 내화 설계기준(하중저항계수설계법)
37. 국토교통부, KDS 14 31 60:2017, 강구조 내진 설계기준(하중저항계수설계법)
38. 국토교통부, KDS 24 12 11:2016, 교량 설계하중조합(한계상태설계법)
39. 국토교통부, KDS 24 12 21:2016, 교량 설계하중(한계상태설계법)
40. 국토교통부, KDS 24 14 21:2016, 콘크리트교 설계기준(한계상태설계법)
41. 국토교통부, KDS 24 14 30:2016, 강교 설계기준(허용응력설계법)
42. 국토교통부, KDS 24 14 31:2016, 강교 설계기준(한계상태설계법)
43. 국토교통부, KDS 41 10 15:2019, 건축구조기준 설계하중
44. 국토교통부, KDS 41 31 00:2019, 건축물 강구조 설계기준
45. 대한토목학회, 철도설계기준(노반편), 2011.
46. 한국강구조학회, KS 신규격 강구조공학, 구미서관, 2018.
47. AASHTO, AASHTO LRFD Bridge Design Specifications, 2014.
48. American Institute of Steel Construction, Manual of Steel Construction, 14th ed. 2011.
49. American Institute of Steel Construction, Manual of Steel Construction, 15th ed. 2016.
50. Austin W.J.. Strength and design of metal beam-columns, Journal of the Structural Div. ASCE, Vol. 87, No. 4, pp 1-32, 1961.
51. Barsom J.M. and Rolfe S.T., Fracture and Fatigue Control in Structure, Prentice-Hall, 2th ed. 1987.
52. Chajes A.. Principles of Structural Stability Theory, Prentice-Hall Inc. Englewood Cliffs, NJ, 1974.
53. Chen W.F. and Lui E.M., Structural Stability : Theory and Implementation, Elsevier Science Publishing Co. Inc., New York, NY, 1987.
54. Fisher J.W., Kulak G.L. and Smith I.F.C., A Fatigue Primer for Structural Engineers. National Steel Bridge Alliance, American Institute of Steel Construction, Chicago, Illinois, USA, 1998.
55. Galambos T.V.. Guide to Stability Design Criteria for Metal Structures, Structural Stability Research Council, 5th edition, John Wiley and Sons, New York, NY, 1998.
56. Gaylord, Jr. E.H., Gaylord C.N. and Stallmeyer J.E., Design of Steel Structures, Third Ed. McGraw-Hill, New York, N.Y., 1992.
57. Geschwindner L.F. and Disque R.O., Load and Resistance Factor Design of Steel Structures, Prentice Hall, 1994.
58. Hohnston B.G., Lin F.J. and Galambos T.V.. Basic Steel Design, 2nd. ed., Prenstice-Hall, Inc., Elnglewood Cliffs, NJ, 1980.
59. IIW, Fatigue Recommendation, 1996.
60. Johnston B.G., Lin F.J. and Galambos T.V., Basic Steel Design with LRFD, Prentice Hall, 1996.
61. Le Messurier W.J.. A practical method of second order analysis, Part 2-Rigid frames, Engineering Journal, AISC, Vol. 14, No. 2, 2nd Quarter, pp 49-67, 1977.
62. Salmon C.G., Johnson J.E. and Malhas F.A., Steel Structures: Design and Behavior, 5th Ed., Pearson

Prentice Hall, 2009.

63. Seaburg P.A. and Carter C.J.. Torsional Analysis of Structural Steel Members, Steel Design Guide Series No. 9, American Institute of Steel Construction, Inc. 1997.
64. Segui W.T.. Steel Design, 5th ed., Cengage Learning, 2013.
65. Spiegel L. and Limbrunner G.F., Applied Structural Steel Design, 2nd Ed. Prentice Hall, Englewood Cliffs, N.J., 1993.
66. Szilard R.. Theory and Analysis of Plates: Classical and Numerical Methods, Prestice-Hall, Inc., Englewood Cliffs, NJ, 1974.
67. Tall L.. Structural Steel Design, 2nd Ed., The Roland Press Co., New York, NY, 1974.
68. Timoshenko S.P. and Gere J.M., Theory of Elastic Stability, 2nd Ed., McGraw-Hill, New York, NY, 1961.
69. Trahair N.S. and Bradford M.A., The behavior and design of steel structures to EC3, 4th Ed., CRC Press, 2017.
70. www.structurae.de
71. Yoo, C.H. and Lee S.C.. Stability of Structures: Principles and Applications, Elsecier Inc., Burlington, MA, 2011.
72. Ziemian R.D.. Guide to Stability Design Criteria for Metal Structures, 6th Ed., John Wiley & Sons, Inc. Hoboken, NJ, 1998

찾아보기

ㅁ

ㅂ

ㅅ

ㅎ

숫자 및 영문

집필진

(가나다순)

구분	성명	소속
집필위원장	배 두 병	국민대학교
집필 간사위원	박 용 명	부산대학교
	윤 석 구	서울과학기술대학교
	조 경 식	DM 엔지니어링
책임 집필위원	경 갑 수	한국해양대학교
	김 경 식	청주대학교
	김 선 용	원광대학교
	김 성 보	충북대학교
	김 호 경	서울대학교
	박 찬 희	(주)포스코
	심 창 수	중앙대학교
	심 형 보	인천대학교
	이 지 훈	(주)서영기술단
	장 경 호	중앙대학교
	조 재 병	경기대학교
	최 동 호	한양대학교
	황 의 승	경희대학교
집필위원	공 정 식	고려대학교
	김 충 언	(주)삼현피에프
	박 연 철	서울대학교
	박 종 섭	상명대학교
	손 윤 기	(주)엔비코컨설턴트
	오 창 국	국민대학교
	이 승 용	한국교통대학교
	최 상 현	한국교통대학교
	최 병 호	한밭대학교
	최 준 혁	부천대학교
감수위원	강 영 종	고려대학교
	공 병 승	동서대학교
	권 영 봉	영남대학교
	김 문 영	성균관대학교
	김 상 효	연세대학교
	김 승 억	세종대학교
	박 영 석	명지대학교
	박 원 석	목포대학교
	박 정 웅	조선대학교
	윤 기 용	선문대학교
	윤 순 종	홍익대학교
	이 성 철	동국대학교
	임 성 순	서울시립대학교
	최 광 규	동아대학교
	황 원 섭	인하대학교

(수정판) KS 신규격 강구조공학 정가 25,000원

저　자 : 한국강구조학회

발행인 : 임해진
발행처 : 도서출판 구미서관

발행 : 2018년 2월 27일 초　판 1쇄
2019년 6월 28일 수정판 1쇄
2020년 6월 30일 수정판 2쇄
2023년 2월 15일 수정판 3쇄

등록 : 1979년 6월 29일 No.9-6호
주소 : 서울시 마포구 신촌로 2길 5-15 구미빌딩
전화 : 02-333-1101
팩스 : 02-335-2201
http://www.goomibook.com

ISBN 979-11-6257-013-5 (93530)